KB166852

2024 완벽대비

 최근 3개년 기출문제 무료 동영상

전기분야 추천도서
최고의 합격률

전기기사실기
20개년 과년도문제해설

대산전기학원연구회

QNA
365
전용 홈페이지를 통한 365일 학습관리
담당 교수님의 1:1 질의응답

16년간 기출문제 해설

적중문제

홈페이지를 통한 합격 솔루션

• 과년도 기출문제 해설
• 온라인 실전 모의고사 실시
• 실기 예비과정 동영상
• 인터넷 게시판 질의응답

• 26년간 출제문제 각 단원별 완전분석 최신 출제경향 반영
• 핵심논점, 확인문제, 예상문제의 3단계 구성 완전학습체계 구축
• 인터넷 게시판을 통한 학습내용 질의응답 답변
• 저자직강 동영상강좌 및 1:1 학습관리 시스템 운영

 한솔아카데미

머리말

　　현대사회의 에너지는 산업과 인간생활의 필수요라는 것은 모두가 공감하는 부분입니다. 특히 전기에너지는 21세기를 이끌어갈 주요한 에너지입니다. 원자력, 화력, 수력, 신·재생 등의 기술로부터 발전하여 송전선로와 배전선로를 거쳐 곳곳의 수용가에 도달합니다. 수용가란 전기를 직접 사용하는 장소를 의미하며 학교, 공장, 사무실, 아파트, 주택 등의 다양한 건축물이 해당됩니다. 수용가에서는 전기를 안전하게 관리하는 유지·보수의 역할이 중요합니다. 이러한 업무를 담당하는 기술자가 바로 전기(산업)기사이다. 전기(산업)기사 자격증의 2차 실기시험은 전기설비 설계에서부터 감리에 이르기까지 광범위한 내용을 다루고 있습니다. 본도서는 한정된 시간 내에 최소의 시간으로 최대의 효과를 얻는 것을 목표로 집필하였습니다. 그동안의 기출문제를 철저히 분석하여 우선순의 논점을 제시하여 수험생 여러분이 보다 효율적으로 공부하실 수 있도록 구성하였습니다. 2차 실기 시험을 합격하기 위해서는 단순한 암기만으로는 어렵습니다. 수용가에서 적용되는 전기관련 실무와 그에 필요한 전기이론들을 바탕으로 필요한 지식들을 자신의 것으로 만들었을 때 합격의 영광을 누리실 수 가 있습니다. 물론 자격증을 취득하는 것 자체가 최고의 엔지니어가 바로 되는 것은 아닙니다. 하지만 수험생 여러분께서 전기인으로 살아가는 작은 초석이 될 것이라는 것에 의심을 갖지 않습니다.

　　도서를 준비하는 동안 전기(산업)기사 실기 시험에 관심을 갖는 모든 분들에게 도움이 되기를 바라는 마음으로 최선의 노력을 다하였으나 다소 미흡한 부분이 있을 것이라 생각됩니다. 앞으로도 많은 전기 전문가·수험생 여러분의 격려와 조언을 바탕으로 수정·보완해 나갈 것을 약속드립니다.

　　끝으로 한권의 책이 나올 수 있도록 최선을 다해주신 대산전기학원 및 ㈜한솔아카데미 관계자 모든 분들에게 고개 숙여 감사드립니다.

-저자 드림-

Contents

Contents

Electricity

꿈·은·이·루·어·진·다

2004

과년도 기출문제

국가기술자격검정 실기시험문제 및 정답

2004년도 전기기사 **제1회** 필답형 실기시험

종 목	시험시간	형 별	성 명	수험번호
전기기사	2시간 30분	A		

※ 수험자 인적사항 및 답안적성(계산식 포함)은 동일한 한 가지 색의 필기구만 사용하여야 하며 흑색, 청색을 제외한 유색 필기구 또는 연필류를 사용하거나 2가지 이상의 색을 혼합 사용하였을 경우 그 문항은 0점 처리 됩니다.

배점6

01 권상기용 전동기의 출력이 50[kW]이고 분당 회전속도가 950[rpm]일 때 그림을 참고하여 물음에 답하시오. (단, 기중기의 기계 효율은 100[%]이다.)

(1) 권상 속도는 몇 [m/min]인가?

• 계산 : _____ • 답 : _____

(2) 권상기의 권상 중량은 몇 [kgf]인가?

• 계산 : _____

• 답 : _____

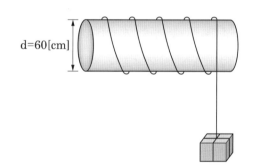

정답 (1) • 계산

권상속도 $V = \pi DN$[m/min] 여기서, D: 회전체의 지름[m], N: 회전수[rpm]

$V = \pi \times 0.6 \times 950 = 1790.71$[m/min]

• 답 : 1790.71[m/min]

(2) • 계산

권상기용 전동기 소요동력 $P = \dfrac{GV}{6.12\eta}$ [kW] 에서,

$G = \dfrac{6.12\eta \times P}{V}[- \dfrac{6.12 \times 1 \times 50}{1790.71} \times 10^3 = 170.88$[kgf]

• 답 : 170.88[kgf]

[참고] G : 권상하중 [ton]이므로, 단위를 [kgf] 환산하기 위해 10^3을 한다.

배점10

02 $66[kV]/6.6[kV]$, $6000[kVA]$의 3상 변압기 1대를 설치한 배전 변전소로부터 긍장 1.5 $[km]$의 1회선 고압 배전선로에 의해 공급되는 수용가 인입구에서 3상 단락고장이 발생하였다. 선로의 전압강하를 고려하여 다음 물음에 답하시오. (단, 변압기 1상당의 리액턴스는 $0.4[\Omega]$, 배전선 1선당의 저항은 $0.9[\Omega/km]$ 리액턴스는 $0.4[\Omega/km]$라하고 기타의 정수는 무시하는 것으로 한다.)

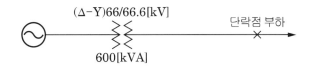

(1) 1상분의 단락회로를 그리시오.

(2) 수용가 인입구에서의 3상 단락 전류를 구하시오.

• 계산 : _____   • 답 : _____

(3) 이 수용가에서 사용하는 차단기로서는 몇 $[MVA]$ 것이 적당하겠는가?

• 계산 : _____   • 답 : _____

정답 (1) • 계산

• 1상분의 저항

$r = 0.9 \times 1.5 = 1.35[ohm]$

• 1상분의 리액턴스

$x_\ell = 0.4 \times 1.5 = 0.6[ohm]$

• 1상당 변압기 리액턴스 $x_t = 0.4[\Omega]$

• 상전압 $= \dfrac{6.6}{\sqrt{3}}[kV]$

• 답 :

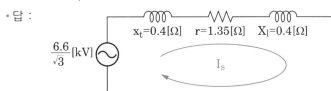

(2) • 계산

$$I_s = \frac{E}{\sqrt{r^2 + (x_t + x_\ell)^2}} = \frac{6.6 \times 10^3/\sqrt{3}}{\sqrt{1.35^2 + (0.4 + 0.6)^2}} = 2268.12[A]$$

• 답 : $2268.12[A]$

(3) • 계산

$$P_s = \sqrt{3}\,VI_s = \sqrt{3} \times 6600 \times 2268.12 \times 10^{-6} = 25.93[MVA]$$

• 답 : $25.93[MVA]$

배점7

03 아래의 그림은 전동기의 정·역운전 회로도의 일부분이다. 동작 설명과 미완성 도면을 이 용하여 다음 각 물음에 답하시오.

【동작설명】

- NFB를 투입하여 전원을 인가하면 Ⓖ등이 점등되도록 한다.
- 누름 버튼 스위치 PB_0을 ON하면 MCF가 여자되며, 이 때 Ⓖ등은 소등되고 Ⓡ등은 점등되도록하며, 또한 정회전한다.
- 누름 버튼 스위치 PB_0을 OFF하면 전동기는 정지한다.
- 누름 버튼 스위치 PB_2(역)을 ON하면 MCR가 여자되며, 이 때 Ⓨ등이 점등되게 된다.
- 과부하시에는 열동계전기 THR이 동작되어 THR의 b 접점이 개방되어 전동기는 정지된다.

※ 위와 같은 사항으로 동작되며, 특이한 사항은 MCF나 MCR 어느 하나가 여자되면 나머지 하나는 전동기가 정지 후 동작시켜야 동작이 가능하다.

※ MCF, MCR 보조 접점으로는 각각 a접점 1개, b접점 2개를 사용한다.

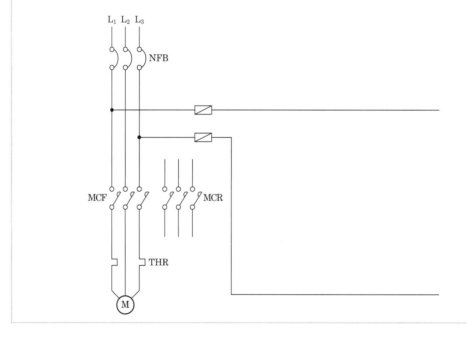

2004

(1) 다음 주회로 부분을 완성하시오.

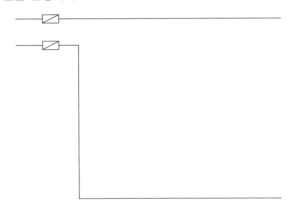

(2) 다음 보조회로 부분을 완성하시오.

정답 (1)

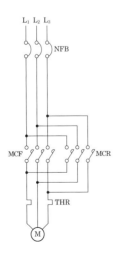

(2)

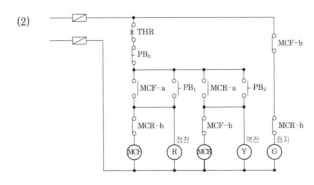

04 역률을 개선하면 전기 요금의 저감과 배전선의 손실 경감, 전압 강하 감소, 설비 여력의 증가 등을 기할 수 있으나, 너무 과보상하면 역효과가 나타난다. 즉, 경부하시에 콘덴서가 과대 삽입되는 경우의 결점을 4가지 쓰시오.

○ _____

○ _____

○ _____

○ _____

정답 ① 모선전압 상승   ② 전력손실 증가   ③ 고조파 왜곡 확대   ④ 전압변동 증대

05 3φ4W 22.9[kV] 수변전실 단선 결선도이다. 그림에서 표시된 ①~⑩까지의 명칭을 쓰시오.

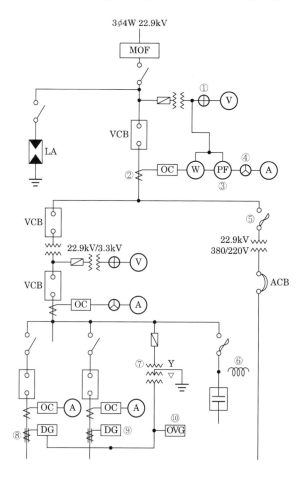

정답 ① 전압계용 전환 개폐기　　② 변류기
　　③ 역률계　　　　　　　　　④ 전류계용 전환 개폐기
　　⑤ 전력 퓨즈　　　　　　　⑥ 방전코일
　　⑦ 접지형 계기용 변압기　　⑧ 영상 변류기
　　⑨ 지락 방향 계전기　　　　⑩ 지락 과전압 계전기

배점14

06 단상 3선식 110/220[V]를 채용하고 있는 어떤 건물이 있다. 변압기가 설치된 수전실로부터 50[m]되는 곳에 부하 집계표와 같은 분전반을 시설하고자 한다. 다음 표를 참고하여 전압 변동율 2[%] 이하, 전압강하율 2[%] 이하가 되도록 다음 사항을 구하시오. 공사방법 B1이며 전선은 PVC 절연전선이다.

단, • 후강 전선관 공사로 한다.
　　• 3선 모두 같은 선으로 한다.
　　• 부하의 수용률은 100[%]로 적용
　　• 후강 전선관 내 전선의 점유율은 60[%] 이내를 유지할 것

[표1] 부하 집계표

회로 번호	부하 명칭	부하[VA]	부하 분담[VA]		NFB 크기			비고
			A선	B선	극수	AF	AT	
1	전등	2920	1460	1460	2	50	15	
2	〃	2680	1340	1340	2	50	15	
3	콘센트	1100	1100		1	50	20	
4	〃	1400	1400		1	50	20	
5	〃	800		800	1	50	20	
6	〃	1000		1000	1	50	20	
7	팬코일	750	750		1	30	15	
8	〃	700		700	1	30	15	
합계		11350	6050	5300				

[표2] 전선(피복절연물을 포함)의 단면적

도체 단면적[mm²]	절연체 두께[mm]	평균 완성 바깥지름[mm]	전선의 단면적[mm²]
1.5	0.7	3.3	9
2.5	0.8	4.0	13
4	0.8	4.6	17
6	0.8	5.2	21
10	1.0	6.7	35
16	1.0	7.8	48
25	1.2	9.7	74
35	1.2	10.9	93
50	1.4	12.8	128
70	1.4	14.6	167
95	1.6	17.1	230
120	1.6	18.8	277
150	1.8	20.9	343
185	2.0	23.3	426
240	2.2	26.6	555
300	2.4	29.6	688
400	2.6	33.2	865

[비고 1] 전선의 단면적은 평균완성 바깥지름의 상한 값을 환산한 값이다.
[비고 2] KS C IEC 60227-3의 450/750[V] 일반용 단심 비닐절연전선(연선)을 기준한 것이다.

[표3] 공사방법의 허용전류[A]

PVC절연, 3개 부하전선, 동 또는 알루미늄
전선온도 : 70[℃], 주위온도 : 기중 30[℃], 지중 20[℃]

전선의 공칭단면적 [mm²]	표A.52-1의 공사방법					
	A1	A2	B1	B2	C	D
1	2	3	4	5	6	7
동						
1.5	13.5	13	15.5	15	17.5	18
2.5	18	17.5	21	20	24	24
4	24	23	28	27	32	31
6	31	29	36	34	41	39
10	42	39	50	46	57	52
16	56	52	68	62	76	67
25	73	68	89	80	96	86
35	89	83	110	99	119	103.
50	108	99	134	118	144	122
70	136	125	171	149	184	151
95	164	150	207	179	223	179
120	188	172	239	206	259	203
150	216	196	–	–	299	230
185	245	223	–	–	341	258
240	286	261	–	–	403	297
300	328	298	–	–	464	.336

(1) 간선의 굵기는?

• 계산 : _____　　• 답 : _____

(2) 후강 전선관의 굵기는?

• 계산 : _____　　• 답 : _____

(3) 간선 보호용 과전류 차단기의 정격 전류는?

• 계산 : _____　　• 답 : _____

(4) 분전반의 복선 결선도를 완성하시오.

(5) 설비 불평형률은?

• 계산 : _____　　• 답 : _____

정답　(1) A선 전류 $I_A = \dfrac{5000}{110} = 45.45[A]$, B선 전류 $I_B = \dfrac{4200}{110} = 38.18[A]$

I_A, I_B중 큰 값인 45.45[A]기준

전선의 단면적 $A = \dfrac{17.8LI}{1000e} = \dfrac{17.8 \times 50 \times 45.45}{1000 \times 110 \times 0.02} = 18.39[\text{mm}^2]$

• 답 : $25[\text{mm}^2]$

(2) 표2에서 $25[\text{mm}^2]$ 전선의 피복 포함 단면적 $74[\text{mm}^2]$이므로

전선의 총 단면적 A=74×3=222$[\text{mm}^2]$

문제의 조건에서 후강전선관 내단면적의 60[%] 사용하므로

$A = \dfrac{1}{4}\pi d^2 \times 0.6 \geq 222$　　$\therefore d = \sqrt{\dfrac{222 \times 4}{0.6 \times \pi}} = 21.7[\text{mm}]$

• 답 : 22[호] 후강전선관 선정

(3) 표3에서 $25[\text{mm}^2]$ 전선 3본을 공사방법B1으로 할 경우 허용 전류는 89[A]이므로

$I_n \leq I_z$ 에 의거하여 80[A] 선정

• 답 : 과전류 차단기 80[A] 선정

(4)

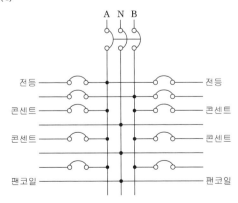

(5) 설비 불평형률=$\dfrac{3100-2300}{\dfrac{1}{2}\times(5000+4200)}\times100=17.39[\%]$

· 답 : $17.39[\%]$

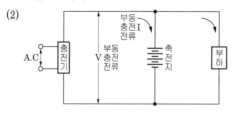

배점5

07 연축전지의 정격용량 $100[\mathrm{Ah}]$, 상시 부하 $5[\mathrm{kW}]$, 표준전압 $100[\mathrm{V}]$인 부동 충전방식이 있다. 이 부동 충전방식에서 다음 각 물음에 답하시오.

(1) 부동 충전방식의 충전기 2차 전류는 몇 $[\mathrm{A}]$인가?

· 계산 : _____ · 답 : _____

(2) 부동 충전방식의 회로도를 전원, 연축전지, 부하, 충전기 등을 이용하여 간단히 그리시오.
(단, 심벌은 일반적인 심벌로 표현하되 심벌 부근에 심벌에 따른 명칭을 쓰도록 하시오.)

(3) 연축전지와 알칼리 축전지를 비교할 때, 알칼리 축전지의 장점 2가지와 단점 1가지를 쓰시오.
(단, 수명, 가격은 제외할 것)

① 장점(2가지) : _____

② 단점(1가지) : _____

정답 (1) · 계산

부동 충전방식의 충전기 2차전류 = $\dfrac{\text{축전지 정격용량}[\mathrm{Ah}]}{\text{정격 방전율}[\mathrm{h}]}+\dfrac{\text{상시 부하용량}[\mathrm{VA}]}{\text{표준 전압}[\mathrm{V}]}$

$\therefore\ I=\dfrac{100}{10}+\dfrac{5\times10^{3}}{100}=60[\mathrm{A}]$

· 답 : $60[\mathrm{A}]$

(2)

(3) ① 장점 : ㉠ 사용온도 범위가 넓다.　㉡ 충방전 특성이 양호하다.
② 단점 : 연축전지에 비하여 전압이 낮다.

10　전기기사 실기 과년도

2004

[참고]

축전지의 자기 방전량 만큼 충전함과 동시에 상용부하에 대한 전력공급 충전기가 부담하고 순간적인 대
전류 부하는 축전지로 부담하게 하는 방식이다.

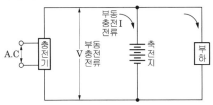

$$충전기\ 2차\ 전류 = \frac{축전지\ 정격용량[Ah]}{정격\ 방전율[h]} + \frac{상시\ 부하용량[VA]}{표준\ 전압[V]}$$

구분	연축전지[납축전지]	알칼리 축전지
정격방전율	10[h]	5[h]

배점8

05 TV나 형광등과 같은 전기제품에서의 깜빡거림 현상을 플리커 현상이라 하는데 이 플리커
현상을 경감시키기 위한 전원측과 수용가측에서의 대책을 각각 3개씩 쓰시오.

(1) 전원측 대책 3가지

○ _____

○ _____

○ _____

(2) 수용가측 대책 3가지

○ _____

○ _____

○ _____

정답 (1) 전원측 대책 3가지

① 공급전압을 승압한다.
② 굵은 전선으로 교체한다.
③ 전용의 변압기로 전력을 공급한다.

(2) 수용가측 대책 3가지

① 부스터 방식을 채용하여 전압강하를 보상한다.
② 직렬리액터 방식으로 플리커 부하전류의 변동을 억제한다.
③ 사이리스터를 이용한 콘덴서 개폐방식을 채용하여 부하의 무효분의 변동분을 흡수한다.

배점12

07 그림과 같은 배선평면도와 주어진 조건을 이용하여 다음 각 물음에 답하시오.

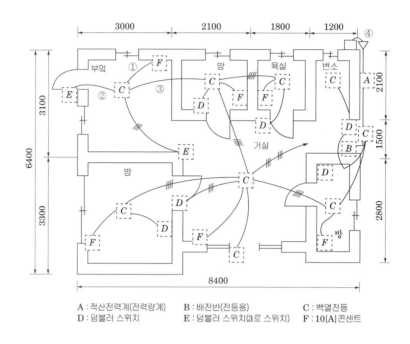

A : 적산전력계(전력량계)   B : 배전반(전등용)   C : 백열전등
D : 덤블러 스위치   E : 덤블러 스위치(3로 스위치)   F : 10[A]콘센트

【조 건】

· 사용하는 전선은 모두 450/750[V]일반용 단심 비닐절연전선 4[mm²]이다.
· 박스는 모두 4각 박스를 사용하며, 기구 1개에 박스 1개를 사용한다. 2개 연등인 경우에는 각 1개씩
  을 사용하는 것으로 한다.
· 전선관은 콘크리트 매입 후강금속관이다.
· 층고는 3[m]이고, 분전반의 설치 높이는 1.5[m]이다.
· 3로 스위치 이외의 스위치는 단극 스위치를 사용하며, 2개를 나란히 사용한 개소는 2개소이다.

(1) 점선으로 표시된 위치(A~F)에 기구를 배치하여 배선평면도를 완성하려고 한다. 해당되는 기구
의 그림기호를 그리시오.

○ _____

(2) 배선평면도의 ①~③의 배선 가닥수는 몇 가닥인가?

○ _____

(3) 도면의 ④에 대한 그림기호의 명칭은 무엇인가?

○ _____

(4) 본 배선평면도에 소요되는 4각 박스와 부싱은 몇 개 인가? (단, 자제의 규격은 구분하지 않고 개수만 산정한다.)

○ _____

정답 (1) Ⓐ ☐ WH   Ⓑ ◣   Ⓒ ○

　　　　Ⓓ ●   Ⓔ ●₃   Ⓕ ◐

　　(2) ① 2가닥   ② 3가닥   ③ 4가닥

　　(3) 케이블 헤드

　　(4) 4각 박스 25개, 부싱 46개

배점6

10 가로 8[m], 세로 18[m], 천장 높이 3[m], 작업면 높이 0.75[m]인 사무실에 천장 직부 형광등(40[W]×2)를 설치하고자 할 때 다음 물음에 답하시오.

【조 건】

① 작업면 소요 조도 1000[lx]　　② 천장 반사율 70[%]

③ 벽 반사율 50[%]　　　　　　④ 바닥 반사율 10[%]

⑤ 보수율 70[%]　　　　　　　⑥ 40[W]×2 형광등 1등의 광속 8800[lm]

[참고자료]

산형 기구(2등용) FA 42006

반사율	천장	80[%]				70[%]				50[%]				30[%]				0[%]
	벽	70	50	30	10	70	50	30	10	70	50	30	10	70	50	30	10	0[%]
	바닥	10[%]				10[%]				10[%]				10[%]				0[%]
실지수		조 명 율(×0.01)																
0.6		44	33	26	21	42	32	25	20	30	29	23	19	34	27	21	18	14
0.8		52	41	34	28	50	40	33	27	45	36	30	26	40	33	28	24	20
1.0		58	47	40	34	55	45	38	33	50	42	36	31	45	38	33	29	25
1.25		63	53	46	40	60	51	44	39	54	47	41	36	49	43	38	34	29
1.5		67	58	50	45	64	55	49	43	58	51	45	41	52	46	42	38	33
2.0		72	64	57	52	69	61	55	50	62	56	51	47	57	52	48	44	38
2.5		75	68	62	57	72	66	60	55	65	60	56	52	60	55	52	48	42
3.0		78	71	66	61	74	69	64	59	68	63	59	55	62	58	55	52	45
4.0		81	76	71	67	77	73	69	65	71	67	64	61	65	62	59	56	50
5.0		83	78	75	71	79	75	72	69	73	70	67	64	67	64	62	60	52
7.0		85	82	79	76	82	79	76	73	75	73	71	68	79	67	65	64	56
10.0		87	85	82	80	84	82	79	77	78	76	75	72	71	70	68	67	59

(1) 실지수를 구하시오.

• 계산 : _____   • 답 : _____

(2) 조명률을 구하시오.

• 계산 : _____   • 답 : _____

(3) 등기구를 효율적으로 배치하기 위한 소요 등수는 몇 조인가?

• 계산 : _____   • 답 : _____

정답 (1) • 계산

$$H = 3 - 0.75 = 2.25$$

$$실지수 \ K = \frac{X \cdot Y}{H(X+Y)} = \frac{8 \times 18}{2.25 \times (8+18)} = 2.46$$

• 답 : 2.5

(2) 66[%]

(3) • 계산

$$N = \frac{DES}{FU} = \frac{ES}{FUM} = \frac{1000 \times 8 \times 18}{8800 \times 0.66 \times 0.7} = 35.42 \rightarrow 36[조]$$

• 답 : 36[조]

배점5

07 일반적으로 사용되고 있는 열음극 형광등과 비교하여 슬림라인(Slim line)형광등의 장점 5가지와 단점 3가지를 쓰시오.

(1) 장점 5가지

○ _____

○ _____

○ _____

○ _____

○ _____

(2) 단점 3가지

○ _____

○ _____

○ _____

정답 (1) 장점 5가지

① 점등 불량으로 인한 고장이 없다.

② 순시 기동으로 점등에 시간이 짧다.

③ 관이 길어 양광주가 길고 효율이 좋다.

④ 전압 변동에 의한 수명의 단축이 없다.

⑤ 필라멘트를 예열할 필요가 없다.

(2) 단점 3가지

① 점등 장치가 비싸다.

② 전압이 높아 위험하다.

③ 전압이 높아 기동시에 음극이 손상되기 쉽다.

[참고] 1. 할로겐램프

• 광속이 크다.

• 휘도가 높다. 연색성이 좋다.

• 초소형, 경량화가 가능하다.

• 수명이 백열전구에 비해 2배로 길다.

• 용도 : 옥외등용, 디스플레이등용, 자동차 전조등용

2. 형광등(Fluorescent lamp)

• 효율이 높고, 수명이 길며, 열방사가 적다.

• 필요로 하는 광색을 쉽게 얻을 수 있다.

• 점등회로의 종류 : 직류 점등회로, 교류 점등회로, 자기누설변압기 점등회로

3. LED 램프 (Light Emitting Diode)

• 다단계 제어가 우수하다.

• 수명이 길고 효율이 좋다.

• 수은기체를 사용하지 않으며, 응답속도가 빠르다.

배점5

09 어떤 부하에 그림과 같이 접속된 전압계, 전류계 및 전력계의 지시가 각각 $V = 200[\text{V}]$, $I = 30[\text{A}]$, $W_1 = 5.96[\text{kW}]$, $W_2 = 2.36[\text{kW}]$이다. 이 부하에 대하여 다음 각 물음에 답하시오.

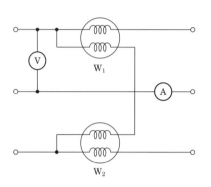

(1) 소비 전력은 몇 $[\text{kW}]$인가?

• 계산 : _____   • 답 : _____

(2) 피상 전력은 몇 $[\text{kVA}]$인가?

• 계산 : _____   • 답 : _____

(3) 부하 역률은 몇 $[\%]$인가?

• 계산 : _____   • 답 : _____

정답 (1) • 계산

$$P = W_1 + W_2 = 5.96 + 2.36 = 8.32[\text{kW}]$$

• 답 : $8.32[\text{kW}]$

(2) • 계산

$$P_a = \sqrt{3}\, VI = \sqrt{3} \times 200 \times 30 \times 10^{-3} = 10.39[\text{kVA}]$$

• 답 : $10.39[\text{kVA}]$

(3) • 계산

$$\cos\theta = \frac{P}{P_a} = \frac{8.32}{10.39} \times 100 = 80.08[\%]$$

• 답 : $80.08[\%]$

배점5

13 그림은 전자개폐기 MC에 의한 시퀀스 회로를 개략적으로 그린 것이다. 이 그림을 보고 다음 각 물음에 답하시오.

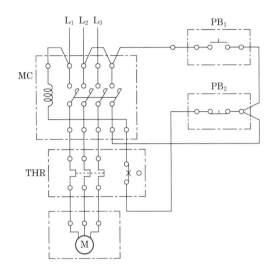

(1) 그림과 같은 회로용 전자개폐기 MC의 보조 접점을 사용하여 자기유지가 될 수 있는 일반적인 시퀀스 회로로 다시 작성하여 그리시오.

(2) 시간 t_3에 열동계전기가 작동하고, 시간 t_4에서 수동으로 복귀하였다.
이때의 동작을 타임차트로 표시하시오.

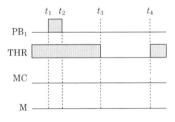

정답 (1)

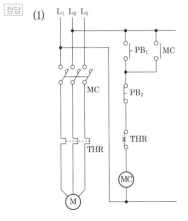

(2)

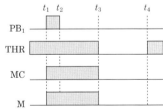

배점6

14 피뢰기에 대한 다음 각 물음에 답하시오.

(1) 현재 사용되고 있는 교류용 피뢰기의 구조는 무엇과 무엇으로 구성되어 있는가?

　○ _____

(2) 피뢰기의 정격전압은 어떤 전압을 말하는가?

　○ _____

(3) 피뢰기의 제한전압은 어떤 전압을 말하는가?

　○ _____

정답　(1) 직렬 갭, 특성요소
　　　(2) 속류를 차단할 수 있는 교류의 최고전압
　　　(3) 피뢰기 동작 중 단자전압의 파고치

국가기술자격검정 실기시험문제 및 정답

2004년도 전기기사 제2회 필답형 실기시험

종 목	시험시간	형 별	성 명	수험번호
전기기사	2시간 30분	A		

※ 수험자 인적사항 및 답안적성(계산식 포함)은 동일한 한 가지 색의 필기구만 사용하여야 하며 흑색, 청색을
   제외한 유색 필기구 또는 연필류를 사용하거나 2가지 이상의 색을 혼합 사용하였을 경우 그 문항은 0점 처리
   됩니다.

배점6

01 조명설비에 대한 다음 각 물음에 답하시오.

(1) 배선 도면에 ○H400으로 표현되어 있다. 이것의 의미를 쓰시오.

   ○ _____

(2) 비상용 조명을 건축기준법에 따른 형광등으로 시설하고자 할 때 이것을 일반적인 경우의 그림
   기호로 표현하시오.

   ○ _____

(3) 평면이 $15 \times 10[\mathrm{m}]$인 사무실에 $40[\mathrm{W}]$, 전광속 $2500[\mathrm{lm}]$인 형광등을 사용하여 평균조도를
   $300[\mathrm{lx}]$로 유지하도록 설계하고자 한다. 이 사무실에 필요한 형광등 수를 산정하시오.
   단, 조명률은 0.6이고, 감광보상률은 1.3이다.

   • 계산 : _____   • 답 : _____

정답 (1) 400[W] 수은등

(2) ◼◻◼

(3) • 계산

$$N = \frac{ESD}{FU} = \frac{300 \times 15 \times 10 \times 1.3}{2500 \times 0.6} = 39[\text{등}]$$

• 답 : 39[등]

배점7

02 인텔리전트 빌딩(Intelligent building)은 빌딩 자동화시스템, 사무자동화시스템, 정보통신 시스템, 건축 환경을 총 망라한 건설과 유지관리의 경제성을 추구하는 빌딩이라 할 수 있다. 이러한 빌딩의 전산시스템을 유지하기 위하여 비상전원으로 사용되고 있는 UPS에 대해서 다음 각 물음에 답하시오.

(1) UPS를 우리말로 하면 어떤 것을 뜻하는가?

    ○ _____

(2) UPS에서 AC → DC부와 DC → AC부로 변환하는 부분의 명칭은?

    ○ _____

(3) UPS가 동작되면 전력 공급을 위한 축전지가 필요한데 그때의 축전지 용량을 구하는 공식을 쓰시오. 단, 사용기호에 대한 의미도 설명하도록 하시오.

    ○ _____

정답 (1) 무정전 전원공급 장치

    (2) • AC → DC : 컨버터   • DC → AC : 인버터

    (3) $C = \dfrac{1}{L}KI$[Ah], C : 축전지의 용량 [Ah], L : 보수율

       K : 용량환산 시간 계수, I : 방전 전류 [A]

배점4

03 비상용 자가 발전기를 구입하고자 한다. 부하는 단일 부하로서 유도 전동기이며, 기동용량이 1800[kVA]이고, 기동시 전압 강하는 20[%]까지 허용하며, 발전기의 과도 리액턴스는 26[%]로 본다면 자가 발전기의 용량은 이론(계산)상 몇 [kVA] 이상의 것을 선정하여야 하는가?

• 계산 : _____   • 답 : _____

정답 • **계산** : 발전기 정격용량 $= \left(\dfrac{1}{\text{허용 전압 강하}} - 1\right) \times$ 기동용량 $\times$ 과도 리액턴스[kVA]

    ∴ $\mathrm{P} = \left(\dfrac{1}{0.2} - 1\right) \times 1800 \times 0.26 = 1872$[kVA]

    • **답** : 1872[kVA]

배점4

04 지중 전선로의 시설에 관한 다음 각 물음에 답하시오.

(1) 지중 전선로는 어떤 방식에 의하여 시설하여야 하는지 그 3가지만 쓰시오.

　○

　○

　○

(2) 지중 전선로의 전선으로는 어떤 것을 사용하는가?

　○

정답　(1) 직접매설식, 관로식, 암거식

　　　(2) 케이블

배점6

05 보조 릴레이 A, B, C의 계전기로 출력 (H레벨)이 생기는 유접점 회로와 무접점 회로를 그리시오. 단, 보조 릴레이의 접점은 모두 a접점만을 사용하도록 한다.

(1) A와 B를 같이 ON하거나 C를 ON할 때 X_1 출력

① 유접점 회루　　　　　　　　② 무접점 히로

(2) A를 ON하고 B또는 C를 ON할 때 X_2 출력

① 유접점 회로　　　　　　　　② 무접점 회로

정답　(1) ① 유접점 회로　　　　　　② 무접점 회로

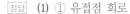
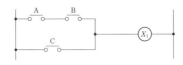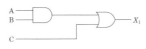

(2) ① 유접점 회로　　　　　　② 무접점 회로

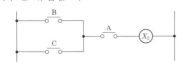

배점8

06 다음 그림은 변류기를 영상 접속시켜 그 잔류 회로에 지락계전기 DG를 삽입시킨 것이다. 선로의 전압은 66[kV], 중성점에 300[Ω]의 저항 접지로 하였고, 변류기의 변류비는 300/5[A]이다. 송전전력이 20000[kW], 역률이 0.8(지상)일 때 a상에 완전 지락사고가 발생하였다고 할 때 다음 각 물음에 답하시오.

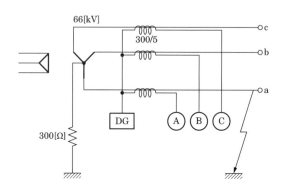

(1) 지락계전기 DG 에 흐르는 전류는 몇 [A]인가?

• 계산 : _____   • 답 : _____

(2) a상 전류계 A에 흐르는 전류는 몇 [A]인가?

• 계산 : _____   • 답 : _____

(3) b상 전류계 B에 흐르는 전류는 몇 [A]인가?

• 계산 : _____   • 답 : _____

(4) c상 전류계 C에 흐르는 전류는 몇 [A]인가?

• 계산 : _____   • 답 : _____

정답 (1) • 계산 : [참고] 중성점 저항접지 방식의 지락전류 $I_g = E/R$(단, E는 대지전압)

지락계전기는 CT 2차 측에 설치하므로 CT 2차 측의 전류를 계산한다.

$$지락전류\ I_{DG} = \frac{E}{R} \times \frac{1}{CT비} = \frac{66000/\sqrt{3}}{300} \times \frac{5}{300} = 2.12[A]$$

• 답 : 2.12[A]

(2) • 계산

※ $I = I \times (\cos\theta - j\sin\theta) = I\cos\theta - Ij\sin\theta$

부하전류 $I = \dfrac{20000}{\sqrt{3} \times 66 \times 0.8} \times (0.8 - j0.6) = 175 - j131.2$

a상에 흐르는 전류는 부하전류와 지락전류의 합이 흐른다.

한편, 지락전류$\left(I_g = \dfrac{66000/\sqrt{3}}{300} = 127.02[A]\right)$는 저항접지방식이므로 유효분의 전류이다.

$$\Rightarrow I_a = I_L + I_g = 175 - j131.2 + 127.02 = \sqrt{(127.02 + 175)^2 + 131.2^2} = 329.29[\text{A}]$$

∴ 전류계 A에 흐르는 전류는 CT 2차 측에 흐르는 전류이다.

$$i_a = I_a \times \frac{1}{CT\,\text{비}} = I_a \times \frac{5}{300} = 329.29 \times \frac{5}{300} = 5.49[\text{A}]$$

• 답 : $5.49[\text{A}]$

(3) • 계산

부하전류 $I_b = \dfrac{20000}{\sqrt{3} \times 66 \times 0.8} = 218.69[\text{A}]$

$$\therefore i_b = I_b \times \frac{5}{300} = 218.69 \times \frac{5}{300} = 3.64[\text{A}]$$

• 답 : $3.64[\text{A}]$

(4) • 계산

부하전류 $I_c = \dfrac{20000}{\sqrt{3} \times 66 \times 0.8} = 218.69[\text{A}]$

$$\therefore i_c = I_c \times \frac{5}{300} = 218.69 \times \frac{5}{300} = 3.64[\text{A}]$$

• 답 : $3.64[\text{A}]$

배점10

07 그림은 $22.9[\text{kV} - \text{Y}]$ $1000[\text{kVA}]$ 이하에 적용 가능한 특고압 간이 수전설비 결선도이다. 각 물음에 답하시오.

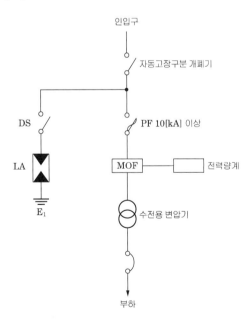

(1) 본 도면에서 생략할 수 있는 것은?

○ _____

(2) 22.9[kV − Y]용의 LA는 (   ) 붙임형을 사용하여야 한다. (   )안에 알맞은 것은?

   ○ _____

(3) 인입선을 지중선으로 시설하는 경우로 공동주택 등 고장시 정전피해가 큰 경우에는 예비 지중선을 포함하여 몇 회선으로 시설하는 것이 바람직한가?

   ○ _____

(4) 22.9[kV − Y] 지중 인입선에는 어떤 케이블을 사용하여야 하는가?

   ○ _____

(5) 22[kV − Δ] 계통에서는 어떤 케이블을 사용하여야 하는가?

   ○ _____

(6) 300[kVA] 이하인 경우는 PF 대신 COS를 사용하였다. 이것의 비대칭 차단 전류 용량은 몇 [kV] 이상의 것을 사용하여야 하는가?

   ○ _____

정답 (1) LA용 DS

     (2) Disconnector 또는 Isolator

     (3) 2회선

     (4) CNCV−W 케이블(수밀형) 또는 TR CNCV−W 케이블(트리억제형)

     (5) CV 케이블

     (6) 10[kA]

배점4

08 전동기 Ⓜ과 전열기 Ⓗ가 그림과 같이 접속되어 있는 경우, 저압 옥내간선의 굵기를 결정하는 전류는 최소 몇 [A] 이상이어야 하는가? 단, 수용률은 70[%]를 반영하여 전류값을 계산하도록 한다.

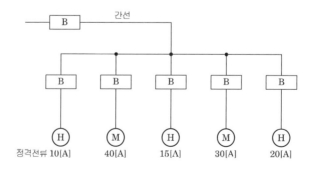

• 계산 : _____ • 답 : _____

2004

정답 설계전류 $I_B \leq I_Z$이므로 정격전류의 합이 도체의 허용전류가 된다.

· 계산 : $I_B = (10 + 40 + 15 + 30 + 20) \times 0.7 = 80.5[A]$

· 답 : $80.5[A]$

배점4

09 그림과 같이 부하가 A, B, C에 시설될 경우, 이것에 공급할 변압기 Tr의 용량을 계산하여 표준용량을 선정하시오. (단, 부등률은 1.1, 부하 역률은 $80[\%]$로 한다.)

변압기 표준용량[kVA]						
50	100	150	200	250	300	350

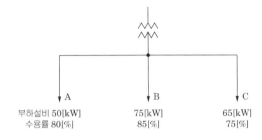

A	B	C
부하설비 50[kW]	75[kW]	65[kW]
수용률 80[%]	85[%]	75[%]

정답 · 계산 : 변압기 용량 $= \dfrac{\text{각 부하 최대 수용전력의 합}}{\text{부등률} \times \text{역률(효율)}} = \dfrac{\sum \text{설비용량[kW]} \times \text{수용률}}{\text{부등률} \times \text{역률(효율)}}[kVA]$

$= \dfrac{50 \times 0.8 + 75 \times 0.85 + 65 \times 0.75}{1.1 \times 0.8} = 177.3[kVA]$

· 답 : $200[kVA]$

배점6

10 그림과 같은 3상 3선식 $220[V]$의 수전회로가 있다. Ⓗ는 전열부하이고, Ⓜ은 역률 0.8의 전동기이다. 이 그림을 보고 다음 각 물음에 답하시오.

(1) 저압 수전의 3상 3선식 선로인 경우에 설비불평형률은 몇 $[\%]$ 이하로 하여야 하는가?

  ○

(2) 그림의 설비불평형률은 몇 $[\%]$인가? (단, P, Q점은 단선이 아닌 것으로 계산한다.)

· 계산 :   · 답 :

(3) P, Q점에서 단선이 되었다면 설비불평형률은 몇 $[\%]$가 되겠는가?

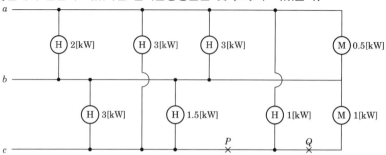

정답 (1) $30[\%]$

(2) • 계산

$$\text{설비불형평률} = \frac{\left(3+1.5+\dfrac{1}{0.8}\right)-(3+1)}{\left(2+3+\dfrac{0.5}{0.8}+3+1.5+\dfrac{1}{0.8}+3+1\right)\times\dfrac{1}{3}} \times 100 = 34.15[\%]$$

• 답 : $34.15[\%]$

(3) • 계산

• a, b간에 접속되는 부하용량 : $P_{ab} = 2+3+\dfrac{0.5}{0.8} = 5.63[\text{kVA}]$

• b, c간에 접속되는 부하용량 : $P_{bc} = 3+1.5 = 4.5[\text{kVA}]$

• a, c간에 접속되는 부하용량 : $P_{ac} = 3[\text{kVA}]$

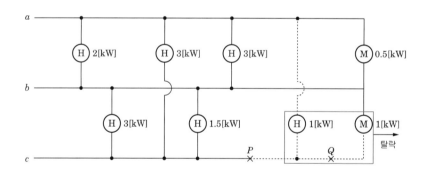

$$\therefore P, Q\text{점 단선시 설비 불평형률} = \frac{5.63-3}{(5.63+4.5+3)\times\dfrac{1}{3}} \times 100 = 60.09[\%]$$

• 답 : $60.09[\%]$

11 고압선로에서의 지락사고 검출 및 경보장치를 그림과 같이 시설하였다. A선에 지락사고가 발생하였을 때 다음 각 물음에 답하시오. (단, 전원이 인가되고 경보벨의 스위치는 닫혀있는 상태라고 한다.)

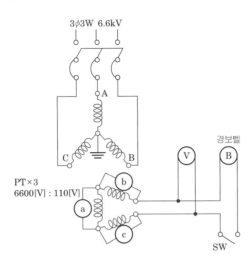

(1) 1차측 A선의 대지 전압이 0[V]인 경우 B선 및 C선의 대지 전압은 각각 몇 [V]인가?

① B선의 대지전압

   • 계산 :   • 답 :

② C선의 대지전압

   • 계산 :   • 답 :

(2) 2차측 전구 ⓐ의 전압이 0[V]인 경우 ⓑ 및 ⓒ 전구의 전압과 전압계 Ⓥ의 지시 전압, 경보벨 Ⓑ에 걸리는 전압은 각각 몇 [V]인가?

① ⓑ 선구의 선압

   • 계산 :   • 답 :

② ⓒ 전구의 전압

   • 계산 :   • 답 :

③ 전압계 Ⓥ의 지시 전압

   • 계산 :   • 답 :

④ 경보벨 Ⓑ에 걸리는 전압

   • 계산 :   • 답 :

정답 (1) ① • 계산 : $\dfrac{6600}{\sqrt{3}} \times \sqrt{3} = 6600[\text{V}]$ 　　　　　　•답 : $6600[\text{V}]$

　　　② • 계산 : $\dfrac{6600}{\sqrt{3}} \times \sqrt{3} = 6600[\text{V}]$ 　　　　　　•답 : $6600[\text{V}]$

　(2) ① • 계산 : $\dfrac{110}{\sqrt{3}} \times \sqrt{3} = 110[\text{V}]$ 　　　　　　•답 : $110[\text{V}]$

　　　② • 계산 : $\dfrac{110}{\sqrt{3}} \times \sqrt{3} = 110[\text{V}]$ 　　　　　　•답 : $110[\text{V}]$

　　　③ • 계산 : $\dfrac{110}{\sqrt{3}} \times 3 = 190.53[\text{V}]$ 　　　　　•답 : $190.53[\text{V}]$

　　　④ • 계산 : $\dfrac{110}{\sqrt{3}} \times 3 = 190.53[\text{V}]$ 　　　　　•답 : $190.53[\text{V}]$

배점10

12 그림은 큐비클식 고압 수전반을 표시하고 있다. 다음 각 물음에 답하시오.

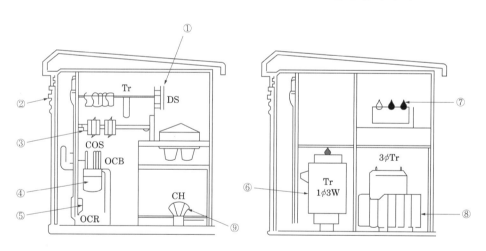

(1) ③번 기기의 명칭은 CT이다. CT 2차측 정격전류는 몇[A] 인가?

  ○

(2) ④번 기기의 명칭을 우리말로 쓰시오.

  ○

(3) ⑦번 기기의 명칭은 진상용 콘덴서로서 정격은 3ϕ 300[kVA]이다. 이때 진상용 콘덴서 용량은 수전 설비용량에 포함되어야 하는지의 여부를 밝히고 만약 포함된다면 몇 [kVA]가 포함되는지를 밝히시오.

○

(4) ⑨번의 CH는 무슨 뜻인지 명칭을 기입하시오.

○ _____

───

정답 (1) 5[A]

    (2) 유입차단기

    (3) 포함되지 않는다.

    (4) 케이블 헤드

배점9

13 다음과 같은 아파트 단지를 계획하고 있다. 주어진 규모 및 참고자료를 이용하여 다음 각 물음에 답하시오.

【규 모】

- 아파트 동수 및 세대수 : 2동, 300세대
- 세대당 면적과 세대수

동별	세대당 면적[m²]	세대수
1동	50	30
	70	40
	90	50
	110	30
2동	50	50
	70	30
	90	40
	110	30

- 계단, 복도, 지하실 등의 공용면적 1동 : 1700[m²], 2동: 1700[m²]

【조 건】

- 면적의 [m²]당 상정 부하는 다음과 같다.
  - 아파트 : 30[VA/m²], 공용 부분 : 5[VA/m²]
- 세대당 추가로 가산하여야 할 상정부하는 다음과 같다.
  - 80[m²] 이하인 경우 : 750[VA]
  - 150[m²] 이하의 세대 : 1000[VA]
- 아파트 동별 수용률은 다음과 같다.
  - 70세대 이하 65[%]
  - 100세대 이하 60[%]
  - 150세대 이하 55[%]
  - 200세대 이하 50[%]
- 모든 계산은 피상전력을 기준으로 한다.
- 역률은 100[%]로 보고 계산한다.
- 주변전실로부터 1동까지는 150[m]이며 동 내부의 전압강하는 무시한다.
- 각 세대의 공급 방식은 110/220[V]의 단상 3선식으로 한다.
- 변전식의 변압기는 단상 변압기 3대로 구성한다.
- 동간 부등률은 1.4로 본다.
- 공용 부분의 수용률은 100[%]로 한다.
- 주변전실에서 각 동까지의 전압강하는 3[%]로 한다.
- 간선의 후강 전선관 배선으로는 NR전선을 사용하며, 간선의 굵기는 300[mm²] 이하로 사용하여야 한다.
- 이 아파트 단지의 수전은 13200/22900[V]의 Y 3상 4선식의 계통에서 수전한다.
- 사용 설비에 의한 계약전력은 사용 설비의 개별 입력의 합계에 대하여 다음 표의 계약전력 환산율을 곱한 것으로 한다.

구분	계약전력환산율	비고
처음 75[kW]에 대하여	100[%]	
다음 75[kW]에 대하여	85[%]	계산의 합계치 단수가 1[kW] 미만일 경우 소수점이하 첫째자리에서 반올림 한다.
다음 75[kW]에 대하여	75[%]	
다음 75[kW]에 대하여	65[%]	
300[kW] 초과분에 대하여	60[%]	

(1) 1동의 상정 부하는 몇 [VA]인가?

• 계산 : _____   • 답 : _____

(2) 2동의 수용 부하는 몇 [VA]인가?

• 계산 : _____   • 답 : _____

(3) 이 단지의 변압기는 단상 몇 [kVA]짜리 3대를 설치하여야 하는가? 단, 변압기의 용량은 10[%]의 여유율을 보며 단상 변압기의 표준 용량은 75, 100, 150, 200, 300[kVA] 등이다.

• 계산 : _____   • 답 : _____

(4) 한국전력공사와 변압기 설비에 의하여 계약한다면 몇[kW]로 계약하여야 하는가?

• 계산 : _____   • 답 : _____

(5) 한국전력공사와 사용설비에 의하여 계약한다면 몇 [kW]로 계약하여야 하는가?

• 계산 : _____   • 답 : _____

정답 (1)

세대당 면적 [m²]	상정 부하 [VA/m²]	가산 부하 [VA]	세대수	상정 부하 [VA]
50	30	750	30	$\{(50 \times 30) + 750\} \times 30 = 67500$
70	30	750	40	$\{(70 \times 30) + 750\} \times 40 = 114000$
90	30	1000	50	$\{(90 \times 30) + 1000\} \times 50 = 185000$
110	30	1000	30	$\{(110 \times 30) + 1000\} \times 30 = 129000$
합 계				495500[VA]

② 1동의 전체 상정부하 = 상정부하+공용면적을 고려한 상정부하

$$= 495500 + 1700 \times 5 = 504000$$

• 답 : 504000[VA]

(2) • 계산

세대당 면적 [m²]	상정 부하 [VA/m²]	가산 부하 [VA]	세대수	상정 부하[VA]
50	30	750	50	$\{(50 \times 30) + 750\} \times 50 = 112500$
70	30	750	30	$\{(70 \times 30) + 750\} \times 30 = 85500$
90	30	1000	40	$\{(90 \times 30) + 1000\} \times 40 = 148000$
110	30	1000	30	$\{(110 \times 30) + 1000\} \times 30 = 129000$
합 계				475000[VA]

② 2동의 전체 상정부하 = 상정부하+공용면적을 고려한 상정부하

$$= 475000 \times 0.55 + 1700 \times 5 \times 1 = 269750[\text{VA}]$$

• 답 : 269750[VA]

(3) • 계산 : [참고] 변압기 용량 산정시 각 동의 수용부하 용량을 기준으로 계산

• TR 전체용량 $= \dfrac{\sum 설비용량 \times 수용률}{부등률} \times 여유율$

$$= \dfrac{(495500 \times 0.55 + 1700 \times 5 \times 1) + 269750}{1.4} \times 1.1 \times 10^{-3} = 432.75[\text{kVA}]$$

• 1대 변압기 용량 $= \dfrac{432.75}{3} = 144.25[\text{kVA}]$ 따라서, 표준용량 150[kVA]를 선정한다.

• 답 : 150[kVA]

(4) • 계산 : 단상 변압기 150[kVA]×3대가 필요하므로 450[kVA]이고, 역률은 1이므로
계약전력은 450[kW]이다.

• 답 : 450[kW]

(5) • 계산 : [참고] 사용설비에 의한 계약전력은 상정부하를 기준으로 한다.
  • 1동 전체상정부하 : 504000[VA]
  • 2동 전체상정부하 : 475000+1700×5=483500[VA]
    상정부하의 합=(504000+483500)×10⁻³=987.5[kVA]

$$상정부하의 합=(504000+483500)\times10^{-3}=987.5[kVA]$$

계약전력=75×1+75×0.85+75×0.75+75×0.65+687.5×0.6=656.25[kW]

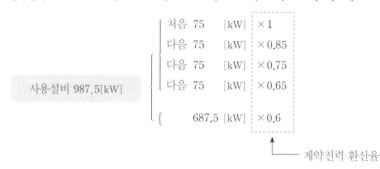

─── 계약전력 환산율

[참고] 계산의 합계치 단수가 1[kW] 미만일 경우 소수점이하 첫째자리에서 반올림 한다.
  • 답 : 656[kW]

배점6

14 변압기의 △-△ 결선 방식의 장점과 단점을 3가지씩 쓰시오.

○ _____

○ _____

○ _____

정답 (1) 장점
  ① 제3 고조파가 △결선내에서 순환한다.
  ② 1대가 고장이 나면 나머지 2대로 V결선하여 사용할 수 있다.
  ③ 각 변압기의 상전류가 선전류의 $1/\sqrt{3}$ 이 되어 대전류에 적합하다.
(2) 단점
  ① 지락사고시 건전상의 전위가 높다.
  ② 지락사고시 지락전류의 검출이 어렵다.
  ③ 권수비가 다른 변압기를 결선하면 순환전류가 흐른다.

[참고] 변압기 △결선

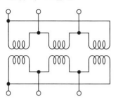

$$V_l = V_p$$
$$I_l = \sqrt{3}\,I_p \angle -30°$$

V_l : 선간전압

V_p : 상전압

I_l : 선전류

I_p : 상전류

[참고] 변압기 Y결선

1. 결선도

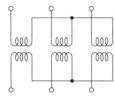

$$V_l = \sqrt{3}\,V_p \angle 30°$$
$$I_l = I_p$$

V_l : 선간전압

V_p : 상전압

I_l : 선전류

I_p : 상전류

2. 장점

① 상전압이 선간전압의 $1/\sqrt{3}$ 배이므로 고전압에 유리하다.

② 지락고장 검출이 용이하다. (보호계전기 동작이 확실하다.)

③ 중성점 접지가 가능하므로 이상전압 발생을 감소시킬 수 있다.

3. 단점

① 중성점 접지시 통신선 유도장해를 크게 일으킨다.

② 부하 불평형시 중성점의 전위가 발생할 수 있다.

③ 제3고조파 순환전류가 흐르는 폐회로가 없기 때문에 기전력에 왜형파가 발생한다.

배점5

15 도면은 유도 전동기 IM의 정회전 및 억회전용 운진의 단선 걸선노이다. 이 도면을 이용하여 다음 각 물음에 답하시오. (단, 52F는 정회전용 전자접촉기이고, 52R은 역회전용 전자접촉기이다.)

(1) 단선도를 이용하여 3선 결선도를 그리시오. (단, 점선내의 조작회로는 제외하도록 한다.)

(2) 주어진 단선 결선도를 이용하여 정역회전을 할 수 있도록 조작회로를 그리시오. (단, 누름버튼 스위치 OFF 버튼 2개, ON 버튼 2개 및 정회전 표시램프 RL, 역회전 표시램프 GL도 사용하도록 한다.)

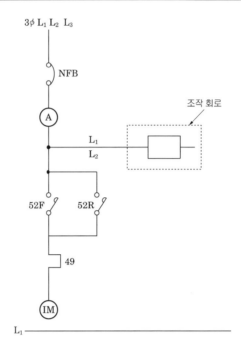

정답 (1)

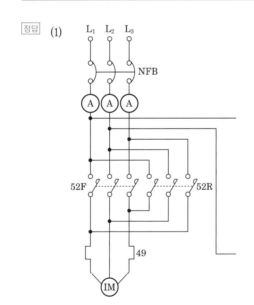

(2)

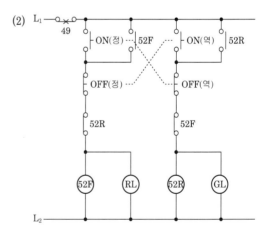

국가기술자격검정 실기시험문제 및 정답

2004년도 전기기사 제3회 필답형 실기시험

종 목	시험시간	형 별	성 명	수험번호
전기기사	2시간 30분	A		

※ 수험자 인적사항 및 답안적성(계산식 포함)은 동일한 한 가지 색의 필기구만 사용하여야 하며 흑색, 청색을 제외한 유색 필기구 또는 연필류를 사용하거나 2가지 이상의 색을 혼합 사용하였을 경우 그 문항은 0점 처리 됩니다.

배점8

01 교류 발전기에 대한 다음 각 물음에 답하시오.

(1) 정격전압 6000[V], 용량 5000[kVA]인 3상 교류 발전기에서 여자전류가 300[A], 무부하 단 자전압은 6000[V], 단락전류 700[A]라고 한다. 이 발전기의 단락비는 얼마인가?

· 계산 : _____ · 답 : _____

(2) 단락비는 수차 발전기와 터빈 발전기 중 일반적으로 어느 쪽이 더 큰가?

ㅇ _____

(3) "단락비가 큰 교류 발전기는 일반적으로 기계의 치수가 (①), 가격이 (②), 풍손, 마찰 손, 철손이 (③), 효율은 (④), 전압변동률은 (⑤), 안정도는 (⑥)"에서 ( ) 안에 알맞은 말을 쓰되, ( ) 안의 내용은 크다(고), 낮다(고), 작다(고) 등으로 표현한다.

정답 (1) · 계산

$$I_n = \frac{P_n}{\sqrt{3}\, V_n} = \frac{5000 \times 10^3}{\sqrt{3} \times 6000} = 481.13[\text{A}] \quad \rightarrow \text{단락비}(K_s) = \frac{I_s}{I_n} = \frac{700}{481.13} = 1.45$$

· 답 : 1.45

(2) 수차 발전기

(3) ① 크고 ② 높고 ③ 크고 ④ 낮고 ⑤ 작고 ⑥ 높다

[참고] 단락비가 발전기 구조 및 성능에 미치는 영향

구분	단락비가 큰 경우	단락비가 작은 경우
구조 및 적용	철기계, 수력	동기계, 화력(원자력)
%Z	작다	크다
전압변동률	작다	크다
단락용량	크다	작다
안정도	높다	낮다
전기자 반작용 및 기자력	작다	크다
공극	크다	작다
중량/ 가격/ 효율	무겁다, 비싸다, 낮다	가볍다, 저렴하다, 높다
과부하 내량	크다	작다

배점5

02 단상 유도 전동기에 대한 다음 각 물음에 답하시오.

(1) 분상 기동형 단상 유도 전동기의 회전 방향을 바꾸려면 어떻게 하면 되는가?

    ○ _____

(2) 기동방식에 따른 단상 유도 전동기의 종류를 분상 기동형을 제외하고 3가지만 쓰시오.

    ○ _____

    ○ _____

    ○ _____

(3) 단상 유도 전동기의 절연을 E종 절연물로 하였을 경우 허용 최고 온도는 몇 [℃]인가?

종 류	Y종	A종	E종	B종	F종	H종
최고사용온도[℃]	90	105	( )	130	155	180

정답 (1) 기동 권선의 접속을 반대로 바꾸어 준다.

(2) ① 반발 기동형 ② 세이딩 코일형 ③ 콘덴서 기동형

(3) 120[℃]

배점9

03 도면은 자가용 수전 설비의 복선 결선도이다. 도면을 보고 다음 각 물음에 답하시오.

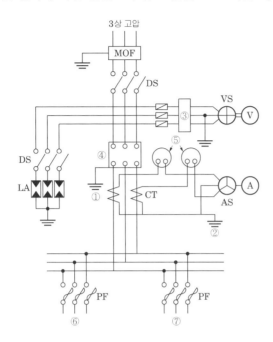

(1) ①과 ②에 그려져야 할 기계 기구의 명칭은 무엇인가?

○

(2) ③의 명칭은 무엇인가?

○

(3) ④은 단상 변압기 3대를 △-Y 결선하고 ⑤은 △-△ 결선하여 그리시오.

정답 (1) ① 계기용 변압기　　　　② 차단기

(2) ③ 과전류 계전기

(3) ④ △-Y 결선　　　　⑤ △-△ 결선

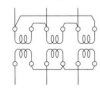

04 그림에서 B점의 차단기 용량을 $100[\mathrm{MVA}]$로 제한하기위한 한류리액터의 리엑턴스는 몇 $[\%]$인가 ? (단, $10[\mathrm{MVA}]$를 기준으로 한다.)

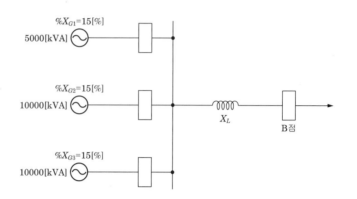

• 계산 : _____   • 답 : _____

정답 • **계산**

$P_S = \dfrac{100}{\%X} \times P_n$에서 차단기 용량을 $100[\mathrm{MVA}]$로 제한하기 위한 전원측의 합성 $\%X$를 구하면

$100 \times \dfrac{100}{\%X} \times 10$에서 합성 $\%X = 10[\%]$가 되어야 한다.

$10[\mathrm{MVA}]$ 기준용량에 맞게 $\%X_{G1}$을 환산한다.

$\%X_{G1}{'} = \dfrac{10}{5} = 30[\%]$, $\%X_G = \dfrac{1}{\dfrac{1}{30} + \dfrac{1}{15} + \dfrac{1}{15}} = 6[\%]$

$\therefore \%X = \%X_G + X_L$이므로, $10 = 6 + X_L \rightarrow X_L = 10 - 6 = 4[\%]$

• **답** : $4[\%]$

---

05 단상 2선식 $220[\mathrm{V}]$ 옥내배선에서 용량 $100[\mathrm{VA}]$, 역률 $80[\%]$의 형광등 50개와 소비전력 $60[\mathrm{W}]$인 백열등 50개를 설치할 때 최소 분기 회로수는 몇 회로인가? (단, $16[\mathrm{A}]$ 분기회로로하며, 수용률은 $80[\%]$로 한다.)

• 계산 : _____   • 답 : _____

정답 • 계산

$$분기회로수 = \frac{부하설비의 합[VA]}{전압[V] \times 분기회로 전류[A]}$$

$$= \frac{\sqrt{(100 \times 0.8 \times 50 + 60 \times 50)^2 + (100 \times 0.6 \times 50)^2} \times 0.8}{220 \times 16} = 1.73[회로]$$

[참고] 분기회로 산정시 소수가 발생하면 절상한다.

• 답 : 16[A]분기 2회로

배점5

06 그림과 같은 전자 릴레이 회로를 미완성 다이오드매트릭스 회로에 다이오드를 추가시켜 다이오드매트릭스로 바꾸어 그리시오.

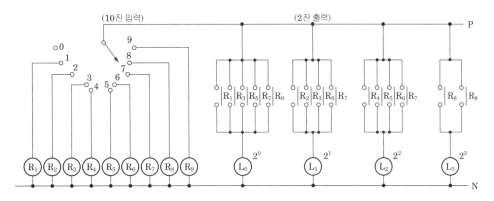

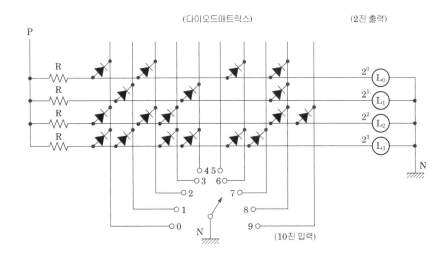

정답

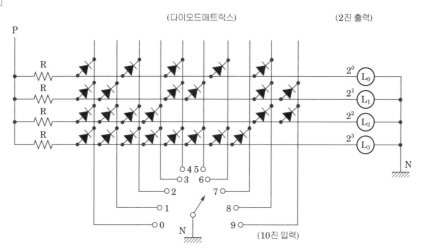

배점7

07 불평형부하의 제한에 관련된 다음 물음에 답하시오.

(1) 저압, 고압 및 특별고압수전 3상 3선식 또는 3상 4선식에서 불평형률의 한도는 단상부하로 계산하여 몇 $[\%]$ 이하로 하는 것을 원칙으로 하는가?

　○　

(2) "(1)" 항 문제의 제한원칙에 따르지 않아도 되는 경우를 2가지만 쓰시오.

　○　

　○　

(3) 부하 설비가 그림과 같을 때 설비불평형률은 몇 $[\%]$ 인가 ? (단, Ⓗ는 전열기이고 Ⓜ은 전동기이다.)

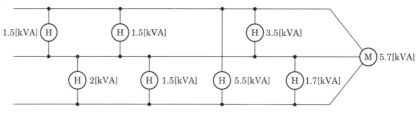

―――――――――――――――――――――――――――――――

정답　(1)　30$[\%]$

　　(2)　불평형 부하의 제한의 예외

　　　　① 저압수전에서 전용의 변압기 등으로 수전하는 경우

　　　　② 고압 및 특별고압 수전에서 100$[kVA]$ 이하의 단상부하인 경우

　　　　③ 고압·특별고압 수전에서 단상부하 최대·최소의 차가 100$[kVA]$ 이하인 경우

　　　　④ 특별고압 수전에서 100$[kVA]$ 이하의 단상 변압기 2대로 역 V결선하는 경우

(3) • 계산

$$3상3선식\ 불평형률 = \frac{(1.5+1.5+3.5)-(2+1.5+1.7)}{(1.5+1.5+3.5+2+1.5+1.7+5.5+5.7)\times\frac{1}{3}}\times100 = 17.03[\%]$$

• 답 : $17.03[\%]$

배점7

08 그림과 같은 릴레이 시퀀스도를 이용하여 다음 각 물음에 답하시오.

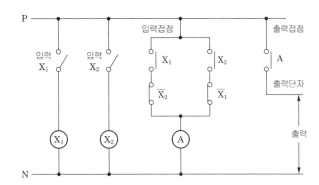

(1) AND, OR, NOT 등의 논리게이트를 이용하여 주어진 릴레이 시퀀스도를 논리회로로 바꾸어 그리시오.

(2) 물음 "(1)" 에서 작성된 회로에 대한 논리식을 쓰시오.

(3) 논리식에 대한 진리표를 완성하시오.

X_1	X_2	A
0	0	
0	1	
1	0	
1	1	

(4) 진리표를 만족할 수 있는 로직회로를 간소화하여 그리시오.

(5) 주어진 타임차트를 완성하시오.

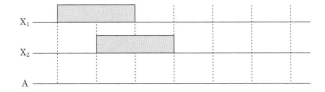

정답 (1)

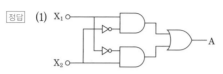

(2) $A = X_1 \overline{X_2} + \overline{X_1} X_2$

(3)

X_1	X_2	A
0	0	0
0	1	1
1	0	1
1	1	0

(4)

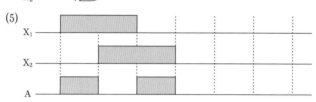

(5)

배점8

09 과전류 계전기의 동작시험을 하기 위한 시험기의 배치도를 보고 다음 각 물음에 답하시오. 단, ○안의 숫자는 단자번호이다.

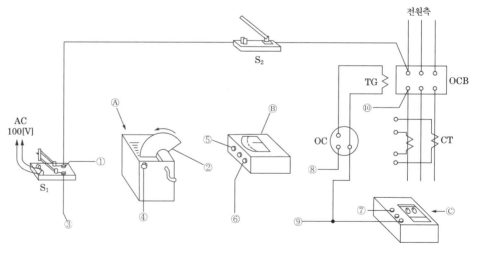

(1) 회로도의 기기를 사용하여 동작 시험을 하기 위한 단자 접속을 ○-○ 안에 기입하시오.

① _____ ② _____ ③ _____

⑥ _____ ⑦ _____

(2) Ⓐ, Ⓑ 및 ⓒ에 표시된 기기의 명칭을 기입하시오.

Ⓐ 기기명 : _____

Ⓑ 기기명 : _____

ⓒ 기기명 : _____

(3) 이 결선도에서 스위치 S_2를 투입(ON)하고 행하는 시험 명칭과 개방(OFF)하고 행하는 시험 명칭은 무엇인가?

· S_2 ON시의 시험명 : _____

· S_2 OFF시의 시험명 : _____

───────────────────────────────

정답 (1) ①-④, ②-⑤, ③-⑨, ⑥-⑧, ⑦-⑩

(2) Ⓐ 기기명 : 물 저항기   Ⓑ 기기명 : 전류계   ⓒ 기기명 : 사이클 카운터

(3) · S_2 ON시의 시험명 : 계전기 한시 동작 특성 시험

· S_2 OFF시의 시험명 : 계전기 최소 동작 전류 시험

배점11

10 도면은 어느 건물의 구내 간선 계통도이다. 주어진 조건과 참고자료를 이용하여 다음 각 물음에 답하시오.

【조 건】

· 전압은 380[V]/220[V]이며, $3\phi 4w$이다.
· CABLE은 TRAY 배선으로 한다. (공중, 암거 포설)
· 전선은 가교 폴리에틸렌 절연 비닐 외장 케이블이다.
· 허용 전압 강하는 2[%]이다.
· 분전반간 부등률은 1.1이다.
· 차단기의 규격은 극수, 전압, AF/AT 등을 모두 쓰도록 한다.
· 주어진 조건이나 참고자료의 범위 내에서 가장 적절한 부분을 적용시키도록 한다.
· CABLE 배선 거리 및 부하용량은 표와 같다.

분전반	거리[m]	연결 부하[kVA]	수용률[%]
P_1	50	240	65
P_2	80	320	65
P_3	210	180	70
P_4	150	60	70

[참고자료]

[표1] 배선용 차단기(MCCB)

Frame		100			225			400		
기본 형식		A11	A12	A13	A21	A22	A23	A31	A32	A33
극수		2	3	4	2	3	4	2	3	4
정격 전류[A]		60,75,100			125,150,175,200,225			250,300,350,400		

[표2] 기중 차단기(ACB)

TYPE	G1	G2	G3	G4
정격 전류[A]	600	800	1000	1250
정격 절연 전압[V]	1000	1000	1000	1000
정격 사용 전압[V]	660	660	660	660
극수	3,4	3,4	3,4	3,4
과전류 Trip 장치의 정격 전류	200,400,630	400,630,800	630,800,1000	800,1000,1250

[표3] 전선 최대 길이(3상 3선식 380[V]·전압강하 3.8[V])

전류 [A]	전선의 굵기[mm²]												
	2.5	4	6	10	16	25	35	50	95	150	185	240	300
	전선 최대 길이[m]												
1	534	854	1281	2135	3416	5337	7472	10674	20281	32022	39494	51236	64045
2	267	427	610	1067	1708	2669	3736	5337	10140	16011	19747	25618	32022
3	178	285	427	712	1139	1779	3491	3558	6760	10674	13165	17079	21348
4	133	213	320	534	854	1334	1868	2669	5070	8006	9874	12809	16011
5	107	171	256	427	683	1067	1494	2135	4056	6404	7899	10247	12809
6	89	142	213	356	569	890	1245	1779	3380	5337	6582	8539	10674
7	76	122	183	305	488	762	1067	1525	2897	4575	5642	7319	9149
8	67	107	160	267	427	667	934	1334	2535	4003	4937	6404	8006
9	59	95	142	237	380	593	830	1186	2253	3558	4388	5693	7116
12	44	71	107	178	285	445	623	890	1690	2669	3291	4270	5337
14	38	61	91	152	244	381	534	762	1449	2287	2821	3660	4575
15	36	57	85	142	228	356	498	712	1352	2135	2633	3416	4270
16	33	53	80	133	213	334	467	667	1268	2001	2468	3202	4003
18	30	47	71	119	190	297	415	593	1127	1779	2194	2846	3558
25	21	34	51	85	137	213	299	427	811	1281	1580	2049	2562
35	15	24	37	61	98	152	213	305	579	915	1128	1464	1830
45	12	19	28	47	76	119	166	237	451	712	878	1139	1423

[비고 1] 전압강하가 2[%] 또는 3[%]의 경우, 전선길이는 각각 이 표의 2배 또는 3배가 된다. 다른 경우에도 이 예에 따른다.

[비고 2] 전류가 20[A] 또는 200[A] 경우의 전선길이는 각각 이 표 전류2[A] 경우의 1/10 또는 1/100이 된다.

[비고 3] 이 표는 평형부하의 경우에 대한 것이다.

[비고 4] 이 표는 역률 1로 하여 계산한 것이다.

(1) P_1의 전부하시 전류를 구하고, 여기에 사용될 배선용 차단기(MCCB)의 규격을 선정하시오.

① 전 부하시의 전류

 • 계산 : _____ • 답 : _____

② 배선용 차단기(MCCB) 규격

 • 계산 : _____ • 답 : _____

(2) P_1에 사용될 케이블의 굵기는 몇 $[\mathrm{mm}^2]$ 인가?

 • 계산 : _____ • 답 : _____

(3) 배전반에 설치된 ACB의 최소 규격을 산정하시오.

 • 계산 : _____ • 답 : _____

(4) $0.6/1[\mathrm{kV}]$ 가교 폴리에틸렌 절연 비닐 시스 케이블의 영문 약호는?

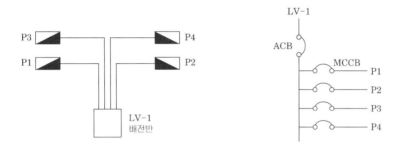

정답 (1) • 계산

  ① 전부하전류 $= \dfrac{\text{설비용량} \times \text{수용률}}{\sqrt{3} \times \text{전압}} = \dfrac{(240 \times 10^3) \times 0.65}{\sqrt{3} \times 380} = 237.02 \, [\mathrm{A}]$

   • 답 : 전부하 전류 237.02[A]

  ② 배선용 차단기 규격 [표1]에서 선정

   • 답 : 극수 : 3극, AF/AT : 400/250[A]

  (2) 배전선 길이 $= \dfrac{50 \times \dfrac{237.02}{25}}{\dfrac{380 \times 0.02}{3.8}} = 237.02 \, [\mathrm{m}]$

   [표3] 전류 25[A] 란에서 전선 최대길이 237.02[m]를 넘는 299[m] 란의 전선 35[mm²] 선정

   • 답 : 35[mm²]

  (3) $I = \dfrac{(240 \times 0.65 + 320 \times 0.65 + 180 \times 0.7 + 60 \times 0.7)}{\sqrt{3} \times 380 \times 1.1} \times 10^3 = 734.81 \, [\mathrm{A}]$

   [표2]에서 선정

   • 답 : 극수 : 4극, AF/AT : 800/800[A]

  (4) CV1

배점8

11 부하 전력이 4000[kW], 역률 80[%]인 부하에 전력용 콘덴서 1800[kVA]를 설치하였다. 이 때 다음 각 물음에 답하시오.

(1) 역률은 몇 [%]로 개선되었는가?

  ○ _____

(2) 부하설비의 역률이 90[%] 이하일 경우(즉, 낮은 경우) 수용가 측면에서 어떤 손해가 있는지 3 가지만 쓰시오.

  ○ _____

  ○ _____

  ○ _____

(3) 전력용 콘덴서와 함께 설치되는 방전코일과 직렬 리액터의 용도를 간단히 설명하시오.

  ○ _____

정답 (1) • 계산

$$무효전력 \ Q = \frac{4000}{0.8} \times 0.6 = 3000[kVar]$$

$$\cos\theta = \frac{4000}{\sqrt{4000^2 + (3000 - 1800)^2}} \times 100 = 95.78[\%]$$

  • 답 : 95.78[%]

(2) ① 전력손실 증가

  ② 전기요금 증가

  ③ 전압강하가 증가

  ④ 설비용량의 여유감소

(3) • 방전 코일 : 콘덴서에 축적된 잔류 전하 방전

  • 직렬 리액터 : 제5고조파 제거

배점9

12 그림의 회로는 Y-△ 기동 방식의 주회로 부분이다. 도면을 보고 다음 각 물음에 답하시오.

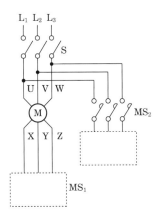

(1) 주회로 부분의 미완성 회로에 대한 결선을 완성하시오.

(2) Y-△ 기동 시와 전전압 기동 시의 기동 전류를 비교 설명하시오.

  ○ ──────────────────────────────────

(3) 전동기를 운전할 때 Y-△ 기동에 대한 기동 및 운전에 대한 조작 요령을 설명하시오.

  ○ ──────────────────────────────────

정답 (1)

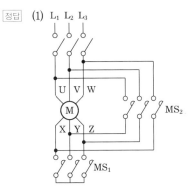

(2) Y-△ 기동 전류는 전전압 기동 전류의 1/3배이다.

(3) Y결선으로 기동한 후 타이머 설정 시간이 지나면 △결선으로 운전한다. 이때 Y와 △는 동시투입이
   되어서는 안된다.

배점5

13 조명설비에 대한 다음 각 물음에 답하시오.

(1) 배선 도면에 $\bigcirc_{H400}$ 으로 표현되어 있다. 이것의 의미를 쓰시오.

　○ _____

(2) 비상용 조명을 건축기준법에 따른 형광등으로 시설하고자 할 때 이것을 일반적인 경우의 그림 기호로 표현하시오.

　○ _____

(3) 평면이 $15 \times 10 [\mathrm{m}]$ 인 사무실에 $40[\mathrm{W}]$, 전광속 $2500[\mathrm{lm}]$ 인 형광등을 사용하여 평균조도를 $300[\mathrm{lx}]$ 로 유지하도록 설계하고자 한다. 이 사무실에 필요한 형광등 수를 산정하시오. 단, 조명률은 0.6이고, 감광보상률은 1.3이다.

　• 계산 : _____ 　　• 답 : _____

───────────────────────────────

정답 (1) $400[\mathrm{W}]$ 수은등

　(2) ◖●◗

　(3) • 계산

$$N = \frac{ESD}{FU} = \frac{300 \times 15 \times 10 \times 1.3}{2500 \times 0.6} = 39[\text{등}]$$

　　• 답 : 39[등]

배점6

14 표와 같은 수용가 A, B, C, D에 공급하는 배전선로의 최대전력이 $800[\mathrm{kW}]$ 라고 할 때 다음 각 물음에 답하시오.

수용가	설비용량[kW]	수용률[%]
A	250	60
B	300	70
C	350	80
D	400	80

(1) 수용가의 부등률은 얼마인가?

　• 계산 : _____ 　　• 답 : _____

(2) 부등률이 크다는 것은 어떤 것을 의미하는가?

　○ _____

정답 (1) • 계산

$$부등률 = \frac{\sum 설비\ 용량 \times 수용률}{합성\ 최대\ 전력} = \frac{250 \times 0.6 + 300 \times 0.7 + 350 \times 0.8 + 400 \times 0.8}{800} = 1.2$$

• 답 : 1.2

(2) 최대전력을 소비하는 기기의 사용 시간대가 서로 다르다.

배점6

15 세계적인 고속전철회사인 일본 신간센, 프랑스 TGV, 독일 ICE등 유수한 회사들이 고속전철 전동기 구동을 위해서 각각 직류기, 유도기, 동기기를 이용하고 있다. 이 주 전동기를 구동하기 위하여 현재 건설 중인 우리나라 고속전철에 인버터가 사용되는 것으로 되어 있는 바 이 인버터에 대하여 다음 각 물음에 답하시오.

(1) 전류형 인버터와 전압형 인버터의 회로상의 차이점을 2가지씩 쓰시오.

전류형 인버터	전압형 인버터

(2) 전류형 인버터와 전압형 인버터의 출력 파형상의 차이점을 설명하시오.

○

정답 (1)

전류형 인버터	전압형 인버터
DC Link 양단에 평활용 콘덴서 대신에 리액터 사용	출력의 맥동을 줄이기 위해 LC 필터 사용
인버터 부에 SCR 사용	컨버터부에 3상 다이오드 모듈 사용

(2) • 전류형 인버터 – 전압 : 정현파 　　　　　전류 : 구형파
　　 • 전압형 인버터 – 전압 : PWM 구형파 　　전류 : 정현파(전동기 부하인 경우)

memo

2005

과년도 기출문제

국가기술자격검정 실기시험문제 및 정답

2005년도 전기기사 **제1회** 필답형 실기시험

종 목	시험시간	형 별	성 명	수험번호
전기기사	2시간 30분	A		

※ 수험자 인적사항 및 답안작성(계산식 포함)은 동일한 한 가지 색의 필기구만 사용하여야 하며 흑색, 청색을 제외한 유색 필기구 또는 연필류를 사용하거나 2가지 이상의 색을 혼합 사용하였을 경우 그 문항은 0점 처리됩니다.

배점6

01 특고압 수전설비에 대한 다음 각 물음에 답하시오.

(1) 동력용 변압기에 연결된 동력부하 설비용량이 350[kW], 부하역률은 85[%], 효율 85[%], 수용률은 60[%]라고 할 때, 동력용 3상 변압기의 용량은 몇[kVA]인지를 산정하시오. (단, 변압기의 표준 정격용량은 다음 표에서 선정하도록 한다.)

· 계산 : _____   · 답 : _____

전력용 3상 변압기 표준용량[kVA]

200	250	300	400	500	600

(2) 3상 농형 유도전동기에 전용 차단기를 설치할 때 전용 차단기의 정격전류는 몇[A]인가?
(단, 전동기는 160[kW]이고 정격전압은 3300[V], 역률은 85[%], 효율은 85[%]이며 차단기의 정격전류는 전동기의 정격전류의 3배로 계산한다.)

· 계산 : _____   · 답 : _____

정답 (1) · 계산 : 변압기 용량 $= \dfrac{설비용량 \times 수용률}{역률 \times 효율} = \dfrac{350 \times 0.6}{0.85 \times 0.85} = 290.66[kVA]$

· 답 : 300[kVA]

(2) · 계산

$$I = \frac{P}{\sqrt{3}\,V\cos\theta \cdot \eta} = \frac{160 \times 10^3}{\sqrt{3} \times 3300 \times 0.85 \times 0.85} = 38.74[A]$$

차단기 정격전류는 전동기 정격전류의 3배를 적용하므로 유도전동기의 전류를 구한 후 3배를 한다.

$I_n = 38.74 \times 3 = 116.22[A]$

· 답 : 116.22[A]

배점5

02 도로 조명 설계에 관한 다음 각 물음에 답하시오.

(1) 도로 조명 설계에 있어서 성능상 고려하여야 할 중요 사항을 5가지만 쓰시오.

(2) 도로의 너비가 40[m]인 곳의 양쪽으로 35[m] 간격으로 지그재그 식으로 등주를 배치하여 도로 위의 평균 조도가 6[lx]가 되도록 하고자 한다. 도로면 광속 이용률은 30[%], 유지율 75[%]로 한다고 할 때 각 등주에 사용되는 수은등의 규격은 몇 [W]의 것을 사용하여야 하는지, 전 광속을 계산하고, 주어진 수은등 규격 표에서 찾아 쓰시오.

크기[W]	램프 전류[A]	전광속[lm]
100	1.0	3200~4000
200	1.9	7700~8500
250	2.1	10000~11000
300	2.5	13000~14000
400	3.7	18000~20000

• 계산 :   • 답 :

정답 (1) ① 운전자가 보는 도로의 휘도가 충분히 높고, 조도균제도가 일정할 것

② 보행자가 보는 도로의 휘도가 충분히 높고, 조도균제도가 일정할 것

③ 조명기구의 눈부심이 불쾌감을 주지 않을 것

④ 조명시설이 도로나 그 주변의 경관을 해치지 않을 것

⑤ 광원색이 환경에 적합한 것이며, 그 연색성이 양호할 것

(2) • 계산

등 1개의 조명 면적 $S = \dfrac{1}{2} \times$ 도로 폭 $\times$ 등간격

$$F = \frac{DES}{UN} = \frac{ES}{UNM} = \frac{6 \times \left(\frac{1}{2} \times 40 \times 35 \right)}{0.3 \times 1 \times 0.75} = 18666.666[\text{lm}] \quad \text{표에서 } 400[\text{W}] \text{ 선정}$$

• 답 : 400[W]

이것이 *핵심이다*

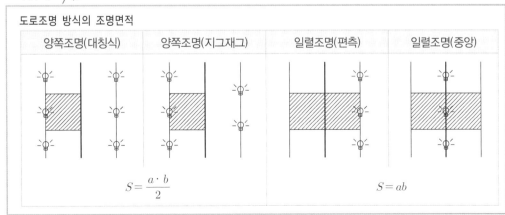

도로조명 방식의 조명면적			
양쪽조명(대칭식)	양쪽조명(지그재그)	일렬조명(편측)	일렬조명(중앙)
	$S = \dfrac{a \cdot b}{2}$	$S = ab$	

03 그림은 누전차단기를 적용하는 것으로 CVCF 출력단의 접지용 콘덴서 C_0는 $5[\mu F]$이고, 부하측 라인필터의 대지 정전용량 $C_1 = C_2 = 0.1[\mu F]$, 누전차단기 ELB_1에서 지락점까지의 케이블의 대지정전용량 $C_{L1} = 0.2$(ELB_1의 출력단에 지락 발생 예상), ELB_2에서 부하 2까지의 케이블의 대지정전용량은 $C_{L2} = 0.2[\mu F]$이다. 지락저항은 무시하며, 사용 전압은 $220[V]$, 주파수가 $60[Hz]$인 경우 다음 각 물음에 답하시오.

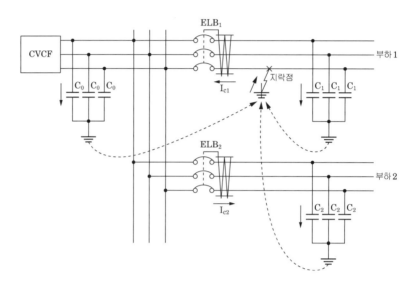

【조 건】

- $I_{C1} = 3 \times 2\pi f\, CE$ 에 의하여 계산한다.
- 누전차단기는 지락시의 지락전류의 $\frac{1}{3}$에 동작 가능하여야 하며, 부동작 전류는 건전 피더에 흐르는 지락전류의 2배 이상의 것으로 한다.
- 누전차단기의 시설 구분에 대한 표시 기호는 다음과 같다.

　○ : 누전차단기를 시설할 것

　△ : 주택에 기계기구를 시설하는 경우에는 누전차단기를 시설할 것

　□ : 주택 구내 또는 도로에 접한 면에 룸에어컨디셔너, 아이스박스, 진열장, 자동판매기 등 전동기를 부품으로 한 기계기구를 시설하는 경우에는 누전차단기를 시설하는 것이 바람직하다.

※ 사람이 조작하고자 하는 기계기구를 시설한 장소보다 전기적인 조건이 나쁜 장소에서 접촉할 우려가 있는 경우에는 전기적 조건이 나쁜 장소에 시설된 것으로 취급한다.

(1) 도면에서 CVCF는 무엇인지 우리말로 그 명칭을 쓰시오.

(2) 건전 피더(Feeder) ELB_2에 흐르는 지락전류 I_{C2}는 몇 [mA]인가?

　• 계산 : _____　• 답 : _____

(3) 누전차단기 ELB_1, ELB_2가 불필요한 동작을 하지 않기 위해서는 정격감도전류 몇 [mA] 범위의 것을 선정하여야 하는가?

　• 계산 : ＿＿＿＿＿＿＿＿＿＿＿＿＿＿＿　• 답 : ＿＿＿＿＿＿＿＿＿＿

(4) 누전차단기의 시설 예에 대한 표의 빈칸에 ○, △, □로 표현하시오.

전로의 대지전압 ＼ 기계기구 시설장소	옥내		옥측		옥외	물기가 있는 장소
	건조한 장소	습기가 많은 장소	우선내	우선외		
150[V] 이하	−	−	−			
150[V] 초과 300[V] 이하			−			

정답 (1) 정전압 정주파수 공급 장치

(2) 지락전류

　• 계산 : $I_{c2} = 3\omega CE = 3 \times 2\pi f \times (C_{L2} + C_2) \times \dfrac{V}{\sqrt{3}}$

　　　　　$= 3 \times 2\pi \times 60 \times (0.2 + 0.1) \times 10^{-6} \times \dfrac{220}{\sqrt{3}} \times 10^3 = 43.1[\mathrm{mA}]$

　• 답 : $43.1[\mathrm{mA}]$

(3) 정격감도전류

　• 계산 :

　　① 동작 전류＝지락전류$\times \dfrac{1}{3}$

　　$I_c = 3\omega CE = 3 \times 2\pi f \times (C_0 + C_{L1} + C_1 + C_{L2} + C_2) \times \dfrac{V}{\sqrt{3}}$

　　　$= 3 \times 2\pi \times 60 \times (5 + 0.2 + 0.1 + 0.2 + 0.1) \times 10^{-6} \times \dfrac{220}{\sqrt{3}} \times 10^3 = 804.46[\mathrm{mA}]$

　　$\therefore \mathrm{ELB} = 804.46 \times \dfrac{1}{3} = 268.15[\mathrm{mA}]$

　　② 부동작 전류＝건전피더 지락전류$\times 2$

　　　부하 1측 cable 지락시 부하 2측 cable에 흐르는 지락전류

　　$I_c' = 3 \times 2\pi f \times (C_{L2} + C_2) \times \dfrac{V}{\sqrt{3}} = 3 \times 2\pi \times 60 \times (0.2 + 0.1) \times 10^{-6} \times \dfrac{220}{\sqrt{3}} \times 10^3$

　　　$= 43.1[\mathrm{mA}]$

　　$\therefore ELB = 43.1 \times 2 = 86.2[\mathrm{mA}]$

　• 답 : 정격 감도 전류 $ELB = 86.2 \sim 268.15[\mathrm{mA}]$

(4) 누전차단기의 시설

전로의 대지전압	옥내		옥측		옥외	물기가 있는 장소
기계기구 시설장소	건조한 장소	습기가 많은 장소	우선내	우선외		
150[V] 이하	—	—	—	□	□	○
150[V] 초과 300[V] 이하	△	○	—	○	○	○

배점9

04 불평형 부하의 제한에 관련된 다음 물음에 답하시오.

(1) 저압, 고압 및 특별 고압 수전의 3상 3선식 또는 3상 4선식에서 불평형 부하의 한도는 단상 접속 부하로 계산하여 설비불평형률을 몇[%] 이하로 하는 것을 원칙으로 하는가?

(2) "(1)"항 문제의 제한 원칙에 따르지 않아도 되는 경우를 2가지만 쓰시오.

　○ _____

　○ _____

(3) 부하 설비가 그림과 같을 때 설비 불평형률은 몇 [%]인가? (단, Ⓗ는 전열기 부하이고, Ⓜ은 전동기 부하이다.)

• 계산 : _____　　• 답 : _____

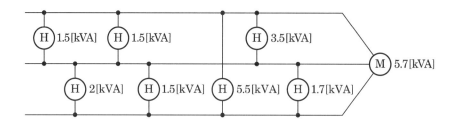

정답 (1) 30[%] 이하

(2) ① 저압수전에서 전용의 변압기 등으로 수전하는 경우

② 고압 및 특고수전에서 100[kVA] 이하의 단상부하인 경우

(3) • 계산

3상 3선식의 설비불평형률

$$설비 불평형률 = \frac{각 선간에 접속되는 단상부하 총 설비용량의 최대와 최소의 차[kVA]}{총 부하 설비용량[kVA] \times \frac{1}{3}} \times 100$$

설비 불평형률을 계산할 경우 부하의 단위는 피상전력[kVA] 또는 [VA]이다.

$$= \frac{(3.5+1.5+1.5)-(2+1.5+1.7)}{(1.5+1.5+3.5+5.7+2+1.5+5.5+1.7) \times \frac{1}{3}} \times 100 = 17.03[\%]$$

$$= 17.03[\%]$$

• 답 : 17.03[%]

배점14

05 그림과 같은 간이 수전설비에 대한 결선도를 보고 다음 각 물음에 답하시오.

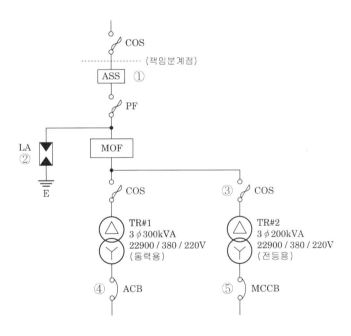

(1) 수전실의 형태를 Cubicle Type으로 할 경우 고압반(HV: High voltage)과 저압반(LV: Low voltage)은 몇 개의 면으로 구성되는지 구분하고, 수용되는 기기의 명칭을 쓰시오.

○

(2) ①, ②, ③ 기기의 정격을 쓰시오.

○ _____

○ _____

○ _____

(3) ④, ⑤ 차단기의 용량(AF, AT)은 어느 것을 선정하면 되겠는가? 단, 역률은 100[%]로 계산한다.

○ _____

정답 (1) 고압반 : 4면(PF+LA, MOF, COS+TR#1, COS+TR#2)
　　　　저압반 : 2면(ACB, MCCB)

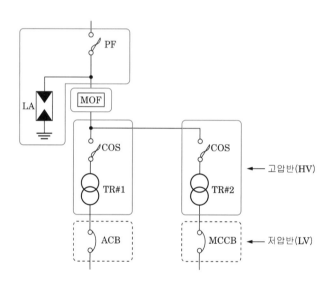

(2) ① 자동 고장 구분 개폐기 : 25.8[kV], 200[A]
　　② 피뢰기 : 18[kV], 2500[A]
　　③ cos : 25[kV], 100[AF], 8[A]

(3) ④ $I_1 = \dfrac{300 \times 10^3}{\sqrt{3} \times 380} = 455.82[A]$　　•답 : AF: 630[A], AT: 600[A]

　　⑤ $I_1 = \dfrac{200 \times 10^3}{\sqrt{3} \times 380} = 303.88[A]$　　•답 : AF: 400[A], AT :350[A]

2005

배점4

06 콘덴서의 회로에 제3고조파의 유입으로 인한 사고를 방지하기 위하여 콘덴서 회로에 콘덴서 용량의 13[%]인 직렬 리액터를 설치하고자 한다. 이 경우 투입시의 전류는 콘덴서의 정격 전류(정상시 전류)의 몇 배의 전류가 흐르게 되는가?

• 계산 : _____ • 답 : _____

정답 • 계산 : 콘덴서 투입시 전류

$$I = I_n\left(1 + \sqrt{\frac{X_C}{X_L}}\right) = I_n\left(1 + \sqrt{\frac{X_C}{0.13 X_C}}\right)$$

$$= I_n\left(1 + \sqrt{\frac{1}{0.13}}\right)$$

$$= 3.77 I_n$$

• 답 : 3.77 배

콘덴서 투입시 현상

• 돌입전류

콘덴서가 완전 방전 상태에서 투입될 경우 순간적으로 단락상태가 되어 전류는 계통의 리액턴스에 의해서만 제한되므로 큰 돌입전류 발생한다.

$$I = I_n \times \left(1 + \sqrt{\frac{X_C}{X_L}}\right)$$

• 과도주파수

$$f_1 = f \cdot \sqrt{\frac{X_C}{X_L}} \rightarrow \text{약 4배}$$

• $E_{C\max} = 2E_c$

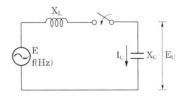

07 답란의 그림은 농형 유도 전동기의 Y - △ 기동 회로도이다. 이중 미완성 부분인 ①~⑩ 까지 완성하시오. 단, 접점 등에는 접점 기호를 반드시 쓰도록 하며, $MC_\triangle$, MC_Y, MC_L 은 전자접촉기, ⓞ, ⓡ, ⓖ는 각 경우의 표시등이다.

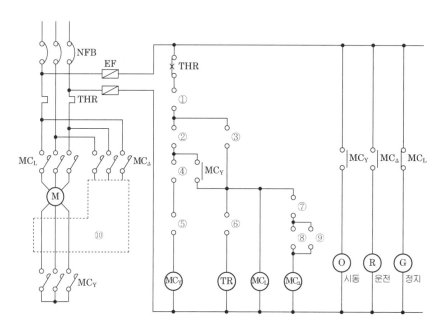

- 주회로 : Y−△기동회로는 R,S,T 한칸씩 이동하여 결선해주면 된다. 예) R–S, S–T, T–R
- 동작설명 : 처음 전원 인가시 G램프가 점등상태이다. PB–ON을 누르면 MC_Y가 여자되어 O 램프가 점등되면서 시동이 걸린다. 이때 MC_Y–a접점이 동작하여 TR과 MC_L이 여자되어 G램프는 소등한다. 일정시간 후 TR–b 접점이 동작하여 MC_Y는 소자되고 O램프는 소등된다. 동시에 $MC_\triangle$이 여자되고 R램프가 점등되면서 운전을 지속한다. PB–OFF를 누를시 정지한다.

배점3

08 배전선 전압을 조정하는 방법 3가지만 쓰시오.

○

○

○

정답 ① 자동전압조정기(AVR)
　　② 주상변압기 탭 전환
　　③ 직렬콘덴서

배점9

09 그림과 같은 3상 배전선에서 변전소(A점)의 전압은 3300[V], 중간(B점) 지점의 부하는 50[A], 역률 0.8(지상), 말단(C점)의 부하는 50[A], 역률 0.8이고, A와 B사이의 길이는 2[km], B와 C사이의 길이는 4[km]이며, 선로의 km당 임피던스는 저항 0.9[Ω], 리액턴스 0.4[Ω]이라고 할 때 다음 물음에 답하시오.

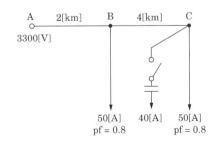

(1) 이 경우의 B점과 C점의 전압은 몇 [V]인가?

① B점의 전압

• 계산 : _____   • 답 : _____

② C점의 전압

• 계산 : _____   • 답 : _____

(2) C점에 전력용 콘덴서를 설치하여 진상 전류 40[A]를 흘릴 때 B점의 전압과 C점의 전압은 각각 몇 [V]인가?

① B점의 전압

• 계산 : _____   • 답 : _____

② C점의 전압

• 계산 : _____   • 답 : _____

(3) 전력용 콘덴서를 설치하기 전과 후의 선로의 전력 손실을 구하시오.

① 전력용 콘덴서 설치 전

• 계산 : _____   • 답 : _____

② 전력용 콘덴서 설치 후

• 계산 : _____   • 답 : _____

정답 (1) ① B점의 전압

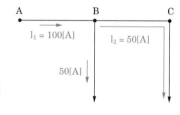

• 계산

$R_1 = 0.9 \times 2 = 1.8[\Omega], \ X_1 = 0.4 \times 2 = 0.8[\Omega]$

$V_B = V_A - \sqrt{3}\, I_1(R_1\cos\theta + X_1\sin\theta)$

$\quad = 3300 - \sqrt{3} \times 100 \times (0.9 \times 2 \times 0.8 + 0.4 \times 2 \times 0.6)$

$\quad = 2967.446[V]$

• 답 : 2967.45[V]

② C점의 전압

• 계산

$V_C = V_B - \sqrt{3}\, I_2(R_2\cos\theta + X_2\sin\theta)$

$\quad = 2967.45 - \sqrt{3} \times 50 \times (0.9 \times 4 \times 0.8 + 0.4 \times 4 \times 0.6)$

$\quad = 2634.896$

• 답 : 2634.9[V]

(2) ① B점의 전압

• 계산

$V_B = V_A - \sqrt{3} \times [I_1\cos\theta \cdot R_1 + (I_1\sin\theta - I_c) \cdot X_1]$

$\quad = 3300 - \sqrt{3} \times [100 \times 0.8 \times 1.8 + (100 \times 0.6 - 40) \times 0.8] = 3022.871$

• 답 : 3022.87[V]

② C점의 전압
- 계산

$$V_C = V_B - \sqrt{3} \times [I_2\cos\theta \cdot R_2 + (I_2\sin\theta - I_c) \cdot X_2]$$
$$= 3022.87 - \sqrt{3} \times [50 \times 0.8 \times 3.6 + (50 \times 0.6 - 40) \times 1.6] = 2801.167$$

- 답 : 2801.17[V]

(3) 전력용 콘덴서를 설치하기 전과 후의 선로의 전력손실

3상 배전선로의 전력손실 : $P_\ell = 3I^2R \times 10^{-3}$ [kW]

① · 계산

콘덴서 설치 전의 전력손실($P_{\ell 1}$)

$$P_{\ell 1} = 3I_1^2R_1 + 3I_2^2R_2$$
$$P_{\ell 1} = (3 \times 100^2 \times 1.8 + 3 \times 50^2 \times 3.6) \times 10^{-3} = 81 \,[\text{kW}]$$

- 답 : 81[kW]

② · 계산

콘덴서 설치 후의 전류(I_1', I_2') 및 전력손실($P_{\ell 2}$)

$$I_1' = 100 \times (0.8 - j0.6) + j40 = 80 - j20 = 82.46\,[\text{A}]$$
$$I_2' = 50 \times (0.8 - j0.6) + j40 = 40 - j10 = 41.23\,[\text{A}]$$
$$P_{\ell 2} = 3I_1'^2R_1 + 3I_2'^2R_2$$
$$P_{\ell 2} = (3 \times 82.46^2 \times 1.8 + 3 \times 41.23^2 \times 3.6) \times 10^{-3}$$
$$= 55.077\,[\text{kW}]$$

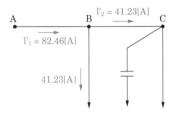

- 답 : 55.08[kW]

배점5

10 다음은 컴퓨터 등의 중요한 부하에 대한 무정전 전원공급을 위한 그림이다.
"(가) ~ (바)"에 적당한 전기 시설물의 명칭을 쓰시오.

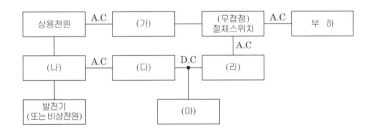

정답 (가) 자동전압조정기(AVR)　　　(나) 절체용 개폐기　　　(다) 정류기(컨버터)
　　　(라) 인버터　　　(마) 축전지

배점6

11 그림과 같은 송전계통 S점에서 3상 단락사고가 발생하였다. 주어진 도면과 조건을 참고하여 발전기, 변압기(T_1), 송전선 및 조상기의 %리액턴스를 기준출력 100[MVA]로 환산하시오.

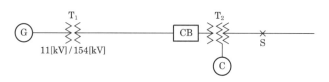

【조 건】

번호	기기명	용량	전압	%X
1	G : 발전기	50,000[kVA]	11[kV]	30
2	T_1: 변압기	50,000[kVA]	11/154[kV]	12
3	송전선		154[kV]	10(10,000[kVA])
4	T_2: 변압기	1차 25,000[kVA]	154[kV] (1~2차)	12(25,000[kVA])
		2차 30,000[kVA]	77[kV] (2~3차)	15(25,000[kVA])
		3차 10,000[kVA]	11[kV] (3~1차)	10.8(10,000[kVA])
5	C : 조상기	10,000[kVA]	11[kV]	20(10,000[kVA])

정답 계산 : • $\%Z' = \dfrac{기준용량}{자기용량} \times 환산할\ \%Z$

• G의 $\%X = \dfrac{100}{50} \times 30 = 60\,[\%]$

• T_1의 $\%X = \dfrac{100}{50} \times 12 = 24\,[\%]$

• 송전선의 $\%X = \dfrac{100}{10} \times 10 = 100\,[\%]$

• C의 $\%X = \dfrac{100}{10} \times 20 = 200\,[\%]$

배점6

12 연축전지의 고장 현상이 다음과 같을 때 예상되는 이유가 무엇인지 쓰시오.

(1) 전 셀의 전압 불균일이 크고 비중이 낮다.

(2) 전 셀의 비중이 높다.

(3) 전해액 변색, 충전하지 않고 그냥 두어도 다량으로 가스가 발생한다.

정답 (1) 충전 부족으로 장시간 방치한 경우
(2) 증류수가 부족한 경우
(3) 전해액에 불순물이 혼입된 경우

배점5

13 그림은 공장별 일부하 곡선이다. 이 그림을 이용하여 다음 각 물음에 답하시오.

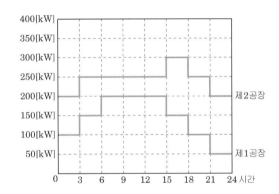

(1) 제2공장의 일 부하율은 몇 [%]인가?

• 계산 : _____   • 답 : _____

(2) 각 공장 상호간의 부등률은 얼마인가?

• 계산 : _____   • 답 : _____

정답 (1) • 계산 : 일부하율 $= \dfrac{\text{평균 전력}}{\text{최대 전력}} = \dfrac{\dfrac{\text{사용전력량}}{24}}{\text{최대전력}} \times 100$

$= \dfrac{\dfrac{200 \times 3 + 250 \times 12 + 300 \times 3 + 250 \times 3 + 200 \times 3}{24}}{300} \times 100 = 81.25[\%]$

• 답 : $81.25[\%]$

(2) • 계산 : 부등률 $= \dfrac{\text{각 부하 최대수용 전력의 합}}{\text{합성 최대 전력}}$

$= \dfrac{200 + 300}{450} = 1.11$

• 답 : 1.11

이것이 **핵심이다**

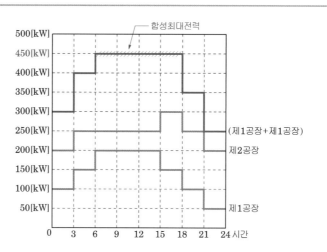

각 공장에서 사용하는 전력은 시간에 따라 다르다. 합성최대전력이란, 각 공장에서 동시에 사용한 전력의 합성값이 최대가 되는 전력을 말한다. 제1공장과 2공장의 시간대별 합성값(굵은 실선)을 그림으로 표현했다. 이 그림에서는 6시~18시까지 450[kW]를 동시에 사용했으며, 합성값 중 최대값이다.

배점4

14 그림과 같은 무접점의 논리 회로도를 보고 다음 각 물음에 답하시오.

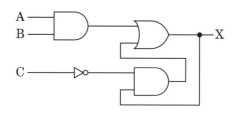

(1) 출력식을 나타내시오.

○ _____

(2) 주어진 무접점 논리회로를 유접점 논리회로로 바꾸어 그리시오.

○ _____

정답 (1) 출력식 : $X = AB + \overline{C}X$

(2)
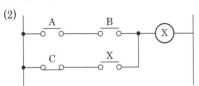

배점7

15 교류용 적산전력계에 대한 다음 각 물음에 답하시오.

(1) 잠동(creeping) 현상에 대하여 설명하고 잠동을 막기 위한 유효한 방법을 2가지만 쓰시오.

  ○ _____

  ○ _____

(2) 적산전력계가 구비해야 할 전기적, 기계적 및 성능상 특성을 5가지만 쓰시오.

  ○ _____

  ○ _____

  ○ _____

  ○ _____

  ○ _____

정답 (1) ① 잠동 : 무부하 상태에서 정격 주파수 및 정격 전압의 110[%]를 인가하여 계기의 원판이 1회전 이상 회전하는 현상
    ② 방지대책
      • 원판에 작은 구멍을 뚫는다.
      • 원판에 작은 철편을 붙인다.

  (2) 구비해야 할 특성
    ① 옥내 및 옥외에 설치가 적당한 것
    ② 온도나 주파수 변화에 보상이 되도록 할 것
    ③ 기계적 강도가 클 것
    ④ 부하특성이 좋을 것
    ⑤ 과부하 내량이 클 것

유도형 전력량계에 전원을 인가하면, 내부에 있는 전압코일과 전류코일에 자속이 발생하여 이 자속의 영향으로, 원판이 회전을 하게 된다. 이 상태에서 부하를 차단하게 되면(무부하) 제동자석에 의해 제어는 되지만 원판의 회전력 및 잔여전류로 인해 느린 속도로 원판이 회전을 하게 된다. 이러한 현상을 잠동(Creeping)이라 한다. 원어로 creep이라는 의미가 '살금살금 움직이다' 라는 뜻이다. 부하를 걸지 않았음에도 불구하고 원판이 움직인다면 전력 사용자의 전력사용요금도 올라갈 수 있다. 현재 기술이 발달하여 잠동방지 장치가 달린 전력량계가 생산되고 있다.

국가기술자격검정 실기시험문제 및 정답

2005년도 전기기사 **제2회** 필답형 실기시험

종 목	시험시간	형 별	성 명	수험번호
전기기사	2시간 30분	A		

※ 수험자 인적사항 및 답안적성(계산식 포함)은 동일한 한 가지 색의 필기구만 사용하여야 하며 흑색, 청색을 제외한 유색 필기구 또는 연필류를 사용하거나 2가지 이상의 색을 혼합 사용하였을 경우 그 문항은 0점 처리 됩니다.

배점4

01 3상 3선식 $200[\text{V}]$ 회로에서 $400[\text{A}]$의 부하를 전선의 길이 $100[\text{m}]$인 곳에 사용할 경우 전압강하는 몇 $[\%]$인가? (단, 사용 전선의 단면적은 $300[\text{mm}^2]$이다.)

정답 · 계산

전압강하 $e = \dfrac{30.8LI}{1000A} = \dfrac{30.8 \times 100 \times 400}{1000 \times 300} = 4.11[\text{V}]$

전압강하율 $\delta = \dfrac{V_s - V_r}{V_r} \times 100 = \dfrac{e}{V_r} \times 100 = \dfrac{4.11}{200} \times 100 = 2.055[\%]$

· 답 : $2.06[\%]$

이것이 *핵심이다*

전선의 단면적	
단상 2선식	$A = \dfrac{35.6LI}{1000 \cdot e}$
3상 3선식	$A = \dfrac{30.8LI}{1000 \cdot e}$
단상 3선식, 3상 4선식	$A = \dfrac{17.8LI}{1000 \cdot e}$

I : 부하전류 $[\text{A}]$, L : 전선의 길이 $[\text{m}]$, e : 전압강하 $[\text{V}]$, A : 전선의 단면적 $[\text{mm}^2]$

배점5

02 차단기의 트립 방식을 4가지 쓰고 각 방식을 간단히 설명하시오.

    ○ _____

    ○ _____

    ○ _____

    ○ _____

정답 (1) 직류(DC) 트립 방식 : 고장 발생시 축전지 등의 직류전류로 차단기의 트립코일을 여자시키는 방식
    (2) 콘덴서(CTD) 트립 방식 : 고장 발생시 콘덴서가 방전한다. 이 방전전류로 트립코일을 여자 시키는 방식
    (3) 과전류(OCR) 트립 방식 : 고장 발생시 변류기 2차 전류로 OCR 코일을 여자시키며 차단기의 트립코일을 여자시키는 방식
    (4) 부족 전압(UVR) 트립 방식 : 고장 발생시 부족 전압이 저하되면 차단기를 트립시키는 방식

배점9

03 컴퓨터나 마이크로프로세서에 사용하기 위하여 전원장치로 UPS를 구성하려고 한다. 주어진 그림을 보고 다음 각 물음에 답하시오.

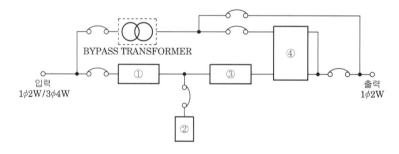

(1) 그림의 ①~④에 들어갈 기기 또는 명칭을 쓰고 그 역할에 대하여 간단히 설명하시오.

    ○

(2) Bypass Transformer를 설치하여 회로를 구성하는 이유를 설명하시오.

    ○

(3) 전원장치인 UPS, CVCF, VVVF 장치에 대한 비교표를 다음과 같이 구성할 때 빈칸을 채우시오. 단, 출력전원에 대하여서는 가능은 ○, 불가능은 ×로 표시하시오.

구 분 \ 장 치		UPS	CVCF	VVVF
우리말 명칭				
주회로 방식				
스위칭 방식	컨버터			
	인버터			
주회로 디바이스	컨버터			
	인버터			
출력 전압	무정전			
	정전압 정주파수			
	가변전압 가변주파수			

정답 (1)

번호	명 칭	역 할
①	컨 버 터	교류를 직류로 변환하기 위한 장치
②	축 전 지	충전 장치에 의해 변환된 직류 전력을 저장하기 위한 장치
③	인 버 터	직류를 교류로 변환하기 위한 장치
④	절체 스위치	상용전력 정전시 인버터 회로로 절체되어 부하에 무정전으로 전력을 공급하기 위한 장치

(2) ① 회로의 절연

　　② UPS의 점검 보수 및 고장시에도 부하에 연속적으로 전력을 공급하기 위함

(3)

구 분 \ 장 치		UPS	CVCF	VVVF
우리말 명칭		무정전 전원공급 장치	정전압 정주파수 장치	가변전압 가변주파수 장치
주회로 방식		전압형 인버터	전압형 인버터	전류형 인버터
스위칭 방식	컨버터	PWM제어 또는 위상제어	PWM제어	PWM제어 또는 위상제어
	인버터	PWM제어	PWM제어	PWM제어
주회로 디바이스	컨버터	IGBT	IGBT	IGBT
	인버터	IGBT	IGBT	IGBT
출력 전압	무정전	○	×	×
	정전압 정주파수	○	○	×
	가변전압 가변주파수	×	×	○

04 도면은 어느 $154[\text{kV}]$ 수용가의 수전 설비 단선 결선도의 일부분이다. 주어진 표와 도면을 이용하여 다음 각 물음에 답하시오.

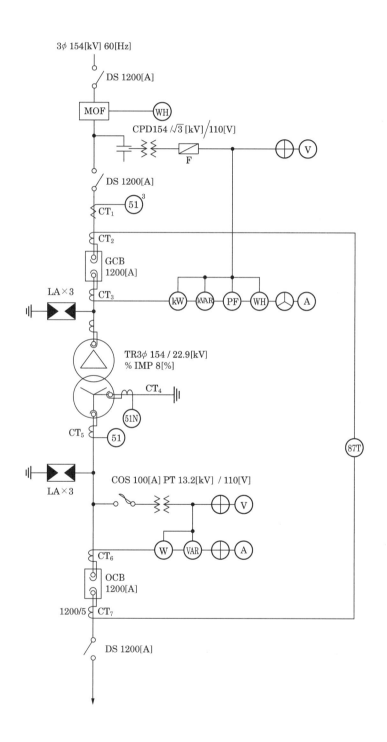

1차 정격 전류[A]	200	400	600	800	1200
2차 정격 전류[A]			5		

(1) 변압기 2차부하 설비용량이 51[MW], 수용률이 70[%], 부하역률이 90[%]일 때 도면의 변압기 용량은 몇 [MVA]가 되는가?

• 계산 : _____   • 답 : _____

(2) 변압기 1차측 DS의 정격전압은 몇 [kV]인가?

○ _____

(3) CT_1의 비는 얼마인지를 계산하고 표에서 산정하시오.

• 계산 : _____   • 답 : _____

(4) GCB의 정격전압은 몇[kV]인가?

○ _____

(5) 변압기 명판에 표시되어 있는 OA/FA의 뜻을 설명하시오.

○ _____

(6) GCB 내에 사용되는 가스는 주로 어떤 가스가 사용되는지 그 가스의 명칭을 쓰시오.

○ _____

(7) 154[kV] 측 LA의 정격전압은 몇 [kV]인가?

○ _____

(8) ULTC의 구조상의 종류 2가지를 쓰시오.

○ _____

○ _____

(9) CT_5의 비는 얼마인지를 계산하고 표에서 선정하시오.

• 계산 : _____   • 답 : _____

(10) OCB의 정격 차단전류가 23[kA]일 때, 이 차단기의 차단용량은 몇[MVA]인가?

• 계산 : _____   • 답 : _____

(11) 변압기 2차측 DS의 정격전압은 몇[kV]인가?

○ _____

(12) 과전류 계전기의 정격부담이 9[VA]일 때 이 계전기의 임피던스는 몇[Ω]인가?

• 계산 : _____   • 답 : _____

(13) CT_7 1차 전류가 600[A]일 때 CT_7의 2차에서 비율 차동 계전기의 단자에 흐르는 전류는 몇 [A]인가?

• 계산 : _____ • 답 : _____

정답 (1) • 계산 : 변압기 용량 $= \dfrac{\text{설비용량} \times \text{수용률}}{\text{부등률} \times \text{역률}}$

$$= \dfrac{51 \times 0.7}{1 \times 0.9} = 39.666 [\text{MVA}]$$

• 답 : 39.67[MVA]

(2) 170[kV]

(3) • 계산 : CT비 선정 방법

① CT 1차측 전류 : $I_1 = \dfrac{P}{\sqrt{3} \cdot V} = \dfrac{39.67 \times 10^3}{\sqrt{3} \times 154} = 148.72 [\text{A}]$

② CT의 여유 배수 적용 : $I_1 \times (1.25 \times 1.5) = 185.9 \sim 223.08 [\text{A}]$

③ CT 정격을 선정 : 200/5

• 답 : 200/5

(4) 170[kV]

(5) OA : 유입자냉식, FA : 유입풍냉식

(6) SF_6

(7) 144[kV]

(8) 병렬 구분식, 단일 회로식

(9) • 계산 : CT비 선정방법

① CT 1차 전류 : $I_1 = \dfrac{P}{\sqrt{3} V} = \dfrac{39.67 \times 10^3}{\sqrt{3} \times 22.9} = 1000.15 [\text{A}]$

② CT의 여유배수 적용 : $I_1 \times (1.25 \sim 1.5) = 1250.19 \sim 1500.23$

③ CT의 정격을 선정 : 주어진 표에서 1200이 최대값이므로 1200/5

• 답 : 1200/5

(10) • 계산 : 차단 용량 : $P_s = \sqrt{3} V_n I_s = \sqrt{3} \times 25.8 \times 23 = 1027.798 [\text{MVA}]$

• 답 : 1027.8[MVA]

(11) 25.8[kV]

(12) • 계산 : 부담(전류) $= I_n^2 \cdot Z [\text{VA}]$ (단, 여기서 I_n은 CT의 2차 정격전류인 5[A]이다.)

$$Z = \dfrac{[\text{VA}]}{I^2} = \dfrac{9}{5^2} = 0.36 [\Omega]$$

• 답 : 0.36[Ω]

(13) • 계산 : CT가 △결선일 경우 비율 차동 계전기 단자에 흐르는 전류(I_2)

$$I_2 = CT \text{1차 전류} \times CT \text{역수비} \times \sqrt{3} = 600 \times \dfrac{5}{1200} \times \sqrt{3} = 4.33 [\text{A}]$$

• 답 : 4.33[A]

(12) 변류기의 부담은 $I^2 \cdot Z$, 계기용변압기의 부담은 V_n^2/Z (단, 여기서 V_n은 110[V]이다.)

(13) CT의 결선(CT_2, CT_7)이 중요하다. 변류기의 결선은 변압기 결선(△–Y)과 반대로 한다.
즉, Y–△ 결선으로 해야 한다. 이때 CT_2는 Y결선, CT_7은 △결선을 한다. 또한 CT_7은 △결선으로
했으므로 비율차동계전기의 단자에 흐르는 전류는 선전류이므로 CT 1차측 전류(상전류)에 $\sqrt{3}$을
곱한다.

05 폭 16[m], 길이 22[m], 천장높이 3.2[m]인 사무실이 있다. 주어진 조건을 이용하여 이
사무실의 조명설계를 하고자 할 때 다음 각 물음에 답하시오.

【조 건】
- 천장은 백색 텍스로, 벽면은 옅은 크림색으로 마감한다.
- 이 사무실의 평균조도는 550[lx]로 한다.
- 램프는 40[W]2등용(H형) 팬던트를 사용하되, 노출형을 기준으로 하여 설계한다.
- 팬던트의 길이는 0.5[m], 책상면의 높이는 0.85[m]로 한다.
- 램프의 광속은 형광등 한 등당 3500[lm]으로 한다.
- 보수율은 0.75를 사용한다.
- 조명률은 반사율 천장 50[%], 벽 30[%], 바닥 10[%]를 기준으로 하여 0.64로 한다.
- 기구 간격의 최대한도는 1.4H를 적용한다. 여기서, H[m]는 피조면에서 조명기구까지의 높이이다.
- 경제성과 실제 설계에 반영할 사항을 최적의 상태로 적용하여 설계한다.

(1) 이 사무실의 실지수를 구하시오.

•계산 : •답 :

(2) 이 사무실에 시설되어야 할 조명기구의 수를 계산하고 실제로 몇 열, 몇 행으로 하여 몇 조를
시설하는 것이 합리적인지를 쓰시오.

•계산 : •답 :

정답 (1) •계산

실지수 $K = \dfrac{X \cdot Y}{H(X+Y)}$

H(등고) : $3.2 - 0.5 - 0.85 = 1.85$

실지수 $K = \dfrac{X \cdot Y}{H(X+Y)} = \dfrac{16 \times 22}{1.85 \times (16+22)} = 5.01$

•답 : 5.01

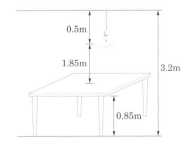

(2) • 계산

① 필요한 등수를 먼저 구한다.

$$N = \frac{DES}{FU} = \frac{ES}{FUM} = \frac{550 \times (16 \times 22)}{3500 \times 0.64 \times 0.75} = 115.24 \rightarrow 116[등]$$

F40×2등용이므로 2로 나눈다 : $\frac{116}{2} = 58$조이다.

② 등기구 배치조건에 알맞은 등수를 구한다.

〈등기구 배치조건〉

등간격 ≤ $1.4H = 1.4 \times 1.85 = 2.59$

$\frac{16}{2.59} = 6.17 \rightarrow 7$열, $\frac{22}{2.59} = 8.49 \rightarrow 9$행

이므로 전체 등수는 $7 \times 9 = 63$조

• 답 : 7열 9행 63조

배점9

06 어떤 공장에 예비전원설비로 발전기를 설계하고자 한다. 이 공장의 조건을 이용하여 다음 각 물음에 답하시오.

【조 건】

- 부하는 전동기 부하 150[kW] 2대, 100[kW] 3대, 50[kW] 2대 이며, 전등 부하는 40[kW]이다.
- 전동기 부하의 역률은 모두 0.9이고 전등 부하의 역률은 1이다.
- 동력부하의 수용률은 용량이 최대인 전동기 1대는 100[%], 나머지 전동기는 그 용량의 합계를 80[%]로 계산하며, 전등 부하는 100[%]로 계산한다.
- 발전기 용량의 여유율은 10[%]를 주도록 한다.
- 발전기 과도리액턴스는 25[%]적용한다.
- 허용 전압강하는 20[%]를 적용한다.
- 시동 용량은 750[kVA]를 적용한다.
- 기타 주어지지 않은 조건은 무시하고 계산하도록 한다.

(1) 발전기에 걸리는 부하의 합계로부터 발전기 용량을 구하시오.

• 계산 : _____ • 답 : _____

(2) 부하 중 가장 큰 전동기 시동시의 용량으로부터 발전기의 용량을 구하시오.

• 계산 : _____ • 답 : _____

(3) 다음 "(1)"과 "(2)"에서 계산된 값 중 어느 쪽 값을 기준하여 발전기 용량을 정하는지 그 값을 쓰고 실제 필요한 발전기 용량을 정하시오.

○ _____

정답 (1) • 계산 : 단순 부하의 경우 발전기 용량

발전기 용량 $P_{G1} = \left(\dfrac{\sum W_M \times \alpha}{\cos\theta} + \dfrac{\sum W_L \cdot \alpha}{\cos\theta} \right) \times \beta$ 여기서, α : 수용률, β : 여유율

$\sum W_M$: 전동기 부하 합계, $\sum W_L$: 전등부하 합계, $\cos\theta$: 부하의 역률

$P_{G1} = \left(\dfrac{150 \times 1 + (150 + 100 \times 3 + 50 \times 2) \times 0.8}{0.9} + \dfrac{40 \times 1}{1} \right) \times 1.1 = 765.111 [\text{kVA}]$

• 답 : 765.11[kVA]

(2) 부하 중 최대값을 갖는 전동기를 시동할 때 발전기 용량

발전기용량 $P_{G2} \geq$ 시동용량[kVA] $\times$ 과도리액턴스 $\times \left(\dfrac{1}{허용전압강하} - 1 \right) \times \beta$

$P_{G2} = 750 \times 0.25 \times \left(\dfrac{1}{0.2} - 1 \right) \times 1.1 = 825 [\text{kVA}]$

• 답 : 825[kVA]

(3) P_{G1} 과 P_{G2} 중 큰 값인 825[kVA]를 기준하여 발전기용량을 정한다.

실제 필요한 발전기용량 : 표준용량 1000[kVA] 적용

배점5

07 전력계통의 발전기, 변압기 등의 증설이나 송전선의 신·증설로 인하여 단락·지락전류가 증가하여 송변전 기기에 손상이 증대되고, 부근에 있는 통신선의 유도장해가 증가하는 등의 문제점이 예상된다. 따라서 이러한 문제점을 해결하기 위하여 전력계통의 단락용량의 경감 대책을 세워야 한다. 이 대책을 3가지만 쓰시오.

○

○

○

정답 ① 계통전압을 격상시킨다.
② 초전도 한류리액터를 설치한다.
③ 고 임피던스 기기를 채용한다.

 단락용량 경감 대책

(1) 계통전압을 격상시킨다.

$$(\Downarrow)I_s = \frac{P_s}{\sqrt{3}\ V_n(\Uparrow)} \quad (P_s : 단락용량,\ V_n : 정격전압)$$

V_n이 증대되면 I_s는 반비례하므로 단락전류가 억제된다.

(2) 초전도 기술을 이용한 초전도 한류 리액터를 사용한다.

평상시(임계온도 −195[℃])에서는 손실 없이 전류가 흐른다. 한편, 사고 발생시(임계전류 이상의 전류가 흐르면) 초전도 소자는 퀜치되어 극히 짧은 시간에 사고전류를 제한 할 수 있다. 사고제한의 역할을 끝낸 후에는 0.5초 이내 다시 초전도 상태로 되어 송전을 계속한다.

(3) 고 임피던스 기기를 채용한다.

$$(\Downarrow)I_s = \frac{E}{Z(\Uparrow)}$$

변압기, 발전기 등의 임피던스를 현재 사용 중인 것보다 증가시킨다.

(4) 직류연계방식을 도입한다.

직류는 무효분의 전달이 없어 교류계통 사고시 유입전류가 증가하지 않으므로 단락전류가 억제된다.

(5) 변전소 모선의 분할, 계통분리, 회선감소 등 임피던스를 증가시킨다.

배점6

08 접지 저항을 측정하고자 한다. 다음 각 물음에 답하시오.

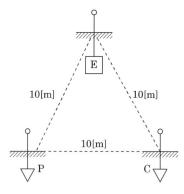

(1) 접지저항을 측정하기 위하여 사용되는 계기나 측정 방법을 2가지 쓰시오.

    ◦ _____

    ◦ _____

(2) 그림과 같이 본 접지 E에 제1보조접지 P, 제2보조접지 C를 설치하여 본 접지 E의 접지 저항은 몇 [Ω]인가? 단, 본 접지와 P 사이의 저항값은 86[Ω], 본접지와 C 사이의 접지저항값은 92[Ω], P와 C 사이의 접지 저항값은 160[Ω]이다.

    ◦ _____

정답 (1) ① 어스테스터

② 콜라우시 브리지

(2) $R_E = \dfrac{R_{EP} + R_{EC} - R_{PC}}{2} = \dfrac{86 + 92 - 160}{2} = 9[\Omega]$

이것이 핵심이다

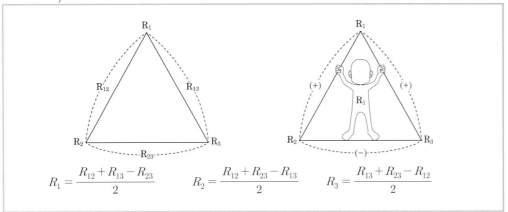

$$R_1 = \frac{R_{12} + R_{13} - R_{23}}{2} \qquad R_2 = \frac{R_{12} + R_{23} - R_{13}}{2} \qquad R_3 = \frac{R_{13} + R_{23} - R_{12}}{2}$$

배점5

09 다음의 표와 같은 전력개폐장치의 정상전류와 이상전류시의 통전, 개·폐 등의 가능 유무를 빈칸에 표시하시오. (단, ○ : 가능, △ : 때에 따라 가능, × : 불가능)

기구 명칭	정상 전류			이상 전류		
	통전	개	폐	통전	투입	차단
차단기						
퓨 즈						
단로기						
개폐기						

정답

기구 명칭	정상 전류			이상 전류		
	통전	개	폐	통전	투입	차단
차단기	○	○	○	○	○	○
퓨 즈	○	×	×	×	×	○
단로기	○	△	×	○	×	×
개폐기	○	○	○	○	△	×

배점9

10 불평형 부하의 제한에 관련된 다음 물음에 답하시오.

(1) 저압 수전의 단상 3선식에서 중성선과 각 전압측 전선간의 부하는 불평형 부하를 제한할 때 몇 [%]를 초과하지 않아야 하는가?

(2) 저압 및 고압, 특고압 수전의 3상 3선식 또는 3상 4선식에서 불평형 부하의 한도는 단상접속 부하로 계산하여 불평형률은 몇 [%] 이하로 하는 것을 원칙으로 하는가?

(3) 그림과 같은 3상 3선식 380[V] 수전인 경우 설비 불평형률은 몇 [%]인가? (단, Ⓗ는 전열기 부하이고, Ⓜ은 전동기 부하이다.)

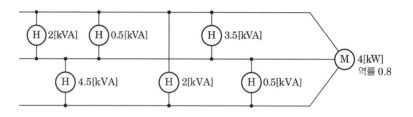

정답 (1) 40[%] 이하

(2) 30[%] 이하

(3) • 계산

3상3선식 설비불평형률

$$= \frac{(\text{각 선간에 접속되는 단상부하}) - (\text{총 설비용량의 최대와 최소의 차})}{(\text{총 부하설비용량[kVA]}) \times \frac{1}{3}} \times 100$$

설비불평형률 계산시 부하의 단위는 피상전력[kVA] 또는 [VA]이다.

$$= \frac{(2+0.5+3.5)-2}{\left(2+0.5+3.5+4.5+0.5+2+\dfrac{4}{0.8}\right) \times \dfrac{1}{3}} \times 100 = 66.666[\%]$$

• 답 : 66.67[%]

배점5

11 그림은 콘센트의 종류를 표시한 옥내배선용 그림기호이다. 각 그림기호는 어떤 의미를 가지고 있는지 설명하시오.

(1) ⚫ET

○ _____

(2) **◑**E

○ _____

(3) **◑**WP

○ _____

(4) **◑**H

○ _____

정답 (1) **◑**ET : 접지단자붙이   (2) **◑**E : 접지극붙이

(3) **◑**WP : 방수형   (4) **◑**H : 의료용

이것이 *핵심이다*

명 칭	그림기호	적 요
콘센트	**◑**	① 천장에 부착하는 경우는 다음과 같다. **◡** ② 바닥에 부착하는 경우는 다음과 같다. **◒** ③ 용량의 표시 방법은 다음과 같다. 　• 15[A]는 표기하지 않는다. 　• 20[A] 이상은 암페어 수를 표기한다. 　【보기】 **◑**20A ④ 2구 이상인 경우는 구수를 방기한다. 　【보기】 **◑**2 ⑤ 3극 이상인 경우는 극수를 방기한다. 　【보기】 **◑**3P ⑥ 종류를 표시하는 경우는 다음과 같다. 　빠짐방지형　　**◑**LK 　걸림형　　　　**◑**T 　접지극붙이　　**◑**E 　접지단자붙이　**◑**ET 　누전 차단기붙이　**◑**EL ⑦ 방수형은 WP를 방기한다. **◑**WP ⑧ 방폭형은 EX 방기한다. **◑**EX ⑨ 의료용은 H를 방기한다. **◑**H

배점6

12 CT에 관한 다음 각 물음에 답하시오.

(1) Y-△로 결선한 주변압기의 보호로 비율차동계전기를 사용한다면 CT의 결선은 어떻게 하여야 하는지를 설명하시오.

   ○ _____

(2) 통전 중에 있는 변류기의 2차측 기기를 교체하고자 할 때 가장 먼저 취하여야 할 조치를 설명하시오.

   ○ _____

(3) 수전전압이 22.9[kV], 수전 설비의 부하 전류가 40[A]이다. 60/5[A]의 변류기를 통하여 과부하 계전기를 시설하였다. 120[%]의 과부하에서 차단시킨다면 과부하 트립 전류값은 몇 [A]로 설정해야 하는가?

   • 계산 : _____   • 답 : _____

정답 (1) △-Y

   (2) 변류기 2차측 단락(변류기 2차측 개방시 과전압이 유기되므로 위험하다.)

   (3) • 계산

        과전류 계전기 탭(Tap) 선정 방법

        ① 탭 전류 I_{tap} =CT 1차측 전류×CT 역수비×선정비

$$I_{tap} = 40 \times \frac{5}{60} \times 1.2 = 4\,[\text{A}]$$

        ② 과전류 계전기 정격 탭 값에서 적당한 탭 선정

        <u>OCR TAP : 2[A], 3[A], 4[A], 5[A], 6[A], 7[A], 8[A], 10[A], 12[A]</u>

        위의 OCR TAP 전류에서 4[A]를 선정한다.

   • 답 : 4[A]

배점9

13 그림과 같은 로직 시퀀스 회로를 보고 다음 각 물음에 답하시오.

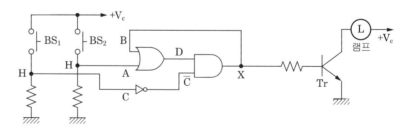

(1) 주어진 도면을 점선으로 구획하여 3단계로 구분하여 표시하되, 입력회로부분, 제어회로부분, 출력회로 부분으로 구획하고 그 구획단 하단에 회로의 명칭을 쓰시오.

   ○ _____

(2) 로직 시퀀스 회로에 대한 논리식을 쓰시오.

   ○ _____

(3) 주어진 미완성 타임차트와 같이 버튼 스위치 BS_1과 BS_2를 ON하였을 때의 출력에 대한 타임 차트를 완성하시오.

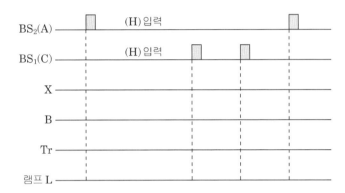

정답 (1)

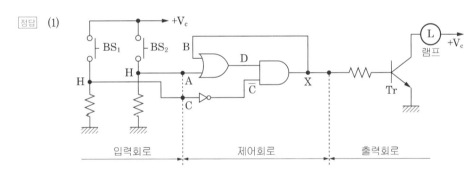

입력회로   제어회로   출력회로

(2) 논리식 : $X = (BS_2 + X) \cdot \overline{BS_1}$

(3)

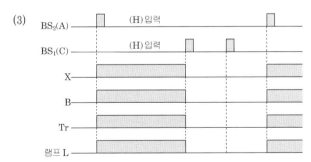

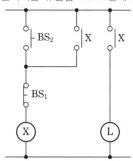

(3) 논리식을 유접점으로 표현해보면 아래와 같이 나타낼 수 있다.

BS_2만 동작시 출력이 나오지만 BS_1이 동작시에는 회로가 차단되므로 타임차트 작성시에 유의한다.

배점5

14 유도 전동기 IM을 정·역 운전하기 위한 시퀀스 도면을 그리려고 한다. 주어진 조건을 이용하여 유도전동기의 정·역 운전 시퀀스 회로를 그리시오.

L_1 L_2 L_3

【기 구】

• 기구는 누름 버튼 스위치 PBS ON용 2개, OFF용 1개, 정전용 전자접촉기 MCF 1개, 역전용 전자접촉기 MCR 1개, 열동 계전기 THR 1개를 사용한다.
• 접점의 최소 수를 사용하여야 하며, 접점에는 반드시 접점의 명칭을 쓰도록 한다.
• 과전류가 발생할 경우 열동 계전기가 동작하여 전동기가 정지하도록 한다.
• 정회전과 역회전의 방향은 고려하지 않는다.

정답

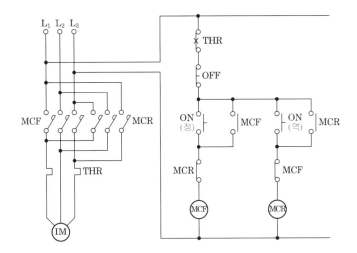

- 주회로 : L₁, L₂, L₃ 중 두선을 역으로 연결한다.
- 보조회로 : 각각에 자기유지접점과 인터록 접점을 넣어준다.
- ON과 OFF에 반드시 정, 역 표시를 한다.

배점5

15 연면적 $300[\mathrm{m}^2]$의 주택이 있다. 이 때 전등, 전열용 부하는 $30[\mathrm{VA/m}^2]$이며, $5000[\mathrm{VA}]$ 용량의 에어컨이 2대 가설되어 있으며, 사용하는 전압은 $220[\mathrm{V}]$ 단상이고 예비 부하로 $1500[\mathrm{VA}]$가 필요하다면 분전반의 분기회로수는 몇 회로인가? (단, 에어컨은 $30[\mathrm{A}]$ 전용 회선으로 하고 기타는 $16[\mathrm{A}]$ 분기 회로로 한다.)

• 계산 :   • 답 :

정답 • 계산

① 소형 기계 기구 및 전등의 분기회로 산정

상정 부하 = 바닥 면적$[\mathrm{m}^2] \times$ 부하 밀도$[\mathrm{VA/m}^2]$ + 가산 부하(예비부하)$[\mathrm{VA}]$

$$= 300 \times 30 + 1500 = 10500[\mathrm{VA}]$$

분기회로수 $= \dfrac{설비 부하용량[\mathrm{VA}]}{사용전압[\mathrm{V}] \times 16[\mathrm{A}]}$

$16[\mathrm{A}]$ 분기 회로수 $= \dfrac{10500}{16 \times 220} = 2.98$회로

분기회로 산정시 소수가 발생하면 무조건 절상하여 산출한다.

∴ $16[\mathrm{A}]$ 분기 3회로

② 에어컨 전용의 분기회로 선정

　　220[V]에서 2kW(110[V]때는 1[kW])이상인 냉방기기, 취사용 기기등 대형 전기 기계기구를
사용하는 경우에는 단독분기회로를 사용하여야 한다.

　　∴ 30[A] 분기 2회로 선정

• 답 : 16[A] 분기 3회로, 에어컨 전용 30[A] 분기 2회로 선정

국가기술자격검정 실기시험문제 및 정답

2005년도 전기기사 **제3회** 필답형 실기시험

종 목	시험시간	형 별	성 명	수험번호
전기기사	2시간 30분	A		

※ 수험자 인적사항 및 답안적성(계산식 포함)은 동일한 한 가지 색의 필기구만 사용하여야 하며 흑색, 청색을 제외한 유색 필기구 또는 연필류를 사용하거나 2가지 이상의 색을 혼합 사용하였을 경우 그 문항은 0점 처리 됩니다.

배점3

01 다음 표에 나타낸 어느 수용가들 사이의 부등률을 1.1로 한다면 이들의 합성 최대전력은 몇 [kW]인가?

수용가	설비용량[kW]	수용률[%]
A	300	80
B	200	60
C	100	80

정답 합성 최대 전력 $= \dfrac{\text{각 부하 최대수용 전력의 합}}{\text{부등률}} = \dfrac{\text{설비 용량} \times \text{수용률}}{\text{부등률}}$

$$= \frac{300 \times 0.8 + 200 \times 0.6 + 100 \times 0.8}{1.1} = 400[\text{kW}]$$

· 답 : $400[\text{kW}]$

배점5

02 그림과 같은 회로의 출력을 입력변수로 나타내고 AND 회로 1개, OR 회로 2개, NOT회로 1개를 이용한 등가회로를 그리시오.

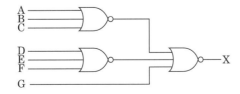

- 출력식
  -

- 등가회로
  -

정답   • 출력식 : $X = (A+B+C) \cdot (D+E+F) \cdot \overline{G}$

• 등가회로

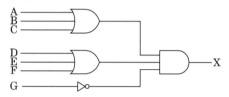

    드모르간의 정리의 이용

$$X = \overline{\overline{A+B+C} + \overline{D+E+F} + G} = (A+B+C) \cdot (D+E+F) \cdot \overline{G}$$

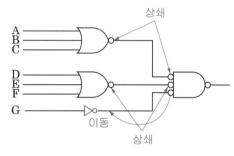

배점8

03 다음은 수중 펌프용 전동기의 MCC(Moter Control Center)반 미완성 회로도이다. 다음 각 물음에 답하시오.

(1) 펌프를 현장과 중앙 감시반에서 조작하고자 한다. 다음 조건을 이용하여 미완성 회로도를 완성하시오.

【조 건】
① 절체 스위치에 의하여 자동, 수동 운전이 가능하도록 작성
② 자동운전을 리미트 스위치 또는 플로우트 스위치에 의하여 자동운전이 가능하도록 작성
③ 표시등은 현장과 중앙감시반에서 동시에 환인이 가능하도록 설치
④ 운전등은 Ⓡ등, 정지등은 Ⓖ등, 열동 계전기 동작에 의한 등은 Ⓨ등으로 작성

-

(2) 현장조작반에서 MCC반까지 전선은 어떤 종류의 케이블을 사용하는 것이 적합한지 그 케이블의
종류를 쓰시오.

  ○ _____

(3) 차단기는 어떤 종류의 차단기를 사용하는 것이 가장 좋은지 그 차단기의 종류를 쓰시오.

  ○ _____

정답 (1)

(2) CVV 0.6/1[kV] 비닐절연 비닐시스 제어 케이블

(3) 누전 차단기

쉬어 가기

(2) CVV케이블은 기기류를 제어하기 위하여 제어용전원, 제어신호를 전송하는 케이블을 말한다.
CVV는 동작과 정지, 열림과 닫힘 등의 기본적인 제어부터 정밀한 부분까지의 모든 부분을 제어하는 기능
이 있다. 주로 발전소, 변전소, 공장 등의 기기의 원격조작 및 자동제어를 행하는 일반적인 제어 회로에
사용한다.
(3) 수중 PUMP에서 접지선이 끊어지면 누전시에 감전사고의 원인이 되므로 누전차단기를 사용한다.

배점5

04 조명 설비의 깜박임 현상을 줄일 수 있는 조치는 다음의 경우 어떻게 하여야 하는가?

(1) 백열전등의 경우

　○ _____

(2) 3상 전원인 경우

　○ _____

(3) 전구가 2개씩인 방전등 기구

　○ _____

정답 (1) 직류 전원을 사용하여 백열전구를 점등한다.

(2) 전체 램프를 1/3씩 3군으로 나누어 각 군의 위상이 120°가 되도록 접속하고 개개의 빛을 혼합한다.

(3) 2등용으로 하나는 콘덴서, 다른 하나는 코일을 설치하여 위상차를 발생시켜 점등한다.

배점11

05 그림은 특고압 수전 설비 표준 결선도의 미완성 도면이다. 이 도면에 대한 다음 각 물음에 답하시오.

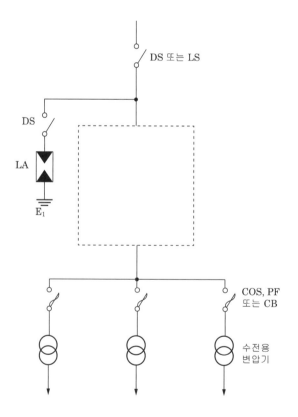

(1) 미완성 부분(점선내 부분)에 대한 결선도를 완성하시오.(단, 미완성인 부분만 작성하도록 하되, 미완성 부분에는 CB, GR, OCR×3, MOF, PT, CT, PF, COS, TC 등을 사용하도록 한다.)

  ○ _____

(2) 사용 전압이 22.9[kV]라고 할 때 차단기의 트립 전원은 어떤 방식이 바람직한가?

  ○ _____

(3) 수전 전압이 66[kV] 이상인 경우에는 DS 대신 어떤 것을 사용하여야 하는가?

  ○ _____

(4) 22.9[kV − Y] 1000[kVA] 이하인 경우에는 간이수전결선도에 의할 수 있다. 본 결선도에 대한 간이수전결선도를 그리시오.

  ○ _____

정답 (1)

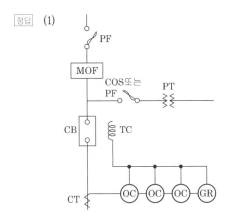

(2) ① DC방식, ② CTD방식

(3) LS

(4)

배점5

06 지중 전선로의 시설에 관한 다음 각 물음에 답하시오.

(1) 지중 전선로는 어떤 방식에 의하여 시설하여야 하는지 그 3가지만 쓰시오.

    ○ _____

    ○ _____

    ○ _____

(2) 지중 전선로의 전선으로는 어떤 것을 사용하는가?

    ○ _____

정답 (1) 직접 매설식, 관로식, 암거식

     (2) 케이블

배점4

07 H종 건식 변압기를 사용하려고 한다. 같은 용량의 유입 변압기를 사용할 때와 비교하여 그 이점을 4가지만 쓰시오. (단, 변압기의 가격, 설치시의 비용 등 금전에 관한 사항은 제외한다.)

    ○ _____

    ○ _____

    ○ _____

    ○ _____

정답 ① 절연유를 사용하지 않으므로 유지 보수가 용이하다.

    ② 소형·경량화 할 수 있다.

    ③ 절연에 대한 신뢰성이 높다.

    ④ 난연성, 자기소화성으로 화재의 발생이나 연소의 우려가 적으므로 안정성이 높다.

배점6

08 인텔리전트 빌딩(Intelligent building)은 빌딩 자동화시스템, 사무자동화시스템, 정보통신 시스템, 건축 환경을 총망라한 건설과 유지관리의 경제성을 추구하는 빌딩이라 할 수 있 다. 이러한 빌딩의 전산시스템을 유지하기 위하여 비상전원으로 사용되고 있는 UPS에 대 해서 다음 각 물음에 답하시오.

(1) UPS를 우리말로 하면 어떤 것을 뜻하는가?

(2) UPS에서 AC → DC부와 DC → AC부로 변환하는 부분의 명칭을 각각 무엇이라 부르는가?

(3) UPS가 동작되면 전력공급을 위한 축전지가 필요한데, 그 때의 축전지 용량을 구하는 공식을 쓰시오. (단, 사용 기호에 대한 의미도 설명하도록 하시오.)

정답 (1) 무정전 전원공급 장치

(2) • AC→DC : 컨버터

　　 • DC→AC : 인버터

(3) $C = \dfrac{1}{L} K I \,[\text{Ah}]$

　　 C : 축전지의 용량 $[\text{Ah}]$,　　L : 보수율(경년용량 저하율)

　　 K : 용량환산 시간 계수,　　I : 방전 전류 $[\text{A}]$

배점9

09 그림과 같은 사무실에서 평균조도를 $200[\text{lx}]$로 할 때 다음 각 물음에 답하시오.

20[m](X)

10[m](Y)

【조 건】
- 40[W]형광등이며 광속은 2500[lm]으로 한다.
- 사무실 내부에 기둥은 없다.
- 등기구는 ○으로 표시한다.
- 조명률은 0.6, 감광보상률은 1.2로 한다.
- 간격은 등기구 센터를 기준으로 한다.

(1) 이 사무실에 필요한 형광등의 수를 구하시오.

　• 계산 : _____　　• 답 : _____

(2) 등기구를 답안지에 배치하시오.

　○

(3) 등간격과 최외각에 설치된 등기구와 건물벽간의 간격(A, B, C, D)은 각각 몇 [m]인가?

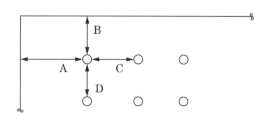

○ _____

(4) 만일 주파수 60[Hz]에 사용하는 형광방전등을 50[Hz]에서 사용한다면 광속과 점등 시간은 어떻게 변화되는지를 설명하시오.

○ _____

(5) 양호한 전반 조명이라면 등간격은 등높이의 몇 배 이하로 해야 하는가?

○ _____

정답 (1) • 계산

$$N = \frac{DES}{FU} = \frac{1.2 \times 200 \times (10 \times 20)}{2500 \times 0.6} = 32$$

• 답 : 32[등]

(2)

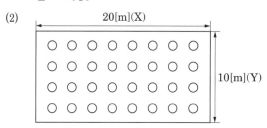

(3) A : 1.25[m]   B : 1.25[m]   C : 2.5[m]   D : 2.5[m]

(4) • 광속 : 증가   • 점등시간 : 늦음

(5) 1.5배

형광등 안정기의 임피던스는 $X_L = 2\pi f L$[Ω]이다. 주파수가 감소하면 안정기의 임피던스는 낮아져 형광등에 흐르는 전류는 증가한다. 전류 증가로 인해 형광등에서 발생하는 광속은 증가하게 된다. 한편 주파수가 낮아질 경우 방전횟수의 감소로 인해 점등시간은 길어져 늦게 점등이 된다.

배점8

10 다음 그림은 변류기를 영상 접속시켜 그 잔류 회로에 지락계전기 DG를 삽입시킨 것이다. 선로의 전압은 66[kV], 중성점에 300[Ω]의 저항 접지로 하였고, 변류기의 변류비는 300/5이다. 송전전력이 20000[kW], 역률이 0.8(지상)일 때 a상에 완전 지락사고가 발생하였다. 다음 각 물음에 답하시오. (단, 부하의 정상·역상 임피던스, 기타의 정수는 무시한다.)

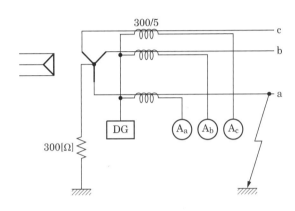

(1) 지락계전기 DG에 흐르는 전류는 몇 [A]인가?

• 계산 : _____ • 답 : _____

(2) a상 전류계 A에 흐르는 전류는 몇 [A]인가?

• 계산 : _____ • 답 : _____

(3) b상 전류계 B에 흐르는 전류는 몇 [A]인가?

• 계산 : _____ • 답 : _____

(4) c상 전류계 C에 흐르는 선류는 몇 [A]인기?

• 계산 : _____ • 답 : _____

정답 (1) • 계산

지락전류 $I_g = \dfrac{66000}{\sqrt{3} \times 300} = 127.02[A]$ (저항접지방식이므로 지락전류는 유효분임)

$\therefore I_{DG} = I_g \times \dfrac{1}{CT\,비} = I_g \times \dfrac{5}{300} = 127.02 \times \dfrac{5}{300} = 2.117[A]$

• 답 : 2.12[A]

(2) • 계산

건전상인 b, c상에는 부하전류만 흐르고 고장상 a상에는 I_L과 I_g가 중첩해서 흐르게 되므로, 전류계 A에는 부하전류와 지락전류의 합이 흐른다.

① 부하전류 $I_L = \dfrac{20000}{\sqrt{3} \times 66 \times 0.8} \times (0.8 - j0.6) = 175 - j131.2$

② a상에 흐르는 전류 $I_a = I_L + I_g = 175 - j131.2 + 127.02$

$$= \sqrt{(127.02 + 175)^2 + 131.2^2} = 329.286 [\text{A}]$$

③ 전류계 A에 흐르는 전류

$$i_a = I_a \times \frac{1}{CT\text{비}} = I_a \times \frac{5}{300} = 329.286 \times \frac{5}{300} = 5.488 [\text{A}]$$

• 답 : 5.49[A]

(3) • 계산

부하전류 $I_L = \dfrac{20000}{\sqrt{3} \times 66 \times 0.8} = 218.69 [\text{A}]$

$i_b = I_L \times \dfrac{5}{300} = 218.69 \times \dfrac{5}{300} = 3.644 [\text{A}]$

• 답 : 3.64[A]

(4) • 계산

$i_c = I_L \times \dfrac{5}{300} = 218.69 \times \dfrac{5}{300} = 3.644 [\text{A}]$

• 답 : 3.64[A]

배점6

11 2중 모선에서 평상시에 No.1 T/L은 A모선에서 No.2 T/L은 B 모선에서 공급하고 모선연락용 CB는 개방되어 있다.

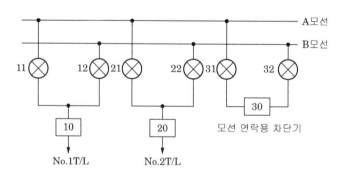

(1) B모선을 점검하기 위하여 절체 하는 순서는?(단, 10-OFF, 20-ON 등으로 표시)

○ _____

(2) B모선을 점검 후 원상 복구하는 조작 순서는?(단, 10-OFF, 20-ON 등으로 표시)

○ _____

(3) 10, 20, 30에 대한 기기의 명칭은?
   (10, 20, 30으로 표현되어 있는 기기는 어떤 기기인지 그 명칭을 쓰시오.)

○ _____

(4) 11, 21에 대한 기기의 명칭은?

　　(11, 21로 표현되어 있는 기기는 어떤 기기인지 그 명칭을 쓰시오.)

　○ _____

(5) 2중 모선의 장점은?(2중 모선의 장점에 대하여 설명하시오.)

　○ _____

정답　(1) 31−ON → 32−ON → 30−ON → 21−ON → 22−OFF → 30−OFF → 31−OFF → 32−OFF

　　　(2) 31−ON → 32−ON → 30−ON → 22−ON → 21−OFF → 30−OFF → 31−OFF → 32−OFF

　　　(3) 차단기

　　　(4) 단로기

　　　(5) 모선 점검 시에도 부하의 운전을 무정전 상태로 할 수 있어 전원 공급의 신뢰도가 높다.

쉬어가기

> 2중모선이란, 2중으로 접속한 모선이다. 즉, 동일접속, 동일 목적으로 사용되는 2조의 모선을 뜻한다. 2중 모선은 한 변전소로부터 2회로의 선로를 받는 것을 말한다. 2중모선의 방식에는 1차단방식, 1.5차단방식, 2차단방식 등이 있다. 한편, 2회선이란 2개의 서로 다른 변전소로부터 별개의 전력공급을 받는 것을 말한다.

배점15

12 다음과 같은 아파트 단지를 계획하고 있다. 주어진 규모 및 참고자료를 이용하여 다음 각 물음에 답하시오.

【 규　모 】

• 아파트 동수 및 세대수 : 2동, 300세대
• 세대당 면적과 세대수

동별	세대당 면적[m²]	세대수
1동	50	30
	70	40
	90	50
	110	30
2동	50	50
	70	30
	90	40
	110	30

• 계단, 복도, 지하실 등의 공용면적 1동 : 1700[m²], 2동: 1700[m²]

【조 건】

- 면적의 [m²]당 상정 부하는 다음과 같다.
  - 아파트 : 30[VA/m²], 공용 부분 : 7[VA/m²]
- 세대당 추가로 가산하여야 할 상정부하는 다음과 같다.
  - 80[m²] 이하인 경우 : 750[VA]
  - 150[m²] 이하의 세대 : 1000[VA]
- 아파트 동별 수용률은 다음과 같다.
  - 70세대 이하 65[%]
  - 100세대 이하 60[%]
  - 150세대 이하 55[%]
  - 200세대 이하 50[%]
- 모든 계산은 피상전력을 기준으로 한다.
- 역률은 100[%]로 보고 계산한다.
- 주변전실로부터 1동까지는 150[m]이며 동 내부의 전압 강하는 무시한다.
- 각 세대의 공급 방식은 110/220[V]의 단상 3선식으로 한다.
- 변전식의 변압기는 단상 변압기 3대로 구성한다.
- 동간 부등률은 1.4로 본다.
- 공용 부분의 수용률은 100[%]로 한다.
- 주변전실에서 각 동까지의 전압 강하는 3[%]로 한다.
- 간선의 후강 전선관 배선으로는 NR전선을 사용하며, 간선의 굵기는 300[mm²] 이하로 사용하여야 한다.
- 이 아파트 단지의 수전은 13200/22900[V]의 Y 3상 4선식의 계통에서 수전한다.
- 사용 설비에 의한 계약전력은 사용 설비의 개별 입력의 합계에 대하여 다음 표의 계약전력 환산율을 곱한 것으로 한다.

구분	계약전력환산율	비고
처음 75[kW]에 대하여	100[%]	
다음 75[kW]에 대하여	85[%]	계산의 합계치 단수가 1[kW] 미만일 경우 소수점이하 첫째자리에서 반올림 한다.
다음 75[kW]에 대하여	75[%]	
다음 75[kW]에 대하여	65[%]	
300[kW]초과분에 대하여	60[%]	

(1) 1동의 상정 부하는 몇 [VA]인가?

• 계산 : _____ • 답 : _____

(2) 2동의 수용 부하는 몇 [VA]인가?

• 계산 : _____ • 답 : _____

(3) 이 단지의 변압기는 단상 몇 [kVA]짜리 3대를 설치하여야 하는가? 단, 변압기의 용량은 10[%]의 여유율을 보며 단상 변압기의 표준 용량은 75,100,150,200,300[kVA]등이다.

• 계산 : _____ • 답 : _____

(4) 한국전력공사와 변압기 설비에 의하여 계약한다면 몇[kW]로 계약하여야 하는가?

• 계산 : _____ • 답 : _____

(5) 한국전력공사와 사용설비에 의하여 계약한다면 몇 $[\text{kW}]$로 계약하여야 하는가?

• 계산 : _____ • 답 : _____

정답 (1) • 계산

① 상정부하 $=$ [(면적 $\times$ $[\text{m}^2]$당 상정부하) $+$ 가산부하] $\times$ 세대수

세대당 면적 $[\text{m}^2]$	상정 부하 $[\text{VA/m}^2]$	가산 부하 $[\text{VA}]$	세대수	상정 부하$[\text{VA}]$
50	30	750	30	$\{(50\times30)+750\}\times30=67500$
70	30	750	40	$\{(70\times30)+750\}\times40=114000$
90	30	1000	50	$\{(90\times30)+1000\}\times50=185000$
110	30	1000	30	$\{(110\times30)+1000\}\times30=129000$
합 계				495500$[\text{VA}]$

② 1동의 전체 상정부하 $=$ 상정부하 $+$ 공용면적을 고려한 상정부하
$= 495500 + 1700 \times 7 = 507.400[\text{kVA}]$

• 답 : $507.400[\text{kVA}]$

(2) • 계산

① 상정부하 $=$ [(면적 $\times$ $[\text{m}^2]$당 상정부하) $+$ 가산부하] $\times$ 세대수

세대당 면적 $[\text{m}^2]$	상정 부하 $[\text{VA/m}^2]$	가산 부하 $[\text{VA}]$	세대수	상정 부하$[\text{VA}]$
50	30	750	50	$\{(50\times30)+750\}\times50=112500$
70	30	750	30	$\{(70\times30)+750\}\times30=85500$
90	30	1000	40	$\{(90\times30)+1000\}\times40=148000$
110	30	1000	30	$\{(110\times30)+1000\}\times30=129000$
합 계				475000$[\text{VA}]$

② 2동의 전체 상정부하 $=$ 상정부하 $+$ 공용면적을 고려한 상정부하
$= 475000 \times 0.55 + 1700 \times 7 = 273.150[\text{kVA}]$

• 답 : $237.150[\text{kVA}]$

(3) • 계산

① 변압기용량 $= \dfrac{\text{설비용량} \times \text{수용률} \times \text{여유율}}{\text{부등률}}$

$= \dfrac{495500 \times 0.55 + 1700 \times 7 \times 1 + 273150}{1.4} \times 1.1 \times 10^{-3}$

$= 438.09[\text{kVA}]$

② 1대 변압기 용량 $= \dfrac{438.09}{3} = 146.03[\text{kVA}]$

따라서, 표준용량 $150[\text{kVA}]$를 선정한다.

• 답 : $150[\text{kVA}]$

(4) • 계산 : 단상 변압기 용량이 $150[\text{kVA}]$이며 3대가 필요하므로 $150 \times 3 = 450[\text{kVA}]$로 계약한다.
즉, 계약전력은 $450[\text{kVA}] = 450[\text{kW}]$이다. ($\because \cos\theta = 1$)

• 답 : $450[\text{kW}]$

(5) 설비용량은 상정부하를 기준으로 하고, 계약전력은 설비용량을 기준으로 정한다.

$$\text{설비용량} = \underbrace{(507400 + 486900)}_{\text{1동과 2동의 상정부하}} \times 10^{-3} = 994.3[\text{kVA}]$$

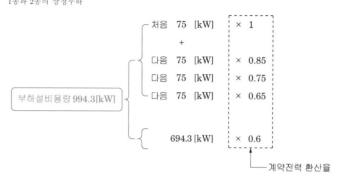

계약전력 $= \underbrace{75 + 75 \times 0.85 + 75 \times 0.75 + 75 \times 0.65}_{300[\text{kW}]} + \underbrace{694.3 \times 0.6}_{300[\text{kW}] \text{초과분}} = 660.33[\text{kW}]$

조건 : 계산의 합계치 단수가 1[kW] 미만일 경우 소수점이하 첫째자리에서 반올림 한다.

• 답 : 660[kW]

배점7

13 교류 발전기에 대한 다음 각 물음에 답하시오.

(1) 정격전압 6000[V], 용량 5000[kVA]인 3상 교류 발전기에서 여자전류가 300[A], 무부하 단자 전압은 6000[V], 단락전류 700[A]라고 한다. 이 발전기의 단락비는 얼마인가?

ㅇ _____

(2) 단락비는 수차 발전기와 터빈 발전기 중 일반적으로 어느 쪽이 더 큰가?

ㅇ _____

(3) "단락비가 큰 교류 발전기는 일반적으로 기계의 치수가 (①), 가격이 (②), 풍손, 마찰손, 철손이 (③), 효율은 (④), 전압변동률은 (⑤), 안정도는 (⑥)"에서 ( ) 안에 알맞은 말을 쓰되, ( ) 안의 내용은 크다(고), 낮다(고), 적다(고) 등으로 표현한다.

ㅇ _____

─────────────────────────────────────

정답 (1) $I_n = \dfrac{P_n}{\sqrt{3}\,V_n} = \dfrac{5000 \times 10^3}{\sqrt{3} \times 6000} = 481.13[\text{A}]$

∴ 단락비(K_s) $= \dfrac{I_s}{I_n} = \dfrac{700}{481.13} = 1.45$

• 답 : 1.45

(2) 수차 발전기

(3) ① 크고, ② 크고, ③ 크고, ④ 낮고, ⑤ 적고, ⑥ 크고

단락비(Short Circuit Ratio: SCR)

1. 정의 : $단락비 = \dfrac{정격속도에서\ 무부하\ 정격전압을\ 발생하는데\ 필요한\ 계자전류[A]}{3상\ 단락시\ 발전기\ 정격전류를\ 흘리는데\ 필요한\ 계자전류[A]}$

$$K_s = \frac{I_f{'}}{I_f{''}} = \frac{I_s}{I_n} = \frac{\frac{1}{Z[pu]}}{I_n} = \frac{1}{Z[pu]}$$

공극선
발전기 무부하 포화곡선
발전기 3상 단락곡선

2. 의미 : 단락비는 단락시의 특성을 나타내는 외에 기계의 크기, 중량, 손실, 가격, 부하변동시의 전압, 안정도 등을 나타낸다. 단락비가 크다는 것은 철(鐵)기계 즉, 발전기 구성 재료에서 철(鐵)이 구리보다 더 많은 비중을 차지한다는 뜻이다. 반면에 단락비가 작다는 것은 발전기 구성 재료에서 구리를 철보다 더 많이 사용한다는 뜻이다. 최근에는 보호계전기가 고속화되고 여자 속응도가 좋아져서 안정도가 향상되기 때문에 단락비를 작게하여 제작비를 줄이는 추세이다. 단락비의 값은 동기기의 종류에 따라 다르다. 수차 발전기의 단락비는 0.9~1.2로서 단락비가 크며, 터빈발전기의 경우 단락비는 0.6~0.9로서 단락비가 작다.

3. 단락비가 발전기 구조 및 성능에 미치는 영향

구분	단락비가 큰 경우	단락비가 작은 경우
구조 및 적용	철기계, 수력	동기계, 화력(원자력)
%Z	작다	크다
전압변동률	작다	크다
단락용량	크다	작다
인징도	좋다	나쁘다
전기자 반작용 및 기자력	작다	크다
계자 기자력	크다	작다
공극	크다	작다
중량/ 가격/ 효율	무겁다, 비싸다, 나쁘다	가볍다, 저렴하다, 좋다
과부하 내량	크다	작다

배점4

14 설비불평형률에 대한 다음 각 물음에 답하시오. 단, 전동기의 출력 5.2[kW]를 입력 [kVA]로 환산하면 5.2[kVA]이다.

(1) 저압, 고압 및 특고압 수전의 3상 3선식 또는 3상 4선식에 불평형 부하의 한도는 단상 부하로 계산하여 설비불평형률은 몇 [%] 이하로 하는 것을 원칙으로 하는가?

○ _____

(2) 아래 그림과 같은 3상 3선식 440[V] 수전인 경우 설비 불평형률을 구하시오.

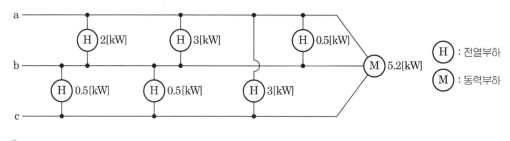

○ _____

정답 (1) 30[%] 이하

(2) 설비 불평형률 = $\dfrac{\text{각 선간에 접속되는 단상부하 총 설비용량의 최대와 최소의 차}}{\text{총 부하설비용량[kVA]} \times \dfrac{1}{3}} \times 100$

$= \dfrac{(2+3+0.5)-(0.5+0.5)}{(2+3+0.5+0.5+0.5+3+5.2) \times \dfrac{1}{3}} \times 100 = 91.836[\%]$

• 답 : 91.84[%]

• 설비 불평형률 계산 시 부하의 단위는 피상전력([kVA]또는 [VA])

　부하 = $\dfrac{[kW]}{\cos\theta}$ [kVA]

• 주어진 조건에서 동력부하의 용량은 5.2[kVA]이다.

• 전열부하는 역률이 1이므로 [kW]는 [kVA]이다.

배점4

15 교류용 적산전력계에 대한 다음 각 물음에 답하시오.

(1) 잠동(creeping) 현상에 대하여 설명하고 잠동을 막기 위한 유효한 방법을 2가지만 쓰시오.

　ㅇ _____

　ㅇ _____

(2) 적산전력계가 구비해야 할 전기적, 기계적 및 성능상 특성을 5가지만 쓰시오.

　ㅇ _____

　ㅇ _____

　ㅇ _____

　ㅇ _____

　ㅇ _____

정답　(1) ① 잠동 : 무부하 상태에서 정격 주파수 및 정격 전압의 110[%]를 인가하여 계기의 원판이 1회전
　　　　　이상 회전하는 현상

　　② 방지대책

　　　• 원판에 작은 구멍을 뚫는다.

　　　• 원판에 작은 철편을 붙인다.

　　(2) 구비해야 할 특성

　　　① 옥내 및 옥외에 설치가 적당한 것

　　　② 온도나 주파수 변화에 보상이 되도록 할 것

　　　③ 기계적 강도가 클 것

　　　④ 부하특성이 좋을 것

　　　⑤ 과부하 내량이 클 것

 쉬어가기

> 유도형 전력량계에 전원을 인가하면, 내부에 있는 전압코일과 전류코일에 자속이 발생하여 이 자속의 영향으
> 로, 원판이 회전을 하게 된다. 이 상태에서 부하를 차단하게 되면(무부하) 제동자석에 의해 제어는 되지만
> 원판의 회전력 및 잔여전류로 인해 느린 속도로 원판이 회전을 하게 된다. 이러한 현상을 잠동(Creeping)이라
> 한다. 원어로 creep이라는 의미가 '살금살금 움직이다' 라는 뜻이다. 부하를 걸지 않았음에도 불구하고 원판이
> 움직인다면 전력 사용자의 전력사용요금도 올라갈 수 있다. 현재 기술이 발달하여 잠동방지 장치가 달린
> 전력량계도 생산되고 있다.

memo

2006

과년도 기출문제

국가기술자격검정 실기시험문제 및 정답

2006년도 전기기사 제1회 필답형 실기시험

종 목	시험시간	형 별	성 명	수험번호
전기기사	2시간 30분	A		

※ 수험자 인적사항 및 답안작성(계산식 포함)은 흑색의 필기구만 사용하여야 하며 흑색을 제외한 유색 필기구 또는 연필류를 사용하거나 2가지 이상의 색을 혼합 사용하였을 경우 그 문항은 0점 처리됩니다.

배점6

01 HID Lamp에 대한 다음 각 물음에 답하시오.

(1) 이 램프는 어떠한 램프를 말하는가?
(우리말 명칭 또는 이 램프의 의미에 대한 설명을 쓸 것)

○ _____

(2) HID Lamp로서 가장 많이 사용되는 등기구의 종류를 3가지만 쓰시오.

○ _____

○ _____

○ _____

정답 (1) 고휘도 방전램프(high-intensity discharge lamp, HID Lamp)
(2) 고압수은램프, 고압나트륨램프, 메탈헬라이드램프

 고휘도방전 램프

아크 방전식 전구의 일종으로서, (반)투명 융해 수정이나 알루미늄튜브에 쌓인 텅스텐 전극과 아크 등으로 발광하는 방식이다. 이 튜브에는 가스와 금속염이 충전되어 있어서 최초 점광을 촉진해준다. 발광을 시작하면 금속염을 가열하여 기화시키고, 결과적으로 플라즈마가 생성되면 전구의 광도와 광량을 급증시키면서도 소비전력은 저하시킨다. HID 전등은 형광등이나 백열전구에 비해 광스펙트럼 분포가 가시광선 범위에 훨씬 많이 분포되기에 광효율이 매우 좋으며, 따라서 같은 전력 공급 대비 훨씬 많은 광량을 공급해준다.

배점9

02 오실로스코프의 감쇄 probe는 입력 전압의 크기를 10배의 배율로 감소시키도록 설계되어 있다. 그림에서 오실로스코프의 입력 임피던스 R_s는 1[MΩ]이고, probe의 내부 저항 R_p는 9[MΩ]이다.

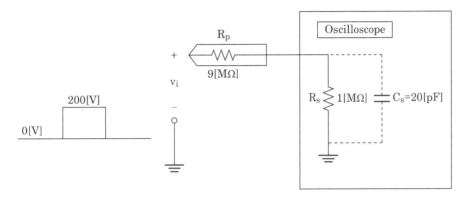

(1) Probe의 입력전압 $v_i = 200$이라면 Oscilloscope에 나타나는 전압은?

○

(2) 오실로스코프의 내부저항 $R_s = 1[\mathrm{M\Omega}]$과 $C_s = 20[\mathrm{pF}]$의 콘덴서가 병렬로 연결되어 있을 때 콘덴서 C_s에 대한 테브난의 등가회로가 다음과 같다면 시정수 τ와 $v_i = 200[\mathrm{V}]$일 때의 테브난의 등가전압 E_{th}를 구하시오.

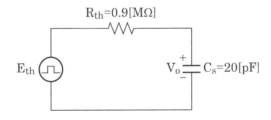

○

(3) 인가 주파수가 5[kHz]일 때 주기는 몇 [msec]인가?

○

정답 (1) • 계산 : $V_o = \dfrac{V_i}{n} = \dfrac{200}{10} = 20[\mathrm{V}]$ (단, 여기서 n : 배율, V_i : 입력전압)

　　　 • 답 : 20[V]

(2) 시정수 $\tau = R_{th}C_s = 0.9 \times 10^6 \times 20 \times 10^{-12} = 18 \times 10^{-6}[\sec] = 18[\mu\sec]$

　　 등가전압 $E_{th} = \dfrac{R_s}{R_p + R_s} \times v_i = \dfrac{1}{9+1} \times 200 = 20[\mathrm{V}]$

(3) • 계산 : $T = \dfrac{1}{f} = \dfrac{1}{5 \times 10^3} = 0.2 \times 10^{-3}[\sec] = 0.2[\mathrm{m\,sec}]$

　　 • 답 : 0.2[msec]

배점5

03 수전설비에 있어서 계통의 각 점에 사고 시 흐르는 단락전류의 값을 정확하게 파악하는 것이 수전설비의 보호방식을 검토하는데 아주 중요하다. 단락전류를 계산하는 것은 주로 어떤 요소를 적용하고자 하는 것인지 그 적용 요소에 대하여 3가지만 설명하시오.

    ○

    ○

    ○

정답 ① 보호협조기기 용량선정
    ② 차단기 용량선정
    ③ 기계기구의 과전류 및 기계적 강도선정

배점6

04 극수 변환식 3상 농형 유도 전동기가 있다. 고속측 4극이고 정격출력은 30[kW]이다. 저속측은 고속측의 1/3 속도라면 저속측의 극수와 정격 출력은 얼마인가? (단, 슬립 및 정격 토크는 저속측과 고속측이 같다고 본다.)

(1) 극수

    ○

(2) 출력

    ○

정답 (1) 극수

$N = \dfrac{120f}{p}$ 에서 극수(p)는 속도(N)과 반비례관계임을 알 수 있다. $\left(p \propto \dfrac{1}{N}\right)$

저속일 경우의 극수 $p' = \dfrac{N}{\frac{1}{3}N} \times p_{\text{고속}} = 3 \times p_{\text{고속}} = 3 \times 4 = 12$극

• 답 : 12극

(2) 출력

$W = 2\pi NT$에서 출력(W)은 속도(N)와 비례관계임을 알 수 있다. ($W \propto N$)

저속일 경우의 출력 $W' = \dfrac{\frac{1}{3}N}{N} \times W = \dfrac{1}{3} \times 30 = 10[\text{kW}]$

• 답 : 10[kW]

05 그림과 같은 계통에서 6.6[kV] 모선에서 본 전원측 % 리액턴스는 100[MVA] 기준으로 110[%]이고, 각 변압기의 % 리액턴스는 자기 용량 기준으로 모두 3[%]이다. 지금 6.6[kV] 모선 F_1점, 380[V] 모선 F_2점에 각각 3상 단락 고장 및 110[V]의 모선 F_3점에서 단락 고장이 발생하였을 경우, 각각의 경우에 대한 고장용량 및 고장전류를 구하시오.

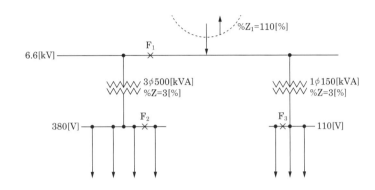

(1) F_1

•계산 : _____ •답 : _____

(2) F_2

•계산 : _____ •답 : _____

(3) F_3

•계산 : _____ •답 : _____

정답 •계산

1[MVA]를 기준으로 하여 %Z값을 환산한다.

$$\%Z_1{'} = \frac{1}{100}\times110 = 1.1[\%] \ , \ \%Z_2{'} = \frac{1}{0.5}\times3 = 6[\%], \ \%Z_3{'} = \frac{1}{0.15}\times3 = 20[\%]$$

(1) F_1점에서 전원측 %$Z = 1.1[\%]$ 이므로

단락용량 $(P_{s1}) = \dfrac{100}{1.1}\times1 = 90.91[\mathrm{MVA}]$

단락전류 $(I_{s1}) = \dfrac{100}{1.1}\times\dfrac{1\times10^3}{\sqrt{3}\times6.6}\times10^{-3} = 7.952[\mathrm{kA}]$

(2) F_2점에서 전원측 %$Z = 1.1+6 = 7.1[\%]$

단락용량 $(P_{s2}) = \dfrac{100}{7.1}\times1 = 14.08[\mathrm{MVA}]$

단락전류 $(I_{s2}) = \dfrac{100}{7.1}\times\dfrac{1\times10^3}{\sqrt{3}\times0.38}\times10^{-3} = 21.399[\mathrm{kA}]$

(3) F_3점에서 전원측 %$Z = 1.1+20 = 21.1[\%]$

단락용량 $(P_{s3}) = \dfrac{100}{21.1}\times1 = 4.74[\mathrm{MVA}]$

$$\text{단락전류} \ (I_{s3}) = \frac{100}{21.1} \times \frac{1 \times 10^3}{0.11} = 43.084 \, [\text{kA}]$$

- 답 : F_1점 : $P_{s1} = 90.91 \, [\text{MVA}]$, $I_{s1} = 7.95 \, [\text{kA}]$

  F_2점 : $P_{s2} = 14.08 \, [\text{MVA}]$, $I_{s2} = 21.4 \, [\text{kA}]$

  F_3점 : $P_{s3} = 4.74 \, [\text{MVA}]$, $I_{s3} = 43.08 \, [\text{kA}]$

이것이 핵심이다

- 퍼센트 임피던스 (%Z)

$$\%Z = \frac{P_a Z}{10 V^2} \quad \text{단, } P_a\text{: 기준용량 } [\text{kVA}], \ V\text{: 정격전압}[\text{kV}], \ Z\text{: 임피던스}[\Omega]$$

- 퍼센트 임피던스 환산방법

$$\%Z' = \frac{\text{기준용량}}{\text{자기용량}} \times \text{환산할}\%Z$$

- 차단전류 (I_s)

$$I_s = \frac{100}{\%Z} \times I_n = \frac{100}{\%Z} \times \frac{P_a}{\sqrt{3} \, V} \quad (3\text{상일 경우}) : F_1 \ \text{및} \ F_2$$

$$I_s = \frac{100}{\%Z} \times I_n = \frac{100}{\%Z} \times \frac{P_a}{V} \quad (\text{단상일 경우}) : F_3$$

- 차단용량 $P_s = \dfrac{100}{\%Z} \times P_n \ [\text{MVA}]$

배점9

06 심야 전력용 기기의 전력요금을 종량제로 하는 경우 인입구 장치의 배선은 다음과 같다. 다음 각 물음에 답하시오.

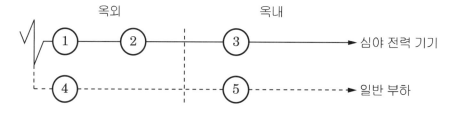

(1) ①~⑤에 해당되는 곳에는 어떤 기구를 사용하여야 하는가?

○ _____

(2) 인입구 장치에서 심야 전력 기기의 배선 공사 방법으로는 어떤 방법이 사용될 수 있는지 그 가능한 방법을 4가지만 쓰시오.

○ _____

○ _____

○ _____

○ _____

(3) 심야 전력 기기로 보일러를 사용하며 부하 전류가 $30[A]$, 일반 부하 전류가 $25[A]$이다. 오후 10시부터 오전 6시까지의 중첩률이 0.6이라고 할 때, 부하 공용 부분에 대한 전선의 허용 전류는 몇 $[A]$ 이상이어야 하는가?

○ _____

정답 (1) ① 타임스위치
　　② 전력량계
　　③ 인입구 장치(배선용 차단기)
　　④ 전력량계
　　⑤ 인입구 장치

(2) 금속관 공사, 케이블 공사, 합성수지관 공사, 가요전선관 공사

(3) • 계산 : $I = I_1 + I_0 \times$ 중첩률 $= 30 + 25 \times 0.6 = 45 \, [A]$

　　　　　여기서, I_1 : 심야 전력 기기의 부하전류, I_0 : 일반 부하 전류

　　• 답 : $45[A]$이상

쉬어가기

심야전력 요금제도

전기사용이 적은 심야시간에 축열, 축냉 기능을 가진 심야전력기기를 사용할 경우 해당기기의 사용전력량에 대하여 일반 전기요금보다 저렴한 요금을 적용한다. 여기서, 심야전력기기란 축열식 난방, 온수기기, 축냉식 냉방설비 등을 말한다. 심야전력요금은 심야시간에 사용한 모든 전력량에 대하여 적용하는 요금이 아니라, 심야전력기기의 심야시간 사용전력량에 대해서만 적용하는 요금제도이다. 또한 특정 시간대에 집중되는 전력 수요를 분산시켜 전력설비를 효율적으로 이용할 수 있다.

심야전력 이용방법

• 심야전력 공급시간에 심야전기를 사용하게 되어 있으나 공급설비 사정상 부득이한 경우에 수용가별로 심야 시간대를 달리하여 운용도 가능하다.
• 심야전력기기에 해당하는 기기에만 제도를 적용한다.
• 심야전력기기의 옥내 배선은 전용회로로 하며 사용기기와 직접 연결해야 한다.

※ 심야전력용 기기의 전력요금을 정액제로 하는 경우 심야전력기기에는 전력량계가 사용되지 않는다. 그러나 종량제의 경우 심야 전력기기에도 전력량계를 설치하여 사용한 만큼의 전력량을 전기요금으로 계산한다.

배점3

07 고압 회로용 진상 콘덴서 설비의 보호장치에 사용되는 계전기를 3가지 쓰시오.

○ _____

○ _____

○ _____

정답 ① 과전압 계전기
　　　② 저전압 계전기
　　　③ 과전류 계전기

① 과전압 계전기(OVR) : 콘덴서 자체 보호, 정격전압의 130[%]로 정정
② 저전압 계전기(UVR) : 전압 회복시 무부하에서 콘덴서만의 투입 방지, 정격전압의 70[%]에서 정정
③ 과전류 계전기(OCR) : 콘덴서설비 모선단락보호

배점6

08 그림은 유도 전동기의 기동 회로를 표시한 것이다. 이 도면을 보고 다음 각 물음에 답하시오.

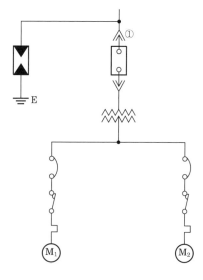

(1) ①과 같이 화살표로 표시되어 있는 그림 기호의 명칭을 구체적으로 쓰시오.

○ _____

(2) E의 접지저항은 최대 몇 $[\Omega]$인가?

○ _____

_____

정답 (1) 인출형(플러그인 타입)

(2) $10[\Omega]$

배점8

09 예비 전원으로 이용되는 축전지에 대한 다음 각 물음에 답하시오.

(1) 그림과 같은 부하 특성을 갖는 축전지를 사용할 때 보수율은 0.8, 최저 축전지 온도 5$[℃]$, 허용 최저 전압 90$[V]$일 때 몇$[Ah]$ 이상인 축전지를 선정하여야 하는가?(단, $I_1 = 50[A]$, $I_2 = 40[A]$, $K_1 = 1.15$, $K_2 = 0.91$이고 셀(cell)당 전압은 1.06$[V/cell]$이다.)

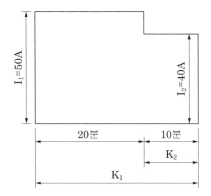

(2) 축전지의 과방전 및 방치 상태, 가벼운 설페이션(Sulfation) 현상 등이 생겼을 때 기능 회복을 위하여 실시하는 충전 방식은 무엇인가?

○ _____

(3) 연 축전지와 알칼리 축전지의 공칭 전압은 각각 몇 $[V]$인가?

○ _____

(4) 축전지 설비를 하려고 한다. 그 구성을 크게 4가지로 구분하시오.

○ _____

○ _____

○ _____

○ _____

정답 (1) • 계산 : $C = \dfrac{1}{L}\{K_1 I_1 + K_2(I_2 - I_1)\} = \dfrac{1}{0.8}\{1.15 \times 50 + 0.91(40 - 50)\} = 60.5\,[\text{Ah}]$

　　　　• 답 : $60.5\,[\text{Ah}]$

(2) 회복 충전

(3) ① 연축전지 : 2[V]

　　② 알칼리 축전지 : 1.2[V]

(4) ① 축전지

　　② 충전장치

　　③ 보안장치

　　④ 제어장치

축전지의 용량은 $C = \dfrac{1}{L}KI$가 기본공식이다.

그러므로, $\dfrac{\text{총 면적}}{\text{보수율}}$이 축전지의 용량이 된다.

$$C = \dfrac{1}{L}(K_1 I_1 + K_2 I_2 + K_3 I_3)$$

L : 보수율, K : 용량환산시간, I : 부하전류

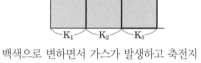

※ 설페이션(Sulfation) 현상

① 정의 : 연축전지를 방전 상태로 오래 방치해 두면 극판이 백색으로 변하면서 가스가 발생하고 축전지 용량이 감소, 수명이 단축되는 현상이다.

② 원인 : 방전상태로 장시간 방치한 경우 , 방전전류가 대단히 큰 경우, 불충분하게 충·방전을 반복하는 경우가 있다.

배점10

10 도면은 수전 설비의 단선 결선도를 나타내고 있다. 이 도면을 보고 다음 각 물음에 답하시오.

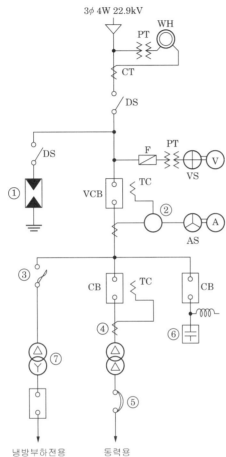

3φ 4W 22.9kV

(1) 동력용 변압기에 연결된 동력부하 설비용량이 400[kW], 부하 역률 85[%], 수용률 65[%]라고 할 때, 변압기 용량은 몇 [kVA]를 사용하여야 하는가?

변압기 표준용량[kVA]

100	150	200	250	300	400	500

• 계산 : _____ • 답 : _____

(2) ①~⑤으로 표시된 곳의 명칭을 쓰시오.

○ _____   ○ _____

○ _____   ○ _____

○ _____

(3) 냉방용 냉동기 1대를 설치하고자 할 때, 냉방 부하 전용 차단기로 VCB를 설치한다면 VCB 2차측 정격전류는 몇 [A]인가? (단, 냉방용 냉동기의 전동기는 100[kW], 정격전압 3300[V]인 유도 전동기로서 역률 85[%], 효율은 90[%]이고, 차단기 2차측 정격전류는 전동기 정격전류의 3배로 한다고 한다.)

• 계산 : _____ • 답 : _____

(4) 도면에 표시된 ⑥번 기기에 코일을 연결한 이유를 설명하시오.

○ _____

(5) 도면에 표시된 ⑦번 부분의 복선결선도를 그리시오.

○ _____

정답 (1) • 계산 : 변압기 용량 $= \dfrac{\text{각 부하 최대수용전력의 합}}{\text{역률}} = \dfrac{400 \times 0.65}{0.85}$

$= 305.882 [\text{kVA}]$

• 답 : 표에서 400[kVA] 선정

(2) ① 피뢰기　② 과전류 계전기　③ 컷아웃 스위치　④ 변류기　⑤ 기중차단기

(3) • 계산 : 부하 전류 $I = \dfrac{100 \times 10^3}{\sqrt{3} \times 3300 \times 0.85 \times 0.9} = 22.87 [\text{A}]$

2차측 정격전류는 전동기 전류의 3배의 조건을 적용하면 22.87×3=68.61[A]이다.

• 답 : 차단기의 정격전류 400[A]

(4) 콘덴서의 축적된 잔류 전하를 방전시켜 감전사고 방지

(5)
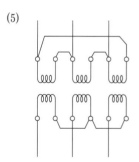

(3)번 문제에서 부하전류 $I = \dfrac{P}{\sqrt{3} \, V\cos\theta\, \eta}$ 이다. 부하전류의 값에 3배의 전류(68.61[A])를

계산한 후 차단기의 정격차단전류의 값에서 높은 값을 선정한다.

공칭전압	차단기의 정격전압	차단기의 정격 차단 전류[A]		
22.9[kV]	25.8[kV]	400	630	1250

(4)번 문제의 설비는 방전코일(Discharging Coil)을 나타낸다.

배점7

11 그림은 전자개폐기 MC에 의한 시퀀스 회로를 개략적으로 그린 것이다. 이 그림을 보고 다음 각 물음에 답하시오.

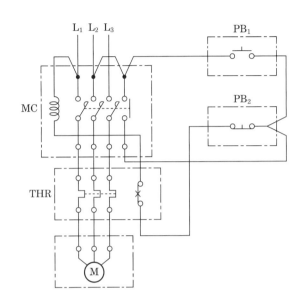

(1) 그림과 같은 회로용 전자개폐기 MC의 보조 접점을 사용하여 자기유지가 될 수 있는 일반적인 시퀀스 회로로 다시 작성하여 그리시오.

○ _____

(2) 시간 t_3에 열동 계전기가 작동하고, 시간 t_4에서 수동으로 복귀하였다. 이때의 동작을 타임차트로 표시하시오.

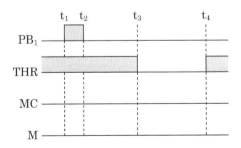

○ _____

(1)

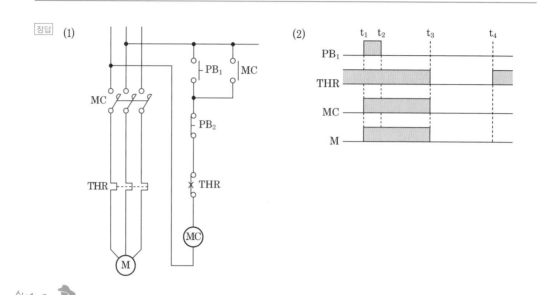

(2)

쉬어가기

동작설명 : PB_1을 누르면 MC가 여자되어 전동기가 작동한다. PB_2를 누르면 MC가 소자되어 전동기가 정지한다. 전동기 작동 중에 과부하로 인해 열동 계전기가 작동하면 PB_2를 누른 것과 같이 전류가 차단되어 MC가 소자되고 MC-a 자기유지 접점도 복귀한다. 열동 계전기가 수동 복귀하여도 여자되는 회로는 없다.

배점12

12 변압비가 6,600/220[V]이고, 정격용량이 50[kVA]인 변압기 3대를 그림과 같이 △결선하여 100[kVA]인 3상 평형 부하에 전력을 공급하고 있을 때, 변압기 1대가 소손되어 V 결선하여 운전하려고 한다. 이 때 다음과 각 물음에 답하시오. (단, 변압기 1대당 정격 부하시의 동손은 500[W], 철손은 150[W]이며, 각 변압기는 120[%]까지 과부하 운전할 수 있다고 한다.)

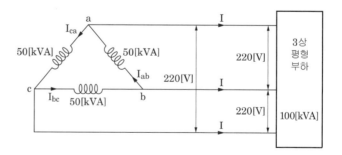

(1) 소손이 되기 전의 부하 전류와 변압기의 상전류는 몇 [A]인가?

• 계산 : _____ • 답 : _____

(2) △결선 할 때 전체 변압기의 동손과 철손은 각각 몇 [W]인가?

• 계산 : _____ • 답 : _____

(3) 소손 후의 부하 전류와 변압기의 상전류는 각각 몇 [A]인가?

• 계산 : _____ • 답 : _____

(4) 변압기의 V결선 운전이 가능한지의 여부를 그 근거를 밝혀서 설명하시오.

○

(5) V결선 할 때 전체 변압기의 동손과 철손은 각각 몇 [W]인가?

• 계산 : _____ • 답 : _____

정답 (1) • 계산

　　• 부하전류(선전류 I_ℓ)

$$I_\ell = \frac{P}{\sqrt{3}\,V} = \frac{100 \times 10^3}{\sqrt{3} \times 220} = 262.431\,[\text{A}]$$

　　• 변압기 △결선시 상전류 I_p

$$I_p = \frac{I_\ell}{\sqrt{3}} = \frac{262.43}{\sqrt{3}} = 151.514\,[\text{A}]$$

　　• 답 : 부하전류 : 262.43[A], 변압기의 상전류 : 151.51[A]

(2) • 계산

부하율 $m = \dfrac{\text{부하용량}}{\text{공급용량}} = \dfrac{100}{150} = 0.666$

동손 $P_c = m^2 P_c = 0.666^2 \times 500 \times 3 = 665.334\,[\text{kW}]$

철손 $P_i\ = 150 \times 3 = 450\,[\text{W}]$ (철손 : 고정손)

• 답 : 동손 : 665.33[W], 철손 : 450[W]

(3) • 계산 : 변압기 V결선시 부하전류 (선전류) $I_\ell = \dfrac{P}{\sqrt{3}\,V} = \dfrac{100 \times 10^3}{\sqrt{3} \times 220} = 262.431[\text{A}]$

※ V결선시 상전류는 선전류와 같으므로 상전류 또한 262.431[A]이다.

$$I_p = \frac{P}{\sqrt{3}\,V} = \frac{100 \times 10^3}{\sqrt{3} \times 220} = 262.431[\text{A}]$$

• 답 : 부하전류 : 262.43[A], 변압기의 상전류 : 262.43[A]

(4) V결선으로 120[%] 과부하시 V결선 출력 ($P_V = \sqrt{3}\,P_1$)은 다음과 같다.

$P_V = \sqrt{3} \times 50 \times 1.2 = 103.92\,[\text{kVA}]$ 이다.

따라서, 100[kVA] 부하에 전력을 공급할 수 있으므로 V결선 운전이 가능하다.

(5) • 계산 : V결선시 변압기 1대에 인가되는 부하 $P_1 = \dfrac{P_V}{\sqrt{3}} = \dfrac{100}{\sqrt{3}} = 57.74\,[\text{kVA}]$

부하율 $m' = \dfrac{\text{부하용량}}{\text{공급용량}} = \dfrac{57.74}{50} = 1.154$

동손 $P_c' = m'^2 P_c = 1.154^2 \times 500 \times 2 = 1331.716\,[\text{kW}]$

철손 $P_i\ = 150 \times 2 = 300\,[\text{W}]$ (철손: 고정손)

• 답 : 동손 : 1331.72[kW], 철손 : 300[kW]

배점5

13 송전단 전압이 $3300[\text{V}]$인 변전소로부터 $5.8[\text{km}]$ 떨어진 곳에 역률 0.9(지상) $500[\text{kW}]$의 3상 동력부하에 대하여 지중 송전선을 설치하여 전력을 공급하고자 한다. 케이블의 허용 전류(또는 안전 전류) 범위 내에서 전압강하가 $10[\%]$를 초과하지 않도록 심선의 굵기를 결정하시오. (단, 케이블의 허용 전류는 다음 표와 같으며 도체(동선)의 고유저항율은 $1/55[\Omega \cdot \text{mm}^2/\text{m}]$로 하고, 케이블의 정전용량 및 리액턴스 등은 무시한다.)

심선의 굵기와 허용 전류

심선의 굵기[mm²]	16	25	35	50	70	95	120	150
허용전류	50	70	90	100	110	140	180	200

정답 ・ 계산

① 수전단 전압(V_r)을 계산

$$\text{전압강하율 } \delta = \frac{V_s - V_r}{V_r} \text{에서 } V_r = \frac{V_s}{1+\delta} = \frac{3300}{1+0.1} = 3000[\text{V}]$$

② 전압강하율 $\delta = \dfrac{P}{V_r^2}(R + X\tan\theta)$에서 R을 계산

$$\delta = \frac{P}{V_r^2}R \ (\because \text{리액턴스 무시}) \ \therefore R = \frac{\delta \times V_r^2}{P} = \frac{0.1 \times 3000^2}{500 \times 10^3} = 1.8[\Omega]$$

③ 전선의 저항 $R = \rho\dfrac{\ell}{A}$에서 단면적 A를 계산후 선정

$$\therefore A = \rho\frac{\ell}{R} = \frac{1}{55} \times \frac{5800}{1.8} = 58.59[\text{mm}^2] \rightarrow 70[\text{mm}^2] \text{ 선정(허용전류 : 110[A])}$$

$$\text{부하전류 } I = \frac{P}{\sqrt{3}\, V_r \cos\theta} = \frac{500 \times 10^3}{\sqrt{3} \times 3000 \times 0.9} = 106.91[\text{A}] \ : \text{허용전류 범위내}$$

・ 답 : $70[\text{mm}^2]$

- 전압강하율 $\delta = \dfrac{V_s - V_r}{V_r}$ [pu]

- 전압강하율 $\delta = \dfrac{P}{V_r^2}(R + X\tan\theta)$ [pu]

- 전선의 저항 $R = \rho\dfrac{\ell}{A}$ 여기서, ρ : 고유 저항율 $[\Omega \cdot mm^2/m]$

배점5

14 답안지의 그림은 3상 4선식 전력량계의 결선도를 나타낸 것이다. PT와 CT를 사용하여 미완성 부분의 결선도를 완성하시오.

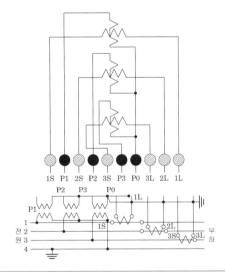

정답

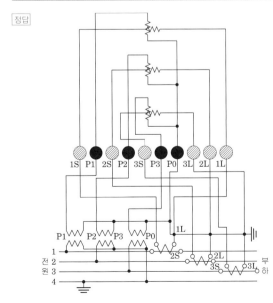

국가기술자격검정 실기시험문제 및 정답

2006년도 전기기사 제2회 필답형 실기시험

종 목	시험시간	형 별	성 명	수험번호
전기기사	2시간 30분	A		

※ 수험자 인적사항 및 답안작성(계산식 포함)은 흑색의 필기구만 사용하여야 하며 흑색을 제외한 유색 필기구 또는 연필류를 사용하거나 2가지 이상의 색을 혼합 사용하였을 경우 그 문항은 0점 처리됩니다.

배점6

01 그림과 같은 논리회로를 이용하여 다음 각 물음에 답하시오.

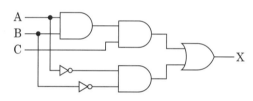

(1) 주어진 논리회로를 논리식으로 표현하시오.

  ○

(2) 논리회로의 동작 상태를 다음의 타임차트에 나타내시오.

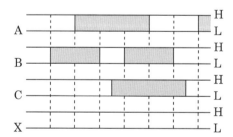

  ○

(3) 다음과 같은 진리표를 완성하시오. 단, L은 Low이고, H는 High이다.

A	L	L	L	L	H	H	H	H
B	L	L	H	H	L	L	H	H
C	L	H	L	H	L	H	L	H
X								

  ○

정답 (1) $X = A \cdot B \cdot C + \overline{A} \cdot \overline{B}$

(2)

```
A  ___|‾‾‾‾‾|_____  H
                              L
B  _|‾‾‾‾|__|‾‾‾‾|_____    H
                              L
C  _____|‾‾‾‾‾‾|_____    H
                              L
X  ‾‾‾‾‾|____|__|___|‾‾‾‾‾     H
                              L
```

(3)

A	L	L	L	L	H	H	H	H
B	L	L	H	H	L	L	H	H
C	L	H	L	H	L	H	L	H
X	H	H	L	L	L	L	L	H

쉬엄 가기

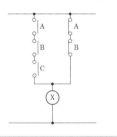

유접점으로 그려서 확인해보면 A만 또는 B만 동작시에는 X는 여자되지 않는다. C의 상태에 관계없이 A, B가 둘다 동작하지 않으면 무조건 X는 여자된다. A, B, C 모두 동작시 X는 여자된다.

배점13

02 그림과 같은 결선도를 보고 다음 각 물음에 답하시오.

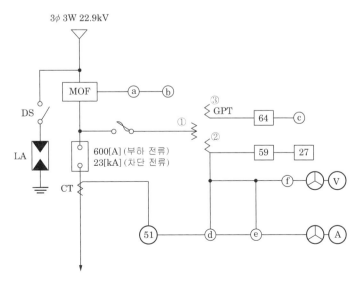

(1) 그림에서 ⓐ~ⓒ까지의 계기의 명칭을 우리말로 쓰시오.

    ○ _____

(2) VCB의 정격 전압과 차단 용량을 산정하시오.

    ① 정격 전압 :

      • 계산 : _____   • 답 : _____

    ② 차단 용량 :

      • 계산 : _____   • 답 : _____

(3) MOF의 우리말 명칭과 그 용도를 쓰시오.

    ① 명칭 :

      ○ _____

    ② 용도 :

      ○ _____

(4) 그림에서 □속에 표시되어 있는 제어기구 번호에 대한 우리말 명칭을 쓰시오.

    ○ _____

(5) 그림에서 ⓓ~ⓕ까지에 대한 계기의 약호를 쓰시오.

    ○ _____

정답

(1) ⓐ 최대수요전력계   ⓑ 무효 전력계   ⓒ 영상 전압계

(2) ① 정격 전압 : 정격전압 = 공칭전압 $\times \dfrac{1.2}{1.1}$

      • 계산 : $22.9 \times \dfrac{1.2}{1.1} = 24.98\,[\mathrm{kV}]$ • 답 : 25.8[kV]

    ② 차단 용량 : $P_s = \sqrt{3}\,V_n I_s$

      • 계산 : $P_s = \sqrt{3} \times 25.8 \times 23 = 1027.798\ [\mathrm{MVA}]$ • 답 : 1027.8[MVA]

(3) ① 명칭 : 전력수급용 계기용변성기

    ② 용도 : 전력량을 적산하기 위하여 고전압과 대전류를 저전압과 소전류로 변성

(4) 51 : 과전류 계전기   59 : 과전압 계전기

    27 : 부족전압 계전기   64 : 지락과전압 계전기

(5) ⓓ : kW, ⓔ : PF, ⓕ : F

03 그림은 한시 계전기를 사용한 유도 전동기의 Y - △ 기동회로의 미완성 회로이다. 이 회로를 이용하여 다음 각 물음에 답하시오.

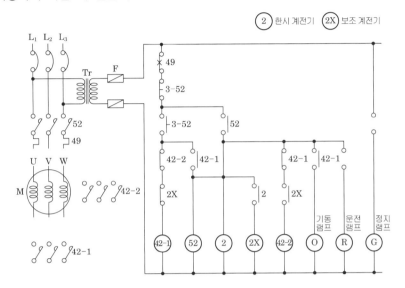

② 한시 계전기 ②X 보조 계전기

(1) 도면의 미완성 회로를 완성하시오. (단, 주회로 부분과 보조 회로 부분)

○

(2) 기동 완료시 열려(open)있는 접촉기를 모두 쓰시오.

○

(3) 기동 완료시 닫혀(close)있는 접촉기를 모두 쓰시오.

○

---

(1)

② 한시 계전기 ②X 보조 계전기

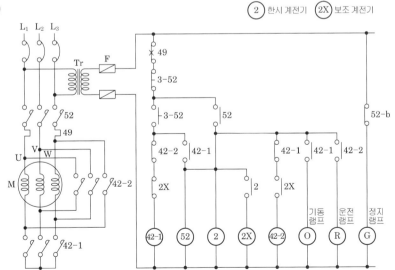

(2) 42-1

(3) 52, 42-2

(2), (3) 3-52를 누르면 42-1이 여자되고 순차적으로 52와 42-2가 여자되면서 운전이 시작되고 42-1 은 소자된다. 따라서 기동 완료시 열려있는 접촉기는 42-1, 기동 완료시 닫혀있는 접촉기는 52,42-2이다.

배점6

04 전자 블로우형 차단기(MBB) 조작 회로에 케이블을 사용할 때 다음 조건을 이용하여 물음 에 답하시오.

【조 건】

① 대상이 되는 제어 케이블의 길이 : 왕복 1200[m]
② 케이블의 저항치

케이블의 규격[mm^2]	2.5	4	6	10	16
저항치[Ω/km]	9.4	5.3	3.4	2.4	1.4

③ ・MBB의 조작회로(투입 코일 제외)의 투입 보조 릴레이(52X)의 코일 저항 66[Ω]
   ・MBB의 투입 허용 최소 동작 전압 : 94[V]
   ・트립코일 저항 19.8[Ω]
   ・MBB 트립 허용 최소 동작 전압 : 75[V]
④ 전원 전압
   ・정격 전압 : DC 125[V]
   ・축전지의 방전 말기 전압 : DC 1.7[V/cell], 102[V]

(1) MBB 투입 회로(투입 코일은 제외)의 경우 다음 전압일 때 케이블의 규격은 몇 [mm^2]를 사용 하는 것이 가장 적당한가?

① 전원 전압 DC 125[V]의 경우

○ _____

② 전원 전압 DC 102[V]의 경우

○ _____

(2) MBB 트립 회로의 경우 다음 전압일 때 케이블의 규격은 몇 [mm^2]를 사용하는 것이 가장 적 당한가?

① 전원 전압 DC 125[V]의 경우

○ _____

② 전원 전압 DC 102[V]의 경우

○ _____

정답 (1) 투입 회로

① 전원 전압 DC 125[V]의 경우

투입 코일의 허용 최저 전압이 94[V]이므로

선로의 허용 전압 강하 $e = 125 - 94 = 31[V]$

투입 코일에 흐르는 전류 $I = \dfrac{94}{66} = 1.424[A]$

즉 $e = IR$에서 $R = \dfrac{e}{I} = \dfrac{31}{1.424} = 21.769[\Omega]$

전선 1[km]당 최대 허용 저항 $r = \dfrac{21.769}{1.2} = 18.14[\Omega/km]$

∴ 표에서 2.5[mm^2] 선정

• 답 : 2.5[mm^2]

② 전원 전압 DC 102[V]의 경우

선로의 허용 전압 강하 $e = 102 - 94 = 8[V]$

$e = IR$에서 $R = \dfrac{e}{I} = \dfrac{8}{1.424} = 5.617[\Omega]$

전선 1[km]당 최대 허용 저항 $r = \dfrac{5.617}{1.2} = 4.68[\Omega/km]$

∴ 표에서 6[mm^2] 선정

• 답 : 6[mm^2]

(2) 트립 회로

① 전원 전압 DC 125[V]의 경우

선로의 허용 전압 강하 $e = 125 - 75 = 50[V]$

트립 코일에 흐르는 전류 $I = \dfrac{75}{19.8} = 3.787[A]$

즉 $e = IR$에서 $R = \dfrac{e}{I} = \dfrac{50}{3.787} = 13.203[\Omega]$

전선 1[km]당 최대 허용 저항 $r = \dfrac{13.203}{1.2} = 11.002[\Omega/km]$

∴ 표에서 2.5[mm^2] 선정

• 답 : 2.5[mm^2]

② 전원 전압 DC 102[V]의 경우

선로의 허용 전압 강하 $e = 102 - 75 = 27[V]$

트립 코일에 흐르는 전류 $I = \dfrac{75}{19.8} = 3.787[A]$

즉 $e = IR$에서 $R = \dfrac{e}{I} = \dfrac{27}{3.787} = 7.129[\Omega]$

전선 1[km]당 최대 허용 저항 $r = \dfrac{7.129}{1.2} = 5.94[\Omega/km]$

∴ 표에서 4[mm^2]선정

• 답 : 4[mm^2]

배점6

05 210[V], 10[kW], 역률 $\sqrt{3}/2$(지상)인 3상 부하와 210[V], 5[kW], 역률 1.0인 단상부하가 있다. 그림과 같이 단상 변압기 2대로 V결선하여 이들 부하에 전력을 공급하고자 한다. 다음 각 물음에 답하시오.

변압기의 표준 용량[kVA]

5	7.5	10	15	20	25	50	75	100

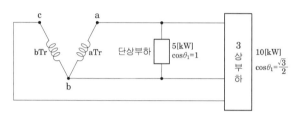

(1) 공용상과 전용상을 동일한 용량의 것으로 하는 경우에 변압기의 용량은 몇 [kVA]를 사용하여야 하는가?

　○ _____

(2) 공용상과 전용상을 각각 다른 용량의 것으로 하는 경우에 변압기의 용량은 각각 몇 [kVA]를 사용하여야 하는가?

　○ _____

정답 (1) • 계산 : 공용상과 전용상을 동일용량의 것으로 변압기를 선정할 경우 각각의 용량을 산정한 후 큰 용량을 기준으로 변압기 용량을 선정한다.

① V결선시 전용변압기 1대에 걸리는 부하용량(3상부하) : P_b

$$P_V = \sqrt{3}\,P_b \text{에서 } P_b = \frac{1}{\sqrt{3}} \times P_V = \frac{1}{\sqrt{3}} \times \frac{P_3}{\cos\theta_3} = \frac{1}{\sqrt{3}} \times \frac{10}{\frac{\sqrt{3}}{2}} = 6.67[\text{kVA}]$$

② 공용변압기에 걸리는 부하용량 (단상 부하 + 3상 부하) : P_a

$$P_a = \sqrt{(\text{단상유효} + 3\text{상유효})^2 + (\text{단상유효} + 3\text{상무효})^2}$$

$$= \sqrt{\left(5 + 6.67 \times \frac{\sqrt{3}}{2}\right)^2 + \left(0 + 6.67 \times \frac{1}{2}\right)^2} = 11.28[\text{kVA}]$$

단상부하의 경우 $\cos\theta = 1$이므로 무효분은 없다.

③ 공용변압기에 걸리는 부하용량이 더 크므로 공용변압기에 걸리는 부하용량 기준으로 주어진 표에서 선정한다. $(P_a > P_b)$

• 답 : 15[kVA]

(2) 공용상과 전용상을 각각 다른 용량의 것으로 하는 경우 부하용량 기준으로 주어진 표에서 선정한다.

• 답 : 전용상 : 7.5[kVA] 공용상 : 15[kVA]

이것이 *핵심이다*

- 변압기 용량 선정시 부하용량을 기준
- 합성부하용량을 산정할 경우(공용변압기 용량) 유효분과 무효분을 각각 구분해서 산정

$$P_{total} = \sqrt{(P_1 + P_3)^2 + (P_{r1} + P_{r3})^2}$$

- 무효전력 P_r = 피상전력 × $\sin\theta$

배점6

06 그림은 어떤 사무실의 조명설비 도면이다. 이 도면을 보고 다음 각 물음에 답하시오.
(단, 점멸기 A는 A 형광등, B는 B 형광등, C는 C 형광등만 점멸시키는 것으로 한다.)

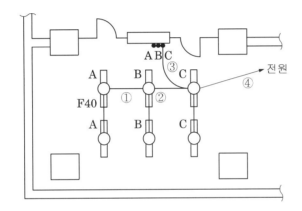

①~④ 부분의 전선 가닥 수는 각각 몇 가닥이 필요한가?

○ _____

정답 ① 2가닥 ② 3가닥 ③ 4가닥 ④ 2가닥

배점6

07 어느 건물의 부하는 하루에 240[kW]로 5시간, 100[kW]로 8시간, 75[kW]로 나머지 시간을 사용한다. 이에 따른 수전설비를 450[kVA]로 하였을 때, 부하의 평균역률이 0.8인 경우 다음 각 물음에 답하시오.

(1) 이 건물의 수용률[%]을 구하시오.

• 계산 : _____   • 답 : _____

(2) 이 건물의 일부하율[%]을 구하시오.

• 계산 : _____   • 답 : _____

정답 (1) • 계산 : 수용률 = $\dfrac{\text{최대전력}}{\text{설비용량}} \times 100 = \dfrac{240}{450 \times 0.8} \times 100 = 66.667[\%]$

• 답 : 66.67[%]

(2) • 계산 : 일부하율 = $\dfrac{\text{평균전력}}{\text{최대전력}} \times 100 = \dfrac{\dfrac{\text{사용전력량}}{24}}{\text{최대전력}} \times 100$

$= \dfrac{\dfrac{240 \times 5 + 100 \times 8 + 75 \times 11}{24}}{240} \times 100 = 49.045[\%]$

• 답 : 49.05[%]

배점4

08 고압 동력 부하의 사용 전력량을 측정하려고 한다. CT 및 PT 취부 3상 적산 전력량계를 그림과 같이 오결선(1S와 1L 및 P1과 P3가 바뀜)하였을 경우 어느 기간 동안 사용 전력량이 300[kWh]였다면 그 기간 동안 실제 사용 전력량은 몇 [kWh]이겠는가? (단, 부하 역률은 0.8이라 한다.)

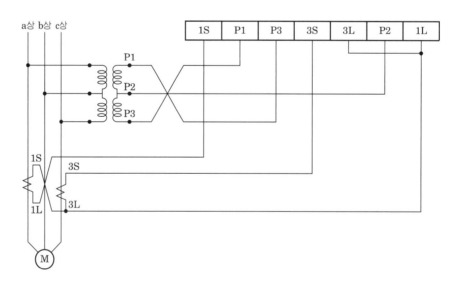

• 계산 : _____   • 답 : _____

정답 • 계산

오결선 2회시 : $W_1 = VIcos\left(90^\circ - \theta\right),\qquad W_2 = VIcos\left(90^\circ - \theta\right)$

$W_1 + W_2 = VIcos\left(90^\circ - \theta\right) + VIcos\left(90^\circ - \theta\right)$

$$= 2VIcos\left(90^\circ - \theta\right) = 2VIsin\,\theta$$

$W = \sqrt{3}\,VIcos\,\theta = \sqrt{3} \times \dfrac{W_1 + W_2}{2sin\theta} \times cos\theta$

$$= \sqrt{3} \times \dfrac{300}{2 \times 0.6} \times 0.8 = 346.41\,[\mathrm{kWh}]$$

• 답 : $346.41[\mathrm{kWh}]$

정상결선 적산전력량계

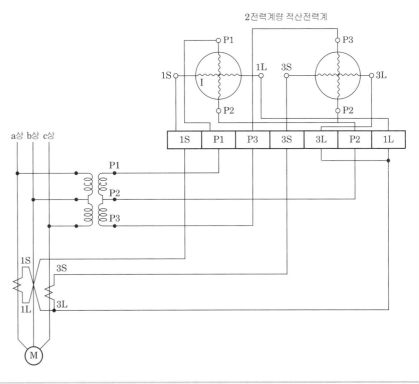

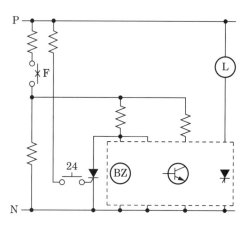

배점4

09 그림에서 고장 표시 접점 f가 닫혀 있을 때는 부저BZ가 울리나 표시등 L은 켜지지 않으며, 스위치 24에 의하여 벨이 멈추는 동시에 표시등 L이 켜지도록 SCR의 게이트와 스위치 등을 접속하여 회로를 완성하시오. 또한 회로 작성에 필요한 저항이 있으면 그것도 삽입하여 도면을 완성하도록 하시오. (단, 트랜지스터는 NPN 트랜지스터이며, SCR은 P게이트형을 사용한다.)

정답

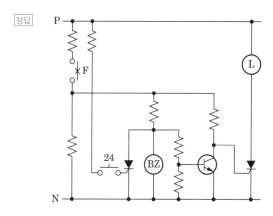

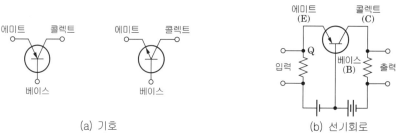

(a) 기호   (b) 선기회로

오른쪽 두개의 저항이 있어야 그 쪽으로 전류가 흐를 때 전압이 걸려 TR을 도통시킬 수 있기 때문에 양쪽에 저항을 넣어준다. 만약에 저항이 없다면 TR의 베이스에는 전압이 걸리지 않아 도통되지 않게 된다.

배점4

10 단상 2선식 220[V], 40[W] 2등용 형광등 기구 60대를 설치하려고 한다. 16[A]의 분기회로로 할 경우, 몇 회로로 하여야 하는가? 단, 형광등 역률은 80[%]이고, 안정기의 손실은 고려하지 않으며, 1회로의 부하전류는 분기회로 용량의 80[%]로 본다.

• 계산 :   • 답 :

정답 • 계산

$$분기회로수 = \frac{상정 부하설비의 합[VA]}{사용 전압[V] \times 분기회로 전류[A]}$$

$$= \frac{\dfrac{40}{0.8} \times 2 \times 60}{220 \times 16 \times 0.8} = 2.13 회로$$

• 답 : 16[A] 분기 3회로

배점6

11 선로에서 발생하는 고조파가 전기설비에 미치는 장해를 4가지만 설명하시오.

○

○

○

○

정답 ① 전력용 기기의 과열 및 소손
② 케이블 열화
③ 통신선의 유도장해 발생
④ 보호계전기의 오동작

배점6

12 자가용 전기설비에 대한 각 물음에 답하시오.

(1) 자가용 전기설비의 중요검사(시험)사항을 3가지만 쓰시오.

　　○ _____

　　○ _____

　　○ _____

(2) 예비용 자가발전설비를 시설하고자 한다. 조건에서 발전기의 정격용량은 최소 몇 [kVA]를 초과하여야 하는가?

> 【조 건】
> • 부하 : 유도 전동기로써 기동용량은 1500[kVA]
> • 기동시의 전압강하 : 25[%]
> • 발전기의 과도리액턴스 : 30[%]

　　○ _____

정답 (1) ① 외관검사

　　　② 접지저항측정검사

　　　③ 절연저항측정검사

(2) 발전기용량 [kVA] ≥ 시동용량[kVA]× 과도 리액턴스×$\left(\dfrac{1}{\text{허용 전압 강하}}-1\right)$× 여유율

$$= 1500 \times 0.3 \times \left(\frac{1}{0.25}-1\right) = 1350[\text{kVA}]$$

• 답 : 1350[kVA]

이것이 핵심이다

> (1) 단순 부하의 경우 발전기의 출력
>
> $$P=\frac{\sum W_L \times L}{\cos\theta}[\text{kVA}]$$
>
> $\sum W_L$: 부하입력 총합계, L : 부하수용률(비상용=1)
>
> (2) 기동용량이 큰 부하가 있을 경우 발전기의 출력
>
> 발전기 용량 ≥ 시동용량[kVA]× 과도리액턴스×$\left(\dfrac{1}{\text{허용전압강하}}-1\right)$× 여유율

배점8

13 답안지의 그림은 1, 2차 전압이 66/22[kV]이고, Y-△ 결선된 전력용 변압기이다. 1, 2차에 CT를 이용하여 변압기의 차동 계전기를 동작시키려고 한다. 주어진 도면을 이용하여 다음 각 물음에 답하시오.

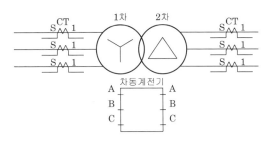

(1) CT와 차동 계전기의 결선을 주어진 도면에 완성하시오.

○ _____

(2) 1차측 CT의 권수비를 200/5로 했을 때 2차측 CT의 권수비는 얼마가 좋은지를 쓰고, 그 이유를 설명하시오.

○ _____

(3) 변압기를 전력 계통에 투입할 때 여자 돌입 전류에 의해 차동 계전기의 오동작을 방지하기 위하여 이용되는 차동 계전기의 종류(또는 방식)을 한 가지만 쓰시오.

○ _____

(4) 우리나라에서 사용되는 CT의 극성은 일반적으로 어떤 극성의 것을 사용하는가?

○ _____

정답 (1) CT의 결선은 1차 및 2차 전류의 크기 및 각 변위를 일치시키기 위해서 변압기의 결선과 반대로 한다. 즉, 변압기가 Y-△일 경우, CT는 △-Y로 결선한다.

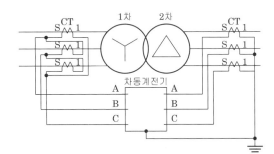

(2) 변압기의 1,2차 전압의 비는

$a = \dfrac{V_1}{V_2} = \dfrac{66}{22} = 3$ 2차측 전압이 3배

작아지므로 2차측 전류는 3배가 커진다.

($P = V_1 I_1 = V_2 I_2$) 이므로 1차측 보다 3배 큰 CT가 필요하다.

$\therefore \dfrac{200}{5} \times 3 = \dfrac{600}{5}$

(3) 비대칭파 저지법

(4) 감극성

변압기 여자 돌입전류

무부하 변압기를 전압이 0° 시에 투입할 경우 자속은 급변하고 철심 포화로 여자임피던스가 급감하며 과도적인 돌입전류가 흐른다. 이 전류를 여자돌입전류라 한다.

비대칭파 저지법

여자돌입전류는 비대칭파이므로 파형이 비대칭파일 때는 동작을 저지하여 보호계전기의 오동작을 방지하는 방법이다.

배점10

14 그림은 어느 인텔리전트 빌딩에 사용되는 컴퓨터 정보 설비 등 중요 부하에 대한 무정전 전원 공급을 하기 위한 블록다이어그램을 나타내었다. 이 블록 다이어그램을 보고 다음 각 물음에 답하시오.

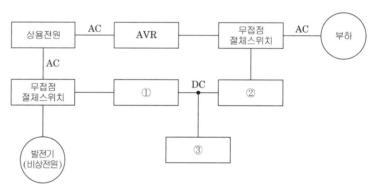

(1) ①~③에 알맞은 전기 시설물의 명칭을 쓰시오.

○ _____

(2) ①, ②에 시설되는 것의 전력 변환 방식을 각각 1개씩만 쓰시오.

○ _____

(3) 무정전 전원은 정전시 사용하지만 평상 운전시에는 예비전원으로 200[Ah]의 연축전지 100개가 설치되었다고 한다. 충전시에 발생되는 가스와 충전이 부족할 경우 극판에 발생되는 현상 등에 대하여 설명하시오.

① 발생가스

○ _____

② 현상

○ _____

(4) 발전기(비상전원)에서 발생된 전압을 공급하기 위하여 부하에 이르는 전로에는 발전기 가까운 곳에 쉽게 개폐 및 점검을 할 수 있는 곳에 기기 및 기구들을 설치하여야 하는데 이 설치하여야 할 것들 4가지만 쓰시오.

○ _____

○ _____

○ _____

○ _____

정답 (1) ① 컨버터
　　　　② 인버터
　　　　③ 축전지
　　(2) ① AC를 DC로 변환(컨버터)
　　　　② DC를 AC로 변환(인버터)
　　(3) ① 발생가스 : 수소
　　　　② 현상 : 설페이션 현상
　　(4) ① 개폐기
　　　　② 과전류 차단기
　　　　③ 전압계
　　　　④ 전류계

배점8

15 수변전설비에 설치하고자하는 전력퓨즈(power fuse)에 대해서 다음 각 물음에 답하시오.

(1) 전력 퓨즈의 가장 큰 단점은 무엇인지를 설명하시오.

○ _____

(2) 전력 퓨즈를 구입하고자 한다. 기능상 고려해야 할 주요 요소 3가지 쓰시오.

○ _____

○ _____

○ _____

(3) 전력 퓨즈의 성능(특성) 3가지를 쓰시오.

○ _____

○ _____

○ _____

(4) PF–S형 큐비클은 큐비클의 주차단 장치로서 어떤 종류의 전력 퓨즈와 무엇을 조합한 것인가?

    ① 전력 퓨즈의 종류

    ○ _____

    ② 조합하여 설치하는 것

    ○ _____

정답 (1) 재투입이 불가능하다.

    (2) ① 정격 전압
        ② 정격 전류
        ③ 정격 차단 전류

    (3) ① 용단특성
        ② 단시간 허용 특성
        ③ 전차단 특성

    (4) ① 전력 퓨즈의 종류 : 한류형 퓨즈
        ② 조합하여 설치하는 것 : 고압개폐기

국가기술자격검정 실기시험문제 및 정답

2006년도 전기기사 제3회 필답형 실기시험

종 목	시험시간	형 별	성 명	수험번호
전기기사	2시간 30분	A		

※ 수험자 인적사항 및 답안작성(계산식 포함)은 흑색의 필기구만 사용하여야 하며 흑색을 제외한 유색 필기구 또는 연필류를 사용하거나 2가지 이상의 색을 혼합 사용하였을 경우 그 문항은 0점 처리됩니다.

배점8

01 스위치 S_1, S_2, S_3에 의하여 직접 제어되는 계전기 X, Y, Z가 있다. 전등 L_1, L_2, L_3, L_4가 동작표와 같이 점등된다고 할 때 다음 각 물음에 답하시오.

동작표

X	Y	Z	L_1	L_2	L_3	L_4
0	0	0	0	0	0	1
0	0	1	0	0	1	0
0	1	0	0	0	1	0
0	1	1	0	1	0	0
1	0	0	0	0	1	0
1	0	1	0	1	0	0
1	1	0	0	1	0	0
1	1	1	1	0	0	0

【조 건】

• 출력 램프 L_1에 대한 논리식 $L_1 = X \cdot Y \cdot Z$

• 출력 램프 L_2에 대한 논리식 $L_2 = \overline{X} \cdot Y \cdot Z + X \cdot \overline{Y} \cdot Z + X \cdot Y \cdot \overline{Z}$
$= \overline{X} \cdot Y \cdot Z + X(\overline{Y} \cdot Z + Y \cdot \overline{Z})$

• 출력 램프 L_3에 대한 논리식 $L_3 = \overline{X} \cdot \overline{Y} \cdot Z + \overline{X} \cdot Y \cdot \overline{Z} + X \cdot \overline{Y} \cdot \overline{Z}$
$= X \cdot \overline{Y} \cdot \overline{Z} + \overline{X} \cdot (\overline{Y} \cdot Z + Y \cdot \overline{Z})$

• 출력 램프 L_4에 대한 논리식 $L_4 = \overline{X} \cdot \overline{Y} \cdot \overline{Z}$

(1) 답안지의 유접점 회로에 대한 미완성 부분을 최소 접점수로 도면을 완성하시오.

[예]

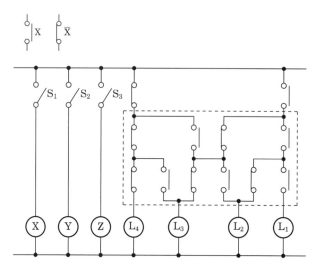

(2) 답안지의 무접점 회로에 대한 미완성 부분을 완성하고 출력을 표시하시오.

[예 : 출력 L_1, L_2, L_3, L_4]

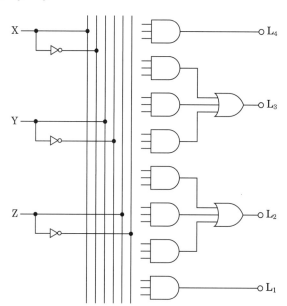

정답 (1)

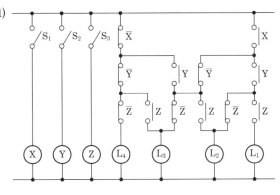

(2)

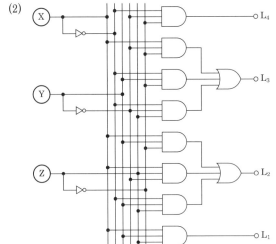

(1) 직렬 병렬을 구분하지 않는 회로로 유접점 회로를 그릴 때 논리식을 사용하여 기본적인 연결부터 시작한다. 먼저 양쪽 끝에 X, Y, Z의 b접점(L_4)과 X, Y, Z의 a접점(L_1)을 투입한다. 나머지 L_2와 L_3는 논리식을 사용하여 순서대로 투입한다.

(2) 무접점 회로를 살펴보면 첫 번째는 X 두 번째는 $\overline{X}$ 방식으로 순서대로 결선 되어 있다. 이것을 차례로 AND 회선에 연결 후 OR로 연결하면 된다. 논리식을 사용하여 순차적으로 투입한다.

배점4

02 계기용변압기 1차측 및 2차측에 퓨즈를 부착하는지의 여부를 밝히고, 퓨즈를 부착하는 경우에 그 이유를 간단히 설명하시오.

· 여부 :

· 이유 :

정답
- 여부 : 부착한다.
- 이유 : 계기용변압기 2차 부하의 단락, 계기용변압기 단락시 사고확대 방지

배점5

03 전력 퓨즈 및 각종 개폐기들의 능력을 비교할 때 능력이 가능한 곳에 ○표 하시오.

기능 \ 능력	회로분리		사고차단	
	무부하	부 하	과부하	단 락
퓨 즈				
차 단 기				
개 폐 기				
단 로 기				
전자접촉기				

정답

기능 \ 능력	회로분리		사고차단	
	무부하	부 하	과부하	단 락
퓨 즈	○			○
차 단 기	○	○	○	○
개 폐 기	○	○	○	
단 로 기	○			
전자접촉기	○	○	○	

배점11

04 사무실로 사용하는 건물에 단상 3선식 110/220[V]를 채용하고 변압기가 설치된 수전실에서 60[m]되는 곳의 부하를 "부하집계표"와 같이 배분하는 분전반을 시설하고자 한다. 주어진 조건과 참고자료를 이용하여 다음 각 물음에 답하시오.

- 공사방법은 A1으로 PVC 절연전선을 사용한다.
- 전압 강하는 3[%] 이하로 되어야 한다.
- 부하집계표는 다음과 같다.

회로 번호	부하 명칭	총 부하 [VA]	부하 분담[VA]		비고
			A선	B선	
1	전등	2920	1460	1460	
2	〃	2680	1340	1340	
3	콘센트	1100	1100		
4	〃	1400	1400		
5	〃	800		800	
6	〃	1000		1000	
7	팬코일	750	750		
8	〃	700		700	
합계		11350	6050	5300	

[참고자료]

[표 1] 간선의 굵기, 개폐기 및 과전류 차단기의 용량

최대 상정 부하 전류 [A]	배선 종류에 의한 간선의 동 전선 최소 굵기 [mm²]												개폐기 의 정격 [A]	과전류 차단기의 정격[A]	
	공사방법 A1				공사방법 B1				공사방법 C					B종 퓨즈	A종 퓨즈 또는 배선용 차단기
	2개선		3개선		2개선		3개선		2개선		3개선				
	PVC	XLPE, EPR	PVC	XLPE, EPR	PVC	XLPE, EPR	PVC	XLPE, EPR	PVC	XLPE, EPR	PVC	XLPE, EPR			
20	4	2.5	4	2.5	2.5	2.5	2.5	2.5	2.5	2.5	2.5	2.5	30	20	20
30	6	4	6	4	4	2.5	6	4	4	2.5	4	2.5	30	30	30
40	10	6	10	6	6	4	10	6	6	4	6	4	60	40	40
50	16	10	16	10	10	6	10	10	10	6	10	6	60	50	50
60	16	10	25	16	16	10	16	10	10	10	16	10	60	60	60
75	25	16	35	25	16	10	25	16	16	10	16	16	100	75	75
100	50	25	50	35	25	16	35	25	25	16	35	25	100	100	100
125	70	35	70	50	35	25	50	35	35	25	50	35	200	125	125
150	70	50	95	70	50	35	70	`50	50	35	70	50	200	150	150
175	95	70	120	70	70	50	95	50	70	50	70	50	200	200	175
200	120	70	150	95	95	70	95	70	70	50	95	70	200	200	200
250	185	120	240	150	120	70	–	95	95	70	120	95	300	250	250
300	240	150	300	185	–	95	–	120	150	95	185	120	300	300	300
350	300	185	–	240	–	120	–	–	185	120	240	150	400	400	350
400	–	240	–	300	–	–	–	–	240	120	240	185	400	400	400

[비고 1] 단상 3선식 또는 3상 4선식 간선에서 전압강하를 감소하기 위하여 전선을 굵게 할 경우라도 중성선은 표의 값보다 굵은 것으로 할 필요는 없다.

[비고 2] 최소 전선 굵기는 1회선에 대한 것이며, 2회선 이상일 경우는 복수회로 보정계수를 적용하여야 한다.

[비고 3] 공사방법 A1은 벽 내의 전선관에 공사한 절연전선 또는 단심케이블, B1은 벽면의 전선관에 공사한 절연전선 또는 단심케이블, 공사방법 C는 벽면에 공사한 단심 또는 다심케이블을 시설하는 경우의 전선 굵기를 표시하였다.

[비고 4] B종 퓨즈의 정격전류는 전선의 허용전류의 0.96배를 초과하지 않는 것으로 한다.

[표 2] 간선의 수용률

건축물의 종류	수용률[%]
주택, 기숙사, 여관, 호텔, 병원, 창고	50
학교, 사무실, 은행	70

[주] 전등 및 소형 전기기계 기구의 용량 합계가 10[kVA]를 초과하는 것은 그 초과 용량에 대해서는 표의 수용률을 적용할 수 있다.

[표 3] 후강 전선관 굵기의 선정

도체단면적 [mm²]	전선 본수									
	1	2	3	4	5	6	7	8	9	10
	전선관의 최소 굵기[호]									
2.5	16	16	16	16	22	22	22	28	28	28
4	16	16	16	22	22	22	28	28	28	28
6	16	16	22	22	22	28	28	28	36	36
10	16	22	22	28	28	36	36	36	36	36
16	16	22	28	28	36	36	36	42	42	42
25	22	28	28	36	36	42	54	54	54	54
35	22	28	36	42	54	54	54	70	70	70
50	22	36	54	54	70	70	70	82	82	82
70	28	42	54	54	70	70	70	82	82	82
95	28	54	54	70	70	82	82	92	92	104
120	36	54	54	70	70	82	82	92		
150	36	70	70	82	92	92	104	104		
185	36	70	70	82	92	104				
240	42	82	82	92	104					

(1) 간선으로 사용하는 전선(동도체)의 단면적은 몇 $[\mathrm{mm}^2]$인가?

 ○ _____

(2) 간선보호용 퓨즈(A종)의 정격전류는 몇 $[\mathrm{A}]$인가?

 ○ _____

(3) 이곳에 사용되는 후강 전선관은 몇 호인가?

 ○ _____

(4) 설비 불평형률은 몇 $[\%]$가 되겠는가?

 ○ _____

정답 (1) • 계산

A선 전류 $I_A = \dfrac{6050}{110} = 55[A]$, B선 전류 $I_B = \dfrac{5300}{110} = 48.181[A]$

I_A, I_B중 큰 값인 55[A]를 기준으로 함.

전선길이 $L = 60[m]$, 선전류 $I = 55[A]$

전압강하 $e = 110 \times 0.03 = 3.3[V]$이므로

전선단면적 $A = \dfrac{17.8LI}{1000e} = \dfrac{17.8 \times 60 \times 55}{1000 \times 3.3} = 17.8[mm^2]$

[표 1]에서 초과하는 공칭단면적을 산정 : $25[mm^2]$

• 답 : $25[mm^2]$ 선정

(2) [표 1]에서 공사방법 A1, PVC 절연전선 3개선을 사용하고 전선의 굵기가 $25[mm^2]$일 때 이므로 과전류 차단기의 정격 전류는 60[A] 선정

• 답 : 60[A]

(3) [표 3]에서 $25[mm^2]$ 전선 3본이 들어갈 수 있는 전선관 28[호] 선정

• 답 : 28[호]

(4) • 계산 : 설비불평형률 $= \dfrac{3250 - 2500}{11350 \times \dfrac{1}{2}} \times 100 = 13.22[\%]$

• 답 : $13.22[\%]$

해설 (1) 단면적 계산시 정격전류는 간선에 최대부하 전류를 연속하여 흘려보낼 수 있는 전류를 산정해야 하므로 공급되는 전류는 항상 큰 값을 기준으로 하여 값을 산정한다. 부하분담이 AB선간에 발생하는 220[V]로 주어져 있지 않고 A선, B선으로 구분을 하였기 때문에 110[V] 기준에서 발생한 정격전류로 산정한다.

만약 220[V] AB 간에 발생된 부하분담으로 주어져 있다면 그 값 또한 산정하여 계산하여야 한다. 단상 3선식 및 3상 4선식에서 전압강하는 각상의 1선과 중성선사이의 전압강하[V]를 의미한다.

(2) 간선보호용 퓨즈(A종)의 정격전류는 주어진 [표 1] 간선의 굵기, 개폐기 및 과전류 차단기의 용량에
서 구할 수 있다. 주어진 조건에서 공사방법은 A1, PVC 절연전선을 사용, 간선의 전선 굵기는 (1)
사항에서 25[mm²]이므로 주어진 사항을 표기하면 다음과 같이 60[A]를 선정한다.

최대 상정 부하 전류 [A]	배선 종류에 의한 간선의 동 전선 최소 굵기 [㎟]												과전류 차단기의 정격[A]		
	공사방법 A1				공사방법 B1				공사방법 C				개폐기의 정격 [A]	B종 퓨즈	A종 퓨즈 또는 배선용 차단기
	2개선		3개선		2개선		3개선		2개선		3개선				
	PVC	XLPE, EPR	PVC	XLPE, EPR	PVC	XLPE, EPR	PVC	XLPE, EPR	PVC	XLPE, EPR	PVC	XLPE, EPR			
20	4	2.5	4	2.5	2.5	2.5	2.5	2.5	2.5	2.5	2.5	2.5	30	20	20
30	6	4	6	4	4	2.5	6	4	4	2.5	4	2.5	30	30	30
40	10	6	10	6	6	4	10	6	6	4	6	4	60	40	40
50	16	10	16	10	10	6	10	10	10	6	10	6	60	50	50
60	16	10	(1)25	16	16	10	16	10	10	10	16	10	60	60	(2)60
75	25	16	35	25	16	10	25	16	16	10	16	16	100	75	75
100	50	25	50	35	25	16	35	25	25	16	35	25	100	100	100
125	70	35	70	50	35	25	50	35	35	25	50	35	200	125	125
150	70	50	95	70	50	35	70	50	50	35	70	50	200	150	150
175	95	70	120	70	70	50	95	50	70	50	70	50	200	200	175
200	120	70	150	95	95	70	95	70	70	50	95	70	200	200	200
250	185	120	240	150	120	70	–	95	95	70	120	95	300	250	250
300	240	150	300	185	–	95	–	120	150	95	185	120	300	300	300
350	300	185	–	240	120	–	–	185	120	240	150	400	400	350
400	–	240	–	300	–	–	–	240	120	240	185	400	400	400

(3) 후강 전선관의 호수는 [표 3] 후강 전선관 굵기 에서 구할 수 있다.

단상 3선식 110/220[V]를 채용하므로 전선 본수는 3가닥이며 간선전선의 굵기는

(1)사항에서 25[mm²] 이므로 주어진 사항을 표기하면 다음과 같이 28[호]를 선정한다.

[표 3] 후강 전선관 굵기

도체 단면적 [㎟]	전선 본수									
	1	2	3	4	5	6	7	8	9	10
	전선관의 최소 굵기[호]									
2.5	16	16	16	16	22	22	22	28	28	28
4	16	16	16	22	22	22	28	28	28	28
6	16	16	22	22	22	28	28	28	36	36
10	16	22	22	28	28	36	36	36	36	36
16	16	22	28	28	36	36	36	42	42	42
25	22	28	(3)28	36	36	42	54	54	54	54
35	22	28	36	42	54	54	54	70	70	70
50	22	36	54	54	70	70	70	82	82	82
70	28	42	54	54	70	70	70	82	82	82
95	28	54	54	70	70	82	82	92	92	104
120	36	54	54	70	70	82	82	92		
150	36	70	70	82	92	92	104	104		
185	36	70	70	82	92	104				
240	42	82	82	92	104					

(4) 단상 3선식에서 설비불평형률

- 설비불평형률 $= \dfrac{\text{중성선과 각 전압측 전선간에 접속되는 부하설비용량[kVA]의 차}}{\text{총 부하설비용량[kVA]의 }1/2} \times 100[\%]$

여기서, 불평형률은 40[%] 이하이어야 한다.
- 전등부하는 양쪽 전압선에 접속되어 있으므로 제외시킨다. 따라서

A-N 부하=1100+1400+750=3250[VA]

B-N 부하=800+1000+700=2500[VA] 이다.

$\therefore$ 설비불평형률$= \dfrac{3250-2500}{(6050+5300) \times \dfrac{1}{2}} \times 100 = 13.22[\%]$

배점9

05 그림의 회로는 $Y-\triangle$ 기동 방식의 주회로 부분이다. 도면을 보고 다음 각 물음에 답하시오.

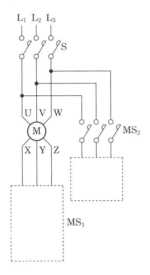

(1) 주회로 부분의 미완성 회로에 대한 결선을 완성하시오.

○

(2) $Y-\triangle$ 기동 시와 전전압 기동 시의 기동 전류를 비교 설명하시오.

○

(3) 전동기를 운전할 때 $Y-\triangle$ 기동에 대한 기동 및 운전에 대한 조작 요령을 설명하시오.

○

2006

정답 (1)

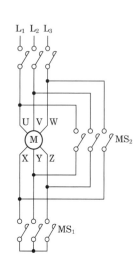

(2) 전전압 기동시보다 Y − △ 기동시 전류는 1/3배이다.

(3) Y결선으로 기동한 후 설정 시간이 지나면 △ 결선으로 운전한다. Y와 △는 동시투입이 되어서는 안된다.

쉬어가기

(1)

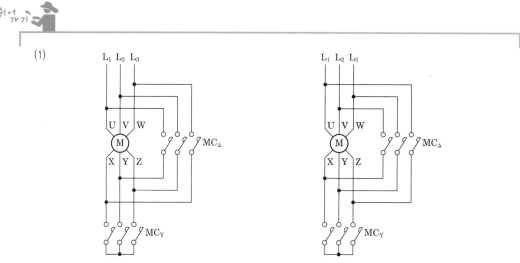

① 또는 ② 모두 사용되나 기동 순간의 과도(돌입) 전류를 감소시키기 위하여 현재 ①이 많이 사용된다.

(2), (3) Y − △ 기동시 Y로 계속 운전하게 될 경우 모터가 소손될 수 있다.

배점5

06 비상용 자가 발전기를 구입하고자 한다. 부하는 단일 부하로서 유도 전동기이며, 기동용량이 1800[kVA]이고, 기동시 전압 강하는 20[%]까지 허용하며, 발전기의 과도 리액턴스는 26[%]로 본다면 자가 발전기의 용량은 이론(계산)상 몇 [kVA] 이상의 것을 선정하여야 하는가?

정답 • 계산 : 발전기 용량 ≥ 시동용량[kVA] × 과도 리액턴스 × $\left(\dfrac{1}{허용 전압강하} - 1\right)$ × 여유율

$$= 1800 \times 0.26 \times \left(\dfrac{1}{0.2} - 1\right) = 1872[\text{kVA}]$$

• 답 : 1872[kVA]

배점8

07 UPS 장치 시스템의 중심부분을 구성하는 CVCF의 기본 회로를 보고 다음 각 물음에 답하시오.

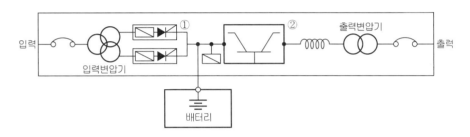

(1) UPS 장치는 어떤 장치인가?

○ _____

(2) CVCF는 무엇을 뜻하는가?

○ _____

(3) 도면의 ①, ②에 해당되는 것은 무엇인가?

○ _____

정답 (1) 무정전 전원공급 장치

(2) 정전압 정주파수 장치(CVCF : Constant Voltage Constant Frequency)

(3) ① 정류기(컨버터)
　　② 인버터

배점9

08 가스절연개폐기(GIS)에 대하여 다음 물음에 답하시오.

(1) 가스절연개폐기(GIS)에 사용되는 가스의 종류는?

○ _____

(2) 가스절연개폐기에 사용하는 가스는 공기에 비하여 절연내력이 몇 배정도 좋은가?

ㅇ

(3) 가스절연개폐기에 사용되는 가스의 장점을 3가지 쓰시오.

ㅇ

ㅇ

ㅇ

정답 (1) SF_6(육불화유황) 가스

(2) 2~3배

(3) ① 소호 능력이 뛰어나다(공기의 약 100배)

② 무색, 무취, 무독 가스로서 유독가스를 발생하지 않는다.

③ 절연 성능과 안전성이 우수하다.

쉬어가기 가스 절연 개폐장치(Gas Insulated Switch-gear: GIS)

금속용기(Enclosure)내에 모선, 개폐장치, 변성기, 피뢰기 등을 내장시키고 절연 성능과 소호특성이 우수한 SF_6가스로 충전, 밀폐하여 절연을 유지시키는 개폐장치이다.

- 절연거리축소로 설치면적이 작아진다.
- 조작 중 소음이 작다.
- 전기적 충격 및 화재의 위험이 적다.
- 주위 환경과 조화를 이룰 수 있다.
- 부분 공장 조립이 가능하여 설치공기가 단축된다.
- 절연물, 접촉자 등이 SF_6가스 내에 설치되어 보수, 점검 주기가 길어진다.

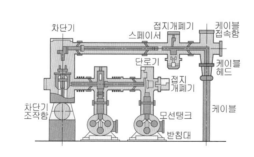

09 머레이루프법(Murray loop)으로 선로의 고장 지점을 찾고자 한다. 선로의 길이가 $4[\mathrm{km}]$ $(0.2[\Omega/\mathrm{km}])$인 선로에 그림과 같이 접지 고장이 생겼을 때 고장점까지의 거리 X는 몇 $[\mathrm{km}]$인가? (단, $\mathrm{P}=270[\Omega]$, $\mathrm{Q}=90[\Omega]$에서 브리지가 평형되었다고 한다.)

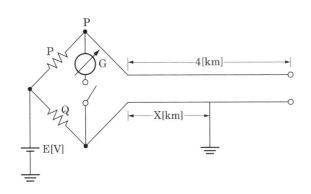

정답 • **계산** : 머레이루프법이란 휘스톤 브리지의 원리를 적용한 선로의 고장점 탐색법이다. (단, 왕복선의 길이: $8[\mathrm{km}]$)

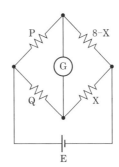

$PX = Q(8-X)$: 브리지 평형 조건

윗 식에서 X를 구할 수 있다.

$$X = \frac{Q}{P+Q} \times 8 = \frac{90}{270+90} \times 8 = 2[\mathrm{km}]$$

• **답** : $2[\mathrm{km}]$

10 답안지의 그림은 3상 4선식 전력량계의 결선도를 나타낸 것이다. PT와 CT를 사용하여 미완성 부분의 결선도를 완성하시오.

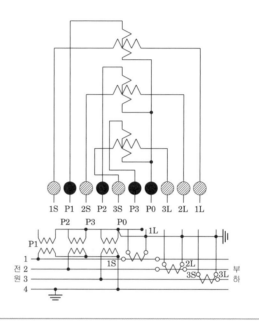

정답

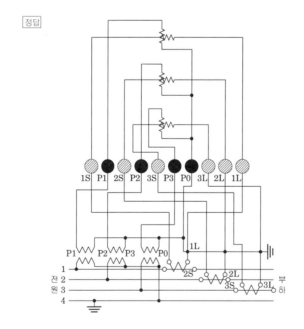

배점7

11 수용가의 수전설비의 결선도이다. 다음 물음에 답하시오.

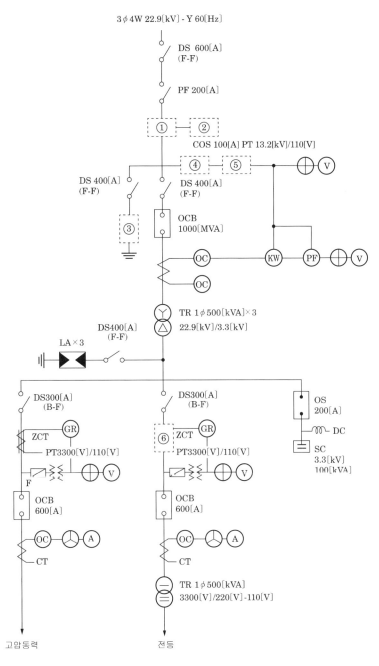

(1) 미완성 결선도에 심벌을 넣어 도면을 완성하시오.

○ _____

(2) 22.9[kV]측의 DS의 정격전압 [kV]은?

○ _____

(3) 22.9[kV]측의 LA의 정격전압 [kV]은?

　　○ _____

(4) 3.3[kV]측의 옥내용 PT는 주로 어떤 형을 사용하는가?

　　○ _____

(5) 22.9[kV]측 CT의 변류비는? (단, 1.25배 값으로 변류비를 결정한다.)

　　○ _____

정답 (1) ①   ②   ③   ④   ⑤   ⑥

(2) 25.8[kV]

(3) 18[kV]

(4) 몰드형

(5) $I = \dfrac{500 \times 3}{\sqrt{3} \times 22.9} \times 1.25 = 47.27[\text{A}]$ ∴ 50/5 선정

이것이 **핵심이다**

> CT비 선정시 부하전류 $I = \dfrac{P_a}{\sqrt{3}\, V}$ 이다. 이때 P_a는 변압기 용량이며, 3상의 값을 적용해야 한다.
>
> 주어진 도면에서 단상 변압기 500[kVA] 3대를 사용한다고 제시되어 있으므로 $P_a = 500 \times 3$이 된다.

배점8

12 다음 그림은 전자식 접지 저항계를 사용하여 접지극의 접지 저항을 측정하기 위한 배치 도이다. 물음에 답하시오.

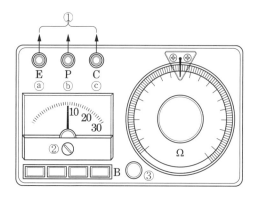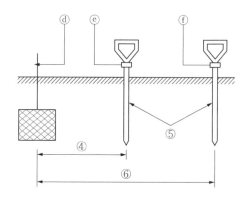

(1) 보조 접지극을 설치하는 이유는 무엇인가?

  ○ _____

(2) ⑤와 ⑥의 설치 간격은 얼마인가?

  ○ _____

(3) 그림에서 ①의 측정단자 접속은?

  ○ _____

(4) 접지극의 매설 깊이는?

  ○ _____

정답 (1) 전압과 전류를 공급하여 접지저항을 측정하기 위함

   (2) 10[m], 20[m]

   (3) ⓐ → ⓓ, ⓑ → ⓔ, ⓒ → ⓕ

   (4) 0.75[m] 이상

배점8

13 가로 $10[m]$, 세로 $16[m]$, 천정높이 $3.85[m]$, 작업면 높이 $0.85[m]$인 사무실에 천장 직부 형광등 $F40 \times 2$를 설치하려고 한다. 다음 물음에 답하시오.

(1) $F40 \times 2$의 그림기호를 그리시오.

  ○ _____

(2) 이 사무실의 실시수는 얼마인가?

  • 계산 :   • 답 :

(3) 이 사무실의 작업면 조도를 $300[lx]$, 천장 반사율 $70[\%]$, 벽 반사율 $50[\%]$, 바닥 반사율 $10[\%]$, $40[W]$ 형광등 1등의 광속 $3150[lm]$, 보수율 $70[\%]$, 조명률 $61[\%]$로 한다면 이 사무실에 필요한 소요되는 등기구 수는?

  • 계산 :   • 답 :

정답 (1)

F40×2

(2) • 계산

$$실지수\ K = \frac{X \cdot Y}{H(X+Y)}, \qquad H(등고):3.85-0.85=3$$

$$K = \frac{10 \times 16}{3 \times (10+16)} = 2.051$$

• 답 : 2.05

(3) • 계산

$$등수\ N = \frac{DES}{FU} = \frac{ES}{FUM} = \frac{300 \times (10 \times 16)}{3150 \times 0.61 \times 0.7} = 35.686[등]$$

$F40 \times 2$등용 이므로 2로 나눈다 : $\dfrac{36}{2} = 18[등]$ 이다.

• 답 : 18[등]

배점5

14 어떤 건물의 연면적이 $420[\mathrm{m}^2]$이다. 이 건물에 표준부하를 적용하여 전등, 일반 동력 및 냉방 동력 공급용 변압기 용량을 각각 다음 표를 이용하여 구하시오. (단, 전등은 단상부하로서 역률은 1이며, 일반 동력, 냉방 동력은 3상 부하로서 각 역률은 0.95, 0.9이다.)

표준 부하

부 하	표준부하[W/m²]	수용률[%]
전 등	30	75
일반 동력	50	65
냉방 동력	35	70

변압기 용량

상 별	용량[kVA]
단상	3, 5, 7.5, 10, 15, 50, 30, 50
3상	3, 5, 7.5, 10, 15, 50, 30, 50

정답 (1) • 계산 : 변압기 용량 $= \dfrac{설비용량 \times 수용률}{부등률 \times 역률}$

전등 변압기 용량 $T_r = \dfrac{420 \times 30 \times 0.75}{1 \times 1} \times 10^{-3} = 9.45[\mathrm{kVA}]$

(단, 설비용량 = 면적$[\mathrm{m}^2] \times$ 표준부하$[\mathrm{VA}]$)

• 답 : 단상 변압기 10[kVA]선정

(2) 일반 동력 공급용 변압기 용량 $T_r = \dfrac{420 \times 50 \times 0.65}{1 \times 0.95} \times 10^{-3} = 14.368[\mathrm{kVA}]$

• 답 : 3상 변압기 15[kVA]선정

(3) 냉방동력 공급용 변압기 용량 $T_r = \dfrac{420 \times 35 \times 0.7}{1 \times 0.9} \times 10^{-3} = 11.433[\mathrm{kVA}]$

• 답 : 3상 변압기 15[kVA]선정

쉬어가기

• 변압기 용량 $= \dfrac{설비용량 \times 수용률}{부등률 \times 역률}$ (단, 설비용량 = 면적$[\mathrm{m}^2] \times$ 표준부하$[\mathrm{VA}]$)

• 전등 부하의 경우 역률은 1로 보며, 부등률이 제시되어 있지 않은 경우 1로 본다.

15 어느 수용가가 당초 역률(지상) $80[\%]$로 $100[\text{kW}]$의 부하를 사용하고 있었는데 새로 역률(지상) $60[\%]$, $80[\text{kW}]$의 부하를 증가하여 사용하게 되었다. 이 때 콘덴서로 합성 역률을 $90[\%]$로 개선하는데 필요한 용량은 몇 $[\text{kVA}]$인가?

정답 ① 부하의 합성 무효전력

$$P_r = P_{r1} + P_{r2} = P_1 \cdot \tan\theta_1 + P_2 \cdot \tan\theta_2 = 100 \times \frac{0.6}{0.8} + 80 \times \frac{0.8}{0.6} = 181.67[\text{kVar}]$$

② 합성 유효전력

$$P = P_1 + P_2 = 100 + 80 = 180[\text{kW}]$$

③ 콘덴서 설치 전의 합성 역률($\cos\theta_1$)

$$\cos\theta_1 = \frac{P}{\sqrt{P^2 + P_r^2}} = \frac{180}{\sqrt{180^2 + 181.67^2}} = 0.703$$

④ 역률 개선시 필요한 콘덴서 용량

$$Q_c = P(\tan\theta_1 - \tan\theta_2) = 180 \times \left(\frac{\sqrt{1 - 0.7^2}}{0.7} - \frac{\sqrt{1 - 0.9^2}}{0.9} \right) = 96.458[\text{kVA}]$$

• 답 : $96.46[\text{kVA}]$

memo

2007

과년도 기출문제

국가기술자격검정 실기시험문제 및 정답

2007년도 전기기사 제1회 필답형 실기시험

종 목	시험시간	형 별	성 명	수험번호
전기기사	2시간 30분	A		

※ 수험자 인적사항 및 답안작성(계산식 포함)은 흑색의 필기구만 사용하여야 하며 흑색을 제외한 유색 필기구 또는 연필류를 사용하거나 2가지 이상의 색을 혼합 사용하였을 경우 그 문항은 0점 처리됩니다.

배점8

01 전원에 고조파 성분이 포함되어 있는 경우 부하설비의 과열 및 이상현상이 발생하는 경우가 있다. 이러한 고조파 전류가 발생하는 주원인과 그 대책을 각각 3가지씩 쓰시오.

(1) 고조파 전류의 발생원인

○ _____

○ _____

○ _____

(2) 대책

○ _____

○ _____

○ _____

정답 (1) 발생요인

① 정류기, 인버터 등의 전력변환장치에 의해 고조파 발생

② 코로나에 의한 3고조파 발생

③ 변압기의 히스테리시스현상으로 여자전류에 고조파가 발생

(2) 대책

① 고조파 필터를 사용하여 제거

② 변압기 Δ결선 채용

③ 변환 장치의 다(多) 펄스화

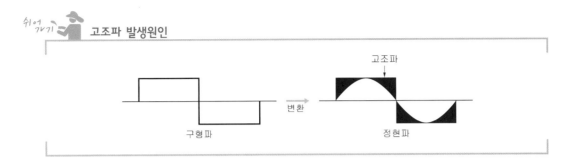

쉬어가기 **고조파 발생원인**

구형파 → 변환 → 정현파

고조파

배점5

02 옥외용 변전소 내의 변압기 사고라고 생각할 수 있는 사고의 종류 5가지만 쓰시오.

○ _____

○ _____

○ _____

○ _____

○ _____

정답 ① 고저압 권선의 혼촉사고
② 권선의 단선사고
③ 권선의 상간단락 및 층간단락사고
④ 부싱리드선의 절연파괴
⑤ 권선과 철심간의 절연파괴에 의한 지락사고

배점6

03 보조릴레이 A, B, C의 계전기로 출력(H레벨)이 생기는 유접점 회로와 무접점 회로를 그리시오. (단, 보조 릴레이의 접점을 모두 a접점만을 사용하도록 한다.)

(1) A와 B를 같이 ON하거나 C를 ON할 때 X_1 출력

· 유접점 회로

○ _____

· 무접점 회로

○ _____

(2) A를 ON하고 B 또는 C를 ON할 때 X_2 출력

· 유접점 회로

○ _____

· 무접점 회로

○ _____

[정답] (1) ① 유접점 회로   ② 무접점 회로

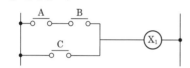
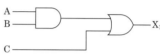

(2) ① 유접점 회로   ② 무접점 회로

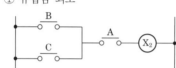
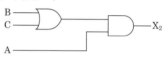

(1) 논리식 : $X_1 = AB + C$ (2) 논리식 : $X_2 = (B + C) \cdot A$

배점5

04 평형 3상 회로에 변류비 100/5인 변류기 2개를 그림과 같이 접속하였을때 전류계에 3[A] 의 전류가 흘렀다. 1차 전류의 크기는 몇 [A]인가?

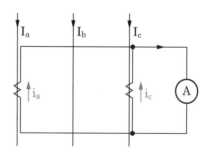

· 계산 : _____   · 답 : _____

[정답] · 계산 : 변류기(CT) 1차측 전류 = 2차측 전류 × 변류비

$$= 3 \times \frac{100}{5} = 60 [A]$$

· 답 : 60[A]

배점9

05 그림과 같은 시퀀스도는 3상 농형 유도전동기의 정·역 및 Y-△ 기동회로이다. 이 시퀀스도를 보고 다음 각 물음에 답하시오. (단, $MC_{1\sim4}$: 전자접촉기, PB_0 : 누름버튼 스위치, PB_1과 PB_2 : 1a와 1b 접점을 가지고 있는 누름버튼 스위치, $PL_{1\ 3}$: 표시등, T : 한시동작 순시복귀 타이머이다.)

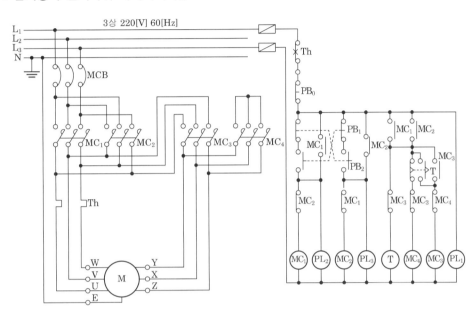

(1) MC_1을 정회전용 전자접촉기라고 가정하면 역회전용 전자접촉기는 어느 것인가?

○

(2) 유도전동기를 Y결선과 △ 결선을 시키는 전자접촉기는 어느 것인가?

　• Y결선 :

　○

　• △ 결선 :

　○

(3) 유도전동기를 정·역운전할 때, 정회전 전자접촉기와 역회전 전자접촉기가 동시에 작동하지 못하도록 보조회로에서 전기적으로 안전하게 구성하는 것을 무엇이라 하는가?

○

(4) 유도전동기를 $Y - \triangle$ 로 기동하는 이유에 대하여 설명하시오.

○

(5) 유도전동기가 Y결선에서 △ 결선으로 되는 것은 어느 기계기구의 어떤 접점에 의한 입력신호를 받아서 △ 결선 전자접촉기가 작동하여 운전되는가? 단, 접점 명칭은 작동원리에 따른 우리말 용어로 답하도록 하시오.

○

2007

(6) $\mathrm{MC_1}$을 정회전 전자접촉기로 가정할 경우, 유도전동기가 역회전 $\mathrm{Y} - \triangle$ 로 운전할 때 작동 (여자)되는 전자접촉기를 모두 쓰시오.

    ○ _____

(7) $\mathrm{MC_1}$을 정회전 전자접촉기로 가정할 경우, 유도전동기가 역회전할 경우만 점등되는 표시램프 는 어떤 것인가?

    ○ _____

(8) 주회로에서 Th는 무엇인가?

    ○ _____

정답   (1) $\mathrm{MC_2}$

    (2) • Y결선 : $\mathrm{MC_4}$

        • $\triangle$ 결선 : $\mathrm{MC_3}$

    (3) 인터록

    (4) 전전압 기동시보다 $\mathrm{Y} - \triangle$ 기동시 전류는 1/3배이기 때문이다.

    (5) 한시 동작 순시 복귀 a접점

    (6) $\mathrm{MC_2}$, $\mathrm{MC_3}$

    (7) $\mathrm{PL_3}$

    (8) 열동 계전기

배점8

06 송전단 전압이 3300[V]인 변전소로부터 6[km] 떨어진 곳까지 지중으로 역률 0.9(지상) 600[kW]의 3상 동력 부하에 전력을 공급할 때 케이블의 허용전류(또는 안전전류) 범위 내에서 전압강하가 10[%]를 초과하지 않는 케이블을 다음 표에서 선정하시오. (단, 도체 (동선)의 고유저항은 1/55[$\Omega \cdot \mathrm{mm}^2/\mathrm{m}$]로 하고 케이블의 정전용량 및 리액턴스 등은 무 시한다.)

심선의 굵기와 허용 전류

심선의 굵기[mm²]	35	50	95	150	185
허용전류[A]	175	230	300	410	465

• 계산 : _____   • 답 : _____

정답   • 계산

    ① 수전단 전압(V_r)을 계산

$$\text{전압강하율 } \delta = \frac{V_s - V_r}{V_r} \text{ 에서 } V_r = \frac{V_s}{1+\delta} = \frac{3300}{1+0.1} = 3000[\mathrm{V}]$$

② 전압강하율 $\delta = \dfrac{P}{V_r^2}(R + X\tan\theta)$ 에서 저항(R)을 계산

$$\delta = \frac{P}{V_r^2}R \quad (\text{조건: 리액턴스 무시}) \quad \therefore R = \frac{\delta \cdot V_r^2}{P} = \frac{0.1 \times 3000^2}{600 \times 10^3} = 1.5[\Omega]$$

③ 전선의 저항 $R = \rho\dfrac{\ell}{A}$ 에서 단면적(A)을 계산

$$\therefore A = \rho\frac{\ell}{R} = \frac{1}{55} \times \frac{6000}{1.5} = 72.727[\mathrm{mm}^2] \quad \Rightarrow 95[\mathrm{mm}^2] \text{선정}$$

• 답 : $95[\mathrm{mm}^2]$ 선정

이것이 핵심이다

• 전압강하율 $\delta = \dfrac{V_s - V_r}{V_r}[\mathrm{pu}]$ 　　　　• 전압강하율 $\delta = \dfrac{P}{V_r^2}(R + X\tan\theta)[\mathrm{pu}]$

• 전선의 저항 $R = \rho\dfrac{\ell}{A}[\Omega]$ 　ρ : 고유저항율$[\Omega \cdot \mathrm{mm}^2/\mathrm{m}]$, ℓ : 선로길이$[\mathrm{m}]$

• 부하전류 $I = \dfrac{600 \times 10^3}{\sqrt{3} \times 3000 \times 0.9} = 128.3[\mathrm{A}]$ 이므로 허용전류 범위 $300[\mathrm{A}]$ 내에 있다.

2007

배점9

07 주어진 시퀀스도와 작동원리를 이용하여 다음 각 물음에 답하시오.

[도 면]

【작동원리】

자동차 차고의 셔터에 라이트가 비치면 PHS에 의해 셔터가 자동으로 열리며, 또한 PB_1을 조작(ON)해도 열린다. 셔터를 닫을 때는 PB_2를 조작(ON)하면 셔터는 닫힌다. 리미트 스위치 LS_1은 셔터의 상한이고, LS_2는 셔터의 하한이다.

(1) MC_1, MC_2의 a접점은 어떤 역할을 하는 접점인가?

○ _____

(2) MC_1, MC_2의 b접점은 상호간에 어떤 역할을 하는가?

○ _____

(3) LS_1, LS_2의 명칭을 쓰고 그 역할을 설명하시오.

• 명칭 :

○ _____

• 역할 :

○ _____

(4) 시퀀스도에서 PHS(또는 PB_1)과 PB_2를 타임차트와 같은 타이밍으로 ON 조작하였을 때의 타임차트를 완성하여라.

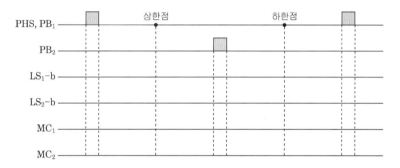

정답 (1) 자기 유지

(2) 동시 투입 방지

(3) • 명칭 : LS_1 – 상한 리미트 스위치

　　　　　　LS_2 – 하한 리미트 스위치

• 역할 : LS_1 – 셔터의 상한점에서 MC_1을 소자시킨다.

　　　　　　LS_2 – 셔터의 하한점에서 MC_2를 소자시킨다.

(4)

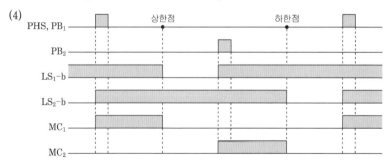

➢ 처음 셔터가 닫혀있고 LS_1 – b접점은 셔터의 상한이므로 연결되어 있음에 유의한다.

배점7

08 3상 380[V], 20[kW], 역률80[%]인 부하의 역률을 개선하기 위하여 15[kVA]의 진상 콘덴서를 설치하는 경우 전류의 차(역률 개선 전과 역률 개선 후)는 몇 [A]가 되겠는가?

• 계산 : _____   • 답 : _____

정답   • 계산

① 콘덴서 설치시 무효전력(P_{r2})

$P_{r2} = P_{r1} - Q_c$ 여기서, P_{r1} : 부하의 지상무효전력, Q_c : 콘덴서 용량

$P_{r1} = P \cdot \tan\theta = 20 \times \dfrac{0.6}{0.8} = 15 \, [\text{kVar}]$

$P_{r2} = P_{r1} - Q_c = 15 - 15 = 0 \quad [\text{kVar}]$

∴ 콘덴서 설치시 무효전력이 '0'이 된다. 그러므로 역률은 '1'이 된다.

② 역률 개선 전 전류

$I_1 = \dfrac{P}{\sqrt{3} \, V \cos\theta_1} = \dfrac{20000}{\sqrt{3} \times 380 \times 0.8} = 37.98 [\text{A}]$

③ 역률 개선 후 전류

$I_2 = \dfrac{P}{\sqrt{3} \, V \cos\theta_2} = \dfrac{20000}{\sqrt{3} \times 380 \times 1} = 30.39 [\text{A}]$

④ 역률 개선 전후의 차전류($I_1 - I_2$)

$I_1 - I_2 = 37.98 - 30.39 = 7.59 [\text{A}]$

• 답 : 7.59[A]

배점6

09 그림과 같은 송전 철탑에서 등가 선간거리[cm]는?
(단, 주어진 그림에서 단위는 [cm]이다.)

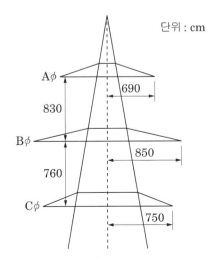

단위 : cm

Aϕ

690

830

Bϕ

850

760

Cϕ

750

2007

정답 • 계산 : $D_{AB} = \sqrt{830^2 + (850-690)^2} = 845.28 [\text{cm}]$

$D_{BC} = \sqrt{760^2 + (850-750)^2} = 766.55 [\text{cm}]$

$D_{CA} = \sqrt{(830+760)^2 + (750-690)^2} = 1591.13 [\text{cm}]$

등가선간거리 $= \sqrt[3]{D_{AB} \cdot D_{BC} \cdot D_{CA}} = \sqrt[3]{845.28 \times 766.55 \times 1591.13} = 1010.22 [\text{cm}]$

• 답 : 1010.22[cm]

배점5

10 그림은 특고압 수전설비 표준 결선도이다. 다음 (   )에 알맞은 내용을 쓰시오.

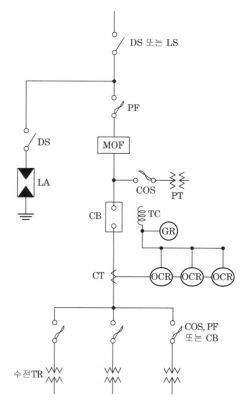

(1) 수전 전압이 154[kVA]인 경우 차단기의 트립 전원은 (   ) 방식으로 한다.

○ _____

(2) 아파트 및 공동주택 등의 수전설비 인입선을 지중선으로 인입하는 경우, 수전전압이 22.9 [kV − Y]일 때, 지중선으로 사용할 케이블은 (   ) 케이블을 사용한다.

○ _____

(3) 위의 "(2)" 항에서 수전설비 인입선은 사고시 정전에 대비하기 위하여 ( )회선으로 인입하는 것이 바람직하다.

○ _____

(4) 그림에서 수전전압이 ( )[kV] 이상인 경우에는 LS를 사용하여야 한다.

○ _____

정답 (1) 직류(DC)

(2) CNCV-W(수밀형)

(3) 2회선

(4) 66

배점5

11 그림과 같은 회로에서 최대 눈금 15[A]의 직류 전류계 2개를 접속하고 전류 20[A]를 흘리면 각 전류계의 지시는 몇 [A]인가? (단, 전류계 최대 눈금의 전압강하는 A_1이 75[mV], A_2가 50[mV]이다.)

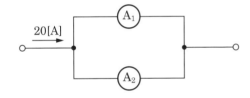

• 계산 : _____   • 답 : _____

정답 • 계산

① 각 전류계의 내부저항을 계산 $\left(R = \dfrac{\text{전류계의 전압강하}\,e}{\text{전류계에 흐르는 최대전류}\,I_{max}}\right)$

$$R_1 = \frac{e_1}{I_{max}} = \frac{75 \times 10^{-3}}{15} = 5 \times 10^{-3}[\Omega]$$

$$R_2 = \frac{e_2}{I_{max}} = \frac{50 \times 10^{-3}}{15} = 3.33 \times 10^{-3}[\Omega]$$

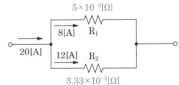

② 전류 분배 법칙에 의해 각 전류계에 흐르는 전류 I_1, I_2를 계산

$$I_1 = \frac{R_2}{R_1 + R_2} \times I = \frac{3.33 \times 10^{-3}}{5 \times 10^{-3} + 3.33 \times 10^{-3}} \times 20 = 8[A]$$

$$I_2 = I - I_1 = 20 - 8 = 12[A]$$

• 답 : $I_1 = 8[A]$, $I_2 = 12[A]$

배점9

12 다음 그림은 전력계통의 일부를 나타낸 것이다. 다음 물음에 답하시오.

(1) ①, ②, ③의 회로를 완성하시오.

    ○ _____

(2) ①, ②, ③의 명칭을 한글로 쓰시오.

    ① _____

    ② _____

    ③ _____

(3) ①, ②, ③의 설치 사유를 쓰시오.

    ① _____

    ② _____

    ③ _____

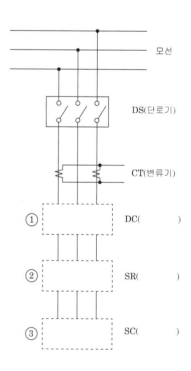

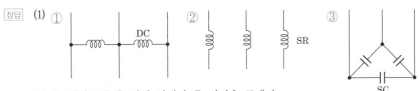

(2) ① 방전코일 ② 직렬 리액터 ③ 전력용 콘덴서

(3) ① 콘덴서의 전류전하를 방전시켜 감전사고 방지

② 제5고조파를 제거하여 파형 개선

③ 역률 개선

배점5

13 그림은 타이머 내부 결선도이다. *표의 점선 부분에 대한 접점의 동작 설명을 하시오.

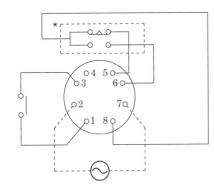

정답 한시 동작 순시 복귀 a, b 접점으로 타이머가 여자되면 설정시간 후에 동작하고, 소자되면 즉시 복귀한다.

배점5

14 아날로그형 계전기에 비교할 때 디지털형 계전기의 장점 5가지만 쓰시오.

○

○

○

○

○

정답 ① 소형화 할 수 있다.　② 신뢰도, 안정도가 좋다.

③ 표준화가 용이하다.　④ 변성기의 부담이 작아진다.

⑤ 고성능, 다기능화가 가능하다.

배점10

15 그림과 같은 송전계통 S점에서 3상 단락사고가 발생하였다. 주어진 도면과 조건을 참고 하여 고장점 및 차단기를 통과하는 단락전류를 구하시오.

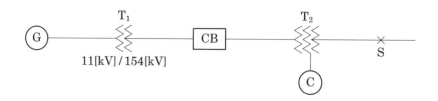

【조 건】

번호	기 기 명	용 량	전 압	%X
1	G : 발전기	50000[kVA]	11[kV]	30
2	T₁ : 변압기	50000[kVA]	11/154[kV]	12
3	송전선		154[kV]	10(10000[kVA])
4	T₂ : 변압기	1차 25000[kVA]	154[kV]	12(25000[kVA], 1차~2차)
		2차 30000[kVA]	77[kV]	15(25000[[kVA], 2차~3차)
		3차 10000[kVA]	11[kV]	10.8(10000[kVA], 3차~1차)
5	C : 조상기	10000[kVA]	11[kV]	20(10000[kVA])

(1) 고장점의 단락전류

· 계산 : _____   · 답 : _____

(2) 차단기의 단락전류

· 계산 : _____   · 답 : _____

정답 (1) · 계산 : $I_s = \dfrac{100}{\%Z} \times I_n$ 에서 %Z를 구하기 위해서 먼저 100[MVA]로 환산

· G 의 $\%X = \dfrac{100}{50} \times 30 = 60[\%]$

· T₁의 $\%X = \dfrac{100}{50} \times 12 = 24[\%]$

· 송전선의 $\%X = \dfrac{100}{10} \times 10 = 100[\%]$

· C 의 $\%X = \dfrac{100}{10} \times 20 = 200[\%]$

· T₂의 %X

· 1 ~ 2차 : $\dfrac{100}{25} \times 12 = 48[\%]$

- 2 ~ 3차 : $\dfrac{100}{25} \times 15 = 60[\%]$

- 3 ~ 1차 : $\dfrac{100}{10} \times 10.8 = 108[\%]$

- 1차 $= \dfrac{48 + 108 - 60}{2} = 48[\%]$

- 2차 $= \dfrac{48 + 60 - 108}{2} = 0[\%]$

- 3차 $= \dfrac{60 + 108 - 48}{2} = 60[\%]$

G에서 T_2 1차까지 $\%X_1 = 60 + 24 + 100 + 48 = 232[\%]$

C에서 T_2 3차까지 $\%X_3 = 200 + 60 = 260[\%]$ (조상기는 3차측 연결)

합성 $\%Z = \dfrac{\%X_1 \times \%X_3}{\%X_1 + \%X_3} + \%X_2 = \dfrac{232 \times 260}{232 + 260} + 0 = 122.6[\%]$

고장점의 단락전류 $I_s = \dfrac{100}{122.6} \times \dfrac{100 \times 10^3}{\sqrt{3} \times 77} = 611.59[A]$

- 답 : 611.59[A]

(2) • 계산 : 차단기의 단락전류 $I_s{}'$ 는 전류분배의 법칙을 이용하여

$$I_{s1}{}' = I_s \times \dfrac{\%X_3}{\%X_1 + \%X_3} = 611.59 \times \dfrac{260}{232 + 260} \text{ 을 구한 후,}$$

전류와 전압의 반비례를 이용해 154[kV]를 환산하면

차단기의 단락전류 $I_s{}' = 611.59 \times \dfrac{260}{232 + 260} \times \dfrac{77}{154} = 161.6[A]$

- 답 : 161.6[A]

(1) • 1차 $X_1 = \dfrac{X_{12} + X_{13} - X_{23}}{2}$

  • 2차 $X_2 = \dfrac{X_{12} + X_{23} - X_{13}}{2}$

  • 3차 $X_3 = \dfrac{X_{13} + X_{23} - X_{12}}{2}$

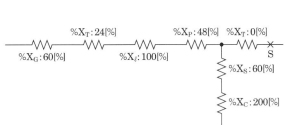

(2) $I_s{}' = \dfrac{100}{\%Z_{CB}} \times I_n$

$= \dfrac{100}{232} \times \dfrac{100 \times 10^3}{\sqrt{3} \times 154} = 161.6[A]$

국가기술자격검정 실기시험문제 및 정답

2007년도 전기기사 **제2회** 필답형 실기시험

종 목	시험시간	형 별	성 명	수험번호
전기기사	2시간 30분	A		

※ 수험자 인적사항 및 답안작성(계산식 포함)은 흑색의 필기구만 사용하여야 하며 흑색을 제외한 유색 필기구 또는 연필류를 사용하거나 2가지 이상의 색을 혼합 사용하였을 경우 그 문항은 0점 처리됩니다.

배점9

01 그림과 같은 Impedance map과 조건을 보고 다음 각 물음에 답하시오.

─────【조 건】─────

- $\%Z_S$: 한전 S/S의 154[kV] 인출측의 전원측 정상 임피던스 1.2[%] (100[MVA] 기준)
- Z_{TL} : 154[kV] 송전 선로의 임피던스 1.83[Ω]
- $\%Z_{TR1}$ = 10[%] (15[MVA] 기준)
- $\%Z_{TR2}$ = 10[%] (30[MVA] 기준)
- $\%Z_C$ = 50[%] (100[MVA] 기준)

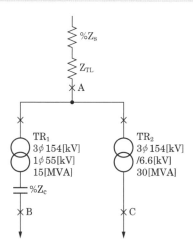

(1) $\%Z_{TL}$, $\%Z_{TR1}$, $\%Z_{TR2}$에 대하여 100[MVA] 기준 %임피던스를 구하시오.

- $\%Z_{TL}$

• 계산 : _____   • 답 : _____

- $\%Z_{TR1}$

• 계산 : _____   • 답 : _____

– %Z$_{TR2}$

• 계산 :   • 답 :

(2) A, B, C 각 점에서의 합성 %임피던스인 %Z$_A$, %Z$_B$, %Z$_C$를 구하시오.

  – %Z$_A$

• 계산 :   • 답 :

  – %Z$_B$

• 계산 :   • 답 :

  – %Z$_C$

• 계산 :   • 답 :

(3) A, B, C 각 점에서의 차단기 소요 차단전류 I$_A$, I$_B$, I$_C$는 몇 $[kA]$가 되겠는가?

    (단, 비대칭분을 고려한 상승 계수는 1.6으로 한다.)

  – I$_A$

• 계산 :   • 답 :

  – I$_B$

• 계산 :   • 답 :

  – I$_C$

• 계산 :   • 답 :

정답 (1) • 계산

• $\%Z_{TL} = \dfrac{P_a Z}{10 V^2} = \dfrac{100 \times 10^3 \times 1.83}{10 \times 154^2} = 0.77[\%]$ • 답 : $0.77[\%]$

• $\%Z_{TR1} = \dfrac{100}{15} \times 10[\%] = 66.67[\%]$ • 답 : $66.67[\%]$

• $\%Z_{TR2} = \dfrac{100}{30} \times 10[\%] = 33.33[\%]$ • 답 : $33.33[\%]$

  (2) • 계산

• $\%Z_A = \%Z_S + \%Z_{TL} = 1.2 + 0.77 = 1.97[\%]$ • 답 : $1.97[\%]$

• $\%Z_A = \%Z_S + \%Z_{TL} + \%Z_{TR1} - \%Z_C$

        $= 1.2 + 0.77 + 66.67 - 50 = 18.64[\%]$ • 답 : $18.64[\%]$

• $\%Z_A = \%Z_S + \%Z_{TL} + \%Z_{TR2}$

        $= 1.2 + 0.77 + 33.33 = 35.3[\%]$ • 답 : $35.3[\%]$

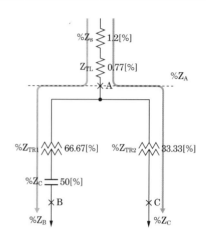

(3) • 계산

- $I_A = \dfrac{100}{\%Z_A} \times I_n = \dfrac{100}{1.97} \times \dfrac{100 \times 10^3}{\sqrt{3} \times 154} \times 1.6 \times 10^{-3} = 30.45[\text{kA}]$ • 답 : $30.45[\text{kA}]$

- $I_B = \dfrac{100}{\%Z_B} \times I_n = \dfrac{100}{18.64} \times \dfrac{100 \times 10^3}{55} \times 1.6 \times 10^{-3} = 15.61[\text{kA}]$ • 답 : $15.61[\text{kA}]$

- $I_C = \dfrac{100}{\%Z_C} \times I_n = \dfrac{100}{35.3} \times \dfrac{100 \times 10^3}{\sqrt{3} \times 6.6} \times 1.6 \times 10^{-3} = 39.65[\text{kA}]$ • 답 : $39.65[\text{kA}]$

쉬어가기

- 퍼센트 임피던스

$\%Z = \dfrac{P_a Z}{10 V^2}$ 단, 기준용량 : $P_a[\text{kVA}]$, 정격전압 : $V[\text{kV}]$, $Z[\Omega]$ 이다.

- 퍼센트 임피던스 환산방법

$\%Z' = \dfrac{\text{기준용량}}{\text{자기용량}} \times \text{환산할} \%Z$

- 단락전류

$- I_s = \dfrac{100}{\%Z} \times I_n = \dfrac{100}{\%Z} \times \dfrac{P_a}{\sqrt{3}\,V}$ (3상)

$- I_s = \dfrac{100}{\%Z} \times I_n = \dfrac{100}{\%Z} \times \dfrac{P_a}{V}$ (단상)

- 콘덴서의 $\%Z$는 합성시 빼야한다.

(예) Z_A 5% Z_B 10% Z_C 7% $\rightarrow \%Z = 5 + 10 - 7 = 8[\%]$

2007

02 3상 3선식 배전선로의 각 선간의 전압강하의 근사값을 구하고자 하는 경우에 이용할 수 있는 약산식을 다음의 조건을 이용하여 구하시오.

【조 건】

1. 배선선로의 길이 : $L[m]$, 배전선의 굵기 : $A[mm^2]$, 배전선의 전류 : $I[A]$
2. 표준연동선의 고유저항율(20[℃]) : $\dfrac{1}{58}[\Omega \cdot mm^2/m]$, 동선의 도전율 : 97[%]
3. 선로의 리액턴스를 무시하고 역률은 1로 간주해도 무방한 경우임.

• 계산 : _____   • 답 : _____

정답 • 계산

① 3상에서 전압강하 $e = \sqrt{3}\,I(R\cos\theta + X\sin\theta)$

    $= \sqrt{3}\,IR$ ($\because \cos\theta = 1,\, X = $ 무시)

② R(전선의 저항) $= \dfrac{1}{58} \times \dfrac{100}{C} \times \dfrac{L}{A}$ (C: 동선의 도전율)

    $= \dfrac{1}{58} \times \dfrac{100}{97} \times \dfrac{L}{A} = \dfrac{1}{56.26} \times \dfrac{L}{A}$

③ 전압강하 $e = \sqrt{3}\,I \times \dfrac{1}{56.26} \times \dfrac{L}{A} = \dfrac{1}{32.48} \times \dfrac{IL}{A}$

• 답 : 전압강하 $e = \dfrac{1}{32.48} \times \dfrac{IL}{A}$

03 그림과 같이 지상 역률 0.8인 부하와 유도성 리액턴스를 병렬로 접속한 회로에 교류전압 220[V]를 인가할 때 각 전류계 A_1, A_2 및 A_3의 지시는 18[A], 20[A] 및 34[A]이었다. 다음 물음에 답하시오.

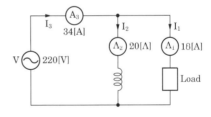

(1) 이 부하의 소비전력 P는 약 몇 [kW]인가?

• 계산 : _____   • 답 : _____

(2) 이 부하의 무효전력 Q는 약 몇 [kVar]인가?

• 계산 : _____   • 답 : _____

정답 (1) 부하의 소비전력

    • 계산 : $P = VI_1\cos\theta = 220 \times 18 \times 0.8 \times 10^{-3} = 3.17[kW]$

    • 답 : $3.17[kW]$

(2) 부하의 무효전력

    • 계산 : $P_r = VI_1\sin\theta = 220 \times 18 \times 0.6 \times 10^{-3} = 2.38[kVar]$

    • 답 : $2.38[kVar]$

배점5

04 제3고조파의 유입으로 인한 사고를 방지하기 위하여 콘덴서 회로에 콘덴서 용량의 11[%]인 직렬 리액터를 설치하였다. 이 경우에 콘덴서의 정격 전류(정상시 전류)가 10[A]라면 콘덴서 투입시의 전류는 몇[A]가 되겠는가?

• 계산 : _____   • 답 : _____

[정답] • 계산 : 콘덴서 투입시 돌입 전류

$$I = I_n \times \left(1 + \sqrt{\frac{X_C}{X_L}}\right) = 10 \times \left(1 + \sqrt{\frac{X_C}{0.11 X_C}}\right)$$

$$= 10 \times \left(1 + \sqrt{\frac{1}{0.11}}\right) = 40.151$$

• 답 : 40.15[A]

 콘덴서 투입시 현상

• 돌입전류

콘덴서가 완전 방전 상태에서 투입될 경우 순간적으로 단락상태가 되어 전류는 계통의 리액턴스에 의해서만 제한되므로 큰 돌입전류 발생한다.

$$I = I_n \times \left(1 + \sqrt{\frac{X_C}{X_L}}\right)$$

• 과도주파수

$$f_1 = f \cdot \sqrt{\frac{X_C}{X_L}} \rightarrow 약 4배$$

• $E_{C\max} = 2E_c$

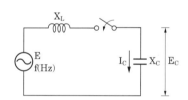

배점5

05 개폐기 중에서 다음 기호(심벌)가 의미하는 것은 무엇인지 모두 쓰시오.

[정답] • A5 : 정격전류 5[A] 전류계 붙이

• f20A : 퓨즈정격 20[A]

• 3P50A : 3극 50[A] 개폐기

06 전기설비의 방폭구조 종류 중 4가지만 쓰시오.

○ _____

○ _____

○ _____

○ _____

정답 ① 내압 방폭구조
② 유입 방폭구조
③ 본질안전 방폭구조
④ 안전증가 방폭구조

• 내압 방폭구조 : 전폐 구조로 용기 내부에서 폭발이 생겨도 용기가 압력에 견디고 외부의 폭발성 가스에 인화될 우려가 없는 구조
• 유입 방폭구조 : 전기 불꽃, 고온이 발생하는 부분을 기름속에 넣고, 기름면 위에 존재하는 폭발성가스 또는 증기에 인화되지 않도록 한 구조
• 본질안전 방폭구조 : 전기불꽃, 아크 또는 고온에 의하여 폭발성 가스 또는 증기에 섬화되시 잃는 깃이 점화시험, 기타에 의하여 확인된 구조
• 안전증 방폭구조 : 정상운전 중에 폭발성 가스 또는 증기에 점화원이 될 전기불꽃, 아크 또는 고온 부분 등의 발생을 방지하기 위하여 기계적, 전기적, 구조상 또는 온도상승에 대해서 특히 안전도를 증가시킨 구조

배점5

07 변류비 160/5인 변류기 2대를 그림과 같이 접속하였을 때, 전류계에 2.5[A]의 전류가 흘렀다. 1차 전류를 구하시오.

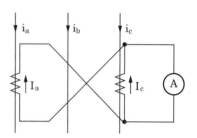

· 계산 : _____   · 답 : _____

정답 · 계산 : 교차 결선이며, 변류기 2차측에 흐르는 전류는 (I_2)

$$I_2 = I_1(1차측 전류) \times CT의 역수비 \times \sqrt{3}$$

위식에서 1차 전류는 아래와 같이 계산된다.

$$I_1 = \frac{1}{\sqrt{3}} \times CT비 \times I_2 = \frac{1}{\sqrt{3}} \times \frac{160}{5} \times 2.5 = 46.188[A]$$

· 답 : 46.19[A]

쉬어가기 **변류기의 교차접속**

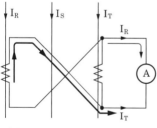 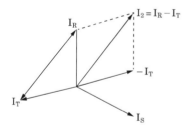

교차 접속은 전압 조정기에 보상전류를 도입하는 등 선간전압과 동상의 전류를 필요로 할 때 사용된다. 벡터도를 보면 알 수 있듯이 2차측 전류는 $I_2 = I_R - I_T$가 된다. 그 크기는 3상평형 부하일 때 I_R 또는 I_T의 $\sqrt{3}$ 배가 된다. 이 문제에서는 1차측 전류를 구하였기 때문에 $1/\sqrt{3}$ 을 곱해준 것이다.

배점5

08 부하의 종류가 전등뿐인 수용가에서 그림과 같이 변압기가 설치되어 있다. 도면과 조건을 이용하여 다음 각 물음에 답하시오.

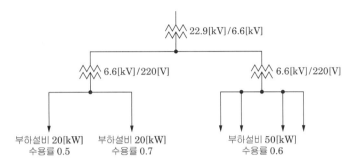

【조 건】

① 수용가의 수용률
    A군 : 20[kW], 0.5
           20[kW], 0.7
    B군 : 50[kW], 0.6
② 수용가 상호간의 부등률 : 1.2
③ 변압기 상호간의 부등률 : 1.2
④ 변압기 표준용량[kVA] : 5, 10, 15, 20, 25, 50, 75, 100

(1) A군에 필요한 표준 변압기 용량을 구하시오.

• 계산 :   • 답 :

(2) B군에 필요한 표준 변압기 용량을 구하시오.

• 계산 :   • 답 :

(3) 고압간선에 필요한 표준 변압기 용량을 구하시오.

• 계산 :   • 답 :

정답 (1) • 계산

$$변압기용량 = \frac{설비용량 \times 수용률}{부등률 \times 역률}[kVA]$$

$$TR_A = \frac{20 \times 0.5 + 20 \times 0.7}{1.2 \times 1} = 20[kVA]$$

• 답 : 20[kVA]

(2) • 계산 : $TR_B = \frac{50 \times 0.6}{1.2 \times 1} = 25[kVA]$

• 답 : 25[kVA]

(3) • 계산

고압전선에 필요한 변압기 용량

$$TR_{main} = \frac{각\ 부하\ 최대수용전력의\ 합}{부등률} = \frac{20+25}{1.2} = 37.5[kVA]$$

• 답 : 50[kVA]

배점7

09 그림과 같은 릴레이 시퀀스도를 이용하여 다음 각 물음에 답하시오.

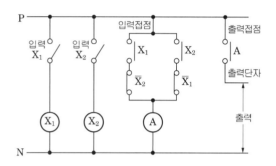

(1) AND, OR, NOT 등의 논리게이트를 이용하여 주어진 릴레이 시퀀스도를 논리회로로 바꾸어 그리시오.

○ _____

(2) 물음 "(1)"에서 작성된 회로에 대한 논리식을 쓰시오.

○ _____

(3) 논리식에 대한 진리표를 완성하시오.

X_1	X_2	A
0	0	
0	1	
1	0	
1	1	

○ _____

(4) 진리표를 만족할 수 있는 로직회로를 간소화하여 그리시오.

○ _____

(5) 주어진 타임차트를 완성하시오.

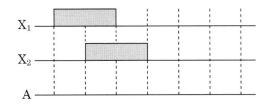

○

정답 (1)

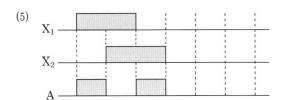

(2) $A = X_1 \cdot \overline{X_2} + \overline{X_1} \cdot X_2$

(3)

X_1	X_2	A
0	0	0
0	1	1
1	0	1
1	1	0

(4)

X₁ ——
X₂ ——)⊕— A

(5)

X₁

X₂

A

배점5

10 유도전동기는 농형과 권선형으로 구분되는데 각 형식별 기동법을 다음 빈칸에 쓰시오.

전동기 형식	기동법	기동법의 특징
농형	①	전동기에 직접 전원을 접속하여 기동하는 방식으로 5[kW]이하의 소용량에 사용
	②	1차 권선을 Y 접속으로 하여 전동기를 기동시 상전압을 감압하여 기동하고 속도가 상승되어 운전속도에 가깝게 도달하였을 때 △접속으로 바꿔 큰 기동전류를 흘리지 않고 기동하는 방식으로 보통 5.5~37[kW]정도의 용량에 사용
	③	기동전압을 떨어뜨려서 기동전류를 제한하는 기동방식으로 고전압 농형 유도 전동기를 기동할 때 사용
권선형	④	유도전동기의 비례추이 특성을 이용하여 기동하는 방법으로 회전자 회로에 슬립링을 통하여 가변저항을 접속하고 그의 저항을 속도의 상승과 더불어 순차적으로 바꾸어서 적게 하면서 기동하는 방법
	⑤	회전자 회로에 고정저항과 리액터를 병렬 접속한 것을 삽입하여 기동하는 방법

정답 ① 직입기동   ② Y−△기동
      ③ 기동보상기법   ④ 2차 저항 기동법
      ⑤ 2차 임피던스 기동법

배점5

11 가로 12[m], 세로 24[m]인 사무실 공간에 40[W] 2등용 형광등 기구의 전광속이 5600[lm]이고 램프 전류 0.87[A]인 조명기구를 설치하려고 한다. 이때 평균 조도를 400[lx]로 할 경우, 이 사무실의 최소 분기회로 수는 얼마인가? (단, 조명률 61[%], 감광보상률 1.3이며, 전기방식은 220[V] 단상 2선식, 15[A] 분기회로로 한다.)

·계산 : _____   ·답 : _____

정답 ·계산

$$N = \frac{DES}{FU} = \frac{1.3 \times 400 \times (12 \times 24)}{5600 \times 0.61} = 43.84 \quad \therefore N = 44[등]$$

분기회로 수 $n = \frac{형광등의 총 입력전류}{1회로의 전류} = \frac{44 \times 0.87}{15} = 2.55회로$

➤ 분기회로 수 및 등의 개수는 절상(切上)한다.

·답 : 15[A]분기 3회로

배점10

12 정격용량 500[kVA]의 변압기에서 배전선의 전력손실은 40[kW], 부하 L_1, L_2에 전력을 공급하고 있다. 지금 그림과 같이 전력용 콘덴서를 기존 부하의 병렬로 연결하여 합성 역률을 90[%]로 개선하고 새로운 부하를 증설하려고 할 때 다음 물음에 답하시오. (단, 여기서 부하L_1은 역률 60[%], 180[kW]이고, 부하 L_2의 전력은 120[kW], 160[kVar]이다.)

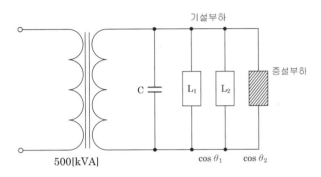

(1) 부하 L_1과 L_2의 합성용량 [kVA]과 합성역률은?

① 합성용량 : ・계산 : _____ ・답 : _____

② 합성역률 : ・계산 : _____ ・답 : _____

(2) 합성역률을 90[%]로 개선하는 데 필요한 콘덴서 용량(Q_c)는 몇 [kVA]인가?

・계산 : _____ ・답 : _____

(3) 역률 개선시 배전의 전력손실은 몇 [kW]인가?

・계산 : _____ ・답 : _____

(4) 역률 개선시 변압기 용량의 한도까지 부하설비를 증설하고자 할 때 증설부하용량은 몇 [kVA] 인가? (단, 증설부하의 역률은 기존부하의 개선된 합성역률과 같은 것으로 한다.)

・계산 : _____ ・답 : _____

정답 (1) ・계산

① 합성용량 계산

합성유효전력 $P = P_1 + P_2 = 180 + 120 = 300[kW]$

합성무효전력 $P_r = P_{r1} + P_{r2} = P_1 \times \dfrac{\sin\theta_1}{\cos\theta_1} + P_{r2} = 180 \times \dfrac{0.8}{0.6} + 160 = 400[kVar]$

합성용량 $P_a = \sqrt{P^2 + P_r^2} = \sqrt{300^2 + 400^2} = 500[kVA]$

・답 : 500[kVA]

② 합성역률 계산

$\cos\theta = \dfrac{P}{P_a} = \dfrac{300}{500} \times 100 = 60[\%]$

・답 : 60[%]

(2) • 계산

콘덴서 용량 : $Q_c = P(\tan\theta_1 - \tan\theta_2) = 300 \times \left(\dfrac{0.8}{0.6} - \dfrac{\sqrt{1-0.9^2}}{0.9} \right) = 254.703 \, [\text{kVA}]$

• 답 : $254.7 [\text{kVA}]$

(3) • 계산

전력손실 $P_\ell \propto \dfrac{1}{\cos^2\theta}$ 관계이다. $P_{\ell 1} = \dfrac{1}{\cos^2\theta_1} = \dfrac{1}{0.6^2}$

$P_{\ell 2} = \dfrac{1}{\cos^2\theta_2} = \dfrac{1}{0.9^2}$ 그러므로, $\dfrac{P_{\ell 2}}{P_{\ell 1}} = \dfrac{\dfrac{1}{\cos^2\theta_2}}{\dfrac{1}{\cos^2\theta_1}} = \dfrac{\cos^2\theta_1}{\cos^2\theta_2}$ 이다.

$P_{\ell 2} = P_{\ell 1} \times \left(\dfrac{\cos\theta_1}{\cos\theta_2} \right)^2 = 40 \times \left(\dfrac{0.6}{0.9} \right)^2 = 17.777 \, [\text{kW}]$

• 답 : $17.78 [\text{kW}]$

(4) • 계산

역률 개선 후 변압기에 인가되는 부하는

$P_a = \sqrt{(P + P_{\ell 2})^2 + (Q - Q_c)^2} = \sqrt{(300 + 17.77)^2 + (400 - 254.7)^2} = 349.42 \, [\text{kVA}]$

증설부하용량 $P_a' = 500 - 349.42 = 150.58 \, [\text{kVA}]$

• 답 : $150.58 [\text{kVA}]$

이것이 핵심이다

- 피상전력 $= \sqrt{\text{유효전력}^2 + \text{무효전력}^2}$
- 무효전력 $=$ 피상전력 $\times \sin\theta =$ 유효전력 $\times \tan\theta$
- 합성역률 $= \dfrac{P_1 + P_2}{\sqrt{(P_1 + P_2)^2 + (P_1\tan\theta_1 + P_2\tan\theta_2)^2}}$

배점5

13 답안지의 그림은 리액터 시동, 정지 시퀀스제어의 미완성 회로 도면이다. 이 도면을 이용하여 다음 각 물음에 답하시오.

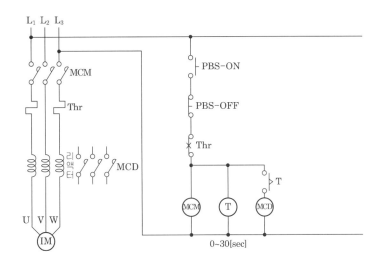

(1) 미완성 부분의 다음 회로를 완성하시오.

① 리액터 단락용 전자접촉기 MCD와 주회로를 완성하시오.

  ○

② PBS-ON 스위치를 투입하였을 때 자기유지가 될 수 있는 회로를 구성하시오.

  ○

③ 전동기 운전용 램프 RL과 정지용 램프 GL 회로를 구성하시오.

  ○

(2) 직입 시동시의 시동 전류가 정격 전류의 6배가 흐르는 전동기를 80[%] 탭에서 리액터 시동한 경우의 시동 전류는 약 몇 배 정도가 되는가?

• 계산 :   • 답 :

(3) 직입 시동시의 시동 토크가 정격 토크의 2배였다고 하면 80[%] 탭에서 리액터 시동한 경우의 시동 토크는 약 몇 배로 되는가?

• 계산 :   • 답 :

2007

정답 (1)

L₁ L₂ L₃

MCM

Thr

리액터

MCD

U V W

IM

MCM ── PBS-ON

PBS-OFF

Thr

T

MCM   T   MCD   RL   GL

0~30[sec]

MCM   MCM

(2) ・계산 : $I_s = 6I \times 0.8 = 4.8I$

・답 : 4.8배

(3) ・계산 : $T_s = 2T \times 0.8^2 = 1.28T$

・답 : 1.28배

쉬어가기

(2) 기동 전류 $I_s \propto V$ 이고, 시동 전류는 정격 전류의 6배이고 탭 값이 0.8

(3) 시동 토크 $T_s \propto V^2$ 이고, 시동 토크는 정격 토크의 2배

14 도면은 154[kV]를 수전하는 어느 공장의 수전설비에 대한 단선도이다. 이 단선도를 보고 다음 각 물음에 답하시오.

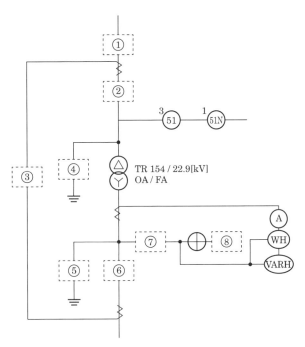

(1) ①에 설치되어야 할 기기의 심벌을 그리고, 그 명칭을 쓰시오.

　○

(2) ②에 설치되어야 할 기기의 심벌을 그리고, 그 명칭을 쓰시오.

　○

(3) ③에 설치되어야 할 기기의 심벌을 그리고, 그 명칭을 쓰시오.

　○

(4) ④에 설치되어야 할 기기의 심벌을 그리고, 그 명칭을 쓰시오.

　○

(5) ⑤에 설치되어야 할 기기의 심벌을 그리고, 그 명칭을 쓰시오.

　○

(6) ⑥에 설치되어야 할 기기의 심벌을 그리고, 그 명칭을 쓰시오.

　○

(7) ⑦에 설치되어야 할 기기의 심벌을 그리고, 그 명칭을 쓰시오.

　○

(1) ・심벌 : LS   ・명칭 : 선로 개폐기

(2) ・심벌 :   ・명칭 : 차단기

(3) ・심벌 : 87T   ・명칭 : 주변압기 차동계전기

(4) ・심벌 :   ・명칭 : 피뢰기

(5) ・심벌 :   ・명칭 : 피뢰기

(6) ・심벌 :   ・명칭 : 차단기

(7) ・심벌 :   ・명칭 : 계기용변압기

국가기술자격검정 실기시험문제 및 정답

2007년도 전기기사 **제3회** 필답형 실기시험

종 목	시험시간	형 별	성 명	수험번호
전기기사	2시간 30분	A		

※ 수험자 인적사항 및 답안작성(계산식 포함)은 흑색의 필기구만 사용하여야 하며 흑색을 제외한 유색 필기구 또는 연필류를 사용하거나 2가지 이상의 색을 혼합 사용하였을 경우 그 문항은 0점 처리됩니다.

배점5

01 적외선전구에 대한 내용이다. 다음 각 물음에 답하시오.

(1) 주로 어떤 용도에 사용되는가?

　○

(2) 주로 몇 $[W]$ 정도의 크기로 사용되는가?

　○

(3) 효율은 몇 $[\%]$ 정도 되는가?

　○

(4) 필라멘트의 온도는 절대 온도로 몇 $[K]$ 정도 되는가?

　○

(5) 적외선전구에서 가장 많이 나오는 빛의 파장은 몇 $[\mu m]$ 인가?

　○

정답　(1) 적외선에 의한 가열 및 건조(표면가열)

　　(2) 250$[W]$

　　(3) 75$[\%]$

　　(4) 2500$[K]$

　　(5) 1~3$[\mu m]$

 적외선전구

일반적인 전구보다도 필라멘트의 온도를 낮게(2,000~2,500°K) 설계하고, 1.2~1.5μ의 적외선을 많이 내고 수명을 길게 하였다. 한편, 의료용은 눈부심을 막기 위해서 적색 유리구에 넣어져 있다. 병원에서 흔히 볼 수 있는 것이 바로 이 적색 유리구로 되어있는 적외선전구이다. 적외선은 우선 온열효과를 통해서 혈류량을 증가, 면역력을 높여주는 효과가 있다.

배점5

02 그림과 같은 배광 곡선을 갖는 반사갓형 수은등 $400[\text{W}]$, $22,000[\text{lm}]$을 사용할 경우 기구 직하 $7[\text{m}]$점으로부터 수평 $5[\text{m}]$떨어진 점의 수평면 조도를 구하시오.
(단, $\cos^{-1}0.814 = 35.5°$, $\cos^{-1}0.707 = 45°$, $\cos^{-1}0.583 = 54.3°$)

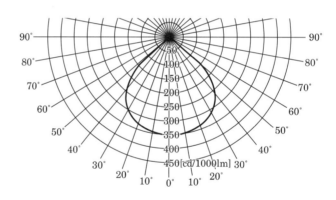

정답 ① 수평면 조도 $E_h = \dfrac{I}{\ell^2}\cos\theta$ 이다. 여기서 ℓ을 계산

$$\ell = \sqrt{h^2 + W^2} = \sqrt{7^2 + 5^2}$$

② $\cos\theta$를 구한다.

$$\cos\theta = \frac{h}{\sqrt{h^2 + W^2}} = \frac{7}{\sqrt{7^2 + 5^2}} = 0.814$$

③ 위에서 구한 $\cos\theta$값을 이용하여 각도(θ)를 계산

$$\theta = \cos^{-1}0.814 = 35.5°$$

④ 표에서 각도 35.5°에서의 광도(I)를 찾는다.

35.5°에 해당하는 광도는 약 280[cd/1000lm]이다. 이 수치를 이용하여 수은등의 광도(I)를 계산

➤ 배광곡선에서 주어진 광도는 280[cd/1000lm]이며, 이것은 1000[lm]당 280[cd]의 광도를 의미

$$I = \frac{280}{1000} \times 22000 = 6160[\text{cd}]$$

⑤ 수평면 조도 $E_h = \frac{I}{\ell^2} \cos\theta = \frac{6160}{\left(\sqrt{7^2+5^2}\right)^2} \times 0.814 = 67.76[\text{lx}]$

• 답 : 67.76[lx]

배점11

03 어떤 인텔리전트 빌딩에 대한 등급별 추정 전원 용량에 대한 다음 표를 이용하여 각 물음에 답하시오.

등급별 추정 전원 용량 [VA/m^2]

내용 \ 등급별	0등급	1등급	2등급	3등급
조 명	32	22	22	29
콘 센 트	–	13	5	5
사무자동화(OA) 기기	–	–	34	36
일반동력	38	45	45	45
냉방동력	40	43	43	43
사무자동화(OA) 동력	–	2	8	8
합 계	110	125	157	166

(1) 연면적 10000[m^2]인 인텔리전트 2등급인 사무실 빌딩의 전력 설비 부하의 용량을 다음 표에 의하여 구하도록 하시오.

부하 내용	면적을 적용한 부하용량[kVA]
조 명	
콘 센 트	
OA 기기	
일반동력	
냉방동력	
OA 동력	
합 계	

(2) 물음 "(1)"에서 조명, 콘센트, 사무자동화기기의 적정 수용률은 0.7, 일반동력 및 사무자동화 동력의 적정 수용률은 0.5, 냉방동력의 적정 수용률은 0.8이고, 주변압기 부등률은 1.2로 적용한다. 이때 전압방식을 2단 강압 방식으로 채택할 경우 변압기의 용량에 따른 변전설비의 용량을 산출하시오.(단, 조명, 콘센트, 사무자동화 기기를 3상 변압기 1대로, 일반동력 및 사무자동화 동력을 3상 변압기 1대로, 냉방동력을 3상 변압기 1대로 구성하고, 상기 부하에 대한 주변압기 1대를 사용하도록 하며, 변압기 용량은 일반 규격 용량으로 정한다.)

① 조명, 콘센트, 사무자동화 기기에 필요한 변압기 용량 산정

• 계산 : _____ • 답 : _____

② 일반동력, 사무자동화동력에 필요한 변압기 용량 산정

• 계산 : _____ • 답 : _____

③ 냉방동력에 필요한 변압기 용량 산정

• 계산 : _____ • 답 : _____

④ 주변압기 용량 산정

• 계산 : _____ • 답 : _____

(3) 주변압기에서부터 각 부하에 이르는 변전설비의 단선 계통도를 간단하게 그리시오.

정답 (1)

부하 내용	면적을 적용한 부하용량[kVA]
조 명	$22 \times 10000 \times 10^{-3} = 220 [\text{kVA}]$
콘 센 트	$5 \times 10000 \times 10^{-3} = 50 [\text{kVA}]$
OA 기기	$34 \times 10000 \times 10^{-3} = 340 [\text{kVA}]$
일반동력	$45 \times 10000 \times 10^{-3} = 450 [\text{kVA}]$
냉방동력	$43 \times 10000 \times 10^{-3} = 430 [\text{kVA}]$
OA 동력	$8 \times 10000 \times 10^{-3} = 80 [\text{kVA}]$
합 계	$157 \times 10000 \times 10^{-3} = 1570 [\text{kVA}]$

(2) • 계산

$$변압기용량 = \frac{설비용량 \times 수용률}{부등률 \times 역률} = \frac{각부하설비최대수용전력의합}{부등률 \times 역률}$$

① $Tr_1 = \dfrac{(220+50+340) \times 0.7}{1 \times 1} = 427[\text{kVA}]$ • 답 : 500[kVA]

② $Tr_2 = \dfrac{(450+80) \times 0.5}{1 \times 1} = 265[\text{kVA}]$ • 답 : 300[kVA]

③ $Tr_3 = \dfrac{430 \times 0.8}{1 \times 1} = 344[\text{kVA}]$ • 답 : 500[kVA]

④ 주변압기용량$(STr) = \dfrac{\text{각부하설비최대수용전력의합}}{\text{부등률} \times \text{역률}}$

$STr = \dfrac{427 + 265 + 344}{1.2} = 863.33[\text{kVA}]$ • 답 : 1000[kVA]

(3)

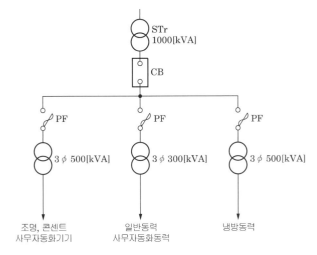

조명, 콘센트   일반동력   냉방동력
사무자동화기기   사무자동화동력

배점5

04 다음은 유입변압기와 몰드형 변압기를 비교하였을 때 몰드형 변압기의 장점(5가지)과 단점(2가지)을 쓰시오.

(1) 장점

○ ＿＿＿＿＿＿＿＿＿＿＿＿＿＿＿＿＿＿＿＿＿＿＿＿＿＿＿＿＿＿＿＿＿＿＿＿＿＿＿

○ ＿＿＿＿＿＿＿＿＿＿＿＿＿＿＿＿＿＿＿＿＿＿＿＿＿＿＿＿＿＿＿＿＿＿＿＿＿＿＿

○ ＿＿＿＿＿＿＿＿＿＿＿＿＿＿＿＿＿＿＿＿＿＿＿＿＿＿＿＿＿＿＿＿＿＿＿＿＿＿＿

○ ＿＿＿＿＿＿＿＿＿＿＿＿＿＿＿＿＿＿＿＿＿＿＿＿＿＿＿＿＿＿＿＿＿＿＿＿＿＿＿

○ ＿＿＿＿＿＿＿＿＿＿＿＿＿＿＿＿＿＿＿＿＿＿＿＿＿＿＿＿＿＿＿＿＿＿＿＿＿＿＿

(2) 단점

○ ＿＿＿＿＿＿＿＿＿＿＿＿＿＿＿＿＿＿＿＿＿＿＿＿＿＿＿＿＿＿＿＿＿＿＿＿＿＿＿

○ ＿＿＿＿＿＿＿＿＿＿＿＿＿＿＿＿＿＿＿＿＿＿＿＿＿＿＿＿＿＿＿＿＿＿＿＿＿＿＿

정답 (1) 장점

    ① 화재의 염려가 없으며, 감전에 안전하다.

    ② 보수 및 점검이 용이하다.

    ③ 소형 및 경량화가 가능하다.

    ④ 습기, 먼지 등에 대해 영향을 적게 받는다.

(2) 단점

① 가격이 비싸다.

② 서지에 대한 대책이 필요하다.

쉬어가기

몰드형 변압기는 건식변압기의 일종으로서 차이점은 코일표면이 에폭시수지(절연체)로 싸여 있다. 난연성, 내습성, 절연성 등이 뛰어난 에폭시를 사용하기 때문에 화재의 염려도 작고 감전 등에 안전하다. 또한, 유입 변압기와는 달리 절연유를 사용하지 않기 때문에 보수 및 점검이 유리하다. 그러므로 감전 등에 안전하고 외부의 영향(습기, 먼지 등)을 덜 받아 높은 전압의 제품을 만들기 쉽다. 사용장소는 병원, 지하철, 지하상가, 주택 인근에 위치한 공장 등 인명피해에 직접영향을 미치는 장소에서 사용할 때 특히 유리하다.

05 $3\phi\,4\mathrm{W}$ $22.9[\mathrm{kV}]$ 수전 설비 단선 결선도이다. ①∼⑩번까지 표준 심벌을 사용하여 도면을 완성하고 표의 빈칸 ②∼⑨에 알맞은 내용을 쓰시오.

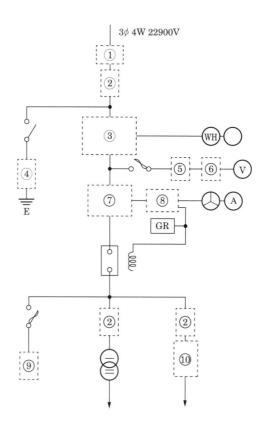

번호	약호	명칭	용도 및 역할
①	CH	케이블 헤드 (케이블 종단상자)	케이블의 종단을 단심인 옥내선 또는 가동선에 접속할 때 수용지점(변전소)의 입상 부분 등에 사용
②			
③			
④			
⑤			
⑥			
⑦			
⑧			
⑨			
⑩	TR	변압기	교류 전압 및 전류의 크기를 변환하기 위해 사용되는 정지기기

정답 ① 표준 결선도

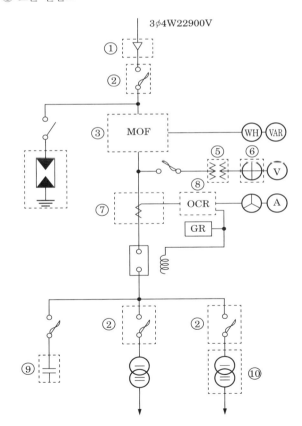

② 기능 설명

번호	약호	명칭	용도 및 역할
①	CH	케이블 헤드 (케이블 종단상자)	케이블의 종단을 단심인 옥내선 또는 가동선에 접속할 때 수용지점(변전소)의 입상 부분 등에 사용
②	PF	전력 퓨즈	회로 및 기기의 단락보호용으로 사용된다.
③	MOF	전력 수급용 계기용 변성기	PT와 CT를 함께 내장한 함으로서 전력량계에 전원공급을 하기 위한 설비
④	LA	피뢰기	이상 전압을 대지로 방전시키고 그 속류를 차단
⑤	PT	계기용변압기	고전압을 저전압으로 변성하여 계기나 계전기의 전압원으로 사용
⑥	VS	전압계용 전환 개폐기	3상 회로에서 각 상의 전압을 1개의 전압계로 측정하기 위하여 사용하는 전환 스위치
⑦	CT	계기용 변류기	대전류 및 고압 회로의 전류를 안전하게 측정하기 위하여 고압 회로로부터 절연하여 소전류로 변환
⑧	OCR	과전류 계전기	과전류에 의해 동작하여 차단기 트립 코일 여자
⑨	SC	전력용 콘덴서	역률개선
⑩	TR	변압기	교류 전압 및 전류의 크기를 변환하기 위해 사용되는 정지기기

배점6

06 그림과 같은 무접점 논리회로에 대응하는 유접점 릴레이(시퀀스) 회로를 그리시오.

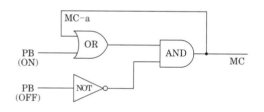

정답

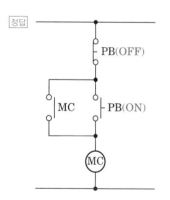

- 논리식 : $MC = (PB + MC) \cdot \overline{PB}$
- 유접점 회로 접점 명칭에 PB의 의미가 2가지이므로 (ON), (OFF)를 반드시 표시한다.

배점5

07 그림은 A, B 공장에 대한 일부하의 분포도이다. 다음 각 물음에 답하시오.

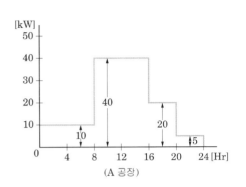
(A 공장)

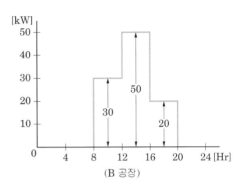
(B 공장)

(1) A공장의 일부하율은 얼마인가?

· 계산 : _____   · 답 : _____

(2) 변압기 1대로 A, B 공장에 전력을 공급할 경우의 종합부하율과 변압기 용량을 구하시오.

① 종합부하율

· 계산 : _____   · 답 : _____

② 변압기 용량

· 계산 : _____   · 답 : _____

정답 (1) · 계산

$$A \text{공장의 평균전력} = \frac{\text{사용전력량}}{\text{시간}} = \frac{10 \times 8 + 40 \times 8 + 20 \times 4 + 5 \times 4}{24} = 20.83[\text{kW}]$$

$$\text{부하율} = \frac{\text{평균 전력}}{\text{최대 전력}} \times 100 = \frac{20.83}{40} \times 100 = 52.075[\%]$$

· 답 : 52.08[%]

(2) · 계산

① A공장의 평균전력 : 20.83[kW]

$$B \text{공장의 평균전력} = \frac{\text{사용전력량}}{\text{시간}} = \frac{30 \times 4 + 50 \times 4 + 20 \times 4}{24} = 16.67[\text{kW}]$$

$$\text{종합부하율} = \frac{\text{각부하 평균전력의 합}}{\text{합성 최대전력}} = \frac{20.83 + 16.67}{40 + 50} \times 100 = 41.666[\%]$$

· 답 : 41.67[%]

② 변압기용량 ≥ 합성최대수용전력

A, B 공장 합성최대 수용전력은 12~16시 사이에 발생하며 $40 + 50 = 90[\text{kW}]$

· 답 : 90[kVA]

배점8

08 그림과 같이 3상 농형 유도전동기 4대가 있다. 이에 대한 MCC반을 구성하고자 할 때 다음 각 물음에 답하시오.

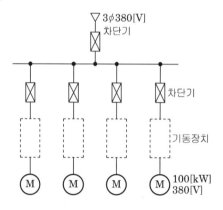

(1) MCC(Motor Control Center)의 기기 구성에 대한 대표적인 장치를 3가지만 쓰시오.

　○ ＿＿＿＿＿＿＿＿＿＿＿＿＿＿＿＿＿＿＿＿＿

　○ ＿＿＿＿＿＿＿＿＿＿＿＿＿＿＿＿＿＿＿＿＿

　○ ＿＿＿＿＿＿＿＿＿＿＿＿＿＿＿＿＿＿＿＿＿

(2) 전동기 기동방식을 기기의 수명과 경제적인 면을 고려한다면 어떤 방식이 적합한가?

　○ ＿＿＿＿＿＿＿＿＿＿＿＿＿＿＿＿＿＿＿＿＿

(3) 콘덴서 설치시 제5고조파를 제거하고자 한다. 그 대책에 대하여 설명하시오.

　○ ＿＿＿＿＿＿＿＿＿＿＿＿＿＿＿＿＿＿＿＿＿

(4) 차단기는 보호 계전기의 4가지 요소에 의해 동작되도록 하는 데 그 4가지 요소를 쓰시오.

　○ ＿＿＿＿＿＿＿＿＿＿＿＿＿＿＿＿＿＿＿＿＿

　○ ＿＿＿＿＿＿＿＿＿＿＿＿＿＿＿＿＿＿＿＿＿

　○ ＿＿＿＿＿＿＿＿＿＿＿＿＿＿＿＿＿＿＿＿＿

　○ ＿＿＿＿＿＿＿＿＿＿＿＿＿＿＿＿＿＿＿＿＿

정답 (1) ① 차단 장치

　　　② 기동 장치

　　　③ 제어 및 보호 장치

　(2) 기동보상기법

　(3) 직렬 리액터 설치

　(4) ① 단일 전류 요소

　　　② 단일 전압 요소

　　　③ 전압·전류 요소

　　　④ 2전류 요소

배점5

09 전력계통의 절연협조에 대하여 설명하고 관련 기기에 대한 기준충격 절연강도를 비교하여 절연협조가 어떻게 되어야 하는지를 쓰시오. (단, 관련 기기는 선로애자, 결합콘덴서, 피뢰기, 변압기에 대하여 비교하도록 한다.)

(1) 절연협조

  ○ _____

(2) 기준충격 절연강도 비교

  ○ _____

[정답] (1) 절연협조 : 계통 내의 각 기기, 기구 및 애자 등의 상호간에 적정한 절연 강도를 지니게 함으로써 계통 설계를 합리적, 경제적으로 할 수 있게 한 것을 절연 협조라 한다.

  (2) 기준충격 절연강도 비교 : 선로애자 > 결합콘덴서 > 변압기 > 피뢰기

배점5

10 고조파 전류는 각종 선로나 간선에 에너지 절약 기기나 무정전전원장치 등이 증가되면서 선로에 발생하여 전원의 질을 떨어뜨리고 과열 및 이상 상태를 발생시키는 원인이 되고 있다. 고조파 전류를 방지하기 위한 대책을 3가지만 쓰시오.

  ○ _____

  ○ _____

  ○ _____

[정답] ① 고조파 필터를 사용

  ② 변압기 △결선 채용

  ③ 전력 변환 장치의 다(多) 펄스화

배점5

11 피뢰기에 흐르는 정격방전전류는 변전소의 차폐유무와 그 지방의 연간 뇌격지수(IKL) 발생일수와 관계되나 모든 요소를 고려한 경우 일반적인 시설장소별 적용할 피뢰기의 공칭방전전류를 쓰시오.

공칭방전전류	설치장소	적용조건
① [A]	변전소	• 154[kV] 이상의 계통 • 66[kV] 및 그 이하의 계통에서 Bank 용량이 3000[kVA]를 초과하거나 특히 중요한 곳 • 장거리 송전케이블(배전선로 인출용 단거리케이블은 제외) 및 정전축전기 Bank를 개폐하는 곳 • 배전선로 인출측(배전 간선 인출용 장거리 케이블은 제외)
② [A]	변전소	• 66[kV] 및 그 이하의 계통에서 Bank 용량이 3000[kVA]이하인 곳
③ [A]	선로	• 배전선로

정답 ① 10000[A]
② 5000[A]
③ 2500[A]

배점6

12 변압기의 △ − △ 결선 방식의 장점과 단점을 3가지씩 쓰시오.

(1) 장점

○ _____

○ _____

○ _____

(2) 단점

○ _____

○ _____

○ _____

정답 (1) 장점

　① 1대가 고장이 나면 나머지 2대로 V결선하여 사용할 수 있다.

　② 각 변압기의 상전류가 선전류의 $1/\sqrt{3}$ 이 되어 대전류에 적합하다.

　③ 제3고조파 전류가 △결선 내를 순환한다.

(2) 단점

　① 지락사고의 검출이 곤란하다.

　② 권수비가 다른 변압기를 결선하면 순환전류가 흐른다.

　③ 각상의 임피던스가 다를 경우 3상 부하가 평형이 되어도 변압기의 부하 전류는 불평형이 된다.

배점5

13 다음은 펌프용 유도전동기의 수동 및 자동절환 운전회로도이다. 그림에서 ①~⑦의 기기의 명칭을 쓰시오.

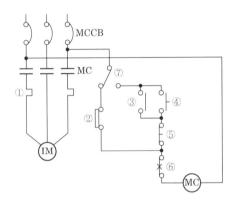

정답 ① 열동 계전기

② 플로우트 스위치 또는 리미트 스위치

③ 자기유지 a접점

④ 푸쉬버튼 스위치(ON)

⑤ 푸쉬버튼 스위치(OFF)

⑥ 수동복귀 b접점

⑦ 수동 및 자동전환 스위치

배점11

14 변압기가 있는 회로에서 전류 I_1, I_2를 단위법(pu)으로 구하는 과정이다. 다음 조건을 이용하여 풀이 과정의 (①~⑪)안에 알맞은 내용을 쓰시오.

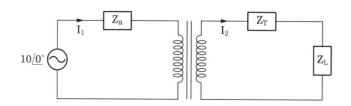

【조 건】

① 단상발전기의 정격전압과 용량은 각각 $10\angle 0°\,[kV]$, $100\,[kVA]$ 이고 pu 임피던스 $Z = j0.8\,[pu]$ 이다.

② 변압기의 변압비는 $5:1$이고 정격용량 $100\,[kVA]$ 기준으로 %임피던스는 $j12\,[\%]$ 이고, 부하 임피던스 $Z_L = j120\,[\Omega]$ 이다.

(1) 변압기 1차측의 전압 및 용량의 기준값을 $10\,[kV]$, $100\,[kVA]$로 하면 2차측의 전압 기준값은 (① $\qquad$ $[kV]$)로 된다.

· 계산 : _____   · 답 : _____

(2) 그러므로 변압기 1, 2차측의 전압 pu 값은 각각

$V_{1pu} = $ (② $\qquad$ $[pu]$), $V_{2pu} = $ (③ $\qquad$ $[pu]$) 이다.

· 계산 : _____   · 답 : _____

(3) 변압기 1,2차측 전류의 기준값은 각각

$I_{1b} = $ (④ $\qquad$ $[A]$), $I_{1b} = $ (⑤ $\qquad$ $[A]$) 이고

· 계산 : _____   · 답 : _____

(4) 변압기의 2차측 회로의 임피던스 기준값 $Z_{2b} = $ (⑥ $\qquad$ $[\Omega]$)이므로 부하의 임피던스 단위값 $Z_{Lpu} = $ (⑦ $\qquad$ $[pu]$)로 됨으로 회로 전체의 임피던스 단위값

$Z_{pu} = Z_{Gpu} + Z_{Tpu} + Z_{Lpu} = $ (⑧ $\qquad$ $[pu]$) 이다.

· 계산 : _____   · 답 : _____

(5) 전류의 단위값은 $I_{1pu} = I_{2pu} = $ (⑨ $\qquad$ $[pu]$)로 되므로

· 계산 : _____   · 답 : _____

(6) 회로의 실제 전류 $I_1 = $ (⑩ $\qquad$ $[A]$), $I_2 = $ (⑪ $\qquad$ $[A]$) 이다.

· 계산 : _____   · 답 : _____

정답 (1) • 계산 : $a = \dfrac{n_1}{n_2} = \dfrac{V_1}{V_2}$ 에서 $V_2 = \dfrac{n_2}{n_1}V_1 = \dfrac{1}{5} \times 10 = 2[\text{kV}]$

• 답 : ① $2[\text{kV}]$

(2) • 계산 : $V_{1pu} = \dfrac{V_1}{V_{1n}} = \dfrac{10}{10} = 1[\text{pu}]$, $V_{2pu} = \dfrac{V_2}{V_{2n}} = \dfrac{2}{2} = 1[\text{pu}]$

• 답 : ② $1[\text{pu}]$, ③ $1[\text{pu}]$

(3) • 계산 : $I_{1b} = \dfrac{P_n}{V_{1n}} = \dfrac{100}{10} = 10[\text{A}]$, $I_{2b} = \dfrac{P_n}{V_{2n}} = \dfrac{100}{2} = 50[\text{A}]$

• 답 : ④ $10[\text{A}]$, ⑤ $50[\text{A}]$

(4) • 계산 : $Z_{2pu} = \dfrac{I_{2n} \times Z_{2b}}{V_{2n}}$ 에서 $Z_{2b} = \dfrac{V_{2n} \times Z_{2pu}}{I_{2n}} = \dfrac{2000 \times 1}{50} = 40[\Omega]$

$Z_{Lpu} = \dfrac{Z_2}{Z_{2b}} = \dfrac{120}{40} = 3[\text{pu}]$

$Z_{pu} = 0.8 + \dfrac{12}{100} + 3 = 3.92[\text{pu}]$

• 답 : ⑥ $40[\Omega]$, ⑦ $3[\text{pu}]$, ⑧ $3.92[\text{pu}]$

(5) • 계산 : $I_{1pu} = \dfrac{V_{1pu}}{Z_{pu}} = \dfrac{1}{3.92} = 0.26[\text{pu}]$

$I_{2pu} = \dfrac{V_{2pu}}{Z_{pu}} = \dfrac{1}{3.92} = 0.26[\text{pu}]$

• 답 : ⑨ $0.26[\text{pu}]$

(6) • 계산 : $I_1 = I_{1pu} \times I_{1b} = 0.26 \times 10 = 2.6[\text{A}]$

$I_2 = I_{2pu} \times I_{2b} = 0.26 \times 50 = 13[\text{A}]$

• 답 : ⑩ $2.6[\text{A}]$, ⑪ $13[\text{A}]$

memo

2008

과년도 기출문제

2008년 제1회

2008년 제2회

2008년 제3회

국가기술자격검정 실기시험문제 및 정답

2008년도 전기기사 제1회 필답형 실기시험

종 목	시험시간	형 별	성 명	수험번호
전기기사	2시간 30분	A		

※ 수험자 인적사항 및 답안작성(계산식 포함)은 흑색의 필기구만 사용하여야 하며 흑색을 제외한 유색 필기구 또는 연필류를 사용하거나 2가지 이상의 색을 혼합 사용하였을 경우 그 문항은 0점 처리됩니다.

배점6

01 그림은 $22.9[kV-Y]$ $1000[kVA]$ 이하에 적용 가능한 특고압 간이 수전설비 결선도이다. 이 결선도를 보고 각 물음에 답하시오.

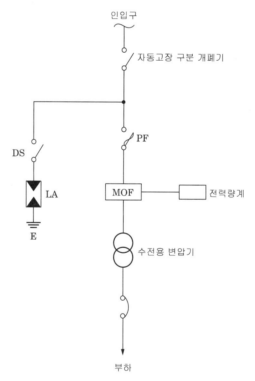

(1) 위 결선도에서 생략할 수 있는 것은 어느 것인가?

○ _____

(2) LA는 어떤 장치가 붙어 있는 형태의 것을 사용하여야 하는가?

○ _____

(3) 인입선을 지중선으로 시설하는 경우로 공동주택 등 고장시 정전피해가 큰 경우에는 예비 지중선을 포함하여 몇 회선으로 시설하는 것이 바람직한가?

 ○

(4) $22.9[\mathrm{kV}-\mathrm{Y}]$ 지중인입선에는 어떤 케이블을 사용하여야 하는가?

 ○

(5) $300[\mathrm{kVA}]$ 이하인 경우는 PF 대신 COS를 사용할 수 있다. 이 경우 COS의 비대칭 차단전류 용량은 몇 $[\mathrm{kA}]$ 이상의 것을 사용하여야 하는가?

 ○

정답 (1) LA용 DS 또는 피뢰기용 단로기

 (2) Disconnector 또는 Isolator

 (3) 2회선

 (4) CNCV-W 케이블(수밀형) 또는 TR-CNCV-W 케이블(트리억제형)

 (5) $10[\mathrm{kA}]$

배점5

02 고압선로에서의 접지사고 검출 및 경보장치를 그림과 같이 시설하였다. A선에 누전사고가 발생하였을 때 다음 각 물음에 답하시오. (단, 전원이 인가되고 경보벨의 스위치는 닫혀있는 상태라고 한다.)

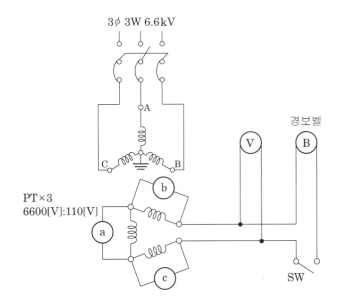

(1) 1차측 A선의 대지 전압이 0[V]인 경우 B선 및 C선의 대지 전압은 각각 몇 [V]인가?

① B선의 대지전압

• 계산 : _____ • 답 : _____

② C선의 대지전압

• 계산 : _____ • 답 : _____

(2) 2차측 전구 ⓐ의 전압이 0[V]인 경우 ⓑ 및 ⓒ 전구의 전압과 전압계 Ⓥ의 지시 전압, 경보 벨 Ⓑ에 걸리는 전압은 각각 몇 [V]인가?

① ⓑ 전구의 전압

• 계산 : _____ • 답 : _____

② ⓒ 전구의 전압

• 계산 : _____ • 답 : _____

③ 전압계 Ⓥ의 지시 전압

• 계산 : _____ • 답 : _____

④ 경보벨 Ⓑ에 걸리는 전압

• 계산 : _____ • 답 : _____

정답 (1) ① B선의 대지전압

• 계산 : $\dfrac{6600}{\sqrt{3}} \times \sqrt{3} = 6600[\text{V}]$ • 답 : 6600[V]

② C선의 대지전압

• 계산 : $\dfrac{6600}{\sqrt{3}} \times \sqrt{3} = 6600[\text{V}]$ • 답 : 6600[V]

(2) ① ⓑ 전구의 전압

• 계산 : $\dfrac{110}{\sqrt{3}} \times \sqrt{3} = 110[\text{V}]$ • 답 : 110[V]

② ⓒ 전구의 전압

• 계산 : $\dfrac{110}{\sqrt{3}} \times \sqrt{3} = 110[\text{V}]$ • 답 : 110[V]

③ 전압계 Ⓥ의 지시 전압

• 계산 : $\dfrac{110}{\sqrt{3}} \times 3 = 190.53[\text{V}]$ • 답 : 190.53[V]

④ 경보벨 Ⓑ에 걸리는 전압

• 계산 : $\dfrac{110}{\sqrt{3}} \times 3 = 190.53[\text{V}]$ • 답 : 190.53[V]

쉬어가기

고장전(지락사고 전)의 2차측 (오픈△측) a상, b상, c상의 전위는 $110/\sqrt{3}$ [V]가 걸려 있다. 즉, 정상시 2차측의 각 전구는 점등되어 있는 상태이다. 고장시 각 상의 전위상승은 $\sqrt{3}$ 배 상승하며, 개방단은 선간 전압이 걸리게 되어 190.53[V]가 된다. 각 상의 전위상승으로 인해 건전상 (위 문제의 경우 b,c상)의 등기구의 밝기는 더욱 밝아진다.

배점6

03 고조파 전류가 발생하는 원인과 그 대책을 각각 3가지씩 쓰시오.

(1) 발생요인

○

○

○

(2) 대책

○

○

○

정답 (1) 발생요인

① 정류기, 인버터 등의 전력변환장치에 의해 고조파 발생

② 코로나에 의한 3고조파 발생

③ 변압기의 히스테리시스현상으로 여자전류에 고조파가 발생

(2) 대책

① 고조파 필터를 사용

② 변압기 △결선 채용

③ 변환 장치의 다(多) 펄스화

쉬어가기 **고조파 발생원인**

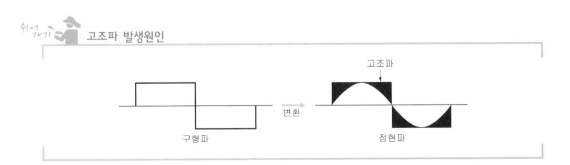

배점5

04 정격 용량 $100[kVA]$인 변압기에서 지상 역률 $60[\%]$의 부하에 $100[kVA]$를 공급하고 있다. 역률 $90[\%]$로 개선하여 변압기의 전용량까지 부하에 공급하고자 한다. 다음 각 물음에 답하시오.

(1) 소요되는 전력용 콘덴서의 용량은 몇 $[kVA]$인가?

• 계산 : _____ • 답 : _____

(2) 역률 개선에 따른 유효 전력의 증가분은 몇 $[kW]$인가?

• 계산 : _____ • 답 : _____

정답 (1) • 계산

역률개선 전 무효전력 $Q_1 = P_a \times \sin\theta_1 = 100 \times 0.8 = 80[kVar]$

역률개선 후 무효전력 $Q_2 = P_a \times \sin\theta_2 = 100 \times \sqrt{1-0.9^2} = 43.59[kVar]$

필요한 콘덴서의 용량 $Q = Q_1 - Q_2 = 80 - 43.59 = 36.41[kVA]$

• 답 : $36.41[kVA]$

(2) • 계산 : 역률개선에 따른 유효전력 증가분

$\triangle P = P \times (\cos\theta_2 - \cos\theta_1) = 100 \times (0.9 - 0.6) = 30[kW]$

• 답 : $30\ [kW]$

배점5

05 접지공사에서 접지저항을 저감시키는 방법을 5가지만 쓰시오.

○ _____

○ _____

○ _____

○ _____

○ _____

정답 ① 접지극 길이를 길게한다.

② 접지극을 병렬접속한다.

③ 심타공법으로 시공한다.

④ 접지저항 저감재를 사용한다.

⑤ 접지봉의 매설깊이를 깊게 한다.

접지저항의 요인

대지저항률 수치 예

지질의 종류	대지저항률 $\rho[\Omega \cdot m]$
습지(점토질)	10~50
평지(점토질 토양)	10~200
평지(모래·자갈 토양)	100~2000
하안·하상 흔적(목석 등)	1000~5000
산지(암반지대)	200~10000

토양의 전기저항

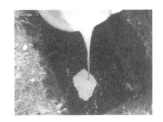

1. 접지전극과 토양간의 접촉저항

 토양과 접지전극 사이에는 전기가 통하지 않는 틈이 생겨 저항이 발생한다. 즉 접촉저항을 말한다. 접촉저항이 발생하는 요인으로는 다음과 같은 경우를 들 수 있다.

 ① 토양의 종류

 매끈한 표면을 가진 접지전극과 작은 고체 덩어리인 토양이 접촉하면 점접촉 상태의 접촉저항이 발생한다. 특히 옥석과 같이 입자가 클 경우에는 접촉점의 수가 적어 접촉저항이 커진다.

 ② 접지전극의 시공 상황

 접지전극을 박아 넣을 때 전극의 진동, 접지 공법상의 문제(굴삭한 구멍의 지름보다 접지전극의 지름이 더 작은 점 등) 등 여러 가지 원인으로 인해 토양과의 사이에 틈새가 생겨 접촉저항이 된다.

2. 접지전극 주변 토양의 전기저항

 토양의 전기적 성질은 저항을 어느 정도 갖고 있는 도체라고 생각할 수 있다. 토양에 전기가 통하기 어려움을 나타내는 지표가 대지저항률이다. 대지저항률은 토양의 종류에 따라 다르다.

2008

배점8

06 스위치 S_1, S_2, S_3 에 의하여 직접 제어되는 계전기 X, Y, Z가 있다. 전등 L_1, L_2, L_3, L_4기 동작표와 같이 점등된다고 할 때 다음 물음에 답하시오.

동 작 표

X	Y	Z	L_1	L_2	L_3	L_4
0	0	0	0	0	0	1
0	0	1	0	0	1	0
0	1	0	0	0	1	0
0	1	1	0	1	0	0
1	0	0	0	0	1	0
1	0	1	0	1	0	0
1	1	0	0	1	0	0
1	1	1	1	0	0	0

【조 건】

- 출력램프 L_1에 대한 논리식 $L_1 = X \cdot Y \cdot Z$
- 출력램프 L_2에 대한 논리식 $L_2 = \overline{X} \cdot Y \cdot Z + X \cdot \overline{Y} \cdot Z + X \cdot Y \cdot \overline{Z}$
- 출력램프 L_3에 대한 논리식 $L_3 = \overline{X} \cdot \overline{Y} \cdot Z + \overline{X} \cdot Y \cdot \overline{Z} + X \cdot \overline{Y} \cdot \overline{Z}$
- 출력램프 L_4에 대한 논리식 $L_4 = \overline{X} \cdot \overline{Y} \cdot Z$

(1) 답안지의 유접점 회로에 대한 미완성 부분을 최소 접점수로 도면을 완성하시오.

[예]

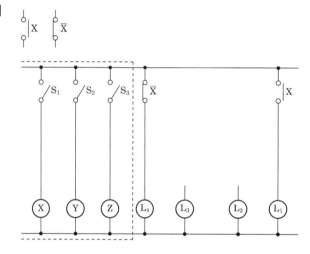

(2) 답안지의 무접점 회로에 대한 미완성 부분을 완성하고 출력을 표시하시오.

[예 : 출력 L_1, L_2, L_3, L_4]

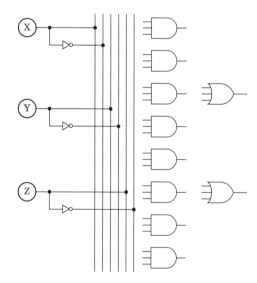

정답 (1)

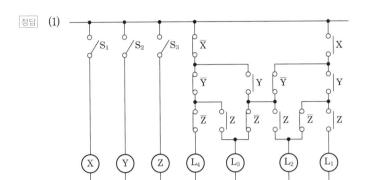

(2)

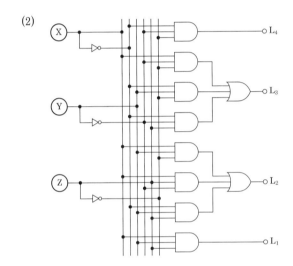

(1) 직렬 병렬을 구분하지 않는 회로로 유접점 회로를 그릴 때 논리식을 사용하여 기본적인 연결부터 시작한다.
먼저 양쪽 끝에 X, Y, Z의 b접점 (L_4) 과 X, Y, Z의 a접점 (L_1) 을 투입한다. 나머지 L_2 와 L_3 는 논리식을
사용하여 순서대로 투입한다.

(2) 무접점 회로를 살펴보면 첫 번째는 X 두 번째는 $\overline{X}$ 방식으로 순서대로 결선 되어 있다. 이것을 차례로
AND 회선에 연결 후 OR로 연결하면 된다. 논리식을 사용하여 순차적으로 투입한다.

배점5

07 고압 배전선의 구성과 관련된 미완성 환상(루프식)식 배전간선의 단선도를 완성하시오.

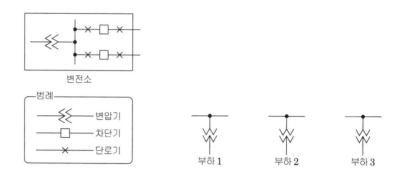

변전소

범례
─〈〈〈─ 변압기
─□─ 차단기
─✕─ 단로기

부하 1   부하 2   부하 3

정답

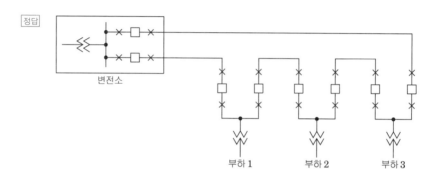

변전소

부하 1   부하 2   부하 3

배점5

08 3상 3선식 송전선에서 수전단의 선간전압이 $30[\text{kV}]$, 부하 역률이 0.8인 경우 전압강하율이 $10[\%]$라 하면 이 송전선은 몇 $[\text{kW}]$까지 수전할 수 있는가? (단, 전선 1선의 저항은 $15[\Omega]$, 리액턴스는 $20[\Omega]$이라 하고 기타의 선로 정수는 무시하는 것으로 한다.)

・계산 : _____   ・답 : _____

정답   ・계산

전압강하율 $\delta = \dfrac{P}{V^2}(R + X\tan\theta)\,[\text{pu}]$에서, $P = \dfrac{\delta V^2}{R + X\tan\theta} \times 10^{-3}\,[\text{kW}]$

$$P = \frac{0.1 \times (30 \times 10^3)^2}{15 + 20 \times \dfrac{0.6}{0.8}} \times 10^{-3} = 3000\,[\text{kW}]$$

・답 : $3000[\text{kW}]$

배점5

09 수변전설비를 설계하고자 한다. 기본설계에 있어서 검토 할 주요 사항을 5가지만 쓰시오.

○ _____   ○ _____

○ _____   ○ _____

○ _____

정답 ① 필요한 전력의 추정
　　　② 수전전압 및 수전방식
　　　③ 주회로의 결선방식
　　　④ 감시 및 제어방식
　　　⑤ 변전설비의 형식

배점10

10 조명설비에서 전력을 절약하는 방법에 대하여 5가지를 간략하게 쓰시오.

○ _____   ○ _____

○ _____   ○ _____

○ _____

정답 ① 고 역률의 등기구 사용
　　　② 고 효율의 등기구 사용
　　　③ 재실감지기 및 카드키 채용
　　　④ 전구형 형광등 사용
　　　⑤ 적절한 등기구의 보수 및 유지 관리

쉬어가기

전구형 형광등은 3파장 즉 빛의 삼원색인 적, 녹, 청색의 형광물질을 사용한다. 이 때문에 전구형 형광등이 3파장 전구라고도 불린다. 부드러운 빛을 내는 백열전구의 장점을 3파장 전구도 가지게 되어 눈의 피로를 막아주어, 근시의 발생을 예방할 수도 있다. 전구형 형광등은 일반 전구와 똑같이 일반 전구 소켓에 꽂아서 사용하실 수 있으며, 이것은 백열전구가 아니라 전자식 안정기가 내장된 형광등의 일종이다. 따라서, 일반 형광등과 원리가 같기 때문에 오래 쓰고 전기가 적게 소모된다. 백열전구에서 사용되는 에너지의 양은 전체의 약 5[%] 정도이고, 수명은 1000시간 정도이다. 반면에 전구형 형광등은 에너지의 양이 25[%] 이상으로 효율이 높고, 최대 15000시간 이상 정도로 수명도 길다.

배점5

11 지표면상 10[m] 높이에 수조가 있다. 이 수조에 초당 1[m³]의 물을 양수하는데 사용되는 펌프용 전동기에 3상 전력을 공급하기 위하여 단상 변압기 2대를 V결선하였다. 펌프 효율이 70[%]이고, 펌프축 동력에 20[%]의 여유를 두는 경우 다음 각 물음에 답하시오. (단, 펌프용 3상 농형 유도 전동기의 역률을 100[%]로 가정한다.)

(1) 펌프용 전동기의 소요 동력은 몇 [kW]인가?

• 계산 : _____ • 답 : _____

(2) 변압기 1대의 용량은 몇 [kW]인가?

• 계산 : _____ • 답 : _____

정답 (1) • 계산 : 펌프용 전동기의 소요동력 $P = \dfrac{9.8HQK}{\eta} = \dfrac{9.8 \times 10 \times 1 \times 1.2}{0.7} = 168[\mathrm{kW}]$

• 답 : 168[kW]

(2) V결선 시 변압기 용량 $P_V = \sqrt{3}\,P_1$ 단, P_1 : 단상 변압기 1대용량[kVA]

단상 변압기 1대용량 $P_1 = \dfrac{P_V}{\sqrt{3}} = \dfrac{168}{\sqrt{3}} = 96.994[\mathrm{kVA}]$

• 답 : 96.99[kVA]

이것이 핵심이다

• 펌프용 전동기의 소요 동력 만큼 변압기가 전력을 공급
  : 펌프용 전동기의 용량[kVA] = 변압기 용량[kVA]

• 역률이 100[%]일 경우 [kW] = [kVA]이다. (168[kW] = 168[kVA])

• 펌프용 전동기의 소요동력(초당 양수량인 경우) : $P = \dfrac{9.8HQ_sK}{\eta}[\mathrm{kW}]$

• 펌프용 전동기의 소요동력(분당 양수량인 경우) : $P = \dfrac{HQ_mK}{6.12\eta}[\mathrm{kW}]$ 단, Q_m : 분당 양수량 [m³/min]

12 아래의 그림은 전동기의 정·역운전 회로도의 일부분이다. 동작 설명과 미완성 도면을 이용하여 다음 각 물음에 답하시오.

【동작설명】

• NFB를 투입하여 전원을 인가하면 ⒢등이 점등되도록 한다.
• 누름 버튼 스위치 PB₁(정)을 ON하면 MCF가 여자되며, 이 때 ⒢등은 소등되고 ⓡ등은 점등되도록 하며, 또한 정회전한다.
• 누름 버튼 스위치 PB₀을 OFF하면 전동기는 정지한다.
• 누름 버튼 스위치 PB₂(역)을 ON하면 MCR가 여자되며, 이 때 ⓨ등이 점등하게 된다.
• 과부하시에는 열동 계전기 THR이 동작되어 THR의 b 접점이 개방되어 전동기는 정지된다.
※ 위와 같은 사항으로 동작되며, 특이한 사항은 MCF나 MCR 어느 하나가 여자되면 나머지 하나는 전동기가 정지 후 동작시켜야 동작이 가능하다.
※ MCF, MCR의 보조 접점으로는 각각 a 접점 1개, b 접점 2개를 사용한다.

(1) 다음 주회로 부분을 완성하시오.

(2) 다음 보조회로 부분을 완성하시오.

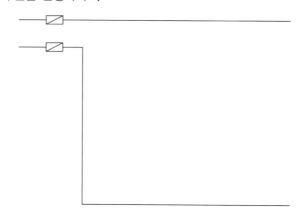

정답 (1)

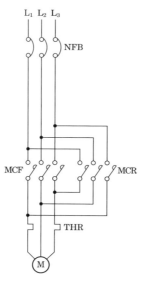

(2)

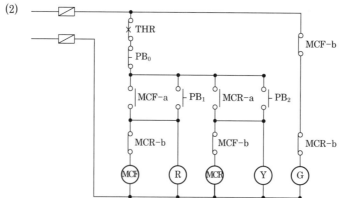

(1) 정·역 변환회로의 주회로 연결부분은 L_1, L_2, L_3 중 한상은 동일하게 연결 후 나머지 두상을 역으로 연결시킨다.

13 그림과 같은 3상 배전선에서 변전소(A점)의 전압은 3300[V], 중간(B점) 지점의 부하는 50[A], 역률0.8(지상), 말단(C점)의 부하는 50[A], 역률 0.8이고, A와 B사이의 길이는 2[km], B와 C사이의 길이는 4[km]이며, 선로의 km당 임피던스는 저항 0.9[Ω], 리액턴스 0.4 [Ω]이라고 할 때 다음 물음에 답하시오.

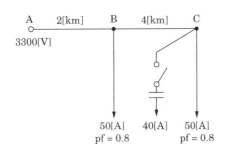

(1) 이 경우의 B점과 C점의 전압은 몇 [V]인가?

① B점의 전압

•계산 : _____ •답 : _____

② C점의 전압

•계산 : _____ •답 : _____

(2) C점에 전력용 콘덴서를 설치하여 진상 전류 40[A]를 흘릴 때 B점의 전압과 C점의 전압은 각각 몇 [V]인가?

① B점의 전압

•계산 : _____ •답 : _____

② C점의 전입

•계산 : _____ •답 : _____

(3) 전력용 콘덴서를 설치하기 전과 후의 선로의 전력 손실을 구하시오.

① 전력용 콘덴서 설치 전

•계산 : _____ •답 : _____

② 전력용 콘덴서 설치 후

•계산 : _____ •답 : _____

정답 (1) ① B점의 전압

- 계산

$R_1 = 0.9 \times 2 = 1.8 [\Omega], \ X_1 = 0.4 \times 2 = 0.8 [\Omega]$

$V_B = V_A - \sqrt{3} I_1 (R_1 \cos\theta + X_1 \sin\theta)$

$\quad = 3300 - \sqrt{3} \times 100 \times (0.9 \times 2 \times 0.8 + 0.4 \times 2 \times 0.6)$

$\quad = 2967.446 [V]$

- 답 : 2967.45[V]

② C점의 전압

- 계산

$V_C = V_B - \sqrt{3} I_2 (R_2 \cos\theta + X_2 \sin\theta)$

$\quad = 2967.45 - \sqrt{3} \times 50 \times (0.9 \times 4 \times 0.8 + 0.4 \times 4 \times 0.6)$

$\quad = 2634.896$

- 답 : 2634.9[V]

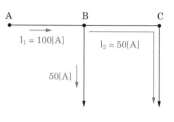

(2) ① B점의 전압

- 계산

$V_B = V_A - \sqrt{3} \times [I_1 \cos\theta \cdot R_1 + (I_1 \sin\theta - I_c) \cdot X_1]$

$\quad = 3300 - \sqrt{3} \times [100 \times 0.8 \times 1.8 + (100 \times 0.6 - 40) \times 0.8] = 3022.871$

- 답 : 3022.87[V]

② C점의 전압

- 계산

$V_C = V_B - \sqrt{3} \times [I_2 \cos\theta \cdot R_2 + (I_2 \sin\theta - I_c) \cdot X_2]$

$\quad = 3022.87 - \sqrt{3} \times [50 \times 0.8 \times 3.6 + (50 \times 0.6 - 40) \times 1.6] = 2801.167$

- 답 : 2801.17[V]

(3) 전력용 콘덴서를 설치하기 전과 후의 선로의 전력손실

3상 배전선로의 전력손실: $P_\ell = 3 I^2 R \times 10^{-3} \ [kW]$

① - 계산

콘덴서 설치 전의 전력손실($P_{\ell 1}$)

$P_{\ell 1} = 3 I_1^2 R_1 + 3 I_2^2 R_2$

$P_{\ell 1} = (3 \times 100^2 \times 1.8 + 3 \times 50^2 \times 3.6) \times 10^{-3} = 81 [kW]$

- 답 : 81[kW]

② - 계산

콘덴서 설치 후의 전류($I_1{'}, \ I_2{'}$) 및 전력손실($P_{\ell 2}$)

$I_1{'} = 100 \times (0.8 - j0.6) + j40 = 80 - j20 = 82.46 [A]$

$I_2{'} = 50 \times (0.8 - j0.6) + j40 = 40 + j10 = 41.23 [A]$

$P_{\ell 2} = 3 I_1{'}^2 R_1 + 3 I_2{'}^2 R_2$

$P_{\ell 2} = (3 \times 82.46^2 \times 1.8 + 3 \times 41.23^2 \times 3.6) \times 10^{-3}$

$\quad = 55.077 [kW]$

- 답 : 55.08[kW]

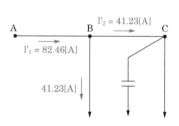

배점7

14 주어진 조건을 참조하여 다음 각 물음에 답하시오.

─── 【조 건】 ───

차단기 명판(name plate)에 BIL 150[kV], 정격 차단전류 20[kA], 차단시간 8 사이클, 솔레노이드 (solenoid)형 이라고 기재 되어 있다. (단, BIL은 절연계급 20호 이상의 비유효 접지계에서 계산하는 것으로 한다.)

(1) BIL 이란 무엇인가?

  ○

(2) 이 차단기의 정격전압은 몇 [kV]인가?

  • 계산 :　　　　　　　　　　　　　　　　　　　• 답 :

(3) 이 차단기의 정격 차단 용량은 몇 [MVA] 인가?

  • 계산 :　　　　　　　　　　　　　　　　　　　• 답 :

─────────────────────────────

정답 (1) 기준충격절연강도

  (2) • 계산

   BIL=절연계급×5 + 50[kV]

   $$절연계급 = \frac{BIL-50}{5} = \frac{150-50}{5} = 20[kV]$$

   $절연계급 = \dfrac{공칭전압}{1.1}$ 식에서 위에서 구한 절연계급 값을 이용하여 공칭전압을 계산

   공칭전압 = 절연계급 × 1.1 = 20×1.1 = 22[kV]

   $$정격전압 = 공칭전압 \times \frac{1.2}{1.1} = 22 \times \frac{1.2}{1.1} = 24[kV]$$

   • 답 : 24[kV]

  (3) • 계산 : $P_s = \sqrt{3}\, V_n I_s = \sqrt{3} \times 24 \times 20 = 831.38[MVA]$

   • 답 : 831.38[MVA]

배점5

15 20[kVA] 단상 변압기가 있다. 역률이 1일 때 전부하 효율은 97[%]이고, 75[%] 부하에 서 최고효율이 되었다. 전부하시에 철손은 몇 [W]인가?

  ○

정답 • 계산 : 전 부하시 효율 $\eta = \dfrac{P_a \cos\theta}{P_a \cos\theta + P_i + P_c}$ 이다.

① 전체 손실 $P_\ell = P_i + P_c = \dfrac{P_a \cos\theta}{\eta} - P_a \cos\theta = \dfrac{20000 \times 1}{0.97} - 20000 \times 1 = 618.56[\mathrm{W}]$

② 동손 $P_c = P_\ell - P_i = 618.56 - P_i$

③ 최고효율은 "철손=동손"일 때 발생하므로 $P_i = m^2 P_c$일 때 최대효율이 된다. (m:부하율)

철손 $P_i = (0.75^2) \times (618.56 - P_i)$ 이 식에서 P_i를 계산한다.

$(1 + 0.75^2) P_i = 0.75^2 \times 618.56$

$\therefore P_i = \dfrac{0.75^2 \times 618.56}{1 + 0.75^2} = 222.681[\mathrm{W}]$

• 답 : 222.68[W]

이것이 핵심이다

- 전체 손실 $P_\ell = P_i + P_c$

- 전부하시 효율 $\eta = \dfrac{P_a \cos\theta}{P_a \cos\theta + P_i + P_c}$

- 전부하시 최고 효율 조건 : $P_i = P_c$

배점6

16 현장에서 시험용 변압기가 없을 경우 그림과 같이 주상 변압기 2대와 수저항기를 사용하여 변압기의 절연내력 시험을 할 수 있다. 이 때 다음 각 물음에 답하시오. (단, 최대 사용 전압 6900[V]의 변압기의 권선을 시험할 경우이며, $E_2 / E_1 = 105 / 6300[\mathrm{V}]$임)

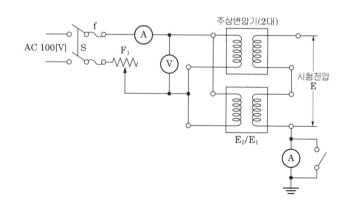

(1) 절연내력시험전압은 몇 [V]이며, 이 시험전압을 몇 분간 가하여 이에 견디어야 하는가?

　① 절연내력시험전압

　　• 계산 : _____　　• 답 : _____

　② 가하는 시간 :

　　○ _____

(2) 시험 시 전압계 □로 측정되는 전압은 몇 [V]인가?

　• 계산 : _____　　• 답 : _____

(3) 도면에서 오른쪽 하단의 접지되어 있는 전류계 A_2는 어떤 용도로 사용되는가?

　○ _____

정답　(1)　① 절연내력시험전압 7[kV]이하인 전로

　　　　　최대사용전압의 1.5배가 시험전압이 된다.

　　　　　• 계산 : 절연 내력 시험 전압 $V = 6900 \times 1.5 = 10350$ [V]

　　　　　• 답 : 10350[V]

　　　② 가하는 시간 : 10분

　(2)　• 계산 : 변압기 1대에 걸리는 전압이므로 $\dfrac{1}{2}$ 을 곱한다.

　　　　전압계 V에 걸리는 전압 = a $\times 10350 \times \dfrac{1}{2}$ [V]

　　　　$V = \dfrac{105}{6300} \times 10350 \times \dfrac{1}{2} = 86.25$ [V]

　　　• 답 : 86.25[V]

　(3)　전류계의 용도 : 누설 전류의 측정

 절연내력시험전압

전로의 종류	접지방식	시험전압 (최대 사용 전압의 배수)	최저시험전압
7[kV] 이하		1.5배	500[V]
7[kV] 초과 25[kV] 이하	다중접지	0.92배	
7[kV] 초과 60[kV]이하	다중접지 이외	1.25배	10500[V]
60[kV] 초과	비접지	1.25배	
	접지식	1.1배	75[kV]
60[kV] 초과 170[kV] 이하	직접접지	0.72배	
170[kV] 초과	직접접지	0.64배	

국가기술자격검정 실기시험문제 및 정답

2008년도 전기기사 **제2회** 필답형 실기시험

종 목	시험시간	형 별	성 명	수험번호
전기기사	2시간 30분	A		

※ 수험자 인적사항 및 답안작성(계산식 포함)은 흑색의 필기구만 사용하여야 하며 흑색을 제외한 유색 필기구 또는 연필류를 사용하거나 2가지 이상의 색을 혼합 사용하였을 경우 그 문항은 0점 처리됩니다.

배점5

01 저항 $4[\Omega]$과 정전용량 $C[\mathrm{F}]$인 직렬 회로에 주파수 $60[\mathrm{Hz}]$의 전압을 인가한 경우 역률이 0.8이었다. 이 회로에 $30[\mathrm{Hz}]$, $220[\mathrm{V}]$의 교류 전압을 인가하면 소비전력은 몇$[\mathrm{W}]$가 되겠는가?

• 계산 :   • 답 :

─────────────────────────────────────

정답 • 계산 : 주파수가 $60[\mathrm{Hz}]$일 경우 용량성 리액턴스 계산

① 역률 $\cos\theta = \dfrac{R}{Z} = \dfrac{R}{\sqrt{R^2 + X_C^2}} = \dfrac{4}{\sqrt{4^2 + X_C^2}} = 0.8$이므로

$$X_C = \sqrt{\left(\frac{4}{0.8}\right)^2 - 4^2} = 3[\Omega]$$

용량성 리액턴스는 주파수에 반비례하므로, 주파수가 $60[\mathrm{Hz}]$에서 $30[\mathrm{Hz}]$로 감소시 용량성 리액턴스는 2배 증가한다. 주파수가 $30[\mathrm{Hz}]$일 경우의 용량성 리액턴스 $X_C' = 6[\Omega]$이다.

② 소비전력 $P = I^2 R = \left(\dfrac{V}{Z}\right)^2 \times R = \left(\dfrac{V}{\sqrt{R^2 + X_C'^2}}\right)^2 \times R = \dfrac{V^2}{R^2 + X_C'^2} \times R$

$$= \frac{220^2}{4^2 + 6^2} \times 4 = 3723.076[\mathrm{W}]$$

• 답 : $3723.08[\mathrm{W}]$

이것이 핵심이다

- 임피던스의 크기 $Z = \sqrt{R^2 + X^2}$ [Ω]

- 전류 $I = \dfrac{V}{Z} = \dfrac{V}{\sqrt{R^2 + X^2}}$ [A]

- 위상 $\theta = \tan^{-1}\dfrac{X}{R}$

- 역률 $\cos\theta = \dfrac{R}{Z} = \dfrac{R}{\sqrt{R^2 + X^2}}$

```
      R        X_c
     ┌─W──────┤├──┐
     4[Ω]      3[Ω]
          cos θ=0.8
     └──────⊙──────┘
          220[V]
          60[Hz]
```

```
      R        X'_c
     ┌─W──────┤├──┐
     4[Ω]      6[Ω]
     └──────⊙──────┘
          220[V]
          30[Hz]
```

배점6

02 3상 4선식 Y 접속시 전등과 동력을 공급하는 옥내배선의 경우는 상별 부하전류가 평형으로 유지되도록 상별로 결선하기 위하여 전압측 전선에 색별 배선을 하거나 색테이프를 감는 등의 방법으로 표시를 하여야 한다. 다음 그림의 L_1상, L_2상, N상, L_3상의 (   )안에 알맞은 색을 쓰시오.

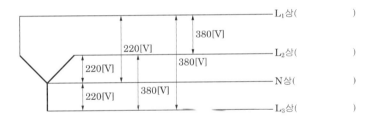

정답
- A상 : 갈색
- B상 : 검은색
- N상 : 파란색
- C상 : 회색

배점5

03 빌딩설비나 대규모 공장설비, 지하철 및 전기철도설비의 수배전설비에는 각각의 전기적 특성을 감안한 몰드(Mold)변압기가 사용되고 있다. 몰드변압기의 특징을 5가지 쓰시오.

○

○

○

정답 ① 화재의 염려가 없다.
② 보수 및 점검이 용이하다.
③ 소형 및 경량화가 가능하다.
④ 습기, 먼지 등에 대해 영향을 적게 받는다.
⑤ 감전에 안전하다.

쉬어가기

> 몰드형 변압기는 건식변압기의 일종으로서 차이점은 코일표면이 에폭시수지(절연체)로 싸여 있다. 난연성, 내습성, 절연성 등이 뛰어난 에폭시를 사용하기 때문에 화재의 염려도 작고 감전 등에 안전하다. 또한, 유입변압기와는 달리 절연유를 사용하지 않기 때문에 보수 및 점검이 유리하다.(유입변압기는 일정기간 사용 후 절연유를 교체해야 한다.) 그러므로 감전 등에 안전하고 외부의 영향(습기, 먼지 등)을 덜 받아 높은 전압의 제품을 만들기 쉽다. 사용장소는 병원, 지하철, 지하상가, 주택 인근에 위치한 공장 등 인명피해에 직접영향을 미치는 장소에서 사용할 때 특히 유리하다.

배점10

04 그림은 특고압 수전설비 결선도의 미완성 도면이다. 이 도면을 보고 다음 각 물음에 답하시오. (단 CB 1차측에 CT를, CB 2차측에 PT를 시설하는 경우이다.)

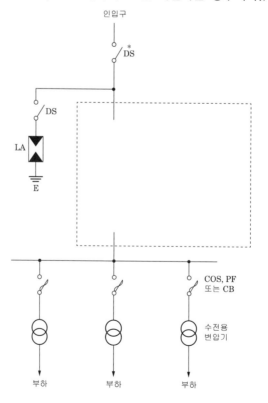

(1) 미완성 부분(점선 내부 부분)에 대한 결선도를 그리시오. 단, 미완성 부분만 작성하되 미완성 부분에는 CB, OCR : 3개, OCGR, MOF, PT, CT, PF, COS, TC, A, V, 전력량계 등을 사용하도록 한다.

○ _____

(2) 사용전압이 $22.9[kV]$라고 할 때 차단기의 트립전원은 어떤 방식이 바람직한지 2가지를 쓰시오.

○ _____

(3) 수전전압이 $66[kV]$ 이상인 경우 '*' 표로 표시된 DS 대신 어떤 것을 사용하여야 하는가?

○ _____

(4) $22.9[kV-Y]$ $1000[kVA]$ 이하를 시설하는 경우 특고압 간이수전설비 결선도에 의할 수 있다. 본 결선도에 대한 간이수전설비 결선도를 그리시오.

○ _____

정답 (1)

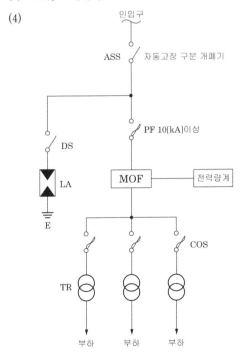

(2) ① 직류(DC) 방식   ② 콘덴서 방식(CTD)

(3) LS(선로 개폐기)

(4)

배점5

05 연동선을 사용한 코일의 저항이 0[℃]에서 4000[Ω]이었다. 이 코일에 전류를 흘렸더니 그 온도가 상승하여 코일의 저항이 4500[Ω]으로 되었다고 한다. 이 때 연동선의 온도를 구하시오.

• 계산 : _____   • 답 : _____

[정답] • 계산 : 온도변화에 따른 저항은 $R_T = R_o\{1 + \alpha_o(T_1 - t_o)\}[\Omega]$

여기서, R_T : 온도가 $T_1[℃]$일때의 저항, $\alpha_o = \dfrac{1}{234.5}$: 저항의 온도 계수

R_o : 온도가 t_o일때의 저항(초기저항값)

$4500 = 4000 \times \left(1 + \dfrac{1}{234.5} \times (T_1 - 0)\right)$ $(\because t_o = 0[℃])$

$\therefore T_1 = \left(\dfrac{4500}{4000} - 1\right) \times 234.5 = 29.312[℃]$

• 답 : 29.31[℃]

배점5

06 평형 3상 회로에 그림과 같이 접속된 전압계의 지시치가 220[V], 전류계의 지시치가 20[A], 전력계의 지시치가 2[kW]일 때 다음 각 물음에 답하시오.

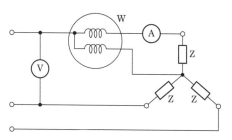

(1) 회로의 소비전력은 몇 [kW]인가?

• 계산 : _____   • 답 : _____

(2) 부하의 저항은 몇 [Ω]인가?

• 계산 : _____   • 답 : _____

(3) 부하의 리액턴스는 몇 [Ω]인가?

• 계산 : _____   • 답 : _____

정답 (1) • 계산 : 1상의 전력 $W_1 = 2[\text{kW}]$ 이므로

3상 전력 $W_3 = 3W_1 = 3 \times 2 = 6[\text{kW}]$

• 답 : $6[\text{kW}]$

(2) • 계산 : 1상의 전력 $W_1 = I^2 R$ 에서

저항 $R = \dfrac{W_1}{I^2} = \dfrac{2 \times 10^3}{20^2} = 5[\Omega]$

• 답 : $5[\Omega]$

(3) • 계산 : 임피던스 $Z = \dfrac{E}{I} = \dfrac{\frac{220}{\sqrt{3}}}{20} = \dfrac{11}{\sqrt{3}}[\Omega]$

리액턴스 $X = \sqrt{Z^2 - R^2} = \sqrt{\left(\dfrac{11}{\sqrt{3}}\right)^2 - 5^2} = 3.92[\Omega]$

• 답 : $3.92[\Omega]$

배점8

07 그림과 같은 전력계통의 모선 도면이 있다. 이 도면을 보고 다음 각 물음에 답하시오.
(단, 도면에서 T/L은 송전선로, CB는 차단기, Tr은 변압기이다.)

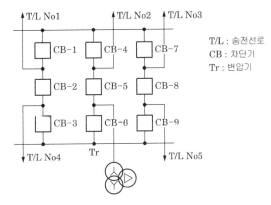

(1) 이 모선 방식의 명칭을 구체적으로 쓰시오.

○ _____

(2) T/L 4에서 지락 고장의 사고가 발생하였을 때 차단되는 차단기 2개를 쓰시오.

○ _____

○ _____

(3) T/L 1이 고장일 때 CB-1이 고장 상태이기 때문에 고장을 차단하지 못하였다. 이때 차단기 고장 보호(Breaker failure protection)를 채택한 경우라면 차단되는 차단기는 어느 것인지 그 2가지를 쓰시오. (단, 상대 S/S, CB는 생략한다.)

○ _____

(4) 유입 변압기 Tr은 도면의 그림 기호로 볼 때, 어떤 종류의 변압기인지 그 명칭을 쓰시오.

     ○ _____

[정답] (1) 2중모선 방식의 1.5차단방식

     (2) CB-2, CB-3

     (3) CB-4, CB-7

     (4) 3권선 변압기

[배점5]

08 154[kV], 60[Hz], 선로의 길이 200[km]인 3상 4선식 송전선에 설치한 소호리액터의 공진탭의 용량은 몇 [kVA]인가? (단, 1선당 대지 정전용량은 0.0043[μF/km]이다.)

• 계산 : _____   • 답 : _____

[정답] • 계산 : 소호리액터의 용량

$$Q_L = 3\omega C_s E^2 \times 10^{-3} [\text{kVA}]$$

$$= 3 \times 2\pi \times 60 \times 0.0043 \times 10^{-6} \times 200 \times \left(\frac{154000}{\sqrt{3}}\right)^2 \times 10^{-3} = 7689.02 [\text{kVA}]$$

• 답 : 7689.02[kVA]

[배점5]

09 접지시스템 설계에 가장 기본적인 과정은 시공 현장의 대지 저항률을 측정하여 분석하는 것이다. 4개의 측정탐침(4-Test Probe)을 지표면에 일직선상에 등거리로 박아서 측정 장비 내에서 저주파 전류를 탐침을 통해 대지에 흘려보내어 대지 저항률을 측정하는 방법을 무엇이라 하는가?

     ○ _____

[정답] 워너의 4전극법

10 매분 $10[\text{m}^3]$의 물을 높이 $15[\text{m}]$인 탱크에 양수하는데 필요한 전력을 V 결선한 변압기로 공급한다면, 여기에 필요한 단상 변압기 1대의 용량은 몇 $[\text{kVA}]$인가? (단, 펌프와 전동기의 합성 효율은 $65[\%]$이고, 전동기의 전부하 역률은 $90[\%]$이며, 펌프의 축동력은 $15[\%]$의 여유를 본다고 한다.)

• 계산 :   • 답 :

정답 • 계산 : 펌프용전동기의 용량 $P = \dfrac{HQ_mK}{6.12 \times \eta \times \cos\theta}[\text{kVA}]$

K : 여유계수, Q_m : 분당양수량 $[\text{m}^3/\text{min}]$, H : 총양점 $[\text{m}]$, η : 효율, $\cos\theta$: 역률

$P = \dfrac{15 \times 10 \times 1.15}{6.12 \times 0.65 \times 0.9} = 48.18[\text{kVA}]$

V결선시 변압기 용량 $P_V = \sqrt{3}\,P_1$

단상 변압기 1대용량 $P_1 = \dfrac{P_V}{\sqrt{3}} = \dfrac{\text{전동기용량}}{\sqrt{3}} = \dfrac{48.18}{\sqrt{3}} = 27.816[\text{kVA}]$

• 답 : $27.82[\text{kVA}]$

이것이 핵심이다

• 펌프용 전동기의 용량만큼 변압기가 전력을 공급
  : 펌프용 전동기의 용량[kVA] =변압기 용량[kVA]

• 펌프용 전동기의 소요동력 (분당 양수량인 경우) $P = \dfrac{HQ_mK}{6.12\eta}[\text{kW}]$

• 펌프용 전동기의 소요동력 (초당 양수량인 경우) $P = \dfrac{9.8HQ_sK}{\eta}[\text{kW}]$

(단, Q_s : 초당 양수량 $[\text{m}^3/\text{sec}]$)

---

11 다음과 같은 아파트 단지를 계획하고 있다. 주어진 규모 및 참고자료를 이용하여 다음 각 물음에 답하시오.

【규 모】

- 아파트 동수 및 세대수 : 2동, 300세대
- 세대당 면적과 세대수

동 별	세대당 면적[m²]	세대수
1동	50	30
	70	40
	90	50
	110	30
2동	50	50
	70	30
	90	40
	110	30

- 계단, 복도, 지하실 등의 공용면적 1동 : 1700[m²], 2동 : 1700[m²]

【조 건】

- 아파트 면적의 [m²] 당 상정 부하는 다음과 같다.
  - 아파트 : 30[VA/m²], 공용 부분 : 7[VA/m²]
- 세대당 추가로 가산하여야 할 상정부하는 다음과 같다.
  - 80[m²] 이하인 경우 : 750[VA]   - 150[m²] 이하의 세대 : 1000[VA]
- 아파트 동별 수용률은 다음과 같다.
  - 70세대 이하 65[%]   - 100세대 이하 60[%]
  - 150세대 이하 55[%]   - 200세대 이하 50[%]
- 모든 계산은 피상전력을 기준으로 한다.
- 역률은 100[%]로 보고 계산한다.
- 주변전실로부터 1동까지는 150[m]이며 동 내부의 전압 강하는 무시한다.
- 각 세대의 공급 방식은 110/220[V]의 단상 3선식으로 한다.
- 변전실의 변압기는 단상 변압기 3대로 구성한다.
- 동간 부등률은 1.4로 본다.
- 공용 부분의 수용률은 100[%]로 한다.
- 주변전실에서 각 동까지의 전압 강하는 3[%]로 한다.
- 간선은 후강 전선관 배선으로 NR 전선을 사용하며, 간선의 굵기는 300[mm²] 이하로 사용하여야 한다.
- 이 아파트 단지의 수전은 13200/22900[V]의 Y 3상 4선식의 계통에서 수전한다.
- 사용 설비에 의한 계약전력은 사용 설비의 개별 입력의 합계에 대하여 다음 표의 계약전력 환산율을 곱한 것으로 한다.

구 분	계약전력환산율	비 고
처음 75[kW]에 대하여	100[%]	계산의 합계치 단수가 1[kW] 미만일 경우에는 소수점 이하 첫째 자리에 4사 5입합니다.
다음 75[kW]에 대하여	85[%]	
다음 75[kW]에 대하여	75[%]	
다음 75[kW]에 대하여	65[%]	
300[kW] 초과분에 대하여	60[%]	

(1) 1동의 상정 부하는 몇 [VA]인가?

· 계산 : _____   · 답 : _____

(2) 2동의 수용 부하는 몇 [VA]인가?

· 계산 : _____   · 답 : _____

(3) 이 단지의 변압기는 단상 몇 [kVA]짜리 3대를 설치하여야 하는가? (단, 변압기의 용량은 10[%]의 여유율을 두도록 하며, 단상 변압기의 표준 용량은 75, 100, 150, 200, 300[kVA] 등이다.)

· 계산 : _____   · 답 : _____

(4) 전력공급사의 변압기 설비에 의하여 계약한다면 몇 [kW]로 계약하여야 하는가?

ㅇ

(5) 전력공급사와 사용설비에 의하여 계약한다면 몇 [kW]로 계약하여야 하는가?

· 계산 : _____   · 답 : _____

정답 (1) · 계산

상정부하 = [(면적 × [m²]당 상정부하) + 가산 부하] × 세대수

세대당 면적 [m²]	상정 부하 [VA/m²]	가산 부하 [VA]	세대수	상정 부하[VA]
50	30	750	30	$\{(50 \times 30) + 750\} \times 30 = 67500$
70	30	750	40	$\{(70 \times 30) + 750\} \times 40 = 114000$
90	30	1000	50	$\{(90 \times 30) + 1000\} \times 50 = 185000$
110	30	1000	30	$\{(110 \times 30) + 1000\} \times 30 = 129000$
합 계				495500[VA]

1동의 전체 상정부하 = 상정부하 + 공용면적을 고려한 상정부하
$$= 495500 + 1700 \times 7 = 507400[VA]$$

· 답 : 507400[VA]

(2) · 계산

상정 부하 = [(면적 × [m²]당 상정부하) + 가산부하] × 세대수

세대당 면적 [m²]	상정 부하 [VA/m²]	가산 부하 [VA]	세대수	상정 부하[VA]
50	30	750	50	$\{(50 \times 30) + 750\} \times 50 = 112500$
70	30	750	30	$\{(70 \times 30) + 750\} \times 30 = 85500$
90	30	1000	40	$\{(90 \times 30) + 1000\} \times 40 = 148000$
110	30	1000	30	$\{(110 \times 30) + 1000\} \times 30 = 129000$
합 계				475000[VA]

2동의 전체 수용부하 = 상정부하 × 수용률 + 공용면적을 고려한 수용부하
$$= 475000 \times 0.55 + 1700 \times 7 \times 1 = 273150[VA]$$

· 답 : 273150[VA]

(3) • 계산

$$변압기\ 용량 = \frac{설비용량 \times 수용률 \times 여유율}{부등률}$$

$$= \frac{495500 \times 0.55 + 1700 \times 7 \times 1 + 273150}{1.4} \times 1.1 \times 10^{-3}$$

$$= 438.09[kVA]$$

1대 변압기 용량 $= \dfrac{438.09}{3} = 146.03[kVA]$ 따라서, 표준용량 150[kVA]를 선정한다.

• 답 : 150[kVA]

(4) • 계산 : 단상 변압기 용량이 150[kVA]이며 3대가 필요하므로 $150 \times 3 = 450[kVA]$로 계약한다.
즉, 계약전력은 450[kVA]=450[kW]이다. ($\because \cos\theta = 1$)

• 답 : 450[kW]

(5) 설비용량은 상정부하를 기준으로 하고, 계약전력은 설비용량을 기준으로 정한다.

$$설비용량 = \underbrace{(507400 + 486900)}_{1동과\ 2동의\ 상정부하} \times 10^{-3} = 994.3[kVA]$$

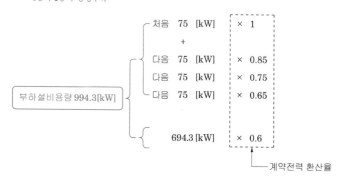

$$계약전력 = \underbrace{75 + 75 \times 0.85 + 75 \times 0.75 + 75 \times 0.65}_{300[kW]} + \underbrace{694.3 \times 0.6}_{300[kW]초과분} = 660.33[kW]$$

• 답 : 660[kW]

배점5

12 어느 수용가가 당초 역률(지상) 80[%]로 150[kW]의 부하를 사용하고 있는데, 새로 역률(지상) 60[%], 100[kW]의 부하를 증가하여 사용하게 되었다. 이 때 콘덴서로 합성 역률을 90[%]로 개선하는데 필요한 용량은 몇 [kVA]인가?

• 계산 : _____ • 답 : _____

정답 • 계산

① 부하의 지상 무효전력의 합성

$$P_r = P_{r1} + P_{r2} = P_1 \tan\theta_1 + P_2 \tan\theta_2 = 150 \times \frac{0.6}{0.8} + 100 \times \frac{0.8}{0.6} = 245.83[kVar]$$

② 부하의 유효전력의 합성

$P = P_1 + P_2 = 150 + 100 = 250 [\text{kW}]$

③ 역률개선 전 합성역률

$$\cos\theta_1 = \frac{P}{\sqrt{P^2 + P_r^2}} = \frac{250}{\sqrt{250^2 + 245.83^2}} = 0.71$$

④ 역률 개선시 필요한 콘덴서 용량

$$Q_c = P \times \left(\frac{\sqrt{1 - \cos^2\theta_1}}{\cos\theta_1} - \frac{\sqrt{1 - \cos^2\theta_2}}{\cos\theta_2} \right)$$

$$= 250 \times \left(\frac{\sqrt{1 - 0.71^2}}{0.71} - \frac{\sqrt{1 - 0.9^2}}{0.9} \right) = 126.877$$

• 답 : 126.88[kVA]

배점5

13 건물의 보수공사를 하는데 32[W]×2 매입 하면 개방형 형광등 30등을 32[W]×3 매입 루버형으로 교체하고, 20[W]×2 팬던트형 형광등 20등을 20[W]×2 직부 개방형으로 교체하였다. 철거되는 20[W]×2 팬던트형 등기구는 재사용 할 것이다. 천장 구멍 뚫기 및 취부테 설치와 등기구 보강 작업은 계산하지 않으며, 공구손류 등을 제외한 직접 노무비만 계산하시오. (단, 인공계산은 소수점 셋째자리까지 구하고, 내선전공의 노임은 95000원으로 한다.)

형광등 기구 설치

(단위 : 등, 적용직종 내선전공)

종별	직부형	팬던트형	반매입 및 매입형
10[W]이하×1	0.123	0.150	0.182
20[W]이하×1	0.141	0.168	0.214
20[W]이하×2	0.177	0.215	0.273
20[W]이하×3	0.223	–	0.335
20[W]이하×4	0.323	–	0.489
30[W]이하×1	0.150	0.177	0.227
30[W]이하×2	0.189	–	0.310
40[W]이하×1	0.223	0.268	0.340
40[W]이하×2	0.277	0.332	0.415
40[W]이하×3	0.359	0.432	0.545
40[W]이하×4	0.468	–	0.710
110[W]이하×1	0.414	0.495	0.627
110[W]이하×2	0.505	0.601	0.764

[해설] ① 하면 개방형 기준임. 루버 또는 아크릴 커버 형일 경우 해당 등기구 설치 품의 110[%]

② 등기구 조립·설치, 결선. 지지금구류 설치, 장내 소운반 및 잔재 정리포함

③ 매입 또는 반매입 등기구의 천정 구멍 뚫기 및 취부테 설치 별도 가산

④ 매입 및 반매입 등기구에 등기구보강대를 별도로 설치 할 경우 이 품의 20[%] 별도 계상

⑤ 광천장 방식은 직부형 품 적용

⑥ 방폭형 200[%]

⑦ 높이 1.5[m] 이하의 pole형 등기구는 직부형 품의 150[%] 적용(기초대 설치 별도)

⑧ 형광등 안정기 교환은 해당 등기구 시설품의 110[%]. 다만, 팬던트형은 90[%]

⑨ 아크릴간판의 형광등 안정기 교환은 매입형 등기구 설치품의 120[%]

⑩ 공동주택 및 교실 등과 같이 동일 반복 공정으로 비교적 쉬운 공사의 경우는 90[%]

⑪ 형광램프만 교체시 해당 등기구 1등용 설치품의 10[%]

⑫ T-5(28[W]) 및 FLP(36[W], 55[W])는 FL 40[W] 기준품 적용

⑬ 팬던트형은 파이프 팬던트형 기준, 체인 팬던트는 90[%]

⑭ 등의 등가시 매 증가 1등에 대하여 직부형은 0.005[인], 매입 및 반매입형은 0.015[인] 가산

⑮ 철거 30[%], 재사용 철거 50[%]

• 계산 : _____   • 답 : _____

[정답] • 계산

① 설치인공
- 32[W]×3 매입 루버형 : $0.545 \times 30 \times 1.1 = 17.985$[인]
- 20[W]×2 직부 개방형 : $0.177 \times 20 = 3.54$[인]

② 철거인공
- 32[W]×3 매입하면 개방형 : $0.415 \times 30 \times 0.3 = 3.735$[인]
- 20[W]×2 팬던트형 : $0.215 \times 20 \times 0.5 = 2.15$[인]

③ 총 소요인공=설치인공+철거인공=$17.985 + 3.54 + 3.735 + 2.15 = 27.41$[인]

④ 직접노무비=$27.41 \times 95000 = 2603950$[원]

• 답 : 2603950[원]

[배점6]

14 부하전력 및 역률을 일정하게 유지하고 전압을 2배로 승압하면 전압강하, 전압강하율, 선로 손실 및 선로손실율은 승압전에 비교하여 각각 어떻게 되는가?

(1) 전압강하

• 계산 : _____   • 답 : _____

(2) 전압강하율

• 계산 : _____   • 답 : _____

(3) 선로손실

• 계산 : _____   • 답 : _____

(4) 선로손실율

• 계산 : _____   • 답 : _____

정답 (1) 전압강하

• **계산** : 전압강하 $e \propto \dfrac{1}{V}$ 이므로 전압이 2배 커지면 전압강하는 $\dfrac{1}{2}$ 배로 작아진다.

• **답** : $\dfrac{1}{2}$ 배

(2) 전압강하율

• **계산** : 전압강하율 $\delta \propto \dfrac{1}{V^2}$ 이므로 전압이 2배 커지면 전압강하는 $\dfrac{1}{4}$ 배로 작아진다.

• **답** : $\dfrac{1}{4}$ 배

(3) 선로손실

• **계산** : 선로손실 $P_\ell \propto \dfrac{1}{V^2}$ 이므로 전압이 2배 커지면 선로손실은 $\dfrac{1}{4}$ 배로 작아진다.

• **답** : $\dfrac{1}{4}$ 배

(4) 선로손실율

• **계산** : 선로손실율 $k \propto \dfrac{1}{V^2}$ 이므로 전압이 2배 커지면 선로손실율은 $\dfrac{1}{4}$ 배로 작아진다.

• **답** : $\dfrac{1}{4}$ 배

이것이 핵심이다

• 전압강하 $e = \dfrac{P}{V}(R + X\tan\theta)[\mathrm{V}] \Rightarrow e \propto \dfrac{1}{V}$

• 전압강하율 $\delta = \dfrac{P}{V^2}(R + X\tan\theta)[\mathrm{pu}] \Rightarrow \delta \propto \dfrac{1}{V^2}$

• 선로손실 $P_\ell = \dfrac{P^2 R}{V^2 \cos^2\theta}[\mathrm{W}] \Rightarrow P_\ell \propto \dfrac{1}{V^2}$

• 선로손실율 $k = \dfrac{선로손실}{송전전력} = \dfrac{3I^2 R}{P} = \dfrac{PR}{V^2 \cos^2\theta} \Rightarrow k \propto \dfrac{1}{V^2}$

배점5

15 다음 동작사항을 읽고 미완성 시퀀스도를 완성하시오.

【동작사항】

- 3로 스위치 S_3가 OFF 상태에서 푸쉬버튼스위치 PB_1을 누르면 부저 B_1이, PB_2를 누르면 B_2가 울린다.
- 3로 스위치 S_3가 ON 상태에서 푸쉬버튼스위치 PB_1을 누르면 R_1이, PB_2를 누르면 R_2가 울린다.
- 콘센트에는 항상 전압이 걸린다.

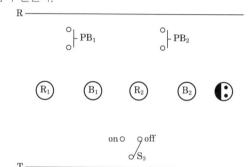

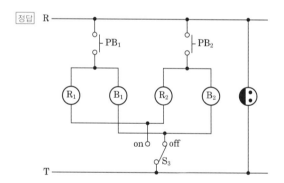

부저들은 서로 직렬로 연결하고 푸쉬버튼과 3로스위치는 병렬 연결한다.

개정된 KEC에 의거하여 삭제된 문제가 있어 배점의 합계가 100점이 안됩니다.

국가기술자격검정 실기시험문제 및 정답

2008년도 전기기사 **제3회** 필답형 실기시험

종 목	시험시간	형 별	성 명	수험번호
전기기사	2시간 30분	A		

※ 수험자 인적사항 및 답안작성(계산식 포함)은 흑색의 필기구만 사용하여야 하며 흑색을 제외한 유색 필기구 또는 연필류를 사용하거나 2가지 이상의 색을 혼합 사용하였을 경우 그 문항은 0점 처리됩니다.

배점8

01 도면은 전동기 A, B, C 3대를 기동시키는 제어 회로이다. 이 회로를 보고 다음 각 물음에 답하시오. (단, MA : 전동기 A의 기동 정지 개폐기, MB : 전동기 B의 기동 정지 개폐기, MC: 전동기 C의 기동 정지 개폐기이다.)

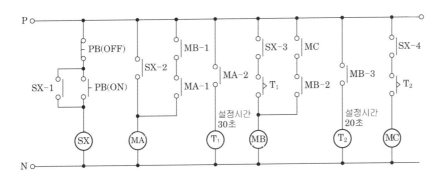

(1) 전동기를 기동시키기 위하여 PB(ON)을 누르면 전동기는 어떻게 기동되는지 그 기동 과정을 상세히 설명하시오.

　○ _____

(2) SX-1의 역할에 대한 접점 명칭은 무엇인가?

　○ _____

(3) 전동기(A, B, C)를 정지시키고자 PB(OFF)를 눌렀을 때, 전동기가 정지되는 순서는 어떻게 되는가?

　○ _____

정답 (1) SX가 동작되어 SX-2접점에 의하여 MA가 동작되고 MA-2접점에 의하여 T_1이 여자되어 30초 후에 MB가 동작된다. 이어서 MB-3접점에 의해서 T_2가 여자되고 20초 후 MC 가 동작된다.

(2) 자기 유지 접점

(3) C, B, A 순서대로 정지된다.

02 단자전압 3000[V]인 선로에 전압비가 3300/220[V]인 승압기를 접속하여 60[kW], 역률 0.85의 부하에 공급할 때 몇 [kVA]의 승압기를 사용하여야 하는가?

• 계산 : _____ • 답 : _____

정답 $V_2 = V_1\left(1 + \dfrac{1}{a}\right) = 3000 \times \left(1 + \dfrac{220}{3300}\right) = 3200[\text{V}]$

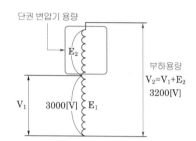

변압기 용량 = 부하용량 $\times \dfrac{V_2 - V_1}{V_2}$

$= \dfrac{P}{\cos\theta} \times \dfrac{V_2 - V_1}{V_2}$

$= \dfrac{60}{0.85} \times \dfrac{3200 - 3000}{3200}$

$= 4.411[\text{kVA}]$

• 답 : 4.41[kVA]

---

03 계약부하 설비에 의한 계약최대 전력을 정하는 경우에 부하설비 용량이 900[kW]인 경우 전력회사와의 계약 최대전력은 몇 [kW]인가? (단, 계약최대전력 환산표는 다음과 같다.)

구 분	계약전력환산율	비 고
처음 75[kW]에 대하여	100[%]	
다음 75[kW]에 대하여	85[%]	계산의 합계치 단수가 1[kW] 미만일 경우에는 소수점 이하 첫째 자리에 4사 5입합니다.
다음 75[kW]에 대하여	75[%]	
다음 75[kW]에 대하여	65[%]	
300[kW] 초과분에 대하여	60[%]	

정답 • 계산 : 계약전력 = $\underbrace{75 + 75 \times 0.85 + 75 \times 0.75 + 75 \times 0.65}_{300[\text{kW}]} + \underbrace{600 \times 0.6}_{300[\text{kW}]초과분} = 603.75[\text{kW}]$

• 답 : 604[kW]

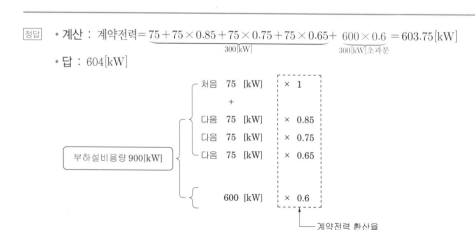

배점5

04 비상전원으로 사용되는 UPS의 원리에 대해서 개략의 블록다이어그램을 그리고 설명하시오.

(1) 블록다이어그램

  ○ _____

(2) 설명

  ○ _____

정답 (1) 블록다이어그램

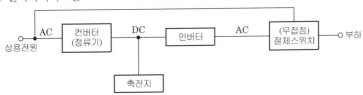

  (2) 설명 : 평상시에는 상용전원에 의해 부하에 전력을 공급하고, 사용전원 정전시 축전지에 저장된 직류
     를 인버터로서 교류로 변환시켜 부하에 전력을 공급하는 방식이다.

배점7

05 그림과 같은 릴레이 시퀀스도를 이용하여 다음 각 물음에 답하시오.

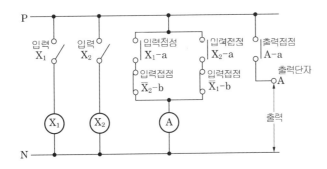

(1) AND, OR, NOT 등 논리게이트를 이용하여 주어진 릴레이 시퀀스도를 논리회로 바꾸어 그리
시오.

  ○ _____

(2) 물음 "(1)"에서 작성된 회로에 대한 논리식을 쓰시오.

  ○ _____

(3) 논리식에 대한 진리표를 완성하시오.

입력		출력
X_1	X_2	A
0	0	
0	1	
1	0	
1	1	

○ _____

(4) 진리표를 만족할 수 있는 로직회로(Logic circuit)를 간소화하여 그리시오.

○ _____

(5) 주어진 타임차트를 완성하시오.

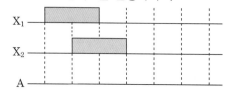

○ _____

정답 (1)

X_1 ○
X_2 ○ ────── A

(2) $A = X_1 \cdot \overline{X_2} + \overline{X_1} \cdot X_2$

(3)

X_1	X_2	A
0	0	0
0	1	1
1	0	1
1	1	0

(4)

X_1
X_2 ───── A

(5)

X_1
X_2
A

부정 회로와 논리 회로를 조합한 노어(NOR) 논리 회로. 입력이 다른 경우에 출력이 1이 되고, 같은 경우에 0이 되는 반일치 동작을 하며, 회로의 조합에 의해 논리곱(AND), 논리합(OR), 논리 부정(NOT)의 3가지를 모두 실현할 수 있으므로 만능 논리 요소라고도 한다.

배점5

06 일반용 전기설비 및 자가용 전기설비에 있어서의 과전류(過電流) 종류 2가지와 각각에 대한 용어의 정의를 쓰시오.

○ _____

○ _____

정답 ① 과부하전류 : 기기에 대하여는 그 정격전류, 전선에 대하여는 그 허용전류를 어느 정도 초과하여 그 계속되는 시간을 합하여 생각하였을 때, 기기 또는 전선의 손상 방지상 자동차단을 필요로 하는 전류를 말한다.
② 단락전류 : 전로의 선간이 임피던스가 적은 상태로 접촉되었을 경우에 그 부분을 통하여 흐르는 큰 전류를 말한다.

배점5

07 다음 그림은 변압기 1뱅크의 미완성 단선도이다. 이 단선도에 전기적으로 변압기 내부고장을 보호하는 계전기(비율차동 계전기) 회로를 주어진 그림에 그려넣어 완성하시오.

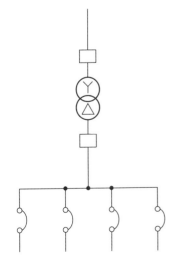

정답

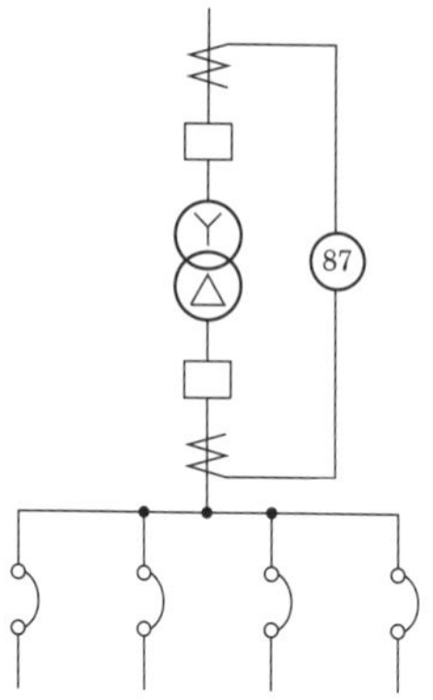

08 발전기실의 위치를 선정할 때 고려하여야 할 사항을 4가지만 쓰시오.

   ○

   ○

   ○

   ○

정답 ① 발전기의 설치, 보수·점검 등이 용이하도록 충분한 면적 및 층고를 확보할 것
② 발전기실 기계의 소음 및 진동이 주위에 영향을 미치지 않는 장소일 것
③ 급·배기가 잘되는 장소일 것
④ 엔진기초는 건물기초와 관계없는 장소로 할 것

09 송전계통에는 변압기, 차단기, 계기용변성기, 애자 등 많은 기기와 기구 등이 사용되고 있는데, 이들의 절연 강도는 서로 균형을 이루어야 한다. 만약, 대충 정해져 있다면 그다지 중요하지 않는 개소의 절연을 강화하였기 때문에, 중요한 기기의 절연이 파괴될 수도 있게 된다. 그러므로, 절연 설계에 있어 계통에서 발생하는 이상 진압, 기기 등의 절연 강도, 피뢰 장치로 저감된 전압쪽 보호 레벨(level)의 3자 사이의 관련을 합리적으로 해야 하는데, 이것을 절연 협조(insulation coordination)라 한다. 그림은 이와 같이 하여 정한 절연 협조의 보기를 든 것이다. 각 개소에 해당되는 것을 다음 보기에서 골라 쓰시오.

[보기] 변압기, 피뢰기, 결합 콘덴서, 선로애자

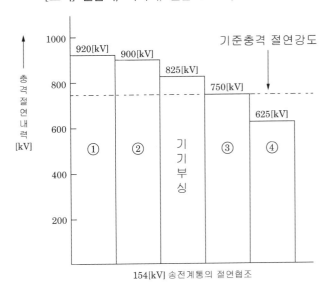

154[kV] 송전계통의 절연협조

정답 ① 선로 애자
② 결합 콘덴서
③ 변압기
④ 피뢰기

배점6

10 지중 배전선로에서 사용하는 대부분의 전력케이블은 합성수지의 절연체를 사용하고 있어 사용기간의 경과에 따라 충격전압 등의 영향으로 절연 성능이 떨어진다. 이러한 전력케이블의 고장점 측정을 위해 사용되는 방법을 3가지만 쓰시오.

○ _____

○ _____

○ _____

정답 ① 머레이 루프법
② 아크 반사법
③ 펄스 측정법

배점8

11 접지방식은 각기 다른 목적이나 종류의 접지를 상호 연접시키는 공용접지와 개별적으로 접지하되 상호 일정한 거리 이상 이격하는 독립접지(단독접지)로 구분할 수 있다. 독립접지와 비교하여 공용접지의 장점과 단점을 각각 3가지만 쓰시오.

(1) 공용접지의 장점

  ○ _____

  ○ _____

  ○ _____

(2) 공용접지의 단점

  ○ _____

  ○ _____

  ○ _____

정답 (1) 공용접지의 장점

  ① 접지극의 연접으로 합성저항의 저감효과

  ② 접지극의 연접으로 접지극의 신뢰도 향상

  ③ 접지극의 수량 감소로 공사비 저감

(2) 공용접지의 단점

  ① 계통의 이상전압 발생 시 유기전압 상승

  ② 다른 기기 계통으로부터 사고 파급

  ③ 피뢰침용과 공용하므로 뇌서지의 영향

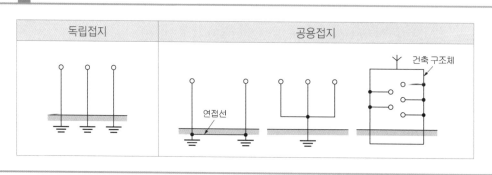

12 3상 배전선로의 말단에 늦은 역률 80[%]인 평형 3상의 집중 부하가 있다. 변전소 인출구의 전압이 3300[V]인 경우 부하의 단자전압을 3000[V] 이하로 떨어뜨리지 않으려면 부하 전력은 얼마인가? (단, 전선 1선의 저항은 2[Ω], 리액턴스 1.8[Ω]으로 하고 그 이외의 선로정수는 무시한다.)

• 계산 :　　　　　　　　　　　　　　　 • 답 :

[정답] • 계산 : 전압강하 $e = \dfrac{P}{V_r}(R + X\tan\theta)$ 에서, $P = \dfrac{e \times V_r}{R + X\tan\theta} \times 10^{-3}[\text{kW}]$

$$\therefore P = \frac{300 \times 3000}{2 + 1.8 \times \dfrac{0.6}{0.8}} \times 10^{-3} = 268.656[\text{kW}]$$

• 답 : 268.66[kW]

13 그림과 같이 수용가 인입구의 전압이 22.9[kV], 주차단기의 차단 용량이 250[MVA]이며, 10[MVA], 22.9/3.3[kV] 변압기의 임피던스가 5.5[%]일 때 다음 각 물음에 답하시오.

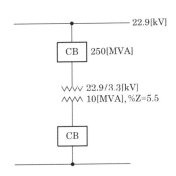

(1) 기준용량은 10[MVA]로 정하고 임피던스 맵(Impedance Map)을 그리시오.

ㅇ

(2) 합성 % 임피던스를 구하시오.

• 계산 :　　　　　　　　　　　　　　　 • 답 :

(3) 변압기 2차측에 필요한 차단기 용량을 구하여 제시된 표(차단기의 정격차단 용량표)를 참조하여 차단기 용량을 선정하시오.

차단기의 정격 차단용량[MVA]

10	20	30	50	75	100	150	250	300	400	500	750	1000

• 계산 :　　　　　　　　　　　　　　　 • 답 :

정답 (1) 기준용량을 10[MVA]로 할 때 전원측 임피던스

$$P_s = \frac{100}{\%Z_s} \times P_n \text{에서 } \%Z_s = \frac{100}{P_s} \times P_n = \frac{100}{250} \times 10 = 4\,[\%]$$

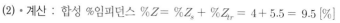

• 답 :

전원측 %Z_s=4[%]

변압기 %Z_tr=5.5[%]

(2) • 계산 : 합성 %임피던스 $\%Z = \%Z_s + \%Z_{tr} = 4 + 5.5 = 9.5\,[\%]$

　　• 답 : 9.5[%]

(3) • 계산 : 단락용량 $P_s = \frac{100}{\%Z} \times P_n = \frac{100}{9.5} \times 10 = 105.26\,[\mathrm{MVA}]$

　　차단용량은 단락용량보다 커야하므로 표에서 150[MVA]를 선정한다.

　　• 답 : 150[MVA]

배점8

14 전선로 부근이나 애자부근(애자와 전선의 접속 부근)에 임계전압 이상이 가해지면 전선로나 애자 부근에 발생하는 코로나 현상에 대하여 다음 각 물음에 답하시오.

(1) 코로나 현상이란?

(2) 코로나 현상이 미치는 영향에 대하여 4가지만 쓰시오.

　○

　○

　○

　○

(3) 코로나 방지 대책 중 2가지만 쓰시오.

　○

　○

정답 (1) 공기의 절연성이 부분적으로 파괴되면서 낮은 소리, 엷은 빛을 내면서 국부적으로 방전되는 현상

(2) 영향

① 코로나 손실

② 전선의 부식촉진

③ 코로나 잡음

④ 통신선 유도장해

(3) 방지 대책

① 굵은 전선을 사용한다.

② 복도체를 사용한다.

배점5

15 옥내 저압 배선을 설계하고자 한다. 이때 시설 장소의 조건에 관계없이 한 가지 배선방법으로 배선하고자 할 때 옥내에는 건조한 장소, 습기가 많은 장소, 노출배선 장소, 은폐배선을 하여야 할 장소, 점검이 불가능한 장소 등으로 되어 있다고 한다면 적용 가능한 배선방법은 어떤 방법이 있는지 그 방법을 4가지만 쓰시오. (단, 사용전압이 400[V] 미만인 경우이다.)

ㅇ _____

ㅇ _____

ㅇ _____

ㅇ _____

정답 ① 케이블 배선
② 금속관 배선
③ 케이블 트레이 배선
④ 비닐 피복 2종 금속제 가요전선관

배점5

16 50,000[kVA]의 변압기가 있다. 이 변압기의 손실은 80[%] 부하율 일 때 53.4[kW]이고, 60[%] 부하율일 때 36.6[kW]이다. 다음 각 물음에 답하시오.

(1) 이 변압기의 40[%] 부하율 일 때의 손실을 구하시오.

• 계산 : _____   • 답 : _____

(2) 최고효율은 몇 [%]부하율 일 때인가?

• 계산 : _____   • 답 : _____

정답 (1) • 계산 : 변압기 손실(P_ℓ) = 철손(고정손) + 동손(가변손) = $P_i + m^2 P_c$ (m : 부하율)

① 부하율 80% 일 때 손실 $P_\ell = P_{i1} + 0.8^2 P_c = 53.4$[kW]이다.

여기서 고정손인 철손 ㉠ $P_{i1} = 53.4 - 0.8^2 P_c$이다.

② 부하율 60% 일 때 손실 ㉡ $P_\ell = P_{i1} + 0.6^2 P_c = 36.6$[kW]이다.

여기서 고정손인 철손 $P_{i2} = 36.6 - 0.6^2 P_c$이다.

③ 철손(P_i)은 고정손으로써 일정하다. ($P_{i1} = P_{i2}$) ㉠과 ㉡식을 이용하여 동손을 구한다.

$$P_{i1} = P_{i2} \Rightarrow 53.4 - 0.8^2 P_c = 36.6 - 0.6^2 P_c \text{이고}$$

$$53.4 - 36.6 = (0.8^2 - 0.6^2) P_c$$

$$\therefore \text{동손 } P_c = \frac{53.4 - 36.6}{0.8^2 - 0.6^2} = 60 \, [\text{kW}]$$

④ 철손 $P_{i1} = 53.4 - 0.8^2 \times 60 = 15 \, [\text{kW}] \, (P_{i1} = P_{i2} = P_i)$

⑤ 부하율(m)이 40[%]일 때 손실

$$P_\ell = P_i + 0.4^2 P_c$$
$$= 15 + 0.4^2 \times 60$$
$$= 24.6 [\text{kW}]$$

・답 : 24.6[kW]

(2) 최고효율시 부하율 $m = \sqrt{\dfrac{P_i}{P_c}} \times 100 = \sqrt{\dfrac{15}{60}} \times 100 = 50 \, [\%]$

・답 : 50[%]

배점5

17 3상 4선식의 13200/22900[V], 특고압 수전설비를 시설하고자 한다. 책임 분계 개폐기로부터 주 변압기까지의 기기배치를 보기에서 골라 주어진 번호로 나열하시오. 단, CB 1차측에 CT를 CB 2차측에 PT를 시설하는 경우로 조작용 또는 비상전원용 10[kVA] 이하인 용량의 변압기는 없는 것으로 하며 계전기류는 생략한다.

【보 기】

① MOF	② 차단기(CB)	③ 피뢰기(LA)
④ 변압기(TR)	⑤ 변성기(PT)	⑥ 변류기(CT)
⑦ 단로기(DS)	⑧ 컷아웃스위치(COS)	

○ _____

정답 ⑦ - ③ - ⑥ - ② - ① - ⑧ - ⑤ - ④

2009

과년도 기출문제

국가기술자격검정 실기시험문제 및 정답

2009년도 전기기사 제1회 필답형 실기시험

종 목	시험시간	형 별	성 명	수험번호
전기기사	2시간 30분	A		

※ 수험자 인적사항 및 답안작성(계산식 포함)은 흑색의 필기구만 사용하여야 하며 흑색을 제외한 유색 필기구 또는 연필류를 사용하거나 2가지 이상의 색을 혼합 사용하였을 경우 그 문항은 0점 처리됩니다.

배점5

01 다음의 요구사항에 의하여 동작이 되도록 회로의 미완성된 부분(①~⑦)에 접점기호를 그리시오.

【요구사항】

• 전원이 투입되면 GL이 점등하도록 한다.
• 누름버튼스위치(PB-ON 스위치)를 누르면 MC에 전류가 흐름과 동시에 MC의 보조접점에 의하여 GL이 소등되고 RL이 점등되도록 한다. 이 때 전동기는 운전된다.
• 누름버튼스위치(PB-ON 스위치) ON에서 손을 떼어도 MC는 계속 동작하여 전동기의 운전은 계속된다.
• 타이머 T에 설정된 일정시간이 지나면 MC에 전류가 끊기고 전동기는 정지, RL은 소등, GL은 점등된다.
• 타이머 T에 설정된 시간 전이라도 누름버튼스위치(PB-OFF 스위치)를 누르면 전동기는 정지되며 RL은 소등, GL은 점등된다.
• 전동기 운전 중 사고로 과전류가 흘러 열동 계전기가 동작되면 모든 제어 회로의 전원이 차단된다.

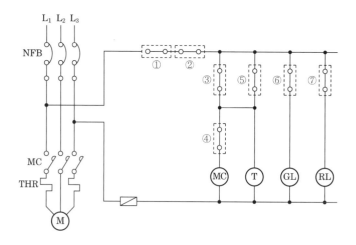

정답 ① ─o╳o─
　　　 THR

② ─o┴o─
　　 PB-OFF

③ PB-ON

④ T_b

⑤ MC-a

⑥ MC-b

⑦ MC-a

① 열동 계전기　④ 한시동작 순시복귀 b접점　⑤ 자기 유지접점

배점5

02 에스컬레이터용 전동기의 용량[kW]을 계산하시오. (단, 에스컬레이터 속도 : 30[m/s], 경사각 : 30°, 에스컬레이터 적재하중 : 1200[kgf], 에스컬레이터 총효율 : 0.6, 승객 승입률 : 0.85이다.)

• 계산 : ＿＿＿＿＿＿＿＿＿＿＿　• 답 : ＿＿＿＿＿＿＿＿＿＿＿

정답　• 계산 : 권상기용 전동기의 소요동력 $P = \dfrac{GV\sin\theta\,\beta}{6.12\eta}$ [kW]

G : 적재하중[ton], V : 에스컬레이터속도[m/min], η : 효율, β : 승객유입률, θ : 경사각

적재하중과 속도의 단위: $1200[\text{kgf}] = 1200 \times 10^{-3}[\text{ton}]$, $30[\text{m/s}] = 30 \times 60[\text{m/min}]$

$P = \dfrac{1.2 \times 30 \times 60 \times 0.5 \times 0.85}{6.12 \times 0.6} = 250[\text{kW}]$

• 답 : 250[kW]

배점5

03 전등만의 수용가를 두 군으로 나누어 각 군에 변압기 1대씩을 설치하여 각 군의 수용가의 총 설비용량을 각각 30[kW], 40[kW]라 한다. 각 수용가의 수용률을 0.6, 수용가의 간의 부등률을 1.2, 변압기군의 부등률을 1.4라 하면 고압 간선에 대한 최대부하[kW]는?

• 계산 : ＿＿＿＿＿＿＿＿＿＿＿　• 답 : ＿＿＿＿＿＿＿＿＿＿＿

정답　• 계산

고압간선의 합성 최대 전력 $= \dfrac{\text{각 수용가의 최대수용 전력의 합}}{\text{변압의 부등률}}$

$= \dfrac{\dfrac{\text{설비용량} \times \text{수용률}}{\text{부등률}} + \dfrac{\text{설비용량} \times \text{수용률}}{\text{부등률}}}{\text{변압기의 부등률}}$

$= \dfrac{\dfrac{30 \times 0.6}{1.2} + \dfrac{40 \times 0.6}{1.2}}{1.4} = 25[\text{kW}]$

• 답 : 25[kW]

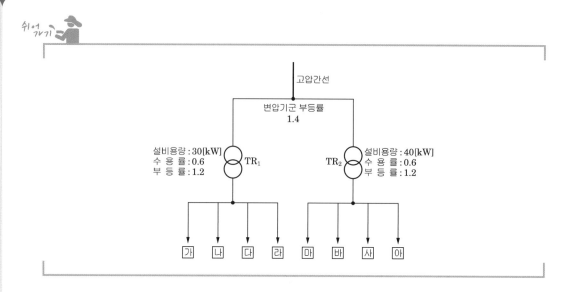

04 설비 불평형률에 관한 다음 각 물음에 답하시오.

(1) 저압, 고압 및 특고압 수전의 3상 3선식 또는 3상 4선식에서 불평형 부하의 한도는 단상 접속 부하로 계산하여 설비 불평형률을 몇 [%] 이하로 하는 것을 원칙으로 하는가?

 ○ _____

(2) "(1)"항 문제의 제한 원칙에 따르지 않아도 되는 경우를 4가지만 쓰시오.

 ○ _____

 ○ _____

 ○ _____

 ○ _____

(3) 부하설비가 그림과 같을 때 설비불평형률은 몇 [%]인가?
  (단, ⓗ는 전열기 부하이고, ⓜ은 전동기 부하이다.)

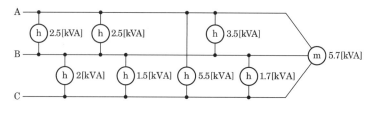

 • 계산 : _____ • 답 : _____

정답 (1) 30[%]이하

(2) ① 저압 수전에서 전용 변압기 등으로 수전하는 경우

② 고압 및 특고압 수전에서 100[kVA] 이하의 단상 부하인 경우

③ 특고압 및 고압 수전에서는 단상부하용량의 최대와 최소의 차가 100[kVA]이하인 경우

④ 특고압 수전에서는 100[kVA]([kW]) 이하의 단상 변압기 2대로 역 V결선하는 경우

(3) 3상3선식의 설비 불평형률

$$설비\ 불평형률 = \frac{각\ 선간에\ 접속되는\ 단상부하\ 총\ 설비용량의\ 최대와\ 최소의\ 차[kVA]}{총부하설비\ 용량[kVA] \times \frac{1}{3}} \times 100$$

$$= \frac{(2.5+2.5+3.5)-(2+1.5+1.7)}{(2.5+2.5+3.5+2+1.5+5.5+1.7+5.7) \times \frac{1}{3}} \times 100 = 39.759[\%]$$

• 답 : 39.76[%]

• 설비 불평형률 계산시 부하의 단위는 피상전력([kVA] 또는 [VA])

$$부하 = \frac{[kW]}{\cos\theta}[kVA]$$

• 3상 3선식의 경우 설비불평형률은 30[%] 이하가 되어야 한다.

배점6

05 그림과 같은 전자 릴레이 회로를 미완성 다이오느매트릭스 회로에 다이오드를 추가시켜 다이오드매트릭스로 바꾸어 그리시오.

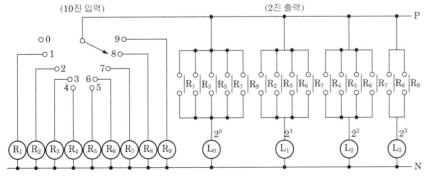

[전자 릴레이 회로]

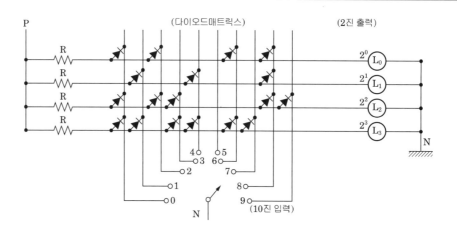

정답

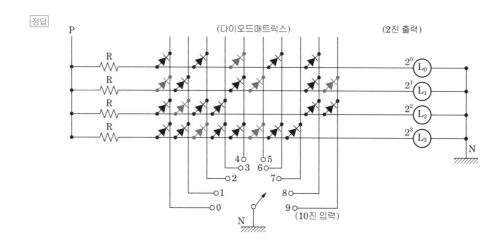

① 10진법을 2진법으로 변환하는 방식

10진법	1	2	3	4	5	6	7	8	9
2진법	2^0	2^1	2^1+2^0	2^2	2^2+2^0	2^2+2^1	$2^2+2^1+2^0$	2^3	2^3+2^0

10진 입력1의 출력은 2^0이 되어야 한다. 그러므로 셀렉트 스위치가 1을 가리킬 때 L_0만 점등된다.
이러한 방식으로 10진 입력 9의 출력은 2^3+2^0이 되어야 하므로 L_0, L_3가 점등된다.

② 주어진 도표를 보고 확인하는 방식

전자 릴레이 회로를 보면 셀렉트 스위치가 1을 가리킬 때 R_1이 여자되어 R_1-a접점이 동작하여
L_0만 점등이 된다. 이러한 방식으로 스위치 위치와 여자되는 회로를 찾아 보면 점등하는 램프를 찾을
수 있다.

배점6

06 발전소 및 변전소에 사용되는 다음 각 모선보호방식에 대하여 설명하시오.

(1) 전류 차동 계전 방식

  ○ _____

(2) 전압 차동 계전 방식

  ○ _____

(3) 위상 비교 계전 방식

  ○ _____

(4) 방향 비교 계전 방식

  ○ _____

정답 (1) 전류 차동방식 : 모선 내 고장에서는 모선에 유입하는 전류의 총계와 유출하는 전류의 총계가 서로 다르다는 것을 이용해서 고장 검출을 하는 방식이다.

(2) 전압 차동계전방식 : 모선 내 고장에서는 계전기에 큰 전압이 인가되어서 동작하는 방식이다.

(3) 위상 비교계전방식 : 모선에 접속된 각 회선의 전류 위상을 비교한다. 보호구간 양단의 고장전류 위상이 내부고장시에는 동상이고, 외부고장시에는 역위상이 되는 것을 이용한 방식이다.

(4) 방향 비교계전방식 : 모선에 접속된 각 회선에 전력방향계전기 또는 거리방향계전기를 설치하여 모선으로부터 유출하는 고장 전류가 없는데 어느 회선으로부터 모선 방향으로 고장 전류의 유입이 있는지 파악하여 모선 내 고장인지 외부 고장인지를 판별하는 방식이다.

전류 차동 방식

각 모선에 설치된 CT의 2차 회로를 차동 접속하여 일관한 차동회로의 전류를 동작력으로 한 것으로서, 정상 상태 및 외부 사고 시에는 모선에 유입하는 전유와 유출하는 전류가 같아서 동작코일에는 전류가 흐르지 않지만, 모선 내 고장에서는 고장전류에 비례하는 전류가 동작코일에 흘러서 계전기를 동작시키는 방법

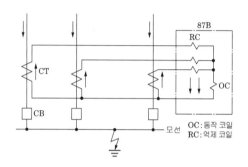

전압 차동 방식

각 모선에 설치된 CT의 2차 회로를 병렬접속하고, 그 차동회로에 고임피던스형의 과전압 계전기(전압차동 계전기)를 접속 한 것으로서, 정상상태 및 외부 사고시에는 모선에 유입하는 전류와 유출하는 전류가 같아서 차동회로에 전류가 흐르지 않지만, 모선 내 고장에서는 고장전류에 비례하는 전류가 흘러서 높은 전압을 유기시켜 전압차동계전기를 동작시키는 방법

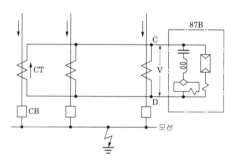

배점5

07 그림의 회로에서 저항 R은 아는 값이다. 전압계 1개를 사용하여 부하의 역률을 구하는 방법에 대하여 쓰시오.

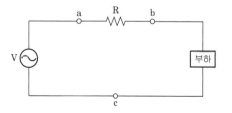

정답 회로에 3전압계법으로 적용

$$역률 = \frac{V_3^2 - V_2^2 - V_1^2}{2V_1 V_2}$$

ab사이의 전압 : V_2

ac사이의 전압 : V_3

bc사이의 전압 : V_1

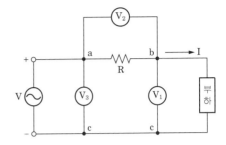

배점5

08 $500[\mathrm{kVA}]$ 단상 변압기 3대를 $\triangle - \triangle$ 결선의 1뱅크로 하여 사용하고 있는 변전소가 있다. 지금 부하의 증가로 1대의 단상 변압기를 증가하여 2뱅크로 하였을 때 최대 몇 $[\mathrm{kVA}]$의 3상 부하에 대응할 수 있겠는가?

・계산 : _____   ・답 : _____

정답 ・계산

단상 변압기 4대로 V-V 결선 2 bank 운영할 수 있으므로

$P = 2P_V = 2 \times \sqrt{3}\, P_1$ 단, P_1 : 단상변압기 1대용량

$P_V = 2 \times \sqrt{3} \times 500 = 1732.05[\mathrm{kVA}]$

・답 : $1732.05[\mathrm{kVA}]$

배점6

09 그림은 $22.9[kV-Y]$ $1000[kVA]$ 이하에 적용 가능한 특고압 간이 수전설비 결선도이다. 각 물음에 답하시오.

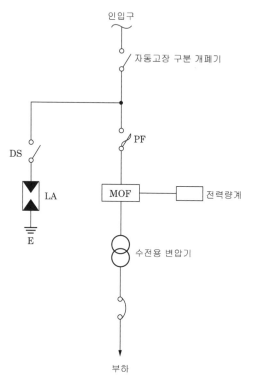

(1) 위 결선도에서 생략할 수 있는 것은?

○ _____

(2) $22.9[kV-Y]$용의 LA는 어떤 것을 사용하여야 하는가?

○ _____

(3) 인입선을 지중선으로 시설하는 경우로 공동주택 등 고장시 정전피해가 큰 경우에는 예비 지중선을 포함하여 몇 회선으로 시설하는 것이 바람직한가?

○ _____

(4) 지중인입선의 경우에 $22.9[kV-Y]$ 계통은 CNCV-W 케이블(수밀형) 또는 TR CNCV-W(트리억제형)을 사용하여야 한다. 다만, 전력구·공동구·덕트·건물구내 등 화재의 우려가 있는 장소에서는 어떤 케이블을 사용하는 것이 바람직한가?

○ _____

(5) $300[kVA]$ 이하인 경우는 PF 대신 어떤 것을 사용할 수 있는가?

○ _____

정답 (1) LA용 DS

(2) Disconnector 또는 Isolator 붙임형

(3) 2회선

(4) FR CNCO−W(난연) 케이블

(5) COS

배점5

10 그림과 같이 환상 직류 배전 선로에서 각 구간의 왕복 저항은 $0.1[\Omega]$, 급전점 A의 전압은 $100[V]$, 부하점 B, D의 부하전류는 각각 $25[A]$, $50[A]$라 할 때 부하점 B의 전압은 몇 $[V]$인가?

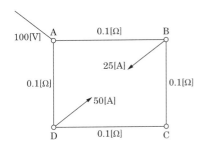

· 계산 : _____   · 답 : _____

정답 · 계산

부하점 $V_B = V_A - I_1 R_1$

$I_1 + I_2 = 75 \rightarrow$ ⓐ

키르히호프 법칙에 의하여 그림과 같이 전류의 방향을 가정하면 폐회로 내의 전압강하의 합은 0이다. (①+②+③+④=0)

① : $0.1 I_1$

② : $0.1 \times (I_1 - 25)$

③ : $0.1 \times (I_1 - 25)$

④ : $- \underset{\text{반대전류}}{\underline{0.1 I_2}}$

정리식 : $0.3 I_1 - 0.1 I_2 - 2.5 - 2.5 = 0$

$0.3 I_1 - 0.1 I_2 = 5 \rightarrow$ ⓑ

ⓐ + ⓑ × 10 $\rightarrow I_1 = 31.25$

∴ $V_B = 100 - 31.25 \times 0.1 = 96.88[V]$

· 답 : $96.88[V]$

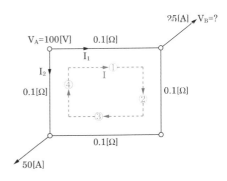

배점5

11 다음은 고압 및 특고압 진상용 콘덴서 관련 방전장치에 관한 사항이다. (①), (②)에 알맞은 내용을 쓰시오.

─────────────── 【조 건】 ───────────────

"고압 및 특고압 진상용 콘덴서 회로에 설치하는 방전장치는 콘덴서회로에 직접 접속하거나 또는 콘덴서회로를 개방하였을 경우 자동적으로 접속되도록 장치하고 또한 개로 후 (①) 초 이내에 콘덴서의 잔류전하를 (②) [V] 이하로 저하시킬 능력이 있는 것을 설치하는 것을 원칙으로 한다."

○ _____

_____

정답 ① 5
　　　② 50

배점9

12 오실로스코프의 감쇄 probe는 입력 전압의 크기를 10배의 배율로 감소시키도록 설계되어 있다. 그림에서 오실로스코프의 입력 임피던스 R_s는 1[MΩ]이고, probe의 내부 저항 R_p는 9[MΩ]이다.

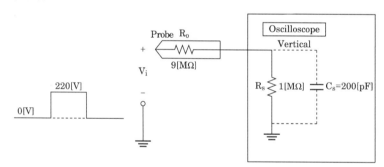

(1) 이 때 Probe의 입력전압을 $v_i = 220$[V]라면 Oscilloscope에 나타나는 전압은?

• 계산 : _____　　• 답 : _____

(2) Oscilloscope의 내부저항 $R_s = 1$[MΩ]과 $C_s = 200$[pF]의 콘덴서가 병렬로 연결되어 있을 때 콘덴서 C_s에 대한 테브난의 등가회로가 다음과 같다면 시정수 τ와 $v_i = 220$[V]일 때의 테브난의 등가전압 E_{th}를 구하시오.

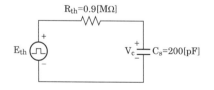

• 계산 : _____　　• 답 : _____

(3) 인가 주파수가 $10[\text{kHz}]$일 때 주기는 몇 $[\text{ms}]$인가?

　• 계산 : _____　• 답 : _____

정답 (1) • 계산 : $V_o = \dfrac{V_i}{n} = \dfrac{220}{10} = 22[\text{V}]$ (단, 여기서 n:배율, V_i:입력전압)

　　　• 답 : $22[\text{V}]$

(2) 시정수 $\tau = R_{th} C_s = 0.9 \times 10^6 \times 200 \times 10^{-12} = 180 \times 10^{-6}[\text{sec}] = 180[\mu\text{sec}]$

　　등가전압 $E_{th} = \dfrac{R_s}{R_p + R_s} \times v_i = \dfrac{1}{9+1} \times 220 = 22[\text{V}]$

(3) • 계산 : $T = \dfrac{1}{f} = \dfrac{1}{10 \times 10^3} = 0.1 \times 10^{-3}[\text{sec}] = 0.1[\text{msec}]$

　　• 답 : $0.1[\text{msec}]$

배점5

13 다음 그림은 전력계통의 일부를 나타낸 것이다. 그림에서 가, 나, 다의 명칭과 역할에 대하여 쓰시오.

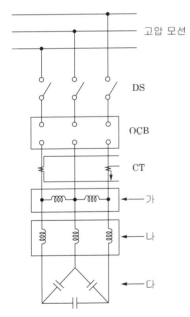

　○ _____

정답

번호	명칭	역할
가	방전 코일	콘덴서의 잔류 전하를 방전
나	직렬 리액터	제5고조파를 제거하여 파형을 개선
다	전력용 콘덴서	역률 개선

배점5

14 다음 변압기 냉각방식의 명칭은 무엇인가?

[예] AA(AN) : 건식자냉식

① OA(ONAN) :   ② FA(ONAF) :

③ OW(ONWF) :   ④ FOA(OFAF) :

⑤ FOW(OFWF) :

정답 ① OA(ONAN) : 유입자냉식   ② FA(ONAF) : 유입풍냉식
   ③ OW(ONWF) : 유입수냉식   ④ FOA(OFAF) : 송유풍냉식
   ⑤ FOW(OFWF) : 송유수냉식

쉬엉가기 **변압기 냉각방식의 분류**

냉각방식	표시기호	권선철심의 냉각매체	
		종류	순환방식
건식자냉식	AN	공기	자연
건식풍냉식	AF	공기	강제
건식밀폐자냉식	ANAN	공기(가스)	자연
유입자냉식	ONAN	절연유	자연
유입풍냉식	ONAF	절연유	자연
유입수냉식	ANWF	절연유	자연
송유자냉식	OFAN	절연유	강제
송유풍냉식	OFAF	절연유	강제
송유수냉식	OFWF	절연유	강제

• ONAN(OA) : Oil Natural Air Natural   • ONAF(FA) : Oil Natural Air Forced
• ONWF(OW) : Oil Natural Water Forced   • OFAF(FOA) : Oil Forced Air Forced
• OFWF(FOW) : Oil Forced Water Forced

배점10

15 수전설비의 수전실 등의 시설에 있어서 변압기, 배전반 등 수전설비의 주요부분이 원칙적으로 유지하여야 할 거리 기준과 관련 수전설비의 배전반 등의 최소유지거리에 대하여 빈칸 ㉮~㉳에 알맞은 내용을 쓰시오.

수전설비의 배전반 등의 최소유지거리

(단위 : m)

위치별 기기별	앞면 또는 조작·계측면	뒷면 또는 점검면	열상호간 (점검하는 면)	기타의 면
특고압 배전반	㉮	㉯	㉰	–
고압 배전반 저압 배전반	㉱	㉲	㉳	–
변압기 등	㉴	㉵	㉶	㉷

[비고1] 앞면 또는 조작계측 면은 배전반 앞에서 계측기를 판독할 수 있거나 필요조작을 할 수 있는 최소거리임

[비고2] 뒷면 또는 점검 면은 사람이 통행할 수 있는 최소 거리임. 무리 없이 편안히 통행하기 위하여 0.9[m] 이상으로 함이 좋다.

[비고3] 열상호간(점검하는 면)은 기기류를 2열 이상 설치하는 경우를 말하며, 배전반류의 내부에 기기가 설치되는 경우는 이의 인출을 대비하여 내장기기의 최대폭에 적절한 안전거리(통행 0.3[m] 이상)를 가산한 거리를 확보하는 것이 좋다.

[비고4] 기타 면은 변압기 등을 벽 등에 면하여 설치하는 경우 최소 확보거리 이다. 이 경우도 사람의 통행이 필요할 경우는 0.6[m] 이상으로 함이 바람직하다.

정답

(단위 : m)

위지별 기기별	앞면 또는 조작·계측면	뒷면 또는 점검면	열상호간 (점검하는 면)	기타의 면
특고압 배전반	1.7[m]	0.8[m]	1.4[m]	–
고압 배전반 저압 배전반	1.5[m]	0.6[m]	1.2[m]	–
변압기 등	0.6[m]	0.6[m]	1.2[m]	0.3[m]

배점5

16 어떤 수용가에서 뒤진 역률 80[%]로 60[kW]의 부하를 사용하고 있었으나 새로이 뒤진 역률 60[%], 40[kW]의 부하를 증가하여 사용하게 되었다. 이 때 콘덴서를 이용하여 합성 역률을 90[%]로 개선하려고 한다면 필요한 전력용 콘덴서 용량은 몇 [kVA]가 되겠는가?

• 계산 : _____   • 답 : _____

• 계산

① 기존부하의 무효전력 : $P_{r1} = P_1 \cdot \tan\theta_1 = 60 \times \dfrac{0.6}{0.8} = 45\,[\mathrm{kVar}]$

② 추가하는 부하의 무효전력 : $P_{r2} = P_2 \cdot \tan\theta_2 = 40 \times \dfrac{0.8}{0.6} = 53.33\,[\mathrm{kVar}]$

③ 부하 전체의 무효 전력 : $P_r = P_{r1} + P_{r2} = 45 + 53.33 = 98.33\,[\mathrm{kVar}]$

④ 전체 유효전력 $P = P_1 + P_2 = 60 + 40 = 100\,[\mathrm{kW}]$

⑤ 역률 개선시($\cos\theta' = 0.9$) 무효전력 $(P_r{}')$

$$P_r{}' = P \cdot \tan\theta' = P \times \frac{\sin\theta'}{\cos\theta'} = 100 \times \frac{\sin\theta'}{\cos\theta'} = 100 \times \frac{\sqrt{1-0.9^2}}{0.9} = 48.43\,[\mathrm{kVar}]$$

부하 전체의 무효전력이 $48.43[\mathrm{kVar}]$이 되어야 역률이 90%로 개선된다는 뜻이므로,

"$98.33 - 48.43 = 49.9\,[\mathrm{kVar}]$" 만큼의 지상무효전력을 보상한다. 그러므로, $49.9[\mathrm{kVA}]$ 크기의 콘덴서로 진상무효전력을 공급한다.

• 답 : $49.9[\mathrm{kVA}]$

이것이 핵심이다

부하의 합성역률을 계산한 후 콘덴서 용량을 계산할 수도 있다.

① 합성역률 : $\cos\theta = \dfrac{100}{\sqrt{100^2 + 98.33^2}} = 0.713$

② 콘덴서 용량 : $Q = p(\tan\theta_1 - \tan\theta_2) = 100 \times \left(\dfrac{\sqrt{1-0.713^2}}{0.713} - \dfrac{\sqrt{1-0.9^2}}{0.9} \right) = 49.91\,[\mathrm{kVA}]$

개정된 KEC에 의거하여 삭제된 문제가 있어 배점의 합계가 100점이 안됩니다.

국가기술자격검정 실기시험문제 및 정답

2009년도 전기기사 **제2회** 필답형 실기시험

종 목	시험시간	형 별	성 명	수험번호
전기기사	2시간 30분	A		

※ 수험자 인적사항 및 답안작성(계산식 포함)은 흑색의 필기구만 사용하여야 하며 흑색을 제외한 유색 필기구 또는 연필류를 사용하거나 2가지 이상의 색을 혼합 사용하였을 경우 그 문항은 0점 처리됩니다.

배점5

01 66[kV]/6.6[kV], 6000[kVA]의 3상 변압기 1대를 설치한 배전 변전소로부터 긍장 1.5 [km]의 1회선 고압 배전 선로에 의해 공급되는 수용가 인입구에서 3상 단락고장이 발생하였다. 선로의 전압강하를 고려하여 다음 물음에 답하시오. (단, 변압기 1상당의 리액턴스는 $0.4[\Omega]$, 배전선 1선당의 저항은 $0.9[\Omega/km]$ 리액턴스는 $0.4[\Omega/km]$라 하고 기타의 정수는 무시하는 것으로 한다.)

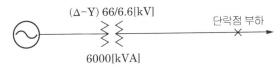

(1) 1상분의 단락회로를 그리시오.

  ○

(2) 수용가 인입구에서의 3상 단락 전류를 구하시오.

  ○

(3) 이 수용가에서 사용하는 차단기로서는 몇 [MVA] 것이 적당하겠는가?

  ○

정답 (1) 1상당 선로의 임피던스

$r = 0.9 \times 1.5 = 1.35[\Omega]$, $x_\ell = 0.4 \times 1.5 = 0.6[\Omega]$

1상당 변압기 리액턴스 $x_t = 0.4[\Omega]$, 변압기 2차측(단락측) 상전압 $= \dfrac{6.6}{\sqrt{3}}[kV]$

• 답

(2) • 계산 : 선로 임피던스

$$3상 \ 단락 \ 전류 \ I_s = \frac{E}{\sqrt{r^2 + (x_t + x_\ell)^2}} = \frac{\frac{6.6 \times 10^3}{\sqrt{3}}}{\sqrt{1.35^2 + (0.4 + 0.6)^2}} = 2268.121[A]$$

• 답 : 2268.12[A]

(3) • 계산 : 3상용 차단기 용량

$$P_s = \sqrt{3} \ V_n I_s \, (단, \ V_n : 차단기의 \ 정격전압, \ I_s : 단락전류)$$

$$= \sqrt{3} \times 7200 \times 2268.12 \times 10^{-6} = 28.285[MVA]$$

• 답 : 28.29[MVA]

이것이 핵심이다

공칭전압[kV]	6.6	22	22.9	66	154	345
차단기 정격전압[kV]	7.2	24	25.8	72.5	170	362

배점8

02 도면은 유도 전동기 IM의 정회전 및 역회전용 운전의 단선 결선도이다. 이 도면을 이용하여 다음 각 물음에 답하시오. (단, 52F는 정회전용 전자접촉기이고, 52R은 역회전용 전자접촉기이다.)

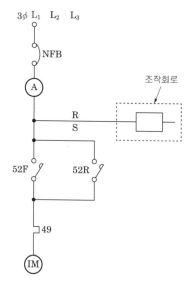

(1) 단선도를 이용하여 3선 결선도를 그리시오. (단, 점선내의 조작회로는 제외하도록 한다.)

(2) 주어진 단선 결선도를 이용하여 정역회전을 할 수 있도록 조작회로를 그리시오. (단, 누름 버튼 스위치 OFF 버튼 2개, ON 버튼 2개 및 정회전 표시램프 RL, 역회전 표시램프 GL도 사용하도록 한다.)

R ——————————————————

S ——————————————————

○ ——————————————————

——————————————————

정답 (1)

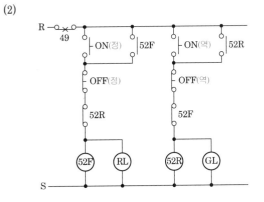

(1) 정·역 변환회로의 주회로 연결부분은 R, S, T 중 한상은 동일하게 연결 후 나머지 두상을 역으로 연결시킨다.

(2) 전동기의 과부하에 대해서는 정/역회전 운전이 똑같은 조건이므로, 열동 계전기는 보조회로 시작지점에 설치해준다. 52F와 52R이 동시에 여자 되면 주회로에 단락을 일으키게 되므로, 각각 인터록 접점을 사용하여 동시에 여자 되는 일이 없도록 한다.

배점5

03 차단기 "동작책무"란?

○ _____

_____

정답 차단기에 부과된 1회 또는 2회 이상의 투입, 차단 동작을 일정 시간 간격을 두고 행하는 일련의 동작을 동작 책무라 한다.

배점5

04 다음과 같은 소형 변압기 심벌의 명칭을 쓰시오.

$$\bigcirc_H \quad \bigcirc_F \quad \bigcirc_N \quad \bigcirc_R \quad \bigcirc_B$$

정답 $\bigcirc_B$: 벨 변압기 $\bigcirc_R$: 리모콘 변압기

$\bigcirc_N$: 네온 변압기 $\bigcirc_F$: 형광등용 안정기

$\bigcirc_H$: HID등(고효율 방전등)용 안정기

배점5

05 다음과 같은 충전방식에 대해 간단히 설명하시오.

(1) 보통충전

○ _____

(2) 세류충전

○ _____

(3) 균등충전

○ _____

(4) 부동충전

○ _____

(5) 급속충전

○ _____

정답 (1) 보통충전 : 필요할 때마다 표준 시간율로 소정의 충전을 하는 방식

(2) 세류충전 : 자기방전량만을 항상 충전하는 부동 충전 방식의 일종

(3) 균등충전 : 각 전해조에서 일어나는 전위차를 보정하기 위하여 충전하는 방식

(4) 부동충전 : 축전지의 자기방전을 보충함과 동시에 상용부하에 대한 전력공급은 충전기가 부담하도록
하되 충전기가 부담하기 어려운 일시적인 대전류 부하는 축전지로 하여금 부담케하는 방식

(5) 급속충전 : 비교적 단시간에 보통 충전전류의 2~3배의 전류로 충전하는 방식

배점5

06 권상기용 전동기의 출력이 50[kW]이고 분당 회전속도가 950[rpm]일 때 그림을 참고하
여 물음에 답하시오. (단, 기중기의 기계 효율은 100[%]이다.)

(1) 권상 속도는 몇 [m/min]인가?

○ _____

(2) 권상기의 권상 중량은 몇 [kgf]인가?

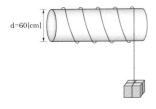

○ _____

정답 (1) 권상속도

$V = \pi D N$[m/min] 여기서, D: 회전체의 지름[m], N: 회전수[rpm]

$V = \pi \times 0.6 \times 950 = 1790.707$[m/min]

• 답 : 1790.71[m/min]

(2) 권상기용 전동기용 동력 $P = \dfrac{GV}{6.12\eta}$[kW] 여기서, G: 권상하중(적재하중)[톤]

   권상중량 $G = \dfrac{6.12P\eta}{V}$[kgf] $= \dfrac{6.12 \times 50 \times 1}{1790.71} \times 10^3 = 170.881$[kgf]

   • 답 : 170.88[kgf]

배점5

07 154[kV] 중성점 직접 접지 계통계수의 피뢰기 정격 전압은 어떤 것을 선택해야 하는가? (단, 접지 계수는 0.75이고, 유도 계수는 1.1이다.)

피뢰기의 정격 전압 (표준값[kV])

126	144	154	168	182	196

• 계산 : _____   • 답 : _____

정답 • 계산 : $V_n = \alpha \cdot \beta \cdot V_m = 0.75 \times 1.1 \times 170 = 140.25$[kV]

   • 답 : 144[kV]

배점5

08 인체가 전기설비에 접촉되어 감전재해가 발생하였을 때 감전피해의 위험도를 결정하는 요인 4가지를 쓰시오.

○ _____   ○ _____

○ _____   ○ _____

정답 ① 통전시간
   ② 통전전류의 크기
   ③ 통전경로
   ④ 전원의 종류

배점8

09 다음은 어느 계전기 회로의 논리식이다. 이 논리식을 이용하여 다음 각 물음에 답하시오. (단, 여기에서 A, B, C는 입력이고, X는 출력이다.)

【논리식】
$$X = (A + B) \cdot \overline{C}$$

(1) 이 논리식을 로직을 이용한 시퀀스도(논리회로)로 나타내시오.

○

(2) 물음 (1)에서 로직 시퀀스도로 표현된 것을 2입력 NAND gate만으로 등가 변환하시오.

○

(3) 물음 (2)에서 로직 시퀀스도로 표현된 것을 2입력 NOR gate만으로 등가 변환하시오.

○

정답

(1)

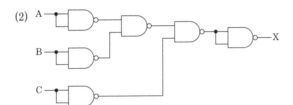

(2)

(3)

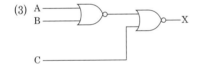

쉬어가기

(2) NAND는 곱의 형식

논리식 : $X = (A+B) \cdot \overline{C} = \overline{\overline{(A+B) \cdot \overline{C}}} = \overline{\overline{A} \cdot \overline{B} \cdot \overline{C}}$

(3) NOR는 합의 형식

논리식 : $X = (A+B) \cdot \overline{C} = \overline{\overline{(A+B) \cdot \overline{C}}} = \overline{\overline{(A+B)} + C}$

단일소자만의 회로에서

2009

배점7

10 Spot Network 수전방식에 대해 설명하고 장점 4가지를 쓰시오.

(1) Spot Network 방식이란?

(2) 장점

○ _____

○ _____

○ _____

○ _____

정답 (1) Spot Network 방식

배전용 변전소로부터 2회선 이상의 배전선으로 수전하는 방식

(2) 장점

① 공급신뢰도가 높다

② 무정전 전력공급이 가능하다.

③ 부하증가에 대한 적응성이 좋다.

④ 전압 변동률이 낮다.

쉬어가기  스폿네트워크 시스템(Spot Network System)

1. 스폿 네트워크 수전방식의 단선도

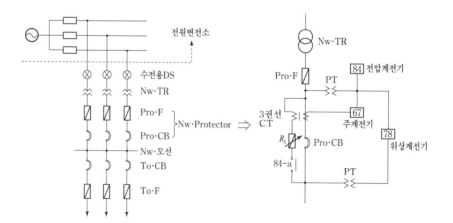

2. 스폿 네트워크 수전방식의 구성 요소
   (1) 수전용 단로기
      변압기 점검시 개폐, 여자전류 개폐
   (2) 네트워크 변압기
      ① 1회선 전력 공급이 정지되어도 타 건전회선의 NW 변압기로 무정전 공급
      ② 과부하 내량 130%, 8시간, 년3회 운전으로 수명에 지장이 없을 것
      ③ TR용량 $\geq \dfrac{\text{최대 수용전력예상치}}{\text{회선수}-1} \times \dfrac{1}{\text{과부하율}(1.3)}$
      ④ MOLD나 SF_6가스 변압기 사용하며, 각 변압기 임피던스차 ±10% 이내
   (3) 네트워크 Protector : Pro F, Pro CB, NW-Relay로 구성
      ① Pro F : 역전력 후비 보호, TR 2차 이후의 단락사고 보호
      ② Pro CB : NW-Relay 지령에 의해 역전력 차단, 무전압 및 차전압 투입
   (4) Network 모선
      ① 단일모선으로 수용가 부하 병렬접속
      ② 절연피복 또는 기중거리 150mm 이상이격
   (5) Take off 장치
      NW모선에서 분기(대당 4회로 이내), 부하측 고장시 To · CB or To · F 동작

3. 네트워크 프로텍터의 동작특성
   (1) 역전력 차단($\overleftarrow{67R}$ 동작)
      ① 대전류역 차단 : 배전선, TR 1차측 사고시 역전류 차단(순방향은 51H 동작)
      ② 소전류역 차단
         • 전원측 개방, 비접지계통의 지락시 Nw.TR 역여자전류와 선로 충전전류의 합을 검출
         • 정격전압 인가시 최대 감도각에서 정격전류의 0.1 ~ 3%의 역전류 검출

2. 무전압 투입(84R + $\overrightarrow{67R}$ 동작)
   (1) 초기 송전선 가압시 NW모선이 무전압 상태일 때 투입
   (2) 1차측 전압 확립 후에는 차전압에 의해 자동투입

3. 차전압 투입($\overrightarrow{67R}$ + 78R 동작)
   전원측 전압이 NW측 전압보다 크고, 위상 진상시 투입

배점5

11 고압 동력 부하의 사용 전력량을 측정하려고 한다. CT 및 PT 취부 3상 적산 전력량계를 그림과 같이 오결선(1S와 1L 및 P1과 P3가 바뀜)하였을 경우 어느 기간 동안 사용 전력량이 300[kWh]였다면 그 기간 동안 실제 사용 전력량은 몇 [kWh]이겠는가? (단, 부하 역률은 0.8이라 한다.)

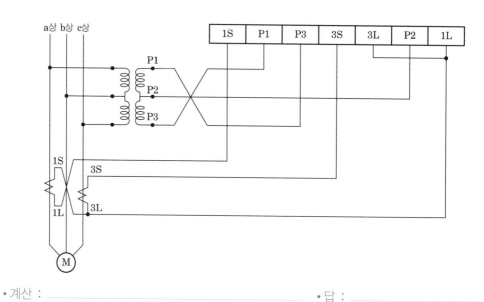

・계산 :

・답 :

정답 ・계산

오결선시 : $W_1 = VI\cos(90° - \theta),\qquad W_2 = VI\cos(90° - \theta)$

$W_1 + W_2 = VI\cos(90° - \theta) + VI\cos(90° - \theta) = 2VI\cos(90° - \theta) = 2VI\sin\theta$

실제 전력량 $W = \sqrt{3}\,VI\cos\theta = \sqrt{3} \times \dfrac{W_1 + W_2}{2\sin\theta} \times \cos\theta$

$\qquad = \sqrt{3} \times \dfrac{300}{2 \times 0.6} \times 0.8 = 346.41\,[\text{kWh}]$

・답 : 346.41[kWh]

쉬어가기 **정상결선 적산전력량계**

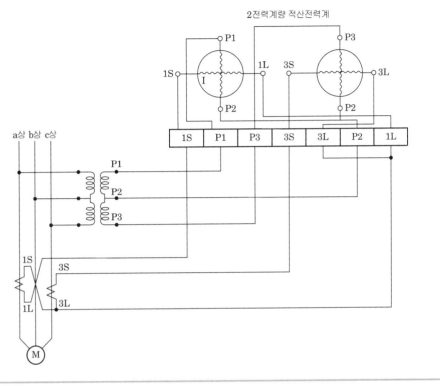

배점5

12 면석 $216[\mathrm{m^2}]$인 사무실이 조도를 $200[\mathrm{lx}]$로 할 경우에 램프 2개의 전 광속 $4600[\mathrm{lm}]$, 램프 2개의 전류가 $1[\mathrm{A}]$인, 40W×2 형광등을 시설하려 한다. 이 사무실의 $15[\mathrm{A}]$ 분기회로 수는? (단, 조명률 $51[\%]$, 감광보상률 1.3, $220[\mathrm{V}]$ 단상 2선식이며 콘센트는 고려하지 않음)

○

정답 • 계산

등수 $N = \dfrac{DES}{FU} = \dfrac{1.3 \times 200 \times 216}{4600 \times 0.51} = 23.94$ ∴ $N = 24[등]$

분기회로 수 $n = \dfrac{형광등의\ 총\ 입력전류}{1회로의\ 전류} = \dfrac{24 \times 1}{15} = 1.6회로$

※ 분기회로 수 및 등의 개수는 절상(切上)한다.

• 답 : $15[\mathrm{A}]$ 분기 2회로

배점5

13 PLC 래더 다이어그램이 그림과 같을 때 표(b)에 ①~⑥의 프로그램을 완성하시오.
(단, 회로 시작(STR), 출력(OUT), AND, OR, NOT 등의 명령어를 사용한다.)

표 (b)

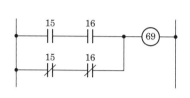

차례	명령	번지
0	(①)	15
1	AND	16
2	(②)	(③)
3	(④)	16
4	OR STR	–
5	(⑤)	(⑥)

정답 ① STR   ② STR NOT
     ③ 15   ④ AND NOT
     ⑤ OUT   ⑥ 69

쉬어가기

① 시작입력   ② b접점 시작입력   ④ b접점 직렬   ⑤ 출력

배점5

14 배전선로 사고 종류에 따라 보호장치 및 보호조치를 다음 표의 ①~③까지 답하시오. (단,
①, ②는 보호장치이고, ③은 보호조치임)

항 목	사고 종류	보호 장치 및 보호조치
고압 배전선로	접지사고	①
	과부하, 단락사고	②
	뇌해사고	피뢰기, 가공지선
주상 변압기	과부하, 단락사고	고압 퓨즈
저압 배전선로	고저압 혼촉	③
	과부하, 단락사고	저압 퓨즈

정답 ① 지락 계전기
     ② 과전류 계전기
     ③ 접지공사

배점5

15 변류비가 200/5인 CT의 1차 전류가 150[A]일 때 CT 2차측 전류는 몇 [A]인가?

• 계산 : _____   • 답 : _____

[정답] • 계산 : CT 2차 전류

$$I_2 = 1\text{차측 부하전류} \times CT\text{의 역수비} = 150 \times \frac{5}{200} = 3.75[A]$$

• 답 : 3.75[A]

배점5

16 고압간선에 다음과 같은 A, B 수용가가 있다. A, B 각 수용가의 개별 부등률은 1.0이고 A, B간 합성부등률은 1.2라고 할 때 고압간선에 걸리는 최대 부하용량은 몇 [kVA]인가?

회 선	부하설비[kW]	수용률[%]	역률[%]
A	250	60	80
B	150	80	80

• 계산 : _____   • 답 : _____

[정답] • 계산 : 최대 부하용량 $= \dfrac{\text{설비용량} \times \text{수용률}}{\text{부등률} \times \cos\theta}$

$$P_a = \frac{250 \times 0.6 + 150 \times 0.8}{1.2 \times 0.8} = 281.25[kVA]$$

• 답 : 281.25[kVA]

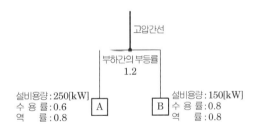

배점5

17 변압기 본체 탱크 내에 발생한 가스 또는 이에 따른 유류를 검출하여 변압기 내부고장을 검출하는데 사용되는 계전기로서 본체와 콘서베이터 사이에 설치하는 계전기는?

○ _____

[정답] 부흐홀쯔 계전기

2009

부흐홀쯔 계전기

이 계전기는 변압기의 내부 고장시 발생하는 가스의 부력과 절연유의 유속을 이용하여 변압기 내부고장을 검출하는 계전기로서 변압기와 콘서베이터 사이에 설치되어 사용하고 있다. 정상적인 변압기 운전시 이 계전기는 절연유로만 충전되어 1단 부표와 2단 부표가 유중에 떠 있게 된다. 경미한 사고로 인해 발생하는 가스의 양으로 동작되는 제 1접점(경고장접점)과 큰 사고로 급격히 생겨나는 유류에 의해 동작되는 제 2 접점(중고장접점)을 갖추고 있다.

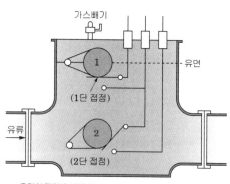

유면의 저하에 의해 제1단 접점이 닫혀 경보를 발생시키는 구조로 되어 있다. ①, ②는 부표이다

국가기술자격검정 실기시험문제 및 정답

2009년도 전기기사 제3회 필답형 실기시험

종 목	시험시간	형 별	성 명	수험번호
전기기사	2시간 30분	A		

※ 수험자 인적사항 및 답안작성(계산식 포함)은 흑색의 필기구만 사용하여야 하며 흑색을 제외한 유색 필기구 또는 연필류를 사용하거나 2가지 이상의 색을 혼합 사용하였을 경우 그 문항은 0점 처리됩니다.

배점10

01 그림의 단선결선도를 보고 ①~⑤에 들어갈 기기에 대하여 표준 심벌을 그리고 약호, 명칭, 용도 또는 역할에 대하여 쓰시오.

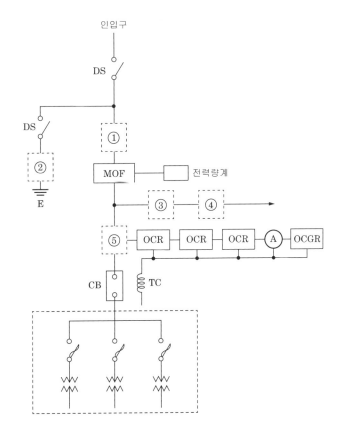

번호	심벌	약호	명칭	용도 및 역할
①				
②				
③				
④				
⑤				

정답

번호	심벌	약호	명칭	용도 및 역할
①		PF	전력용 퓨즈	단락전류 차단
②	LA	LA	피뢰기	이상 전압 침입시 이를 대지로 방전시키며 속류를 차단한다.
③		COS	컷아웃스위치	계기용 변압기 및 부하측에 고장 발생시 이를 고압 회로로부터 분리하여 사고의 확대를 방지한다.
④		PT	계기용변압기	고전압을 저전압으로 변성한다.
⑤	CT	CT	계기용변류기	대전류를 소전류로 변성한다.

배점7

02 다음 그림과 같은 유접점 회로에 대한 주어진 미완성 PLC 래더 다이어그램을 완성하고, 표의 빈칸 ①~⑥에 해당하는 프로그램을 완성하시오. (단, 회로시작 LOAD, 출력 OUT, 직렬 AND, 병렬 OR, b접점 NOT, 그룹간 묶음 AND LOAD 이다.)

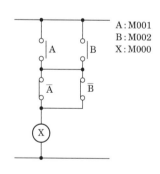

A : M001
B : M002
X : M000

•프로그램

차례	명령	번지
0	LOAD	M001
1	①	M002
2	②	③
3	④	⑤
4	⑥	–
5	OUT	M000

•래더 다이어그램

정답 ① OR   ② LOAD NOT   ③ M001   ④ OR NOT   ⑤ M002   ⑥ AND LOAD

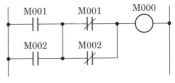

쉬어가기

① 병렬   ② b접점 시작   ④ b접점 병렬   ⑥ 직렬 그룹

배점5

03 다음은 인체에 전류가 흘리 감전된 정도를 설명한 것이다. ( )안에 알맞은 용어를 쓰시오.

(1) (   )전류 : 인체에 흐르는 전류가 수 [mA]를 넘으면 자극으로서 느낄 수 있게 되는데 사람에 따라서는 1[mA] 이하에서 느끼는 경우도 있다.

  ○ _____

(2) (   )전류 : 도체를 잡은 상태로 인체에 흐르는 전류를 증가시켜 가면 5~20[mA] 정도의 범위에서 근육이 수축 경련을 일으켜 사람 스스로 도체에서 손을 뗄 수 없는 상태로 된다.

  ○ _____

(3) (   )전류 : 인체 통과 전류가 수십 [mA]에 이르면 심장 근육이 경련을 일으켜 신체내의 혈액공급이 정지되며 사망에 이르게 될 우려가 있으며, 단시간 내에 통전을 정지시키면 죽음을 면할 수 있다.

  ○ _____

정답 (1) 감지

　　(2) 경련

　　(3) 심실세동

04 퓨즈 정격사항에 대하여 주어진 표의 빈 칸에 쓰시오.

계통전압[kV]	퓨즈 정격	
	퓨즈 정격전압[kV]	최대 설계전압[kV]
6.6	①	8.25
13.2	15	②
22 또는 22.9	③	25.8
66	69	④
154	⑤	169

정답 ① 6.9 또는 7.5   ② 15.5   ③ 23   ④ 72.5   ⑤ 161

전력퓨즈의 정격

계통 전압 (kV)	퓨즈 정격	
	퓨즈 정격전압(kV)	최대 설계전압(kV)
6.6	6.9 또는 7.5	8.25
6.6/11.4Y	11.5 또는 15	15.5
13.2	15	15.5
22. 또는 22.9	23.0	25.8
66	69	72.5
154	161	169

05 다음 그림 기호는 일반 옥내 배선의 전등·전력·통신·신호·재해방지·피뢰설비 등의 배선, 기기 및 부착위치, 부착방법을 표시하는 도면에 사용하는 그림 기호이다. 각 그림 기호의 명칭을 쓰시오.

(1) E   (2) B   (3) EC   (4) S   (5) ⊘ G

정답 (1) 누전차단기 (2) 배선용 차단기 (3) 접지센터 (4) 개폐기 (5) 누전 경보기

배점5

06 전압 $1.0183[V]$를 측정하는데 측정값이 $1.0092[V]$이었다. 이 경우의 다음 각 물음에 답하시오. (단, 소수점 이하 넷째 자리까지 구하시오.)

(1) 오차

　• 계산 : ＿＿＿＿＿＿＿＿＿＿＿＿＿＿＿　　• 답 : ＿＿＿＿＿＿＿＿

(2) 오차율

　• 계산 : ＿＿＿＿＿＿＿＿＿＿＿＿＿＿＿　　• 답 : ＿＿＿＿＿＿＿＿

(3) 보정(값)

　• 계산 : ＿＿＿＿＿＿＿＿＿＿＿＿＿＿＿　　• 답 : ＿＿＿＿＿＿＿＿

(4) 보정률

　• 계산 : ＿＿＿＿＿＿＿＿＿＿＿＿＿＿＿　　• 답 : ＿＿＿＿＿＿＿＿

정답 (1) • 계산 : 오차 = 측정값 − 참값 = $1.0092 - 1.0183 = -0.0091$　　• 답 : -0.0091

(2) • 계산 : 오차율 = $\dfrac{오차}{참값} = \dfrac{-0.0091}{1.0183} = -0.0089$　　• 답 : -0.0089

(3) • 계산 : 보정(값) = 참값 − 측정값 = $1.0183 - 1.0092$　　• 답 : 0.0091

(4) • 계산 : 보정률 = $\dfrac{보정값}{측정값} = \dfrac{0.0091}{1.0092} = 0.0090$　　• 답 : 0.0090

이것이 *핵심이다*

• 오차 = 측정값 − 참값　　　오차율 = $\dfrac{오차}{참값}$
• 보정값 = 참값 − 측정값　　보정률 = $\dfrac{보정값}{측정값}$

2009

07 그림과 같은 2:1 로핑의 기어레스 엘리베이터에서 적재하중은 $1000[kg]$, 속도는 140 $[m/min]$이다. 구동 로프 바퀴의 직경은 $760[mm]$이며, 기체의 무게는 $1500[kg]$인 경우 다음 각 물음에 답하시오. (단, 평형율은 0.6, 엘리베이터의 효율은 기어레스에서 1:1로 핑인 경우는 $85[\%]$, 2:1 로핑인 경우에는 $80[\%]$이다.)

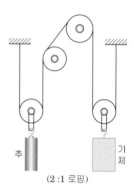

(2:1 로핑)

(1) 권상소요 동력은 몇 $[kW]$인지 계산하시오.

• 계산 : _____ • 답 : _____

(2) 전동기의 회전수는 몇 $[rpm]$인지 계산하시오.

• 계산 : _____ • 답 : _____

정답 (1) • 계산 : 권상기의 소요동력 $P = \dfrac{KGV}{6.12\eta}[kW]$

G : 적재하중[ton], V : 엘리베이터 속도[m/min], η : 권상기 효율 , η : 권상기 효율, K : 평형률

$P = \dfrac{0.6 \times 1 \times 140}{6.12 \times 0.8} = 17.156[kW]$

• 답 : $17.16[kW]$

(2) • 계산 : $V = \pi DN[m/min]$

V : 로프의 속도[m/min], D : 구동로프바퀴의 직경[m], N : 전동기의 회전수[rpm]

전동기의 회전수 $N = \dfrac{V}{\pi D}$

단, 2:1 로핑이므로 로프의 속도는 엘리베이터 속도의 2배, 즉 $280[m/min]$이다.

$N = \dfrac{280}{\pi \times 0.76} = 117.272[rpm]$

• 답 : $117.27[rpm]$

배점6

08 그림은 기동 압력 BS_1을 준 후 일정 시간이 지난 후에 전동기 ⓜ이 기동 운전되는 회로의 일부이다. 여기서 전동기 ⓜ이 기동하면 릴레이 ⓧ와 타이머 ⓣ가 복구되고 램프ⓡⓛ이 점등되며 램프ⓖⓛ은 소등되고, Thr이 트립되면 램프ⓞⓛ이 점등하도록 회로의 점선 부분을 아래의 수정된 회로에 완성하시오. (단, MC의 보조 접점 (2a, 2b)을 모두 사용한다.)

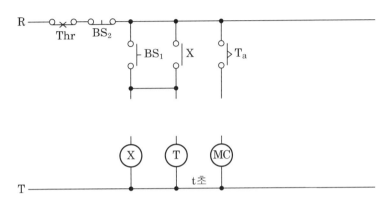

• 수정된 회로

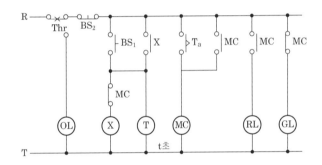

 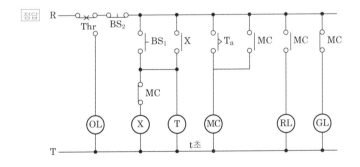

쉬어
가기

전원인가시 GL만 점등된다. BS_1을 누르면 X와 T가 여자되고 설정시간 후 T-a 접점이 동작하여 MC가 여자됨과 동시에 전동기가 작동하고 RL은 점등한다. 과전류가 흐르게 되면 Thr이 동작하여 OL이 점등되고 나머지는 전부 소자 및 소등된다.

2009

배점5

09 3상 3선식 송전선에서 수전단의 선간전압이 30[kV], 부하 역률이 0.8인 경우 전압강하율이 10[%]라 하면 이 송전선은 몇 [kW]까지 수전할 수 있는가? (단, 전선 1선의 저항은 15[Ω], 리액턴스는 20[Ω]이라 하고 기타의 선로 정수는 무시하는 것으로 한다.)

- 계산 : _____   • 답 : _____

정답   • 계산

전압강하율 $\delta = \dfrac{P}{V^2}(R + X\tan\theta)\,[\text{pu}]$에서, $P = \dfrac{\delta V^2}{R + X\tan\theta} \times 10^{-3}\,[\text{kW}]$

$$P = \dfrac{0.1 \times (30 \times 10^3)^2}{\left(15 + 20 \times \dfrac{0.6}{0.8}\right)} \times 10^{-3} = 3000\,[\text{kW}]$$

• 답 : 3000[kW]

배점5

10 발·변전소에는 전력의 집합, 융통, 분배 등을 위하여 모선을 설치한다. 무한대 모선(Infinite Bus)이란 무엇인지 설명하시오.

○ _____

_____

정답   내부 임피던스가 0이고 전압은 그 크기와 위상이 부하의 증감에 관계없이 변화하지 않고, 큰 관성 정수를 가진 무한대 용량의 전원을 말한다.

쉬어가기   무한대 모선의 이론이 필요한 이유

발전 측에서 보면 접속되는 모선이 일정(一定)주파수, 일정(一定)전압이면 안정적인 송전을 하는데 편리하다. (전력공급 거점인 변전소 모선에서 보아도 부하의 종류를 불문하고, 또한 부하의 크기와 관계가 없다. 실제 계통에서는 이러한 변수들에 따라 전압 및 주파수가 변하기 때문이다.) 즉, 외부계통에 상관없이 일정 전압, 일정 주파수, 전압을 발생하는 이상적인 모선을 뜻한다.

배점5

11 다음은 가공 송전선로의 코로나 임계전압을 나타낸 식이다. 이 식을 보고 다음 각 물음에 답하시오.

$$E_0 = 24.3 m_0 m_1 \delta d \log_{10} \frac{D}{r} \,[\text{kV}]$$

(1) 기온 $t[°C]$에서의 기압을 $b[\text{mmHg}]$라고 할 때 $\delta = \frac{0.386b}{273+t}$ 로 나타내는데 이 δ는 무엇을 의미하는지 쓰시오.

○ _____

(2) m_1이 날씨에 의한 계수라면, m_0는 무엇에 의한 계수인지 쓰시오.

○ _____

(3) 코로나에 의한 장해의 종류 2가지만 쓰시오.

○ _____

○ _____

(4) 코로나 발생을 방지하기 위한 주요 대책을 2가지만 쓰시오.

○ _____

○ _____

정답 (1) 상내 공기밀도
　　　(2) 전선 표면의 상태계수
　　　(3) ① 코로나 손실
　　　　　 ② 통신선 유도 장해
　　　(4) ① 복도체를 사용한다.
　　　　　 ② 굵은 전선을 사용한다.

배점5

12 동기발전기를 병렬로 접속하여 운전하는 경우에 생기는 횡류 3가지를 쓰고, 각각의 작용에 대하여 설명하시오.

○ _____

○ _____

○ _____

2009

정답 · 무효순환 전류 : 병렬운전 중인 발전기의 전압을 서로 같게 한다.
· 동기화 전류 : 병렬운전 중인 발전기의 위상을 서로 같게 한다.
· 고조파 무효순환전류 : 전기자 권선의 저항손이 증가하여 과열의 원인이 된다.

쉬어가기

종 류	작 용
무효횡류	동기발전기의 유기기전력이 같지 않을 경우 기전력이 큰 쪽에서 작은 쪽으로 무효순환전류가 흐르며 전압을 서로 같게 한다. 이때 순환전류는 역률이 거의 0인 무효 전류로 무효분의 크기만 변화시킨다. 따라서 계자를 강하게 한 발전기는 역률이 나빠지며 나머지 발전기의 역률은 좋아진다.
유효횡류 (동기화 횡류)	동기발전기의 위상이 같지 않을 경우 순환전류가 발생하며 위상이 앞선 발전기가 위상이 늦은 발전기에 전력을 공급하여 동일한 위상을 유지하도록 하기 때문에 동기화 전류 또는 유효분의 크기만 변화시키므로 유효 횡류라 한다.
고조파 무효횡류 (고주파 무효순환전류)	동기발전기의 기전력의 파형이 다를 경우 각 순시의 기전력의 크기가 같지 않기 때문에 고조파 무효순환저류가 흐르며 이로 인해 전기자 권선의 저항손이 증가하여 과열의 원인이 된다.

배점6

13 인텔리전트 빌딩(Intelligent Building)은 빌딩 자동화시스템, 사무자동화시스템, 정보통신 시스템, 건축환경을 총 망라한 건설과 유지관리의 경제성을 추구하는 빌딩이라 할 수 있다. 이러한 빌딩의 전산시스템을 유지하기 위하여 비상전원으로 사용되고 있는 UPS에 대해서 다음 각 물음에 답하시오.

(1) UPS를 우리말로 표현하시오.

○ _____

(2) UPS에서 AC → DC부와 DC → AC부로 변환하는 부분의 명칭을 각각 무엇이라 부르는지 쓰시오.

· AC → DC 변환부 : _____

· DC → AC 변환부 : _____

(3) UPS가 동작되면 전력공급을 위한 축전지가 필요한데, 그 때의 축전지 용량을 구하는 공식을 쓰시오. (단, 기호를 사용할 경우, 사용 기호에 대한 의미를 설명하도록 한다.)

○ _____

정답 (1) 무정전 전원 공급 장치
(2) · AC→DC : 컨버터
· DC→AC : 인버터

(3) $C = \dfrac{1}{L} KI$ [Ah]

    C : 축전지의 용량 [Ah], L : 보수율(경년용량 저하율)

    K : 용량환산 시간 계수, I : 방전 전류 [A]

배점6

14 도로 조명 설계에 관한 다음 각 물음에 답하시오.

(1) 도로 조명 설계에 있어서 성능상 고려하여야 할 중요 사항을 5가지만 쓰시오.

   ○ _____

   ○ _____

   ○ _____

   ○ _____

   ○ _____

(2) 도로의 너비가 $40[\text{m}]$인 곳의 양쪽으로 $35[\text{m}]$ 간격으로 지그재그 식으로 등주를 배치하여 도로 위의 평균 조도를 $6[\text{lx}]$가 되도록 하고자 한다. 도로면 광속 이용률은 $30[\%]$, 유지율 $75[\%]$로 한다고 할 때 각 등주에 사용되는 수은등의 규격은 몇 $[\text{W}]$의 것을 사용하여야 하는지, 전 광속을 계산하고, 주어진 수은등 규격 표에서 찾아 쓰시오.

크기[W]	램프 전류[A]	전광속[lm]
100	1.0	3200~4000
200	1.9	7700~8500
250	2.1	10000~11000
300	2.5	13000~14000
400	3.7	18000~20000

   ○ _____

정답 (1) ① 운전자가 보는 도로의 휘도가 충분히 높고, 조도균제도가 일정할 것

    ② 보행자가 보는 도로의 휘도가 충분히 높고, 조도균제도가 일정할 것

    ③ 조명기구의 눈부심이 불쾌감을 주지 않을 것

    ④ 조명시설이 도로나 그 주변의 경관을 해치지 않을 것

    ⑤ 광원색이 환경에 적합한 것이며, 그 연색성이 양호할 것

(2) • 계산

    등 1개의 조명 면적 $S = \dfrac{1}{2} \times$ 도로 폭 $\times$ 등간격

$$F = \frac{DES}{UN} = \frac{ES}{UNM} = \frac{6 \times \left(\dfrac{1}{2} \times 40 \times 35 \right)}{0.3 \times 1 \times 0.75} = 18666.666 \, [\text{lm}]$$

    표에서 $400[\text{W}]$ 선정

  • 답 : $400[\text{W}]$

2009

이것이 *핵심이다*

도로조명 방식의 조명면적			
양쪽조명(대칭식)	양쪽조명(지그재그)	일렬조명(편측)	일렬조명(중앙)
$S = \dfrac{a \cdot b}{2}$	$S = \dfrac{a \cdot b}{2}$	$S = ab$	$S = ab$

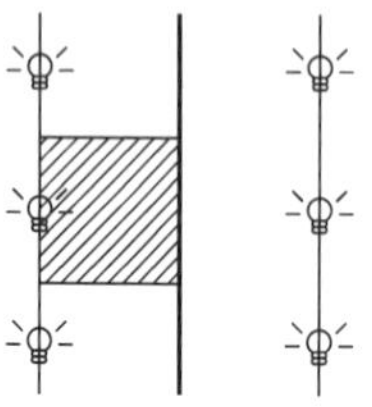

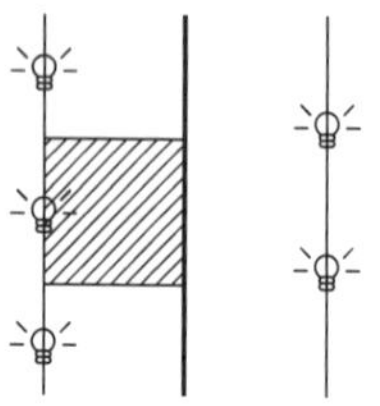

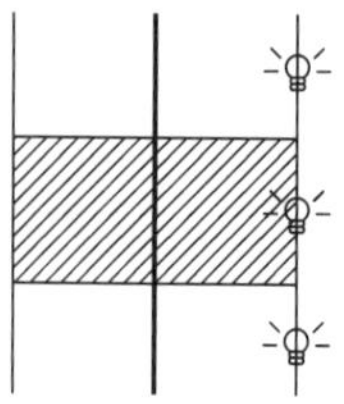

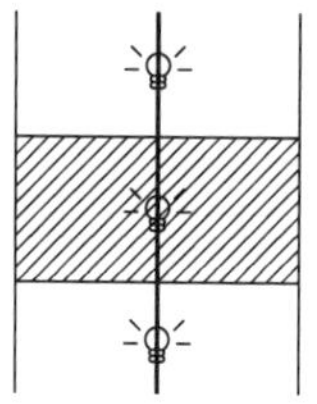

배점5

15 전동기에는 소손을 방지하기 위하여 전동기용 과부하 보호장치를 시설하여 자동적으로 회로를 차단하거나 과부하시에 경보를 내는 장치를 하여야 한다. 전동기 소손방지를 위한 과부하 보호장치의 종류를 4가지만 쓰시오.

○ _____

○ _____

○ _____

○ _____

정답 ① 전동기용 퓨즈
② 열동 계전기
③ 전동기 보호용 배선용 차단기
④ 유도형 계전기

배점6

16 비접지 3상 3선식 배전방식과 비교하여, 3상 4선식 다중접지 배전방식의 장점 및 단점을 각각 4가지씩 쓰시오.

(1) 장점

○ _____

○ _____

○ _____

○ _____

(2) 단점

○ _____

○ _____

○ _____

○ _____

정답 (1) 장점

　① 1선 지락사고시 건전상의 전위상승이 낮다.

　② 변압기의 단절연이 가능하다.

　③ 보호계전기의 동작이 확실하다.

　④ 피뢰기의 책무를 경감시킬 수 있다.

(2) 단점

　① 지락사고시 지락전류가 크기 때문에 통신선의 유도장해가 크다.

　② 지락사고시 지락전류가 크기 때문에 기계적 충격이 크다.

　③ 지락전류는 저역률의 대전류이기 때문에 과도 안정도가 나빠진다.

　④ 차단기가 대전류를 차단할 기회가 많아지므로 차단기의 수명이 단축된다.

배점4

17 보호계전기의 기억작용이란 무엇인지 설명하시오.

○ _____

정답 보호계전기의 입력이 급변했을 때 변화 전의 전기량을 계전기에 일시적으로 잔류시키게 하는 것

배점5

18 그림과 같이 △ 결선된 배전선로에 접지콘덴서 $C_s = 2[\mu F]$를 사용할 때 A상에 지락이 발생한 경우의 지락전류[mA]를 구하시오. (단, 주파수 60[Hz]로 한다.)

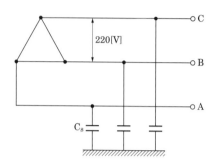

• 계산 :

• 답 :

정답 • 계산 : $I_g = \sqrt{3}\,\omega C_s V = \sqrt{3} \times 2\pi \times 60 \times 2 \times 10^{-6} \times 220 \times 10^3 = 287.31[\mathrm{mA}]$

• 답 : $287.31[\mathrm{mA}]$

이것이 핵심이다

- $I_o = \omega C_s E = 2\pi \times 60 \times 2 \times 10^{-6} \times \dfrac{220}{\sqrt{3}} \times 10^3 = 95.768[\mathrm{mA}]$

- $I_g = 3I_o = 3 \times 95.768 = 287.304[\mathrm{mA}]$

2010

과년도 기출문제

2010년 제1회

2010년 제2회

2010년 제3회

국가기술자격검정 실기시험문제 및 정답

2010년도 전기기사 **제1회 필답형 실기시험**

종 목	시험시간	형 별	성 명	수험번호
전기기사	2시간 30분	A		

※ 수험자 인적사항 및 답안작성(계산식 포함)은 흑색의 필기구만 사용하여야 하며 흑색을 제외한 유색 필기구 또는 연필류를 사용하거나 2가지 이상의 색을 혼합 사용하였을 경우 그 문항은 0점 처리됩니다.

배점8

01 다음 회로는 환기팬의 자동운전회로이다. 이 회로와 동작 개요를 보고 다음 각 물음에 답하시오.

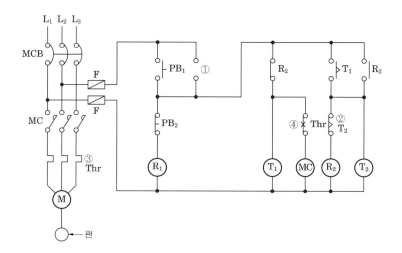

【동작개요】

① 연속 운전을 할 필요가 없는 환기용 팬 등의 운전 회로에서 기동 버튼에 의하여 운전을 개시하면 그 다음에는 자동적으로 운전 정지를 반복하는 회로이다.

② 기동 버튼 PB_1을 "ON" 조작하면 타이머 T_1의 설정 시간만 환기팬이 운전하고 자동적으로 정지한다. 그리고 타이머 T_2의 설정 시간에만 정지하고 재차 자동적으로 운전을 개시한다.

③ 운전 도중에 환기팬을 정지시키려고 할 경우에는 버튼 스위치 PB_2를 "ON" 조작하여 행한다.

---

(1) 위 시퀀스도에서 R_1에 의하여 자기 유지될 수 있도록 ①로 표시된 곳에 접점기호를 그려 넣으시오.

○

---

(2) ②로 표시된 접점 기호의 명칭과 동작을 간단히 설명하시오.

○ _____

(3) Thr로 표시된 ③, ④의 명칭과 동작을 간단히 설명하시오.

○ _____

정답 (1)

(2) • 명칭 : 한시동작 순시복귀 b접점
     • 동작 : 타이머 T_2가 여자되면 일정 시간 후 개로되어 R_2와 T_2를 소자시킨다. T_2가 소자 시에는
       즉시 복귀한다.
(3) • 명칭 : ③ 열동 계전기, ④ 수동 복귀 b접점
     • 동작 : 전동기에 과전류가 흐르면 ③이 동작하여 ④접점이 개로되어 전동기를 정지시키고 복귀는
       수동으로 하여야 한다.

배점6

02 높이 5[m]의 점에 있는 백열전등에서 광도 12500[cd]의 빛이 수평거리 7.5[m]의 점 P에
   주어지고 있다. 표1과 표2를 이용하여 다음을 구하시오.

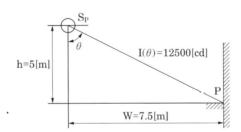

(1) P점의 수평면 조도(E_h)를 구하시오.

○

(2) P점의 수직면 조도(E_v)를 구하시오.

○

표 1. W/h에서 구한 $\cos^3\theta$의 값

W	$\frac{0.1}{h}$	$\frac{0.2}{h}$	$\frac{0.3}{h}$	$\frac{0.4}{h}$	$\frac{0.5}{h}$	$\frac{0.6}{h}$	$\frac{0.7}{h}$	$\frac{0.8}{h}$	$\frac{0.9}{h}$	$\frac{1.0}{h}$	$\frac{1.5}{h}$	$\frac{2.0}{h}$	$\frac{3.0}{h}$	$\frac{4.0}{h}$	$\frac{5.0}{h}$
$\cos^3\theta$	.985	.943	.879	.800	.716	.631	.550	.476	.411	.354	.171	.089	.032	.014	.008

표 2. W/h에서 구한 $\cos^2\theta\sin\theta$의 값

W	$\dfrac{0.1}{h}$	$\dfrac{0.2}{h}$	$\dfrac{0.3}{h}$	$\dfrac{0.4}{h}$	$\dfrac{0.5}{h}$	$\dfrac{0.6}{h}$	$\dfrac{0.7}{h}$	$\dfrac{0.8}{h}$	$\dfrac{0.9}{h}$	$\dfrac{1.0}{h}$	$\dfrac{1.5}{h}$	$\dfrac{2.0}{h}$	$\dfrac{3.0}{h}$	$\dfrac{4.0}{h}$	$\dfrac{5.0}{h}$
$\cos^2\theta\sin\theta$	.099	.189	.264	.320	.358	.378	.385	.381	.370	.354	.256	.179	.095	.057	.038

※ $\dfrac{0.1}{h}$, $\dfrac{0.2}{h}$ 은 $0.1h$, $0.2h$이다.

※ .098, .187은 0.098, 0.187이다.

정답 ・계산

(1) 수평면 조도 $E_h = \dfrac{I}{\ell^2}\cos\theta$ 이다. 여기서 ℓ을 먼저 계산

   $\cos\theta = \dfrac{h}{\ell}$ 이고, $\ell = \dfrac{h}{\cos\theta}$ 이다.

   $E_h = \dfrac{I}{\ell^2}\cos\theta = \dfrac{I}{\left(\dfrac{h}{\cos\theta}\right)^2}\cos\theta = \dfrac{I}{h^2}\cos^3\theta$

   또한, 그림에서 $\dfrac{W}{h} = \dfrac{7.5}{5} = 1.5$이므로 $W = 1.5h$이다.

   표 1에서 $1.5h$는 0.171이므로 $\cos^3\theta = 0.171$이다.

   $\therefore E_h = \dfrac{I}{h^2}\cos^3\theta = \dfrac{12500}{5^2}\times 0.171 = 85.5\,[\text{lx}]$

   ・답 : 85.5[lx]

(2) 수직면 조도는 $E_v = \dfrac{I}{\ell^2}\sin\theta$ 이다. (1)에서 구한 $\ell = \dfrac{h}{\cos\theta}$ 을 수식에 대입하여 정리

   $E_h = \dfrac{I}{\ell^2}\sin\theta = \dfrac{I}{\left(\dfrac{h}{\cos\theta}\right)^2}\sin\theta = \dfrac{I}{h^2}\cos^2\theta\sin\theta$

   또한, 그림에서 $\dfrac{W}{h} = \dfrac{7.5}{5} = 1.5$이므로 $W = 1.5h$이다.

   표 2에서 $1.5h$는 0.256이다.

   $\therefore E_v = \dfrac{I}{h^2}\cos^2\theta\sin\theta = \dfrac{12500}{5^2}\times 0.256 = 128\,[\text{lx}]$

   ・답 : 128[lx]

이것이 핵심이다

- 수평면 조도 및 수직면 조도를 구하기 위해 먼저 빗변의 길이(ℓ)을 먼저 계산
- $\dfrac{W}{h}$ 의 비를 이용하여 $\cos^3\theta$, $\cos^2\theta\sin\theta$의 값을 공식에 대입

03 전용 배전선에서 800[kW] 역률 0.8의 한 부하에 공급할 경우 배전선 전력 손실은 90[kW]이다. 지금 이 부하와 병렬로 300[kVA]의 콘덴서를 시설할 때 배전선의 전력손실은 몇 [kW]인가?

• 계산 : _____ • 답 : _____

정답 • 계산

① 부하의 지상무효전력(P_{r1})

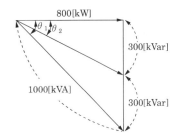

800[kW]
θ_1 θ_2
300[kVar]
1000[kVA]
300[kVar]
300[kVar]

$$P_{r1} = P \cdot \tan\theta = 800 \times \frac{0.6}{0.8} = 600[\text{kVar}]$$

② 콘덴서 설치시 무효전력(P_{r2})

$$P_{r2} = P_{r1} - \text{콘덴서 용량}(Q_c) = 600 - 300 = 300[\text{kVar}]$$

③ 개선 후 역률

$$\cos\theta_2 = \frac{P}{\sqrt{P^2 + P_{r2}^2}} = \frac{800}{\sqrt{800^2 + 300^2}} = 0.94$$

④ 전력손실 : $P_\ell \propto \dfrac{1}{\cos^2\theta}$

$$\frac{P_{\ell2}}{P_{\ell1}} = \frac{\dfrac{1}{\cos^2\theta_2}}{\dfrac{1}{\cos^2\theta_1}}$$

$$\therefore P_{\ell2} = P_{\ell1} \times \left(\frac{\cos\theta_1}{\cos\theta_2}\right)^2 = 90 \times \left(\frac{0.8}{0.94}\right)^2 = 65.187[\text{kW}]$$

• 답 : 65.19[kW]

04 3상 4선식 교류 380[V], 50[kVA]부하가 변전실 배전반에서 190[m] 떨어져 설치되어 있다. 이 경우 배전용 케이블의 최소 굵기는 얼마로 하여야 하는지 계산하시오. (단, 전기사용장소 내 시설한 변압기이며, 케이블은 IEC 규격에 의한다.)

• 계산 : _____ • 답 : _____

• 계산

공급 변압기의 2차측 단자 또는 인입선 접속점에서 최원단 부하에 이르는 사이의 전선 길이가 100[m] 기준 5[%], 추가 1[m]당 0.005[%] 가산이므로 190[m]인 경우 90[m]만큼에 대한 부분을 가산하여 준다.)

허용전압강하 = $5 + 90 \times 0.005 = 5.45[\%]$

3상 4선식 $A = \dfrac{17.8LI}{1000e}$ 이므로, $I = \dfrac{P}{\sqrt{3}\,V} = \dfrac{50 \times 10^3}{\sqrt{3} \times 380} = 75.97[A]$

$A = \dfrac{17.8 \times 190 \times 75.97}{1000 \times 220 \times 0.0545} = 21.43[\text{mm}^2]$

• 답 : $25[\text{mm}^2]$

이것이 핵심이다

※ 수용가설비의 전압강하

(1) 다른 조건을 고려하지 않는다면 수용가 설비의 인입구로부터 기기까지의 전압강하는 아래 표에 따른 값 이하이어야 한다.

설비의 유형	조명 (%)	기타 (%)
A – 저압으로 수전하는 경우	3	5
B – 고압 이상으로 수전하는 경우[a]	6	8

[a]가능한 한 최종회로 내의 전압강하가 A 유형의 값을 넘지 않도록 하는 것이 바람직하다.
사용자의 배선설비가 100m를 넘는 부분의 전압강하는 미터 당 0.005% 증가할 수 있으나 이러한 증가분은 0.5%를 넘지 않아야 한다.

(2) 더 큰 전압강하 허용범위
  ① 기동 시간 중의 전동기
  ② 돌입전류가 큰 기타 기기
(3) 고려하지 않는 일시적인 조건
  ① 과도과전압
  ② 비정상적인 사용으로 인한 전압 변동

---

05 그림과 같이 전류계 3개를 가지고 부하전력을 측정하려고 한다. 각 전류계의 지시가 $A_1 = 7[A]$, $A_2 = 4[A]$, $A_3 = 10[A]$이고, $R = 20[\Omega]$일 때 다음을 구하시오.

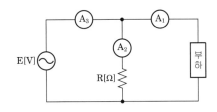

(1) 부하전력$[W]$을 구하시오.

•계산 : _____ •답 : _____

(2) 부하 역률을 구하시오.

•계산 : _____ •답 : _____

정답 (1) •계산 : 부하전력 $P = \dfrac{R}{2}(A_3^2 - A_2^2 - A_1^2) = \dfrac{20}{2} \times (10^2 - 4^2 - 7^2) = 350[W]$

•답 : $350[W]$

(2) •계산 : 부하역률 $\cos\theta = \dfrac{A_3^2 - A_2^2 - A_1^2}{2A_2A_1} = \dfrac{10^2 - 4^2 - 7^2}{2 \times 4 \times 7} = 0.63 = 63[\%]$

•답 : $63[\%]$

이것이 핵심이다

- 3전류계 측정법에 의한 전력 및 역률 계산

$$P = \dfrac{R}{2}\left(I_3^2 - I_2^2 - I_1^2\right) \qquad \cos\theta = \dfrac{I_3^2 - I_2^2 - I_1^2}{2I_1I_2}$$

- 3전압계 측정법에 의한 전력 및 역률 계산

$$P = \dfrac{1}{2R}\left(V_3^2 - V_2^2 - V_1^2\right) \qquad \cos\theta = \dfrac{V_3^2 - V_2^2 - V_1^2}{2V_1V_2}$$

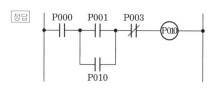

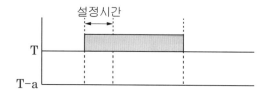

06 다음 명령어를 참고하여 미완성 PLC 래더 다이어그램을 완성하시오.

STEP	명령	번지
0	LOAD	P000
1	LOAD	P001
2	OR	P010
3	AND LOAD	–
4	AND NOT	P003
5	OUT	P010

정답

쉬어가기

① LOAD(입력시작)
② OR(병렬)
③ AND LOAD(직렬그룹)
④ AND NOT(직렬 b접점)
⑤ OUT(출력)

07 다음 릴레이 접점에 관한 다음 물음에 답하시오.

(1) 한시동작 순시복귀 a 접점기호를 그리시오.

○

(2) 한시동작 순시복귀 a 접점의 타임차트를 완성하시오.

○

(3) 한시동작 순시복귀 a 접점의 동작상황을 설명하시오.

  ○

───────────────────────────────

정답 (1)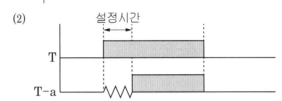

(2)

(3) 타이머 T가 여자되면 설정시간 후에 a접점은 동작하고 타이머가 소자되면 순시복귀한다.

 타이머의 종류

① ON delay timer(한시동작 순시복귀)
② OFF delay timer(순시동작 한시복귀)
③ ON, OFF delay timer(한시동작 한시복귀)

배점4

08 매분 $12[\mathrm{m}^3]$의 물이 높이 $15[\mathrm{m}]$인 탱크에 양수하는데 필요한 전력을 V결선한 변압기로 공급한다면, 여기에 필요한 단상 변압기 1대의 용량은 몇 $[\mathrm{kVA}]$인가? 단, 펌프와 전동기의 합성 효율은 $65[\%]$이고, 전동기의 전부하 역률은 $80[\%]$이며 펌프의 축동력은 $15[\%]$의 여유를 본다고 한다.

• 계산 :   • 답 :

───────────────────────────────

정답 • 계산

① 펌프용 전동기 용량 : $P = \dfrac{HQ_m K}{6.12\eta\cos\theta}[\mathrm{kVA}]$

  H : 총양정$[\mathrm{m}]$, Q_m : 분당양수량$[\mathrm{m}^3/\mathrm{min}]$, K : 여유계수, η : 효율, $\cos\theta$: 역률

  $P = \dfrac{15 \times 12 \times 1.15}{6.12 \times 0.65 \times 0.8} = 65.05[\mathrm{kVA}]$

② V 결선시 변압기용량 : $P_V = \sqrt{3}\,P_1$ 단, P_1 : 단상변압기 1대 용량$[\mathrm{kVA}]$

  단상변압기 1대용량 $P_1 = \dfrac{P_V}{\sqrt{3}} = \dfrac{전동기용량}{\sqrt{3}} = \dfrac{65.05}{\sqrt{3}} = 37.556[\mathrm{kVA}]$

• 답 : 표준용량의 50$[\mathrm{kVA}]$ 단상 변압기 선정

2010

이것이 핵심이다

- 펌프용 전동기의 소요동력(분당 양수량인 경우) $P = \dfrac{HQ_m K}{6.12\eta}$ [kW]

- 펌프용 전동기의 소요동력(초당 양수량인 경우) $P = \dfrac{9.8 HQ_s K}{\eta}$ [kW]

  단, Q_s : 초당양수량[m³/sec]

- 펌프용 전동기의 용량만큼 변압기가 전력을 공급

  펌프용전동기의용량[kVA] = 변압기용량[kVA]

배점5

09 그림은 갭형 피뢰기와 갭레스형 피뢰기 구조를 나타낸 것이다. 화살표로 표시된 각 부분의 명칭을 쓰시오.

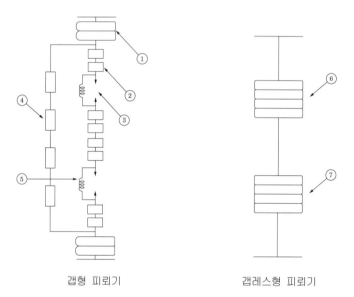

갭형 피뢰기   갭레스형 피뢰기

정답 ① 특성요소

② 주갭(직렬갭)

③ 측로갭

④ 병렬저항

⑤ 소호코일

⑥ 특성요소

⑦ 특성요소

이것이 *핵심이다*

Gap형과 Gapless의 내부 구조

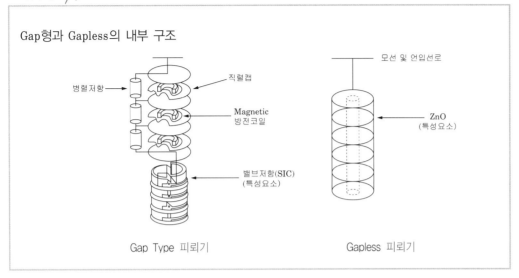

Gap Type 피뢰기   Gapless 피뢰기

배점8

10 DS 및 CB로 된 선로와 접지용구에 대한 그림을 보고 다음 각 물음에 답하시오.

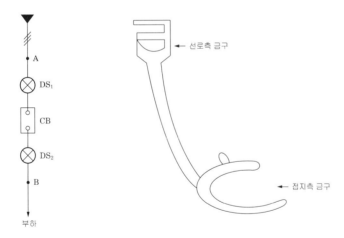

(1) 접지 용구를 사용하여 접지를 하고자 할 때 접지순서 및 접지 개소에 대하여 설명하시오.

  ○ _____

(2) 부하측에서 휴전 작업을 할 때의 조작 순서를 설명하시오.

  ○ _____

(3) 휴전 작업이 끝난 후 부하측에 전력을 공급하는 조작 순서를 설명하시오.
    (단, 접지되지 않은 상태에서 작업한다고 가정한다.)

  ○ _____

(4) 긴급할 때 DS로 개폐 가능한 전류의 종류를 2가지만 쓰시오.

○ _____

○ _____

[정답] (1) 접지 순서 : 대지에 먼저 연결한 후 선로에 연결한다.

접지 개소 : 선로측 A와 부하측 B 양측에 접지한다.

(2) CB OFF → DS_2 OFF → DS_1 OFF

(3) DS_2 ON → DS_1 ON → CB ON

(4) 충전 전류, 여자 전류

쉬어가기

• $\bigoplus$: 단로기

• 단로기(DS) 조작시 항상 차단기(CB)는 OFF되어 있어야 한다.

배점4

11 수변전설비에서 에너지 절감 방안 4가지를 쓰시오.

○ _____

○ _____

○ _____

○ _____

[정답] • 최대수요전력제어(Demand Controller System)시스템을 채택

• 전력용 콘덴서를 설치하여 역률 개선

• 고효율 변압기 채택

• 변압기의 효율적인 운전관리를 통한 손실 최소화

쉬어가기

최대수요전력제어(Demand Controller)란, 고객이 사용하는 전력설비의 최대수요전력을 관리할 목적으로 일정량의 목표전력을 설정하고 이를 넘지 않도록 부하상태를 자동으로 감시 및 조절하는 제어장치로서, 피크전력을 낮추어서 전력사용요금 및 기본요금을 절감할 수 있는 에너지 절약 시스템이다.

배점4

12 다음의 유접점 시퀀스 회로를 무접점 논리회로로 전환하여 그리시오.

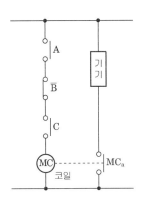

정답

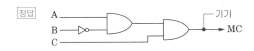

• 논리식 : $MC = A \cdot \overline{B} \cdot C$ • 입력단자가 3단자일 경우

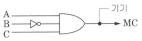

배점5

13 전구를 수요자가 부담하는 종량 수용가에서 A, B 어느 전구를 사용하는 편이 유리한가를 다음 표를 이용하여 산정하시오.

전구의 종 류	전구의 수 명	1[cd]당 소비전력[W] (수명 중의 평균)	평균 구면광도 [cd]	1[kWh]당 전력요금 [원]	전구의 값 [원]
A	1500 시간	1.0	38	20	90
B	1800 시간	1.1	40	20	100

• 계산 : _____ • 답 : _____

정답 • 계산

전구	전력비[원/시간]	전구비[원/시간]	계[원/시간]
A	$1 \times 38 \times 10^{-3} \times 20 = 0.76$	$\dfrac{90}{1500} = 0.06$	0.82
B	$1.1 \times 40 \times 10^{-3} \times 20 = 0.88$	$\dfrac{100}{1800} = 0.06$	0.94

• 답 : A 전구가 유리하다.

배점6

14 가스절연 개폐장치(GIS)에 대한 다음 각 물음에 답하시오.

(1) 가스절연 개폐장치(GIS)의 장점 4가지를 쓰시오.

○ _____

○ _____

○ _____

○ _____

(2) 가스절연 개폐장치(GIS)에 사용되는 가스는 어떤 가스인가?

○ _____

정답 (1) ① 설치면적이 작아진다.

② 조작 중 소음이 작다.

③ 전기적 충격 및 화재의 위험이 없다.

④ 주위환경과 조화를 이룰 수 있다.

(2) SF_6(육불화유황) 가스

가스 절연 개폐장치(Gas Insulated Switch-gear: GIS)

금속용기(Enclosure)내에 모선, 개폐장치, 변성기, 피뢰기 등을 내장시키고 절연 성능과 소호특성이 우수한 SF_6가스로 충전, 밀폐하여 절연을 유지시키는 개폐장치이다.

- 절연거리축소로 설치면적이 작아진다.
- 조작 중 소음이 작다.
- 전기적 충격 및 화재의 위험이 적다.
- 주위 환경과 조화를 이룰 수 있다.
- 부분 공장 조립이 가능하여 설치공기가 단축된다.
- 절연물, 접촉자 등이 SF_6가스 내에 설치되어 보수, 점검 주기가 길어진다.

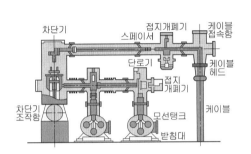

배점8

15 답안지의 그림은 1, 2차 전압이 $66/22[\mathrm{kV}]$이고, $Y-\triangle$ 결선된 전력용 변압기이다. 1, 2차에 CT를 이용하여 변압기의 차동 계전기를 동작시키려고 한다. 주어진 도면을 이용하여 다음 각 물음에 답하시오.

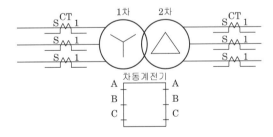

(1) CT와 차동 계전기의 결선을 주어진 도면에 완성하시오.

(2) 1차측 CT의 권수비를 200/5로 했을 때 2차측 CT의 권수비는 얼마가 좋은지를 쓰고, 그 이유를 설명하시오.

2010

(3) 변압기를 전력 계통에 투입할 때 여자 돌입 전류에 의해 차동 계전기의 오동작을 방지하기 위하여 이용되는 차동 계전기의 종류(또는 방식)를 한 가지만 쓰시오.

　○ ＿＿＿＿＿＿＿＿＿＿＿＿＿＿＿＿＿＿＿＿＿＿＿＿

(4) 우리나라에서 사용되는 CT의 극성은 일반적으로 어떤 극성의 것을 사용하는가?

　○ ＿＿＿＿＿＿＿＿＿＿＿＿＿＿＿＿＿＿＿＿＿＿＿＿

[정답] (1) CT의 결선은 1차 및 2차 전류의 크기 및 각 변위를 일치시키기 위해서 변압기의 결선과 반대로 한다. 즉, 변압기가 Y−△일 경우, CT는 △−Y로 결선한다.

(2) 변압기의 1,2차 전압의 비는

$$a = \frac{V_1}{V_2} = \frac{66}{22} = 3$$ 2차측 전압이 3배 작아지므로 2차측 전류는 3배가 커진다.

$(P = V_1 I_1 = V_2 I_2)$이므로 1차측 보다 3배 큰 CT가 필요하다.

$$\therefore \frac{200}{5} \times 3 = \frac{600}{5}$$

(3) 비대칭파 저지법

(4) 감극성

쉬엉가기

• 변압기 여자 돌입전류
무부하 변압기를 전압이 0° 시에 투입할 경우 자속은 급변하고 철심 포화로 여자임피던스가 급감하며 과도적인 돌입전류가 흐른다. 이 전류를 여자돌입전류라 한다.

• 비대칭파 저지법
여자돌입전류는 비대칭파 이므로 파형이 비대칭파일 때는 동작을 저지하여 보호계전기의 오동작을 방지하는 방법이다.

배점6

16 다음 물음에 답하시오.

(1) 변압기의 호흡작용이란 무엇인가?

　○ ＿＿＿＿＿＿＿＿＿＿＿＿＿＿＿＿＿＿＿＿＿＿＿＿

(2) 호흡작용으로 인하여 발생되는 문제점을 쓰시오.

　○ ＿＿＿＿＿＿＿＿＿＿＿＿＿＿＿＿＿＿＿＿＿＿＿＿

(3) 호흡작용으로 발생되는 문제점을 방지하기 위한 대책은?

○ _____

정답 (1) 변압기 내부 및 외부에서 발생하는 열에 의해 절연유가 수축·팽창한다. 이때, 외부의 공기가 변압기 내부를 출입하는 작용을 말한다.

(2) 변압기 내부에 수분 및 불순물이 혼입되어 절연유가 열화된다.

(3) 호흡기 설치(콘서베이터)

콘서베이터 설치

절연유 열화의 주원인은 수분 및 산소와 수소 등의 대기중의 기체로서, 탱크내의 절연유와 접촉, 산화 작용을 일으킴으로써 절연유의 열화를 촉진시킨다. 이에 대한 문제의 해결을 위하여 콘서베이터를 설치한다.

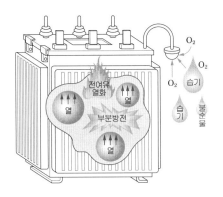 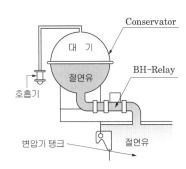

• 동작 원리 : 가장 일반적으로 널리 채택되는 방법으로 변압기 탱크(본체)내의 절연유와 대기와의 직접적인 접촉을 콘서베이터를 통하여 차단함으로써 변압기 본체의 절연유 열화속도를 저감 시킨다.

배점4

17 전동기에는 소손을 방지하기 위하여 전동기용 과부하 보호장치를 시설하여 자동적으로 회로를 차단하거나 과부하시에 경보를 내는 장치를 하여야 한다. 전동기 소손방지를 위한 과부하 보호장치의 종류를 4가지만 쓰시오.

○ _____

○ _____

○ _____

○ _____

① 전동기용 퓨즈　　　　　② 열동 계전기
　　　　③ 전동기 보호용 배선용 차단기　④ 유도형 계전기

배점5

18 디젤 발전기를 5시간 전부하 운전할 때 연료 소비량이 287[kg]이었다. 이 발전기의 정격 출력은 몇 [kVA]인가? 단, 중유의 열량은 10000[kcal/kg], 기관 효율 36.3[%], 발전기 효율 82.7[%], 전부하시 발전기 역률 80[%]이다.

• 계산 : _____　　• 답 : _____

• 계산

발전기의 출력 : $P = \dfrac{BH\eta_g \eta_t}{860\, T\cos\theta}$[kVA]

B : 연료 소비량[kg], H : 발열량[kcal/kg], η_t : 기관효율, η_g : 발전기 효율, T : 발전기 운전시간[h]

$P = \dfrac{287 \times 10000 \times 0.363 \times 0.827}{860 \times 5 \times 0.8} = 250.458$[kVA]

• 답 : 250.46[kVA]

국가기술자격검정 실기시험문제 및 정답

2010년도 전기기사 **제2회** 필답형 실기시험

종 목	시험시간	형 별	성 명	수험번호
전기기사	2시간 30분	A		

※ 수험자 인적사항 및 답안작성(계산식 포함)은 흑색의 필기구만 사용하여야 하며 흑색을 제외한 유색 필기구 또는 연필류를 사용하거나 2가지 이상의 색을 혼합 사용하였을 경우 그 문항은 0점 처리됩니다.

배점4

01 어떤 전기 설비에서 $3300[\text{V}]$의 고압 3상 회로에 변압비 33의 계기용변압기 2대를 그림과 같이 설치하였다. 전압계 V_1, V_2, V_3의 지시값을 각각 구하여라.

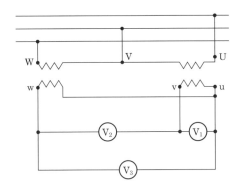

(1) V_1

• 계산 :   • 답 :

(2) V_2

• 계산 :   • 답 :

(3) V_3

• 계산 :   • 답 :

정답 (1) • 계산 : $V_1 = \dfrac{3300}{33} = 100[\text{V}]$

      • 답 : $100[\text{V}]$

(2) • 계산 : $V_2 = \dfrac{3300}{33} \times \sqrt{3} = 173.2[\text{V}]$

      • 답 : $173.2[\text{V}]$

(3) • 계산 : $V_3 = \dfrac{3300}{33} = 100[\mathrm{V}]$

　　 • 답 : $100[\mathrm{V}]$

이것이 핵심이다

> • V_1과 V_3에는 각각의 상전압이 걸린다.
>
> • V_2에는 V_1과 V_3의 선간전압(차전압)이 걸린다.

배점5

02 수변전설비를 설계하고자 한다. 기본설계에 있어서 검토 할 주요 사항을 5가지만 쓰시오.

　○ _____　　　○ _____

　○ _____　　　○ _____

　○ _____

정답　① 필요한 전력의 추정

　　② 수전전압 및 수전방식

　　③ 주회로의 결선방식

　　④ 감시 및 제어방식

　　⑤ 변전설비의 형식

배점5

03 1시간에 $18[\mathrm{m}^3]$로 솟아오르는 지하수를 $5[\mathrm{m}]$의 높이에 배수하고자 한다. 이때 $5[\mathrm{kW}]$의 전동기를 사용한다면 매 시간당 몇 분씩 운전 하면 되는지 구하시오. (단, 펌프의 효율은 $75[\%]$로 하고, 관로의 손실계수는 1.1로 한다.)

• 계산 : _____　　　• 답 : _____

정답　• 계산 : $P = \dfrac{HQ_m K}{6.12\eta} = \dfrac{H\dfrac{V}{t}K}{6.12\eta}[\mathrm{kW}]$ 에서

　　V : 물의 부피$[\mathrm{m}^3]$, t : 시간[분], K : 손실계수, Q_m : 분당양수량$[\mathrm{m}^3/\min]$,

　　H : 총양정[m], η : 효율

　　$t = \dfrac{HVK}{P \times 6.12\eta} = \dfrac{5 \times 18 \times 1.1}{5 \times 6.12 \times 0.75} = 4.31[\text{분}]$

　　• 답 : $4.31[\text{분}]$

- 펌프용 전동기의 소요동력(분당 양수량인 경우) $P = \dfrac{HQ_m K}{6.12\eta}\,[\text{kW}]$

  (단, Q_m : 분당양수량$[\text{m}^3/\text{min}]$)

- 펌프용 전동기의 소요동력(초당 양수량인 경우) $P = \dfrac{9.8 HQ_s K}{\eta}\,[\text{kW}]$

  (단, Q_s : 초당 양수량$[\text{m}^3/\text{sec}]$)

배점5

04 220[V] 전동기의 철대를 접지해 절연파괴로 인한 철대와 대지사이에 위험 전압을 25[V] 이하로 하고자 한다. 공급 변압기의 접지 저항값이 10[Ω], 저압전로의 임피던스를 무시할 경우, 전동기의 접지저항의 최대값[Ω]을 구하시오.

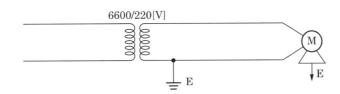

- 계산 : _____   • 답 : _____

정답 • 계산

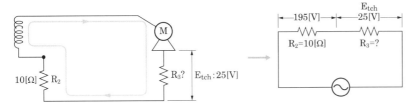

위험전압 $E_{tch} = \dfrac{R_3}{R_2 + R_3} \times E = 25[\text{V}]$

단, R_2 : 변압기의 접지 저항값, R_3 : 전동기의 접지 저항값

$R_3 = \dfrac{R_2 \times 25}{E - 25} = \dfrac{10 \times 25}{220 - 25} = 1.282[\Omega]$

• 답 : 1.28 [Ω]

2010

배점5

05 다음의 PLC 래더 다이어그램을 주어진 표의 빈칸 "㉮~㉯"에 명령어를 채워 프로그램을
완성하시오.

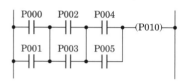

【조 건】

• 입력 : LOAD   • 직렬 : AND
• 병렬 : OR   • 블록간 병렬결합 : OR LOAD
• 블록간 직렬결합 : AND LOAD

step	명령어	번지
0	LOAD	P000
1	㉮	P001
2	㉯	㉺
3	㉰	㉻
4	AND LOAD	–
5	㉱	㉾
6	㉲	P005
7	AND LOAD	–
8	OUT	P010

정답 ㉮ OR ㉯ LOAD ㉰ OR ㉱ LOAD ㉲ OR ㉺ P002 ㉻ P003 ㉾ P004

쉬어 가기

OR LOAD의 사용(병렬 그룹연결)

step	명령어	번지
0	LOAD	P000
1	AND	P002
2	AND	P004
3	LOAD	P003
4	OR LOAD	–
5	OUT	P010

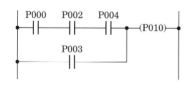

배점5

06 용량이 $1000[\mathrm{kVA}]$ 인 발전기를 역률 $80[\%]$로 운전할 때 시간당 연료소비량 $[\ell/\mathrm{h}]$을 구하시오. 단, 발전기의 효율은 0.93, 엔진의 연료 소비율은 $190[\mathrm{g/ps \cdot h}]$, 연료의 비중은 0.92이다.

• 계산 :

• 답 :

정답 • 계산

① 발전기 입력 $= \dfrac{\text{발전기출력}[\mathrm{kVA}] \times \text{역률}}{\text{발전기효율}}[\mathrm{kW}] = \dfrac{1000[\mathrm{kVA}] \times 0.8}{0.93} = 860.22[\mathrm{kW}]$

발전기 입력 $[\mathrm{kW}]$의 단위를 $[\mathrm{ps}]$로 바꾼다.

$1[\mathrm{ps}] = 75[\mathrm{kg \cdot m/s}] = 632[\mathrm{kcal/h}] = 735.5[\mathrm{W}]$

발전기입력 $= \dfrac{860.22 \times 10^3}{735.5} = 1169.57[\mathrm{ps}]$

② 발전기 입력에 필요한 연료소비량을 계산

연료소비량 $= 1169.57[\mathrm{ps}] \times 190[\mathrm{g/ps \cdot h}] \times 10^{-3} = 222.22[\mathrm{kg/h}]$

연료소비량의 단위 $[\mathrm{kg/h}]$를 $[\ell/\mathrm{h}]$로 바꾼다. (연료의 비중은 0.92)

연료소비량 $= 222.22[\mathrm{kg/h}] \times \dfrac{1}{0.92}[\ell/\mathrm{kg}] = 241.543[\ell/\mathrm{h}]$

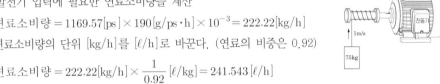

• 답 : $241.54[\ell/\mathrm{h}]$

07 전동기 부하를 사용하는 곳은 역률개선을 위하여 회로에 병렬로 역률개선용 저압콘덴서를 설치하여 전동기의 역률을 개선하여 90[%]이상으로 유지하려고 한다. 주어진 표를 이용하여 다음 물음에 답하시오.

[표 1] kW 부하에 대한 콘덴서 용량 산출표

		개선후의 역률													
		1.0	0.99	0.98	0.97	0.96	0.95	0.94	0.93	0.92	0.91	0.9	0.875	0.85	0.825	0.8
개선전의 역률	0.4	230	216	210	205	201	197	194	190	187	184	182	175	168	161	155
	0.425	213	198	192	188	184	180	176	173	170	167	164	157	151	144	138
	0.45	198	183	177	173	168	165	161	158	155	152	149	143	136	129	123
	0.475	185	171	165	161	156	153	149	146	143	140	137	130	123	116	110
	0.5	173	159	153	148	144	140	137	134	130	128	125	118	111	104	93
	0.525	162	148	142	137	133	129	126	122	119	117	114	107	100	93	87
	0.55	152	138	132	127	123	119	116	112	109	106	104	97	90	83	77
	0.575	142	128	122	117	114	110	106	103	99	96	94	87	80	73	67
	0.6	133	119	113	108	104	101	97	94	91	88	85	78	71	65	58
	0.625	125	111	105	100	96	92	89	85	82	79	77	70	63	56	50
	0.65	116	103	97	92	88	84	81	77	74	71	69	62	55	48	42
	0.675	109	95	89	84	80	76	73	70	66	64	61	54	47	40	34
	0.7	102	88	81	77	73	69	66	62	59	56	54	46	40	33	27
	0.725	95	81	75	70	66	62	59	55	52	49	46	39	33	26	20
	0.75	88	74	67	63	58	55	52	49	45	43	40	33	26	19	13
	0.775	81	67	61	57	52	49	45	42	39	36	33	26	19	12	6.5
	0.8	75	61	54	50	46	42	39	35	32	29	27	19	13	6	
	0.825	69	54	48	44	40	36	32	29	26	23	21	14	7		
	0.85	62	48	42	37	33	29	26	22	19	16	14	7			
	0.875	55	41	35	30	26	23	19	16	13	10	7				
	0.9	48	34	28	23	19	16	12	9	6	2.8					

[표 2] 저압(200[V])용 콘덴서 규격표, 정격 주파수 : 60[Hz]

상 수	단상 및 3상								
정격용량[μF]	10	15	20	30	40	50	75	100	150

(1) 정격전압 200[V], 정격출력 7.5[kW], 역률 80[%]인 전동기의 역률을 90[%]로 개선하고자 하는 경우 필요한 3상 콘덴서의 용량[kVA]을 구하시오.

• 계산 : _____ • 답 : _____

(2) 물음 "(1)"에서 구한 3상 콘덴서의 용량[kVA]을 [μF]로 환산한 용량으로 구하고, "[표 2] 저압(200[V]용) 콘덴서 규격표"를 이용하여 적합한 콘덴서를 선정하시오. (단, 정격주파수는 60[Hz]로 계산하며, 용량은 최소치를 구하도록 한다.)

· 계산 : _____   · 답 : _____

정답 (1) · 계산

표 1에서 계수 $K=27[\%]$이므로, 콘덴서 용량 $Q_c = KP = 0.27 \times 7.5 = 2.03[kVA]$

· 답 : $2.03[kVA]$

(2) · 계산

$$Q_c = \omega C V^2$$

$$C = \frac{Q_c}{\omega V^2} \times 10^6 [\mu F] = \frac{2030}{2\pi \times 60 \times 200^2} \times 10^6 = 134.62 [\mu F]$$

표 2에서 $134.62[\mu F]$보다 큰 값인 $150[\mu F]$로 선정한다.

· 답 : $150[\mu F]$

배점5

08 그림에서 고장표시접점 F가 닫혀 있을 때는 부저 BZ가 울리나 표시등 L은 켜지지 않으며, 스위치 24에 의하여 벨이 멈추는 동시에 표시등 L이 켜지도록 SCR의 게이트와 스위치 등을 접속하여 회로를 완성하시오. 또한, 회로 작성에 필요한 저항이 있으면 그것도 삽입하여 도면을 완성하도록 하시오.

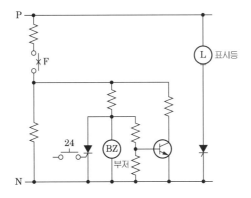

정답

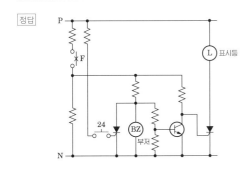

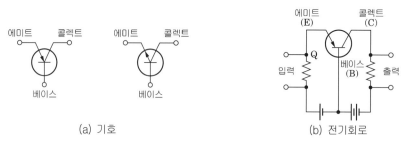

(a) 기호   (b) 전기회로

오른쪽 두개의 저항이 있어야 그 쪽으로 전류가 흐를 때 전압이 걸려 TR을 도통시킬 수 있기 때문에 양쪽에 저항을 넣어준다. 만약에 저항이 없다면 TR의 베이스에는 전압이 걸리지 않아 도통되지 않게 된다.

배점5

09 220[V], 60[Hz]의 정현파 전원에 정류기를 그림과 같이 연결하여 20[Ω]의 부하에 전류를 통한다. 이 회로에 직렬로 접속한 가동 코일형 전류계 A_1과 가동 철편형 전류계는 A_2는 각각 몇 [A]를 지시하는지 구하시오. 단, 정류기는 이상적인 정류기이고, 전류계의 저항은 무시한다.

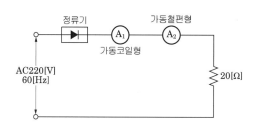

(1) 가동 코일형 전류계 (A_1) 지시 값

• 계산 : _____ • 답 : _____

(2) 가동 철편형 전류계 (A_2) 지시 값

• 계산 : _____ • 답 : _____

정답 (1) • 계산

위의 회로는 반파 정류회로이며, 가동코일형 전류계 A_1의 지시값은 평균값이다.

평균값 $V_{av} = \dfrac{V_m}{\pi} = \dfrac{220\sqrt{2}}{\pi}$[V] (단, V_m : 최댓값)

$I_{av} = \dfrac{V_{av}}{R} = \dfrac{\dfrac{220\sqrt{2}}{\pi}}{20} = \dfrac{11\sqrt{2}}{\pi}$[A]

• 답 : $\dfrac{11\sqrt{2}}{\pi}$[A]

(2) • 계산 : 실효값 $V_{rms} = \dfrac{V_m}{2} = \dfrac{220\sqrt{2}}{2} = 110\sqrt{2}\,[\mathrm{V}]$

가동 철편형 전류계 A_2의 지시값은 실효값이다.

$$I_{2rms} = \dfrac{V_{rms}}{R} = \dfrac{110\sqrt{2}}{20} = 5.5\sqrt{2}\,[\mathrm{A}]$$

• 답 : $5.5\sqrt{2}\,[\mathrm{A}]$

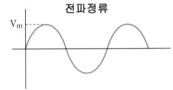

전파정류

• $V_m = \sqrt{2}\,V_{rms}$

• 실효값 $V_{rms} = \dfrac{V_m}{\sqrt{2}}$

• 평균값 $V_{av} = \dfrac{2V_m}{\pi}$

반파정류

• $V_m = \sqrt{2}\,V_{rms}$

• 실효값 $V_{rms} = \dfrac{V_m}{2}$

• 평균값 $V_{av} = \dfrac{V_m}{\pi}$

배점5

10 에너지 절약을 위한 동력설비의 대응방안 중 5가지만 쓰시오.

○ _____

○ _____

○ _____

○ _____

○ _____

정답 • 전동기 제어시스템의 적용

• 고효율 전동기 채용

• 전동기에 역률개선용 콘덴서 설치

• 엘리베이터의 효율적 관리

• 에너지 절약형 공조기기 시스템 채택

2010

동력설비의 에너지 절약 방법 중 대표적인 방법이 전동기 제어시스템(VVVF)을 채용하는 것이다. 예를들어 공장의 Fan Motor의 속도제어를 효율적으로 운전할 경우 에너지를 대폭 절약할 수 있다. 소요동력 P는 N^3 에 비례하므로 $(P \propto N^3)$, 회전수를 20%정도만 감소시키더라도 소요동력을 50%정도 절약할 수 있다.

배점8

11 변압기에 대한 다음 각 물음에 답하시오.

(1) 유입풍냉식은 어떤 냉각방식인지를 쓰시오.

   ○ _____

(2) 무부하 탭 절환 장치는 어떠한 장치인지를 쓰시오.

   ○ _____

(3) 비율차동계전기는 어떤 목적으로 이용되는지 쓰시오.

   ○ _____

(4) 무부하손은 어떤 손실을 말하는지 쓰시오.

   ○ _____

정답 (1) 유입자냉식의 판넬형 방열기에 냉각팬을 취부하여 냉각효과를 증가시킨 냉각방식이다.
    (2) 무부하 상태에서 변압기의 권수비를 조정하여 변압기 2차측 전압을 조정하는 장치이다.
    (3) 변압기의 내부고장을 검출한다.
    (4) 부하에 관계없이 발생하는 손실로 고정손에 속한다.

변압기 냉각방식

유입풍냉식 변압기에는 외부 주위환경에서 가해지는 온도에 의한 열과 내부에서 발생하는 열이 가해지게 된다. 이 열 들이 높아지면 변압기 권선의 절연물질을 약화시킬 정도로 높아지게 되어 변압기 권선간 또는 권선과 철심 또는 외함 간의 절연이 파괴되어 고장이 발생하여 변압기의 성능을 상실하게 된다. 따라서 변압기에 있어서 가해지는 열을 냉각시키는 것은 매우 중요하다. 유입풍냉식(ONAF)이란 유입자냉식의 판넬형 방열기에 냉각팬을 취부하여 냉각효과를 증가시킨 냉각방식이다. 변압기를 주중 정격으로 해서 경부하시에는 자냉식, 중부하시에는 풍냉식으로 운전 가능하고 자냉식 변압기를 개조함으로써 20~30[%]정도 용량증대 효과를 얻을 수 있다.

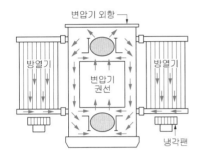

무부하 탭 절환기(NLTC- NO Load Tap Changer)

변압기를 주 통전선로에서 분리하여 무전압 상태에서 탭을 바꿔 전압을 조정하는 장치로서 $1000[kVA]$ 이하의 중/소용량 유입변압기나 건식변압기에 적용하며, 탭의 단자를 권선 부근의 단자판에 연결하여 접속편을 필요한 단자에 볼트로 조여서 탭을 조정한다.

부하 탭 절환기(OLTC- On Load Tap Changer)

변압기의 전압을 조정하기 위하여 변압기를 공급중인 선로에서 분리하여 탭을 조정한다는 것은 조작의 번거로움과 양질의 전력을 공급히는 측면에서 불리하다. 즉, 부하에 전력을 공급하면서 전압을 조정하는 것이 유리하다. 이러한 목적으로 부하 탭 절환기는 권선전압의 지정된 범위를 자동적으로 조정할 수 있다.

배점6

12 어느 건물의 부하는 하루에 $240[\text{kW}]$로 5시간, $100[\text{kW}]$로 8시간, $75[\text{kW}]$로 나머지 시간을 사용한다. 이에 따른 수전설비를 $450[\text{kVA}]$로 하였을 때, 부하의 평균역률이 0.8인 경우 다음 각 물음에 답하시오.

(1) 이 건물의 수용률$[\%]$을 구하시오.

  • 계산 : _____ • 답 : _____

(2) 이 건물의 일부하율$[\%]$을 구하시오.

  • 계산 : _____ • 답 : _____

정답 (1) • 계산

$$수용률 = \frac{최대수용전력}{설비용량} \times 100 = \frac{240}{450 \times 0.8} \times 100 = 66.666[\%]$$

• 답 : $66.67[\%]$

(2) • 계산

$$일부하율 = \frac{평균전력}{최대전력} \times 100 = \frac{\dfrac{1일 사용전력량[\text{kWh}]}{24[\text{h}]}}{최대전력[\text{kW}]} \times 100$$

$$= \frac{\dfrac{240 \times 5 + 100 \times 8 + 75 \times 11}{24}}{240} \times 100 = 49.045[\%]$$

• 답 : $49.05[\%]$

이것이 핵심이다

전력특성항목

• 부하율 $= \dfrac{평균전력}{최대전력} \times 100 = \dfrac{\dfrac{사용전력량[\text{kWh}]}{시간[\text{h}]}}{최대전력[\text{kW}]} \times 100$

• 일부하율 $= \dfrac{\dfrac{사용전력량}{24[\text{h}]}}{최대전력} \times 100$

• 월부하율 $= \dfrac{\dfrac{사용전력량}{30 \times 24[\text{h}]}}{최대전력} \times 100$ (단, 1달 30일 기준)

• 년부하율 $= \dfrac{\dfrac{사용전력량}{8760[\text{h}]}}{최대전력} \times 100$

13 그림과 같은 수변전 결선도를 보고 다음 물음에 답하시오.

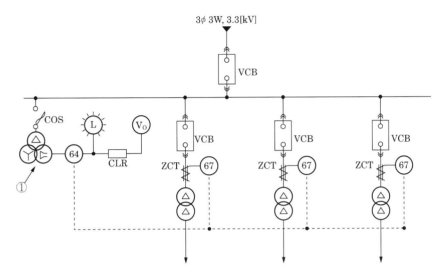

(1) ①번에 알맞은 기기의 명칭을 쓰시오.

○ _____

(2) 위 배전계통의 접지방식을 쓰시오.

○ _____

(3) 도면에서 CLR의 명칭을 쓰시오.

○ _____

(4) 위 도면에서 계전기 67의 명칭을 쓰시오.

○ _____

정답 (1) 접지형 계기용변압기
　　 (2) 비접지방식
　　 (3) 한류 저항기
　　 (4) 지락방향계전기

한류저항기(Current Limit Resistor)

① 지락방향계전기(SGR, DGR)의 사용시 지락전류의 유효분을 발생시킴
② GPT의 제3고조파를 억제
③ GPT의 중성점 이동등의 이상현상 억제

배점5

14 콘덴서(condenser)설비의 주요 사고 원인 3가지를 예로 들어 설명하시오.

○ _____

○ _____

○ _____

_____

정답 ① 콘덴서 소체 파괴 및 층간 절연 파괴
　　② 콘덴서 설비의 모선 단락 및 지락
　　③ 콘덴서 설비내의 배선 단락

배점7

15 그림은 유도전동기의 정·역 운전의 미완성 회로도이다. 주어진 조건을 이용하여 주회로 및 보조회로의 미완성부분을 완성하시오. 단, 전자접촉기의 보조 a, b접점에는 전자접촉기의 기호도 함께 표시하도록 한다.

【조 건】

- Ⓕ는 정회전용, Ⓡ은 역회전용 전자접촉기이다.
- 정회전을 하다가 역회전을 하려면 전동기를 정지시킨 후, 역회전 시키도록 한다.
- 역회전을 하다가 정회전을 하려면 전동기를 정지시킨 후, 정회전 시키도록 한다.
- 정회전시의 정회전용 램프 Ⓦ가 점등되고, 역회전시 역회전용 램프 Ⓨ가 점등되며, 정지시에는 정지용 램프 Ⓖ가 점등되도록 한다.
- 과부하시에는 전동기가 정지되고 정회전용 램프와 역회전용 램프는 소등되며, 정지시의 램프만 점등되도록 한다.
- 스위치는 누름버튼 스위치 ON용 2개를 사용하고, 전자접촉기의 보고 a접점은 F-a 1개, R-a 1개, b접점은 F-b 2개, R-b 2개를 사용하도록 한다.

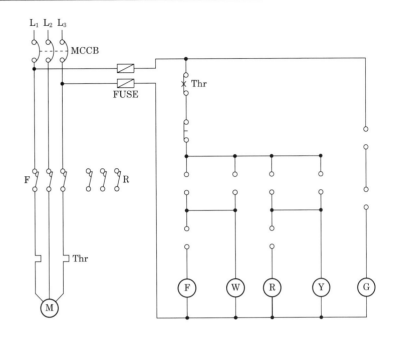

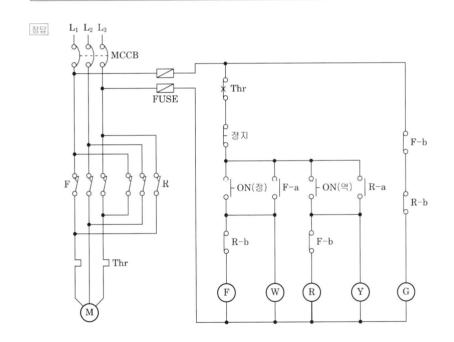

2010

배점6

16 다음 논리식에 대한 물음에 답하시오. 단, A, B, C는 입력, X는 출력이다.

【논리식】
$$X = A + B \cdot \overline{C}$$

(1) 논리식을 로직 시퀀스도로 나타내시오.

○ _____

(2) 물음 (1)에서 로직 시퀀스도로 표현된 것을 2입력 NAND gate를 최소로 사용하여 동일한 출력이 나오도록 회로를 변환하시오.

○ _____

(3) 물음 (2)에서 로직 시퀀스도로 표현된 것을 2입력 NOR gate를 최소로 사용하여 동일한 출력이 나오도록 회로를 변환하시오.

○ _____

정답 (1) (2) (3)

쉬어가기

(2) NAND는 곱의 형식으로 바꿔준다.

논리식 : $X = A + B \cdot \overline{C} = \overline{\overline{A + B \cdot \overline{C}}} = \overline{\overline{A} \cdot \overline{B \cdot \overline{C}}}$

(3) NOR는 합의 형식으로 바꿔준다.

논리식 : $X = A + B \cdot \overline{C} = A + \overline{\overline{B} + C} = \overline{\overline{A + \overline{\overline{B} + C}}}$

단일소자만의 회로에서 ─▷○─ 은 ─NAND─ 과 ─NOR─ 으로 표시한다.

배점5

17 가로 20[m], 세로 30[m]인 사무실에 평균조도 600[lx]를 얻고자 형광등 40[W] 2등용 사용하고 있다. 다음 각 물음에 답하시오. 단, 40[W] 2등용 형광등 기구의 전체광속은 4600[lm], 조명률은 0.5, 감광보상률은 1.3, 전기방식은 단상 2선식 200[V]이며, 40[W] 2등용 형광등의 전체 입력전류는 0.87[A]이고, 1회로의 최대 전류는 16[A]로 한다.

(1) 형광등 기구 수를 구하시오.

• 계산 :   • 답 :

(2) 최소 분기회로수를 구하시오.

• 계산 :   • 답 :

정답 (1) • 계산

등수 $N = \dfrac{DES}{FU} = \dfrac{1.3 \times 600 \times 20 \times 30}{4600 \times 0.5} = 203.48$

• 답 : 204[등]

(2) 분기회로 수 $n = \dfrac{\text{형광등의 총 입력전류}}{\text{1회로 전류}} = \dfrac{204 \times 0.87}{16} = 11.09$

※ 분기회로 수 및 등의 개수는 절상한다.

• 답 : 16[A] 분기 12회로

배점5

18 전동기에는 소손을 방지하기 위하여 전동기용 과부하 보호장치를 설치하여야 하나 설치 하지 아니하여도 되는 경우가 있다. 설치하지 아니하여도 되는 경우의 예를 5가지만 쓰시오.

○

○

○

○

○

정답 ① 전동기의 출력이 0.2[kW] 이하일 경우
② 부하의 성질상 전동기가 과부하 될 우려가 없는 경우
③ 전동기 자체에 유효한 과부하소손 방지장치가 있는 경우
④ 단상 전동기로 그 전원 측 전로에 시설하는 과전류 차단기의 정적전류가 16[A] (배선용 차단기는 20[A]) 이하인 경우
⑤ 전동기 운전 중 상시 취급자가 감시할 수 있는 위치에 시설하는 경우

2010

국가기술자격검정 실기시험문제 및 정답

2010년도 전기기사 **제3회** 필답형 실기시험

종 목	시험시간	형 별	성 명	수험번호
전기기사	2시간 30분	A		

※ 수험자 인적사항 및 답안작성(계산식 포함)은 흑색의 필기구만 사용하여야 하며 흑색을 제외한 유색 필기구 또는 연필류를 사용하거나 2가지 이상의 색을 혼합 사용하였을 경우 그 문항은 0점 처리됩니다.

배점9

01 어떤 공장에 예비전원설비로 발전기를 설계하고자 한다. 이 공장의 조건을 이용하여 다음 각 물음에 답하시오.

【부 하】

- 부하는 전동기 부하 150[kW] 2대, 100[kW] 3대, 50[kW] 2대 이며, 전등 부하는 40[kW]이다.
- 전동기 부하의 역률은 모두 0.9이고 전등 부하의 역률은 1이다.
- 동력부하의 수용률은 용량이 최대인 전동기 1대는 100[%], 나머지 전동기는 그 용량의 합계를 80[%]로 계산하며, 전등 부하는 100[%]로 계산한다.
- 발전기 용량의 여유율은 10[%]를 주도록 한다.
- 발전기 과도리액턴스는 25[%] 적용한다.
- 허용 전압강하는 20[%]를 적용한다.
- 시동 용량은 750[kVA]를 적용한다.
- 기타 주어지지 않은 조건은 무시하고 계산하도록 한다.

(1) 발전기에 걸리는 부하의 합계로부터 발전기 용량을 구하시오.

- 계산 : _____ • 답 : _____

(2) 부하 중 가장 큰 전동기 시동시의 용량으로부터 발전기의 용량을 구하시오.

- 계산 : _____ • 답 : _____

(3) 다음 "(1)"과 "(2)"에서 계산된 값 중 어느 쪽 값을 기준하여 발전기 용량을 정하는지 그 값을 쓰고 실제 필요한 발전기 용량을 정하시오.

- ○ _____

정답 (1) • 계산

단순 부하의 경우 발전기 용량 $P_{G1} = \left(\dfrac{\sum W_M \times \alpha}{\cos\theta} + \dfrac{\sum W_L \cdot \alpha}{\cos\theta} \right) \times \beta$

단, $\sum W_M$: 전동기 부하 합계[kW], $\sum W_L$: 전등부하 합계[kW]

$\cos\theta$: 부하의 역률, α : 수용률, β : 여유율

$P_{G1} = \left(\dfrac{150 \times 1 + (150 + 100 \times 3 + 50 \times 2) \times 0.8}{0.9} + \dfrac{40 \times 1}{1} \right) \times 1.1$

$\qquad = 765.111 [\text{kVA}]$

• 답 : 765.11[kVA]

(2) • 계산

부하 중 최대값을 갖는 전동기를 시동할 때 발전기용량

$P_{G2} \geq$ 시동용량[kVA] × 과도리액턴스 × $\left(\dfrac{1}{\text{허용전압강하}} - 1 \right) \times \beta$

$P_{G2} = 750 \times 0.25 \times \left(\dfrac{1}{0.2} - 1 \right) \times 1.1 = 825 [\text{kVA}]$

• 답 : 825[kVA]

(3) P_{G1} 과 P_{G2} 중 큰 값인 825[kVA]를 기준하여 발전기용량을 정한다.

실제 필요한 발전기용량 : 표준용량 1000[kVA] 적용

배점5

02 조명설비에서 전력을 절약하는 방법에 대하여 8가지를 간략하게 쓰시오.

○ _____   ○ _____

○ _____   ○ _____

○ _____   ○ _____

○ _____   ○ _____

정답 ① 고역률의 등기구 사용

② 고효율의 등기구 사용

③ 고조도 및 저 휘도의 반사 갓을 사용

④ 등기구의 격등 제어 및 회로 구성

⑤ 재실감지기 및 카드키 채용

⑥ 전구형 형광등 사용

⑦ 전반 조명과 국부조명(TAL 조명)을 적절히 병용하여 사용

⑧ 적절한 등기구의 보수 및 유지 관리

배점4

03 머레이 루프법(Murray loop)으로 선로의 고장 지점을 찾고자 한다. 선로의 길이가 $4[\mathrm{km}]$ $(0.2[\Omega/\mathrm{km}])$인 선로에 그림과 같이 접지 고장이 생겼을 때 고장점까지의 거리 X는 몇 $[\mathrm{km}]$인가? (단, $\mathrm{P}=270[\Omega]$, $\mathrm{Q}=90[\Omega]$에서 브리지가 평형이 되었다고 한다.)

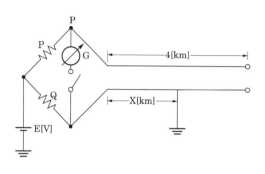

정답 • **계산**

머레이 루프법이란 휘스톤 브리지의 원리를 적용한 선로의 고장점 탐색법이다.

단, 왕복선의 길이: $8[\mathrm{km}]$

$PX = Q(8-X)$: 브리지 평형조건

윗 식에서 X를 구할 수 있다.

$$X = \frac{Q}{P+Q} \times 8 = \frac{90}{270+90} \times 8 = 2[\mathrm{km}]$$

• **답** : $2[\mathrm{km}]$

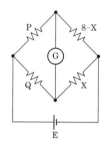

배점6

04 비접지선로의 접지전압을 검출하기 위하여 그림과 같은 (Y-개방△) 결선을 한 GPT가 있다.

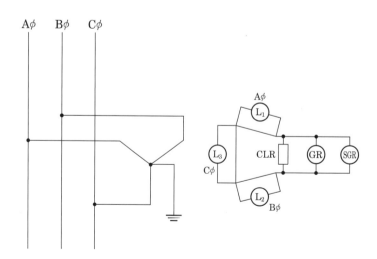

(1) Aϕ 고장시(완전 지락시) 2차 접지표시등 L_1, L_2, L_3의 점멸과 밝기를 비교하시오.

○ _____

(2) 1선 지락 사고시 건전상의 대지 전위의 변화를 간단히 설명하시오.

○ _____

(3) GR, SGR의 우리말 명칭을 간단히 쓰시오.

· GR : _____

· SGR : _____

정답 (1)

	점멸	밝기
L_1	소등	어둡다
L_2, L_3	점등	더욱 밝아진다

(2) 평상시의 건전상의 대지 전위는 $\dfrac{110}{\sqrt{3}}$ [V]이나 1선 지락 사고시에는 전위가 $\sqrt{3}$ 배로 증가하여 110[V]가 된다.

(3) GR : 지락 계전기
SGR : 선택지락 계전기

배점6

05 그림과 같은 3상 3선식 220[V]의 수전회로가 있다. ⊞는 전열부하이고, Ⓜ은 역률 0.8의 전동기이다. 이 그림을 보고 다음 각 물음에 답하시오.

(1) 저압 수전의 3상 3선식 선로인 경우에 설비불평형률은 몇 [%] 이하로 하여야 하는가?

○ _____

(2) 그림의 설비 불평형률은 몇 [%]인가? (단, P, Q점은 단선이 아닌 것으로 계산한다.)

○ _____

(3) P, Q점에서 단선이 되었다면 설비불평형률은 몇 [%]가 되겠는가?

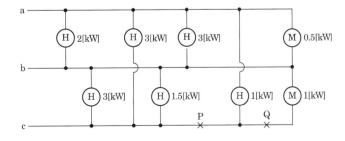

(2) 3상 3선식의 설비불평형률

$$설비불평형률 = \frac{각\ 선간에\ 접속되는\ 단상부하\ 총\ 설비용량의\ 최대와\ 최소의\ 차[kVA]}{총\ 부하\ 설비용량[kVA] \times \frac{1}{3}} \times 100$$

$$= \frac{\left(3 + 1.5 + \dfrac{1}{0.8}\right) - (3 + 1)}{\left(2 + 3 + \dfrac{0.5}{0.8} + 3 + 1.5 + \dfrac{1}{0.8} + 3 + 1\right) \times \dfrac{1}{3}} \times 100 = 34.146[\%]$$

• 답 34.15[%]

(3) P, Q점 단선시 수전회로

a, b간에 접속되는 부하용량: $P_{ab} = 2 + 3 + \dfrac{0.5}{0.8} = 5.63[kVA]$ (최대)

b, c간에 접속되는 부하용량: $P_{bc} = 3 + 1.5 = 4.5[kVA]$

a, c간에 접속되는 부하용량: $P_{ac} = 3[kVA]$ (최소)

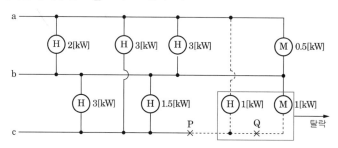

$$P,\ Q점\ 단선시\ 설비\ 불평형률 = \frac{5.63 - 3}{(5.63 + 4.5 + 3) \times \dfrac{1}{3}} \times 100 = 60.09[\%]$$

• 답 : 60.09[%]

• 설비 불평형률 계산시 부하의 단위는 피상전력([kVA] 또는 [VA])

• 부하 $= \dfrac{[kW]}{\cos\theta}[kVA]$

• 3상 3선식의 경우 설비불평형률은 30[%]이하가 되어야 한다.

06 그림은 어떤 변전소의 도면이다. 변압기 상호 부등률이 1.3이고, 부하의 역률 90[%]이다. STr의 내부 임피던스 4.6[%], Tr_1, Tr_2, Tr_3의 내부 임피던스가 10[%], 154[kV] BUS의 내부 임피던스가 0.4[%]이다. 다음 물음에 답하시오.

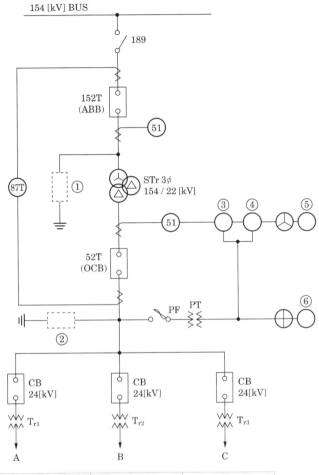

부하	용량	수용률	부등률
A	4000[kW]	80[%]	1.2
B	3000[kW]	84[%]	1.2
C	6000[kW]	92[%]	1.2

2000	3000	4000	5000	6000	7000

154[kV] ABB 용량표[MVA]

200	300	400	500	600	700

22[kV] OCB 용량표[MVA]

10000	15000	20000	30000	40000	50000

154[kV] 변압기 용량표[kVA]

2000	3000	4000	5000	6000	7000

22[kV] 변압기 용량표[kVA]

(1) Tr_1, Tr_2, Tr_3 변압기 용량 [kVA]은?

  ○ _____

(2) STr의 변압기 용량 [kVA]은?

  ○ _____

(3) 차단기 152T의 용량 [MVA]은?

  ○ _____

(4) 차단기 52T의 용량 [MVA]은?

  ○ _____

(5) 87T의 명칭은?

  ○ _____

(6) 51의 명칭은?

  ○ _____

(7) ①~⑥에 알맞은 심벌을 기입하시오.

  ○ _____

정답 (1) $Tr_1 = \dfrac{4000 \times 0.8}{1.2 \times 0.9} = 2962.96\,[\text{kVA}]$, 표에서 $3000[\text{kVA}]$ 선정

$Tr_2 = \dfrac{3000 \times 0.84}{1.2 \times 0.9} = 2333.33\,[\text{kVA}]$, 표에서 $3000[\text{kVA}]$ 선정

$Tr_3 = \dfrac{6000 \times 0.92}{1.2 \times 0.9} = 5111.11\,[\text{kVA}]$, 표에서 $6000[\text{kVA}]$ 선정

(2) $STr = \dfrac{2962.96 + 2333.33 + 5111.11}{1.3} = 8005.69\,[\text{kVA}]$

표에서 $10000[\text{kVA}]$ 선정

(3) $P_s = \dfrac{100}{\%Z} \times P_n = \dfrac{100}{0.4} \times 10 = 2500\,[\text{MVA}]$, 표에서 $3000[\text{MVA}]$ 선정

(4) $P_s = \dfrac{100}{\%Z} \times P_n = \dfrac{100}{0.4 + 4.6} \times 10 = 200\,[\text{MVA}]$, 표에서 $200[\text{MVA}]$ 선정

(5) 주변압기 차동 계전기

(6) 과전류 계전기

(7)

배점5

07 전기화재 발생원인 5가지를 쓰시오.

○ _____   ○ _____

○ _____   ○ _____

○ _____

정답 ① 절연파괴
② 과전류
③ 합선
④ 불꽃방전
⑤ 지락

쉬어가기

케이블의 절연이 심하게 열화된 경우 절연이 파괴되어 누설전류가 흐른다. 이는 1선지락사고의 발생원인 중 하나이며, 이때 발생하는 아크에 의해 화재가 발생할 수 있다.

배점5

08 그림은 전자개폐기 MC에 의한 시퀀스 회로를 개략적으로 그린 것이다. 이 그림을 보고 다음 각 물음에 답하시오.

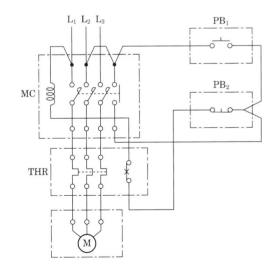

(1) 그림과 같은 회로용 전자개폐기 MC의 보조 접점을 사용하여 자기유지가 될 수 있는 일반적인 시퀀스 회로로 다시 작성하여 그리시오.

○ _____

(2) 시간 t_3에 열동 계전기가 작동하고, 시간 t_4에서 수동으로 복귀하였다. 이때의 동작을 타임차트로 표시하시오.

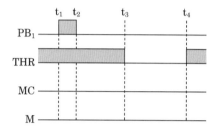

○ _____

정답 (1)

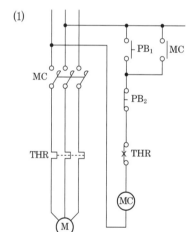

(2)

동작설명 : PB₁을 누르면 MC가 여자되어 전동기가 작동한다. PB₂를 누르면 MC가 소자되어 전동기가 정지한다. 전동기 작동중에 과부하로 인해 열동 계전기가 작동하면 PB₂를 누른것과 같이 전류가 차단되어 MC가 소자되고 MC-a 자기유지 접점도 복귀한다. 열동 계전기가 수동 복귀하여도 여자되는 회로는 없다.

배점4

09 점포가 붙어 있는 주택이 그림과 같을 때 주어진 참고 자료를 이용하여 예상되는 설비 부하 용량을 상정하고, 분기 회로수는 원칙적으로 몇 회로로 하여야 하는지를 산정하시오. 단, 사용 전압은 220[V]라고 한다.

- RC는 룸 에어컨디셔너 1.1[kW]
- 주어진 참고 자료의 수치 적용은 최대값을 적용하도록 한다.

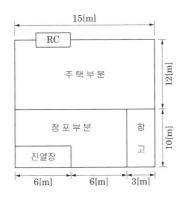

【참고사항】

가. 설비 부하 용량은 다만 "가" 및 "나"에 표시하는 종류 및 그 부분에 해당하는 표준 부하에 바닥 면적을 곱한 값에 "다"에 표시하는 건물 등에 대응하는 표준부하 [VA]를 가한 값으로 할 것
[표준부하]

건축물의 종류	표준부하[VA/m²]
공장, 공회당, 사원, 교회, 극장, 영화관, 연회장 등	10
기숙사, 여관, 호텔, 병원, 학교, 음식점, 다방, 대중목욕탕	20
주택, 아파트, 사무실, 은행, 상점, 이발소, 미장원	30

[비고] 건물이 음식점과 주택 부분의 2 종류로 될 때에는 각각 그에 따른 표준 부하를 사용 할 것
[비고] 학교와 같이 건물의 일부분이 사용되는 경우에는 그 부분만을 적용한다.

나. 건물(주택, 아파트 제외)중 별도 계산할 부분의 표준 부하
[부분적인 표준 부하]

건축물의 부분	표준부하[VA/m²]
복도, 계단, 세면장, 창고, 다락	5
강당, 관람석	10

다. 표준부하에 따라 산출한 수치에 가산하여야 할 [VA]수
  ① 주택, 아파트(1세대마다)에 대하여는 1000~500[VA]
  ② 상점의 진열장에 대하여는 진열장 폭 1[m]에 대하여 300[VA]
  ③ 옥외의 광고등, 전광 사인 등의 [VA]수
  ④ 극장, 댄스홀 등의 무대 조명, 영화관 등의 특수 전등부하의 [VA]수

2010

정답 ・계산

설비부하용량 = 바닥면적 × 표준부하 + 가산부하 + RC

= 주택부분 + 점포부분 + 창고 + 진열장 가산부하 + 주택 가산부하 + RC

= (12 × 15 × 30) + (12 × 10 × 30) + (3 × 10 × 5) + (6 × 300) + 1000 + 1100

= 13050[VA]

$$\therefore \text{분기 회로수} = \frac{\text{설비부하 용량[VA]}}{\text{사용 전압[V]} \times 15[A]} = \frac{13050}{220 \times 15} = 3.95$$

※ 분기회로수 산정시 절상한다.

・답 : 15[A] 분기 4회로

이것이 핵심이다

내선규정 : 220[V]에서 정격소비전력 3[kW](110[V]때는 1.5[kW])를 초과하는 냉방기기, 취사용 기기는 전용분기회로로 하여야 한다. 위 문제에서 RC는 1.1[kW]이므로(3[kW] 미만) 단독 분기회로로 할 필요가 없다.

배점5

10 어느 수용가가 당초 역률(지상) 80[%]로 150[kW]의 부하를 사용하고 있는데, 새로 역률 (지상) 60[%], 100[kW]의 부하를 증가하여 사용하게 되었다. 이 때 콘덴서로 합성 역률 을 90[%]로 개선하는데 필요한 용량은 몇 [kVA]인가?

・계산 : _____ ・답 : _____

정답 ・계산

① 부하의 지상 무효전력

$$P_r = P_{r1} + P_{r2} = P_1 \tan\theta_1 + P_2 \tan\theta_2 = 150 \times \frac{0.6}{0.8} + 100 \times \frac{0.8}{0.6} = 245.83 [\text{kVar}]$$

② 유효전력의 합성

$$P = P_1 + P_2 = 150 + 100 = 250 [\text{kW}]$$

③ 역률개선 전 합성역률

$$\cos\theta_1 = \frac{P}{\sqrt{P^2 + P_r^2}} = \frac{250}{\sqrt{250^2 + 245.83^2}} = 0.71$$

④ 역률 개선시 필요한 콘덴서 용량

$$Q_c = P(\tan\theta_1 - \tan\theta_2) = P \times \left(\frac{\sqrt{1-\cos^2\theta_1}}{\cos\theta_1} - \frac{\sqrt{1-\cos^2\theta_2}}{\cos\theta_2} \right) [\text{kVA}]$$

$$= 250 \times \left(\frac{\sqrt{1-0.71^2}}{0.71} - \frac{\sqrt{1-0.9^2}}{0.9} \right) = 126.877$$

• 답 : $126.88[\text{kVA}]$

배점5

11 그림과 같이 $6300/210[\text{V}]$인 단상변압기 3대를 $\triangle - \triangle$ 결선하여 수전단 전압이 $6000[\text{V}]$인 배전 선로에 접속하였다. 이 중 2대의 변압기는 감극성이고 CA 상에 연결된 변압기 1대가 가극성이었다고 한다. 이때 아래 그림과 같이 접속된 전압계에는 몇 $[\text{V}]$의 전압이 유기되는가?

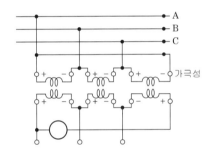

정답 • 계산 : 변압기 2차측 전압 $V = 6000 \times \frac{210}{6300} = 200[\text{V}]$

2대의 감극성인 변압기와 1대의 가극성 변압기가 결선되어 있다.

$$\dot{V} = \dot{V}_{AB} + a^2\dot{V}_{BC} - a\dot{V}_{CA}$$

$$= 200\angle 0 + 200\left(-\frac{1}{2} - j\frac{\sqrt{3}}{2}\right) - 200\left(-\frac{1}{2} + j\frac{\sqrt{3}}{2}\right) = 200 - j200\sqrt{3}\,[\text{V}]$$

$$|V| = \sqrt{200^2 + (200\sqrt{3})^2} = 400[\text{V}]$$

• 답 : $400[\text{V}]$

배점4

12 지표면상 $10[\text{m}]$ 높이의 수조가 있다. 이 수조에 시간당 $3600[\text{m}^3]$의 물을 양수하는데 필요한 펌프용 전동기의 소요 동력은 몇 $[\text{kW}]$인가? (단, 펌프효율은 $80[\%]$이고 펌프 축 동력에 $20[\%]$ 여유를 준다.)

• 계산 :   • 답 :

2010

정답 • 계산

$$P = \frac{9.8 HQK}{\eta}[\text{kW}] 에서$$

H : 양정[m], Q : 양수량[m^3/sec], K : 영유계수, η : 효율

$$P = \frac{10 \times 3600 \times 1.2}{6.12 \times 0.8 \times 60} = 147.058[\text{kW}]$$

• 답 : 147.06[kW]

배점5

13 100[V], 20[A]용 단상 적산 전력계에 어느 부하를 가할 때 원판의 회전수 20회에 대하여 40.3[초]걸렸다. 만일 이 계기의 20[A]에 있어서 오차가 +2[%]라 하면 부하 전력은 몇 [kW]인가? (단, 이 계기의 계기 정수는 1000[Rev/kWh]이다.)

• 계산 : _____ • 답 : _____

정답 • 계산

적산전력계의 측정 값 $P_M = \dfrac{3600 \cdot n}{t \cdot k} = \dfrac{3600 \times 20}{40.3 \times 1000} = 1.79[\text{kW}]$

오차율$(E) = \dfrac{측정값(P_M) - 참값(P_T)}{참값(P_T)} \times 100[\%]$

여기서, $2 = \dfrac{1.79 - P_T}{P_T} \times 100[\%]$ $\therefore P_T = \dfrac{1.79}{1.02} = 1.75[\text{kW}]$

• 답 : 1.75[kW]

배점5

14 공사시방서란 무엇인지 설명하시오.

○ _____

정답 시공 과정에서 요구되는 기술적인 사항을 설명한 문서로서 구체적으로 사용할 재료의 품질, 작업순서, 마무리 정도 등 도면상 기재가 곤란한 기술적 사항을 표시해 놓은 것.

배점4

15 예상이 곤란한 콘센트, 비틀어 끼우는 접속기, 소켓 등이 있는 경우 수구의 종류에 따른 예상 부하[VA/개]를 쓰시오.

(1) 콘센트

　○ _____

(2) 소형 전등수구

　○ _____

(3) 대형 전등수구

　○ _____

───────────────────────────────

정답 (1) 콘센트 : 150[VA/개]

　(2) 소형 전등수구 : 150[VA/개]

　(3) 대형 전등수구 : 300[VA/개]

배점5

16 케이블의 트리현상이란 무엇인가 쓰고 종류 3가지를 쓰시오.

(1) 정의

　○ _____

(2) 종류

　○ _____

　○ _____

　○ _____

───────────────────────────────

정답 (1) 정의 : 고체 절연물 내에서 코로나 방전에 의한 절연열화 현상으로 수지상의 방전흔적을 남기는 현상을 말한다.

　(2) 종류 : 수 트리, 전기적 트리, 화학적 트리

2010

쉬어가기 **케이블의 열화**

케이블 열화의 진행 과정

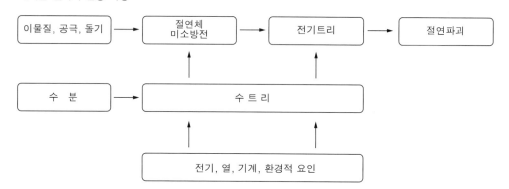

케이블 열화 대책
- 케이블 제작공법 개선
- 케이블 단말처리 철저
- 케이블 컴파운드 충전
- 케이블 포설시 기계적 스트레스에 유의
- 케이블 열화 진단법의 적정사용으로 사고예방

케이블 열화 진단법의 종류
- 직류 중첩법
- 수트리 진단법
- 활선 $\tan\delta$ 법
- 저주파 중첩법

배점4

17 다음 그림에서 (가), (나) 부분의 전선수는?

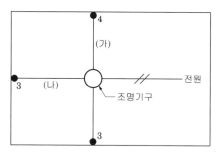

정답 (가) 4가닥   (나) 3가닥

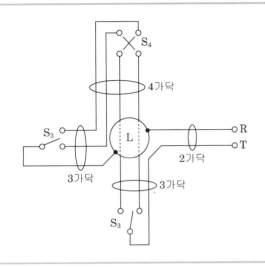

배점5

18 그림과 같은 PLC 시퀀스의 프로그램을 표의 차례 1~9에 알맞은 명령어를 각각 쓰시오. 여기서 시작(회로)입력 STR, 출력 OUT, 직렬 AND, 병렬 OR, 부정 NOT, 그룹 직렬 AND STR, 그룹 병렬 OR STR의 명령을 사용한다.

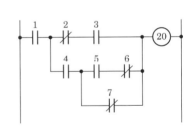

차례	명령	번지	차례	명령	번지
0	STR	1	6		7
1		2	7		−
2		3	8		−
3		4	9		−
4		5	10	OUT	20
5		6			

정답

차례	명령	번지	차례	명령	번지
0	STR	1	6	OR NOT	7
1	STR NOT	2	7	AND STR	−
2	AND	3	8	OR STR	−
3	STR	4	9	AND STR	−
4	STR	5	10	OUT	20
5	AND NOT	6			

첫 번째 이후 STR로 시작하는 지점에 AND STR(직렬 그룹), OR STR(병렬 그룹)을 접점으로 연결해준다.

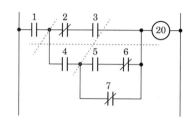

그룹 연결부분을 나누어 생각해 본다.

2011
과년도 기출문제

국가기술자격검정 실기시험문제 및 정답

2011년도 전기기사 **제1회** 필답형 실기시험

종 목	시험시간	형 별	성 명	수험번호
전기기사	2시간 30분	A		

※ 수험자 인적사항 및 답안작성(계산식 포함)은 흑색의 필기구만 사용하여야 하며 흑색을 제외한 유색 필기구 또는 연필류를 사용하거나 2가지 이상의 색을 혼합 사용하였을 경우 그 문항은 0점 처리됩니다.

배점9

01 그림과 같은 3상 배전선에서 변전소(A점)의 전압은 3300[V], 중간(B점) 지점의 부하는 50[A], 역률 0.8(지상), 말단(C점)의 부하는 50[A], 역률 0.8이고, A와 B사이의 길이는 2[km], B와 C사이의 길이는 4[km]이며, 선로의 km당 임피던스는 저항 0.9[Ω], 리액턴스 0.4[Ω]이라고 할 때 다음 물음에 답하시오.

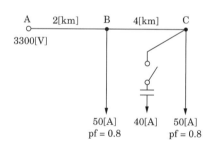

(1) 이 경우의 B점과 C점의 전압은 몇 [V]인가?

① B점의 전압

•계산 : _____   •답 : _____

② C점의 전압

•계산 : _____   •답 : _____

(2) C점에 전력용 콘덴서를 설치하여 진상 전류 40[A]를 흘릴 때 B점의 전압과 C점의 전압은 각각 몇 [V]인가?

① B점의 전압

•계산 : _____   •답 : _____

② C점의 전압

•계산 : _____   •답 : _____

(3) 전력용 콘덴서를 설치하기 전과 후의 선로의 전력 손실을 구하시오.

① 전력용 콘덴서 설치 전

• 계산 : _____ • 답 : _____

② 전력용 콘덴서 설치 후

• 계산 : _____ • 답 : _____

정답 (1) ① B점의 전압

• 계산

$R_1 = 0.9 \times 2 = 1.8\,[\Omega]$, $X_1 = 0.4 \times 2 = 0.8\,[\Omega]$

$V_B = V_A - \sqrt{3}\,I_1(R_1\cos\theta + X_1\sin\theta)$

$\quad = 3300 - \sqrt{3} \times 100 \times (0.9 \times 2 \times 0.8 + 0.4 \times 2 \times 0.6)$

$\quad = 2967.446\,[\mathrm{V}]$

• 답 : 2967.45[V]

② C점의 전압

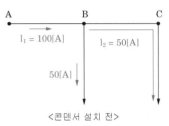

<콘덴서 설치 전>

• 계산

$V_C = V_B - \sqrt{3}\,I_2(R_2\cos\theta + X_2\sin\theta)$

$\quad = 2967.45 - \sqrt{3} \times 50 \times (0.9 \times 4 \times 0.8 + 0.4 \times 4 \times 0.6)$

$\quad = 2634.896$

• 답 : 2634.9[V]

(2) ① B점의 전압

• 계산

$V_B = V_A - \sqrt{3} \times [I_1\cos\theta \cdot R_1 + (I_1\sin\theta - I_c) \cdot X_1]$

$\quad = 3300 - \sqrt{3} \times [100 \times 0.8 \times 1.8 + (100 \times 0.6 - 40) \times 0.8] = 3022.871$

• 답 : 3022.87[V]

② C점의 전압

• 계산

$V_C = V_B - \sqrt{3} \times [I_2\cos\theta \cdot R_2 + (I_2\sin\theta - I_c) \cdot X_2]$

$\quad = 3022.87 - \sqrt{3} \times [50 \times 0.8 \times 3.6 + (50 \times 0.6 - 40) \times 1.6] = 2801.167$

• 답 : 2801.17[V]

(3) 전력용 콘덴서를 설치하기 전과 후의 선로의 전력손실

3상 배전선로의 전력손실 : $P_\ell = 3I^2 R \times 10^{-3}\,[\mathrm{kW}]$

① • 계산

콘덴서 설치 전의 전력손실($P_{\ell 1}$)

$P_{\ell 1} = 3I_1^2 R_1 + 3I_2^2 R_2$

$P_{\ell 1} = (3 \times 100^2 \times 1.8 + 3 \times 50^2 \times 3.6) \times 10^{-3} = 81\,[\mathrm{kW}]$

• 답 : 81[kW]

② • 계산

콘덴서 설치 후의 전류($I_1{}'$, $I_2{}'$) 및 전력손실($P_{\ell2}$)

$I_1{}' = 100 \times (0.8 - j0.6) + j40 = 80 - j20 = 82.46\,[\mathrm{A}]$

$I_2{}' = 50 \times (0.8 - j0.6) + j40 = 40 + j10 = 41.23\,[\mathrm{A}]$

$P_{\ell2} = 3I_1{}'^2 R_1 + 3I_2{}'^2 R_2$

$P_{\ell2} = (3 \times 82.46^2 \times 1.8 + 3 \times 41.23^2 \times 3.6) \times 10^{-3}$
$\qquad = 55.077\,[\mathrm{kW}]$

• 답 : 55.08[kW]

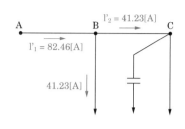

이것이 핵심이다

• 3상 선로에서의 전압강하

① $V_B = V_A - e$ [V]

② $e = \sqrt{3}\,I(R\cos\theta + X\sin\theta)$ [V]

③ $V_B = V_A - \sqrt{3}\,I(R\cos\theta + X\sin\theta)$ [V]

• 콘덴서 투입 시 진상전류(I_c)만큼 지상전류($I\sin\theta$)가 감소하여 전압강하, 전력손실 등이 감소하게 된다.

배점4

02 그림과 같이 부하가 A, B, C에 시설될 경우, 이것에 공급할 변압기 Tr의 용량을 계산하여 표준 용량을 선정하시오. (단, 부등률은 1.1, 부하 역률은 80[%]로 한다.)

변압기 표준 용량[kVA]						
50	100	150	200	250	300	350

부하설비 50[kW]   75[kW]   65[kW]
수 용 률 80[%]   85[%]   75[%]
　　　　　　A　　　　　B　　　　　C

정답 • 계산

변압기용량 $= \dfrac{\text{각 부하 최대 수요전력의 합}}{\text{부등률} \times \text{역률(효율)}} = \dfrac{\text{설비용량[kW]} \times \text{수용률}}{\text{부등률} \times \text{역률(효율)}}$ [kVA]

$\qquad = \dfrac{50 \times 0.8 + 75 \times 0.85 + 65 \times 0.75}{1.1 \times 0.8} = 173.295\,[\mathrm{kVA}]$

표에서 계산값 보다 큰 값을 기준용량으로 선정한다.

• 답 : 200[kVA]

03 그림에 제시된 건물의 표준 부하표를 보고 건물단면도의 분기회로수를 산출하시오.

단, ① 사용전압은 220[V]로 하고 룸 에어컨은 별도 회로로 한다.

② 가산해야할 [VA]수는 표에 제시된 값 범위 내에서 큰 값을 적용한다.

③ 부하의 상정은 표준 부하법에 의해 설비 부하용량을 산출한다.

표. 건물의 표준 부하표

건물의 종류		표준부하[VA/m²]
P	공장, 공회당, 사원, 교회, 극장, 연회장 등	10
	기숙사, 여관, 호텔, 병원, 학교, 음식점, 다방, 대중목욕탕 등	20
	주택, 아파트, 사무실, 은행, 상점, 이용소, 미장원	30
Q	복도, 계단, 세면장, 창고, 다락	5
	강당, 관람석	10
C	주택, 아파트(1세대마다)에 대하여	500~1000[VA]
	상점의 진열장은 폭 1[m]에 대하여	300[VA]
	옥외의 광고등, 광전사인, 네온사인 등	실[VA] 수
	극장, 댄스홀 등의 무대조명, 영화관의 특수 전등부하	실[VA] 수

(단, P:주 건축물의 바닥면적[m²], Q:건축물의 부분의 바닥면적[m²], C:가산해야할[VA]수 임)

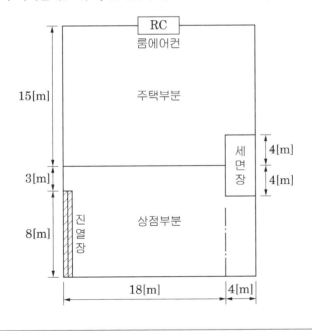

• 계산

• 주택부분부하상정 $= 30 \times [(15 \times 22) - (4 \times 4)] + 5 \times 4 \times 4 + 1000 = 10500[VA]$

• 상점부분부하상정 $= 30 \times [(11 \times 22) - (4 \times 4)] + 5 \times 4 \times 4 + 300 \times 8 = 9260[VA]$

• 주택 및 상점부분 15[A] 분기회로수 $= \dfrac{10500 + 9260}{220 \times 15} = 5.99[회로] \rightarrow 6[회로]$

• 총 분기회로수 = 주택 및 상점부분 분기회로수 + 룸에어컨 $= 6 + 1 = 7[회로]$

• 답 : 15[A] 분기 7회로

배점5

04 지표면상 10[m] 높이에 수조가 있다. 이 수조에 초당 1[m³]의 물을 양수하는데 사용되는 펌프용 전동기에 3상 전력을 공급하기 위하여 단상 변압기 2대를 V결선하였다. 펌프 효율이 70[%]이고, 펌프축 동력에 20[%]의 여유를 두는 경우 다음 각 물음에 답하시오. (단, 펌프용 3상 농형 유도 전동기의 역률을 100[%]로 가정한다.)

(1) 펌프용 전동기의 소요 동력은 몇 [kW]인가?

• 계산 : _____ • 답 : _____

(2) 변압기 1대의 용량은 몇 [kVA]인가?

• 계산 : _____ • 답 : _____

정답 (1) • 계산

펌프용 전동기의 소요 동력

$$P = \frac{9.8HQK}{\eta}$$

$$P = \frac{9.8 \times 10 \times 1 \times 1.2}{0.7} = 168$$

H : 양정[m], Q : 양수량[m³/sec], K : 여유계수, η : 효율

• 답 : 168[kW]

(2) • 계산 : 단상 변압기 V결선시 출력

$$P_V = \sqrt{3}\,P_1[\text{kVA}]$$

(단, P_1 = 단상변압기 1대 용량) 위에서 구한 $P_V = 168$[kVA]

$$P_1 = \frac{P_V}{\sqrt{3}} = \frac{168}{\sqrt{3}} = 96.994[\text{kVA}]$$

• 답 : 96.99[kVA]

이 문제에서 전동기의 역률이 100[%]라는 조건을 주었으므로 "[kW]=[kVA]"가 성립한다.
(예) 변압기의 용량이 1000[kVA], 역률이 100[%] ($\cos\theta = 1$) 일 경우 변압기의 출력은 1000[kW]가 된다.

배점6

05 점멸기의 그림 기호에 대한 다음 각 물음에 답하시오.

(1) 용량 표시방법에서 몇 [A] 이상일 때 전류치를 표기하는가?

  ○ _____

(2) ●$_{2P}$와●$_4$는 어떻게 구분되는가?

  ① ●$_{2P}$ ② ●$_4$

(3) 방수형과 방폭형은 어떤 문자를 표기하는가?

  ① 방수형   ② 방폭형

정답 (1) 15[A]

    (2) ① 2극 스위치   ② 4로 스위치

    (3) ① 방수형 : WP   ② 방폭형 : EX

이것이 핵심이다

┌───┐

점멸기의 종류 및 심벌

┌ 용량표시 : ・15[A] 이상은 전류치를 표기한다.

│   ・10[A]는 표시하지 않는다.

└ 극수위치 : ・단극은 방기하지 않는다.

               ・2극은 2P로 표기한다.

               ・3로 또는 4로는 3, 4의 숫자로 표기한다.

① 방폭형 : EX   ② 방수형 : WP

③ 자동 : A   ④ 리모콘 : R

⑤ 타이머붙이 : T   ⑥ 파일럿램프 내장 점멸기 : L

⑦ 따로 놓여진 파일럿 램프 점멸기 : ○●

⑧ 조광기 :

⑨ 리모콘 릴레이 : ▲ (리모콘 릴레이를 접합하여 부착하는 경우 : 수량표시)

└───┘

2011

06 3개의 접지판 상호간의 저항을 측정한 값이 그림과 같이 G_1과 G_2사이는 30[Ω], G_2과 G_3사이는 50[Ω], G_1과 G_3사이는 40[Ω] 이었다면, G_3의 접지 저항값은 몇 [Ω]인지 계산하시오.

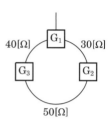

• 계산 : _____   • 답 : _____

정답 • 계산

접지 저항값 $R_{G3} = \dfrac{1}{2}(R_{13} + R_{23} - R_{12}) = \dfrac{1}{2}(40 + 50 - 30) = 30[\Omega]$

• 답 : 30[Ω]

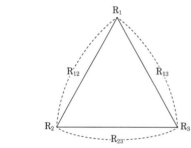

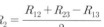

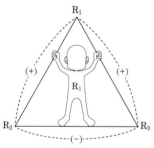

$$R_1 = \frac{R_{12} + R_{13} - R_{23}}{2} \qquad R_2 = \frac{R_{12} + R_{23} - R_{13}}{2} \qquad R_3 = \frac{R_{13} + R_{23} - R_{12}}{2}$$

07 각 방향에 900[cd]의 광도를 갖는 광원을 높이 3[m]에 취부 했을 경우 직하 30° 방향의 수평면 조도[lx]를 구하시오.

정답 · 계산

수평면 조도 $E_h = \dfrac{I}{\ell^2}\cos\theta\,[\mathrm{lx}]$

$\cos 30° = \dfrac{3}{\ell}$ 이 식에서 빗변 ℓ을 구하면

$\ell = \dfrac{3}{\cos 30°} = \dfrac{3}{\dfrac{\sqrt{3}}{2}} = 2\sqrt{3}\,[\mathrm{m}]$ 이다.

$E_h = \dfrac{900}{(2\sqrt{3})^2} \times \cos 30° = 64.95\,[\mathrm{lx}]$

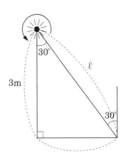

· 답 : $64.95\,[\mathrm{lx}]$

배점8

08 다음 결선도는 수동 및 자동 (하루 중 설정시간 동안 운전) $Y-\triangle$ 배기팬 MOTOR 결선도 및 조작회로이다. 다음 각 물음에 답하시오.

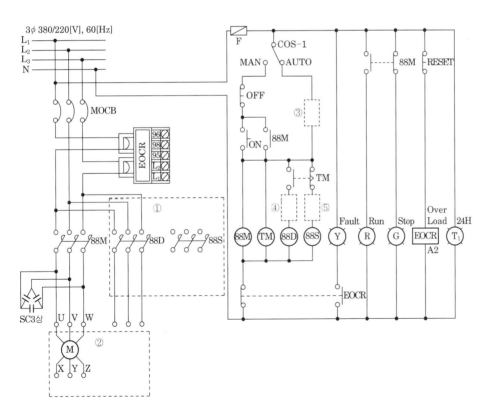

(1) ①, ② 부분의 누락된 회로를 완성하시오.

　○ _____

(2) ③, ④, ⑤의 미완성 부분의 접점을 그리고 그 접점기호를 표기하시오.

○ _____

(3) ─o─⌒─o─의 접점 명칭을 쓰시오.

○ _____

(4) Time chart를 완성하시오. (t_3는 기동과 운전이 변환되는 시점이다.)

	t_1	t_2	t_3	t_4	t_5
ON					
OFF					
88M					
88S					
88D					
Run					

정답 (1) 3ϕ 380/220[V], 60[Hz]

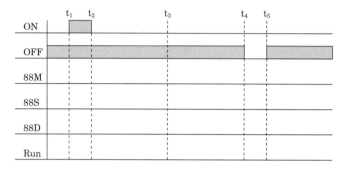

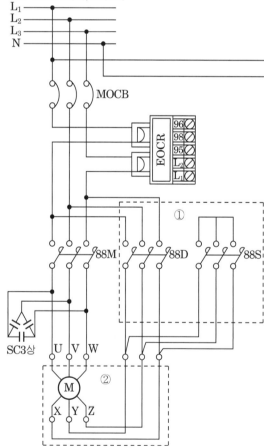

(2) ③ $\underset{T_1}{\underline{}}$ ④ $\underset{88S}{\underline{}}$ ⑤ $\underset{88D}{\underline{}}$

(3) 한시동작 순시복귀 a접점

(4)

	t₁	t₂	t₃	t₄	t₅
ON					
OFF					
88M					
88S					
88D					
Run					

쉬어가기

(1) Y－△ 기동회로의 결선은 R, S, T를 한상씩 이동하여서 연결해 준다.
(2) ③ 한시동작 순시복귀 B접점 ④, ⑤ 88 전동장치의 운전용 개폐기 인터록 접점

배점5

09 역률 80[%], 500[kVA]의 부하를 가지는 변압설비에 150[kVA]의 콘덴서를 설치해서 역률을 개선하는 경우 변압기에 걸리는 부하는 몇 [kVA]인지 계산하시오.

• 계산 : _____ • 답 : _____

정답 • 계산

① 부하의 지상무효전력

$P_r = P_a \cdot \sin\theta = 500 \times 0.6 = 300\,[\text{kVar}]$

② 콘덴서 설치시 무효전력 (Q_c : 콘덴서 용량)

$P_{r2} = P_{r1} - Q_c = 300 - 150 = 150\,[\text{kVar}]$

③ 유효전력 $P = P_a \cdot \cos\theta = 500 \times 0.8 = 400\,[\text{kW}]$

④ 변압기에 걸리는 부하의 크기

$P_a = \sqrt{P^2 + P_{r2}^2} = \sqrt{400^2 + 150^2} = 427.20\,[\text{kVA}]$

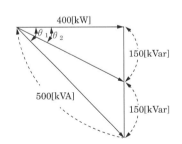

• 답 : 427.2[kVA]

이것이 핵심이다

• 콘덴서 용량이 나와 있을 경우 부하의 지상 무효전력을 구한다.
• 역률 개선의 원리는 콘덴서를 설치하여(진상무효전력공급) 부하의 지상 무효분을 보상하는 원리이다.

배점5

10 그림에서 3개의 접점 A, B, C 가운데 둘 이상이 ON되었을 때, RL이 동작하는 회로이다. 다음 물음에서 답하시오.

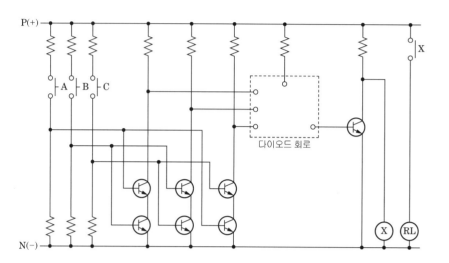

(1) 회로에서 점선 안의 내부회로를 다이오드 소자(─▶─)를 이용하여 올바르게 연결하시오.

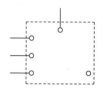

○ ────────────────────────────────────

(2) 진리표를 완성하시오.

입력			출력
A	B	C	X

○ ────────────────────────────────────

(3) X의 논리식을 간략화 하시오.

○ _____

_____

정답 (1)

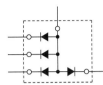

(2)

입력			출력
A	B	C	X
0	0	0	0
0	0	1	0
0	1	0	0
0	1	1	1
1	0	0	0
1	0	1	1
1	1	0	1
1	1	1	1

(3) $X = AB + BC + AC$

쉬어가기

(3) $X = \overline{A}BC + A\overline{B}C + AB\overline{C} + ABC$

$= \overline{A}BC + A\overline{B}C + AB\overline{C} + ABC + ABC + ABC$

$X = \overline{A}BC + ABC + A\overline{B}C + ABC + AB\overline{C} + ABC$

$= (\overline{A} + A)BC + (\overline{B} + B)AC + (\overline{C} + C)AB$

$= AB + BC + AC$

2011

배점9

11 다음 그림은 전력계통의 일부를 나타낸 것이다. 다음 물음에 답하시오.

(1) ①, ②, ③의 회로를 완성하시오.

(2) ①, ②, ③의 명칭을 한글로 쓰시오.

　① (　　　　　　　　　)

　② (　　　　　　　　　)

　③ (　　　　　　　　　)

(3) ①, ②, ③의 설치 사유를 쓰시오.

　① (　　　　　　　　　)

　② (　　　　　　　　　)

　③ (　　　　　　　　　)

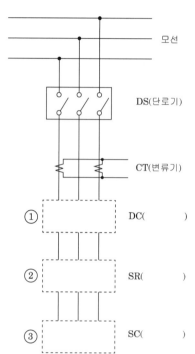

정답 (1) ①　②　③

(2) ① 방전코일

　② 직렬 리액터

　③ 전력용 콘덴서

(3) ① 콘덴서의 잔류전하를 방전시켜 감전사고 방지

　② 제5고조파를 제거하여 파형 개선

　③ 역률 개선

배점4

12 그림과 같은 회로에서 단상전압 $105[\text{V}]$ 전동기의 전압측 리드선과 전동기의 외함 사이가 완전히 지락 되었다. 변압기의 저압측은 저항이 $20[\Omega]$, 전동기의 저항은 접지공사로 $30[\Omega]$ 이라 할 때, 변압기 및 선로의 임피던스를 무시한 경우, 접촉한 사람에게 위험을 줄 대지 전압은 몇 $[\text{V}]$인지 계산하시오.

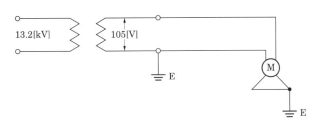

• 계산 :   • 답 :

정답   • 계산

변압기의 저압측 등가회로

접촉전압 $E = \dfrac{R_2}{R_2 + R_3} \times V$

$= \dfrac{30}{20 + 30} \times 105 = 63[\text{V}]$

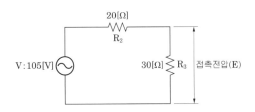

• 답 : $63[\text{V}]$

배점4

13 수전전압 $22.9[\text{kV} - \text{Y}]$에 진공차단기와 몰드변압기를 사용하는 경우 개폐시 이상전압으로부터 변압기 등 기기보호 목적으로 사용되는 것으로 LA와 같은 구조와 특성을 가진 것을 쓰시오.

○

정답   서지흡수기(SA)

 서지흡수기의 적용

2차보호기기	차단기 종류 전압등급	VCB				
		3[kV]	6[kV]	10[kV]	20[kV]	30[kV]
전동기		적용	적용	적용	–	–
변압기	유입식	불필요	불필요	불필요	불필요	불필요
	몰드식	적용	적용	적용	적용	적용
	건식	적용	적용	적용	적용	적용
콘덴서		불필요	불필요	불필요	불필요	불필요
변압기와 유도기기와의 혼용사용시		적용	적용	–	–	–

배점3

14 "부하율"에 대하여 설명하고 부하율이 작다는 것은 무엇을 의미하는지 2가지를 쓰시오.

○

○

정답 (1) 부하율 : 일정기간중의 최대 수요 전력에 대한 일정기간 중의 평균 수요전력의 비를 의미한다.
즉, 부하율은 어느 기간 중의 부하의 변동상태를 나타낸 것이다.
(2) 부하율이 작다는 의미
① 전력공급설비가 효율적이지 못한다.
② 전력사용설비가 효율적으로 사용되지 않고 있다.

전력설비의 사용은 시간, 계절 등에 따라서 변동한다. 이때 수용가의 최대수요력이 높다면, 전력공급자 측면에서는 최대수요전력에 상응하는 전력공급 설비를 갖추어야한다. 한편, 평균 수요전력이 작다면, 그만큼 전력사용자들의 평균사용전력량이 작다는 뜻이다. 이러한 경우 부하율(↓최대전력/최대전력↑)이 매우 낮아지게 되며, 이것을 전력공급자 측면과 전력사용자 측면에서 생각해보면 다음과 같다.

• 전력공급자 측면
최대수요전력이 높기 때문에 그에 상응하는 전력공급설비도 커지게 되고, 수용가의 평균수요전력도 낮기 때문에 전력공급설비 투자비의 회수가 어렵게 된다는 의미이다.
• 전력사용자 측면
평균수요전력이 낮다는 것은 수용가의 전력설비개(공장의 기계등) 효율적으로 운용되지 않고 있다는 의미이다.

15 사용 중의 변류기 2차측을 개로하면 변류기에는 어떤 현상이 발생하는지 원인과 결과를 쓰시오.

• 원인 : _____ • 결과 : _____

_____

정답 • 원인 : 변류기 1차측 부하 전류가 모두 여자 전류가 되어 변류기 2차측에 고전압을 유기

• 결과 : 변류기의 절연 파괴

$\dfrac{V_1}{V_2} = \dfrac{I_2}{I_1}$ 에서 $V_2 = \dfrac{V_1 I_1}{I_2}$ 이다.

만약 $I_2 = 0$ 이라면 $V_2 = \infty$ 가 된다.

즉, 과전압이 유기되어 절연이 파괴될 수 있다.

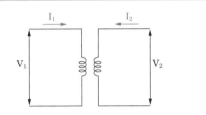

16 3상 유도전동기는 농형과 권선형으로 구분되는데 각 형식별 기동법을 다음 빈칸에 쓰시오.

전동기 형식	기동법	기동법의 특징
농 형	①	전동기에 직접 전원을 접속하여 기동하는 방식으로 5[kW]이하의 소용량에 사용
	②	1차 권선을 Y접속으로 하여 전동기를 기동시 상전압을 감압하여 기동하고 속도가 상승되어 운전속도에 가깝게 도달하였을 때 △접속으로 바꿔 큰 기동전류를 흘리지 않고 기동하는 방식으로 보통 5.5~37[kW] 전도의 용량에 사용
	③	기동전압을 떨어뜨려서 기동전류를 제한하는 기동방식으로 고전압 농형 유도 전동기를 기동할 때 사용
권선형	④	유도전동기의 비례추이 특성을 이용하여 기동하는 방법으로 회전자 회로에 슬립링을 통하여 가변저항을 접속하고 그의 저항을 속도의 상승과 더불어 순차적으로 바꾸어서 적게 하면서 기동하는 방법
	⑤	회전자 회로에 고정저항과 리액터를 병렬 접속한 것을 삽입하여 기동하는 방법

정답 ① 직입기동   ② Y−△기동
③ 기동보상기법   ④ 2차 저항 기동법
⑤ 2차 임피던스 기동법

배점8

17 예비 전원으로 이용되는 축전지에 대한 다음 각 물음에 답하시오.

(1) 그림과 같은 부하 특성을 갖는 축전지를 사용할 때 보수율은 0.8, 최저 축전지 온도 5[℃], 허용 최저 전압 90[V]일 때 몇[Ah] 이상인 축전지를 선정하여야 하는가? (단, $I_1 = 50[A]$, $I_2 = 40[A]$, $K_1 = 1.15$, $K_2 = 0.91$ 이고 셀(cell)당 전압은 1.06[V/cell] 이다.)

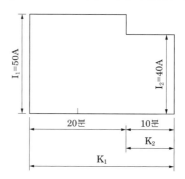

(2) 축전지의 과방전 및 방치 상태, 가벼운 설페이션(Sulfation) 현상 등이 생겼을 때 기능 회복을 위하여 실시하는 충전 방식은 무엇인가?

○ _____

(3) 연 축전지와 알칼리 축전지의 공칭 전압은 각각 몇 [V]인가?

○ _____

(4) 축전지 설비를 하려고 한다. 그 구성을 크게 4가지로 구분하시오.

○ _____

○ _____

○ _____

○ _____

정답 (1) • 계산 : $C = \dfrac{1}{L}\{K_1 I_1 + K_2(I_2 - I_1)\} = \dfrac{1}{0.8}\{1.15 \times 50 + 0.91(40 - 50)\} = 60.5\,[\text{Ah}]$

  • 답 : $60.5\,[\text{Ah}]$

(2) 회복 충전

(3) ① 연축전지 : $2[\text{V}]$

  ② 알칼리 축전지 : $1.2[\text{V}]$

(4) ① 축전지

  ② 충전장치

  ③ 보안장치

  ④ 제어장치

축전지의 용량은 $C = \dfrac{1}{L} KI$가 기본공식이다. 그러므로 $\dfrac{총\ 면적}{보수율}$이 축전지의 용량이 된다.

$$C = \dfrac{1}{L}(K_1 I_1 + K_2 I_2 + K_3 I_3)$$

L : 보수율, K : 용량환산시간, I : 부하전류

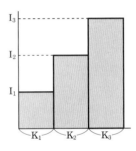

※ 설페이션(Sulfation) 현상

① 정의 : 연축전지를 방전 상태로 오래 방치해 두면 극판이 백색으로 변하면서 가스가 발생하고 축전지 용량이 감소, 수명이 단축되는 현상이다.

② 원인 : 방전상태로 장시간 방치한 경우, 방전전류가 대단히 큰 경우, 불충분하게 충·방전을 반복하는 경우가 있다.

국가기술자격검정 실기시험문제 및 정답

2011년도 전기기사 제2회 필답형 실기시험

종 목	시험시간	형 별	성 명	수험번호
전기기사	2시간 30분	A		

※ 수험자 인적사항 및 답안작성(계산식 포함)은 흑색의 필기구만 사용하여야 하며 흑색을 제외한 유색 필기구 또는 연필류를 사용하거나 2가지 이상의 색을 혼합 사용하였을 경우 그 문항은 0점 처리됩니다.

배점6

01 그림의 단상 전파 정류 회로에서 교류측 공급 전압 $628\sin314t$[V], 직류측 부하 저항 $20[\Omega]$이다. 물음에 답하시오.

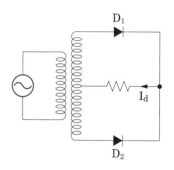

(1) 직류 부하전압의 평균값은?

○ _____

(2) 직류 부하전류의 평균값은?

○ _____

(3) 교류 전류의 실효값은?

○ _____

정답 (1) 교류 부하전압의 실효값 $V_s = \dfrac{V_{\max}}{\sqrt{2}} = \dfrac{628}{\sqrt{2}} = 444.063$[V]

직류 부하전압의 평균값 $V_d = \dfrac{2}{\pi} \times V_m = \dfrac{2}{\pi} \times 628 = 399.8$[V]

• 답 : 399.8[V]

(2) 직류 부하전류의 평균값 $I_d = \dfrac{V_d}{R} = \dfrac{399.8}{20} = 19.99\,[\mathrm{A}]$

• 답 : 19.99[A]

(3) 교류 전류의 실효값 $I_{rms} = \dfrac{V_{rms}}{R} = \dfrac{444.06}{20} = 22.203\,[\mathrm{A}]$

• 답 : 22.2[A]

이것이 핵심이다

전파정류

• $V_m = \sqrt{2}\,V_{rms}$

• 실효값 $V_{rms} = \dfrac{V_m}{\sqrt{2}}$

• 평균값 $V_{av} = \dfrac{2V_m}{\pi}$

반파정류

• $V_m = \sqrt{2}\,V_{rms}$

• 실효값 $V_{rms} = \dfrac{V_m}{2}$

• 평균값 $V_{av} = \dfrac{V_m}{\pi}$

배점5

02 주상변압기의 고압측의 사용탭이 6600[V]인 때에 저압측의 전압이 95[V]였다. 저압측의 전압을 약 100[V]로 유지하기 위해서는 고압측의 사용탭은 얼마로 하여야 하는가? (단, 변압기의 정격전압은 6600/105[V]이다.)

정답 • 계산

$$\frac{V_{1t}{}'}{V_{1t}} = \frac{V_2}{V_2{}'}$$

$$V_{1t}{}' = V_{1t} \times \frac{V_2}{V_2{}'} = 6600 \times \frac{95}{100} = 6270\,[\mathrm{V}]$$

• 답 : 6300[V]

2011

이것이 *핵심이다*

1. 국내 표준 탭 전압

정격전압[kV]	탭 전압[kV]				
3.3	3.49	3.3	3.15	3.0	2.85
6.6	6.9	6.6	6.3	6.0	5.7
22.9	23.9	22.9	21.9	20.9	19.9

상기 탭 전압은 일반적으로 국내에서 사용되는 표준 탭 전압이다. 정격전압보다 낮은 탭 전압이 많은 이유는 배전 계통에서 발생하는 선로의 전압강하가 많이 발생하기 때문이다. 그러나 사용자가 필요시 탭 전압을 변경, 요청할 수도 있다.

2. 탭 변경 : 탭 전압과 2차측에 유도되는 전압은 반비례 관계

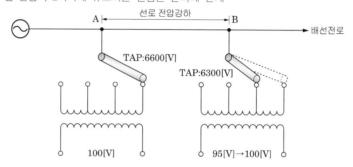

V_{1t} : 고압측 탭 전압, V_{1t}' : 요구하는 고압측 탭 전압
V_2 : 저압측 유도전압(탭 변경전), V_2' : 저압측 유도전압(탭 변경후)

배점6

03 불평형 부하의 제한에 관련된 다음 물음에 답하시오.

(1) 저압, 고압 및 특별 고압 수전의 3상 3선식 또는 3상 4선식에서 불평형 부하의 한도는 단상 접속 부하로 계산하여 설비불평형률을 몇[%] 이하로 하는 것을 원칙으로 하는가?

○ _____

(2) "(1)" 항 문제의 제한 원칙에 따르지 않아도 되는 경우를 2가지만 쓰시오.

○ _____

○ _____

(3) 부하 설비가 그림과 같을 때 설비 불평형률은 몇 [%]인가? 단, ▯는 전열기 부하이고, ▯은 전동기 부하이다.

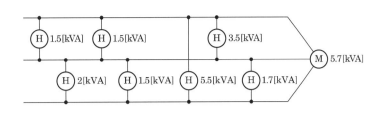

○ _____

_____

정답 (1) 30[%] 이하

(2) ① 저압수전에서 전용의 변압기 등으로 수전하는 경우

② 고압 및 특고수전에서 100[kVA] 이하의 단상부하인 경우

(3) • 계산

3상 3선식의 설비불평형률

$$설비 \ 불평형률 = \frac{각 선간에 접속되는 단상부하 총 설비용량의 최대와 최소의 차[kVA]}{총 부하 설비용량[kVA] \times \frac{1}{3}} \times 100$$

$$= \frac{(3.5 + 1.5 + 1.5) - (2 + 1.5 + 1.7)}{(1.5 + 1.5 + 3.5 + 5.7 + 2 + 1.5 + 5.5 + 1.7) \times \frac{1}{3}} \times 100 = 17.03 [\%]$$

$$= 17.03 [\%]$$

• 답 : 17.03[%]

> • 설비 불평형률을 계산할 경우 부하의 단위는 피상전력([kVA] 또는 [VA])
>
> • 부하 $= \dfrac{[kW]}{\cos\theta} [kVA]$

배점6

04 단상 유도 전동기에 대한 다음 각 물음에 답하시오.

(1) 기동 방식을 4가지만 쓰시오.

○ _____

○ _____

○ _____

○ _____

(2) 분상 기동형 단상 유도 전동기의 회전 방향을 바꾸려면 어떻게 하면 되는가?

○ _____

(3) 단상 유도 전동기의 절연을 E종 절연물로 하였을 경우 허용 최고 온도는 몇 [℃]인가?

○ _____

[정답] (1) ① 분상 기동형   ② 반발 기동형   ③ 세이딩 코일형   ④ 콘덴서 기동형
(2) 기동권선의 접속을 반대로 바꾸어 준다.
(3) 120[℃]

절연물의 종류에 따른 최고 허용 온도

종류	Y종	A종	E종	B종	F종	H종	C종
최고사용온도[℃]	90	105	120	130	155	180	180초과

단상 유도 전동기는 아래의 그림과 같이 외부의 자석을 회전시키면 내부에 있는 도체 원통도 유도 전동기의
회전원리에 의해서 자석의 회전방향으로 도는 현상을 이용한다. 아래와 같이 자극 대신에 코일을 이용하면
같은 효과를 얻을 수 있다. 즉, 두 코일의 감는 방향으로 하면 마치 자석의 N극과 S극이 되어 여기에 교류
전원을 연결하면 자기장이 형성된다.

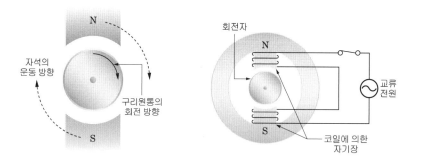

그러나 단상 교류에 의한 교번 자기장은 생기지만, 일정 방향으로의 회전 자기장이 생기지 않기 때문에 자체적
으로 기동하지 못한다. 따라서 단상 유도전동기는 먼저 일정 방향으로 기동 회전력을 주는 장치가 있어야
한다.
따라서 특별한 장치로 기동시켜 주어야 한다. 이러한 기동 방식에 따라 분상 기동형, 반발 기동형, 세이딩
코일형, 콘덴서 기동형 등으로 나뉜다. 단상 유도 전동기는 약 400[W] 이하의 소형 전동기, 즉 가정용 펌프,
선풍기, 진공 청소기, 냉장고, 세탁기 및 농업용 등으로 사용되고 있다.

05 TV나 형광등과 같은 전기제품에서의 깜빡거림 현상을 플리커 현상이라 하는데 이 플리커 현상을 경감시키기 위한 전원측과 수용가측에서의 대책을 각각 3가지씩 쓰시오.

(1) 전원측

  ○ _____

  ○ _____

  ○ _____

(2) 수용가측

  ○ _____

  ○ _____

  ○ _____

정답 (1) 전원측

  ① 플리커 발생 부하를 분리하여 별도의 주상변압기로 직접 전력을 공급한다.

  ② 굵은 전선으로 교체한다. (허용전류 상승으로 전압 강하가 줄어든다.)

  ③ 공급전압을 승압시킨다.

$$\left(P_s(\text{단락용량일정}) = \frac{V^2 \uparrow}{X \downarrow} \right)$$

(2) 수용가측

  ① 전압강하를 보상한다. (부스터 방식 채용)

  ② 부하의 무효전력 변동분을 흡수한다. (SVC 방식 채용)

  ③ 플리커 부하전류의 변동분을 억제한다. (직렬리액터 방식 채용)

플리커 현상

전압동요에 의하여 조명이 깜빡거리거나 TV영상이 일그러지는 현상이 반복되는 것을 플리커 현상이라 하며, 이처럼 빛의 명멸정도가 10[Hz]정도 일 때 사람이 느끼는 불쾌감이 가장 현저해 진다.

특히 수용가측에서 주된 플리커 발생부하는 단상유도전동기, 전기용접기, X선장치, 아크로 등의 각종 로(爐:Furnace)가 원인이 되고 있다.

배점5

06 태양광 발전의 장·단점은?

(1) 장점

  ○ _____

  ○ _____

  ○ _____

  ○ _____

(2) 단점

  ○ _____

  ○ _____

정답 (1) 장점

  ① 태양에너지는 무한하다.

  ② 지역적인 편재성이 적다.

  ③ 수명이 길다.

  ④ 유지보수가 용이하며, 무인화가 가능하다.

  ⑤ 친환경 에너지이다.

(2) 단점

  ① 태양광의 에너지밀도가 낮다.

  ② 초기 투자비와 발전단가가 높다.

배점5

07 지표면상 $18[\mathrm{m}]$ 높이의 수조가 있다. 이 수조에 $25[\mathrm{m}^3/\mathrm{min}]$ 물을 양수하는데 필요한 펌프용 전동기의 소요 동력은 몇 $[\mathrm{kW}]$인가? (단, 펌프의 효율은 $82[\%]$로 하고, 여유계수는 1.1로 한다.)

• 계산 : _____   • 답 : _____

정답 • 계산 : 펌프용 전동기의 소요동력

$$P = \frac{HQK}{6.12\eta} = \frac{18 \times 25 \times 1.1}{6.12 \times 0.82} = 98.64[\mathrm{kW}]$$

H : 양정 $[\mathrm{m}]$, Q : 양수량 $[\mathrm{m}^3/\mathrm{min}]$, K : 여유계수, η : 효율

• 답 : $98.64[\mathrm{kW}]$

배점5

08 유입 변압기와 비교한 몰드 변압기의 장점 5가지를 쓰시오.

○ _____   ○ _____

○ _____   ○ _____

○ _____

정답 ① 화재의 염려가 없다.
② 보수 및 점검이 용이하다.
③ 소형 및 경량화가 가능하다.
④ 습기, 먼지 등에 대해 영향을 적게 받는다.
⑤ 감전에 안전하다.

쉬어가기

몰드형 변압기는 건식변압기의 일종으로서 차이점은 코일표면이 에폭시수지(절연체)로 싸여 있다. 난연성, 내습성, 절연성 등이 뛰어난 에폭시를 사용하기 때문에 화재의 염려도 작고 감전 등에 안전하다. 또한, 유입 변압기와는 달리 절연유를 사용하지 않기 때문에 보수 및 점검이 유리하다.(유입변압기는 일정기간 사용 후 절연유를 교체해야 한다.) 또한, 외부의 영향(습기, 먼지 등)을 덜 받아 높은 전압의 제품을 만들기 쉽다. 사용장소는 병원, 지하철, 지하상가, 주택 인근에 위치한 공장 등 인명피해에 직접영향을 미치는 장소에서 사용할 때 특히 유리하다.

배점6

09 다음 논리 회로에 대한 물음에 답하시오.

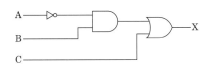

(1) NOR만의 회로를 그리시오.

○ _____

(2) NAND만의 회로를 그리시오.

○ _____

2011

(1)

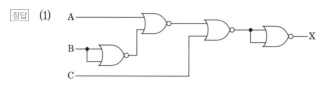

(2)

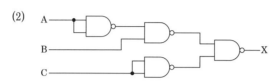

(1) NOR는 합의 형식으로 바꿔준다. (드모르간의 정리)

논리식 : $X = \overline{A} \cdot B + C = \overline{\overline{\overline{A} \cdot B} + C} = \overline{\overline{A + \overline{B}} + C} = \overline{\overline{A + \overline{B}} + C}$

(2) NAND는 곱의 형식으로 바꿔준다. (드모르간의 정리)

논리식 : $X = \overline{A} \cdot B + C = \overline{\overline{\overline{A} \cdot B + C}} = \overline{\overline{\overline{A} \cdot B} \cdot \overline{C}}$

단일소자만의 회로에서 ─▷○─ 은 ──⊐○── 과 ──⊐○── 으로 표시한다.

배점5

10 3상 380[V], 20[kW], 역률80[%]인 부하의 역률을 개선하기 위하여 15[kVA]의 진상 콘덴서를 설치하는 경우 전류의 차(역률 개선 전과 역률 개선 후)는 몇 [A]가 되겠는가?

• 계산 :   • 답 :

정답 • 계산

① 콘덴서 설치시 무효전력(P_{r2})

여기서 P_{r1}=부하의 지상무효전력, Q_c=콘덴서 용량

$P_{r1} = P \cdot \tan\theta = 20 \times \dfrac{0.6}{0.8} = 15$ [kVar]

$P_{r2} = P_{r1} - Q_c = 15 - 15 = 0$ [kVar]

∴ 콘덴서 설치시 무효전력이 '0'이 된다. 그러므로 역률은 '1'이 된다.

② 역률 개선 전 전류

$I_1 = \dfrac{P}{\sqrt{3}\ V\cos\theta_1} = \dfrac{20000}{\sqrt{3} \times 380 \times 0.8} = 37.98 [A]$

③ 역률 개선 후 전류

$$I_2 = \frac{P}{\sqrt{3}\ Vcos\theta_2} = \frac{20000}{\sqrt{3} \times 380 \times 1} = 30.39[\text{A}]$$

④ 역률 개선 전후의 차전류$(I_1 - I_2)$

$$I_1 - I_2 = 37.98 - 30.39 = 7.59[\text{A}]$$

• 답 : $7.59[\text{A}]$

배점6

11 수전 전압 $6600[\text{V}]$, 가공 전선로의 $\%$임피던스가 $58.5[\%]$일 때 수전점의 3상 단락 전류가 $7000[\text{A}]$인 경우 기준 용량과 수전용 차단기의 차단 용량은 얼마인가?

차단기의 정격용량$[\text{MVA}]$

10	20	30	50	75	100	150	250	300	400	500

(1) 기준 용량

• 계산 : _____   • 답 : _____

(2) 차단 용량

• 계산 : _____   • 답 : _____

정답 (1) • 기준용량 계산

$$I_s = 7000[\text{A}]$$

$$I_n = \frac{\%Z}{100} \times I_s = \frac{58.5}{100} \times 7000 = 4095\ [\text{A}]$$

기준용량

$$P_n = \sqrt{3}\ V I_n = \sqrt{3} \times 6600 \times 4095 \times 10^{-6} = 46.812[\text{MVA}]$$

• 답 : $46.81[\text{MVA}]$

(2) • 차단용량 계산 : 차단 용량

$$P_s = \sqrt{3}\ V_n I_s = \sqrt{3} \times 7200 \times 7000 \times 10^{-6} = 87.295[\text{MVA}]$$

이것보다 높은 값을 표에서 산정하면 차단기의 정격 용량은 $100[\text{MVA}]$ 이다.

한편, (2)번의 경우 $P_s = \dfrac{100}{\%Z} \times P_n$

즉, 단락용량을 계산한 후 차단기 정격용량을 표에서 선정 하여도 된다.

$$P_s = \frac{100}{58.5} \times 46.815 = 80.02[\text{MVA}]$$

이것보다 높은 값을 표에서 선정하면 $100[\text{MVA}]$ 이다.

• 답 : $100[\text{MVA}]$ 선정

2011

이것이 *핵심이다*

> • 단락전류(I_s)
> $$I_s = \frac{100}{\%Z} \times I_n \quad (I_n : 정격전류)$$
> • 기준용량(P_n)
> $$P_n = \sqrt{3}\,V I_n \quad (V : 선간전압, \ I_n : 정격전류)$$
> • 차단용량(P_s)
> $$P_s = \sqrt{3}\,V_n I_s \quad (V_n : 차단기의 \ 정격전압, \ I_s : 단락전류)$$
> • 선로전압이 6600[V] 일 때 차단기의 정격전압은 7200[V]이다.
> • 문제에서 차단기의 정격용량이 제시되어 있을 경우 차단기의 용량은 계산값(87.295[MVA]) 보다 높은 값(100[MVA])을 표에서 선정한다.

배점5

12 일반용 전기설비 및 자가용 전기설비에 있어서의 과전류(過電流) 종류 2가지와 각각에 대한 용어의 정의를 쓰시오.

○ _____

○ _____

───────────────────────────────

정답 ① 과부하전류 : 기기에 대하여는 그 정격전류, 전선에 대하여는 그 허용전류를 어느 정도 초과하여 그 계속되는 시간을 합하여 생각하였을 때, 기기 또는 전선의 손상 방지상 자동차단을 필요로 하는 전류를 말한다.
② 단락전류 : 전로의 선간이 임피던스가 적은 상태로 접촉되었을 경우에 그 부분을 통하여 흐르는 큰 전류를 말한다.

배점3

13 피뢰기에 흐르는 정격방전전류는 변전소의 차폐유무와 그 지방의 연간 뇌격지수(IKL) 발생일수와 관계되나 모든 요소를 고려한 경우 일반적인 시설장소별 적용할 피뢰기의 공칭방전전류를 쓰시오.

공칭방전전류	설치장소	적용조건
① [A]	변전소	• 154[kV] 이상의 계통 • 66[kV] 및 그 이하의 계통에서 Bank 용량이 3000[kVA]를 초과하거나 특히 중요한 곳 • 장거리 송전케이블(배전선로 인출용 단거리케이블은 제외) 및 정전축전기 Bank를 개폐하는 곳 • 배전선로 인출측(배전 간선 인출용 장거리 케이블은 제외)
② [A]	변전소	• 66[kV] 및 그 이하의 계통에서 Bank 용량이 3000[kVA] 이하인 곳
③ [A]	선로	• 배전선로

정답 ① 10000[A]
　　② 5000[A]
　　③ 2500[A]

배점4

14 최대 사용 전압 360[kV]의 가공 전선이 최대 사용 전압 161[kV] 가공 전선과 교차하여 시설되는 경우 양자간의 최소 이격 거리는 몇 [m]인가?

• 계산 :　　　　　　　　　　　　　　　• 답 :

정답　• 계산 : 단수 $= \dfrac{360-60}{10} = 30$

　　따라서, 이격거리 $= 2 + 30 \times 0.12 = 5.6[m]$

　• 답 : 5.6[m]

 특고압 가공전선 상호간의 접근 또는 교차

사용전압의 구분	이격거리
60[kV] 이하	2[m]
60[kV] 초과	• 이격거리 $= 2 + 단수 \times 0.12[\mathrm{m}]$ • 단수 $= \dfrac{(전압[\mathrm{kV}] - 60)}{10}$ 단수 계산에서 소수점 이하는 절상

배점10

15 다음 그림은 변전설비의 단선결선도이다. 물음에 답하시오.

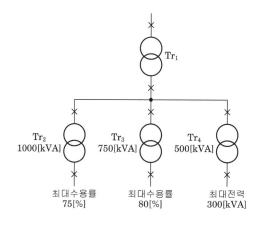

(1) 부등률 적용 변압기는?

　○ _____

(2) ·(1)항의 변압기에 부등률을 적용하는 이유를 변압기를 이용하여 설명하시오.

　○ _____

(3) Tr_1의 부등률은 얼마인가? (단, 최대 합성 전력은 1375[kVA])

　• 계산 : _____　　　• 답 : _____

(4) 수용률의 의미를 간단히 설명하시오.

　○ _____

(5) 변압기 1차측에 설치할 수 있는 차단기 3가지를 쓰시오.

○ _____

○ _____

○ _____

정답 (1) Tr_1

(2) Tr_2, Tr_3 및 Tr_4 변압기에 걸리는 최대부하의 발생시각이 다르므로 Tr_1 변압기에 부등률을 적용한다.

(3) • 계산 : 부등률 $= \dfrac{\text{각 개 최대수용전력의 합}}{\text{합성 최대수용전력}} = \dfrac{\text{설비용량} \times \text{수용률}}{\text{합성 최대수용전력}}$

$= \dfrac{1000 \times 0.75 + 750 \times 0.8 + 300}{1375} = 1.2$

• 답 : 1.2

(4) 설비 용량에 대한 최대 전력의 비를 백분율로 나타낸 것

수용률 $= \dfrac{\text{최대수용전력}}{\text{설비용량}} \times 100\,[\%]$

(5) 진공차단기, 가스차단기, 유입차단기, 공기차단기

배점5

16 평균조도 $500[\text{lx}]$ 전반 조명을 시설한 $40[\text{m}^2]$의 방이 있다. 이 방에 조명기구 1대당 광속 $500[\text{lm}]$, 조명률 $50[\%]$, 유지율 $80[\%]$인 등기구를 설치하려고 한다. 이 때 조명기구 1대의 소비 전력을 $70[\text{W}]$라면 이 방에서 24시간 동안 점등한 경우 하루의 소비전력량은 몇 $[\text{kWh}]$인가?

○ _____

정답 • 계산

등수 $N = \dfrac{DES}{FU} = \dfrac{ES}{FUM} = \dfrac{500 \times 40}{500 \times 0.5 \times 0.8} = 100[\text{등}]$

소비전력 : 70×100

소비전력량 : $W =$ 소비전력 $\times$ 시간

$= 70 \times 100 \times 24 \times 10^{-3} = 168[\text{kWh}]$

• 답 : $168[\text{kWh}]$

2011

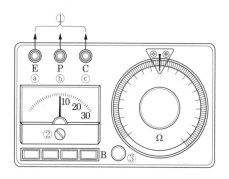

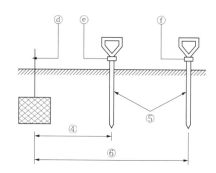

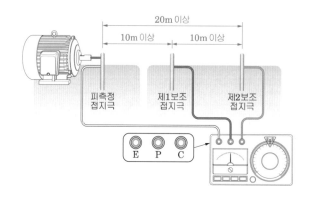

국가기술자격검정 실기시험문제 및 정답

2011년도 전기기사 제3회 필답형 실기시험

종 목	시험시간	형 별	성 명	수험번호
전기기사	2시간 30분	A		

※ 수험자 인적사항 및 답안작성(계산식 포함)은 흑색의 필기구만 사용하여야 하며 흑색을 제외한 유색 필기구 또는 연필류를 사용하거나 2가지 이상의 색을 혼합 사용하였을 경우 그 문항은 0점 처리됩니다.

배점5

01 대용량의 변압기 내부고장을 보호할 수 있는 보호 장치 5가지만 쓰시오.

○ ○

○ ○

○

정답 ① 비율차동 계전기
      ② 과전류 계전기
      ③ 방압 안전장치
      ④ 부흐홀쯔 계전기
      ⑤ 충격압력 계전기

배점5

02 2중 모선에서 평상시에 No.1 T/L은 A모선에서 No.2 T/L은 B모선에서 공급하고 모선연락용 CB는 개방되어 있다.

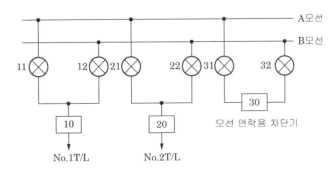

(1) B모선을 점검하기 위하여 절체하는 순서는? (단, 10-OFF, 20-ON 등으로 표시)

    ○ _____

(2) B모선을 점검 후 원상 복구하는 조작 순서는? (단, 10-OFF, 20-ON 등으로 표시)

    ○ _____

(3) 10, 20, 30에 대한 기기의 명칭은?

    ○ _____

(4) 11, 21에 대한 기기의 명칭은?

    ○ _____

(5) 2중 모선의 장점은?

    ○ _____

정답 (1) 31-ON → 32-ON → 30-ON → 21-ON → 22-OFF → 30-OFF → 31-OFF → 32-OFF

    (2) 31-ON → 32-ON → 30-ON → 22-ON → 21-OFF → 30-OFF → 31-OFF → 32-OFF

    (3) 차단기

    (4) 단로기

    (5) 모선 점검 시에도 부하의 운전을 무정전 상태로 할 수 있어 전원 공급의 신뢰도가 높다.

쉬어가기

> 2중모선이란 2중으로 접속한 모선이다. 즉, 동일접속, 동일 목적으로 사용되는 2조의 모선을 뜻하며, 한 변전소로부터 2회로의 선로를 받는 것을 말한다. 2중모선의 방식에는 1차단방식, 1.5차단방식, 2차단방식 등이 있다. 한편, 2회선이란 2개의 서로 다른 변전소로부터 별개의 전력공급을 받는 것을 말한다.

배점6

03 그림과 같은 송전계통 S점에서 3상 단락사고가 발생하였다. 주어진 도면과 조건을 참고하여 발전기, 변압기(T_1), 송전선 및 조상기의 % 리액턴스를 기준출력 100[MVA]로 환산하시오.

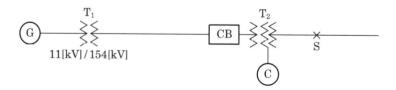

번호	기기명	용량	전압	%X
1	G : 발전기	50,000[kVA]	11[kV]	30
2	T_1: 변압기	50,000[kVA]	11/154[kV]	12
3	송전선		154[kV]	10(10,000[kVA])
4	T_2: 변압기	1차 25,000[kVA]	154[kV] (1~2차)	12(25,000[kVA])
		2차 30,000[kVA]	77[kV] (2~3차)	15(25,000[kVA])
		3차 10,000[kVA]	11[kV] (3~1차)	10.8(10,000[kVA])
5	C : 조상기	10,000[kVA]	11[kV]	20(10,000[kVA])

정답 • 계산

- G의 %$X = \dfrac{100}{50} \times 30 = 60\,[\%]$
- T_1의 %$X = \dfrac{100}{50} \times 12 = 24\,[\%]$
- 송전선의 %$X = \dfrac{100}{10} \times 10 = 100\,[\%]$
- C의 %$X = \dfrac{100}{10} \times 20 = 200\,[\%]$

배점5

04 눈부심이 있는 경우 작업능률의 저하, 재해 발생, 시력의 감퇴 등이 발생한다. 조명설계의 경우 이 눈부심을 피할 수 있도록 고려해야 한다. 눈부심의 발생원인 5가지를 쓰시오.

○ _____ ○ _____

○ _____ ○ _____

○ _____

정답 ① 광원의 휘도가 과대할 때
② 광원을 오래 바라볼 때
③ 시선 부근에 광원이 있을 때
④ 눈에 들어오는 광속이 너무 많을 때
⑤ 순응이 잘 안될 때

배점8

05 부하 전력이 4000[kW], 역률 80[%]인 부하에 전력용 콘덴서 1800[kVA]를 설치하였다. 이 때 각 물음에 답하시오.

(1) 역률은 몇 [%]로 개선되었는가?

　• 계산 : _____　• 답 : _____

(2) 부하설비의 역률이 90[%] 이하일 경우(즉, 낮은 경우) 수용가 측면에서 어떤 손해가 있는지 3가지만 쓰시오.

○ _____　○ _____　○ _____

(3) 전력용 콘덴서와 함께 설치되는 방전코일과 직렬 리액터의 용도를 간단히 설명하시오.

○ _____

정답 (1) • 계산

① 콘덴서 설치 전 부하의 지상 무효전력 (P_{r1})

$$P_{r1} = P \cdot \tan\theta = 4000 \times \frac{0.6}{0.8} = 3000[\text{kVar}]$$

② 콘덴서 설치 후 무효전력 : $P_{r2} = P_{r1} - Q_c = 3000 - 1800 = 1200[\text{kVar}]$

③ 콘덴서 설치 후 역률($\cos\theta_2$)$= \dfrac{4000}{\sqrt{4000^2 + 1200^2}} \times 100 = 95.782$

• 답 : 95.78[%]

(2) 전력손실 증가, 전압강하 증가, 전기요금 증가

(3) 방전코일(DC) : 콘덴서의 잔류전하를 방전시켜 감전사고 방지

　　직렬 리액터(SR) : 제5고조파를 제거하여 파형 개선

배점5

06 배전선로 사고 종류에 따라 보호 장치 및 보호조치를 다음 표의 ①~③가지 답하시오. (단, ①, ②는 보호장치이고, ③은 보호조치 임)

항　목	사고 종류	보호 장치 및 보호조치
고압 배전선로	접지사고	①
	과부하, 단락사고	②
	뇌해사고	피뢰기, 가공지선
주상 변압기	과부하, 단락사고	고압 퓨즈
저압 배전선로	고저압 혼촉	③
	과부하, 단락사고	저압 퓨즈

정답 ① 지락 계전기
   ② 과전류 계전기
   ③ 접지공사

배점5

07 축전지 설비의 부하 특성 곡선이 그림과 같을 때 주어진 조건을 이용하여 필요한 축전지의 용량을 산정하시오. (단, 여기서 용량 환산 시간 $K_1 = 1.45$, $K_2 = 0.69$, $K_3 = 0.25$이고, 보수율은 0.8이다.)

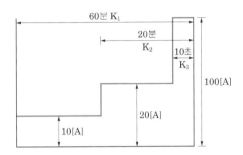

• 계산 :   • 답 :

정답 • 계산 : $C = \dfrac{1}{L}\{K_1 I_1 + K_2(I_2 - I_1) + K_3(I_3 - I_2)\}$

$= \dfrac{1}{0.8}\{1.45 \times 10 + 0.69(20 - 10) + 0.25(100 - 20)\} = 51.75\,[\text{Ah}]$

• 답 : 51.75[Ah]

축전지의 용량은 $C = \dfrac{1}{L}KI$가 기본공식이다.

그러므로 $\dfrac{총 면적}{보수율}$이 축전지의 용량이 된다.

$C = \dfrac{1}{L}(K_1 I_1 + K_2 I_2 + K_3 I_3)$

L : 보수율, K : 용량환산시간, I : 부하전류

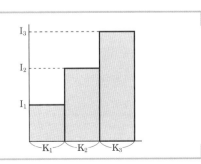

배점5

08 가공전선로의 이도가 너무 크거나 너무 작을 시 전선로에 미치는 영향 3가지만 쓰시오.

○ _____

○ _____

○ _____

정답 ① 이도가 너무 크면 지지물의 높이가 커진다.
　　② 이도가 너무 크면 전력선과 접촉하거나 수목과 접촉할 수 있다.
　　③ 이도가 너무 적으면 전선이 단선될 수도 있다.

 이도

가공 송전선에서는 전선을 느슨하게 가해서 약간의 이도를 취하도록 하고 있다. 이도는 전선이 전선의 지지
점을 연결하는 수평선으로부터 밑으로 내려가 있는 길이를 말한다. 가공 전선은 여름철에는 강렬한 햇빛과
고온에 노출되고, 또 태풍과 같은 폭풍에 영향을 받게 된다. 겨울철에는 가혹한 저온에 노출될 뿐만 아니라
빙설이 부착될 수도 있으므로 이들의 조건에 적응할 수 있게끔 적당한 이도를 줄 필요가 있다. 이도를 작게
했을 경우 특히 겨울철에 온도가 내려가면서 전선이 수축하게 되면 이도는 한층 더 작아져서 장력이 매우
커지고 경우에 따라서는 전선이 단선되는 경우도 있다. 반대로 이도를 너무 크게 했을 경우에 여름철에는
온도 상승 때문에 전선이 늘어서 이도가 한층 더 커져서 도로, 철도, 통신선등의 횡단 장소에서는 이들과
접촉될 위험이 있고 태풍에 영향으로 전력선이 접촉해서 선간단락을 일으킬 수도 있다.

배점5

09 3상 3선식 송전선로가 있다. 수전단 전압이 $60[\text{kV}]$, 역률 $80[\%]$, 전력손실률이 $10[\%]$이고 저항은 $0.3[\Omega/\text{km}]$, 리액턴스는 $0.4[\Omega/\text{km}]$, 전선의 길이는 $20[\text{km}]$일 때 이 송전선로의 송전단 전압은 몇 $[\text{kV}]$인가?

• 계산 : _____   • 답 : _____

정답 • 계산

송전단 전압 $V_s = V_r + \sqrt{3}\,I(R\cos\theta + X\sin\theta)$에서 미지값인 전류$(I)$를 계산

전력손실 $P_\ell = 3I^2R$ – ㉠, 전력손실 $P_\ell = 0.1P$ – ㉡ ($\because$전력손실률 $10[\%]$)

$\underline{3I^2R} = 0.1P = \underline{0.1 \times \sqrt{3}\,V_r I\cos\theta}$ $\Rightarrow$ $I = \dfrac{0.1 \times \sqrt{3}\,V_r\cos\theta}{3R} = \dfrac{0.1 \times \sqrt{3} \times 60000 \times 0.8}{3 \times 0.3 \times 20} = 461.88[\text{A}]$

$\therefore$ 송전단 전압 $V_s = V_r + \sqrt{3}\,I(R\cos\theta + X\sin\theta)$

$\qquad = 60000 + \sqrt{3} \times 461.88 \times (0.3 \times 20 \times 0.8 + 0.4 \times 20 \times 0.6)$

$\qquad = 67.68[\text{kV}]$

• 답 : $67.68[\text{kV}]$

배점5

10 다음 그림과 같이 L_1전등 $100[\text{V}]$ $200[\text{W}]$, L_2전등 $100[\text{V}]$ $250[\text{W}]$을 직렬로 연결하고 $200[\text{V}]$를 인가하였을 때 L_1, L_2 전등에 걸리는 전압을 동일하게 유지하기 위하여 어느 전등에 몇 $[\Omega]$의 저항을 병렬로 설치하여야 하는가?

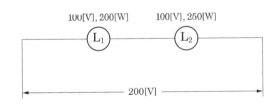

• 계산 : _____   • 답 : _____

정답 • 계산

전등 $\textcircled{L_1}$과 $\textcircled{L_2}$에 동일한 전압이 가해지기 위해서는 각 전등의 저항값이 동일해야 한다.

① 전등 $\textcircled{L_1}$의 저항(R_1)과 $\textcircled{L_2}$의 저항(R_2)를 구한다.

$R_1 = \dfrac{V^2}{P_1} = \dfrac{100^2}{200} = 50[\Omega]$, $R_2 = \dfrac{V^2}{P_2} = \dfrac{100^2}{250} = 40[\Omega]$

② 전등 $\textcircled{L_1}$의 저항 ($R_1=50[\Omega]$)이 더 크다.

그러므로, 전등 $\textcircled{L_1}$에 병렬로 저항을 설치한다.

③ $\dfrac{50\times R}{50+R}=40[\Omega]$

$50R=2000+40R$

$\therefore\ R=200[\Omega]$

• 답 : L_1 전등에 $200[\Omega]$의 저항을 병렬로 설치한다.

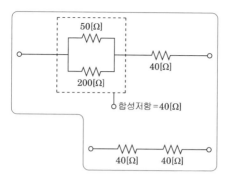
합성저항 = $40[\Omega]$

배점4

11 다음의 논리회로를 AND, OR, NOT만의 소자로 등가회로를 그리고, 논리식을 쓰시오.

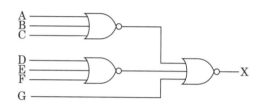

$\overline{}$정답 • 논리식 $X=\overline{\overline{(A+B+C)}+\overline{(D+E+F)}+G}$

$=(A+B+C)\cdot(D+E+F)\cdot\overline{G}$

• 논리회로

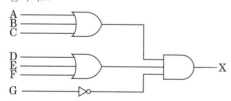

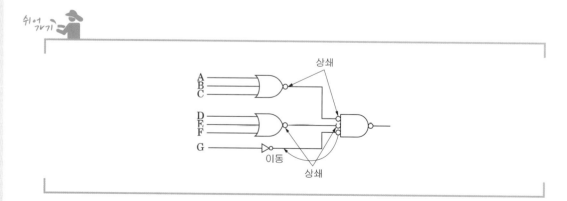

12 아래 도면은 어느 수전설비의 단선 결선도이다. 물음에 답하시오.

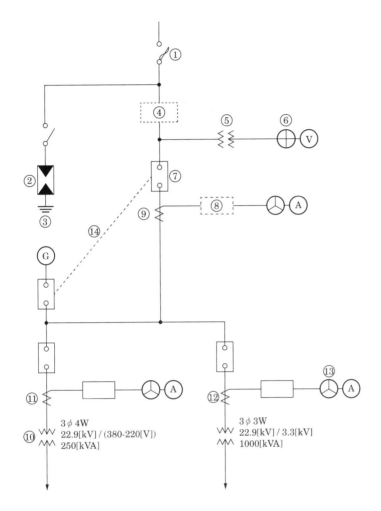

3ϕ 4W
22.9[kV] / (380-220[V])
250[kVA]

3ϕ 3W
22.9[kV] / 3.3[kV]
1000[kVA]

(1) ①~②, ④~⑨, ⑬에 해당되는 부분의 명칭, 약호와 용도를 간단히 설명하시오.

○ _____

(2) ③의 접지 저항값은 몇 [Ω]인지 쓰시오.

○ _____

(3) ⑤의 1차, 2차 전압은?

○ _____

(4) ⑩의 2차측 결선 방법은?

○ _____

(5) ⑪, ⑫의 1차 2차 전류는? 단, CT정격 전류는 부하 정격 전류의 1.5배로 한다.

○ _____

(6) ⑭의 목적은?

○ _____

_____

정답 (1)

번호	명칭	약호	용도
①	전력 퓨즈	PF	일정값 이상의 과전류 및 단락전류를 차단하여 사고 확대를 방지
②	피뢰기	LA	이상 전압이 내습하면 이를 대지로 방전하고, 속류를 차단한다.
④	전력 수급용 계기용 변성기	MOF	전력량을 적산하기 위하여 고전압을 저전압으로, 대전류를 소전류로 변성시켜 전력량계에 공급한다.
⑤	계기용 변압기	PT	고전압을 저전압으로 변성시켜 계기 및 계전기 등의 전원으로 사용한다.
⑥	전압계용 전환 개폐기	VS	1대의 전압계로 3상 각상의 전압을 측정하기 위한 전환 개폐기
⑦	교류 차단기	CB	단락 사고, 과부하, 저락 사고 등 사고 전류와 부하 전류를 차단하기 위한 장치
⑧	과전류 계전기	OCR	계통에 과전류가 흐르면 동작하여 차단기의 트립 코일을 여자시킨다.
⑨	변류기	CT	대전류를 소전류로 변성하여 계기 및 과전류 계전기에 공급한다.
⑬	전류계용 전환 개폐기	AS	1대의 전류계로 3상 각상의 전류를 측정하기 위한 전화 개폐기

(2) $10[\Omega]$

(3) 1차 전압 : $\dfrac{22900}{\sqrt{3}}[V]$, 2차 전압 : $\dfrac{190}{\sqrt{3}}[V]$

(4) 3상 4선식이며, 2차측 전압은 $380[V]$ 또는 $220[V]$ 가능하다. 즉, 2종의 전원을 얻을 수 있는 결선은 Y결선이다.

(5) 1차측 전류 $I_1 = \dfrac{P_a}{\sqrt{3}\,V}$

⑪ 계산

$I_1 = \dfrac{250}{\sqrt{3}\times 22.9} = 6.3[A]$

$6.3 \times 1.5 = 9.45[A]$ 이므로 변류비 10/5 선정

CT 2차측에 흐르는 전류 (I_2)

$I_2 = $ 1차측 전류 $\times$ CT 역수비

$\therefore I_2 = \dfrac{250}{\sqrt{3}\times 22.9} \times \dfrac{5}{10} = 3.15[A]$

• 답 : 1차 전류 $6.3[A]$, 2차 전류 : $3.15[A]$

⑫ 계산

$I_1 = \dfrac{1000}{\sqrt{3}\times 22.9} = 25.21[A]$

$25.21 \times 1.5 = 37.82[A]$ 이므로 변류비 40/5 선정

CT 2차측에 흐르는 전류 (I_2)

$$I_2 = 1차측 전류 \times CT 역수비$$

$$\therefore \quad I_2 = \frac{1000}{\sqrt{3} \times 22.9} \times \frac{5}{40} = 3.15$$

- 답 : 1차 전류 25.21[A], 2차 전류 : 3.15[A]

(6) 상용 전원과 예비 전원의 동시 투입을 방지한다.(인터록)

이것이 핵심이다

- CT 2차측 전류의 계산
  - ☞ 1차측 부하전류 × CT의 여유배수
  - ☞ 위의 수치를 기준으로 CT비 선정
  - ☞ 1차측 부하전류 × CT 역수비

배점5

13 1개의 건축물에는 그 건축물 대지전위의 기준이 되는 접지극, 접지선 및 주 접지단자를 그림과 같이 구성한다. 건축 내 전기기기의 노출 도전성부분 및 계통외 도전성 부분(건축 구조물의 금속제부분 및 가스, 물, 난방 등의 금속배관설비) 모두를 주 접지단자에 접속 한다. 이것에 의해 하나의 건축물 내 모든 금속제부분에 주 등전위 접속이 시설된 것이 된다. 다음 그림에서 ①~⑤까지 명칭을 쓰시오.

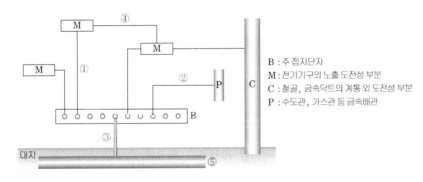

B : 주 접지단자
M : 전기기구의 노출 도전성 부분
C : 철골, 금속닥트의 계통 외 도전성 부분
P : 수도관, 가스관 등 금속배관

○

정답 ① 보호도체(PE)
　　② 주 등전위 접속용 선
　　③ 접지도체
　　④ 보조등전위 접속용 선
　　⑤ 접지극

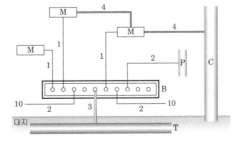

1 : 보호도체(PE)　　　 B : 주 접지단자
2 : 주 등전위 접속용선　M : 전기기구의 노출 도전성 부분
3 : 접지도체　　　　　 C : 철골, 금속닥트의 계통 외 도전성 부분
4 : 보조 등전위 접속용 선　P : 수도관, 가스관 등 금속배관
10 : 기타기기(예 : 통신설비)　T : 접지극

2011

배점5

14 2000[lm]의 전등 30개를 100[m²]의 사무실에 설치하려고 한다. 조명률 0.5, 감광보상률 1.5인 경우 이 사무실의 평균조도[lx]를 구하시오.

• 계산 : _____   • 답 : _____

_____

정답   • 계산 : $E = \dfrac{FUN}{DS} = \dfrac{2000 \times 0.5 \times 30}{1.5 \times 100} = 200$

• 답 : 200[lx]

배점3

15 최대 사용전압이 154000[V]인 중성점 직접 접지식 전로의 절연내력 시험전압은 몇 [V] 인가?

• 계산 : _____   • 답 : _____

_____

정답   전로의 절연저항 및 절연내력

전로의 종류	접지방식	시험전압 (최대사용 전압의 배수)	최저시험전압
7[kV] 이하인 전로		1.5배	
7[kV] 초과 25[kV] 이하	다중접지	0.92배	
7[kV] 초과 60[kV] 이하	다중접지 이외	1.25배	10,500[V]
60[kV] 초과	비 접 지	1.25배	
	접 지 식	1.1배	75[kV]
60[kV] 초과 170[kV] 이하	직접접지	0.72배	
170[kV] 초과	직접접지	0.64배	

• 계산 : 전로의 절연내력 시험전압 = 사용전압 × 최대사용전압의 배수

$$= 154000 \times 0.72 = 110880[V]$$

• 답 : 110880[V]

배점4

16 어느 수용가의 총 설비 부하 용량은 전등 600[kW], 동력 1000[kW]라고 한다. 각 수용가의 수용률은 50[%]이고, 각 수용가 간의 부등률은 전등 1.2, 동력 1.5, 전등과 동력 상호간은 1.4라고 하면 여기에 공급되는 변전시설용량은 몇 [kVA]인가? (단, 부하 전력 손실은 5[%]로 하며, 역률은 1로 계산한다.)

• 계산 : _____   • 답 : _____

정답   • 계산 : 변압기용량 $= \dfrac{설비용량[kW] \times 수용률}{부등률 \times 역률}$ [kVA]

$$변압기용량 = \frac{\dfrac{600 \times 0.5}{1.2} + \dfrac{1000 \times 0.5}{1.5}}{1.4} \times 1.05$$

$$= 437.5[kVA]$$

※ 부하의 전력 손실 5[%]을 고려하여 손실분만큼 변압기용량의
여유를 준다.

• 답 : 437.5[kVA]

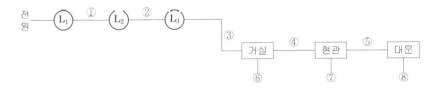

배점6

17 그림과 같이 외등 3등을 거실, 현관, 대문의 각각의 3장소에서 점멸할 수 있도록 아래 번호의 가닥수를 쓰고 각 점멸기의 기호를 그리시오.

(1) ①~⑤까지 전선가닥수를 쓰시오.

○

(2) ⑥~⑧까지 점멸기의 전기기호를 그리시오.

○

정답 (1) ① 3가닥
　　　② 3가닥
　　　③ 2가닥
　　　④ 3가닥
　　　⑤ 3가닥
　(2) ⑥ ●₃
　　　⑦ ●₄
　　　⑧ ●₃

쉬어
가기

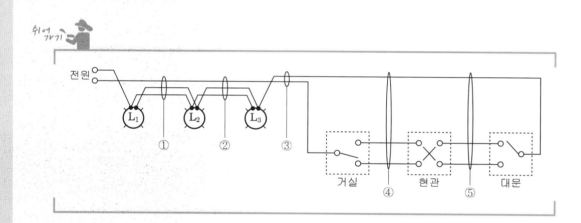

2012

과년도 기출문제

국가기술자격검정 실기시험문제 및 정답

2012년도 전기기사 **제1회** 필답형 실기시험

종 목	시험시간	형 별	성 명	수험번호
전기기사	2시간 30분	A		

※ 수험자 인적사항 및 답안작성(계산식 포함)은 흑색의 필기구만 사용하여야 하며 흑색을 제외한 유색 필기구 또는 연필류를 사용하거나 2가지 이상의 색을 혼합 사용하였을 경우 그 문항은 0점 처리됩니다.

배점6

01 정크션 박스(Joint Box)와 풀 박스(Pull Box)의 용도를 쓰시오.

(1) 정크션 박스(Joint Box)

　○ _____

(2) 풀 박스(Pull Box)

　○ _____

정답　(1) 정크션 박스(Joint Box) : 전선의 접속시 접속 부분이 노출되지 않도록 하기 위해 설치
　　　(2) 풀 박스(Pull Box) : 전선의 통과를 용이하게 하기 위하여 배관의 도중에 설치

쉬어가기

정크션 박스(Joint Box)

풀 박스(Pull Box)

배점5

02 평균조도 $600[\mathrm{lx}]$ 전반 조명을 시설한 $50[\mathrm{m}^2]$의 방이 있다. 이 방에 조명기구 1대당 광속 $6000[\mathrm{lm}]$, 조명률 $80[\%]$, 유지율 $62.5[\%]$인 등기구를 설치하려고 한다. 이때 조명기구 1대의 소비 전력이 $80[\mathrm{W}]$라면 이 방에서 24시간 연속 점등한 경우 하루의 소비전력량은 몇 $[\mathrm{kWh}]$인가?

• 계산 : _____ • 답 : _____

정답 • 계산

등수 $N = \dfrac{DES}{FU} = \dfrac{ES}{FUM} = \dfrac{600 \times 50}{6000 \times 0.8 \times 0.625} = 10[\text{등}]$

➢ 유지율(보수율)은 감광 보상률과 역수 관계이다.

소비전력 : $80 \times 10 = 800[\mathrm{W}]$

소비전력량 : $W = $ 소비 전력 $\times$ 시간 $= 80 \times 10 \times 24 \times 10^{-3} = 19.2[\mathrm{kWh}]$

• 답 : $19.2[\mathrm{kWh}]$

배점5

03 매분 $12[\mathrm{m}^3]$의 물을 높이 $15[\mathrm{m}]$인 탱크에 양수하는데 필요한 전력을 V결선한 변압기로 공급한다면, 여기에 필요한 단상 변압기 1대의 용량은 몇 $[\mathrm{kVA}]$인가? (단, 펌프와 전동기의 합성 효율은 $65[\%]$이고, 전동기의 전부하 역률은 $80[\%]$이며, 펌프의 축동력은 $15[\%]$의 여유를 본다고 한다.)

• 계산 : _____ • 답 : _____

정답 • 계산 : 펌프용 전동기의 용량 $P = \dfrac{HQK}{6.12 \times \eta \times \cos\theta}[\mathrm{kVA}]$

(단, K : 여유계수, Q : 분당 양수량$[\mathrm{m}^3/\min]$, H : 총양정$[\mathrm{m}]$, η : 효율, $\cos\theta$: 역률)

$P = \dfrac{15 \times 12 \times 1.15}{6.12 \times 0.65 \times 0.8} = 65.045[\mathrm{kVA}]$, V결선시 변압기 용량 $P_V = \sqrt{3}\,P_1$

단상 변압기 1대용량 $P_1 = \dfrac{P_V}{\sqrt{3}} = \dfrac{\text{전동기용량}}{\sqrt{3}} = \dfrac{65.045}{\sqrt{3}} = 37.553[\mathrm{kVA}]$

• 답 : $37.55[\mathrm{kVA}]$

이것이 *핵심이다*

> 펌프용 전동기의 용량만큼 변압기(2대 V결선)가 전력을 공급
>
> 펌프용 전동기의 소요동력 (분당 양수량인 경우) $P = \dfrac{HQ_m K}{6.12\eta}$[kW] (단, Q_m : 분당 양수량[m³/min])
>
> 펌프용 전동기의 소요동력 (초당 양수량인 경우) $P = \dfrac{9.8HQ_s K}{\eta}$[kW] (단, Q_s : 초당 양수량[m³/sec])

배점5

04 그림은 PB-ON 스위치를 ON한 후 일정 시간이 지난 다음에 MC가 동작하여 전동기 M이 운전되는 회로이다. 여기에 사용한 타이머 ⓣ는 입력신호를 소멸했을 때 열려서 이탈되는 형식인데 전동기가 회전하면 릴레이 ⓧ가 복구되어 타이머에 입력 신호가 소멸되고 전동기는 계속 회전할 수 있도록 할 때 이 회로는 어떻게 고쳐야 하는가?

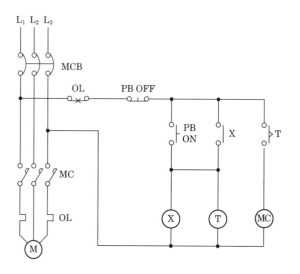

정답

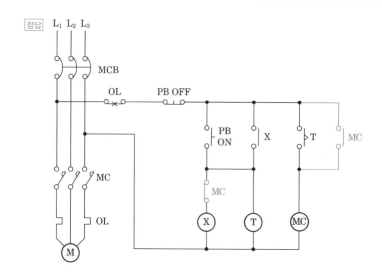

조건 ①

전동기가 회전하면 릴레이 Ⓧ의 자기유지접점이 있으므로 MC-b 접점을 넣어준다.

조건 ②

전동기가 계속 회전해야 하므로 자기유지 MC-a 접점을 T-a 접점과 병렬로 연결한다.

배점4

05 전동기, 가열장치 또는 전력장치의 배선에는 이것에 공급하는 부하회로의 배선에서 기계기구 또는 장치를 분리할 수 있도록 단로용 기구로 각개에 개폐기 또는 콘센트를 시설하여야 한다. 그렇지 않아도 되는 경우 2가지를 쓰시오.

○

○

정답 ① 배선 중에 시설하는 현장조작개폐기가 전로의 각 극을 개폐할 수 있을 경우
② 전용분기회로에서 공급될 경우

배점6

06 표의 빈칸 ㉮~㉛에 알맞은 내용을 써서 그림 PLC 시퀀스의 프로그램을 완성하시오. (단, 사용 명령어는 회로시작(R), 출력(W), AND(A), OR(O), NOT(N), 시간지연(DS)이고, 0.1초 단위이다.)

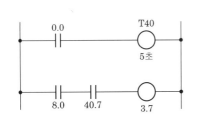

차례	명령어	번지
0	R	㉮
1	DS	㉯
2	W	㉰
3	㉱	8.0
4	㉲	㉳
5	㉴	㉵

정답 ㉮ 0.0, ㉯ 50, ㉰ T40, ㉱ R, ㉲ A, ㉳ 40.7, ㉴ W, ㉵ 3.7

DATA 작성시 설정시간의 단위를 고려하여 작성한다.

배점3

07 역률을 개선하면 전기 요금의 저감과 배전선의 손실 경감, 전압 강하 감소, 설비 여력의 증가 등을 기할 수 있으나, 너무 과보상하면 역효과가 나타난다. 즉, 경부하시에 콘덴서가 과대 삽입되는 경우의 결점을 4가지 쓰시오.

○ _____   ○ _____

○ _____   ○ _____

정답 ① 전력 손실 증가   ② 모선 전압의 상승
　　　③ 설비 용량 여유 감소   ④ 고조파 왜곡의 증대

배점5

08 어떤 인텔리전트 빌딩에 대한 등급별 추정 전원 용량에 대한 다음 표를 이용하여 각 물음에 답하시오.

등급별 추정 전원 용량 $[VA/m^2]$

내용 \ 등급별	0등급	1등급	2등급	3등급
조 명	32	22	22	29
콘 센 트	–	13	5	5
사무자동화(OA) 기기	–	–	34	36
일반동력	38	45	45	45
냉방동력	40	43	43	43
사무자동화(OA) 동력	–	2	8	8
합 계	110	125	157	166

(1) 연면적 10000$[m^2]$인 인텔리전트 2등급인 사무실 빌딩의 전력 설비 부하의 용량을 다음 표에 의하여 구하도록 하시오.

부하 내용	면적을 적용한 부하용량[kVA]
조 명	
콘 센 트	
OA 기기	
일반동력	
냉방동력	
OA 동력	
합 계	

(2) 물음 "(1)"에서 조명, 콘센트, 사무자동화기기의 적정 수용률은 0.7, 일반동력 및 사무자동화 동력의 적정 수용률은 0.5, 냉방동력의 적정 수용률은 0.8이고, 주변압기 부등률은 1.2로 적용한다. 이때 전압방식을 2단 강압 방식으로 채택할 경우 변압기의 용량에 따른 변전설비의 용량을 산출하시오.(단, 조명, 콘센트, 사무자동화 기기를 3상 변압기 1대로, 일반동력 및 사무자동화 동력을 3상 변압기 1대로, 냉방동력을 3상 변압기 1대로 구성하고, 상기 부하에 대한 주변압기 1대를 사용하도록 하며, 변압기 용량은 일반 규격 용량으로 정한다.)

① 사무자동화 기기에 필요한 변압기 용량 산정

• 계산 :   • 답 :

② 일반동력, 사무자동화동력에 필요한 변압기 용량 산정

• 계산 :   • 답 :

③ 냉방동력에 필요한 변압기 용량 산정

• 계산 :   • 답 :

④ 주변압기 용량 산정

• 계산 :   • 답 :

(3) 주변압기에서부터 각 부하에 이르는 변전설비의 단선 계통도를 간단하게 그리시오.

○

정답

(1)

부하 내용	면적을 적용한 부하용량[kVA]
조 명	$22 \times 10000 \times 10^{-3} = 220 [\text{kVA}]$
콘 센 트	$5 \times 10000 \times 10^{-3} = 50 [\text{kVA}]$
OA 기기	$34 \times 10000 \times 10^{-3} = 340 [\text{kVA}]$
일반동력	$45 \times 10000 \times 10^{-3} = 450 [\text{kVA}]$
냉방동력	$43 \times 10000 \times 10^{-3} = 430 [\text{kVA}]$
OA 동력	$8 \times 10000 \times 10^{-3} = 80 [\text{kVA}]$
합 계	$157 \times 10000 \times 10^{-3} = 1570 [\text{kVA}]$

(2) 계산

$$변압기용량 = \frac{설비용량 \times 수용률}{부등률 \times 역률} = \frac{각\ 부하설비\ 최대수용전력의합}{부등률 \times 역률}$$

① $Tr_1 = \dfrac{(220+50+340) \times 0.7}{1 \times 1} = 427 [\text{kVA}]$ • 답 : 500[kVA]

② $Tr_2 = \dfrac{(450+80) \times 0.5}{1 \times 1} = 265 [\text{kVA}]$ • 답 : 300[kVA]

③ $Tr_3 = \dfrac{430 \times 0.8}{1 \times 1} = 344 [\text{kVA}]$ • 답 : 500[kVA]

④ 주변압기용량$(STr) = \dfrac{각\ 부하설비\ 최대수용전력의합}{부등률 \times 역률}$

$$STr = \frac{427+265+344}{1.2} = 863.33 [\text{kVA}]$$ • 답 : 1000[kVA]

(3) 단선 계통도

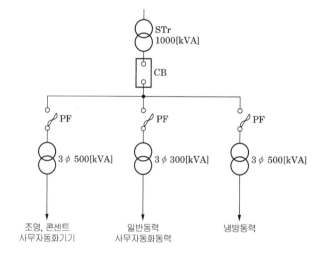

배점5

09 답안지의 그림은 3상 4선식 배전 선로에 단상 변압기 2대가 있는 미완성 회로이다. 이것을
역 V결선하여 2차에 3상 전원 방식으로 결선하시오.

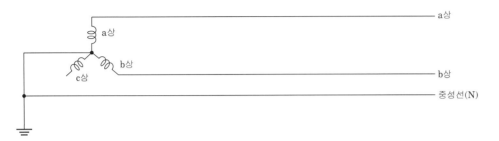

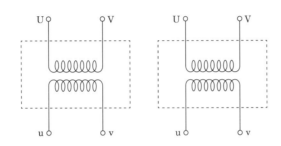

정답

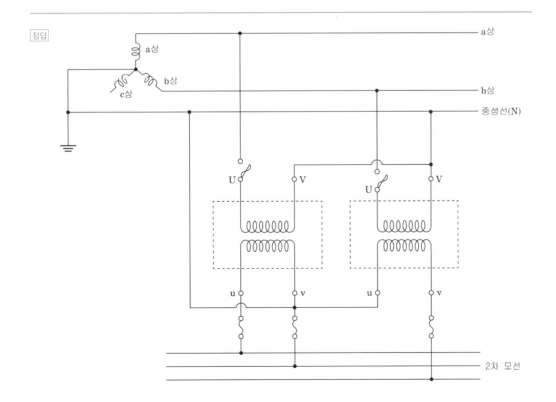

10 최대 수요 전력이 $7000[\mathrm{kW}]$, 부하 역률 0.92, 네트워크(network) 수전 회선수 3회선, 네트워크 변압기의 과부하율 $130[\%]$인 경우 네트워크 변압기 용량은 몇 $[\mathrm{kVA}]$ 이상이어야 하는가?

• 계산 : _____ • 답 : _____

정답 • 계산

$$\text{네트워크 변압기 용량} = \frac{\text{최대수요전력}}{\text{수전회선수} - 1} \times \frac{100}{\text{과부하율}}[\mathrm{kVA}]$$

$$= \frac{7000/0.92}{3-1} \times \frac{100}{130} = 2926.421[\mathrm{kVA}]$$

• 답 : $2926.42[\mathrm{kVA}]$

11 저항 $4[\Omega]$과 정전용량 $C[\mathrm{F}]$인 직렬 회로에 주파수 $60[\mathrm{Hz}]$의 전압을 인가한 경우 역률이 0.8이었다. 이 회로에 $30[\mathrm{Hz}]$, $220[\mathrm{V}]$의 교류 전압을 인가하면 소비전력은 몇 $[\mathrm{W}]$가 되겠는가?

• 계산 : _____ • 답 : _____

정답 • 계산

주파수가 $60[\mathrm{Hz}]$일 경우 용량성 리액턴스(X_c)를 구한다.

역률 $\cos\theta = \dfrac{R}{Z} = \dfrac{R}{\sqrt{R^2 + X_c^2}} = \dfrac{4}{\sqrt{4^2 + X_c^2}} = 0.8$이므로

$$X_c = \sqrt{\left(\frac{4}{0.8}\right)^2 - 4^2} = 3[\Omega]$$

용량성 리액턴스는 주파수에 반비례하므로 주파수가 $60[\mathrm{Hz}]$에서 $30[\mathrm{Hz}]$로 감소시 용량성 리액턴스는 2배 증가한다. 주파수가 $30[\mathrm{Hz}]$일 경우의 용량성 리액턴스 $X_c' = 6[\Omega]$이다.

소비전력 $P = I^2 R = \left(\dfrac{V}{Z}\right)^2 \times R = \left(\dfrac{V}{\sqrt{R^2 + X_c'^2}}\right)^2 \times R = \dfrac{V^2}{R^2 + X_c'^2} \times R$

$$= \frac{220^2}{4^2 + 6^2} \times 4 = 3723.076[\mathrm{W}]$$

• 답 : $3723.08[\mathrm{W}]$

쉬어가기

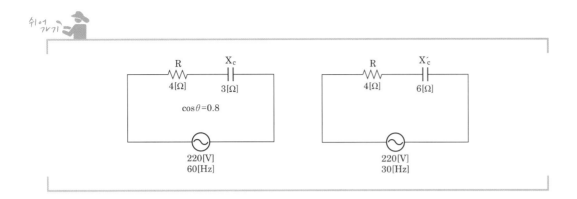

배점6

12 그림과 같은 시퀀스 제어 회로를 AND, OR, NOT의 기본 논리 회로(Logic symbol)를 이
용하여 무접점 회로를 나타내시오.

정답

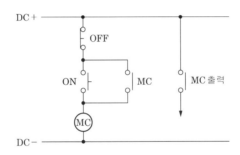

쉬어가기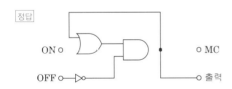

논리식 : $MC = (ON + MC) \cdot \overline{OFF} = 출력$

배점5

13 단자전압 $3000[\mathrm{V}]$인 선로에 전압비가 $3300/220[\mathrm{V}]$인 승압기를 접속하여 $60[\mathrm{kW}]$, 역률 0.85의 부하에 공급할 때 몇 $[\mathrm{kVA}]$의 승압기를 사용하여야 하는가?

• 계산 : _____   • 답 : _____

정답   • 계산

$$V_2 = V_1\left(1 + \frac{1}{a}\right) = 3000 \times \left(1 + \frac{220}{3300}\right) = 3200[\mathrm{V}]$$

변압기용량 = 부하용량 $\times \dfrac{V_2 - V_1}{V_2} = \dfrac{P}{\cos\theta} \times \dfrac{V_2 - V_1}{V_2}$

$$= \frac{60}{0.85} \times \frac{3200 - 3000}{3200} = 4.411[\mathrm{kVA}]$$

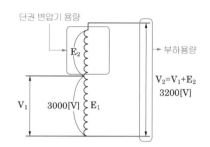

• 답 : $4.41[\mathrm{kVA}]$

배점6

14 그림은 구내에 설치 할 $3300[\mathrm{V}]$, $220[\mathrm{V}]$, $10[\mathrm{kVA}]$인 주상변압기의 무부하 시험방법이 다. 이 도면을 보고 다음 각 물음에 답하시오.

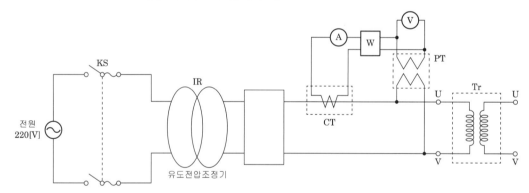

(1) 유도전압조정기의 오른쪽 네모 속에는 무엇이 설치되어야 하는가?

○ _____

(2) 시험 할 주상변압기의 2차측은 어떤 상태에서 시험을 하여야 하는가?

○ _____

(3) 시험 할 변압기를 사용할 수 있는 상태로 두고 유도전압조정기의 핸들을 서서히 돌려 전압계 의 지시값이 1차 정격전압이 되었을 때 전력계가 지시하는 값은 어떤 값을 지시하는가?

○ _____

정답 (1) 승압용 변압기

(2) 개방

(3) 철손

배점5

15 역률을 높게 유지하기 위하여 개개의 부하에 고압 및 특별 고압 진상용 콘덴서를 설치하는 경우에는 현장 조작 개폐기보다도 부하측에 접속하여야 한다. 콘덴서의 용량, 접속 방법 등은 어떻게 시설하는 것을 원칙으로 하는지와 고조파 전류의 증대 등에 대한 다음 각물음에 답하시오.

(1) 콘덴서의 용량은 부하의 (   )보다 크게 하지 말 것

   ○

(2) 콘덴서는 본선에 직접 접속하고 특히 전용의 (   ), (   ), (   ) 등을 설치하지 말 것

   ○

(3) 고압 및 특별고압 진상용 콘덴서의 설치로 공급회로의 고조파전류가 현저하게 증대할 경우는 콘덴서회로에 유효한 (   )를 설치하여야 한다.

   ○

(4) 가연성유봉입(可燃性油封入)의 고압진상용 콘덴서를 설치하는 경우는 가연성의 벽, 천장 등과 (   )[m] 이상 이격하는 것이 바람직하다.

   ○

정답 (1) 무효분

(2) 개폐기, 퓨즈, 유입차단기

(3) 직렬리액터

(4) 1

배점5

16 다음 그림은 콘덴서 설비의 단선도이다. 주어진 그림의 ①~⑤번과 각 기기의 우리말 이름을 쓰고, 역할을 쓰시오.

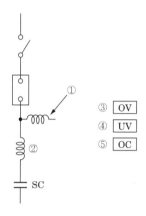

정답　① 방전 코일 : 콘덴서에 축적된 잔류전하를 방전시켜 감전사고를 방지해 주며 선로에 재투입시 콘덴서에
　　　　 걸리는 과전압을 방지한다.
　　　② 직렬리액터 : 제5고조파 제거
　　　③ 과전압 계전기 : 일정한 값 이상의 전압이 되었을 시 부하를 차단하여 기기를 보호하는 역할을 한다.
　　　④ 부족전압 계전기 : 일정한 값 이하의 전압이 되었을 시 부하를 차단하는 계전기로 주로 정전 후 복귀
　　　　 되었을 때 돌발 재투입을 방지하는 역할을 한다.
　　　⑤ 과전류 계전기 : 일정한 값 이상의 전류가 흐르면 부하를 차단하여 기기를 보호하는 역할을 한다.

국가기술자격검정 실기시험문제 및 정답

2012년도 전기기사 제2회 필답형 실기시험

종 목	시험시간	형 별	성 명	수험번호
전기기사	2시간 30분	A		

※ 수험자 인적사항 및 답안작성(계산식 포함)은 흑색의 필기구만 사용하여야 하며 흑색을 제외한 유색 필기구 또는 연필류를 사용하거나 2가지 이상의 색을 혼합 사용하였을 경우 그 문항은 0점 처리됩니다.

배점4

01 알칼리 축전지의 정격용량은 $100[\text{Ah}]$, 상시부하 $6[\text{kW}]$, 표준전압 $100[\text{V}]$인 부동충전방식의 충전기 2차 전류는 몇 $[\text{A}]$인지 계산하시오. (단, 알칼리 축전지의 방전율은 5시간율로 한다.)

• 계산 :   • 답 :

정답 • 계산 : $= \dfrac{\text{축전지 용량}[\text{Ah}]}{\text{정격 방전율}[\text{h}]} + \dfrac{\text{상시 부하 용량}[\text{VA}]}{\text{표준 전압}[\text{V}]} = \dfrac{100}{5} + \dfrac{6000}{100} = 80[\text{A}]$

• 답 : $80[\text{A}]$

배점7

02 가로 $10[\text{m}]$, 세로 $16[\text{m}]$, 천정높이 $3.85[\text{m}]$, 작업면 높이 $0.85[\text{m}]$인 사무실에 천장 직부 형광등 $F40 \times 2$를 설치하려고 한다. 다음 물음에 답하시오.

(1) $F40 \times 2$의 그림기호를 그리시오.

　○

(2) 이 사무실의 실지수는 얼마인가?

　○

(3) 이 사무실의 작업면 조도를 $300[\text{lx}]$, 천장 반사율 $70[\%]$, 벽 반사율 $50[\%]$, 바닥 반사율 $10[\%]$, $40[\text{W}]$ 형광등 1등의 광속 $3150[\text{lm}]$, 보수율 $70[\%]$, 조명률 $61[\%]$로 한다면 이 사무실에 필요한 소요되는 등기구 수는?

　○

정답 (1)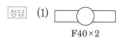
F40×2

(2) • 계산

실지수 $K = \dfrac{X \cdot Y}{H(X+Y)}$, $H(\text{등고}) : 3.85 - 0.85 = 3$

$K = \dfrac{10 \times 16}{3 \times (10+16)} = 2.051$

• 답 : 2.05

(3) • 계산

등수 $N = \dfrac{DES}{FU} = \dfrac{ES}{FUM} = \dfrac{300 \times (10 \times 16)}{3150 \times 0.61 \times 0.7} = 35.686[\text{등}]$

F40×2등용 이므로 2로 나눈다 : $\dfrac{36}{2} = 18[\text{등}]$이다.

• 답 : 18[등]

배점4

03 회전날개의 지름이 $31[\text{m}]$인 프로펠러형 풍차의 풍속이 $16.5[\text{m/s}]$일 때 풍력 에너지 $[\text{kW}]$를 계산하시오. (단, 공기의 밀도는 $1.225[\text{kg/m}^3]$이다.)

• 계산 : _____ • 답 : _____

정답 • 계산 : $P = \dfrac{1}{2}\rho A V^3 = \dfrac{1.225 \times \dfrac{\pi 31^2}{4} \times 16.5^3}{2} \times 10^{-3} = 2076.687[\text{kW}]$

• 답 : 2076.69[kW]

$P = \dfrac{1}{2}mV^2 = \dfrac{1}{2}(\rho A V)V^2 = \dfrac{1}{2}\rho A V^3 \, [\text{W}]$

P : 에너지[W], m : 질량[kg/s], V : 평균풍속[m/s]

ρ : 공기의 밀도($1.225[\text{kg/m}^3]$), A : 로터의 단면적[m²]

배점6

04 그림은 누름버튼스위치 PB_1, PB_2, PB_3를 ON 조작하여 기계 A, B, C를 운전하는 시 퀀스 회로도이다. 이 회로를 타임차트 1~3의 요구사항과 같이 병렬 우선 순위회로로 고 쳐서 그리시오. (단, R_1, R_2, R_3는 계전기이며, 이 계전기의 보조 a접점 또는 b접점을 추가 또는 삭제하여 작성하되 불필요한 접점을 사용하지 않도록 하며, 보조 접점에는 접 점명을 기입하도록 한다.)

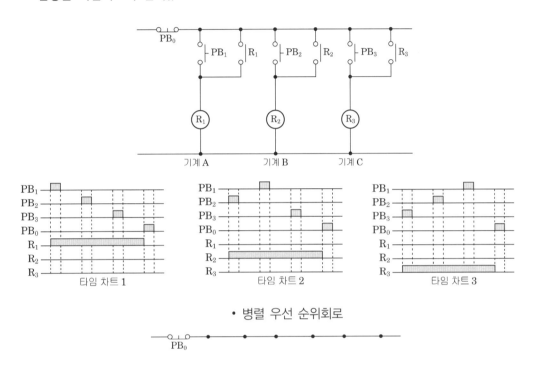

타임 차트 1   타임 차트 2   타임 차트 3

• 병렬 우선 순위회로

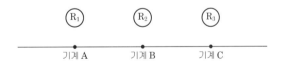

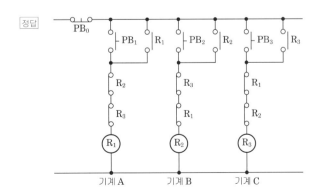

1. 병렬우선회로는 한쪽의 전자 릴레이가 동작하고 있는 동안 다른 전자 릴레이 동작을 금지하기 때문에 상대동작 금지회로라고 한다. 인터록 회로 또는 선입력 우선회로라고도 불린다.

2. 타임차트 분석

① 타임차트1 : PB_1을 누르면 R_1이 여자되고 기계A가 동작한다. 이때, PB_2, PB_3를 눌러도 아무런 변화가 없다. PB_0을 누르면 R_1이 소자되고 기계A가 정지한다.

② 타임차트2 : PB_2을 누르면 R_2이 여자되고 기계B가 동작한다. 이때, PB_1, PB_3를 눌러도 아무런 변화가 없다. PB_0을 누르면 R_2이 소자되고 기계B가 정지한다.

③ 타임차트3 : PB_3을 누르면 R_3이 여자되고 기계C가 동작한다. 이때, PB_1, PB_2를 눌러도 아무런 변화가 없다. PB_0을 누르면 R_3이 소자되고 기계C가 정지한다.

배점5

05 그림과 같은 $100/200[\text{V}]$ 단상 3선식 회로를 보고 다음 물음에 답하시오.

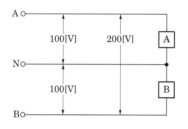

【부하정격】

A : 소비전력 $2[\text{kW}]$, 역률 0.8
B : 소비전력 $3[\text{kW}]$, 역률 0.8

(1) 중성선 N에 흐르는 전류는 몇 $[\text{A}]$인가?

• 계산 : _____ • 답 : _____

(2) 중성선의 굵기를 결정할 때의 전류는 몇 $[\text{A}]$를 기준하여야 하는가?

○ _____

정답 (1) • 계산 : 중성선에 흐르는 전류 $I_N = |I_A - I_B|$이므로 I_A와 I_B에 흐르는 전류를 구하면

$$I_A = \frac{P}{V\cos\theta} = \frac{2}{100 \times 0.8} \times 10^3 = 25[\text{A}]$$

$$I_B = \frac{P}{V\cos\theta} = \frac{3}{100 \times 0.8} \times 10^3 = 37.5[\text{A}]$$

$$I_N = 37.5 - 25 = 12.5[\text{A}]$$

• 답 : $12.5[\text{A}]$

(2) 중성선의 굵기를 결정하는 전류는 용량이 적은 부하가 정지한 경우에 용량이 큰 부하의 전체 전류가 중성선에 흐르기 때문에 I_A와 I_B 중 큰 전류를 허용할 수 있는 굵기로 선정하므로 I_B로 선정한나.

• 답 : $37.5[\text{A}]$

2012

배점4

06 다음 상용전원과 예비전원 운전시 유의하여야 할 사항이다. ( )안에 알맞은 내용을 쓰시오.

【조 건】

상용전원과 예비전원 사이에는 병렬운전을 하지 않는 것이 원칙이므로 수전용 차단기와 발전용차단기 사이에는 전기적 또는 기계적 (①)을 시설해야 하며 (②)를 사용해야 한다.

○ _____

_____

정답 ① 인터록
② 전환 개폐기

배점6

07 고압 진상용 콘덴서의 내부고장 보호방식으로 NCS 방식과 NVS 방식이 있다. 다음 각 물음에 답하시오.

(1) NCS와 NVS의 기능을 설명하시오.

○ _____

○ _____

(2) [그림 1] ①, [그림 2] ②에 누락된 부분을 완성하시오.

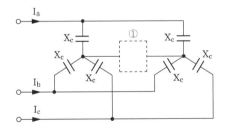 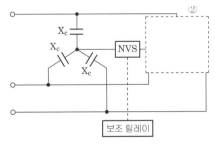

정답 (1) ① NCS : 콘덴서 고장시 중성점 전류 검출 방식이다.
② NVS : 콘덴서 소자의 절연 파괴시 중성점 전압 검출 방식이다.

(2)
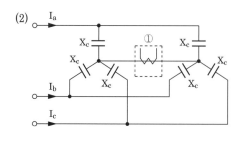
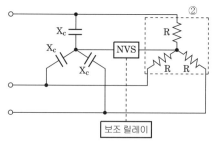

보조 릴레이

NVS(Neutral Voltage Sensor)는 콘덴서 사고시 타 계통으로의 확대·발생되는 2차 사고를 방지할 목적으로 사용되고 있는 보호 장치이다. 단상의 콘덴서 3대와 저항 3개(또는 콘덴서 6대)를 Y-Y결선을 하여 이 중성점에 NVS를 설치하여 어느 한상의 단기 콘덴서가 절연파괴 될 때 그 중성점에 발생되는 전위차에 의해 NVS가 동작하여 콘덴서 뱅크용 차단기를 트립시키는 역할을 한다.

배점4

08 그림은 교류 차단기에 장치하는 경우에 표시하는 전기용 기호의 단선도용 그림기호이다. 이 그림기호의 정확한 명칭을 쓰시오.

정답 부싱형 변류기

변류기는 절연구조에 따라 건식, 몰드, 유입, 가스 등으로 분류할 수 있으며, 권선형태에 따라 권선형, 관통형, 부싱형 등으로 분류한다.
1) 권선형 변류기
　1차 및 2차권선 모두, 하나의 철심에 감겨있는 구조로서 필요에 따라 1차권선의 권수를 2회 이상으로 할 수 있기 때문에 저 전류 특성을 좋게 할 수 있다.
2) 관통형 변류기
　1차권수가 1회(1차측 도체가 변류기 1차 권선으로 그대로 쓰이기 때문에 1차 권수는 1로 제한된다.)인 도체가 링형 철심 중심부를 통과, 철심에 2차권선이 균일하게 감겨있는 구조이다.

3) 부싱형 변류기

　2차 권선이 감겨진 환상철심이 변압기 또는 차단기 등 전력기기의 도체를 절연한 부싱을 1차 권선으로 사용하는 변류기이다. 부싱형 변류기의 철심내경은 일반적으로 크기 때문에 대 전류 영역에서 포화특성 이 좋고 오차가 작아서 계전기용으로 사용한다.

권선형　　　　　　관통형　　　　　　부싱형

배점8

09 다음과 같은 아파트 단지를 계획하고 있다. 주어진 조건을 이용하여 다음 각 물음에 답하 시오.

【규　모】

• 아파트 동수 및 세대수 : 2개동, 300세대
• 세대당 면적과 세대수

동별	세대당 면적[m²]	세대수	동별	세대당 면적[m²]	세대수
A동	50	30	B동	50	50
	70	40		70	30
	90	50		90	40
	110	30		110	30

• 계단, 복도, 지하실 등의 공용면적 A동 : $1700[\text{m}^2]$, B동 : $1700[\text{m}^2]$

【조　건】

• 면적의 $[\text{m}^2]$당 상정 부하는 다음과 같다.
　아파트 : $30[\text{VA/m}^2]$
　– 공용 면적 부분 : $5[\text{VA/m}^2]$
• 세대당 추가로 가산하여야 할 상정부하는 다음과 같다.
　– $80[\text{m}^2]$ 이하의 세대 : $750[\text{VA}]$
　– $150[\text{m}^2]$ 이하의 세대 : $1000[\text{VA}]$
• 아파트 동별 수용률은 다음과 같다.
　– 70세대 이하인 경우 : 65[%]
　–100세대 이하인 경우 : 60[%]
　–150세대 이하인 경우 : 55[%]
　–200세대 이하인 경우 : 50[%]

- 공용 부분의 수용률은 100[%]로 한다.
- 역률은 100[%]로 계산한다.
- 주변전실로부터 A동까지는 150[m]이며, 동 내부의 전압 강하는 무시한다.
- 각 세대의 공급 방식은 단상 2선식 220[V]로 한다.
- 변전실의 변압기는 단상변압기 3대로 구성한다.
- 동간 부등률은 1.4로 본다.
- 주변전실에서 각 동까지의 전압강하는 3[%]로 한다.
- 이 아파트 단지의 수전은 13200/22900[V-Y]의 3상 4선식 계통에서 수전한다.

(1) A동의 상정 부하는 몇 [VA]인가?

· 계산 :　　　　　　　　　　　　　　　　　　　　　· 답 :

(2) B동의 수용(사용) 부하는 몇 [VA]인가?

· 계산 :　　　　　　　　　　　　　　　　　　　　　· 답 :

(3) 이 단지에는 단상 몇 [kVA]용 변압기 3대를 설치하여야 하는가?
(단, 변압기 용량은 10[%]의 여유율을 두도록 하며, 단상변압기의 표준용량은 75, 100, 150, 200, 300[kVA] 등이다.)

· 계산 :　　　　　　　　　　　　　　　　　　　　　· 답 :

정답 (1) · 계산

① 상정부하 = [면적 × [m²]당 상정부하 + 가산 부하] × 세대수

세대당 면적 [m²]	상정 부하 [VA/m²]	가산 부하 [VA]	세대수	상정 부하[VA]
50	30	750	30	$\{(50×30)+750\}×30 = 67500$
70	30	750	40	$\{(70×30)+750\}×40 = 114000$
90	30	1000	50	$\{(90×30)+1000\}×50 = 185000$
110	30	1000	30	$\{(110×30)+1000\}×30 = 129000$
합 계				495500[VA]

② A동의 전체 상정부하 = 상정부하 + 공용면적을 고려한 상정부하
$$= 495500 + 1700×5 = 504000[VA]$$

· 답 : 504000[VA]

(2) · 계산

① 상정부하 = [(면적 × [m²]당 상정부하)+ 가산 부하] × 세대수

세대당 면적 [m²]	상정 부하 [VA/m²]	가산 부하 [VA]	세대수	상정 부하[VA]
50	30	750	50	$\{(50 \times 30) + 750\} \times 50 = 112500$
70	30	750	30	$\{(70 \times 30) + 750\} \times 30 = 85500$
90	30	1000	40	$\{(90 \times 30) + 1000\} \times 40 = 148000$
110	30	1000	30	$\{(110 \times 30) + 1000\} \times 30 = 129000$
합 계				475000[VA]

② B동의 전체 수용부하 = 상정부하 × 수용률 + 공용면적을 고려한 수용부하

= 475000 × 0.55 + 1700 × 5 × 1 = 269750[VA]

• 답 : 269750[VA]

(3) • 계산

① 변압기 용량 $= \dfrac{설비용량 \times 수용률 \times 여유율}{부등률}$

$= \dfrac{495500 \times 0.55 + 1700 \times 5 \times 1 + 269750}{1.4} \times 1.1 \times 10^{-3}$

$= 432.75[kVA]$

② 1대 변압기 용량 $= \dfrac{432.75}{3} = 144.25[kVA]$

따라서, 표준용량 150[kVA]를 선정한다.

• 답 : 150[kVA]

배점4

10 지중전선에 화재가 발생한 경우 화재의 확대방지를 위하여 케이블이 밀집 시설되는 개소의 케이블은 난연성케이블을 사용하여 시설하는 것이 원칙이다. 부득이 전력구에 일반케이블로 시설하고자 할 경우, 케이블에 방지대책을 하여야 하는데 케이블과 접속제에 시용하는 방재용자재 2가지를 쓰시오.

정답 난연테이프, 난연도료

 케이블 방재 (2510–12)

1. 적용장소

집단 아파트 또는 상가의 구내 수전실, 케이블 처리실, 전력구, 덕트 및 4회선 이상 시설된 맨홀

2. 적용대상 및 방재용 자재

① 케이블 및 접속재 : 난연테이프 및 난연도료

② 바닥, 벽, 천장 등의 케이블 관통부 : 난연실(퍼티), 난연보드, 난연레진, 모래 등

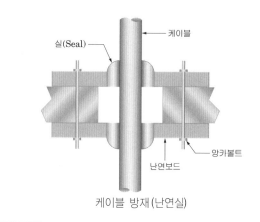

실(Seal)

케이블

앙카볼트

난연보드

케이블 방재(난연실)

배점5

11 △ − Y 결선방식의 주변압기 보호에 사용되는 비율차동계전기의 간략화한 회로도이다. 주변압기 1차 및 2차측 변류기(CT)의 미결선된 2차 회로를 완성하시오.

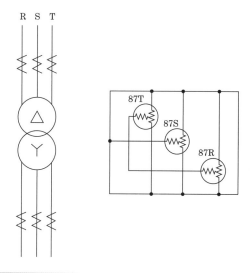

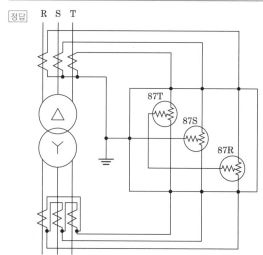

정답

배점5

12 다음의 진리표를 보고 무접점 회로와 유접점 논리회로로 각각 나타내시오.

입력			출력
A	B	C	X
0	0	0	0
0	0	1	0
0	1	0	0
0	1	1	0
1	0	0	1
1	0	1	0
1	1	0	0
1	1	1	1

(1) 논리식을 간략화하여 나타내시오.

○ _____

(2) 무접점 회로

(3) 유접점 회로

───────────────────────────────

정답 (1) $X = A\overline{B}\,\overline{C} + ABC = A(\overline{B}\,\overline{C} + BC)$

(2)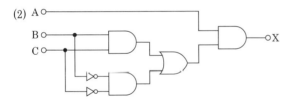

(3)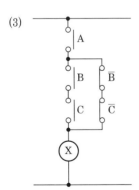

배점8

13 중성점 직접 접지 계통에 인접한 통신선의 전자 유도장해 경감에 관한 대책을 경제성이 높은 것부터 설명하시오.

(1) 근본 대책

○ _____

(2) 전력선측 대책(5가지)

○ _____   ○ _____

○ _____   ○ _____

○ _____

(3) 통신선측 대책(5가지)

○ _____   ○ _____

○ _____   ○ _____

○ _____

정답 (1) 근본 대책 : 전자 유도전압의 억제

(2) 전력선측 대책(5가지)

① 송전선로를 될 수 있는 대로 통신 선로로부터 멀리 떨어져 건설한다.

② 중성점을 접지할 경우 저항값을 가능한 큰 값으로 한다.

③ 고속도 지락 보호 계전 방식을 채용한다.

④ 차폐선을 설치한다.

⑤ 지중전선로 방식을 채용한다.

(3) 통신선측 대책(5가지)

① 절연 변압기를 설치하여 구간을 분리한다.

② 연피케이블을 사용한다.

③ 통신선에 우수한 피뢰기를 사용한다.

④ 배류 코일을 설치한다.

⑤ 전력선과 교차시 수직교차한다.

해설 $E_m = -j\omega M l \, 3I_o$

E_m : 전자 유도전압, M : 상호 인덕턴스, l : 통신선과 전력선의 병행길이

$3I_o = 3 \times$ 영상 전류 = 지락 전류

14 공급전압을 $6600[\mathrm{V}]$로 수전하고자 한다. 수전점에서 계산한 3상 단락용량은 $70[\mathrm{MVA}]$이다. 이 수용 장소에 시설하는 수전용 차단기의 정격차단전류 $I_s[\mathrm{kA}]$를 계산하시오.

• 계산 :   • 답 :

정답 • 계산

단락용량 $P_s = \sqrt{3}\, V I_s$

단락전류 $I_s = \dfrac{P_s}{\sqrt{3}\, V} = \dfrac{70 \times 10^6}{\sqrt{3} \times 6600} \times 10^{-3} = 6.123[\mathrm{kA}]$

• 답 : $6.12[\mathrm{kA}]$

배점5

15 부하가 유도 전동기이며 기동용량이 $1826[\mathrm{kVA}]$이고, 기동시 전압강하는 $21[\%]$이며, 발전기의 과도 리액턴스가 $26[\%]$이다. 자가 발전기의 정격용량은 몇 $[\mathrm{kVA}]$ 이상이어야 하는지 계산하시오.

• 계산 :   • 답 :

정답 • 계산

발전기 용량 $[\mathrm{kVA}]$ ≧ 시동용량$[\mathrm{kVA}]$ × 과도 리액턴스 × $\left(\dfrac{1}{\text{허용 전압 강하}} - 1\right)$ × 여유율

$= \left(\dfrac{1}{0.21} - 1\right) \times 0.26 \times 1826 = 1786.001[\mathrm{kVA}]$

• 답 : $1786[\mathrm{kVA}]$

배점9

16 주어진 Impedance map과 조건을 이용하여 다음 각 물음의 계산과정과 답을 쓰시오.

【조 건】

- $\%Z_S$: 한전 s/s의 154[kV] 인출측의 전원측 정상 Impedance 1.2[%] (100[MVA] 기준)
- Z_{TL} : 154[kV] 송전 선로의 Impedance 1.83[Ω]
- $\%Z_{TR1} = 10[\%]$ (15[MVA] 기준)
- $\%Z_{TR2} = 10[\%]$ (30[MVA] 기준)
- $\%Z_C = 50[\%]$ (100[MVA] 기준)

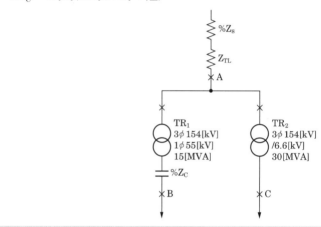

(1) 다음 Impedance의 100[MVA] 기준 %Impedance를 계산하시오.

① $\%Z_{TL}$ ② $\%Z_{TR1}$ ③ $\%Z_{TR2}$

(2) A, B, C 각 점에서 합성 %Impedance를 계산하시오.

① $\%Z_A$ ② $\%Z_B$ ③ $\%Z_C$

(3) A, B, C 각 점에서 차단기의 소요 차단전류는 몇 [kA]가 되겠는가? (단, 비대칭분을 고려한 상승계수는 1.6으로 한다.)

① I_A ② I_B ③ I_C

─────────────────────────────

정답 (1) • 계산

$$① \%Z_{TL} = \frac{P_a Z}{10 V^2} = \frac{100 \times 10^3 \times 1.83}{10 \times 154^2} = 0.771[\%]$$ • 답 : 0.77[%]

$$② \%Z_{TR1} = \frac{100}{15} \times 10[\%] = 66.666[\%]$$ • 답 : 66.67[%]

$$③ \%Z_{TR2} = \frac{100}{30} \times 10[\%] = 33.333[\%]$$ • 답 : 33.33[%]

(2) • 계산

$$\%Z_A = \%Z_S + \%Z_{TL} = 1.2 + 0.77 = 1.97[\%]$$ • 답 : 1.97[%]

$$\%Z_B = \%Z_S + \%Z_{TL} + \%Z_{TR1} - \%Z_C$$
$$= 1.2 + 0.77 + 66.67 - 50 = 18.64[\%]$$ • 답 : 18.64[%]

$$\%Z_C = \%Z_S + \%Z_{TL} + \%Z_{TR2}$$
$$= 1.2 + 0.77 + 33.33 = 35.3[\%]$$

• 답 : $35.3[\%]$

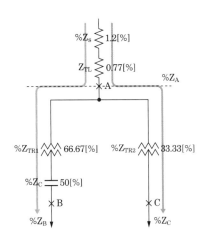

(3) • 계산

$$I_A = \frac{100}{\%Z_A} \times I_n = \frac{100}{1.97} \times \frac{100 \times 10^6}{\sqrt{3} \times 154 \times 10^3} \times 1.6 \times 10^{-3} = 30.448[\text{kA}]$$ • 답 : $30.45[\text{kA}]$

$$I_B = \frac{100}{\%Z_B} \times I_n = \frac{100}{18.64} \times \frac{100 \times 10^6}{55 \times 10^3} \times 1.6 \times 10^{-3} = 15.606[\text{kA}]$$ • 답 : $15.61[\text{kA}]$

$$I_C = \frac{100}{\%Z_C} \times I_n = \frac{100}{35.3} \times \frac{100 \times 10^6}{\sqrt{3} \times 6.6 \times 10^3} \times 1.6 \times 10^{-3} = 39.645[\text{kA}]$$ • 답 : $39.65[\text{kA}]$

이것이 핵심이다

- 퍼센트 임피던스($\%Z$)

$$\%Z = \frac{P_a Z}{10 V^2}$$

(단, 기준용량 : $P_a[\text{kVA}]$, 정격전압 : $V[\text{kV}]$, $Z[\Omega]$이다.)

- 퍼센트 임피던스 환산방법

$$\%Z' = \frac{\text{기준용량}}{\text{자기용량}} \times \text{환산할} \ \%Z$$

- 차단전류(I_s)

$$I_s = \frac{100}{\%Z} \times I_n = \frac{100}{\%Z} \times \frac{P_a}{\sqrt{3}\ V} \ (3상)$$

$$I_s = \frac{100}{\%Z} \times I_n = \frac{100}{\%Z} \times \frac{P_a}{V} \ (단상)$$

- 콘덴서의 $\%Z$는 합성시 빼야한다.

(예) $\%Z = 5 + 10 - 7 = 8[\%]$

17 송전단 전압 $66[\text{kV}]$, 수전단 전압 $61[\text{kV}]$인 송전선로에서 수전단의 부하를 끊은 경우의 수전단 전압이 $63[\text{kV}]$라 할 때 다음 각 물음에 답하시오.

(1) 전압강하율을 계산하시오.

- 계산 : _____   - 답 : _____

(2) 전압변동률을 계산하시오.

- 계산 : _____   - 답 : _____

정답 (1) · 계산

전압강하율 $\delta = \dfrac{e}{V_r} \times 100 = \dfrac{V_s - V_r}{V_r} \times 100 = \dfrac{66-61}{61} \times 100 = 8.196[\%]$

- 답 : $8.2[\%]$

(2) · 계산

전압변동률 $\varepsilon = \dfrac{V_{r0} - V_r}{V_r} \times 100$ 단, $\begin{cases} V_{r0} : \text{무부하시 수전단 전압} \\ V_r : \text{전부하시 수전단 전압} \end{cases}$

$= \dfrac{63-61}{61} \times 100 = 3.278[\%]$

- 답 : $3.28[\%]$

국가기술자격검정 실기시험문제 및 정답

2012년도 전기기사 **제3회** 필답형 실기시험

종 목	시험시간	형 별	성 명	수험번호
전기기사	2시간 30분	A		

※ 수험자 인적사항 및 답안작성(계산식 포함)은 흑색의 필기구만 사용하여야 하며 흑색을 제외한 유색 필기구 또는 연필류를 사용하거나 2가지 이상의 색을 혼합 사용하였을 경우 그 문항은 0점 처리됩니다.

배점5

01 디젤발전기를 5시간 전부하로 운전할 때 중유의 소비량이 $287[kg]$이었다. 이 발전기의 정격 출력$[kVA]$을 계산하시오. (단, 중유의 열량은 $10^4[kcal/kg]$, 기관효율 $35.3[\%]$, 발전기효율 $85.7[\%]$, 전부하시 발전기역률 $85[\%]$이다.)

• 계산 :   • 답 :

정답 • 계산

$$발전기의\ 정격출력 = \frac{소비량 \times 열량 \times 기관효율 \times 발전기효율}{860 \times 시간 \times 역률}$$

$$= \frac{287 \times 10^4 \times 0.353 \times 0.857}{860 \times 5 \times 0.85} = 237.547[kVA]$$

• 답 : $237.55[kVA]$

배점4

02 카르노도표에 나타낸 것과 같이 논리식과 무접점 논리회로를 나타내시오. (단, "0" : L(Low Level)), "1" : H(High Level)이며, 입력은 A, B, C 출력은 X이다.)

A \ BC	0 0	0 1	1 1	1 0
0		1		1
1		1		1

(1) 논리식으로 나타낸 후 간략화 하시오.

• X =

(2) 무접점 논리회로

[정답] (1) $X = \overline{A}\overline{B}C + \overline{A}B\overline{C} + A\overline{B}C + AB\overline{C} = \overline{B}C(\overline{A}+A) + B\overline{C}(\overline{A}+A) = \overline{B}C + B\overline{C}$

(2)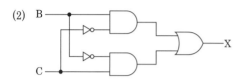

배점5

03 단권 변압기 3대를 사용한 3상 △결선 승압기에 의해 $45[\mathrm{kVA}]$인 3상 평형 부하의 전압을 $3000[\mathrm{V}]$에서 $3300[\mathrm{V}]$로 승압하는데 필요한 변압기의 총용량은 얼마인지 계산하시오.

• 계산 : _____   • 답 : _____

[정답] • 계산

$$\frac{\text{자기 용량}}{\text{부하 용량}} = \frac{V_h{}^2 - V_\ell{}^2}{\sqrt{3}\,V_h V_\ell}$$

$$\therefore \text{자기 용량} = \frac{V_h{}^2 - V_\ell{}^2}{\sqrt{3}\,V_h V_\ell} \times \text{부하 용량}$$

$$= \frac{3300^2 - 3000^2}{\sqrt{3} \times 3300 \times 3000} \times 45 = 4.959$$

• 답 : $5[\mathrm{kVA}]$

 단권 변압기

자기용량 부하용량	1대	2대(V결선)	3대(Y결선)	3대(△ 결선)
	$\dfrac{V_h - V_\ell}{V_h}$	$\dfrac{2}{\sqrt{3}} \cdot \dfrac{V_h - V_\ell}{V_h}$	$\dfrac{V_h - V_\ell}{V_h}$	$\dfrac{V_h{}^2 - V_\ell{}^2}{\sqrt{3}\,V_h \cdot V_\ell}$

배점3

04 특고압 대용량 유입변압기의 내부고장이 생겼을 경우 보호하는 장치를 설치하여야 한다. 특고압 유입변압기의 기계적인 보호장치 3가지를 쓰시오.

○ _____   ○ _____

○ _____

정답 충격가스압계전기, 충격압력계전기, 브흐홀쯔계전기

쉬어
가기

- 전기적 내부고장 보호 : 비율차동계전기 또는 차동계전기
- 기계적 내부고장 보호 : 브흐홀쯔계전기, 가스검출계전기, 충격가스압계전기 등

배점7

05 일반적으로 보호계전 시스템은 사고시의 오작동이나 부작동에 따른 손해를 줄이기 위해 그림과 같이 주보호와 후비보호로 구성된다. 각 사고점(F_1, F_2, F_3, F_4)별 주보호 및 후비보호 요소들의 보호계전기와 해당 CB를 빈칸에 쓰시오.

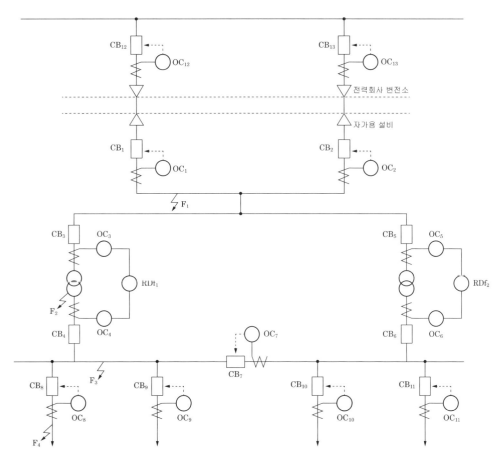

사고점	주보호	후비보호
F_1	예시) $OC_1 + CB_1$, $OC_2 + CB_2$	①
F_2	②	③
F_3	④	⑤
F_4	⑥	⑦

사고점	주보호	후비보호
F_1	$OC_1 + CB_1$, $OC_2 + CB_2$	① $OC_{12} + CB_{12}$, $OC_{13} + CB_{13}$
F_2	② $RDf_1 + OC_4 + CB_4$, $OC_3 + CB_3$	③ $OC_1 + CB_1$, $OC_2 + CB_2$
F_3	④ $OC_4 + CB_4$, $OC_7 + CB_7$	⑤ $OC_3 + CB_3$, $OC_6 + CB_6$
F_4	⑥ $OC_8 + CB_8$	⑦ $OC_4 + CB_4$, $OC_7 + CB_7$

배점8

06 아래의 표에서 금속관 부품의 특징에 해당하는 부품명을 쓰시오.

부품명	특징
①	관과 박스를 접속할 경우 파이프 나사를 죄어 고정시키는데 사용되며 6각형과 기어형이 있다.
②	전선 관단에 끼우고 전선을 넣거나 빼는 데 있어서 전선의 피복을 보호하여 전선이 손상되지 않게 하는 것으로 금속제와 합성수지제의 2종류가 있다.
③	금속관 상호 접속 또는 관과 노멀 밴드와의 접속에 사용되며 내면에 나사가 있으며 관의 양측을 돌리어 사용할 수 없는 경우 유니온 커플링을 사용한다.
④	노출 배관에서 금속관을 조영재에 고정시키는 데 사용되며 합성수지 전선관, 가요 전선관, 케이블 공사에도 사용된다.
⑤	배관의 직각 굴곡에 사용하며 양단에 나사가 나있어 관과의 접속에는 커플링을 사용한다.
⑥	금속관을 아웃렛 박스의 노크아웃에 취부할 때 노크아웃의 구멍이 관의 구멍보다 클 때 사용된다.
⑦	매입형의 스위치나 콘센트를 고정하는 데 사용되며 1개용, 2개용, 3개용 등이 있다.
⑧	전선관 공사에 있어 전등 기구나 점멸기 또는 콘센트의 고정, 접속합으로 사용되며 4각 및 8각이 있다.

①	로크너트(lock nut)	⑤	노멀밴드(normal bend)
②	부싱(bushing)	⑥	링 리듀우서(ring reducer)
③	커플링(coupling)	⑦	스위치 박스(switch box)
④	새들(saddle)	⑧	아웃렛 박스(outlet box)

2012

①	로크너트(lock nut)	
②	부싱(bushing)	
③	커플링(coupling)	
④	새들(saddle)	
⑤	노멀밴드(normal bend)	
⑥	링 리듀우서(ring reducer)	
⑦	스위치 박스(switch box)	
⑧	아웃렛 박스(outlet box)	4각　　8각

배점5

07 전력용 콘덴서에 설치하는 직렬리액터의 용량산정에 대하여 설명하시오.

ㅇ

정답 직렬리액터는 제5고조파를 전압의 파형개선을 위해서 설치하게 되는데 이론적으로는 콘덴서 용량의 4[%], 실무적으로는 6[%]를 산정한다.

배점12

08 3층 사무실용 건물에 3상 3선식의 6,000[V]를 200[V]로 강압하여 수전하는 설비이다. 각종 부하 설비가 표와 같을 때 참고자료를 이용하여 다음 물음에 답하시오.

[표 1]

동력 부하 설비					
사용 목적	용량[kW]	대수	상용 동력[kW]	하계 동력[kW]	동계 동력[kW]
난방 관계					
• 보일러 펌프	6.0	1			6.0
• 오일 기어 펌프	0.4	1			0.4
• 온수 순환 펌프	3.0	1			3.0
공기 조화 관계					
• 1, 2, 3층 패키지 콤프레셔	7.5	6		45.0	
• 콤프레셔 팬	5.5	3	16.5		
• 냉각수 펌프	5.5	1		5.5	
• 쿨링 타워	1.5	1		1.5	
급수·배수 관계					
• 양수 펌프	3.0	1	3.0		
기타					
• 소화 펌프	5.5	1	5.5		
• 셔터	0.4	2	0.8		
합 계			25.8	52.0	9.4

[표 2]

조명 및 콘센트 부하 설비					
사용 목적	와트수[W]	설치 수량	환산 용량[VA]	총 용량[VA]	비고
전등 관계					
• 수은등 A	200	4	260	1040	200[V] 고역률
• 수은등 B	100	8	140	1120	200[V] 고역률
• 형광등	40	820	55	45100	200[V] 고역률
• 백열전등	60	10	60	600	
콘센트 관계					
• 일반 콘센트		80	150	12000	2P 15[A]
• 환기팬용 콘센트		8	55	440	
• 히터용 콘센트	1500	2		3000	
• 복사기용 콘센트		4		3600	
• 텔레타이프용 콘센트		2		2400	
• 룸 쿨러용 콘센트		6		7200	
기타					
• 전화 교환용 정류기		1		800	
계				77300	

[참고자료 1] 변압기 보호용 전력퓨즈의 정격전류

상수	단상				3상			
공칭전압	3.3[kV]		6.6[kV]		3.3[kV]		6.6[kV]	
변압기 용량[kVA]	변압기 정격전류[A]	정격 전류[A]	변압기 정격전류[A]	정격 전류[A]	변압기 정격전류[A]	정격 전류[A]	변압기 정격전류[A]	정격 전류[A]
5	1.52	3	0.76	1.5	0.88	1.5	–	–
10	3.03	7.5	1.52	3	1.75	3	0.88	1.5
15	4.55	7.5	2.28	3	2.63	3	1.3	1.5
20	6.06	7.5	3.03	7.5	–	–	–	–
30	9.10	15	4.56	7.5	5.26	7.5	2.63	3
50	15.2	20	7.60	15	8.45	15	4.38	7.5
75	22.7	30	11.4	15	13.1	15	6.55	7.5
100	30.3	50	15.2	20	17.5	20	8.75	15
150	45.5	50	22.7	30	26.3	30	13.1	15
200	60.7	75	30.3	50	35.0	50	17.5	20
300	91.0	100	45.5	50	52.0	75	26.3	30
400	121.4	150	60.7	75	70.0	75	35.0	50
500	152.0	200	75.8	100	87.5	100	43.8	50

[참고자료 2] 배전용 변압기의 정격

항목			소형 6[kV] 유입 변압기								중형 6[kV] 유입 변압기					
정격용량[kVA]			3	5	7.5	10	15	20	30	50	75	100	150	200	300	500
정격 2차 전류 [A]	단상	105[V]	28.6	47.6	71.4	95.2	143	190	286	476	714	852	1430	1904	2857	4762
		210[V]	14.3	23.8	35.7	47.6	71.4	95.2	143	238	357	476	714	952	1429	2381
	3상	210[V]	8	13.7	20.6	27.5	41.2	55	82.5	137	206	275	412	550	825	1376
정격 전압	정격 2차 전압		6300[V] 6/3[kV] 공용 : 6300[V]/3150[V]								6300[V] 6/3[kV] 공용 : 6300[V]/3150[V]					
	정격 2차 전압	단상	210[V] 및 105[V]								200[kVA] 이하의 것 : 210[V] 및 105[V] 200[kVA] 이하의 것 : 210[V]					
		3상	210[V]								210[V]					
탭 전압	전용량 탭전압	단상	6900[V], 6600[V] 6/3[kV] 공용 : 6300[V]/3150[V] 6600[V]/3300[V]								6900[V], 6600[V]					
		3상	6600[V] 6/3[kV] 공용 : 6600[V]/3300[V]								6/3[kV] 공용 : 6300[V]/3150[V], 6600[V]/3300[V]					
	저감 용량 탭전압	단상	6000[V], 5700[V] 6/3[kV] 공용 : 6000[V]/3000[V], 5700[V]/2850[V]								6000[V], 5700[V]					
		3상	6600[V] 6/3[kV] 공용 : 6000[V]/3300[V]								6/3[kV] 공용 : 6600[V]/3000[V], 5700[V]/2850[V]					
변압기의 결선	단상		2차 권선 : 분할 결선								3상	1차 권선 : 성형 권선				
	3상		1차 권선 : 성형 권선, 2차 권선 : 성형 권선									2차 권선 : 삼각 권선				

[참고자료 3] 역률개선용 콘덴서의 용량 계산표[%]

구 분	개선 후의 역률																	
	1.00	0.99	0.98	0.97	0.96	0.95	0.94	0.93	0.92	0.91	0.90	0.89	0.88	0.87	0.86	0.85	0.83	0.80
0.50	173	159	153	148	144	140	137	134	131	128	125	122	119	117	114	111	106	98
0.55	152	138	132	127	123	119	116	112	108	106	103	101	98	95	92	90	85	77
0.60	133	119	113	108	104	100	97	94	91	88	85	82	79	77	74	71	66	58
0.62	127	112	106	102	97	94	90	87	84	81	78	75	73	70	67	65	59	52
0.64	120	106	100	95	91	87	84	81	78	75	72	69	66	63	61	58	53	45
0.66	114	100	94	89	85	81	78	74	71	68	65	63	60	57	55	52	47	39
0.68	108	94	88	83	79	75	72	68	65	62	59	57	54	51	49	46	41	33
0.70	102	88	82	77	73	69	66	63	59	56	54	51	48	45	43	40	35	27
0.72	96	82	76	71	67	64	60	57	54	51	48	45	42	40	37	34	29	21
0.74	91	77	71	68	62	58	55	51	48	45	43	40	37	34	32	29	24	16
0.76	86	71	65	60	58	53	49	46	43	40	37	34	32	29	26	24	18	11
0.78	80	66	60	55	51	47	44	41	38	35	32	29	26	24	21	18	13	5
0.79	78	63	57	53	48	45	41	38	35	32	29	26	24	21	18	16	10	2.6
0.80	75	61	55	50	46	42	39	36	32	29	27	24	21	18	16	13	8	
0.81	72	58	52	47	43	40	36	33	30	27	24	21	18	16	13	10	5	
0.82	70	56	50	45	41	34	34	30	27	24	21	18	16	13	10	8	2.6	
0.83	67	53	47	42	38	34	31	28	25	22	19	16	13	11	8	5		
0.84	65	50	44	40	35	32	28	25	22	19	16	13	11	8	5	2.6		
0.85	62	48	42	37	33	29	25	23	19	16	14	11	8	5	2.7			
0.86	59	45	39	34	30	28	23	20	17	14	11	8	5	2.6				
0.87	57	42	36	32	28	24	20	17	14	11	8	6	2.7					
0.88	54	40	34	29	25	21	18	15	11	8	6	2.8						
0.89	51	37	31	26	22	18	15	12	9	6	2.8							
0.90	48	34	28	23	19	16	12	9	6	2.8								
0.91	46	31	25	21	16	13	9	8	3									
0.92	43	28	22	18	13	10	8	3.1										
0.93	40	25	19	14	10	7	3.2											
0.94	36	22	16	11	7	3.4												
0.95	33	19	13	8	3.7													
0.96	29	15	9	4.1														
0.97	25	11	4.8															
0.98	20	8																
0.99	14																	

개선 전의 역률

(1) 동계 난방 때 온수 순환 펌프는 상시 운전하고, 보일러용과 오일 기어 펌프의 수용률이 60[%]일 때 난방 동력 수용 부하는 몇 [kW]인가?

• 계산 : _____   • 답 : _____

(2) 동력 부하의 역률이 전부 80[%]라고 한다면 피상 전력은 각각 몇 [kVA]인가? (단, 상용 동력, 하계 동력, 동계 동력별로 각각 계산하시오.)

구분	계산과정	답
상용 동력		
하계 동력		
동계 동력		

(3) 총 전기 설비 용량은 몇 [kVA]를 기준으로 하여야 하는가?

• 계산 : _____   • 답 : _____

(4) 전등의 수용률은 70[%], 콘센트 설비의 수용률은 50[%]라고 한다면 몇 [kVA]의 단상 변압기에 연결하여야 하는가? (단, 전화 교환용 정류기는 100[%] 수용률로서 계산한 결과에 포함시키며 변압기 예비율은 무시한다.)

• 계산 : _____   • 답 : _____

(5) 동력 설비 부하의 수용률이 모두 60[%]라면 동력 부하용 3상 변압기의 용량은 몇 [kVA]인가? (단, 동력 부하의 역률은 80[%]로 하며 변압기의 예비율은 무시한다.)

• 계산 : _____   • 답 : _____

(6) 상기 건물에 시설된 변압기 총 용량은 몇 [kVA]인가?

• 계산 : _____   • 답 : _____

(7) 단상 변압기와 3상 변압기의 1차측의 전력 퓨즈의 정격 전류는 각각 몇 [A]의 것을 선택하여야 하는가?

• 계산 : _____   • 답 : _____

(8) 선정된 동력용 변압기 용량에서 역률을 95[%]로 개선하려면 콘덴서 용량은 몇 [kVA]인가?

• 계산 : _____   • 답 : _____

정답 **(1)** • 계산

난방 동력 수용부하 $= 3 + 6.0 \times 0.6 + 0.4 \times 0.6 = 6.84\,[\mathrm{kW}]$

• 답 : $6.84\,[\mathrm{kW}]$

(2) ① 계산 : 상용 동력의 피상 전력 $= \dfrac{25.8}{0.8} = 32.25\,[\mathrm{kVA}]$ • 답 : $32.25\,[\mathrm{kVA}]$

② 계산 : 하계 동력의 피상 전력 $= \dfrac{52.0}{0.8} = 65\,[\mathrm{kVA}]$ • 답 : $65\,[\mathrm{kVA}]$

③ 계산 : 동계 동력의 피상 전력 $= \dfrac{9.4}{0.8} = 11.75\,[\mathrm{kVA}]$ • 답 : $11.75\,[\mathrm{kVA}]$

(3) • 계산

총 전기 설비 용량 $= 32.25 + 65 + 77.3 = 174.55\,[\mathrm{kVA}]$ • 답 : $174.55\,[\mathrm{kVA}]$

(4) • 계산

전등 관계 : $(1040 + 1120 + 45100 + 600) \times 0.7 \times 10^{-3} = 33.5\ [\mathrm{kVA}]$

콘센트 관계 : $(12000 + 440 + 3000 + 3600 + 2400 + 7200) \times 0.5 \times 10^{-3} = 14.32\,[\mathrm{kVA}]$

기타 : $800 \times 1 \times 10^{-3} = 0.8\,[\mathrm{kVA}]$

$\therefore\ 33.5 + 14.32 + 0.8 = 48.62\,[\mathrm{kVA}] \Rightarrow$ 단상 변압기 용량은 $50\,[\mathrm{kVA}]$

• 답 : $50\,[\mathrm{kVA}]$

(5) • 계산 : 동계 동력과 하계 동력 중 큰 부하를 기준하고 상용 동력과 합산하여 계산하면

$\dfrac{(25.8 + 52.0)}{0.8} \times 0.6 = 58.35\,[\mathrm{kVA}] \Rightarrow$ 3상 변압기 용량은 $75\,[\mathrm{kVA}]$

• 답 : $75\,[\mathrm{kVA}]$

(6) • 계산

단상 변압기 용량 + 3상 변압기 용량 $= 50 + 75 = 125\,[\mathrm{kVA}]$

• 답 : $125\,[\mathrm{kVA}]$

(7) 단상 변압기 : $50\,[\mathrm{kVA}]$과 단상 $6.6\,[\mathrm{kV}]$에 해당하는 변압기용 전력용 퓨즈의 정격 전류는 $15\,[\mathrm{A}]$
([참고자료 1] 활용)

3상 변압기 : $75\,[\mathrm{kVA}]$과 3상 $6.6\,[\mathrm{kV}]$에 해당하는 변압기용 전력용 퓨즈의 정격 전류는 $7.5\,[\mathrm{A}]$
([참고자료 1] 활용)

(8) • 계산

콘덴서 소요용량$[\mathrm{kVA}] = [\mathrm{kW}]$ 부하 $\times k_\theta = 75 \times 0.8 \times 0.42 = 25.2\,[\mathrm{kVA}]$

(k_θ = [참고자료 3]에서 역률 80%를 95%로 개선하기 위한 콘덴서 용량)

• 답 : $25.2\,[\mathrm{kVA}]$

배점5

09 다음 그림과 같이 $200/5[\text{A}]$ 1차측에 $150[\text{A}]$의 3상 평형 전류가 흐를 때 전류계 A_3에 흐르는 전류는 몇 $[\text{A}]$인가?

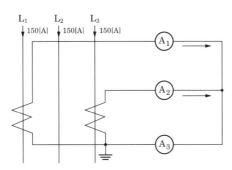

· 계산 : _____ · 답 : _____

정답 · 계산

CT 권수비가 $\dfrac{200}{5}=40$이므로

$I_1 = 150[\text{A}]$이면 $I_2 = \dfrac{150}{40} = 3.75[\text{A}]$이다.

한편, 3상 평형이므로 $A_1 = A_2 = 3.75[\text{A}]$ 이다.

$A_3 = |A_1 + A_2| = \sqrt{{A_1}^2 + {A_2}^2 + 2A_1 A_2 \cos\theta} = \sqrt{3.75^2 + 3.75^2 + 2 \times 3.75^2 \times \cos 120} = 3.75[\text{A}]$

· 답 : $3.75[\text{A}]$

$$|\vec{A} + \vec{B}| = \sqrt{A^2 + B^2 + 2AB\cos\theta} \qquad |\vec{A} - \vec{B}| = \sqrt{A^2 + B^2 + 2AB\cos(180° - \theta)}$$

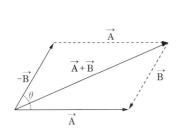

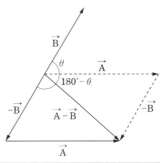

배점8

10 그림은 누전차단기를 적용하는 것으로 CVCF 출력단의 접지용 콘덴서 C_0는 $5[\mu F]$이고, 부하측 라인필터의 대지 정전용량 $C_1 = C_2 = 0.1[\mu F]$, 누전차단기 ELB_1에서 지락점까지의 케이블의 대지정전용량 $C_{L1} = 0.2(ELB_1$의 출력단에 지락 발생 예상$)$, ELB_2에서 부하 2까지의 케이블의 대지정전용량은 $C_{L2} = 0.2[\mu F]$이다. 지락저항은 무시하며, 사용 전압은 $220[V]$, 주파수가 $60[Hz]$인 경우 다음 각 물음에 답하시오.

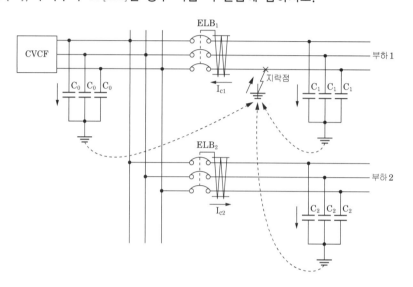

【조 건】

- $I_{C1} = 3 \times 2\pi f\, CE$ 에 의하여 계산한다.
- 누전차단기는 지락시의 지락전류의 $\frac{1}{3}$에 동작 가능하여야 하며, 부동작 전류는 건전 피더에 흐르는 지락전류의 2배 이상의 것으로 한다.
- 누전차단기의 시설 구분에 대한 표시 기호는 다음과 같다.
  - ○ : 누전차단기를 시설할 것
  - △ : 주택에 기계기구를 시설하는 경우에는 누전차단기를 시설할 것
  - □ : 주택 구내 또는 도로에 접한 면에 룸에어컨디셔너, 아이스박스, 진열장, 자동판매기 등 전동기를 부품으로 한 기계기구를 시설하는 경우에는 누전차단기를 시설하는 것이 바람직하다.
  - ※ 사람이 조작하고자 하는 기계기구를 시설한 장소보다 전기적인 조건이 나쁜 장소에서 접촉할 우려가 있는 경우에는 전기적 조건이 나쁜 장소에 시설된 것으로 취급한다.

(1) 도면에서 CVCF는 무엇인지 우리말로 그 명칭을 쓰시오.

(2) 건전 피더(Feeder) ELB_2에 흐르는 지락전류 I_{C2}는 몇 [mA]인가?

• 계산 : _____   • 답 : _____

(3) 누전차단기 ELB_1, ELB_2가 불필요한 동작을 하지 않기 위해서는 정격감도전류 몇 [mA] 범위의 것을 선정하여야 하는가?

• 계산 : _____   • 답 : _____

(4) 누전차단기의 시설 예에 대한 표의 빈칸에 ○, △, □로 표현하시오.

기계기구 시설장소 전로의 대지전압	옥내		옥측		옥외	물기가 있는 장소
	건조한 장소	습기가 많은 장소	우선내	우선외		
150[V] 이하	–	–	–			
150[V] 초과 300[V] 이하			–			

정답 (1) 정전압 정주파수 공급 장치

(2) 지락전류

• 계산 : $I_{c2} = 3\omega CE = 3 \times 2\pi f \times (C_{L2} + C_2) \times \dfrac{V}{\sqrt{3}}$

$\qquad = 3 \times 2\pi \times 60 \times (0.2 + 0.1) \times 10^{-6} \times \dfrac{220}{\sqrt{3}} \times 10^3 = 43.1[\mathrm{mA}]$

• 답 : $43.1[\mathrm{mA}]$

(3) 정격감도전류

• 계산 :

① 동작 전류＝지락전류$\times \dfrac{1}{3}$

$\quad I_c = 3\omega CE = 3 \times 2\pi f \times (C_0 + C_{L1} + C_1 + C_{L2} + C_2) \times \dfrac{V}{\sqrt{3}}$

$\qquad = 3 \times 2\pi \times 60 \times (5 + 0.2 + 0.1 + 0.2 + 0.1) \times 10^{-6} \times \dfrac{220}{\sqrt{3}} \times 10^3 = 804.46[\mathrm{mA}]$

$\quad \therefore \mathrm{ELB} = 804.46 \times \dfrac{1}{3} = 268.15[\mathrm{mA}]$

② 부동작 전류＝긴진피디 지락전류$\times 2$

부하 1측 cable 지락시 부하 2측 cable에 흐르는 지락전류

$\quad I_c' = 3 \times 2\pi f \times (C_{L2} + C_2) \times \dfrac{V}{\sqrt{3}} = 3 \times 2\pi \times 60 \times (0.2 + 0.1) \times 10^{-6} \times \dfrac{220}{\sqrt{3}} \times 10^3$

$\qquad = 43.1[\mathrm{mA}]$

$\quad \therefore ELB = 43.1 \times 2 = 86.2[\mathrm{mA}]$

• 답 : 정격 감도 전류 $ELB = 86.2 \sim 268.15[\mathrm{mA}]$

(4) 누전차단기의 시설

기계기구 시설장소 전로의 대지전압	옥내		옥측		옥외	물기가 있는 장소
	건조한 장소	습기가 많은 장소	우선내	우선외		
150[V] 이하	—	—	—	□	□	○
150[V] 초과 300[V] 이하	△	○	—	○	○	○

배점6

11 비접지 선로의 접지전압을 검출하기 위하여 그림과 같은[Y − Y − 개방△]결선을 한 GPT 가 있다. 다음 물음에 답하시오.

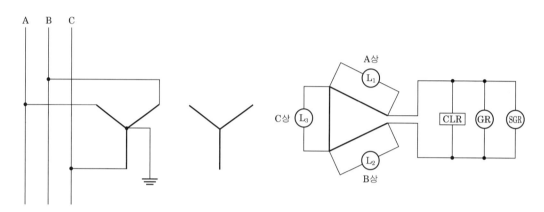

(1) A상 고장시(완전 지락시), 2차 접지 표시등 L_1, L_2, L_3의 점멸과 밝기를 비교하시오.

　o _____

(2) 1선 지락사고시 건전상(사고가 안난 상)의 대지 전위의 변화를 간단히 설명하시오.

　o _____

(3) GR, SGR의 정확한 명칭을 우리말로 쓰시오.

　• GR : _____

　• SGR : _____

정답 (1)

	점멸	밝기
L_1	소등	어둡다
L_2, L_3	점등	더욱 밝아진다

(2) 평상시의 건전상의 대지 전위는 $\dfrac{110}{\sqrt{3}}$[V]이나 1선 지락 사고시에는 전위가 $\sqrt{3}$ 배로 증가하여 110[V]가 된다.

(3) GR : 지락 계전기
　　SGR : 선택지락 계전기

배점3

12 전력용 진상콘덴서의 정기점검(육안검사) 항목 3가지를 쓰시오.

○ _____

○ _____

○ _____

정답 ① 단자의 이완 및 과열유무 점검
② 용기의 발청(녹) 유무 점검
③ 절연유 누설유무 점검

배점5

13 조명설비에 대한 다음 각 물음에 답하시오.

(1) 배선 도면에 ○$_{H250}$으로 표현되어 있다. 이것의 의미를 쓰시오.

그림기호	그림기호의 의미
○$_{H250}$	

(2) 평면이 $30 \times 15 [\mathrm{m}]$인 사무실에 $32[\mathrm{W}]$, 전광속 $3000[\mathrm{lm}]$인 형광등을 사용하여 평균조도를 $450[\mathrm{lx}]$로 유지하도록 설계하고자 한다. 이 사무실에 필요한 형광등 수를 산정하시오.
(단, 조명률은 0.6이고, 감광보상률은 1.3이다.)

• 계산 : _____   • 답 : _____

정답 (1) 250[W]수은등

(2) • 계산 : $N = \dfrac{EAD}{FU} = \dfrac{450 \times 15 \times 30 \times 1.3}{3000 \times 0.6} = 146.25 [등]$

• 답 : 147[등]

배점6

14 간이 수변전설비에서는 1차측 개폐기로 ASS(Auto Section Switch)나 인터럽터 스위치를 사용하고 있다. 이 두 스위치의 차이점을 비교 설명하시오.

① ASS(Automatic Section Switch) :

○ _____

② 인터럽터 스위치(Interrupter Switch) :

○ _____

정답 ① ASS(Automatic Section Switch)

무전압시 개방이 가능하고, 과부하시 자동 고장 구분 개폐기능, 돌입 전류 억제 기능 등이 있다.

② 인터럽터 스위치(Interrupter Switch)

수동 조작만 가능하고, 과부하시 자동으로 개폐할 수 없고, 돌입 전류 억제 기능이 없다. 용량 300[kVA] 이하에서 ASS 대신에 주로 사용한다.

배점7

15 그림과 주어진 조건 및 참고표를 이용하여 3상 단락용량, 3상 단락전류, 차단기의 차단용량 등을 계산하시오.

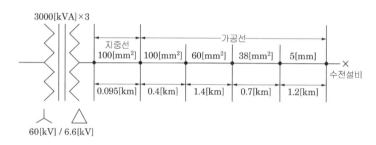

【조 건】

수전설비 1차측에서 본 1상당의 합성임피던스 $\%X_G = 1.5[\%]$이고, 변압기 명판에는 $7.4[\%]/3000[kVA]$ (기준용량은 $10000[kVA]$) 이다.

[표 1] 유입차단기 전력퓨즈의 정격차단용량

정격전압[V]	정격 차단용량 표준치(3상[MVA])
3600	10 25 50 (75) 100 150 250
7200	25 50 (75) 100 150 (200) 250

[표 2] 가공전선로(경동선) %임피던스

배선방식	선의 굵기 %r, %x	%r, %x의 값은 [%/km]									
		100	80	60	50	38	30	22	14	5 [mm]	4 [mm]
3상 3선 3[kV]	%r	16.5	21.1	27.9	34.8	44.8	57.2	75.7	119.15	83.1	127.8
	%x	29.3	30.6	31.4	32.0	32.9	33.6	34.4	35.7	35.1	36.4
3상 3선 6[kV]	%r	4.1	5.3	7.0	8.7	11.2	18.9	29.9	29.9	20.8	32.5
	%x	7.5	7.7	7.9	8.0	8.2	8.4	8.6	8.7	8.8	9.1
3상 4선 5.2[kV]	%r	5.5	7.0	9.3	11.6	14.9	19.1	25.2	39.8	27.7	43.3
	%x	10.2	10.5	10.7	10.9	11.2	11.5	11.8	12.2	12.0	12.4

[주] 3상 4선식, 5.2[kV]선로에서 전압선 2선, 중앙선 1선인 경우 단락용량의 계획은 3상3선식 3[kV]시 에 따른다.

[표 3] 지중케이블 전로의 %임피던스

배선방식	선의 굵기 %r, %x	%r, %x의 값은 [%/km]											
		250	200	150	125	100	80	60	50	38	30	22	14
3상3 선 3[kV]	%r	6.6	8.2	13.7	13.4	16.8	20.9	27.6	32.7	43.4	55.9	118.5	
	%x	5.5	5.6	5.8	5.9	6.0	6.2	6.5	6.6	6.8	7.1	8.3	
3상 3선 6[kV]	%r	1.6	2.0	2.7	3.4	4.2	5.2	6.9	8.2	8.6	14.0	29.6	
	%x	1.5	1.5	1.6	1.6	1.7	1.8	1.9	1.9	1.9	2.0	–	
3상 4선 5.2[kV]	%r	2.2	2.7	3.6	4.5	5.6	7.0	9.2	14.5	14.5	18.6	–	
	%x	2.0	2.0	2.1	2.2	2.3	2.3	2.4	2.6	2.6	2.7	–	

[주] 1. 3상 4선식, 5.2[kV] 전로의 %r, %x의 값은 6[kV] 케이블을 사용한 것으로서 계산한 것이다.
　　2. 3상 3선식 5.2[kV]에서 전압선 2선, 중앙선 1선의 경우 단락용량의 계산은 3상 3선식 3[kV] 전로에 따른다.

(1) 수전설비에서의 합성 % 임피던스를 계산하시오.

　• 계산 : _____　　• 답 : _____

(2) 수전설비에서의 3상 단락용량을 계산하시오.

　• 계산 : _____　　• 답 : _____

(3) 수전설비에서의 3상 단락전류를 계산하시오.

　• 계산 : _____　　• 답 : _____

(4) 수전설비에서의 정격차단용량을 계산하고, 표에서 적당한 용량을 찾아 선정하시오.

　• 계산 : _____　　• 답 : _____

정답　(1)　• 계산

　　① 변압기 : $\%X_T = \dfrac{\text{기준용량}}{\text{자기용량}} \times \text{환산할} \%X = \dfrac{10000}{3000} \times j7.4 = j24.67[\%]$

　　② 가공선의 $\%Z_{L1}$ 은 %r과 %x를 [표 2]를 통해 각각 계산한다.

　　　　$\%r$: $100[\text{mm}^2]$　$0.4 \times 4.1 = 1.64$
　　　　　　　$60[\text{mm}^2]$　$1.4 \times 7 = 9.8$
　　　　　　　$38[\text{mm}^2]$　$0.7 \times 11.2 = 7.84$
　　　　　　　$5[\text{mm}]$　$1.2 \times 20.8 = 24.96$

　　　　$\%x$: $100[\text{mm}^2]$　$0.4 \times j7.5 = j3$
　　　　　　　$60[\text{mm}^2]$　$1.4 \times j7.9 = j11.06$
　　　　　　　$38[\text{mm}^2]$　$0.7 \times j8.2 = j5.74$
　　　　　　　$5[\text{mm}]$　$1.2 \times j8.8 = j10.56$

　　　∴ $\%r = 44.24$,　　$\%x = j30.36$

③ 지중선의 $\%Z_{L2}$는 [표 3]을 통해 계산한다.

$$\%Z_{L2} = \%r + j\%x = (0.095 \times 4.2) + j(0.095 \times 1.7) = 0.399 + j0.1615$$

$$\therefore \text{합성 } \%\text{임피던스} = \%X_T + \%Z_{L1} + \%Z_{L2} + \%X_G \text{ 이므로}$$

$$= j24.67 + 0.399 + 44.24 + j30.36 + j0.1615 + j1.5$$

$$= (0.399 + 44.24) + j(24.67 + 0.1615 + 30.36 + 1.5)$$

$$= 44.639 + j56.6915 = 72.156[\%]$$

• 답 : $72.16[\%]$

(2) • 계산 : 단락용량 $P_s = \dfrac{100}{\%Z} \times P_n = \dfrac{100}{72.16} \times 10000 = 13858.093[\text{kVA}]$

• 답 : $13858.09[\text{kVA}]$

(3) • 계산 : 단락전류 $I_s = \dfrac{100}{\%Z} \times I_n = \dfrac{100}{72.16} \times \dfrac{10000}{\sqrt{3} \times 6.6} = 1212.268[\text{A}]$

• 답 : $1212.27[\text{A}]$

(4) • 계산

차단 용량 $= \sqrt{3} \times$ 정격전압 $\times$ 정격차단전류

$\qquad = \sqrt{3} \times 7200 \times 1212.27 \times 10^{-6} = 15.117[\text{MVA}] \rightarrow$ 계산값보다 높은 용량을 선정

• 답 : $25[\text{MVA}]$

배점4

16 지름 $30[\text{cm}]$인 완전 확산성 반구형 전구를 사용하여 평균 휘도가 $0.3[\text{cd/cm}^2]$인 천장등을 가설하려고 한다. 기구효율을 0.75라 하면, 이 전구의 광속은 몇 $[\text{lm}]$ 정도이어야 하는지 계산하시오. (단, 광속발산도는 $0.95[\text{lm/cm}^2]$라 한다.)

• 계산 : _____ • 답 : _____

정답 • 계산

광속 발산도 $R = \dfrac{F}{S}$ 이고 여기서 반구의 표면적 $S = \dfrac{4\pi r^2}{2} = \dfrac{d^2 \pi}{2}$ 이므로

광속 $F = R \cdot S = R \times \dfrac{\pi d^2}{2} = 0.95 \times \dfrac{\pi \times 30^2}{2} = 1343.03[\text{lm}]$

기구효율이 0.75이므로

$\dfrac{F}{\eta} = \dfrac{1343.03}{0.75} = 1790.706[\text{lm}]$

• 답 : $1790.71[\text{lm}]$

2013
과년도 기출문제

국가기술자격검정 실기시험문제 및 정답

2013년도 전기기사 제1회 필답형 실기시험

종 목	시험시간	형 별	성 명	수험번호
전기기사	2시간 30분	A		

※ 수험자 인적사항 및 답안작성(계산식 포함)은 흑색의 필기구만 사용하여야 하며 흑색을 제외한 유색 필기구 또는 연필류를 사용하거나 2가지 이상의 색을 혼합 사용하였을 경우 그 문항은 0점 처리됩니다.

배점5

01 그림은 축전지 충전회로이다. 다음 물음에 답하시오.

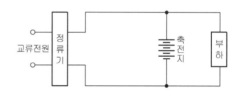

(1) 충전방식은?

  ○ _____

(2) 이 방식의 역할(특징)을 쓰시오.

  ○ _____

  _____

정답 (1) 부동충전방식

(2) 축전지의 자기 방전을 보충함과 동시에 사용 부하에 대한 전력공급은 충전기가 부담하도록 하되 충전기가 부담하기 어려운 일시적인 대전류의 부하는 축전지가 부담하도록 하는 방식

이것이 *핵심이다*

1. 보통 충전방식 : 필요할 때 표준시간율로 소정의 충전전류를 충전하는 방식
2. 급속 충전방식 : 단시간에 충전전류의 2~3배로 충전하는 방식
3. 균등 충전방식 : 부동충전을 유지하면 완전충전 상태로 유지되지만 축전지 개개의 특성에 따라 자기 방전량에 차이가 생기고 개개의 부동충전전압은 상이하므로 장기간 부동충전시 충전부족 상태의 것이 나온다. 이 불균형 시정을 위하여 일종의 과충전인 균등충전을 할 필요가 있다. 즉, 균등충전이란 각 전지간의 전압을 균등하게 하기 위해 3주에 1회 정도 축전지 공칭전압의 120~125%의 정전압으로 10~12시간 충전하는 방식이다.

   균등충전전압과 충전소요시간

단전지당 전압 [V]	충전소요시간
2.25일 때	약 48시간
2.30일 때	약 24시간
2.40일 때	약 8시간

4. 부동 충전방식

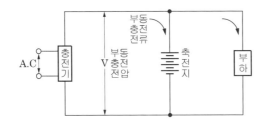

   상시부하전류는 정류기가 부담하고 순시 대전류는 충전기와 축전지가 분담하며, 정전시에는 축전지가 전부하를 부담하고, 정전회복 후에는 정류기가 충전과 부하전류를 부담하게 된다.

   따라서 정류기 출력전류 = 충전전류 + 상시부하 최대전류가 필요하다.

   〈장점〉
   - 축전지가 항상 완전충전상태에 있다.
   - 정류기의 용량이 작아진다.
   - 축선지의 수명에 좋은 영향을 준다.

   거치형 축전지설비에서 가장 일반적으로 사용되며, 수 개월에 1회는 균등충전을 할 필요가 있다.

5. 세류 충전방식(트리클 충전방식)
   축전지의 자기방전을 보충하기 위해 부하를 제거한 상태로 늘 미소전류로 충전하는 방식

6. 전자동 충전방식
   정전압 충전의 결점(충전초기 대전류)을 보완하여 일정전류로 자동 전류제한하는 장치를 부착한 충전방식으로 보수유지에 유리하다(정전압장치와 자동회복 충전장치가 필요하다).

7. 회복충전방식
   방전상태로 방치되었던 극판을 원상상태로 회복시키기 위하여 실시하는 충전방법이다. 정전류 충전에 의해 약한 전류로 40~50시간 충전시킨 다음 방전시키고 이를 반복하면 극판이 원래의 상태로 회복된다.

배점5

02 다음 개폐기의 종류를 나열한 것이다. 기기의 특징에 알맞은 명칭을 빈칸에 쓰시오.

구분	명칭	특징
①		• 전로의 접속을 바꾸거나 끊는 목적으로 사용 • 전류의 차단능력은 없음 • 무전류 상태에서 전로 개폐 • 변압기, 차단기 등의 보수점검을 위한 회로 분리용 및 전력계통을 변환을 위한 회로분리용으로 사용
②		• 평상시 부하전류의 개폐는 가능하나 이상 시(과부하, 단락) 보호기능은 없음 • 개폐 빈도가 적은 부하의 개폐용 스위치로 사용 • 전력 Fuse와 사용시 결상방지 목적으로 사용
③		• 평상시 부하전류 혹은 과부하 전류까지 안전하게 개폐 • 부하의 개폐·제어가 주목적이고, 개폐 빈도가 많음 • 부하의 조작, 제어용 스위치로 이용 • 전력 Fuse와의 조합에 의해 Combination Switch로 널리 사용
④		• 평상시 전류 및 사고 시 대전류를 지장 없이 개폐 • 회로보호가 주목적이며 기구, 제어회로가 Tripping 우선으로 되어 있음 • 주회로 보호용 사용
⑤		• 일정치 이상의 과부하전류에서 단락전류까지 대전류 차단 • 전로의 개폐 능력은 없다. • 고압개폐기와 조합하여 사용

정답 ① 단로기
② 부하개폐기
③ 전자접촉기
④ 차단기
⑤ 전력퓨즈

배점5

03 정격 용량 $100[\text{kVA}]$인 변압기에서 지상 역률 $60[\%]$의 부하에 $100[\text{kVA}]$를 공급하고 있다. 역률 $90[\%]$로 개선하여 변압기의 전용량까지 부하에 공급하고자 한다. 다음 각 물음에 답하시오.

(1) 소요되는 전력용 콘덴서의 용량은 몇 $[\text{kVA}]$인지 계산하시오.

• 계산 : _____ • 답 : _____

(2) 역률 개선에 따른 유효전력의 증가분은 몇 $[\text{kW}]$인지 계산하시오.

• 계산 : _____ • 답 : _____

정답 (1) • 계산

역률 0.6일 때 $\sin\theta$는 0.8이므로,

역률 개선 전 무효전력 $P_{r1} = P_a \sin\theta_1 = 100 \times 0.8 = 80 [\text{kVar}]$

역률 개선 후 무효전력 $P_{r2} = P_a \sin\theta_2 = 100 \times \sqrt{1-0.9^2} = 43.59 [\text{kVar}]$

콘덴서 용량 $Q = P_{r1} - P_{r2} = 80 - 43.59 = 36.41$

• 답 : $36.41 [\text{kVA}]$

(2) • 계산

유효전력 증가분 $= P_a(\cos\theta_2 - \cos\theta_1) = 100(0.9 - 0.6) = 30 [\text{kW}]$

• 답 : $30 [\text{kW}]$

배점6

04 수용가들의 일부하곡선이 그림과 같을 때 다음 각 물음에 답하시오. (단, 실선은 A 수용가, 점선은 B 수용가이다.)

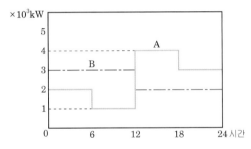

(1) A, B 각 수용가의 수용률을 계산하시오. (단, 설비용량은 수용가 모두 $10 \times 10^3 [\text{kW}]$ 이다.)

수용가	계산과정	수용률[%]
A		
B		

(2) A, B 각 수용가의 일부하율을 계산하시오.

수용가	계산과정	일부하율[%]
A		
B		

(3) A, B 각 수용가 상호간의 부등률을 계산하고, 부등률의 정의를 간단히 쓰시오.

• 부등률 계산 :

• 부등률의 정의 :

정답 (1) • 계산

$$수용률 = \frac{최대전력}{설비용량} \times 100$$

– A수용가 $\frac{4 \times 10^3}{10 \times 10^3} \times 100 = 40[\%]$

• 답 : 40[%]

– B수용가 $\frac{3 \times 10^3}{10 \times 10^3} \times 100 = 30[\%]$

• 답 : 30[%]

(2) • 계산

$$일부하율 = \frac{평균전력}{최대전력} \times 100 = \frac{\dfrac{사용전력량[kWh]}{24[h]}}{최대전력[kW]} \times 100$$

– A수용가 $= \dfrac{\dfrac{(2000+1000+4000+3000) \times 6}{24}}{4000} \times 100 = 62.5[\%]$

• 답 : 62.5[%]

– B수용가 $= \dfrac{\dfrac{(3000+2000) \times 12}{24}}{3000} \times 100 = 83.333[\%]$

• 답 : 83.33[%]

(3) • 계산

$$부등률 = \frac{각\ 부하\ 최대\ 전력의\ 합}{합성최대전력} = \frac{4000+3000}{4000+2000} = 1.166$$

• 답 : 1.17

• 정의 : 전력소비기기를 동시에 사용하는 정도

쉬어가기 **합성최대전력**

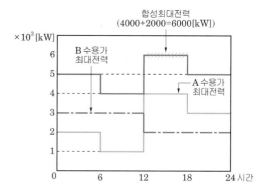

각 수용가에서 사용하는 전력은 시간에 따라 다르다. 합성최대(수용)전력이란, 각 수용가에서 동시에 사용한 전력의 합성값이 최대가 되는 전력을 말한다. A수용가와 B수용가의 시간대별 합성값을 나타낸 그림이다. 12시~18시에 6000[kW]를 동시에 사용한 전력이 합성최대전력이다.

배점5

05 그림과 같은 부하를 갖는 변압기의 최대수용전력은 몇 $[\text{kVA}]$인지 계산하시오.

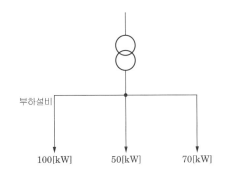

부하설비

100[kW]　　50[kW]　　70[kW]

• 계산 :　　　　　　　　　　　　　　　　　• 답 :

단, ① 부하간 부등률은 1.2 이다.
　　② 부하의 역률은 모두 85 $[\%]$ 이다.
　　③ 부하에 대한 수용률은 다음 표와 같다.

부하	수용률
10[kW] 이상~50[kW] 미만	70[%]
50[kW] 이상~100[kW] 미만	60[%]
100[kW] 이상~150[kW] 미만	50[%]
150[kW] 이상	45[%]

정답 • 계산

$$\text{변압기 최대수용전력} = \frac{\text{설비 용량[kW]} \times \text{수용률}}{\text{부등률} \times \text{역률}}$$

$$\text{최대수용전력} = \frac{100 \times 0.5 + 50 \times 0.6 + 70 \times 0.6}{1.2 \times 0.85} = 119.607 [\text{kVA}]$$

• 답 : 119.61 [kVA]

배점5

06 부하가 유도전동기이며, 기동 용량이 1000 $[\text{kVA}]$이고, 기동시 전압강하는 20 $[\%]$이며, 발전기의 과도리액턴스가 25 $[\%]$이다. 이 전동기를 운전할 수 있는 자가발전기의 최소용량은 몇 $[\text{kVA}]$인지 계산하시오.

• 계산 :　　　　　　　　　　　　　　　　　• 답 :

정답 • 계산

$$\text{발전기 용량} \geqq \text{시동용량[kVA]} \times \text{과도 리액턴스} \times \left(\frac{1}{\text{허용 전압 강하}} - 1\right) \times \text{여유율}$$

$$= 1000 \times 0.25 \times \left(\frac{1}{0.2} - 1\right) = 1000 [\text{kVA}]$$

• 답 : 1000 [kVA]

배점5

07 그림과 같이 부하를 운전 중인 상태에서 변류기의 2차측의 전류계를 교체할 때에는 어떠한 순서로 작업을 하여야 하는지 쓰시오. (단, K와 L은 변류기 1차 단자, k와 l은 변류기 2차 단자, a와 b는 전류계 단자이다.)

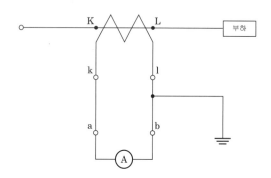

○ _____

_____

정답 변류기의 2차 단자 k와 l을 단락시킨 상태에서 전류계 단자 a와 b를 분리하여 전류계를 교체후 단락시켰던 변류기 2차 단자 k와 l을 개방한다.

배점5

08 길이 $30[\text{m}]$, 폭 $50[\text{m}]$인 방에 평균조도 $200[\text{lx}]$를 얻기 위해 전광속 $2500[\text{lm}]$의 $40[\text{W}]$ 형광등을 사용했을 때 필요한 등수를 계산하시오. (단, 조명률 0.6, 감광보상률 1.2이고 기타요인은 무시한다.)

• 계산 : _____ • 답 : _____

정답 • 계산 : $N = \dfrac{DES}{FU} = \dfrac{1.2 \times 200 \times 30 \times 50}{2500 \times 0.6} = 240[\text{등}]$

• 답 : $240[\text{등}]$

배점9

09 그림과 같은 수전계통을 보고 다음 각 물음에 답하시오.

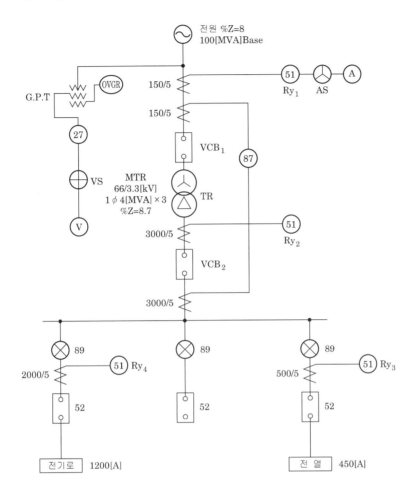

(1) "27"과 "87" 계전기의 명칭과 용도를 설명하시오.

기기	명칭	용도
27		
87		

(2) 다음의 조건에서 과전류계전기 Ry_1, Ry_2, Ry_3, Ry_4의 탭(Tap) 설정값은 몇 [A] 가 가장 적정한지를 계산에 의하여 정하시오.

────────── 【조 건】 ──────────

· Ry_1, Ry_2의 탭 설정값은 부하전류 160[%]에서 설정한다.
· Ry_3의 탭 설정값은 부하전류 150[%]에서 설정한다.
· Ry_4는 부하가 변동 부하이므로, 탭 설정값은 부하전류 200[%]에서 설정한다.
· 과전류 계전기의 전류탭은 2[A], 3[A], 4[A], 5[A], 6[A], 7[A], 8[A]가 있다.

계전기	계산과정	설정값
Ry_1		
Ry_2		
Ry_3		
Ry_4		

(3) 차단기 VCB_1의 정격전압은 몇 [kV]인가?

○ _____

(4) 전원측 차단기 VCB_1의 정격용량을 계산하고, 다음의 표에서 가장 적당한 것을 선정하도록 하시오.

차단기의 정격표준용량[MVA]

1000	1500	2500	3500

• 계산 : _____   • 답 : _____

정답 (1)

기기	명칭	용도
27	부족 전압 계전기	일정한 값 이하의 전압이 되었을 시 부하를 차단하는 계전기로 주로 정전 후 복귀되었을 때 돌발 재투입을 위해서 설치한다.
87	비율 차동 계전기	총입력전류와 총출력전류 간의 차이가 총입력전류에 대하여 일정비율 이상으로 되었을 때 동작하는 계전기로 주로 변압기의 고장 유무확인에 사용한다.

(2)

계전기	계산과정 $\left(\text{부하 전류} \times \dfrac{1}{\text{변류비}} \times \text{설정 배수}\right)$	설정값
Ry_1	$\dfrac{4\times10^6\times3}{\sqrt{3}\times66\times10^3}\times\dfrac{5}{150}\times1.6=5.6[\text{A}]$	6[A]
Ry_2	$\dfrac{4\times10^6\times3}{\sqrt{3}\times3.3\times10^3}\times\dfrac{5}{3000}\times1.6=5.6[\text{A}]$	6[A]
Ry_3	$450\times\dfrac{5}{500}\times1.5=6.75[\text{A}]$	7[A]
Ry_4	$1200\times\dfrac{5}{2000}\times2=6[\text{A}]$	6[A]

(3) 사용 회로 공칭 전압 66[kV]의 차단기 정격전압은 72.5[kV]이다.

• 답 : 72.5[kV]

(4) • 계산 : $P_s=\dfrac{100}{\%Z}\times P_n=\dfrac{100}{8}\times100=1250[\text{MVA}]$ 그러므로 차단기의 용량을 표에서

1500[MVA]를 선정한다.

• 답 : 1500[MVA] 선정

배점7

10 전동기 $M_1 \sim M_5$의 사양이 주어진 조건과 같고 이것을 그림과 같이 배치하여 금속관공사로 시설하고자 한다. (단, 전선은 XLPE이고, 공사방법 B1이다.)

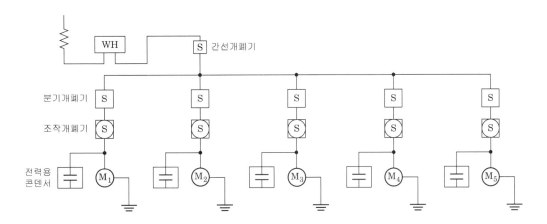

【조 건】
- M_1 : 3상 200[V] 0.75[kW] 농형 유도전동기(직입기동)
- M_2 : 3상 200[V] 3.7[kW] 농형 유도전동기(직입기동)
- M_3 : 3상 200[V] 5.5[kW] 농형 유도전동기(직입기동)
- M_4 : 3상 200[V] 15[kW] 농형 유도전동기($Y - \triangle$기동)
- M_5 : 3상 200[V] 30[kW] 농형 유도전동기(기동보상기기동)

(1) 각 전동기 분기회로의 설계에 필요한 자료를 답란에 기입하시오.

구분		M_1	M_2	M_3	M_4	M_5
규약전류[A]						
전선	최소 굵기[mm²]					
개폐기 용량[A]	분기					
	현장조작					
과전류 차단기[A]	분기					
	현장조작					
초과눈금 전류계[A]						
접지선의 굵기[mm²]						
금속관의 굵기[mm]						
콘덴서 용량[μF]						

(2) 간선의 설계에 필요한 자료를 답란에 기입하시오.

전선 최소 굵기[mm²]	개폐기 용량[A]	과전류 보호기 용량[A]	금속관의 굵기[mm]

[표 1] 후강 전선관 굵기의 선정

도체 단면적[mm²]	전선본수									
	1	2	3	4	5	6	7	8	9	10
	전선관의 최소굵기[mm]									
2.5	16	16	16	16	22	22	22	28	28	28
4	16	16	16	22	22	22	28	28	28	28
6	16	16	22	22	22	28	28	28	36	36
10	16	22	22	28	28	36	36	36	36	36
16	16	22	28	28	36	36	36	42	42	42
25	22	28	28	36	36	42	54	54	54	54
35	22	28	36	42	54	54	54	70	70	70
50	22	36	54	54	70	70	70	82	82	82
70	28	42	54	54	70	70	70	82	82	92
95	28	54	54	70	70	82	82	92	92	104
120	36	54	54	70	70	82	82	92		
150	36	70	70	82	92	92	104	104		
185	36	70	70	82	92	104				
240	42	82	82	92	104					

[비고 1] 전선 1본수는 접지선 및 직류 회로의 전선에도 적용한다.
[비고 2] 이 표는 실험 결과와 경험을 기초로 하여 결정한 것이다.
[비고 3] 이 표는 KSC IEC 60227-3의 450/750[V] 일반용 단심 비닐절연전선을 기준한 것이다.

[표 2] 콘덴서 설치용량 기준표(200[V], 380[V], 3상 유도 전동기)

정격출력[kW]	설치하는 콘덴서 용량(90[%] 까지)					
	220[V]		380[V]		440[V]	
	[μF]	[kVA]	[μF]	[kVA]	[μF]	[kVA]
0.2	15	0.2262	–	–		
0.4	20	0.3016	–	–		
0.75	30	0.4524	–	–		
1.5	50	0.754	10	0.544	10	0.729
2.2	75	1.131	15	0.816	15	1.095
3.7	100	1.508	20	1.088	20	1.459
5.5	175	2.639	50	2.720	40	2.919
7.5	200	3.016	75	4.080	40	2.919
11	300	4.524	100	5.441	75	5.474
15	400	6.032	100	5.441	75	5.474
22	500	7.54	150	8.161	100	7.299
30	800	12.064	200	10.882	175	12.744
37	900	13.572	250	13.602	200	14.598

[비고 1] 220[V]용과 380[V]용은 전기공급약관 시행세칙에 의함

[비고 2] 440[V]용은 계산하여 제시한 값으로 참고용임

[비고 3] 콘덴서가 일부 설치되어 있는 경우는 무효전력([kVar]) 또는 용량([kVA] 또는 [μF]) 합계에서 설치되어 있는 콘덴서의 용량([kVA] 또는 [μF])의 합계를 뺀 값을 설치하면 된다.

[표 3] 200[V] 3상 유도 전동기의 간선의 전선 굵기 및 기구의 용량(B종 퓨즈의 경우)

전동기 kW수의 총계[kW] 이하	최대 사용 전류[A] 이하	배선종류에 의한 간선의 최소 굵기[mm²]						직입기동 전동기 중 최대용량의 것									
		공사방법 A1		공사방법 B1		공사방법 C		0.75 이하	1.5	2.2	3.7	5.5	7.5	11	15	18.5	22
		3개선		3개선		3개선		기동기사용 전동기 중 최대용량의 것									
		PVC	XLPE, EPR	PVC	XLPE, EPR	PVC	XLPE, EPR	–	–	–	5.5	7.5	11 15	18.5 22	–	30 37	–
								과전류차단기[A] ……… (칸 위 숫자) 개폐기용량[A] ……… (칸 아래 숫자)									
3	15	2.5	2.5	2.5	2.5	2.5	2.5	15 30	20 30	30 30	–	–	–	–	–	–	–
4.5	20	4	2.5	2.5	2.5	2.5	2.5	20 30	20 30	30 30	50 60	–	–	–	–	–	–
6.3	30	6	4	6	4	4	2.5	30 30	30 30	50 60	50 60	75 100		–	–	–	–
8.2	40	10	6	10	6	6	4	50 60	50 60	50 60	75 100	75 100	100 100	–	–	–	–
12	50	16	10	10	10	10	6	50 60	50 60	50 60	75 100	75 100	100 100	150 200	–	–	–
15.7	75	35	25	25	16	16	16	75 100	75 100	75 100	75 100	100 100	100 200	150 200	150 200	–	–
19.5	90	50	25	35	25	25	16	100 100	100 100	100 100	100 100	100 100	150 200	150 200	200 200	200 200	–
23.2	100	50	35	35	25	35	25	100 100	100 100	100 100	100 100	100 100	150 200	150 200	200 200	200 200	200 200
30	125	70	50	50	35	50	35	150 200	150 200	150 200	150 200	150 200	150 200	150 200	200 200	200 200	200 200
37.5	150	95	70	70	50	70	70	150 200	150 200	150 200	150 200	150 200	150 200	150 200	200 300	200 300	300 300
45	175	120	70	95	50	70	50	200 200	200 200	200 200	200 200	200 200	200 200	200 200	200 300	300 300	300 300
52.5	200	150	95	95	70	95	70	200 200	200 200	200 200	200 200	200 200	200 200	200 200	200 300	300 300	300 300
63.7	250	240	150	–	95	120	95	300 300	300 300	300 300	300 300	300 300	300 300	300 300	300 400	400 400	400 400
75	300	300	185	–	120	185	120	300 300	300 300	300 300	300 300	300 300	300 300	300 300	300 400	400 400	400 400
86.2	350	–	240	–	–	240	150	400 400	400 400	400 400	400 400	400 400	400 400	400 400	400 400	400 400	400 400

[비고 1] 최소 전선 굵기는 1회선에 대한 것임

[비고 2] 공사방법 A1은 벽 내의 전선관에 공사한 절연전선 또는 단심케이블, B1은 벽면의 전선관에 공사한 절연전선 또는 단심케이블, 공사방법 C는 벽면에 공사한 단심 또는 다심케이블을 시설하는 경우의 전선 굵기를 표시하였다.

[비고 3] 「전동기중 최대의 것」에는 동시 기동하는 경우를 포함함

[비고 4] 과전류차단기의 용량은 해당 조항에 규정되어 있는 범위에서 실용상 거의 최댓값을 표시함

[비고 5] 과전류 차단기의 선정은 최대용량의 정격전류의 3배에 다른 전동기의 정격전류의 합계를 가산한 값 이하를 표시함

[비고 6] 고리퓨즈는 300[A] 이하에서 사용하여야 한다.

[표 4] 200[V] 3상 유도 전동기 1대인 경우의 분기회로(B종 퓨즈의 경우)

| 정격출력 [kW] | 전부하전류 [A] | 배선종류에 의한 간선의 최소 굵기[mm²] | | | | | |
| | | 공사방법 A1 3개선 | | 공사방법 B1 3개선 | | 공사방법 C 3개선 | |
		PVC	XLPE, EPR	PVC	XLPE, EPR	PVC	XLPE, EPR
0.2	1.8	2.5	2.5	2.5	2.5	2.5	2.5
0.4	3.2	2.5	2.5	2.5	2.5	2.5	2.5
0.75	4.8	2.5	2.5	2.5	2.5	2.5	2.5
1.5	8	2.5	2.5	2.5	2.5	2.5	2.5
2.2	11.1	2.5	2.5	2.5	2.5	2.5	2.5
3.7	17.4	2.5	2.5	2.5	2.5	2.5	2.5
5.5	26	6	4	4	2.5	4	2.5
7.5	34	10	6	6	4	6	4
11	48	16	10	10	6	10	6
15	65	25	16	16	10	16	10
18.5	79	35	25	25	16	25	16
22	93	50	25	35	25	25	16
30	124	70	50	50	35	50	35
37	152	95	70	70	50	70	50

정격출력 [kW]	전부하전류 [A]	개폐기용량[A]				과전류차단기(B종 퓨즈)[A]				전동기용 초과눈금 전류계의 정격전류 [A]	접지선의 최소 굵기 [mm²]
		직입기동		기동기 사용		직입기동		기동기 사용			
		현장조작	분기	현장조작	분기	현장조작	분기	현장조작	분기		
0.2	1.8	15	15			15	15			3	2.5
0.4	3.2	15	15			15	15			5	2.5
0.75	4.8	15	15			15	15			5	2.5
1.5	8	15	30			15	20			10	4
2.2	11.1	30	30			20	30			15	4
3.7	17.4	30	60			30	50			20	6
5.5	26	60	60	30	60	50	60	30	30	30	6
7.5	34	100	100	60	100	75	100	50	75	30	10
11	48	100	200	100	100	100	150	75	100	60	16
15	65	100	200	100	100	100	150	100	100	60	16
18.5	79	200	200	100	200	150	200	100	150	100	16
22	93	200	200	100	200	150	200	100	150	100	16
30	124	200	400	200	200	200	300	150	200	150	25
37	152	200	400	200	200	200	300	150	200	200	25

[비고 1] 최소 전선 굵기는 1회선에 대한 것이며, 2회선 이상일 경우는 복수회로 보정계수를 적용하여야 한다.

[비고 2] 공사방법 A1은 벽 내의 전선관에 공사한 절연전선 또는 단심케이블, B1은 벽면의 전선관에 공사한 절연전선 또는 단심케이블, 공사방법 C는 벽면에 공사한 단심 또는 다심케이블을 시설하는 경우의 전선 굵기를 표시하였다.

[비고 3] 전동기 2대 이상을 동일회로로 할 경우는 간선의 표를 적용할 것

[비고 4] 전동기용 퓨즈 또는 모터브레이커를 사용하는 경우는 전동기의 정격출력에 적합한 것을 사용할 것

[비고 5] 과전류차단기의 용량은 해당 조항에 규정되어 있는 범위에서 실용상 거의 최댓값을 표시한다.

[비고 6] 개폐기 용량이 [kW]로 표시된 것은 이것을 초과하는 정격출력의 전동기에는 사용하지 말 것

정답 (1)

구분		M_1	M_2	M_3	M_4	M_5
규약전류[A]		4.8	17.4	26	65	124
전선 최소 굵기[mm²]		2.5	2.5	2.5	10	35
개폐기용량[A]	분기	15	60	60	100	200
	현장조작	15	30	60	100	200
과전류차단기[A]	분기	15	50	60	100	200
	현장조작	15	30	50	100	150
초과눈금 전류계[A]		5	20	30	60	150
접지선의 굵기[mm²]		2.5	6	6	16	25
금속관의 굵기[mm]		16	16	16	36	36
콘덴서 용량[μF]		30	100	175	400	800

(2) 전동기수의 총계 = 0.75 + 3.7 + 5.5 + 15 + 30 = 54.95[kW]

전류 총계 = 4.8 + 17.4 + 26 + 65 + 124 = 237.2[A]이다. 조건에서 전선은 XLPE이고, 공사방법은 B1이므로 [표 3]에서 전동기수의 총계 63.7[kW], 250[A]난에서 선정하면 다음과 같다.

[표 3] 200[V] 3상 유도 전동기 1대인 경우의 분기회로(B종 퓨즈의 경우)

전선 최소 굵기[mm²]	개폐기 용량[A]	과전류 차단기 용량[A]	금속관의 굵기 [mm]
95	300	300	54

참고

(1) 규약전류

내선규정 3115-1에 따라 전동기 부하의 산정은 전동기 명판에 표시된 정격전류(전부하전류)를 기준으로 한다. 다만, 일반용 전동기일 경우 설계시 이를 모를 경우가 대부분이므로 그 정격출력에 따른 규약전류(설계기준 값)를 정격전류로 적용할 수 있다. 따라서 [표 4] 200[V] 3상 유도 전동기 1대인 경우의 분기회로에 해당하므로 정격출력에 따른 규약전류는 전부하전류로 선정한다.

정격출력[kW]	전부하 전류[A]	배선종류에 의한 간선의 최소 굵기[mm²]					
		공사방법 A1		공사방법 B1		공사방법 C	
		3개선		3개선		3개선	
		PVC	XLPE, EPR	PVC	XLPE, EPR	PVC	XLPE, EPR
0.2	1.8	2.5	2.5	2.5	2.5	2.5	2.5
0.4	3.2	2.5	2.5	2.5	2.5	2.5	2.5
0.75	4.8	2.5	2.5	2.5	2.5	2.5	2.5
1.5	8	2.5	2.5	2.5	2.5	2.5	2.5
2.2	11.1	2.5	2.5	2.5	2.5	2.5	2.5
3.7	17.4	2.5	2.5	2.5	2.5	2.5	2.5
5.5	26	6	4	4	2.5	4	2.5
7.5	34	10	6	6	4	6	4
11	48	16	10	10	6	10	6
15	65	25	16	16	10	16	10
18.5	79	35	25	25	16	25	16
22	93	50	25	35	25	25	16
30	124	70	50	50	35	50	35
37	152	95	70	70	50	70	50

2. 전선 최소 굵기[mm²]는 [표 4] 200[V] 3상 유도 전동기 1대인 경우의 분기회로에 해당하며 공사방법 B1, XLPE에 해당하므로 전선의 굵기는 다음과 같다.

| 정격출력[kW] | 전부하 전류[A] | 배선종류에 의한 간선의 최소 굵기[mm²] | | | | | |
| | | 공사방법 A1 3개선 | | 공사방법 B1 3개선 | | 공사방법 C 3개선 | |
		PVC	XLPE, EPR	PVC	XLPE, EPR	PVC	XLPE, EPR
0.2	1.8	2.5	2.5	2.5	2.5	2.5	2.5
0.4	3.2	2.5	2.5	2.5	2.5	2.5	2.5
0.75	4.8	2.5	2.5	2.5	2.5	2.5	2.5
1.5	8	2.5	2.5	2.5	2.5	2.5	2.5
2.2	11.1	2.5	2.5	2.5	2.5	2.5	2.5
3.7	17.4	2.5	2.5	2.5	2.5	2.5	2.5
5.5	26	6	4	4	2.5	4	2.5
7.5	34	10	6	6	4	6	4
11	48	16	10	10	6	10	6
15	65	25	16	16	10	16	10
18.5	79	35	25	25	16	25	16
22	93	50	25	35	25	25	16
30	124	70	50	50	35	50	35
37	152	95	70	70	50	70	50

3. 분기 및 현장조작에 따른 개폐기용량과 과전류차단기 용량은 [표 4] 200[V] 3상 유도 전동기 1대인 경우의 분기회로의 부분에서 다음과 같으며 정격출력이 15[kW]에서는 직입기동이 아닌 기동기사용이므로 그 부분에 유의에서 답을 산정한다. 또한 초과 눈금전류계 및 접지선의 최소 굵기값 또한 옆에 명시가 되어 있으므로 바로 답을 산정할 수 있다. 또한 초과 눈금전류계 및 접지선의 초소 굵기값 또한 옆에 명시가 되어 있으므로 바로 답을 선정할 수 있다.

4. 초과눈금전류계 또한 [표 4] 200[V] 3상 유도 전동기 1대인 경우의 분기회로의 부분에서 다음과 같으며 정격출력이 15[kW]에서는 직입기동이 아닌 기동기 사용이므로 그 부분에 유의에서 답을 산정한다.

| 정격 출력 [kW] | 전부하 전류 [A] | 개폐기 용량[A] | | | | 과전류 차단기 (B종 퓨즈)[A] | | | | 전동기용 초과눈금 전류계의 정격전류[A] | 접지선의 최소 굵기[mm²] |
| | | 직입기동 | | 기동기 사용 | | 직입기동 | | 기동기 사용 | | | |
		현장 조작	분기	현장 조작	분기	현장 조작	분기	현장 조작	분기		
0.2	1.8	15	15			15	15			3	2.5
0.4	3.2	15	15			15	15			5	2.5
0.75	4.8	15	15			15	15			5	2.5
1.5	8	15	30			15	20			10	4
2.2	11.1	30	30			20	30			15	4
3.7	17.4	30	60			30	50			20	6
5.5	26	60	60	30	60	50	60	30	30	30	6
7.5	34	100	100	60	100	75	100	50	75	30	10
11	48	100	200	100	100	100	150	75	100	60	16
15	65	100	200	100	100	100	150	100	100	60	16
18.5	79	200	200	100	200	150	200	100	150	100	16
22	93	200	200	100	200	150	200	100	150	100	16
30	124	200	400	200	200	200	300	150	200	150	25
37	152	200	400	200	200	200	300	150	200	200	25

5. 금속관의 굵기는 도체 단면적에 대한 전선본수의 관계에 따라 산정을 하면 $M_1 \sim M_3$은 2.5[mm^2]이고 M_4는 10[mm^2]이며, M_5는 35[mm^2]이므로 [표 1] 후강 전선관 굵기의 부분에서 다음과 같이 나타낼 수 있다.

도체 단면적[mm^2]	전선본수									
	1	2	3	4	5	6	7	8	9	10
	전선관의 최소굵기[mm]									
2.5	16	16	16	16	22	22	22	28	28	28
4	16	16	16	22	22	22	28	28	28	28
6	16	16	22	22	22	28	28	28	36	36
10	16	22	22	28	28	36	36	36	36	36
16	16	22	28	28	36	36	36	42	42	42
25	22	28	28	36	36	42	54	54	54	54
35	22	28	36	42	54	54	54	70	70	70
50	22	36	54	54	70	70	70	82	82	82
70	28	42	54	54	70	70	70	82	82	92
95	28	54	54	70	70	82	82	92	92	104
120	36	54	54	70	70	82	82	92		
150	36	70	70	82	92	92	104	104		
185	36	70	70	82	92	104				
240	42	82	82	92	104					

M_4 전동기($Y - \triangle$ 기동)

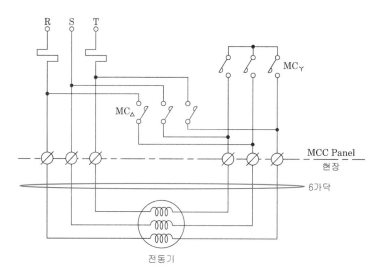

M_4 전동기는 $Y - \triangle$ 기동이므로 MCC Panel로부터 전동기까지의 전선은 6가닥으로 산정하여야 함에 주의한다.

배점5

11 3상 전원에 단상 전열기 2대를 연결하여 사용할 경우 3상 평형전류가 흐르는 변압기의 결선방법이 있다. 3상을 2상으로 변환하는 이 결선방법의 명칭과 결선도를 그리시오. (단, 단상변압기 2대를 사용한다.)

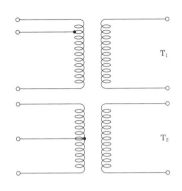

• 명칭 : _____

• 결선도 : _____

___

정답　• 명칭 : 스코트 결선

　　　• 결선도

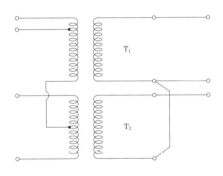

 스코트(T)결선 방법

2차측 2상 전압을 평형시키기 위해 T좌 변압기 1차측에 $\dfrac{\sqrt{3}}{2}$ 되는 점에서 탭을 인출하여 전원 전압을 공급한다. 한편, 주좌 변압기 $\dfrac{1}{2}$ 되는 점에서 탭을 인출하여 T좌 변압기 T_2의 한 단자에 접속한다.

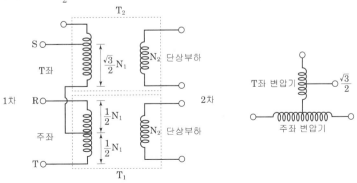

12 다음 그림은 리액터 기동 정지 조작회로의 미완성 도면이다. 이 도면에 대하여 다음 물음에 답하시오.

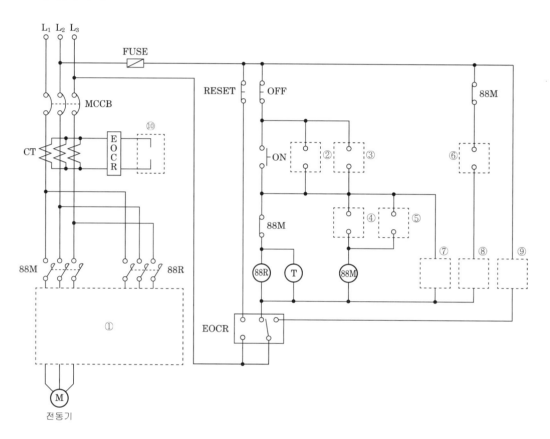

(1) ① 부분의 미완성 주회로를 회로도에 직접 그리시오.

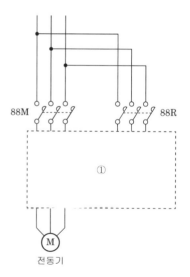

(2) 제어회로에서 ②, ③, ④, ⑤, ⑥ 부분의 접점을 완성하고 그 기호를 쓰시오.

구분	②	③	④	⑤	⑥
접점 및 기호					

(3) ⑦, ⑧, ⑨, ⑩ 부분에 들어갈 LAMP와 계기의 그림기호를 그리시오. (예 : ⓖ 정지, ⓡ 기동 및 운전, ⓨ 과부하로 인한 정지)

구분	⑦	⑧	⑨	⑩
그림기호				

(4) 직입기동시 시동전류가 정격전류의 6배가 되는 전동기를 65[%] 탭에서 리액터 시동한 경우 시동전류는 약 몇 배 정도가 되는지 계산하시오.

・계산 : _____ ・답 : _____

(5) 직입기동시 시동토크가 정격토크의 2배였다고 하면 65[%] 탭에서 리액터 시동한 경우 시동토크는 어떻게 되는지 설명하시오.

○ _____

정답 (1)

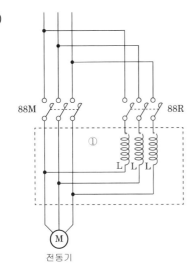

(2)

구분	②	③	④	⑤	⑥
접점 및 기호	88R	88M	T-a	88M	88R

(3)

구분	⑦	⑧	⑨	⑩
그림기호	ⓡ	ⓖ	ⓨ	Ⓐ

(4) • 계산 : 직입기동시 시동전류가 정격전류의 6배이고, 기동전류 $I_s \propto V_0$

$I_s = 6I \times 0.65 = 3.9I$

• 답 : 약 3.9배

(5) • 계산 : 직입기동시 시동토크는 정격토크의 2배이고, 시동토크 $T_s \propto V_0^2$

$T_s = 2T \times 0.65^2 = 0.85T$

• 답 : 0.85배

이것이 핵심이다

- 일반적으로 R램프는 작동, G램프는 정지, Y램프는 이상유무 확인용이다.
  CT는 대전류를 소전류로 변성하는 계기용변성기이므로 전류계를 설치한다.
- 리액터 기동회로란 전동기 전원 측에 리액터를 달아서 기동시 리액터의 전압 강하를 이용하여 입력전압을 낮게하여 기동하는 회로이다.
- 동작설명
  ① 최초 정지시에 G램프가 점등되어 있다.
  ② ON버튼을 누르면 88R과 T가 여자되어 전동기가 작동하고 88R-a 접점에 의해 R램프가 점등되는 동시에 G램프는 소등된다. (이때 리액터에 의한 기동이 시작된다.)
  ③ T초 후 T-a 접점이 동작하여 88M이 동작하고 88M-b 접점에 의해 88R은 여자된다.
  ④ OFF 버튼을 누르면 88R, 88M가 소자되고 R램프가 소등되고 G램프가 점등된다.

배점5

13 옥외용 변전소내의 변압기 사고라고 생각할 수 있는 사고의 종류 5가지만 쓰시오.

○ _____

○ _____

○ _____

○ _____

○ _____

정답 ① 권선의 상간단락 및 층간단락
② 권선과 철심간의 절연파괴에 의한 지락사고
③ 고저압 권선의 혼촉
④ 권선의 단선
⑤ Bushing Lead선의 절연파괴

이것이 핵심이다

■ 변압기 사고원인

1. 권선의 상간단락 및 층간단락

 변압기 2차측에서 단락, 지락, 과부하 등의 사고 발생 경우

2. 권선과 철심간의 절연파괴에 의한 지락사고

 변압기 2차측에서 단락, 지락, 과부하 등의 사고 발생 경우

3. 고저압 권선의 혼촉

 2차측 단락에 의해 2차 코일이 변형되는 경우

4. 권선의 단선

 운반 중 진동에 의해 부싱에서 권선까지 연결한 리드선이 단선되는 경우

5. Bushing Lead선의 절연파괴

 외부 낙뢰 등 서지에 의해 발생되는 경우

배점6

14 전력계통의 발전기, 변압기 등의 증설이나 송전선의 신·증설로 인하여 단락·지락전류가 증가하여 송변전 기기에의 손상이 증대되고, 부근에 있는 통신선의 유도장해가 증가하는 등의 문제점이 예상되므로, 단락용량의 경감대책을 세워야 한다. 이 대책을 3가지만 쓰시오.

○ _____   ○ _____

○ _____

정답 ① 계통전압을 격상시킨다.

② 한류 리액터를 설치한다.

③ 고 임피던스 기기를 채용한다.

이것이 핵심이다

■ 단락용량 경감 대책

• 계통전압을 격상시킨다.

 $(\Downarrow)I_s = \dfrac{P_s}{\sqrt{3}\,V_n(\Uparrow)}$ (단, P_s : 단락용량, V_n : 정격전압)

 V_n이 증대되면 I_s는 반비례하므로 단락전류가 억제된다.

• 초전도 기술을 이용한 초전도 한류 리액터를 사용한다.

 평상시(임계온도−195[℃])에서는 손실 없이 전류가 흐른다. 한편, 사고 발생시(임계전류 이상의 전류가 흐르면) 초전도 소자는 퀜치되어 극히 짧은 시간에 사고전류를 제한할 수 있다. 사고제한의 역할을 끝낸 후에는 0.5초 이내 다시 초전도 상태로 되어 송전을 계속한다.

• 고 임피던스 기기를 채용한다.

 $(\Downarrow)I_s = \dfrac{E}{Z_1(\Uparrow)}$

 변압기, 발전기 등의 임피던스를 현재 사용 중인 10[%]보다 증가시킨다.

• 직류연계방식을 도입한다.

 직류방식은 무효전력의 전달이 없어 교류계통 사고시 유입전류가 증가하지 않으므로 단락전류가 억제된다.

• 변전소 모선의 분할, 계통분리, 회선감소 등을 통하여 임피던스를 증가시킨다.

15 그림과 같이 3상 4선식 배전선로에 역률 $100[\%]$인 부하 $a-n$, $b-n$, $c-n$이 각 상과 중성선간에 연결되어 있다. a, b, c상에 흐르는 전류가 $220[\mathrm{A}]$, $172[\mathrm{A}]$, $190[\mathrm{A}]$일 때 중성선에 흐르는 전류를 계산하시오.

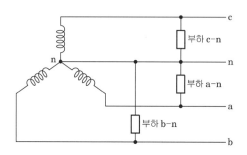

• 계산 : _____   • 답 : _____

정답 • 계산

중성선에 흐르는 전류

$$I_n = I_a + I_b + I_c = 220 + 172 \times \left(-\frac{1}{2} - j\frac{\sqrt{3}}{2}\right) + 190 \times \left(-\frac{1}{2} + j\frac{\sqrt{3}}{2}\right)$$

$$= 220 - 86 - j148.96 - 95 + j164.54$$

$$= 39 + j15.58$$

$$\therefore |I_n| = \sqrt{39^2 + 15.58^2} = 41.996[\mathrm{A}]$$

• 답 : $42[\mathrm{A}]$

a, b, c상이 시계 방향으로 구성되어 있으므로 a상을 실수축에 위치시키면 b상은 실수축에서 시계 방향으로 120도 회전된 방향, c상은 실수축에서 시계 방향으로 240도 회전된 방향에 위치하게 된다.

b상 : $\cos(-120°) + j\sin(-120°)$ 　　　 c상 : $\cos(-240°) + j\sin(-240°)$

16 그림과 같은 배전선로가 있다. 이 선로의 전력손실은 몇 $[\mathrm{kW}]$인지 계산하시오.

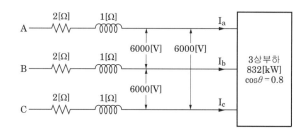

• 계산 : _____   • 답 : _____

정답 • 계산

3상일 때의 전력손실 $P_\ell = 3I^2R$ 이고, $I = \dfrac{P}{\sqrt{3}\,V\cos\theta}$ 이므로

$$P_\ell = 3I^2R = 3 \times \left(\frac{832 \times 10^3}{\sqrt{3} \times 6000 \times 0.8} \right)^2 \times 2 \times 10^{-3} = 60.088 \,[\text{kW}]$$

• 답 : $60.09\,[\text{kW}]$

배점5

17 전동기에 개별로 콘덴서를 설치할 경우 발생할 수 있는 자기여자현상의 발생 이유와 현상을 설명하시오.

• 이유 : _____

• 현상 : _____

정답 • 이유 : 콘덴서 전류가 전동기의 무부하 전류보다 큰 경우에 발생한다.

• 현상 : 전동기 단자전압이 일시적으로 정격 전압을 초과한다.

발전기의 자기여자현상

장거리 송전선로에서는 수전단이 무부하일 때도 정전용량에 의한 충전전류를 송전단에서 공급하여야 한다. 이 충전 전류는 발전기의 전압보다 거의 **90**도 진상이므로 동기발전기의 전기자반작용에 의하여 증자작용이 발생하고 그로 인해 발전기의 전압이 도리어 상승한다. 장거리 송전선을 충전하는 경우 발전기의 여자회로를 개방한 채 발전기를 송전선로에 접속해도 발전기의 전압이 이상 상승하게 되고 결국 발전기의 절연이 파괴된다. 이러한 현상을 발전기의 자기여자현상이라고 한다.

국가기술자격검정 실기시험문제 및 정답

종 목	시험시간	형 별	성 명	수험번호
전기기사	2시간 30분	A		

※ 수험자 인적사항 및 답안작성(계산식 포함)은 흑색의 필기구만 사용하여야 하며 흑색을 제외한 유색 필기구 또는 연필류를 사용하거나 2가지 이상의 색을 혼합 사용하였을 경우 그 문항은 0점 처리됩니다.

배점4

01 아래의 그림에 계통접지와 기기접지의 접지선을 연결하고 그 기능을 설명하시오. (접지극과 연결된 부위를 선으로 연결하시오.)

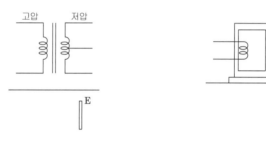

─────────────────────────────

정답 (1) 계통 접지

① 결선

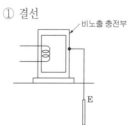

② 기능 : 고저압 혼촉 사고가 발생하는 경우에 저압측 전위상승 억제

(2) 기기접지

① 결선

② 기능 : 권선 등의 절연이 열화되어 외함에 누전되어 감전 또는 화재를 예방

02 표와 같은 수용가 A, B, C, D에 공급하는 배전 선로의 최대 전력이 $800[\mathrm{kW}]$라고 할 때 다음 각 물음에 답하시오.

수용가	설비용량[kW]	수용률[%]
A	250	60
B	300	70
C	350	80
D	400	80

(1) 수용가의 부등률은 얼마인가?

• 계산 :   • 답 :

(2) 부등률이 크다는 것은 어떤 것을 의미하는가?

○ _____

정답   (1) • 계산

$$부등률 = \frac{설비\ 용량 \times 수용률}{합성\ 최대\ 전력} = \frac{250 \times 0.6 + 300 \times 0.7 + 350 \times 0.8 + 400 \times 0.8}{800} = 1.2$$

• 답 : 1.2

(2) 최대 전력을 소비하는 기기의 사용 시간대가 서로 다르다.

03 권상하중이 $2000[\mathrm{kg}]$, 권상속도가 $40[\mathrm{m/min}]$인 권상용 전동기 용량 $[\mathrm{kW}]$을 구하시오.
(단, 여유율은 $30[\%]$, 효율은 $80[\%]$로 한다.)

• 계산 :   • 답 :

정답   • 계산

$$P = \frac{GV}{6.12\eta} \cdot k = \frac{2 \times 40}{6.12 \times 0.8} \times 1.3 = 21.241[\mathrm{kW}]$$

• 답 : $21.24[\mathrm{kW}]$

쉬어가기   **권상기용 전동기의 소요동력**

권상기용 전동기는 엘리베이터 용으로 특별히 설계 제작된 영구자석 동기전동기 또는 유도전동기로써 비교적 작은 기동전류로 큰 회전력을 얻을 수 있고 빈번한 시동에도 충분히 견딜 수 있도록 설계한다. 권상용 전동기 용량은 아래와 같다.

$P = \dfrac{KGV}{6.12\eta}[\mathrm{kW}]$ G : 적재하중[ton], V : 속도[m/min], η : 권상기효율, K : 평형률

배점4

04 그림과 같이 변압기 2대를 사용하여 정전용량 $1[\mu F]$인 케이블의 절연내력시험을 행하였다. $60[Hz]$인 시험전압으로 $5000[V]$를 가했을 때 전압계 ⓥ, 전류계 Ⓐ의 지시값은? (단, 여기서 변압기 탭 전압은 저압측 $105[V]$, 고압측 $3300[V]$로 하고 내부 임피던스 및 여자전류는 무시한다.)

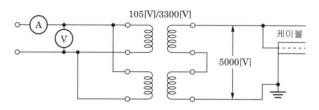

(1) 전압계 ⓥ 지시값

　• 계산 : _____　　• 답 : _____

(2) 전류계 Ⓐ 지시값

　• 계산 : _____　　• 답 : _____

정답 (1) • 계산

　　전압계 ⓥ에 두 대의 변압기가 병렬로 연결되어 있으므로

$$5000 \times \frac{1}{2} \times \frac{105}{3300} = 79.545[V]$$

　　• 답 : $79.55[V]$

(2) • 계산

　　충전전류 $I_c = 2\pi f CE = 2\pi \times 60 \times 1 \times 10^{-6} \times 5000 = 1.88[A]$

　　전류계 Ⓐ에 흐르는 전류 $I = 1.88 \times \frac{3300}{105} \times 2 = 118.171[A]$

　　• 답 : $118.17[A]$

이것이 *핵심이다*

> 충전전류 계산시 E는 전력선과 대지사이의 전압을 의미한다. 상기 그림에서 변압기 2차측의 전압은 $5000[V]$이며, 이 전압은 전력선과 대지사이의 전압이다. 그러므로 충전전류 계산시 $5000[V]$를 대입하여 계산하며, $\sqrt{3}$으로 나누지 않는다.

배점5

05 다음 동작설명과 같이 동작이 될 수 있는 시퀀스 제어도를 그리시오.

───── 【동작설명】 ─────

1. 3로 스위치 S_{3-1}을 ON, S_{3-2}를 ON했을 시 R_1, R_2가 직렬 점등되고, S_{3-1}을 OFF, S_{3-2}를 OFF했을 시 R_1, R_2가 병렬 점등한다.
2. 푸시 버튼 스위치 PB를 누르면 R_3와 B가 병렬로 동작한다.

정답
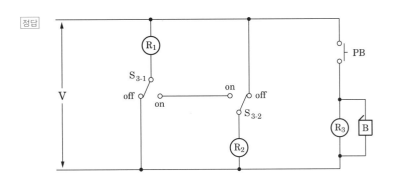

■ 3로 스위치의 활용 (2개소 점멸) : 1층 또는 2층에서 점등 및 소등이 가능한 방식이다.

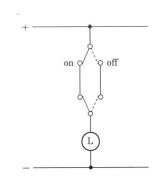

배점12

06 계약부하 설비에 의한 계약최대 전력을 정하는 경우에 부하설비 용량이 $900[\text{kW}]$인 경우 전력 회사와의 계약 최대전력은 몇 $[\text{kW}]$인가? (단, 계약최대전력 환산표는 다음과 같다.)

구분	승률	비고
처음 75[kW]에 대하여	100[%]	
다음 75[kW]에 대하여	85[%]	계산의 합계치 단수가 1[kW] 미만일 경우
다음 75[kW]에 대하여	75[%]	에는 소수점 이하 첫째 자리에 4사 5입
다음 75[kW]에 대하여	65[%]	합니다.
300[kW] 초과분에 대하여	60[%]	

• 계산 : _____   • 답 : _____

정답 • 계산

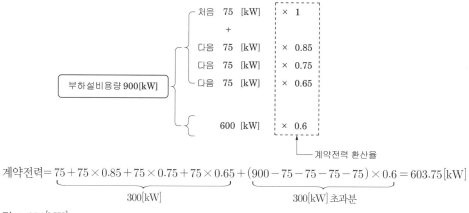

계약전력 $= \underbrace{75 + 75 \times 0.85 + 75 \times 0.75 + 75 \times 0.65}_{300[\text{kW}]} + \underbrace{(900 - 75 - 75 - 75 - 75) \times 0.6}_{300[\text{kW}] \text{ 초과분}} = 603.75[\text{kW}]$

• 답 : $604[\text{kW}]$

배점5

07 그림은 변류기를 영상 접속시켜 그 잔류 회로에 지락 계전기 DG를 삽입시킨 것이다. 선로의 전압은 $66[\mathrm{kV}]$, 중성점에 $300[\Omega]$의 저항 접지로 하였고, 변류기의 변류비는 $300/5[\mathrm{A}]$이다. 송전 전력이 $20,000[\mathrm{kW}]$, 역률이 0.8(지상)일 때 a상에 완전 지락 사고가 발생하였다. 물음에 답하시오. (단, 부하의 정상, 역상 임피던스 기타의 정수는 무시한다.)

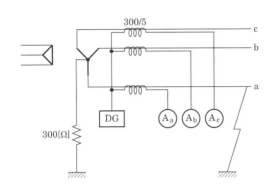

(1) 지락 계전기 DG에 흐르는 전류[A] 값은?

• 계산 : _____   • 답 : _____

(2) a상 전류계 A_a에 흐르는 전류[A] 값은?

• 계산 : _____   • 답 : _____

(3) b상 전류계 A_b에 흐르는 전류[A] 값은?

• 계산 : _____   • 답 : _____

(4) c상 전류계 A_c에 흐르는 전류[A] 값은?

• 계산 : _____   • 답 : _____

정답 (1) • 계산

지락전류 $I_g = \dfrac{66000}{\sqrt{3} \times 300} = 127.02[\mathrm{A}]$

$\therefore I_{DG} = I_g \times CT$역수비$= I_g \times \dfrac{5}{300} = 127.02 \times \dfrac{5}{300} = 2.117[\mathrm{A}]$

• 답 : $2.12[\mathrm{A}]$

(2) • 계산

건전상인 b, c상에는 부하전류만 흐르고 고장상 a상에는 I_L과 I_g가 중첩해서 흐른다. 한편, 전류계 A에는 부하전류와 지락전류의 합이 흐른다.

① 부하전류 $I_L = \dfrac{20000}{\sqrt{3} \times 66 \times 0.8} \times (0.8 - j0.6) = 175 - j131.2$

② a상에 흐르는 전류

$$I_a = I_L + I_g = 175 - j131.2 + 127.02 = \sqrt{(127.02 + 175)^2 + 131.2^2} = 329.286[A]$$

③ 전류계 A에 흐르는 전류 $i_a = I_a \times CT역수비 = I_a \times \dfrac{5}{300} = 329.286 \times \dfrac{5}{300} = 5.488[A]$

• 답 : 5.49[A]

(3) • 계산

부하전류 $I_L = \dfrac{20000}{\sqrt{3} \times 66 \times 0.8} = 218.69[A]$

$i_b = I_L \times \dfrac{5}{300} = 218.69 \times \dfrac{5}{300} = 3.644[A]$

• 답 : 3.64[A]

(4) • 계산

$i_c = I_L \times \dfrac{5}{300} = 218.69 \times \dfrac{5}{300} = 3.644[A]$

• 답 : 3.64[A]

배점5

08 다음은 컴퓨터 등의 중요한 부하에 대한 무정전 전원공급을 위한 그림이다. "(가) ~ (마)"에 적당한 전기 시설물의 명칭을 쓰시오.

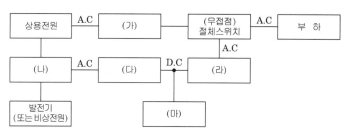

○ _____   ○ _____

○ _____   ○ _____

○ _____

정답 (가) 자동전압조정기(AVR)

(나) 절체용 개폐기

(다) 정류기(컨버터)

(라) 인버터

(마) 축전지

배점9

09 아몰퍼스변압기의 장점 3가지와 단점 3가지를 쓰시오.

(1) 장점   (2) 단점

- ○ _____
- ○ _____
- ○ _____

                                        ○ _____
                                        ○ _____
                                        ○ _____

2013

정답 (1) 장점
    ① 비정질 구조 및 초박판 철심 소재에 의해 무부하 손실이 저감 된다.
    ② 운전보수비용 절감 및 변압기의 수명연장이 기대 된다.
    ③ 발열량이 작고, 소음이 작다.
  (2) 단점
    ① 포화자속밀도가 낮다.
    ② 점적률이 나쁘다.
    ③ 가격이 비싸며, 대용량 제조가 어렵다.

배점5

10 다음 물음에 답하시오.

(1) 역률을 개선하기 위한 전력용 콘덴서 용량은 최대 무슨 전력 이하로 설정하여야 하는지 쓰시오.
- ○ _____

(2) 고조파를 제거하기 위해 콘덴서에 무엇을 설치해야 하는지 쓰시오.
- ○ _____

(3) 역률 개선시 나타나는 효과 3가지를 쓰시오.
- ○ _____   ○ _____
- ○ _____

정답 (1) 부하의 지상 무효전력
  (2) 직렬리액터
  (3) ① 전력손실 감소
    ② 전압강하 감소
    ③ 설비 이용률 향상

배점5

11 다음 심벌의 명칭을 쓰시오.

(1) ‎ MD

○ _____

(2) ┈┈□┈┈
      LD

○ _____

(3) ┈┈┈┈┈┈
   (F7)

○ _____

정답 (1) 금속 덕트

    (2) 라이팅 덕트

    (3) 플로어 덕트

쉬어가기 **덕트공사의 종류 및 심벌**

(1) 금속 덕트 : MD

(2) 플로어 덕트 : ┈┈┈┈┈┈ (F7)

(3) 라이팅 덕트 : ┈┈□┈┈ LD

(4) 버스덕트 : ▮▮▮▮

   • 피어 덕트(FBD) : 덕트 도중에 부하를 접속할 수 없도록 만든 구조

   • 플러그인 덕트(PBD) : 덕트 도중에 부하를 접속할 수 있도록 만든 구조

   • 트롤리 덕트(TBD) : 덕트 도중에 이동부하를 접속할 수 있도록 만든 구조

(5) 버스덕트 익스팬션 : ▮◣◢▮

배점7

12 다음 미완성 부분의 결선도를 완성하고, 필요한 곳에 접지를 하시오.

(1) CT와 AS와 전류계 결선도

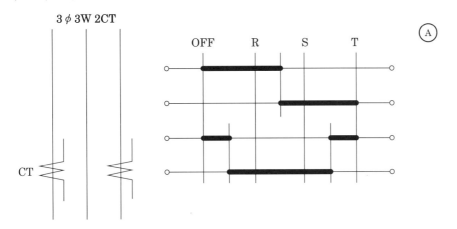

(2) PT와 VS와 전압계 결선도

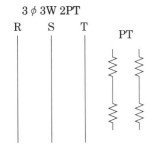
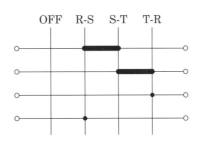

정답 (1) 3φ3W 2CT

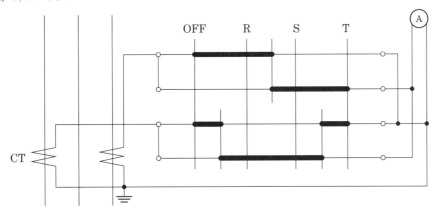

(2) 3φ3W 2PT

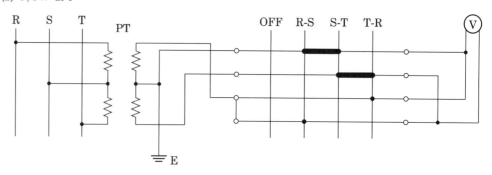

접점 기호 및 동작설명 이해도

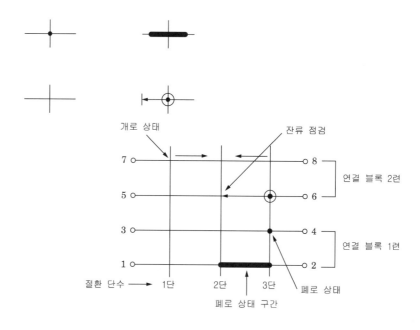

전류계용 절환개폐기의 결선도를 완성하기 위해서는 접점기호와 동작설명을 이해하여야 결선도를 그릴 수 있다. 동작설명에서 보면 가로측 밑은 전환시 발생되는 절환단계 단수를 의미하고 세로측 좌측과 우측은 연결접점을 의미하며 그 접점은 1번과 3번, 2번과 4번 접점 연결블록이 한 구성이며 5번과 7번, 6번과 8번 접점 연결블록이 또 한 구성으로 이루어진다.
접점기호를 이해하고 동작설명을 파악해야 한다.
1단과 2단 사이는 개로상태이며 2단과 3단 사이는 폐로상태가 된다. 따라서 1과 2의 접점단자는 절환단수 1단, 2단의 상태에 따라 폐로가 되기도 하고 개로가 되기도 한다.

(1) $3\phi 3W$ 2CT 전류계용 절환개폐기와 전류계 결선

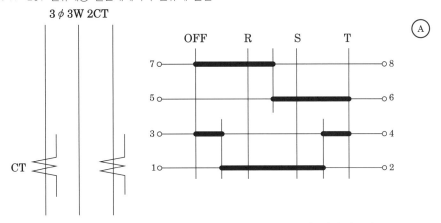

CT는 개방시 1차측의 고전압이 2차측으로 모두 유기되어 절연파괴를 일으키기 때문에 OFF–R, R–S, S–T로 전환시 폐로측 접점 선로를 구성하여 연결시켜야 한다.

① R상의 전류를 측정해야 하므로 폐로 상태를 구성하는 3번 접점에 연결한다. 그러나 그 이후에 개로 상태이 므로 다시 1번 접점과 연결하여 폐로 상태로 만들어야 한다.

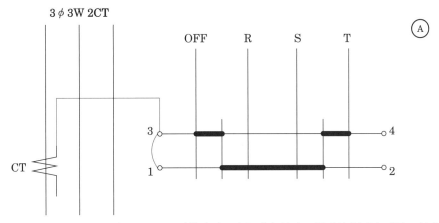

② R상 전류측정시 OFF → R 또는 S → R로 전환시 아무런 문제가 없다. 전류계와 연결시 폐회로 상태가 되어야 하며 S → T는 측정을 하지 않아 의미가 없으므로 2번 접점에서 전류계와 연결시키고 전류계에서 CT 2차측으로 연결시킨다.

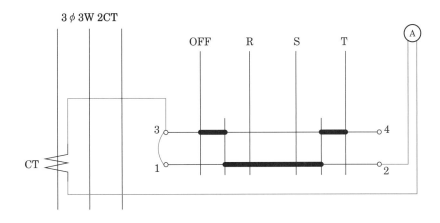

③ 그러나 S → T로 전환시 개로 상태가 발생되기 때문에 4번 접점을 폐회로 상태로 결선해 주어야하므로 그림처럼 결선시킨다. 또한 계기용변성기 2차측 전로는 접지를 해야하므로 한 단자에 시행한다.

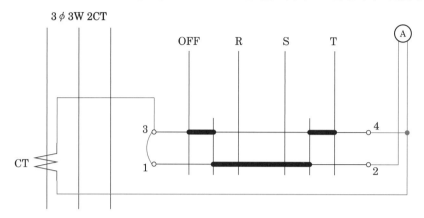

④ T상에 연결된 CT 또한 위의 폐로측 연결방법을 이용하면 다음 그림과 같다. 따라서 ①, ②, ③을 조합하면 AS와 전류계의 결선도를 완성할 수 있다.

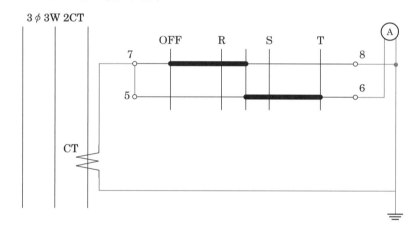

(2) $3\phi 3W$ 2PT 전압계용 절환개폐기와 전압계 결선

PT는 선로가 항상 개방상태로 유지하며 R–S, S–T, T–R간 전압을 전압계에 표시하고자 하기 때문에 전압계를 병렬로 구성하여 폐회로를 구성시킨다.

① R–S 전압계 결선

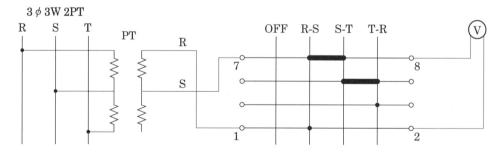

그림에서 주어진 동작설명은 R–S측정시에 접점이 연결되었다는 뜻이므로 전압계와 연결시에는 개방상태로 결선한다. R–S시에만 회로가 구성된 번호접점을 연결시키면 1번과 7번이 PT와 연결하고 전압계는 2번과 8번을 연결해야 R–S 전압을 확인할 수 있다.

② S-T 전압계 결선

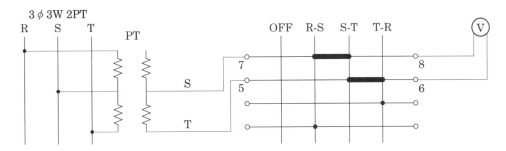

위와 마찬가지로 5번과 6번은 S-T에서 접점이 폐로상태이고 항상 S는 7번과 연결되어 있어야 한다. R → S, S → T로 계속 전환시 연결되기 때문이다. 따라서 전압계와 연결시 개방상태이므로 S → T 전압을 확인할 수 있다.

③ T-R 전압계 결선

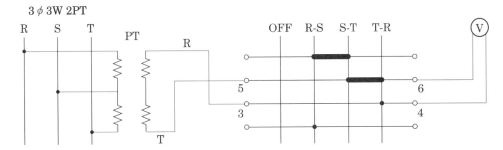

R-S결선과 S-T결선시 모두 적용된 부분이므로 쉽게 결선할 수 있다. 그러나 T-R이므로 T-R 측정시에 접점에 연결되어야 하므로 R에 연결된 PT는 3번 접점으로 연결되어야 하고 전압계는 4번에 연결한다. 또한 나머지 T에 연결된 PT는 5번에 연결하고 전압계는 다시 6번에 연결하여 개방상태이므로 T-R전압을 확인할 수 있다. ①, ②, ③을 조합하면 VS와 전압계의 결선도를 완성할 수 있다.

배점5

13 특고압 및 고압수전에서 대용량의 단상 전기로 등의 사용으로 설비 부하평형의 제한에 따르기가 어려울 경우는 전기사업자와 합의하여 다음 각 호에 의하여 시설하는 것을 원칙으로 한다. 빈칸에 들어갈 말은?

(1) 단상 부하 1개의 경우는 (   ) 접속에 의할 것, 다만, 300[kVA]를 초과하지 말 것

　○ _____

(2) 단상 부하 2개의 경우는 (   ) 접속에 의할 것 (다만, 1개의 용량이 200[kVA] 이하인 경우는 부득이한 경우에 한하여 보통의 변압기 2대를 사용하여 별개의 선간에 부하를 접속할 수 있다.)

　○ _____

(3) 단상 부하 3개 이상인 경우는 가급적 선로전류가 (   )이 되도록 각 선간에 부하를 접속할 것

○ ───

정답 (1) 2차 역 V
   (2) 스코트
   (3) 평형

 변압기의 결선방법

1. 일반적인 3상결선
   • 3상 변압기 1대의 단기운전
   • 단상 변압기 3대의 3상 결선
   • 단상 변압기 2대의 3상 결선
2. 3상 전원에서 단상전원을 취할 때의 결선
   3상 전원에서 단상전원을 취할 때는 설비 불평형을 방지하여야 하며 특히, 특고압, 고압, 대 용량의 단상 전기로 등을 사용시에는 전기사업자와 협의하여 아래의 결선에 의한다.
   ① 스코트결선(T결선)

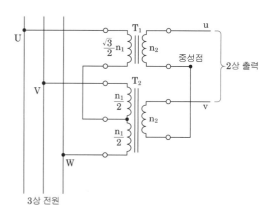

3상 전원

   ㉠ 특별고압, 고압 수전에서 단상부하 2개의 경우에는 2차를 스코트접속에 의할 것.
   ㉡ 2개의 단상부하일 때의 접속방법으로 1차부하가 평형이 되므로 부하에 제한이 없다.
   ㉢ 200[kVA] 이하의 경우에는 일반 변압기의 사용이 가능하다.
   ② 2차 역V결선
      ㉠ 특별고압, 고압, 수전에서 단상부하 1개의 경우에는 2차 역V접속에 의할 것.
      ㉡ 300[kVA] 이하의 단상부하 1개일 때
   ③ 별개의 선간에 부하를 접속
      ㉠ 특별고압, 고압 수전에서 단상부하 2개의 경우로 1개의 부하용량이 200[kVA] 이하의 경우 부득이 하게 보통의 변압기 2대를 사용하여 별개의 선간에 부하를 접속할 수 있다.
      ㉡ 특별고압, 고압 수전에서 단상부하 3개 이상인 경우 선간 전류가 평형이 되도록 각 선간에 접속할 것.

배점5

14 다음 그림과 같은 사무실이 있다. 이 사무실의 평균조도를 $200[\text{lx}]$로 하고자 할 때 다음 각 물음에 답하시오.

【조 건】
- 형광등은 40[W]를 사용하고 형광등의 광속은 $2500[\text{lm}]$으로 한다.
- 조명률은 0.6, 감광보상률은 1.2로 한다.
- 사무실 내부에 기둥은 없는 것으로 한다.
- 간격은 등기구 센터를 기준으로 한다.
- 등기구 ○으로 표현하도록 한다.
- 건물의 천장높이 3.85m, 작업면 0.85m로 한다.

(1) 이 사무실에 필요한 형광등의 수를 구하시오.

- 계산 : _____ • 답 : _____

(2) 등기구를 답안지에 배치하시오.

○ _____

(3) 등간의 간격과 최외각에 설치된 등기구와 건물 벽간의 간격(A, B, C, D)은 각각 몇 $[\text{m}]$인가?

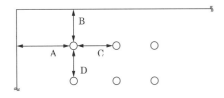

○ _____

(4) 만일 주파수 $60[\text{Hz}]$에 사용되는 형광방전등을 $50[\text{Hz}]$에서 사용한다면 광속과 점등시간은 어떻게 변화되는지를 설명하시오.

○ _____

(5) 양호한 전반 조명이라면 등간격은 등높이의 몇 배 이하로 해야 하는가?

○ _____

정답 (1) • 계산

$$N = \frac{DES}{FU} = \frac{1.2 \times 200 \times (10 \times 20)}{2500 \times 0.6} = 32[\text{등}]$$

• 답 : 32[등]

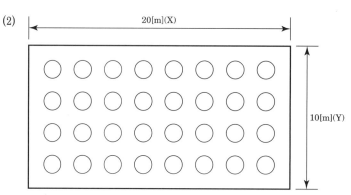

20[m](X)

10[m](Y)

(3) A : 1.25[m]

　　B : 1.25[m]

　　C : 2.5[m]

　　D : 2.5[m]

(4) 광속 : 증가

　　점등시간 : 늦음

(5) 1.5배

 주파수와 광속 및 점등시간과의 관계

형광등 안정기의 임피던스는 $X_L = 2\pi f L[\Omega]$이다. 주파수가 감소하면 안정기의 임피던스는 낮아져 형광등에 흐르는 전류는 증가한다. 전류 증가로 인해 형광등에서 발생하는 광속은 증가하게 된다. 한편 주파수가 낮아질 경우 방전횟수의 감소로 인해 점등시간은 길어져 늦게 점등이 된다.

배점5

15 연축전지의 정격 용량 100[Ah], 상시 부하 5[kW], 표준전압 100[V]인 부동 충전 방식이 있다. 이 부동 충전 방식의 충전기 2차 전류는 몇 [A]인가?

• 계산 : _____　　　• 답 : _____

정답　• 계산 : $I = \dfrac{100}{10} + \dfrac{5 \times 10^3}{100} = 60[\text{A}]$

　　• 답 : 60[A]

배점14

16 그림과 같은 송전계통 S점에서 3상 단락사고가 발생하였다. 주어진 도면과 조건을 참고하여 다음 각 물음에 답하시오.

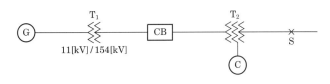

【조 건】

번호	기기명	용량	전압	%X
1	발전기(G)	50000[kVA]	11[kV]	30
2	변압기(T_1)	50000[kVA]	11/154[kV]	12
3	송전선		154[kV]	10(10000[kVA] 기준)
4	변압기(T_2)	1차 25000[kVA]	154[kV]	12(25000[kVA] 기준, 1차~2차)
		2차 30000[kVA]	77[kV]	15(25000[kVA] 기준, 2차~3차)
		3차 10000[kVA]	11[kV]	10.8(10000[kVA] 기준, 3차~1차)
5	조상기(C)	10000[kVA]	11[kV]	20

(1) 발전기, 변압기(T_1), 송전선 및 조상기의 %리액턴스를 기준출력 100[MVA]로 환산하시오.

발전기

• 계산 : _____ • 답 : _____

변압기(T_1)

• 계산 : _____ • 답 : _____

송전선

• 계산 : _____ • 답 : _____

조상기

• 계산 : _____ • 답 : _____

(2) 변압기(T_2)의 각각 %리액턴스를 100[MVA] 출력으로 환산하고, 1차(P), 2차(T), 3차(S)의 %리액턴스를 구하시오.

• 계산 : _____ • 답 : _____

(3) 고장점과 차단기를 통과하는 각각의 단락전류를 구하시오.

고장점의 단락전류

• 계산 : _____ • 답 : _____

차단기의 단락전류

• 계산 : _____ • 답 : _____

(4) 차단기의 차단용량은 몇 $[\text{MVA}]$인가?

• 계산 : _____ • 답 : _____

정답 (1) • 계산 : 발전기의 $\%X_G = \dfrac{100}{50} \times 30 = 60[\%]$

• 답 : $60[\%]$

• 계산 : 변압기의 $\%X_T = \dfrac{100}{50} \times 12 = 24[\%]$

• 답 : $24[\%]$

• 계산 : 송전선의 $\%X_\ell = \dfrac{100}{10} \times 10 = 100[\%]$

• 답 : $100[\%]$

• 계산 : 조상기의 $\%X_C = \dfrac{100}{10} \times 20 = 200[\%]$

• 답 $200[\%]$

(2) • 계산

1차~2차간 : $X_{P-T} = \dfrac{100}{25} \times 12 = 48[\%]$

2차~3차간 : $X_{T-S} = \dfrac{100}{25} \times 15 = 60[\%]$

3차~1차간 : $X_{S-P} = \dfrac{100}{10} \times 10.8 = 108[\%]$

1차 $X_P = \dfrac{48 + 108 - 60}{2} = 48[\%]$

2차 $X_T = \dfrac{48 + 60 - 108}{2} = 0[\%]$

3차 $X_S = \dfrac{60 + 108 - 48}{2} = 60[\%]$

• 답 : 1차 $X_P = 48[\%]$, 2차 $X_T = 0[\%]$, 3차 $X_S = 60[\%]$

(3) • 계산 : $I_s = \dfrac{100}{\%Z} \times I_n$ 에서 %Z를 [MVA]로 환산

G의 $\%X = \dfrac{100}{50} \times 30 = 60[\%]$ $\qquad$ T_2의 %X

T_1의 $\%X = \dfrac{100}{50} \times 12 = 24[\%]$ $\qquad$ $1 \sim 2$차 : $\dfrac{100}{25} \times 12 = 48[\%]$

송전선의 $\%X = \dfrac{100}{10} \times 10 = 100[\%]$ $\qquad$ $2 \sim 3$차 : $\dfrac{100}{25} \times 15 = 60[\%]$

C의 $\%X = \dfrac{100}{10} \times 20 = 200[\%]$ $\qquad$ $3 \sim 1$차 : $\dfrac{100}{10} \times 10.8 = 108[\%]$

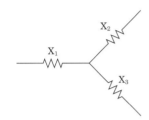

1차 $= \dfrac{48 + 108 - 60}{2} = 48[\%]$

2차 $= \dfrac{48 + 60 - 108}{2} = 0[\%]$

3차 $= \dfrac{60 + 108 - 48}{2} = 60[\%]$

G에서 T_2 1차까지 $\%X_1 = 60 + 24 + 100 + 48 = 232[\%]$

C에서 T_2 3차까지 $\%X_3 = 200 + 60 = 260[\%]$ (조상기는 3차측 안정권선에 연결)

합성 $\%Z = \dfrac{\%X_1 \times \%X_3}{\%X_1 + \%X_3} + \%X_2 = \dfrac{232 \times 260}{232 + 260} = 122.6[\%]$

• 고장점의 단락전류 $I_s = \dfrac{100}{122.6} \times \dfrac{100 \times 10^3}{\sqrt{3} \times 77} = 611.59[\text{A}]$

• 차단기의 단락전류 $I_s{}'$ 는 전류분배의 법칙을 이용하여

$I_{s1}{}' = I_s \times \dfrac{\%X_3}{\%X_1 + \%X_3} = 611.59 \times \dfrac{260}{232 + 260}$ 을 구한 후 전류와 전압의 반비례를 이용해

$154[\text{kV}]$를 환산하면 차단기의 단락전류 $I_s{}' = 611.59 \times \dfrac{260}{232 + 260} \times \dfrac{77}{154} = 161.598[\text{A}]$

• 답 : 고장점의 단락전류 : $611.59[\text{A}]$, 차단기의 단락전류 : $161.6[\text{A}]$

(4) • 계산

차단기의 차단용량 $P_s = \sqrt{3}\, V I_s{}' = \sqrt{3} \times 170 \times 161.6 \times 10^{-3} = 47.582[\text{MVA}]$

• 답 : $47.58[\text{MVA}]$

배점5

17 다음 논리식을 유접점 회로와 무접점 회로로 나타내시오.

논리식 : $X = A \cdot \overline{B} + (\overline{A} + B) \cdot \overline{C}$

정답 (1) 유접점 회로

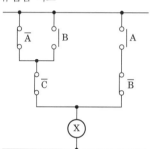

(2) 무접점 회로

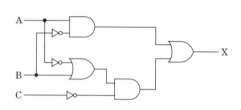

해설 논리곱은 직렬연결, 논리합은 병렬연결

배점5

18 도면은 어느 건물의 구내 간선 계통도이다. 주어진 조건과 참고자료를 이용하여 다음 각 물음에 답하시오.

(1) P_1의 전부하시 전류를 구하고, 여기에 사용될 배선용 차단기(MCCB)의 규격을 선정하시오.

  ○ _____

(2) P_1에 사용될 케이블의 굵기는 몇 $[\text{mm}^2]$인가?

  ○ _____

(3) 배전반에 설치된 ACB의 최소 규격을 산정하시오.

  ○ _____

(4) 가교 폴리에틸렌 절연 비닐 시스 케이블의 영문 약호는?

  ○ _____

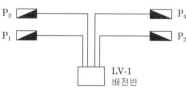

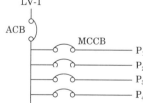

【조 건】

- 전압은 $380[V]/220[V]$ 이며, $3\phi4W$ 이다.
- CABLE은 TRAY 배선으로 한다.(공중, 암거 포설)
- 전선은 가교 폴리에틸렌 절연 비닐 시스 케이블이다.
- 허용전압강하는 $2[\%]$ 이다.
- 분전반간 부등률은 1.1 이다.
- 주어진 조건이나 참고자료의 범위 내에서 가장 적절한 부분을 적용시키도록 한다.
- CABLE 배선 거리 및 부하 용량은 표와 같다.

분전반	거리[m]	연결 부하[kVA]	수용률[%]
P_1	50	240	65
P_2	80	320	65
P_3	210	180	70
P_4	150	60	70

[참고자료]

표 1. 배선용 차단기(MCCB)

Feame	100			225			400		
기본 형식	A11	A12	A13	A21	A22	A23	A31	A32	A33
극수	2	3	4	2	3	4	2	3	4
정격 전류[A]	60, 75, 100			125, 150, 175, 200, 225			250, 300, 350, 400		

표 2. 기중 차단기(ACB)

TYPE	G1	G2	G3	G4
정격전류[A]	600	800	1000	1250
정격 절연 전압[V]	1000	1000	1000	1000
정격사용전압[V]	660	660	660	660
극수	3, 4	3, 4	3, 4	3, 4
과전류 Trip 장치의 정격 전류	200, 400, 630	400, 630, 800	630, 800, 1000	800, 1000, 1250

표 3. 전선 최대 길이(3상 3선식·380[V]·전압 강하 3.8[V])

전류 [A]	전선의 굵기[mm²]												
	2.5	4	6	10	16	25	35	50	95	150	185	240	300
	전선 최대 길이[m]												
1	534	854	1281	2135	3416	5337	7472	10674	20281	32022	39494	51236	64045
2	267	427	640	1067	1708	2669	3736	5337	10140	16011	19747	25618	32022
3	178	285	427	712	1139	1779	2491	3558	6760	10674	13165	17079	21348
4	133	213	320	534	857	1334	1868	2669	5070	8006	9874	12809	16011
5	107	171	256	427	683	1067	1494	2135	4056	6404	7899	10247	12809
6	89	142	213	356	569	890	1245	1779	3380	5337	6582	8539	10674
7	76	122	183	305	488	762	1067	1525	2897	4575	5642	7319	9149
8	67	107	160	267	427	667	934	1334	2535	4003	4937	6404	8006
9	59	95	142	237	380	593	830	1186	2253	3558	4388	5693	7116
12	44	71	107	178	285	445	623	890	1690	2669	3291	4270	5337
14	38	61	91	152	244	381	534	762	1449	2287	2821	3660	4575
15	36	57	85	142	228	356	498	712	1352	2135	2633	3416	4270
16	33	53	80	133	213	334	467	667	1268	2001	2468	3202	4003
18	30	47	71	119	190	297	415	593	1127	1779	2194	2846	3558
25	21	34	51	85	137	213	299	427	811	1281	1580	2049	2562
35	15	24	37	61	98	152	213	305	579	915	1128	1464	1830
45	12	19	28	47	76	119	166	237	451	712	878	1139	1423

[주] 1. 전압강하가 2[%] 또는 3[%]의 경우, 전선길이는 각각 이 표의 2배 또는 3배가 된다. 다른 경우에도 이 예에 따른다.

2. 전류가 20[A] 또는 200[A] 경우의 전선길이는 각각 이 표 전류 2[A] 경우의 1/10 또는 1/100이 된다. 다른 경우에도 이 예에 따른다.

3. 이 표는 평형부하의 경우에 대한 것이다.

4. 이 표는 역률 1로 하여 계산한 것이다.

[정답] (1) ① 전부하전류 $= \dfrac{설비용량 \times 수용률}{\sqrt{3} \times 전압} = \dfrac{(240 \times 10^3) \times 0.65}{\sqrt{3} \times 380} = 237.017[A]$

　　　• 답 : 전부하전류 237.02[A]

② 배선용 차단기 규격 [표 1]에서 선정하면

　　　• 답 : 극수: 4극, AF/AT: 400/250[A] 또는 A33, AF/AT: 400/250[A]

(2) 전선최대의 길이 $= \dfrac{50 \times \dfrac{237.02}{25}}{\dfrac{380 \times 0.02}{3.8}} = 237.02[m]$

따라서, 케이블의 굵기는 [표3]의 25[A]난과 237.02[m]를 초과하는 299[m]난에 해당되는 35[mm²] 선정

　　　• 답 : 35[mm²]

(3) $I = \dfrac{(240 \times 0.65 + 320 \times 0.65 + 180 \times 0.7 + 60 \times 0.7)}{\sqrt{3} \times 380 \times 1.1} \times 10^3 = 734.809[A] ≒ 734.81[A]$

[표 2]에서 G2 Type의 정격전류 800[A]를 선정한다.

　　　• 답 : G2 Type AF/AT: 800/800[A]

(4) CV1

참고

(1),(3) 전기설비기술기준 및 판단기준에서 제175조 6호(옥내 저압 간선의 시설), 제176조 2항, 4항(분기회로의 시설) 내선규정 1465-2에서 과전류차단기는 각극에 시설할 것으로 되어 있다. 다만 다선식 전로의 중성극 및 접지측 전선의 극을 제외한다. 즉 다선식 전로의 중성선에는 과전류차단기의 시설이 금지되고 있으므로 설치하여서는 안 된다.

단, 다선식전로의 중성선에 시설한 과전류차단기가 동작한 경우에 각 극이 동시에 차단될 때나 저항기·리액터 등을 사용하여 접지공사를 한 경우 과전류차단기가 동작하여 그 접지선이 비접지 상태로 되지 아니 할 때에는 적용하지 않는다는 조건이 있다. 즉, 예외조항에 근거하여 주개폐기(ACB)는 4극을 사용하며, 배전 분기 개폐기(MCCB) 또한 4극을 선정하도록 한다. 한국전기안전공사 검사규정 또한 개정되어 변압기나 발전기 메인 차단기 또는 ATS에 한해서 4P 과전류차단기를 의무적으로 설치를 하고 있다.

[표 2] 기중 차단기(ACB)

TYPE	G1	G2	G3	G4
정격 전류[A]	600	800	1000	1250
정격 절연 전압[V]	1000	1000	1000	1000
정격 사용 전압[V]	660	660	660	660
극수	3,4	3,4	3,4	3,4
과전류 Trip 장치의 정격 전류	200,400,630	400,630,800	630,800,1000	800,1000,1250

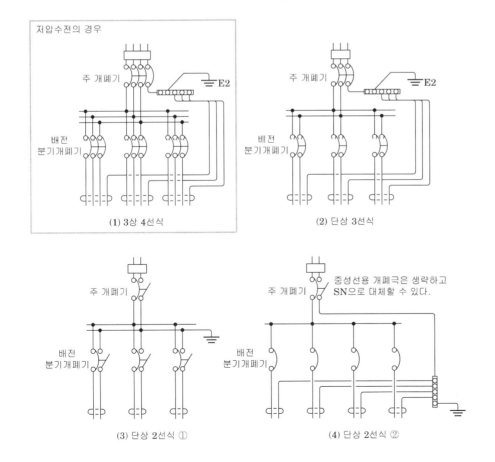

(1) 3상 4선식

(2) 단상 3선식

(3) 단상 2선식 ①

(4) 단상 2선식 ②

(2) 전압강하는 한상, 1선에서의 전압강하만을 계산하여야 한다. 하지만 계통방식에 따라 해석은 달라진다. 3상4선식의 배전방식을 채용했기 때문에 한상, 1선에서 발생되는 220[V]에 대한 전압강하를 고려하여야 한다. 하지만 [표3] 전선최대 길이에서 계통방식은 3상3선식 380[V] 기준에 대한 표의 전압강하 3.8[V]로 제시하였고 [조건]에서 제시된 전압강하는 허용전압강하 2[%]이다. 따라서 허용전압강하의 기준은 계통전력에서 발생되는 전압강하중 최대한의 값이 기준이므로 3상4선식 이지만 이때의 허용전압강하는 선간전압 380[V] 기준에 따라 발생된 전압강하를 넣어 계산하여야 한다. 따라서 380[V]×0.02=7.6[V]로 산정 하여야 한다.

$$전선\ 최대\ 길이 = \frac{배선\ 설계의\ 길이 \times \dfrac{부하의\ 최대\ 사용\ 전류[A]}{표의\ 전류[A]}}{\dfrac{배선\ 설계의\ 전압\ 강하[V]}{표의\ 전압\ 강하[V]}}$$

(4) CV1에서 1까지 기입을 해야 한다. KS IEC 60502-1에 의해 CV는 기호를 의미하며 CV1은 약호로 명칭하고 있으므로 정확히 기입해야 한다.

국가기술자격검정 실기시험문제 및 정답

2013년도 전기기사 제3회 필답형 실기시험

종 목	시험시간	형 별	성 명	수험번호
전기기사	2시간 30분	A		

※ 수험자 인적사항 및 답안작성(계산식 포함)은 흑색의 필기구만 사용하여야 하며 흑색을 제외한 유색 필기구 또는 연필류를 사용하거나 2가지 이상의 색을 혼합 사용하였을 경우 그 문항은 0점 처리됩니다.

배점7

01 어느 빌딩 수용가가 자가용 디젤 발전기 설비를 계획하고 있다. 발전기 용량 산출에 필요한 부하의 종류 및 특성이 다음과 같을 때 주어진 조건과 참고자료를 이용하여 전부하를 운전하는데 필요한 발전기 용량[kVA]을 답안지의 빈칸을 채우면서 선정하시오.

【 조 건 】

① 전동기 기동시에 필요한 용량은 무시한다.
② 수용률 적용(동력) : 적용 부하에 대한 전동기의 대수가 1대인 경우에는 100[%], 2대인 경우에는 80[%], 전등 및 기타는 100[%]를 적용한다.
③ 전등, 기타의 역률은 100[%]를 적용한다.

부하의 종류	출력[kW]	극수(극)	대수(대)	적용 부하	기동 방법
전동기	37	8	1	소화전 펌프	리액터 기동
	22	6	2	급수 펌프	리액터 기동
	11	6	2	배풍기	Y－△ 기동
	5.5	4	1	배수 펌프	직입 기동
전등, 기타	50	–	–	비상 조명	–

표 1. 저압 특수 농형 2종 전동기(KSC 4202)[개방형·반밀폐형]

| 정격 출력 [kW] | 극수 | 동기 속도 [rpm] | 전부하 특성 | | 기동 전류 I_{st} 각상의 평균값[A] | 비고 | | 전부하 슬립s[%] |
			효율η[%]	역률 pf[%]		무부하 전류 I_0 각상의 전류값[A]	전부하 전류 I 각상의 평균값[A]	
5.5			82.5 이상	79.5 이상	150 이하	12	23	5.5
7.5			83.5 이상	80.5 이상	190 이하	15	31	5.5
11			84.5 이상	81.5 이상	280 이하	22	44	5.5
15			85.5 이상	82.0 이상	370 이하	28	59	5.0
(19)	4	1800	86.0 이상	82.5 이상	455 이하	33	74	5.0
22			86.5 이상	83.0 이상	540 이하	38	84	5.0
30			87.0 이상	83.5 이상	710 이하	49	113	5.0
37			87.5 이상	84.0 이상	875 이하	59	138	5.0
5.5			82.0 이상	74.5 이상	150 이하	15	25	5.5
7.5			83.0 이상	75.5 이상	185 이하	19	33	5.5
11			84.0 이상	77.0 이상	290 이하	25	47	5.5
15			85.0 이상	78.0 이상	380 이하	32	62	5.5
(19)	6	1200	85.5 이상	78.5 이상	470 이하	37	78	5.0
22			86.0 이상	79.0 이상	555 이하	43	89	5.0
30			86.5 이상	80.0 이상	730 이하	54	119	5.0
37			87.0 이상	80.0 이상	900 이하	65	145	5.0
5.5			81.0 이상	72.0 이상	160 이하	16	26	6.0
7.5			82.0 이상	74.0 이상	210 이하	20	34	5.5
11			83.5 이상	75.5 이상	300 이하	26	48	5.5
15			84.0 이상	76.5 이상	405 이하	33	64	5.5
(19)	8	900	85.5 이상	77.0 이상	485 이하	39	80	5.5
22			85.0 이상	77.5 이상	575 이하	47	91	5.0
30			86.5 이상	78.5 이상	760 이하	56	121	5.0
37			87.0 이상	79.0 이상	940 이하	68	148	5.0

표 2. 자가용 디젤 표준 출력[kVA]

50	100	150	200	300	4400

	효율[%]	역률[%]	입력[kVA]	수용률[%]	수용률 적용값[kVA]
37×1					
22×2					
11×2					
5.5×1					
50					
계					

발전기 용량 :　　　　[kVA]

정답

	효율[%]	역률[%]	입력[kVA]	수용률[%]	수용률 적용값[kVA]
37×1	87	79	$\dfrac{37}{0.87 \times 0.79} = 53.83$	100	$53.83 \times 1 = 53.83$
22×2	86	79	$\dfrac{22 \times 2}{0.86 \times 0.79} = 64.76$	80	$64.76 \times 0.8 = 51.81$
11×2	84	77	$\dfrac{11 \times 2}{0.84 \times 0.77} = 34.01$	80	$34.01 \times 0.8 = 27.21$
5.5×1	82.5	79.5	$\dfrac{5.5}{0.825 \times 0.795} = 8.39$	100	$8.39 \times 1 = 8.39$
50	100	100	50	100	50
계	−	−	211[kVA]	−	191.24[kVA]

• 답 : 발전기의 표준용량사용 200[kVA]

배점5

02 3상 4선식에서 역률 100[%]의 부하가 각 상과 중성선간에 연결되어 있다. a상, b상, c상에 흐르는 전류가 각각 220[A], 180[A], 180[A]이다. 중성선에 흐르는 전류의 크기의 절댓값은 몇 [A]인가?

• 계산 : _____ • 답 : _____

정답 • 계산

각 상의 부하가 불평형일 경우 중성선에 전류가 흐른다.

중성선에 흐르는 전류 $\dot{I}_n = I_a + a^2 I_b + a I_c$ $\left(\text{단}, a^2 = -\dfrac{1}{2} - j\dfrac{\sqrt{3}}{2}, a = -\dfrac{1}{2} + j\dfrac{\sqrt{3}}{2}\right)$

$\dot{I}_n = 220 + \left(-\dfrac{1}{2} - j\dfrac{\sqrt{3}}{2}\right) \times 180 + \left(-\dfrac{1}{2} + j\dfrac{\sqrt{3}}{2}\right) \times 180 = 220 - 90 - 90 = 40[A]$

• 답 : 40[A]

배점5

03 그림과 같은 배광 곡선을 갖는 반사갓형 수은등 $400[\text{W}](22000[\text{lm}])$을 사용할 경우 기구 직하 $7[\text{m}]$점으로부터 수평 $5[\text{m}]$ 떨어진 점의 수평면 조도를 구하시오.

(단, $\cos^{-1}0.814=35.5°$, $\cos^{-1}0.707=45°$, $\cos^{-1}0.583=54.3°$)

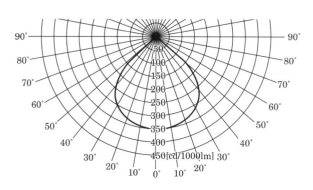

• 계산 : _____ • 답 : _____

정답 • 계산

① 수평면 조도 $E_h=\dfrac{I}{\ell^2}\cos\theta$ 이다. 여기서 ℓ을 계산

$\ell=\sqrt{h^2+W^2}=\sqrt{7^2+5^2}$

② $\cos\theta$를 계산

$\cos\theta=\dfrac{h}{\sqrt{h^2+W^2}}=\dfrac{7}{\sqrt{7^2+5^2}}=0.814$

③ 위에서 구한 $\cos\theta$값을 이용하여 각도(θ)를 계산

$\theta=\cos^{-1}0.814=35.5°$

④ 표에서 각도 $35.5°$에서의 광도(I)를 찾는다.

$35.5°$에 해당하는 광도는 약 $280[\text{cd}/1000\text{lm}]$이다. 그러므로 광도는 아래와 같다.

$I=\dfrac{280}{1000}\times22000=6160[\text{cd}]$이다.

⑤ 수평면 조도 $E_h=\dfrac{I}{\ell^2}\times\cos\theta=\dfrac{6160}{\left(\sqrt{7^2+5^2}\right)^2}\times0.814=67.76[\text{lx}]$

• 답 : $67.76[\text{lx}]$

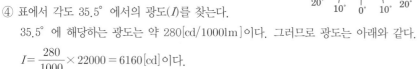

이것이 *핵심이다*

배광곡선에서 주어진 광도는 $280[\text{cd}/1000\text{lm}]$이며, 이것은 $1000[\text{lm}]$당 $280[\text{cd}]$의 광도를 의미하므로 "$I=\dfrac{280}{1000}\times$조도" 로 구한다. 광원을 포함하는 어떤 면내의 각 방향에 대한 광도분포를 그린 곡선. 보통 광원을 원점으로 하는 극좌표로 표시된다. 즉 그림에서 주어진 50, 150, 200, 250, 300, 350, 400, 450은 광도이다.

배점5

04 단상 변압기의 병렬 운전 조건 4가지를 쓰고, 이들 각각에 대하여 조건이 맞지 않을 경우에 어떤 현상이 나타나는지 쓰시오.

① • 조건 _____   • 현상 : _____

② • 조건 _____   • 현상 : _____

③ • 조건 _____   • 현상 : _____

④ • 조건 _____   • 현상 : _____

정답 ① • 조건 : 정격전압이 같을 것
     • 현상 : 정격전압이 같지 않을 경우 순환전류가 흘러 권선이 가열된다.

   ② • 조건 : 극성이 같을 것
     • 현상 : 극성이 같지 않을 경우 큰 순환전류가 흘러 권선이 소손된다.

   ③ • 조건 : %임피던스 강하가 같을 것
     • 현상 : 부하분담이 변압기의 용량에 비례해서 걸리지 않아 부하분담이 불균형이 발생한다.

   ④ • 조건 : 내부저항과 누설리액턴스의 비가 같을 것
     • 현상 : 각 변압기 간의 위상차가 발생하여 동손이 증가된다.

배점4

05 부하설비가 각각 A-10[kW], B-20[kW], C-20[kW], D-30[kW] 되는 수용가가 있다. 이 수용장소의 수용률이 A와 B는 각각 80[%], C와 D는 각각 60[%]이고, 이 수용장소의 부등률은 1.3이다. 이 수용장소의 종합최대전력은 몇 [kW]인가?

• 계산 : _____   • 답 : _____

정답 • 계산
    종합(합성)최대전력
    $$= \frac{\text{설비용량} \times \text{수용률}}{\text{부등률}} = \frac{10 \times 0.8 + 20 \times 0.8 + 20 \times 0.6 + 30 \times 0.6}{1.3} = 41.54[\text{kW}]$$
    • 답 : 41.54[kW]

배점5

06 3상 4선식 교류 380[V], 50[kVA]부하가 변전실 배전반에서 190[m] 떨어져 설치되어 있다. 이 경우 배전용 케이블의 최소 굵기는 얼마로 하여야 하는지 계산하시오. (단, 전기사용 장소 내 시설한 변압기이며, 케이블은 IEC 규격에 의한다.)

• 계산 : _____ • 답 : _____

정답 • 계산 :

공급 변압기의 2차측 단자 또는 인입선 접속점에서 최원단 부하에 이르는 사이의 전선 길이가 100[m] 기준 5[%], 추가 1[m]당 0.005[%] 가산이므로 190[m]인 경우 90[m]만큼에 대한 부분을 가산하여 준다.)

허용전압강하= $5 + 90 \times 0.005 = 5.45$[%]

3상 4선식 $A = \dfrac{17.8LI}{1000e}$ 이므로, $I = \dfrac{P}{\sqrt{3}\,V} = \dfrac{50 \times 10^3}{\sqrt{3} \times 380} = 75.97$[A]

$A = \dfrac{17.8 \times 190 \times 75.97}{1000 \times 220 \times 0.0545} = 21.43$[mm^2]

• 답 : 25[mm^2]

이것이 핵심이다

※ 수용가설비의 전압강하

(1) 다른 조건을 고려하지 않는다면 수용가 설비의 인입구로부터 기기까지의 전압강하는 아래 표에 따른 값 이하이어야 한다.

설비의 유형	조명 (%)	기타 (%)
A – 저압으로 수전하는 경우	3	5
B – 고압 이상으로 수전하는 경우[a]	6	8

[a]가능한 한 최종회로 내의 전압강하가 A 유형의 값을 넘지 않도록 하는 것이 바람직하다.
사용자의 배선설비가 100m를 넘는 부분의 전압강하는 미터 당 0.005% 증가할 수 있으나 이러한 증가분은 0.5%를 넘지 않아야 한다.

(2) 더 큰 전압강하 허용범위
  ① 기동 시간 중의 전동기
  ② 돌입전류가 큰 기타 기기
(3) 고려하지 않는 일시적인 조건
  ① 과도과전압
  ② 비정상적인 사용으로 인한 전압 변동

배점7

07 지중 전선로의 시설에 관한 다음 각 물음에 답하시오.

(1) 지중 전선로는 어떤 방식에 의하여 시설하여야 하는지 3가지만 쓰시오.

   ○ _____   ○ _____

   ○ _____   ○ _____

(2) 특고압용 지중전선에 사용하는 케이블의 종류를 2가지만 쓰시오.

   ○ _____

   ○ _____

정답 (1) 직접매설식, 관로식, 암거식

     (2) 알루미늄피케이블, 가교 폴리에틸렌 절연비닐시스케이블(CV)

배점5

08 그림과 같은 평면도의 2층 건물에 대한 배선설계를 하기 위하여 주어진 조건을 이용하여 1층 및 2층을 분리하여 분기회로수를 결정하고자 한다. 다음 각 물음에 답하시오.

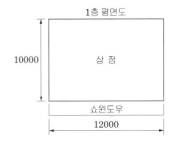

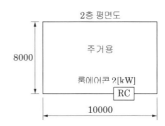

【조 건】

· 분기 회로는 15[A]분기 회로로 하고 80[%]의 정격이 되도록 한다.

· 배전 전압은 220[V]를 기준으로 하여 적용 가능한 최대 부하를 상정한다.

· 주택 및 상점의 표준 부하는 $30[VA/m^2]$로 하되, 1층, 2층 분리하여 분기 회로수를 결정하고 상점과 주거용에 각각 1000[VA]를 가산하여 적용한다.

· 상점의 쇼윈도우에 대해서는 길이 1[m]당 300[VA]를 적용한다.

· 옥외 광고등 500[VA]짜리 2등이 상점에 있는 것으로 하고, 하나의 전용분기회로로 구성한다.

· 예상이 곤란한 콘센트, 틀어끼우는 접속기, 소켓 등이 있을 경우라도 이를 상정하지 않는다.

· RC는 전용분기회로로 한다.

(1) 1층의 부하용량과 분기회로수를 구하시오.

　• 계산 : _____　　　• 답 : _____

(2) 2층의 부하용량과 분기회로수를 구하시오.

　• 계산 : _____　　　• 답 : _____

정답 (1) • 계산 : 부하용량 = 바닥면적 × 표준부하 + 쇼윈도 부하 + 가산부하 + 옥외광고등

$P = (12 \times 10 \times 30) + 12 \times 300 + 1000 + 500 \times 2 = 9200[\text{VA}]$

분기 회로수 $= \dfrac{\text{부하용량}}{\text{사용전압} \times \text{분기회로전류} \times \text{정격률}} = \dfrac{8200}{220 \times 15 \times 0.8} = 3.106[\text{회로}]$

　• 답 : 15[A] 분기 5회로(옥외 광고등 1회로 포함)

(2) • 계산 : 부하 용량 = 바닥면적 × 표준부하 + 가산부하 + 룸에어컨

$P = 10 \times 8 \times 30 + 1000 + 2000 = 5400[\text{VA}]$

분기 회로수 $= \dfrac{\text{부하용량}}{\text{사용전압} \times \text{분기회로전류} \times \text{정격률}} = \dfrac{3400}{220 \times 15 \times 0.8} = 1.287[\text{회로}]$

　• 답 : 15[A] 분기 3회로(RC 1회로 포함)

배점5

09 미완성된 단선도의 [　　　　] 안에 유입 차단기, 피뢰기, 전압계, 전류계, 지락 보호 계전기, 과전류 보호 계전기, 계기용 변압기, 계기용 변류기, 영상 변류기, 전압계용 전환 개폐기, 전류계용 전환 개폐기 등을 사용하여 $3\phi 3W$식 $6600[\text{V}]$수전 설비 계통의 단선도를 완성하시오. (단, 단로기, 컷아웃 스위치, 퓨즈 등도 필요 개소가 있으면 도면의 알맞은 개소에 삽입하여 그리도록 하며, 또한 각 심벌은 KSC 규정에 의하고 심벌 옆에는 약호를 쓰도록 한다.)

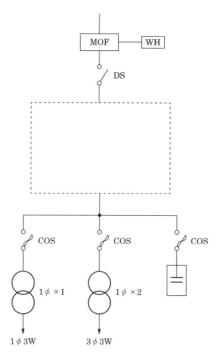

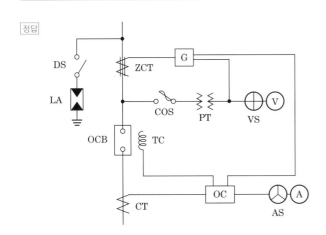

배점7

10 그림과 같은 PLC 시퀀스(래더 다이어그램)가 있다. 물음에 답하시오.

(1) PLC 프로그램에서의 신호 흐름은 단방향이므로 시퀀스를 수정해야 한다. 문제의 도면을 바르게 작성하시오.

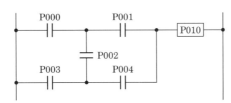

(2) PLC 프로그램을 표의 ①~⑧에 완성하시오. (단, 명령어는 LOAD, AND, OR, NOT, OUT를 사용한다.)

차례	명령어	번지	차례	명령어	번지
0	LOAD	P000	7	AND	P002
1	AND	P001	8	⑤	⑥
2	①	②	9	OR LOAD	
3	AND	P002	10	⑦	⑧
4	AND	P004	11	AND	P004
5	OR LOAD		12	OR LOAD	
6	③	④	13	OUT	P010

정답 (1)

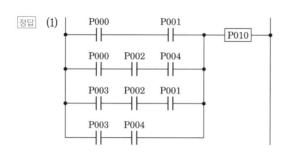

(2) ① LOAD, ② P000, ③ LOAD, ④ P003 ⑤ AND, ⑥ P001, ⑦ LOAD, ⑧ P003

차례	명령어	번지	차례	명령어	번지
0	LOAD	P000	7	AND	P002
1	AND	P001	8	⑤	⑥
2	①	②	9	OR LOAD	
3	AND	P002	10	⑦	⑧
4	AND	P004	11	AND	P004
5	OR LOAD		12	OR LOAD	
6	③	④	13	OUT	P010

해설 LOAD(입력시작), OR(병렬), AND(직렬), AND LOAD(직렬그룹), AND NOT(직렬 b접점)
OR LOAD(병렬그룹), OR NOR(병렬 b접점), OUT(출력)

배점4

11 전력용 콘덴서의 부속설비인 방전코일과 직렬리액터의 사용 목적은 무엇인가?

○ _____

○ _____

정답 (1) 방전코일 : 콘덴서에 축적된 잔류전하를 방전시켜 감전사고를 방지해주며, 선로에 재투입 시 콘덴서에 걸리는 과전압 방지한다.
(2) 직렬리액터 : 제5고조파를 제거하여 파형을 개선해주며, 전력용 콘덴서 투입시 돌입 전류를 제한해준다. 이 밖에도 콘덴서 개방시 이상현상을 억제하는 효과가 있다.

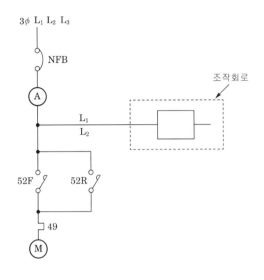

배점5

12 도면은 유도 전동기의 정전, 역전용 운전 단선 결선도이다. 정·역회전을 할 수 있도록 조작 회로를 그리시오. (단, 인입 전원은 위상(phase) 전원을 사용하고 OFF 버튼 3개, ON 버튼 2개 및 정·역회전시 표시 Lamp가 나타나도록 하시오.)

정답

※ 해당 문제는 틀이 주어진 상태에서 접점을 채우는 문제이다.

이것이 핵심이다

동작설명

① 정회전 ON버튼을 누르면 52F가 여자되어 52F−a와 52F−b 접점이 동작하고 F램프가 점등된다.

② 이때, 역회전ON 버튼을 눌러도 회로의 동작변화가 없다.

③ 중앙의 OFF버튼을 누르면 모든 동작이 정지한다.

④ 역회전 ON버튼을 누를시 처음 정회전 ON버튼을 누른 상황과 같다.

13 다음은 전압등급 3[kV]인 SA의 시설 적용을 나타낸 표이다. 빈 칸에 적용 또는 불필요를 구분하여 쓰시오.

2차 보호기기 / 차단기종류	전동기	변압기			콘덴서
		유입식	몰드식	건식	
VCB	①	②	③	④	⑤

정답 ① 적용, ② 불필요, ③ 적용, ④ 적용, ⑤ 불필요

쉬어가기 서지흡수기(SA)

(1) 역할

전동기, 변압기 등을 서지로부터 보호할 수 있는 서지흡수기의 설치가 권장하며, 특히 몰드변압기 및 전동기에 VCB를 설치하는 경우에는 변압기의 보호를 위해 설치하고 있다.

(2) 서지흡수기 설치 위치

변압기 부하의 경우   전동기 부하의 경우

(3) 서지흡수기 정격

공칭전압 [kV]	3.3	6.6	22.9
정격전압 [kV]	4.5	7.5	18
공칭방전전류 [kA]	5	5	5

(4) 서지흡수기의 적용

차단기 종류		VCB				
2차보호기기 \ 전압등급		3[kV]	6[kV]	10[kV]	20[kV]	30[kV]
전동기		적용	적용	적용	–	–
변압기	유입식	불필요	불필요	불필요	불필요	불필요
	몰드식	적용	적용	적용	적용	적용
	건식	적용	적용	적용	적용	적용
콘덴서		불필요	불필요	불필요	불필요	불필요
변압기와 유도기기와의 혼용 사용시		적용	적용	–	–	–

▷ VCB와 몰드, 건식 변압기를 함께 사용할 경우에는 반드시 서지흡수기를 설치해야 하나 VCB와 유입변압기를 사용하는 경우에는 서지흡수기를 설치하지 않아도 된다.

배점5

14 어느 수용가의 부하설비용량이 $950[\mathrm{kW}]$, 수용률 $65[\%]$, 부하 역률 $76[\%]$일 때 변압기 용량은 몇 $[\mathrm{kVA}]$인가?

• 계산 : _____ • 답 : _____

정답 • 계산

$$\text{변압기 용량} = \frac{\text{설비용량} \times \text{수용률}}{\text{부등률} \times \text{역률}} = \frac{950 \times 0.65}{0.76} = 812.5[\mathrm{kVA}]$$

• 답 : $812.5[\mathrm{kVA}]$

배점6

15 전압 $3300[\mathrm{V}]$, 전류 $43.5[\mathrm{A}]$, 저항 $0.66[\Omega]$, 무부하손 $1000[\mathrm{W}]$인 변압기에서 다음 조건일 때의 효율을 구하시오.

(1) 전 부하 시 역률 $100[\%]$와 $80[\%]$인 경우

• 계산 : _____ • 답 : _____

(2) 반 부하 시 역률 $100[\%]$와 $80[\%]$인 경우

• 계산 : _____ • 답 : _____

정답 (1) • 계산

전 부하 시 $\eta = \dfrac{m V_{2n} I_{2n} \cos\theta}{m V_{2n} I_{2n} \cos\theta + P_i + m^2 I_{2n}{}^2 r_2} \times 100[\%]$이므로

• 역률 $100[\%]$일 때

$$\text{효율}\ \eta = \frac{1 \times 3300 \times 43.5 \times 1}{1 \times 3300 \times 43.5 \times 1 + 1000 + 1^2 \times 43.5^2 \times 0.66} \times 100 = 98.457[\%]$$

• 답 : $98.46[\%]$

• 역률 $80[\%]$일 때

$$\text{효율}\ \eta = \frac{1 \times 3300 \times 43.5 \times 0.8}{1 \times 3300 \times 43.5 \times 0.8 + 1000 + 1^2 \times 43.5^2 \times 0.66} \times 100 = 98.079[\%]$$

• 답 : $98.08[\%]$

(2) • 계산

반 부하 시 $\eta_m = \dfrac{m V_{2n} I_{2n} \cos\theta}{m V_{2n} I_{2n} \cos\theta + P_i + m^2 I_{2n}{}^2 r_2} \times 100[\%]$이므로

• 역률 $100[\%]$일 때

$$\text{효율}\ \eta = \frac{0.5 \times 3300 \times 43.5 \times 1}{0.5 \times 3300 \times 43.5 \times 1 + 1000 + 0.5^2 \times 43.5^2 \times 0.66} \times 100 = 98.204[\%]$$

- 답 : 98.2[%]
- 역률 80[%]일 때

$$효율 \eta = \frac{0.5 \times 3300 \times 43.5 \times 0.8}{0.5 \times 3300 \times 43.5 \times 0.8 + 1000 + 0.5^2 \times 43.5^2 \times 0.66} \times 100 = 97.765[\%]$$

- 답 : 97.77[%]

배점5

16 UPS 장치 시스템의 중심부분을 구성하는 CVCF의 기본 회로를 보고 다음 각 물음에 답하시오.

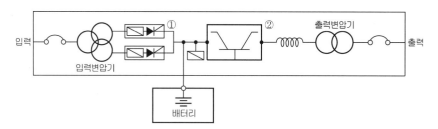

(1) UPS 장치는 어떤 장치인가?

   ○ _____

(2) CVCF는 무엇을 뜻하는가?

   ○ _____

(3) 도면의 ①, ②에 해당되는 것은 무엇인가?

   ○ _____

정답 (1) 무정전 전원공급 장치

    (2) 정전압 정주파수 장치(CVCF: Constant Voltage Constant Frequency)

    (3) ① 정류기(컨버터)　② 인버터

배점5

17 Wenner의 4전극법에 대한 공식을 쓰고, 원리도를 그려 설명하시오.

   ○ _____

   ○ _____

정답 대지저항률 $\rho = 2\pi a R$(단, a : 전극 간격[m], R : 접지저항[Ω])

1. 측정선의 일직선상에서 외부에 전류 보조전극 (C_1, C_2), 내부에 전위 보조전극(P_1, P_2)을 각각의 전극 간격이 등 간격 a가 되도록 망치로 매설한다.(전극의 매설 깊이 : 등간격의 1/20이하)

2. 각각의 보조전극에 측정용 전선을 대지 저항률 측정기의 해당 전극에 맞게 연결한다.

3. 전극 간격 a를 0.5, 1, 2, 3, 4, 5, 6, 7, 8, 9, 10, 15, 20 및 30m가 되도록 변화시켜서 위의 과정을 반복하여 측정한다.

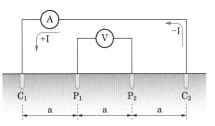

배점6

18 접지저항의 저감법 중 물리적 방법 4가지와 대지저항률을 낮추기 위한 저감재의 구비조건 4가지를 쓰시오.

(1) 물리적 방법

   o _____   o _____

   o _____   o _____

(2) 저감재의 구비조건

   o _____   o _____

   o _____   o _____

정답 (1) 물리적 방법

① 접지극의 길이를 길게 한다.
② 접지봉과 병렬접지 방식을 한다.
③ 접지극의 단면적을 넓게 한다.
④ 심타공법으로 시공한다.

(2) 저감재의 구비조건

① 공해가 없고 안전할 것
② 저감 효과가 크고, 전기적으로 양도체일 것
③ 저감 효과에 영속성, 지속성이 있을 것
④ 작업성이 좋을 것

memo

2014
과년도 기출문제

국가기술자격검정 실기시험문제 및 정답

2014년도 전기기사 제1회 필답형 실기시험

종 목	시험시간	형 별	성 명	수험번호
전기기사	2시간 30분	A		

※ 수험자 인적사항 및 답안작성(계산식 포함)은 흑색의 필기구만 사용하여야 하며 흑색을 제외한 유색 필기구 또
는 연필류를 사용하거나 2가지 이상의 색을 혼합 사용하였을 경우 그 문항은 0점 처리됩니다.

배점5

01 길이 2[km]인 3상 배전선에서 전선의 저항이 0.3[Ω/km], 리액턴스 0.4[Ω/km]라 한
다. 지금 송전단 전압 V_s를 3450[V]로 하고 송전단에서 거리 1[km]인 점에 $I_1 = 100$
[A], 역률 0.8(지상), 1.5[km]인 지점에 $I_2 = 100$[A], 역률 0.6(지상), 종단점에
$I_3 = 100$[A], 역률 0(진상)인 부하가 있다면 종단에서의 선간 전압은 몇 [V]가 되는가?

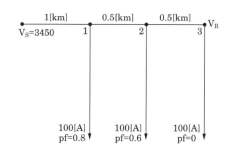

• 계산 : _____   • 답 : _____

정답 • 계산

$$V_R = V_S - \sqrt{3} \left[(I_1\cos\theta_1 + I_2\cos\theta_2 + I_3\cos\theta_3)r_1 \right.$$

$$+ (I_1\sin\theta_1 + I_2\sin\theta_2 + I_3\sin\theta_3)x_1$$

$$+ (I_2\cos\theta_2 + I_3\cos\theta_3)r_2 + (I_2\sin\theta_2 + I_3\sin\theta_3)x_2$$

$$\left. + I_3\cos\theta_3 r_3 + I_3\sin\theta_3 x_3 \right]$$

$$V_R = 3450 - \sqrt{3} \left[\{100 \times 0.8 + 100 \times 0.6 + 100 \times 0\} \times 0.3 \right.$$

$$+ \{100 \times 0.6 + 100 \times 0.8 + 100(-1)\} \times 0.4$$

$$+ \{100 \times 0.6 + 100 \times 0\} \times 0.15 + \{100 \times 0.8 + 100 \times (-1)\} \times 0.2$$

$$\left. + \{100 \times 0\} \times 0.15 + \{100 \times (-1)\} \times 0.2 \right]$$

• 답 : 3375.52[V]

02 논리식을 간단히 하시오.

(1) $Z = (A + B + C)A$

(2) $Z = \overline{A}C + BC + AB + \overline{B}C$

정답 (1) $Z = A + AB + AC = A(1 + B + C) = A$

(2) $Z = AB + C \cdot (\overline{A} + B + \overline{B}) = AB + C$

항등법칙	$A + 0 = A, \ A + 1 = 1$ / $A \cdot 1 = A, \ A \cdot 0 = 0$
동일법칙	$A + A = A, \ A \cdot A = A$
보원법칙	$A + \overline{A} = 1, \ A \cdot \overline{A} = 0$
흡수법칙	$A + A \cdot B = A$ / $A \cdot (A + B) = A$

03 전압 $220[V]$, 1시간 사용 전력량 $40[kWh]$, 역률 80[%]인 3상 부하가 있다. 이 부하의 역률을 개선하기 위하여 용량 $30[kVA]$의 진상 콘덴서를 설치하는 경우, 개선후의 무효전력과 전류는 몇 [A] 감소하였는지 계산하시오.

(1) 개선 후 무효전력

ㅇ _____

(2) 감소된 전류

ㅇ _____

정답 (1) • 계산

콘덴서 설치시 무효전력(P_{r2})

$P_{r2} = P_{r1} - Q_c$ (여기서 P_{r1} : 부하의 지상무효전력, Q_c : 콘덴서 용량)

$P_{r1} = P\tan\theta = 40 \times \dfrac{0.6}{0.8} = 30[kVar]$

$P_{r2} = P_{r1} - Q_c = 30 - 30 = 0[kVar]$

∴ 콘덴서 설치시 무효전력이 '0'이 된다. (역률은 '1'이 된다.)

• 답 : 0

(2) • 계산

$$역률 \ 개선 \ 전 \ 전류 : I_1 = \frac{P}{\sqrt{3} \ V \cos \theta_1} = \frac{40000}{\sqrt{3} \times 220 \times 0.8} = 131.22[A]$$

$$역률 \ 개선 \ 후 \ 전류 : I_2 = \frac{P}{\sqrt{3} \ V \cos \theta_2} = \frac{40000}{\sqrt{3} \times 220 \times 1} = 104.97[A]$$

역률 개선 전후의 차전류$(I_1 - I_2)$: $I_1 - I_2 = 131.22 - 104.97 = 26.25[A]$

• 답 : 26.25[A]

배점5

04 154[kV]의 송전선이 그림과 같이 연가되어 있을 경우 중성점과 대지 간에 나타나는 잔류 전압을 구하시오. (단, 전선 1[km]당의 대지 정전용량은 맨 윗선 0.004[μF], 가운데선 0.0045[μF], 맨 아래선 0.005[μF]라고 하고 다른 선로정수는 무시한다.)

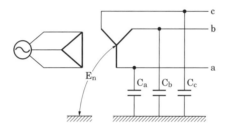 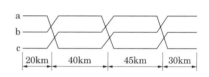

정답 • 계산

$$E_n = \frac{\sqrt{C_a(C_a - C_b) + C_b(C_b - C_c) + C_c(C_c - C_a)}}{C_a + C_b + C_c} \times \frac{V}{\sqrt{3}}$$

$C_a = 0.004 \times 20 + 0.005 \times 40 + 0.0045 \times 45 + 0.004 \times 30 = 0.6025[\mu F]$

$C_b = 0.0045 \times 20 + 0.004 \times 40 + 0.005 \times 45 + 0.0045 \times 30 = 0.61[\mu F]$

$C_c = 0.005 \times 20 + 0.0045 \times 40 + 0.004 \times 45 + 0.005 \times 30 = 0.61[\mu F]$

$$E_n = \frac{\sqrt{0.6025(0.6025 - 0.61) + 0.61(0.61 - 0.61) + 0.61(0.61 - 0.6025)}}{0.6025 + 0.61 + 0.61}$$

$$\times \frac{154 \times 10^3}{\sqrt{3}} = 365.892[V]$$

• 답 : 365.89[V]

배점5

05 용량 10[kVA], 철손 120[W], 전부하 동손 200[W]인 단상 변압기 2대를 V결선하여 부하를 걸었을 때, 전부하 효율은 몇 [%]인가? (단, 부하의 역률은 $\frac{\sqrt{3}}{2}$ 이라 한다.)

정답 V결선 전부하시 효율

$$\eta = \frac{\sqrt{3}\,P_a\cos\theta}{\sqrt{3}\,P_a\cos\theta + 2P_i + 2P_c} = \frac{\sqrt{3}\times 10\times 10^3\times \dfrac{\sqrt{3}}{2}}{\sqrt{3}\times 10\times 10^3\times \dfrac{\sqrt{3}}{2}+2\times 120 + 2\times 200}\times 100 = 95.907\,[\%]$$

• 답 : 95.91[%]

배점6

06 특고압 수전설비 단선결선도이다. 다음 물음에 답하시오.

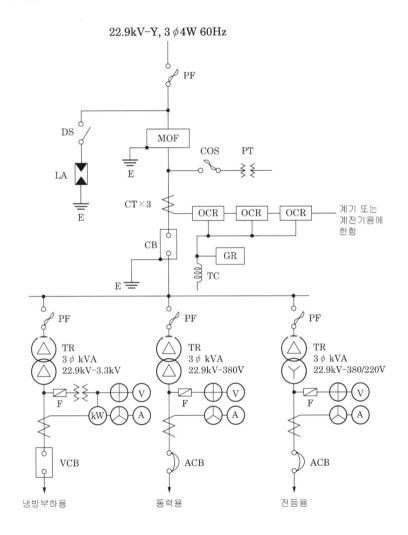

22.9kV-Y, 3 φ4W 60Hz

전력용 3상 변압기 표준 용량[kVA]						
100	150	200	250	300	400	500

2014

(1) 동력부하 설비용량 300[kW], 부하역률 80[%], 효율 85[%], 수용률은 50[%]에서 동력용 3상 변압기 용량을 선정하시오.

○ _____

(2) 냉방부하용 냉동기 1대 설치시 냉방부하 전용 차단기로 VCB를 설치하였다. VCB 2차측 정격 전류는 몇 [A]인가? (단, 전동기 150[kW], 정격전압 3300[V], 3상 농형 유도전동기 역률 80[%], 효율 85[%]이다.)

○ _____

───

[정답] (1) • 계산

$$변압기용량 = \frac{각\,부하\,최대수용전력의\,합}{역률 \times 효율} = \frac{설비용량 \times 수용률}{역률 \times 효율}\,[kVA]$$
$$= \frac{300 \times 0.5}{0.8 \times 0.85} = 220.588\,[kVA]$$

• 답 : 표에서 250[kVA] 선정

(2) • 계산

$$부하\,전류\; I = \frac{150 \times 10^3}{\sqrt{3} \times 3300 \times 0.8 \times 0.85} = 38.59\,[A]$$

• 답 : 38.59[A]

배점6

07 수전 전압 6600[V], 가공 전선로의 %임피던스가 60.5[%]일 때 수전점의 3상 단락 전류가 7000[A]인 경우 기준 용량을 구하고 수전용 차단기의 차단 용량을 선정하시오.

차단기의 정격 용량 [MVA]

10	20	30	50	75	100	750	250	300	400	500

(1) 기준 용량

• 계산 : _____   • 답 : _____

(2) 차단 용량

• 계산 : _____   • 답 : _____

───

[정답] (1) • 계산

$$I_s = 7000\,[A]$$

$$I_n = \frac{\%Z}{100} \times I_s = \frac{60.5}{100} \times 7000 = 4235\,[A]$$

기준용량은 아래와 같이 계산한다.

$$P_n = \sqrt{3}\,V I_n = \sqrt{3} \times 6600 \times 4235 \times 10^{-6} = 48.412\,[MVA]$$

• 답 : 48.41[MVA]

(2) • 계산

$$P_s = \sqrt{3}\, V_n\, I_s = \sqrt{3} \times 7200 \times 7000 \times 10^{-6} = 87.295\,[\mathrm{MVA}]$$

• 답 : 100[MVA] 선정

단락전류(I_s) : $I_s = \dfrac{100}{\%Z} \times I_n$ (I_n : 정격전류)

기준용량(P_n) : $P_n = \sqrt{3}\, V I_n$ (V : 선간전압, I_n : 정격전류)

차단용량(P_s) : $P_s = \sqrt{3}\, V_n\, I_s$ (V_n : 차단기의 정격전압, I_s : 단락전류)

선로전압이 6600[V]일 때 차단기의 정격전압은 7200[V]이다.

문제에서 차단기의 정격용량이 제시되어 있을 경우 차단기의 용량은 계산값(87.295[MVA]) 보다 높은 값

(100[MVA])을 표에서 선정한다.

배점5

08 단상 2선식 220[V] 옥내 배선에서 용량 100[VA], 역률 80[%]의 형광등 50개와 소비 전력 60[W]인 백열등 50개를 설치할 때 최소 분기 회로수는 몇 회로인가? (단 15[A] 분 기회로로하며, 수용률은 80[%]로 한다.)

○

정답 • 계산

$$분기 회로수 = \frac{\sqrt{(100 \times 0.8 \times 50 + 60 \times 50)^2 + (100 \times 0.6 \times 50)^2} \times 0.8}{220 \times 15} = 1.846\,[회로]$$

• 답 : 15[A]분기 2회로

설비용량산출시 부하에 수용률·부등률 등을 고려하며, 분기회로수 산정시 소수가 발생하면 절상한다.

백열등 유효전력	3000[W]	백열등 무효전력	0[Var]
형광등 유효전력	4000[W]	형광등 무효전력	3000[Var]
합 계	7000[W]	합 계	3000[Var]

배점8

09 예비전원으로 사용되는 축전지 설비에 대한 다음 각 물음에 답하시오.

(1) 연 축전지 설비의 초기에 단전지 전압의 비중이 저하되고, 전압계가 역전하였다. 어떤 원인으로 추정할 수 있는가?

   ○ _____

(2) 충전장치고장, 과충전, 액면 저하로 인한 극판 노출, 교류분 전류의 유입과대 등의 원인에 의하여 발생될 수 있는 현상은?

   ○ _____

(3) 축전지와 부하를 충전기에 병렬로 접속하여 사용하는 충전 방식은?

   ○ _____

(4) 축전지 용량은 $C = \dfrac{1}{L}KI$로 계산하면, I, K, L은 무엇인가?

   ○ _____

정답 (1) 축전지의 역 접속

    (2) 축전지의 현저한 온도 상승 또는 소손

    (3) 부동 충전 방식

    (4) I : 방전전류, K : 용량환산시간, L : 보수율

이것이 핵심이다

■ 부동충전방식
축전지의 자기방전을 보충함과 동시에 상용 부하에 대한 전력공급은 충전기가 부담하되 충전기가 부담하기 어려운 일시적인 대전류 부하는 축전지로 하여금 부담하게 하는 방식

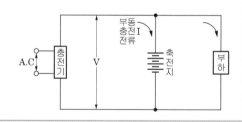

10 정지형 무효전력 보상기(SVC)에 대해 간단히 설명하시오.

○

[정답] SVC는 기존의 기계식 차단기에 의해 개폐제어 되던 무효전력 보상장치인 인덕터와 커패시터 뱅크들을
사이리스터를 이용하여 개폐 제어하는 무효전력 보상설비이다.

정지형 무효전력 보상기(SVC)의 적용

1. 변동부하에 의한 플리커의 억제
   부하의 무효전력이 변동하여 전압플리커가 발생하는데 SVC(Static Var Compensator)는 부하의 역극성으
   로 동작하여 무효전력의 변동폭을 "0"으로 만들어 전압플리커를 억제한다. 따라서 변동부하에 가까운
   지점에 설치하는 것이 바람직하다.(SVC는 아크로의 플리커 대책장치로 최초 개발되었고 그 후 압연기에
   의한 전압변동대책이나 플리커대책으로의 적용사례가 증가하였으며 계통의 안정도 향상을 위한 적용도
   증가되어가는 추세)

2. 수전단전압의 안정화
   SVC를 수전단에 설치하고 정전압 제어를 함으로써 계통의 안정도가 향상된다.

3. 계통안정도의 향상
   교류계통은 송·수 양단의 전압 상차각에 따라서 전력을 수수하고 있지만 송전선이 장거리화하면 위상
   각이 증대하여 탈조, 난조에 이르기 쉽다. 그러나 중간점의 전압을 SVC에 의하여 유지하면 과도안정도가
   대폭 향상된다. 따라서 이 시스템을 중간 조상설비, Baum System 등으로 부르고 대용량 TCR 실용화 이
   후 그 적용 사례가 계속 늘어나고 있다.

11 정격전압 1차 $6600[\mathrm{V}]$, 2차 $210[\mathrm{V}]$, $10[\mathrm{kVA}]$의 단상 2대를 V결선하여 $6300[\mathrm{V}]$ 3상
전원에 접속하였다. 다음 물음에 답하시오.

(1) 승압된 전압$[\mathrm{V}]$는?

• 계산 :   • 답 :

(2) 3상 V결선 승압기 결선도를 완성하시오.

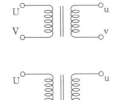

정답 (1) • 계산

$$V_h = \left(1 + \frac{1}{a}\right)V_l = \left(1 + \frac{210}{6600}\right) \times 6300 = 6500.454\,[V]$$

• 답 : 6500.45[V]

(2)

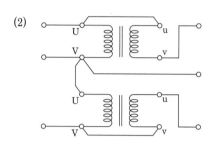

배점5

12 총양정 15[m], 양수량 50[m³/min] 물을 양수하는데 필요한 펌프용 전동기의 소요 동력은 몇 [kW]인가? (단, 펌프의 효율은 70[%]로 하고, 여유계수는 1.1로 한다.)

• 계산 : _____ • 답 : _____

정답 • 계산 : $P = \dfrac{HQK}{6.12\eta} = \dfrac{1.1 \times 50 \times 15}{6.12 \times 0.7} = 192.58\,[kW]$

여기서, H : 양정[m], Q_m : 양수량[m³/min], K : 여유계수, η : 효율

• 답 : 192.58[kW]

배점5

13 그림은 전위 강하법에 의한 접지저항 측정방법이다. E. P. C가 일직선상에 있을 때, 다음 물음에 답하시오. (단, E는 반지름 r인 반구모양 전극(측정대상 전극)이다.)

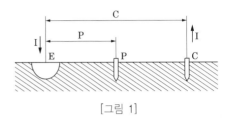

[그림 1]

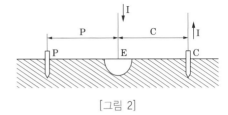

[그림 2]

(1) [그림 1]과 [그림 2]의 측정방법 중 접지저항 값이 참값에 가까운 측정 방법은?

　○

(2) 반구모양 접지 전극의 접지 저항을 측정할 때 E-C간 거리의 몇 %인 곳에 전위 전극을 설치하여야 정확한 값을 얻을 수 있는가?

　○

정답　(1) [그림 1]

　　(2) P/C=0.618의 조건을 만족할 때 측정값이 참값과 같아지므로 P극을 EC간거리의 61.8[%]에 시설하면 정확한 접지저항 값을 얻을 수 있다.

이것이 *핵심이다*

■ 전위 강하법에 의한 접지저항방법

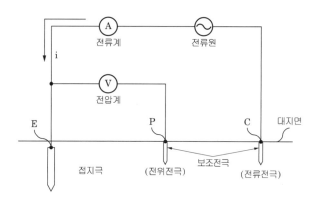

〈접지저항 측정 시험 회로 구성〉

$\overline{EC}$ 접지극으로부터 전류전극까지의 거리[m], $\overline{EP}$ 접지극으로부터 전위전극까지의 거리[m]
γ_P : $\overline{EC}$에 대한 $\overline{EP}$의 비율/백분율[%]
통상 접지저항 측정을 위하여 설치되는 P의 상대적 위치 관계를 아래의 수식과 같이 정의하였을 때 균질의
토양, 즉 대지저항률이 일정한 분포를 가지고 있는 지대에 있어서 γ_P가 61.8%인 $\overline{EP}$ 지점에 P를 설치하고
접지저항을 측정할 때 정확한 값을 얻게 된다.

$$\gamma_P = \frac{\overline{EP}}{\overline{EC}} \, (\times 100[\%])$$

접지저항 측정법에서 61.8[%] 법칙 증명

1) 반구형 접지전극으로부터 x만큼 떨어진 곳의 지표면 전위 $V(x)$

$$V(x) = \frac{\rho I}{2\pi x}$$

2) 거리(D) 계산값 산출 및 계산조건

① P전극의 반지름 a, $a \ll D$ ($P' \sim C$의 거리를 D로 간주)

② P극으로 들어오는 전류는 (I), C극에서 나가는 전류는 ($-I$)

③ E전극에는 P전극과 C전극의 전압이 중첩됨

$$V_P = \frac{\rho I}{2\pi a}, \ V_P' = \frac{\rho I}{2\pi a} - \frac{\rho I}{2\pi D}, \ V_E = \frac{\rho I}{2\pi x} - \frac{\rho I}{2\pi(D-x)}$$

$$V_{PE} = V_P' - V_E = V_P = \frac{\rho I}{2\pi a} = (\frac{\rho I}{2\pi a} - \frac{\rho I}{2\pi D}) - [\frac{\rho I}{2\pi x} - \frac{\rho I}{2\pi(D-x)}]$$

$$\frac{\rho I}{2\pi}(\frac{1}{D} + \frac{1}{x} - \frac{1}{D-x}) = 0 \Rightarrow \frac{1}{D} + \frac{1}{x} - \frac{1}{D-x} = 0 \Rightarrow (\frac{x}{D})^2 + (\frac{x}{D}) - 1 = 0$$

$\therefore x = 0.618D$ or $-0.618D$

$\therefore V_{PE} = V_P$ 되기 위해서는 x는 D의 61.8[%]되는 지점이어야 한다.

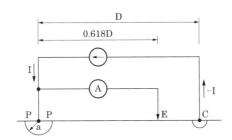

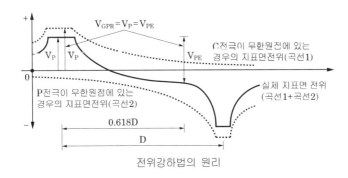

전위강하법의 원리

배점7

14 3상 유도전동기 기동 보상기에 의한 기동회로 미완성 도면이다.

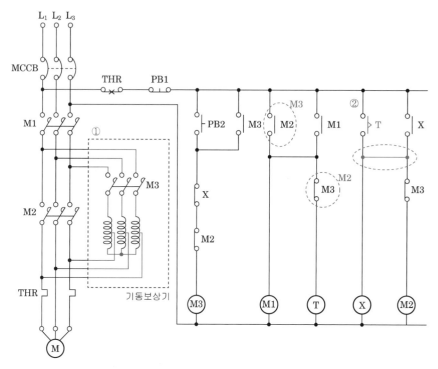

(1) ① 부분 M3 주회로 배선을 회로도에 직접 그리시오.

○ _____

(2) ② 부분에 들어갈 적당한 접점의 기호와 명칭을 그리시오.

○ _____

(3) 잘못된 부분이 있으면 아래처럼 표시하시오.

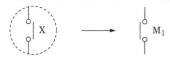

(4) 기동보상기법에 대하여 설명하시오.

○ _____

───

정답 (1), (2), (3)은 도면에 표기함

(4) 기동전압을 강압하여 기동전류를 제한하는 기동방식으로 고전압 농형 유도 전동기를 기동할 때
사용

배점6

15 전기설비를 방폭화한 방폭기기의 구조에 따른 종류 4가지만 쓰시오.

○ _____   ○ _____

○ _____   ○ _____

정답 ① 내압 방폭구조
② 유입 방폭구조
③ 안전증 방폭구조
④ 본질안전 방폭구조

배점6

16 송전선로의 거리가 길어지면서 송전선로의 전압이 대단히 커지고 있다. 이에 따라 단도체 대신 복도체 또는 다도체 방식이 채용되고 있는 데 복도체(또는 다도체) 방식을 단도체 방식과 비교할 때 그 장점과 단점을 쓰시오.

(1) 장점(4가지)

○ _____   ○ _____

○ _____   ○ _____

(2) 단점(2가지)

○ _____

○ _____

정답 (1) 장점
① 송전용량 증대
② 코로나 손실 감소
③ 안정도 증대
④ 선로의 인덕턴스 감소

(2) 단점
① 정전용량이 커지기 때문에 페란티 효과가 발생한다.
② 단락시 대전류에 의해 소도체 사이에 흡인력이 발생하여 소도체가 서로 충돌할 수 있다.

배점5

17 폭 15[m]인 도로의 양쪽에 간격 20[m]를 두고 대칭 배열로 가로등이 점등되어 있다. 한 등의 전광속은 3500[lm], 조명률은 45[%]일 때, 도로의 조도를 계산하시오.

• 계산 :   • 답 :

정답   • 계산

$FUN = DES$에서 도로 양쪽이므로 $S = \dfrac{ab}{2}$

$$E = \frac{FUN}{D \times \dfrac{ab}{2}} = \frac{3500 \times 0.45 \times 1}{1 \times \dfrac{20 \times 15}{2}} = 10.5[\text{lx}]$$

• 답 : 10.5[lx]

 도로조명의 조명면적

양쪽조명(대칭식)	양쪽조명(지그재그)	일렬조명(편측)	일렬조명(중앙)
$S = \dfrac{a \cdot b}{2}$	$S = \dfrac{a \cdot b}{2}$	$S = ab$	$S = ab$

국가기술자격검정 실기시험문제 및 정답

2014년도 전기기사 제2회 필답형 실기시험

종 목	시험시간	형 별	성 명	수험번호
전기기사	2시간 30분	A		

※ 수험자 인적사항 및 답안작성(계산식 포함)은 흑색의 필기구만 사용하여야 하며 흑색을 제외한 유색 필기구 또는 연필류를 사용하거나 2가지 이상의 색을 혼합 사용하였을 경우 그 문항은 0점 처리됩니다.

배점4

01 조명 설비에 대한 다음 각 물음에 답하시오.

(1) 배선 도면에 $\bigcirc_{N400}$ 으로 표현되어 있다. 이것의 의미를 쓰시오.

ㅇ

(2) 평면이 $15 \times 10 [\mathrm{m}]$ 인 사무실에 $32[\mathrm{W}]$, 전광속 $3100[\mathrm{lm}]$ 인 형광등을 사용하여 평균조도를 $300[\mathrm{lx}]$ 로 유지하도록 설계하고자 한다. 이 사무실에 필요한 형광등 수를 산정하시오. (단, 조명률은 0.6이고, 감광보상률은 1.3이다.)

ㅇ

정답 (1) $400[\mathrm{W}]$ 나트륨등

(2) ・ 계산

$$N = \frac{DES}{FU} = \frac{300 \times 10 \times 15 \times 1.3}{3100 \times 0.6} = 31.45[\text{등}]$$

・ 답 : $32[\text{등}]$

1. 등기구(일반용)

명칭	그림기호	적 요
백열등 HID등	○	① 벽붙이는 벽 옆을 칠한다. ◖ ② 옥외등을 ◎로 하여도 좋다. ③ HID등의 종류를 표시하는 경우는 용량 앞에 다음 기호를 붙인다. · 수은등　　　　　　　　　　H · 메탈 할라이드등　　　　　M · 나트륨등　　　　　　　　N 　【보기】 H400
형광등	▭○▭	① 용량을 표시하는 경우는 램프와 크기(형)×램프 수로 표시한다. 또 용량 앞에 F를 붙인다. 　【보기】 F40　　F40×2 ② 용량 외에 기구수를 표시하는 경우는 램프의 크기(형)×램프 수-기구 수로 표시한다. 　【보기】 F-40-2　　F40×2-3

2. 등기구(비상용)

명칭	그림기호	적요
백열등	●	① 일반용 조명 백열등의 적요를 준용한다. 다만, 기구의 종류를 표시하는 경우는 표기한다. ② 일반용 조명 형광등에 조립하는 경우는 다음과 같다. 　　　　　▭○●▭
형광등	▰○▰	① 일반용 조명 백열등의 적요를 준용한다. 다만, 기구의 종류를 표시하는 경우는 표기한다. ② 계단에 설치하는 통로 유도등과 겸용인 것은 ▰◉▰로 한다.

배점4

02 전력용 콘덴서의 설치 목적 4가지를 쓰시오.

　　○ _____　　○ _____

　　○ _____　　○ _____

정답　· 전력손실 경감　· 전압강하 경감
　　· 전기요금 감소　· 설비용량 여유증가

배점10

03 다음 물음에 답하시오.

(1) 단순 부하인 경우 부하 입력이 600[kW], 역률 80[%], 효율 85[%]일 때 비상용일 경우 발전기 출력은?

　• 계산 : _____　　• 답 : _____

(2) 발전기실 위치를 선정할 때 고려해야 할 사항을 3가지만 쓰시오.

　○ _____

　○ _____

　○ _____

(3) 발전기 병렬운전 조건 4가지만 쓰시오.

　○ _____

　○ _____

　○ _____

　○ _____

정답　(1) • 계산

발전기 출력 $P = \dfrac{\sum W_L \times L}{\cos\theta \times \eta} = \dfrac{600 \times 1}{0.8 \times 0.85} = 882.35[kVA]$

단, $\sum W_L$: 부하입력 총 합계 , L: 부하 수용률(비상용=1), $\cos\theta$: 발전기의 역률

• 답 : 882.35[kVA]

(2) ① 발전기의 설치, 보수・점검 등이 용이하도록 충분한 면적 및 층고를 확보할 것

② 발전기실 기계의 소음 및 진동이 주위에 영향을 미치지 않는 장소일 것

③ 급・배기가 잘되는 장소일 것

(3) ① 기전력의 주파수가 같을 것

② 기전력의 위상이 같을 것

③ 기전력의 파형의 같을 것

④ 기전력의 크기가 같을 것

쉬어가기　**발전기실 위치선정 조건**

• 부하의 중심이 되며 전기실에 가까울 것

• 온도가 고온이 되어서는 안 되며 습도가 높지 않을 것

• 기기의 반입 및 반출 운전보수가 편리할 것

• 실내 환기가 충분할 것

• 발생되는 진동, 괴음에 영향이 없을 것

• 급・배수가 용이할 것

배점5

04 방폭 구조에 관한 다음 물음에 답하시오.

(1) 방폭형 전동기에 대하여 설명하시오

○ _____

(2) 전기설비의 방폭구조 종류 3가지만 쓰시오.

○ _____

○ _____

○ _____

정답 (1) **설명** : 폭발성이나 먼지가 많은 곳에서 사용하는 전동기
　　(2) **종류**
　　　　① 내압 방폭구조
　　　　② 유입 방폭구조
　　　　③ 안전증 방폭구조
　　　　④ 본질안전 방폭구조
　　　　⑤ 특수 방폭구조
　　　　⑥ 압력 방폭구조

쉬어가기 **방폭구조**

1) 압력 방폭구조(1종, 2종 장소에 적합)
　• 정의 : 용기내부에 보호가스를 압입하여 내부압력을 유지함으로써 폭발성 가스 또는 증기가 용기 내부로 유입하지 않도록 된 구조
　• 대상기기 : 아크발생 모든 기기가 해당, 제어반, 단자박스
2) 유입 방폭구조(2종 장소에만 적합)
　• 정의 : 전기 불꽃, 고온이 발생하는 부분을 기름속에 넣고, 기름면 위에 존재하는 폭발성가스 또는 증기에 인화되지 않도록 한 구조
　• 대상기기 : 아크가 발생할 수 있는 모든 전기기기의 접점, 개폐기류, 변압기류
3) 안전증 방폭구조(1종 장소에 사용금지)
　• 정의 : 정상운전 중에 폭발성 가스 또는 증기에 점화원이 될 전기불꽃, 아크 또는 고온 부분 등의 발생을 방지하기 위하여 기계적, 전기적, 구조상 또는 온도상승에 대해서 특히 안전도를 증가시킨 구조
　• 대상기기 : 전기기기의 권선, 단자부, 접속부 등 2종 장소에서 사용
4) 본질안전 방폭구조(0, 1, 2종 장소에 모두 적합)
　• 정의 : 정상시 및 사고시(단선, 단락, 지락 등)에 발생하는 전기불꽃, 아크 또는 고온에 의하여 폭발성 가스 또는 증기에 점화되지 않는 것이 점화시험, 기타에 의하여 확인된 구조
　• 대상기기 : 온도, 압력, 액면 유량 검출 측정기나 이를 이용한 자동장치 등에 사용
5) 내압 방폭구조(1종, 2종 장소에 적합)
　• 정의 : 전폐 구조로 용기 내부에서 폭발이 생겨도 용기가 압력에 견디고 외부의 폭발성 가스에 인화될 우려가 없는 구조
　• 대상기기 : 전동기, 개폐기, 분전반, 제어반, 변압기 등

배점5

05 다음 표에 나타낸 어느 수용가들 사이의 부등률을 1.1로 한다면 이들의 합성 최대전력은 몇 $[\mathrm{kW}]$인가?

수용가	설비용량[kW]	수용률[%]
A	100	85
B	200	75
C	300	65

정답 • 계산

$$합성최대전력 = \frac{개별\ 최대\ 수용\ 전력의\ 합}{부등률} = \frac{설비\ 용량 \times 수용률}{부등률}$$

$$= \frac{100 \times 0.85 + 200 \times 0.75 + 300 \times 0.65}{1.1} = 390.909$$

• 답 : $390.91[\mathrm{kW}]$

배점5

06 $500[\mathrm{kVA}]$의 변압기에 역률 $80[\%]$인 부하 $500[\mathrm{kVA}]$가 접속되어 있다. 지금 변압기에 전력용 콘덴서 $150[\mathrm{kVA}]$를 설치하여 변압기의 전용량까지 사용하고자 할 경우 증가시킬 수 있는 유효전력은 몇 $[\mathrm{kW}]$인가? (단, 증가되는 부하의 역률은 1이라고 한다.)

• 계산 :   • 답 :

정답 • 계산

유효전력 + 증가분 $= 500 \times 0.8 +$ 증가분 $= 400 +$ 증가분$[\mathrm{kW}]$

무효전력 $-$ 콘덴서용량 $= 500 \times 0.6 - 150 = 150[\mathrm{kVar}]$

$500^2 = (400 + 증가분)^2 + 150^2$(전력용 콘덴서 설치 후에도 피상전력은 동일)

$\therefore$ 증가분 $= \sqrt{500^2 - 150^2} - 400 = 76.97$

• 답 : $76.97[\mathrm{kW}]$

배점6

07 TV나 형광등과 같은 전기제품에서의 깜빡거림 현상을 플리커 현상이라 하는데 이 플리커 현상을 경감시키기 위한 전원측과 수용가측에서의 대책을 각각 3가지씩 쓰시오.

(1) 전원측 대책 3가지

○

○ _____

○ _____

(2) 수용가측 대책 3가지

○ _____

○ _____

○ _____

──

정답 (1) 전원측

① 플리커 발생 부하를 분리하여 별도의 주상변압기로 직접 전력을 공급한다.

② 굵은 전선으로 교체한다. (허용전류 상승으로 전압 강하가 줄어든다.)

③ 공급전압을 승압시킨다.

$$\left(P_s(\text{단락용량일정}) = \frac{V^2 \uparrow}{X \downarrow}\right)$$

(2) 수용가측

① 전압강하를 보상한다. (부스터 방식 채용)

② 부하의 무효전력 변동분을 흡수한다. (SVC 방식 채용)

③ 플리커 부하전류의 변동분을 억제한다. (직렬리액터 방식 채용)

쉬어가기　**플리커 현상**

전압 동요에 의하여 조명이 깜빡거리거나 TV영상이 일그러지는 현상이 반복되는 것을 플리커 현상이라 하며, 이처럼 빛의 명멸정도가 $10[\text{Hz}]$정도일 때 사람이 느끼는 불쾌감이 가장 현저해 진다. 특히 수용가측에서 주된 플리커 발생부하는 단상유도전동기, 전기용접기, X선장치, 아크로 등의 각종 로(爐:Furnace)가 원인이 되고 있다.

배점5

08 선로나 간선에 고조파 전류를 발생시키는 발생 기기가 있을 경우 그 대책을 적절히 세워야 한다. 이 고조파 억제 대책을 5가지만 쓰시오.

○ _____　　○ _____

○ _____　　○ _____

○ _____

──

정답 ① 전력 변환 장치의 펄스(pulse) 수를 크게 한다.

② 고조파 필터를 사용하여 제거한다.

③ 변압기에 △결선을 채용하여 고조파 순환전류를 흘려 정현파 전압을 유기한다.

④ 전력용 콘덴서에는 직렬리액터를 설치한다.

⑤ 선로의 코로나 방지를 위하여 복도체, 다도체를 사용한다.

배점5

09 분전반에서 20[m] 거리에 있는 단상2선식, 부하 전류 5[A]인 부하에 배선 설계의 전압강하를 0.5[V] 이하로 하고자 한다. 필요한 전선의 굵기를 구하시오. (단, 전선의 도체는 구리이다.)

• 계산 :　　　　　　　　　　　　　　　　　　　• 답 :

정답 • 계산

전선의 굵기 $= \dfrac{35.6 \times LI}{1000 \times e} = \dfrac{35.6 \times 20 \times 5}{1000 \times 0.5} = 7.12 [\mathrm{mm}^2]$

• 답 : 10[mm²]

KSC IEC 전선규격(mm²)		
1.5	2.5	4
6	10	16
25	35	50
70	95	120
150	185	240
300	400	500

배점11

10 도면을 보고 다음 각 물음에 답하시오.

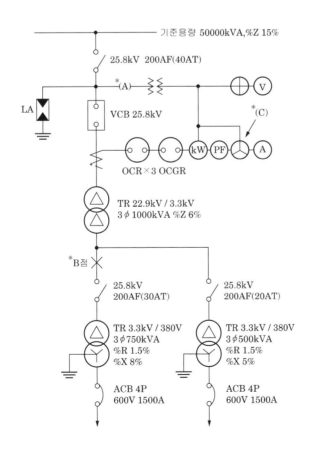

(1) (A)에 사용될 기기를 약호로 답하시오.

　○ _____

(2) (C)의 명칭을 약호로 답하시오.

　○ _____

(3) B점에서 단락되었을 경우 단락 전류는 몇 [A]인가? (단, 선로 임피던스는 무시한다.)

　• 계산 : _____　　• 답 : _____

(4) VCB의 최소 차단 용량은 몇 [MVA]인가?

　• 계산 : _____　　• 답 : _____

(5) ACB의 우리말 명칭은 무엇인가?

　○ _____

(6) 단상 변압기 3대를 이용한 △ − △ 결선도 및 △ − Y 결선도를 그리시오.

　○ _____

정답 (1) COS

(2) AS

(3) • 계산

　　기준용량 50000[kVA] %Z = 15[%]

　　$\%Z_{total} = 15 + \dfrac{50000}{1000} \times 6 = 315[\%]$

　　$I_s = \dfrac{100}{\%Z_{total}} \times I_n = \dfrac{100}{315} \times \dfrac{50000}{\sqrt{3} \times 3.3} = 2777.057[\text{A}]$

　• 답 : 2777.06[A]

(4) • 계산

　　$P_s = \dfrac{100}{15} \times 50000 \times 10^{-3} = 333.333[\text{MVA}]$

　• 답 : 333.33[MVA]

(5) 기중차단기(Air Circuit Breaker)

(6) • △ − △ 결선　　　　　　　　　　　• △ − Y 결선

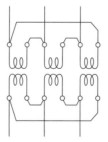

11 T-5램프의 특징 5가지를 쓰시오.

배점5

○ _____   ○ _____

○ _____   ○ _____

○ _____

정답 ① 기존 형광램프에 비해 에너지 절약적이다.
② 연색성이 우수하다.
③ 플리커 현상이 적다.
④ 수명은 기존 형광램프보다 1.5배 길다.
⑤ 열발생이 적다.

쉬어가기 **초절전형(T5) 형광램프**

• T5(관지름 15.5[mm]) 형광램프는 현재 일반적으로 사용 중인 제품 중 절전형인 T8(관지름 25.5[mm]) 형광램프에 비하여 부피는 1/3에 불과하고 전력소비량이 20[%] 이상 절감되면서도 빛의 밝기는 더 밝은 초절전형 고효율 형광램프이다.
• 형광램프에 봉입되는 수은의 사용량은 기존의 제품보다 50[%] 이상 줄어들고, 원자재인 유리, 포장재 등도 절감되어 에너지원의 90[%] 이상을 수입에 의존하고 있는 현실을 감안할 때 에너지·자원절약 및 환경보호에 큰 효과가 있을 것으로 기대된다.

배점3

12 다음 주어진 논리회로의 논리식을 쓰고 유접점 시퀀스를 그리시오.

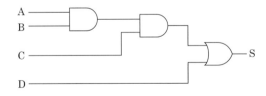

(1) 유접점 시퀀스

○ _____

(2) 논리식

○ _____

정답 (1)

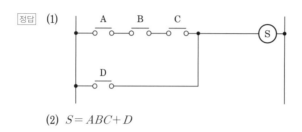

(2) $S = ABC + D$

배점5

13 4극 10[HP], 200[V], 60[Hz]의 3상 유도 전동기가 35[kg·m]의 부하를 걸고 슬립 3[%]로 회전하고 있다. 여기에 같은 부하 토크로 1.2[Ω]의 저항 3개를 Y결선으로 하여 2차에 삽입하니 1530[rpm]로 되었다. 2차 권선의 저항[Ω]은 얼마인가?

• 계산 : _____ • 답 : _____

정답 • 계산

$$N_s = \frac{120 \times 60}{4} = 1800 [\text{rpm}], \quad s' = \frac{1800 - 1530}{1800} = 0.15$$

$\dfrac{r_2}{s} = \dfrac{r_2 + R}{s'}$ 에서 $\dfrac{r_2}{0.03} = \dfrac{r_2 + 1.2}{0.15}$ 이므로 $\therefore r_2 = 0.3[\Omega]$

• 답 : 0.3[Ω]

배점4

14 다음 각 물음에 답하시오.

(1) 최대 사용 전압이 3.3[kV]인 중성점 비접지식 전로의 절연내력 시험전압은 얼마인가?

• 계산 : _____ • 답 : _____

(2) 최대 사용 전압 380[V]인 전동기의 절연내력 시험전압[V]은?

• 계산 : _____ • 답 : _____

(3) 고압 및 특별고압 전로의 절연 내력 시험 방법에 대하여 설명하시오.

• 답 : _____

정답 (1) • 계산 : 절연내력 시험전압 = 3300[V] × 1.5배 = 4950[V]

　　 • 답 : 4950[V]

(2)

전로의 종류	접지방식	시험전압 (최대 사용 전압의 배수)	최저시험전압
7[kV] 이하인 전로		1.5배	500[V]
7[kV] 초과 25[kV] 이하	다중접지	0.92배	–
7[kV] 초과 60[kV] 이하	다중접지 이외	1.25배	10500[V]
60[kV] 초과	비접지	1.25배	–
	접지식	1.1배	75000[V]
60[kV] 초과 170[kV] 이하	직접접지	0.72배	–
170[kV] 초과	직접접지	0.64배	–

　　 • 계산 : 절연내력시험전압 = 최대사용전압 × 배수

　　　　　　　　　　　　 = 380[V] × 1.5배 = 570[V]

　　 • 답 : 570[V]

(3) • 답 : 시험 전압을 전로와 대지 사이에 연속하여 10분간 가한다.

배점6

15 22.9[kV − Y] 중선선 다중접지전선로에 정격전압 13.2[kV], 정격용량 250[kVA]의 단상 변압기 3대를 이용하여 아래 그림과 같이 Y − △ 결선하고자 한다. 다음 물음에 답하시오.

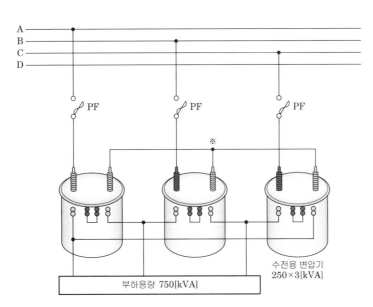

부하용량 750[kVA]

수전용 변압기 250×3[kVA]

(1) 변압기 1차측 Y결선의 중성점(※표부분)을 전선로의 N선에 연결하여야 하는가? 연결하여서는 안 되는가?

○ _____

(2) 연결하여야 하면 연결하여야 하는 이유, 연결하여서는 안 되면 안 되는 이유를 설명하시오.

    ○ _____

(3) PF 전력퓨즈의 용량은 몇 [A]인지 선정하시오.

    – 퓨즈용량(10[A], 15[A], 20[A], 25[A], 30[A], 40[A], 50[A], 65[A], 80[A], 100[A], 125[A])

    ○ _____

정답 (1) 연결하지 않는다.

(2) 1상의 PF 용단시 역V결선이 되어 변압기가 과열, 소손된다.

(3) • 계산

$$\text{전부하전류} = \frac{750}{\sqrt{3} \times 22.9} = 18.91[A] \qquad \therefore \text{퓨즈용량} = 18.91 \times 1.5 = 28.37[A]$$

    • 답 : 30[A]

배점5

16 두 대의 변압기를 병렬 운전하고 있다. 다른 정격은 모두 같고 1차 환산 누설임피던스만이 $2 + j3[\Omega]$과 $3 + j2[\Omega]$이다. 부하 전류가 50[A]이면 순환 전류[A]는 얼마인가?

• 계산 : _____ • 답 : _____

정답 • 계산

$$\text{순환전류 } I = \frac{Z_1 I_1 - Z_2 I_2}{Z_1 + Z_2} = \frac{(2+j3)25 - (3+j2)25}{(2+j3) + (3+j2)} = \frac{-25 + j25}{5 + j5} = \frac{25\sqrt{2}}{5\sqrt{2}} = 5[A]$$

    • 답 : 5[A]

> 병렬운전 하고자하는 두 변압기의 임피던스의 크기는 같으므로 부하전류($I_1 = I_2$)는 25[A]가 흐른다.
> 누설리액턴스가 다를 경우 각 변압기의 전위차($Z_1 I_1 - Z_2 I_2$)발생하여 인해 순환전류가 흐른다.

배점4

17 다음과 같은 상태에서 영상변류기(ZCT)의 영상전류 검출에 대해 설명하시오.

(1) 정상상태

    ○ _____

(2) 지락상태

○

정답 (1) 검출되지 않는다.
   (2) 영상전류가 검출된다.

배점8

18 다음 그림은 농형 유도 전동기를 공사방법 B1, XLPE 절연전선을 사용하여 시설한 것이다. 도면을 충분히 이해한 다음 참고자료를 이용하여 다음 각 물음에 답하시오.
(단, 전동기 4대의 용량은 다음과 같다.)

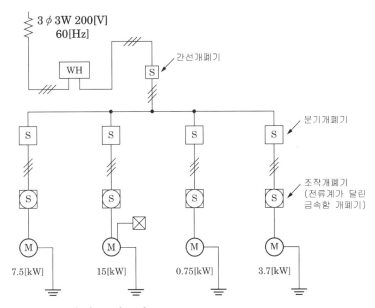

① 3상 200[V] 7.5[kW]–직입 기동
② 3상 200[V] 15[kW]–기동기 사용
③ 3상 200[V] 0.75[kW]–직입 기동
④ 3상 200[V] 3.7[kW]–직입 기동

(1) 간선의 최소 굵기[mm^2] 및 간선 금속관의 최소 굵기는?

○

(2) 간선의 과전류 차단기 용량[A] 및 간선의 개폐기 용량[A]은?

○

(3) 7.5[kW] 전동기의 분기 회로에 대한 다음을 구하시오.

① 개폐기 용량 ┌ 분기[A]
              └ 조작[A]

  ○ _____

② 과전류 차단기 용량 ┌ 분기[A]
                    └ 조작[A]

  ○ _____

③ 접지선의 굵기[mm²]

  ○ _____

④ 초과 눈금 전류계[A]

  ○ _____

⑤ 금속관의 최소 굵기[호]

  ○ _____

[참고자료]

[표 1] 전동기 분기회로의 전선 굵기·개폐기 용량 및 적정퓨즈(200[V] 3상 유도전동기 1대의 경우)

정격 출력 [kW]	전부하 전류 [A]	배선 종류에 의한 동 전선의 최소 굵기[mm²]					
		공사방법 A1 3개선		공사방법 B1 3개선		공사방법 C 3개선	
		PVC	XLPE, EPR	PVC	XLPE, EPR	PVC	XLPE, EPR
0.2	1.8	2.5	2.5	2.5	2.5	2.5	2.5
0.4	3.2	2.5	2.5	2.5	2.5	2.5	2.5
0.75	4.8	2.5	2.5	2.5	2.5	2.5	2.5
1.5	8	2.5	2.5	2.5	2.5	2.5	2.5
2.2	11.1	2.5	2.5	2.5	2.5	2.5	2.5
3.7	17.4	2.5	2.5	2.5	2.5	2.5	2.5
5.5	26	6	4	4	2.5	4	2.5
7.5	34	10	6	6	4	6	4
11	48	16	10	10	6	10	6
15	65	25	16	16	10	16	10
18.5	79	35	25	25	16	25	16
22	93	50	25	35	25	25	16
30	124	70	50	50	35	50	35
37	152	95	70	70	50	70	50

정격출력 [kW]	전부하전류 [A]	개폐기 용량[A]				과전류 차단기(B종 퓨즈)[A]				전동기용 초과눈금 전류계의 정격전류 [A]	접지선의 최소 굵기 [mm²]
		직입기동		기동기 사용		직입기동		기동기 사용			
		현장조작	분기	현장조작	분기	현장조작	분기	현장조작	분기		
0.2	1.8	15	15			15	15			3	2.5
0.4	3.2	15	15			15	15			5	2.5
0.75	4.8	15	15			15	15			5	2.5
1.5	8	15	30			15	20			10	4
2.2	11.1	30	30			20	30			15	4
3.7	17.4	30	60			30	50			20	6
5.5	26	60	60	30	60	50	60	30	50	30	6
7.5	34	100	100	60	100	75	100	50	75	30	10
11	48	100	200	100	100	100	150	75	100	60	16
15	65	100	200	100	100	100	150	100	100	60	16
18.5	79	200	200	100	200	150	200	100	150	100	16
22	93	200	200	100	200	150	200	100	150	100	16
30	124	200	400	200	200	200	300	150	200	150	25
37	152	200	400	200	200	200	300	150	200	200	25

[비고 1] 최소 전선 굵기는 1회선에 대한 것이며, 2회선 이상일 경우는 복수회로 보정계수를 적용하여야 한다.

[비고 2] 공사방법 A1은 벽 내의 전선관에 공사한 절연전선 또는 단심케이블, B1은 벽면의 전선관에 공사한 절연전선 또는 단심 케이블, 공사방법 C는 벽면에 공사한 단심 또는 다심케이블을 시설하는 경우의 전선굵기를 표시하였다.

[비고 3] 전동기 2대 이상을 동일 회로로 할 경우는 간선의 표를 적용할 것

[표 2] 전동기 공사에서 간선의 전선 굵기·개폐기 용량 및 적정 퓨즈(200[V], B종 퓨즈)

전동기[kW]수의 총계① [kW]이하	최대 사용전류① [A]이하	공사방법 A1 PVC	공사방법 A1 XLPE, EPR	공사방법 B1 PVC	공사방법 B1 XLPE, EPR	공사방법 C PVC	공사방법 C XLPE, EPR	0.75 이하	1.5	2.2	3.7	5.5	7.5	11	15	18.5	22	30	37~55
기동기 사용 전동기 중 최대 용량의 것								—	—	—	5.5	7.5	11·15	18.5·22	—	30·37	—	45	55
(과전류 차단기[A] 칸 위 / 개폐기 용량[A] 칸 아래)																			
3	15	2.5	2.5	2.5	2.5	2.5	2.5	15/30	20/30	30/30	—	—	—	—	—	—	—	—	—
4.5	20	4	2.5	2.5	2.5	2.5	2.5	20/30	20/30	30/30	50/60	—	—	—	—	—	—	—	—
6.3	30	6	4	6	4	4	2.5	30/30	30/30	50/60	50/60	75/100	—	—	—	—	—	—	—
8.2	40	10	6	10	6	6	4	50/60	50/60	50/60	75/100	75/100	100/100	—	—	—	—	—	—
12	50	16	10	10	10	10	6	50/60	50/60	50/60	75/100	75/100	100/100	150/200	—	—	—	—	—
15.7	75	35	25	25	16	16	16	75/100	75/100	75/100	75/100	100/100	100/100	150/200	150/200	—	—	—	—
19.5	90	50	25	35	25	25	16	100/100	100/100	100/100	100/100	100/100	100/100	150/200	150/200	200/200	200/200	—	—
23.2	100	50	35	35	25	35	25	100/100	100/100	100/100	100/100	100/100	100/100	150/200	150/200	200/200	200/200	200/200	—
30	125	70	50	50	35	50	35	150/200	150/200	150/200	150/200	150/200	150/200	200/200	200/200	200/200	200/200	200/200	—
37.5	150	95	70	70	50	70	50	150/200	150/200	150/200	150/200	150/200	150/200	200/200	300/300	300/300	300/300	300/300	—
45	175	120	70	95	50	70	50	200/200	200/200	200/200	200/200	200/200	200/200	200/200	300/300	300/300	300/300	300/300	300/300
52.5	200	150	95	95	70	95	70	200/200	200/200	200/200	200/200	200/200	200/200	200/200	300/300	300/300	400/400	400/400	400/400
63.7	250	240	150	—	95	120	95	300/300	300/300	300/300	300/300	300/300	300/300	300/300	300/300	400/400	400/400	400/400	500/600
75	300	300	185	—	120	185	120	300/300	300/300	300/300	300/300	300/300	300/300	300/300	300/300	400/400	400/400	400/400	500/600
86.2	350	—	240	—	—	240	150	400/400	400/400	400/400	400/400	400/400	400/400	400/400	400/400	400/400	400/400	400/400	600/600

직입기동 전동기 중 최대 용량의 것 (칸 머리: 0.75 이하, 1.5, 2.2, 3.7, 5.5, 7.5, 11, 15, 18.5, 22, 30, 37~55)

배선종류에 의한 간선의 최소 굵기[mm²] ② (공사방법 A1·B1·C, 3개선)

과전류 차단기[A] ······ (칸 위 숫자) ③
개폐기 용량[A] ······ (칸 아래 숫자) ④

[비고 1] 최소 전선 굵기는 1회선에 대한 것이며, 2회선 이상일 경우는 복수회로 보정계수를 적용하여야 한다.

[비고 2] 공사방법 A1은 벽 내의 전선관에 공사한 절연전선 또는 단심케이블, B1은 벽면의 전선관에 공사한 절연전선 또는 단심케이블, 공사방법 C는 벽면에 공사한 단심 또는 다심케이블을 시설하는 경우의 전선 굵기를 표시하였다.

[비고 3] 「전동기중 최대의 것」에 동시 기동하는 경우를 포함함

[비고 4] 과전류 차단기의 용량은 해당 조항에 규정되어 있는 범위에서 실용상 거의 최댓값을 표시함

[비고 5] 과전류 차단기의 선정은 최대 용량의 정격전류의 3배에 다른 전동기의 정격전류의 합계를 가산한 값 이하를 표시함.

[비고 6] 고리퓨즈는 300[A] 이하에서 사용하여야 한다.

[표 3] 후강전선관 굵기의 선정

도 체 단면적 [mm²]	전선 본수									
	1	2	3	4	5	6	7	8	9	10
	전선관의 최소 굵기[호]									
2.5	16	16	16	16	22	22	22	28	28	28
4	16	16	16	22	22	22	28	28	28	28
6	16	16	22	22	22	28	28	28	36	36
10	16	22	22	28	28	36	36	36	36	36
16	16	22	28	28	36	36	36	42	42	42
25	22	28	28	36	36	42	54	54	54	54
35	22	28	36	42	54	54	54	70	70	70
50	22	36	54	54	70	70	70	82	82	82
70	28	42	54	54	70	70	70	82	82	82
95	28	54	54	70	70	82	82	92	92	104
120	36	54	54	70	70	82	82	92		
150	36	70	70	82	92	92	104	104		
185	36	70	70	82	92	104				
240	42	82	82	92	104					

[비고 1] 선선 1본수는 접지선 및 직류회로의 전선에도 적용한다.

[비고 2] 이 표는 실험결과와 경험을 기초로 하여 결정한 것이다.

[비고 3] 이 표는 KS C IEC 60227-3의 450/750[V] 일반용 단심 비닐절연전선을 기준한 것이다.

정답 (1) 답 : 간선의 최소 굵기 : 35[mm²], 간선 금속관의 최소 굵기 : 36[호]

(2) 답 : 간선의 과전류 차단기 용량 : 150[A], 간선의 개폐기 용량 : 200[A]

(3) ① 개폐기 용량 ─┬ 분기 100[A]
　　　　　　　　　 └ 조작 100[A]

② 과전류 차단기 용량 ─┬ 분기 100[A]
　　　　　　　　　　　 └ 조작 75[A]

③ 접지선의 굵기 : 10[mm²]

④ 초과 눈금 전류계 : 30[A]

⑤ 금속관의 최소 굵기 : 16[호]

해설 (1) 간선의 최소 굵기는 [표 2] 전동기 공사에서 간선의 전선 굵기에서 전동기수의 총계에 따라 결정되므로 전동기의 정격출력수의 총계 $= 7.5 + 15 + 0.75 + 3.7 = 26.95[\text{kW}]$ 이며 그 값보다는 큰 값을 [표2]에서 30[kW] 선정, 공사방법 B1, XLPE 절연전선이므로 간선의 최소 굵기항에서 35[mm²]를 선정한다.

[표 2] 전동기 공사에서 간선의 전선 굵기 · 개폐기 용량 및 적정 퓨즈(200[V], B종 퓨즈)

전동기 [kW] 수의 총계 ① [kW] 이하	최대 사용 전류 [A] 이하	공사방법 A1 PVC	공사방법 A1 XLPE,EPR	공사방법 B1 PVC	공사방법 B1 XLPE,EPR	공사방법 C PVC	공사방법 C XLPE,EPR	0.75이하	1.5	2.2	3.7	5.5	7.5	11	15	18.5	22	30	37~55
								(직입기동 전동기 중 최대 용량의 것 / 기동기 사용 전동기 중 최대 용량의 것)		5.5	7.5	11,15	18.5,22	–	30,37	–	45	55	
								과전류 차단기[A](칸 위 숫자)③ / 개폐기 용량[A](칸 아래 숫자)④											
3	15	2.5	2.5	2.5	2.5	2.5	2.5	15	20	30	–	–	–	–	–	–	–	–	–
								30	30	30	–	–	–	–	–	–	–	–	–
4.5	20	4	2.5	2.5	2.5	2.5	2.5	20	20	30	50	–	–	–	–	–	–	–	–
								30	30	30	60	–	–	–	–	–	–	–	–
6.3	30	6	4	6	4	4	2.5	30	30	50	50	75	–	–	–	–	–	–	–
								30	30	60	60	100	–	–	–	–	–	–	–
8.2	40	10	6	10	6	6	4	50	50	50	75	75	100	–	–	–	–	–	–
								60	60	60	100	100	100	–	–	–	–	–	–
12	50	16	10	10	10	10	6	50	50	50	75	75	100	150	–	–	–	–	–
								60	60	60	100	100	100	200	–	–	–	–	–
15.7	75	35	25	25	16	16	16	75	75	75	75	100	100	150	150	–	–	–	–
								100	100	100	100	100	100	200	200	–	–	–	–
19.5	90	50	25	35	25	25	16	100	100	100	100	150	150	200	200	–	–	–	–
								100	100	100	100	200	200	200	200	–	–	–	–
23.2	100	50	35	35	25	35	25	100	100	100	100	150	150	200	200	200	–	–	–
								100	100	100	100	200	200	200	200	200	–	–	–
30	125	70	50	50	(1)35	50	35	150	150	150	150	150	(2)150	150	200	200	200	–	–
								200	200	200	200	200	(2)200	200	200	200	200	–	–
37.5	150	95	70	70	50	70	50	150	150	150	150	150	150	150	200	300	300	300	–
								200	200	200	200	200	200	200	300	300	300	300	–
45	175	120	70	95	50	70	50	200	200	200	200	200	200	200	300	300	300	300	300
								200	200	200	200	200	200	200	300	300	300	300	300
52.5	200	150	95	95	70	95	70	200	200	200	200	200	200	200	300	300	400	400	400
								200	200	200	200	200	200	200	300	300	400	400	400
63.7	250	240	150	–	95	120	95	300	300	300	300	300	300	300	300	400	400	400	500
								300	300	300	300	300	300	300	300	400	400	400	600
75	300	300	185	–	120	185	120	300	300	300	300	300	300	300	300	400	400	400	500
								300	300	300	300	300	300	300	300	400	400	400	600
86.2	350	–	240	–	–	240	150	400	400	400	400	400	400	400	400	400	400	400	600
								400	400	400	400	400	400	400	400	400	400	400	600

[표 3]에서 도체 단면적은 35[mm²]이며 3본인 경우이므로 후강 전선관의 최소 굵기는 36[mm]가 되므로 간선 금속관의 최소 굵기는 36[호]를 선정한다.

[표 3] 후강전선관 굵기의 선정

도체단면적 [mm²]	전선 본수									
	1	2	3	4	5	6	7	8	9	10
	전선관의 최소 굵기[호]									
2.5	16	16	16	16	22	22	22	28	28	28
4	16	16	16	22	22	22	28	28	28	28
6	16	16	22	22	22	28	28	28	36	36
10	16	22	22	28	28	36	36	36	36	36
16	16	22	28	28	36	36	36	42	42	42
25	22	28	28	36	36	42	54	54	54	54
35	22	28	(1)36	42	54	54	54	70	70	70

(2) [표 2] 전동기 공사에서 간선의 전선 굵기·개폐기 용량 및 적정 퓨즈(200[V], B종 퓨즈)에서 동기[kW]수의 총계 30[kW]에서 직입기동 전동기중 최대 용량은 7.5[kW] 또는 기동기사용 전동기중 최대용량 15[kW]와 교차하는 곳의 과전류 차단기 용량은 150[A]이고 개폐기 용량은 200[A]이다.

(3) 7.5[kW] 200[V] 3상 유도 전동기의 분기회로에 대한 것을 [표1]에서 구하면 다음과 같다.

구 분	규 격	구 분	규 격
① 분기 개폐기 용량	100[A]	③ 접지선의 굵기	10[mm²]
① 조작 개폐기 용량	100[A]	④ 초과 눈금 전류계	30[A]
② 과전류 차단기 용량(분기)	100[A]	⑤ 금속관의 최소 굵기	16[호]
② 과전류 차단기 용량(조작)	75[A]		

[표 1] 200[V] 3상 유도 전동기 1대인 경우의 분기회로(B종 퓨즈의 경우)

정격 출력 [kW]	전부하 전 류 [A]	배선 종류에 의한 동 전선의 최소 굵기[mm²]					
		공사방법 A1		공사방법 B1		공사방법 C	
		3개선		3개선		3개선	
		PVC	XLPE, EPR	PVC	XLPE, EPR	PVC	XLPE, EPR
0.2	1.8	2.5	2.5	2.5	2.5	2.5	2.5
0.4	3.2	2.5	2.5	2.5	2.5	2.5	2.5
0.75	4.8	2.5	2.5	2.5	2.5	2.5	2.5
1.5	8	2.5	2.5	2.5	2.5	2.5	2.5
2.2	11.1	2.5	2.5	2.5	2.5	2.5	2.5
3.7	17.4	2.5	2.5	2.5	2.5	2.5	2.5
5.5	26	6	4	4	2.5	4	2.5
7.5	34	10	6	6	4	6	4
11	48	16	10	10	6	10	6
15	65	25	16	16	10	16	10
18.5	79	35	25	25	16	25	16
22	93	50	25	35	25	25	16
30	124	70	50	50	35	50	35
37	152	95	70	70	50	70	50

7.5[kW] 200[V] 3상 유도 전동기는 직입 기동이다.

정격 출력 [kW]	전부하 전류 [A]	개폐기 용량[A]				과전류 차단기(B종 퓨즈)[A]				전동기용 초과눈금 전류계의 정격전류 [A]	접지선의 최소 굵기 [mm²]
		직입기동		기동기 사용		직입기동		기동기 사용			
		현장 조작	분기	현장 조작	분기	현장 조작	분기	현장 조작	분기		
0.2	1.8	15	15			15	15			3	2.5
0.4	3.2	15	15			15	15			5	2.5
0.75	4.8	15	15			15	15			5	2.5
1.5	8	15	30			15	20			10	4
2.2	11.1	30	30			20	30			15	4
3.7	17.4	30	60			30	50			20	6
5.5	26	60	60	30	60	50	60	30	50	30	6
7.5	34	①100	①100	60	100	②75	②100	50	75	④30	③10
11	48	100	200	100	100	100	150	75	100	60	16
15	65	100	200	100	100	100	150	100	100	60	16
18.5	79	200	200	100	200	150	200	100	150	100	16
22	93	200	200	100	200	150	200	100	150	100	16
30	124	200	400	200	200	200	300	150	200	150	25
37	152	200	400	200	200	200	300	150	200	200	25

⑤ 금속관의 최소 굵기는 분기선의 굵기를 알아야 구할 수 있으므로 [표 1]에서 7.5[kW] 정격출력, 공사방법 B1, XLPE 절연전선이므로 분기선의 굵기를 산정하면 4[mm²]이다. [표 3]에서 3상 유도전동기이므로 전선본수 3을 적용 하면 최소 굵기는 16[mm]가 되므로 분기회로 금속관의 최소 굵기는 16[호]를 선정한다.

[표 3] 후강전선관 굵기의 선정

도 체 단면적 [mm²]	전선 본수									
	1	2	3	4	5	6	7	8	9	10
	전선관의 최소 굵기[호]									
2.5	16	16	16	16	22	22	22	28	28	28
4	16	16	⑤16	22	22	22	28	28	28	28
6	16	16	22	22	22	28	28	28	36	36
10	16	22	22	28	28	36	36	36	36	36
16	16	22	28	28	36	36	36	42	42	42
25	22	28	28	36	36	42	54	54	54	54
35	22	28	36	42	54	54	54	70	70	70

국가기술자격검정 실기시험문제 및 정답

2014년도 전기기사 제3회 필답형 실기시험

종 목	시험시간	형 별	성 명	수험번호
전기기사	2시간 30분	A		

※ 수험자 인적사항 및 답안작성(계산식 포함)은 흑색의 필기구만 사용하여야 하며 흑색을 제외한 유색 필기구 또는 연필류를 사용하거나 2가지 이상의 색을 혼합 사용하였을 경우 그 문항은 0점 처리됩니다.

배점8

01 주어진 표는 어떤 부하 데이터의 표이다. 이 부하 데이터를 수용할 수 있는 발전기 용량을 산정하시오. (단, 발전기 표준 역률은 0.8, 허용 전압 강하 25[%], 발전기 리액턴스 20[%], 원동기 기관 과부하 내량은 1.2이다.)

예	부하의 종류	출력 [kW]	전부하 특성				기동 특성		기동 순서	비고
			역률 [%]	효율 [%]	입력 [kVA]	입력 [kW]	역률 [%]	입력 [kVA]		
	조명	10	100	–	10	10	–	–	1	
200[V]	스프링클러	55	86	90	71.1	61.1	40	142.2	2	Y−Δ 기동
60[Hz]	소화전 펌프	15	83	87	21.0	17.2	40	42	3	Y−Δ 기동
	양수펌프	7.5	83	86	10.5	8.7	40	63	3	직입 기동

(1) 선부하 성상 운선시의 입력에 의한 것

○

(2) 전동기 기동에 필요한 용량 $P = \dfrac{(1-\triangle E)}{\triangle E} \cdot x_d \cdot Q_L [\text{kVA}]$

○

(3) 순시 최대 부하에 의한 용량 $P = \dfrac{\sum W_0 [\text{kW}] + \{Q_{\text{Lmax}}[\text{kVA}] \times \cos\theta_{QL}\}}{K \times \cos\theta_G}[\text{kVA}]$

○

정답 (1) $P = \dfrac{(10+61.1+17.2+8.7)}{0.8} = 121.25$ • 답 : 121.25[kVA]

(2) $P = \dfrac{(1-0.25)}{0.25} \times 0.2 \times 142.2 = 85.32$ • 답 : 85.32[kVA]

(3) 순시 최대부하를 기준으로 발전기용량을 산정하는 경우 발전기에 걸리는 부하가 최대로 되는 순간을 기준으로 한다. 기동순서가 2에서 3으로 이행하는 때가 순시 최대 부하가 된다.

$$P = \frac{(\text{기운전중인 부하의 합계}) + (\text{기동 돌입 부하} \times \text{기동시 역률})}{(\text{원동기 기관 과부하 내량} \times \text{발전기 표준역률})}$$

$$P = \frac{(10 + 61.1) + (42 + 63) \times 0.4}{(1.2 \times 0.8)} = 117.81\,2$$

• 답 : 117.81[kVA]

02 정격이 5[kW], 50[V]인 타여자 직류 발전기가 있다. 무부하로 하였을 경우 단자전압이 55[V]가 된다면, 발전기의 전기자 회로의 등가저항은 얼마인가?

• 계산 : _____   • 답 : _____

정답 • 계산

$$E = V + I_a \cdot r_a [\text{V}]$$

무부하전압=기전력, 전기자전류=부하전류

$$I_a = I = \frac{P}{V} = \frac{5000}{50} = 100[\text{A}]$$

$$\therefore r_a = \frac{E - V}{I_a} = \frac{55 - 50}{100} = 0.05[\Omega]$$

• 답 : 0.05[Ω]

쉬어가기 **타여자 직류발전기**

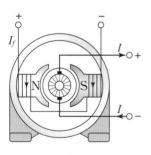

[타여자 방식]

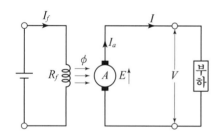

[회로도]

(1) 결선방법 : 외부에 독립된 여자전원을 가지고 계좌와 전기자가 연결되지 않은 발전기이다.

(2) 용도

• 대형 교류발전기의 여자 전원

• 직류 전동기 속도 제어용 전원등으로 사용한다.

(3) 관계식 : $E = V + I_a R_a [\text{V}]$, $I_a = I = \frac{P}{V}[\text{A}]$

배점5

03 3상 3선식 배전 선로에 역률 0.8, 180[kW]인 3상 평형 유도 부하가 접속되어 있다. 부하 단의 수전 전압이 6000[V], 배전선 1조의 저항이 6[Ω], 리액턴스가 4[Ω]라고 하면 송 전단 전압은 몇 [V]인가?

• 계산 : _____ • 답 : _____

정답 • 계산

송전단 전압 $V_s = V_r + \sqrt{3}\,I(R\cos\theta + X\sin\theta)$, $I = \dfrac{180 \times 10^3}{\sqrt{3} \times 6000 \times 0.8} = 21.65[\mathrm{A}]$

$V_s = 6000 + \sqrt{3} \times 21.65(6 \times 0.8 + 4 \times 0.6) = 6269.992[\mathrm{V}]$

• 답 : 6269.99[V]

배점5

04 66[kV], 500[MVA], %임피던스가 30[%]인 발전기에 용량이 600[MVA], %임피던스 가 20[%]인 변압기가 접속되어 있다. 변압기 2차측 345[kV] 지점에 단락이 일어났을 때 단락전류는 몇 [A]인가?

• 계산 : _____ • 답 : _____

정답 • 계산

기준용량을 600[MVA]

정격전류 $I_n = \dfrac{P_n}{\sqrt{3}\,V_n} = \dfrac{600 \times 10^3}{\sqrt{3} \times 345} = 1004.09[\mathrm{A}]$

$\%Z = \dfrac{600}{500} \times 30 = 36[\%]$, $\%Z_{total} = 36 + 20 = 56[\%]$

단락 전류 $I_s = \dfrac{100}{\%Z} \times I_n = \dfrac{100}{56} \times 1004.09 = 1793.02[\mathrm{A}]$

• 답 : 1793.02[A]

배점6

05 그림과 같은 3상 3선식 배전선로가 있다. 다음 각 물음에 답하시오. (단, 전선 1가닥의 저항은 $0.5[\Omega/\text{km}]$라고 한다.)

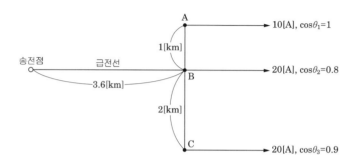

(1) 급전선에 흐르는 전류는 몇 $[\text{A}]$인가 계산하고 답하시오.

• 계산 : _____ • 답 : _____

(2) 선로 손실$[\text{W}]$을 구하시오.

• 계산 : _____ • 답 : _____

정답 (1) • 계산

$$I = 10 + 20(0.8 - j0.6) + 20(0.9 - j\sqrt{1 - 0.9^2}) = 44 - j20.72 = 48.63$$

• 답 : $48.63[\text{A}]$

(2) • 계산

전체선로손실＝급전선 손실＋A~C 손실

$$P_\ell = 3 \times 48.63^2 \times (0.5 \times 3.6) + 3 \times 10^2 \times (0.5 \times 1) + 3 \times 20^2 \times (0.5 \times 2) = 14120.34[\text{W}]$$

• 답 : $14120.34[\text{W}]$

06 정격출력 1500[kVA], 역률 65[%]인 전동기 회로에 역률 개선용 콘덴서를 설치하여 역률 96[%]로 개선하기 위하여 다음 표를 이용하여 콘덴서 용량을 구하시오.

		개선 후의 역률													
		1.0	0.99	0.98	0.97	0.96	0.95	0.94	0.93	0.92	0.91	0.9	0.875	0.85	0.825	0.8
개선전의 역률	0.4	230	216	210	205	201	197	194	190	187	184	182	175	168	161	155
	0.425	213	198	192	188	184	180	176	173	170	167	164	157	151	144	138
	0.45	198	183	177	173	168	165	161	158	155	152	149	143	138	129	123
	0.475	185	171	165	161	156	159	149	146	143	140	137	130	123	116	110
	0.5	173	159	153	148	144	140	137	134	130	128	125	118	111	104	93
	0.525	162	148	142	137	133	129	126	122	119	117	114	107	100	93	87
	0.55	152	138	132	127	123	119	116	112	109	108	104	97	90	83	77
	0.575	142	128	122	117	114	110	106	103	99	96	94	87	80	73	67
	0.6	133	119	113	108	104	101	97	94	91	88	85	78	71	65	58
	0.625	125	111	105	100	96	92	89	85	82	79	77	70	63	58	50
	0.65	116	103	97	92	88	84	81	77	74	71	69	62	55	48	42
	0.675	109	95	89	84	80	76	73	70	66	64	61	54	47	40	34
	0.7	102	88	81	77	73	69	66	62	59	56	54	46	40	33	27
	0.725	95	81	75	70	66	62	59	55	52	49	46	39	33	26	20
	0.75	88	74	67	63	58	55	52	49	45	43	40	33	26	19	13
	0.775	81	67	61	57	52	49	45	42	39	36	33	26	19	12	6.5
	0.8	75	61	54	50	46	42	39	35	32	29	27	19	13	6	6
	0.825	69	54	48	44	40	36	32	29	28	23	21	13	7		
	0.85	62	48	42	37	33	29	26	22	19	16	14	7			
	0.875	55	41	35	30	28	23	19	16	13	10	7				
	0.9	48	34	28	23	19	16	12	9	6	2.8					

정답 • 계산

콘덴서 소요용량[kVA] = [kW] 부하 × k_θ

$1500 \times 0.65 \times 0.88 = 858$[kVA]

(k_θ = 표에서 역률 65[%]를 96[%]로 개선하기 위한 콘덴서 용량)

• 답 : 858[kVA]

07 대지 고유 저항률 $400[\Omega \cdot m]$, 직경 $19[mm]$, 길이 $2400[mm]$인 접지봉을 전부 매입했다고 한다. 접지저항(대지저항)값은 얼마인가?

○ _____

○ _____

정답 $R = \dfrac{\rho}{2\pi\ell} \times \ln\dfrac{2\ell}{r}\,[\Omega]$

$R = \dfrac{400}{2\pi \times 2.4} \times \ln\dfrac{2 \times 2.4}{\dfrac{0.019}{2}} = 165.13[\Omega]$

• 답 : $165.13[\Omega]$

08 도로폭 $24[m]$도로 양쪽에 $20[m]$간격으로 지그재그 배치한 경우, 노면의 평균조도 $5[lx]$로 하는 경우, 등주 한등당의 광속은 얼마나 되는지 계산하시오. (단, 노면의 광속이용률은 $25[\%]$로 하고, 감광보상률은 1로 한다.)

○ _____

정답 • 계산

$$F = \frac{DES}{UN} = \frac{5 \times \left(20 \times 24 \times \dfrac{1}{2}\right)}{0.25 \times 1} = 4800$$

• 답 : $4800[lm]$

 쉬어가기 **도로 조명**

도로 조명 방식에서는 등의 개수를 1개를 기준으로 계산

양쪽 배열방식의 넓이(지그재그식, 대칭식) : $S = \dfrac{1}{2} \times 도로폭 \times 등간격$

배점4

09 역률을 개선하면 전기 요금의 저감과 배전선의 손실 경감, 전압 강하 감소, 설비 여력의 증가 등을 기대할 수 있으나, 너무 과보상하면 역효과가 나타난다. 즉, 경부하시에 콘덴서가 과대 삽입되는 경우의 결점을 2가지 쓰시오.

ㅇ _____

ㅇ _____

정답 ① 단자전압 상승
② 역률저하 및 전력손실 증가

배점5

10 다음의 PLC 프로그램을 보고, 래더 다이어그램을 완성하시오.

차례	명령어	번지	차례	명령어	번지
1	STR	P00	5	AND STR	–
2	OR	P01	6	AND NOT	P04
3	STR NOT	P02	7	OUT	P10
4	OR	P03	–	–	–

정답

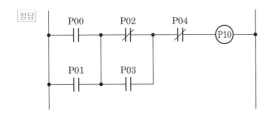

11 도면은 어느 154[kV] 수용가의 수전 설비 단선 결선도의 일부분이다. 주어진 표와 도면을 이용하여 다음 각 물음에 답하시오.

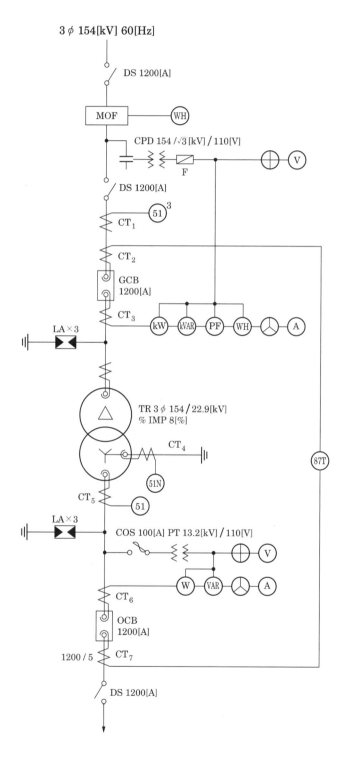

1차 정격 전류 [A]	200	400	600	800	1200	1500
2차 정격 전류 [A]			5			

(1) 변압기 2차 부하 설비 용량이 51[MW], 수용률 70[%], 부하 역률이 90[%]일 때, 도면의 변압기 용량은 몇 [MVA]가 되는가?

• 계산 : _____   • 답 : _____

(2) 변압기 1차측 DS의 정격전압은 몇 [kV]인가?

• 계산 : _____   • 답 : _____

(3) CT_1의 비는 얼마인지를 계산하고 표에서 선정하시오.

• 계산 : _____   • 답 : _____

(4) GCB 내에 사용되는 가스는 주로 어떤 가스가 사용되는가?

• 답 : _____

(5) OCB의 정격 차단전류가 23[kA]일 때, 이 차단기의 차단용량은 몇[MVA]인가?

• 계산 : _____   • 답 : _____

(6) 과전류 계전기의 정격 부담이 9[VA]일 때 이 계전기의 임피던스는 몇 [Ω]인가?

• 계산 : _____   • 답 : _____

(7) CT_7 1차 전류가 600[A]일 때 CT_7의 2차에서 비율차동 계전기의 단자에 흐르는 전류는 몇 [A]인가?

• 계산 : _____   • 답 : _____

정답 (1) • 계산

$$변압기 용량 = \frac{설비용량 \times 수용률}{부등률 \times 역률} = \frac{51 \times 0.7}{1 \times 0.9} = 39.666[MVA]$$

• 답 : 39.67[MVA]

(2) 170[kV]

(3) • 계산 : CT비 선정 방법

① CT 1차측 전류: $I_1 = \frac{P}{\sqrt{3}\,V} = \frac{39.67 \times 10^3}{\sqrt{3} \times 154} = 148.72[A]$

② CT의 여유 배수 적용: $I_1 \times (1.25 \sim 1.5) = 185.9 \sim 223.08[A]$ ∴ CT 정격 200/5선정

• 답 : 200/5

(4) SF_6(육불화유황가스)

(5) • 계산

$$차단 용량\ P_s = \sqrt{3}\,V_n I_s = \sqrt{3} \times 25.8 \times 23 = 1027.798[MVA]$$

• 답 : 1027.8[MVA]

(6) • 계산

부담(전류) $= I_n^2 \cdot Z[VA]$ (단, 여기서 I_n은 CT의 2차 정격 전류인 5[A]이다.)

$$Z = \frac{[VA]}{I_n^2} = \frac{9}{5^2} = 0.36[\Omega]$$

• 답 : $0.36[\Omega]$

(7) • 계산

CT가 △결선일 경우 비율 차동계전기 단자에 흐르는 전류(I_2)

$$I_2 = CT 1차 전류 \times CT 역수비 \times \sqrt{3} = 600 \times \frac{5}{1200} \times \sqrt{3} = 4.33[A]$$

• 답 : $4.33[A]$

(3), (7)번 문제에서 CT의 결선($\mathrm{CT_2, CT_7}$)이 중요하다. 즉, 변류기의 결선은 변압기 결선(△–Y)과 반대로 $\mathrm{CT_2}$는 Y결선, $\mathrm{CT_7}$은 △결선을 한다. 또한 $\mathrm{CT_7}$은 △결선으로 했으므로 비율차동계전기의 단자에 흐르는 전류는 선전류이므로 CT 1차측 전류에 $\sqrt{3}$ 을 곱한다.

배점5

12 어떤 공장의 어느 날 부하실적이 1일 사용전력량 192[kWh]이며, 1일의 최대전력이 12[kW]이고, 최대전력일 때의 전류값이 34[A]이었을 경우 다음 각 물음에 답하시오. (단, 이 공장은 220[V], 11[kW]인 3상 유도전동기를 부하 설비로 사용한다고 한다.)

(1) 일 부하율은 몇 [%]인가?

• 계산 : _____ • 답 : _____

(2) 최대 공급 전력일 때의 역률은 몇 [%]인가?

• 계산 : _____ • 답 : _____

정답 (1) • 계산

$$일부하율 = \frac{평균전력}{최대전력} \times 100 = \frac{\dfrac{1일 사용전력량[kWh]}{24[h]}}{최대전력[kW]} \times 100$$

$$= \frac{\dfrac{192}{24}}{12} \times 100 = 66.666$$

• 답 : $66.67[\%]$

(2) • 계산

$$\cos\theta = \frac{P}{P_a} \times 100 = \frac{12000}{\sqrt{3} \times 220 \times 34} \times 100 = 92.623$$

• 답 : $92.62[\%]$

배점5

13 다음 물음에 답하시오.

(1) 그림과 같은 송전 철탑에서 등가 선간 거리[m]는?

• 계산 : _____ • 답 : _____

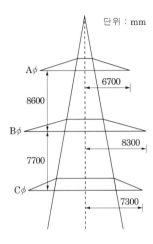

(2) 간격 400[mm]인 정사각형 배치의 4도체에서 소선 상호간의 기하학적 평균 거리[m]는?

• 계산 : _____ • 답 : _____

정답 (1) • 계산

$$D_{AB} = \sqrt{8.6^2 + (8.3 - 6.7)^2} = 8.75[\text{m}]$$

$$D_{BC} = \sqrt{7.7^2 + (8.3 - 7.3)^2} = 7.76[\text{m}]$$

$$D_{CA} = \sqrt{(8.6 + 7.7)^2 + (7.3 - 6.7)^2} = 16.31[\text{m}]$$

등가선간거리 $D_c = \sqrt[3]{D_{AB} \cdot D_{BC} \cdot D_{CA}} = \sqrt[3]{8.75 \times 7.76 \times 16.31} = 10.346[\text{m}]$

• 답 : 10.35[m]

(2) • 계산 : $D_0 = \sqrt[6]{2} \times D = \sqrt[6]{2} \times 400 = 448.984[\text{mm}] = 0.448[\text{m}]$

• 답 : 0.45[m]

배점5

14 3150/210[V]인 변압기의 용량이 각각 250[kVA], 200[kVA]이고 [%]임피던스 강하가 각각 2.5[%]와 3[%]일 때 그 병렬 합성 용량[kVA]은?

○ _____

• 계산

부하분담은 용량에 비례, 임피던스에 반비례한다.

$$\frac{I_A}{I_B} = \frac{[kVA]_A}{[kVA]_B} \times \frac{\%Z_B}{\%Z_A}$$

$$\therefore \frac{I_A}{I_B} = \frac{[kVA]_A}{[kVA]_B} \times \frac{\%Z_B}{\%Z_A} = \frac{250}{200} \times \frac{3}{2.5} = \frac{3}{2}$$

A기의 부하분담 $I_A = \frac{3}{2} \times I_B = \frac{3}{2} \times 200 = 300\,[kVA]$

최대용량 250[kVA]까지 가능하므로

B기의 부하분담 $I_B = \frac{2}{3} \times I_A = \frac{2}{3} \times 250 \fallingdotseq 166.666$ $\therefore 166.67\,[kVA]$ 가 된다.

$\therefore 250 + 166.666 = 416.666\,[kVA]$

• 답 : 416.67[kVA]

15 피뢰기에 대한 다음 각 물음에 답하시오.

(1) 피뢰기의 기능상 필요한 구비조건을 4가지만 쓰시오.

○ _____

○ _____

○ _____

○ _____

(2) 피뢰기의 설치장소 4개소를 쓰시오.

○ _____

○ _____

○ _____

○ _____

(1) 구비조건

① 속류(기류)차단 능력이 클 것

② 제한 전압이 낮을 것

③ 충격 방전개시전압이 낮을 것

④ 상용주파 방전개시전압이 높을 것

(2) 설치개소

　　① 발전소, 변전소 또는 이에 준하는 장소의 가공전선 인입구 및 인출구

　　② 가공전선로에 접속되는 배전용 변압기의 고압 및 특별고압측

　　③ 고압 및 특별고압 가공전선로로부터 공급받는 수용장소의 인입구

　　④ 가공전선로와 지중전선로가 접속되는 곳

배점5

16 그림과 같은 3상 3선식 배전선로에서 불평형률을 구하고, 양호하게 되었는지의 여부를 판단하시오.

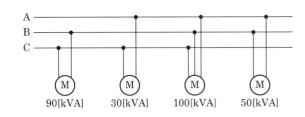

정답 설비 불평형률 $= \dfrac{\text{각 선간에 접속되는 단상부하 총 설비용량의 최대와 최소의 차}[kVA]}{\text{총부하설비 용량}[kVA] \times \dfrac{1}{3}} \times 100$

$= \dfrac{(90-30)}{(90+30+100+50) \times \dfrac{1}{3}} \times 100 = 66.666$

• 답 : 66.67[%], 불평형률은 30[%] 이어야 하므로 부적합하다.

쉬어가기

설비 불평형률 계산시 부하의 단위는 피상전력([kVA] 또는 [VA])

부하 $= \dfrac{[kW]}{\cos\theta}[kVA]$, 3상 3선식의 경우 설비불평형률은 30[%] 이하가 되어야 한다.

배점8

17 도면과 같은 시퀀스도는 기동 보상기에 의한 전동기의 기동제어 회로의 미완성 도면을 보고 다음 각 물음에 답하시오.

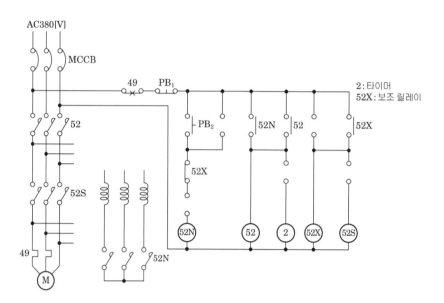

(1) 전동기의 기동 보상기 기동제어는 어떤 기동 방법인지 그 방법을 상세히 설명하시오.

  o _____

(2) 주 회로에 대한 미완성 부분을 완성하시오.

  o _____

(3) 보조 회로의 미완성 접점을 그리고 그 접점 명칭을 표시하시오.

  o _____

정답 (1) 기동시 전동기에 대한 인가전압을 단권변압기로 강압하여 공급함으로써 기동전류를 억제하고 기동완료 후 전전압을 가하는 방식이다.

(2)

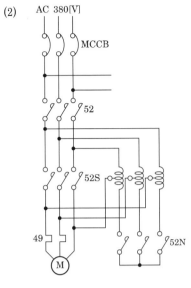

(3)

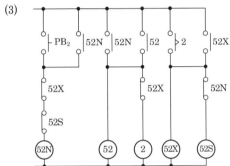

배점5

18 기자재가 그림과 같이 주어졌다.

(1) 전압 전류계법으로 저항값을 측정하기 위한 회로를 완성하시오.

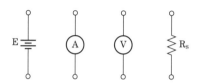

∘

(2) 저항 R_s에 대한 식을 쓰시오.

• 답 :

정답 (1)

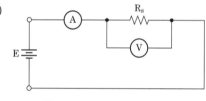

(2) $R_s = \dfrac{ⓥ}{Ⓐ}$

전류계는 직렬연결, 전압계는 병렬연결 한다. 한편, 전압 전류계법이란, 저항에 전류를 흘리면 전압강하가 발생하는 것을 이용하여 저항값을 측정하는 방법이다.

2015

과년도 기출문제

2015년도 전기기사 제1회 필답형 실기시험

종 목	시험시간	형 별	성 명	수험번호
전기기사	2시간 30분	A		

※ 수험자 인적사항 및 답안작성(계산식 포함)은 흑색의 필기구만 사용하여야 하며 흑색을 제외한 유색 필기구 또는 연필류를 사용하거나 2가지 이상의 색을 혼합 사용하였을 경우 그 문항은 0점 처리됩니다.

배점5

01 철손이 1.2 [kW], 전부하시의 동손이 2.4 [kW]인 변압기가 하루 중 7시간 무부하 운전, 11시간 1/2운전, 그리고 나머지 전부하 운전할 때 하루의 총 손실은 얼마인지 계산하시오.

• 계산 : _____ • 답 : _____

정답 • 계산

철손 : $24P_i = 24 \times 1.2 = 28.8[\text{kWh}]$

동손 : $Tm^2 P_c = 11 \times \left(\frac{1}{2}\right)^2 \times 2.4 + 6 \times 1^2 \times 2.4 = 21[\text{kWh}]$

전손실 = 철손 + 동손 = 28.8 + 21 = 49.8[kWh]

• 답 : 49.8[kWh]

쉬어가기

전부하 운전시간 = 24 - 7 - 11 = 6시간

배점5

02 ACB가 설치되어있는 배전반 전면에 전압계, 전류계, 전력계, CTT, PTT가 설치되어 있다. 수변전단선도가 없어 CT비를 알 수 없는 상태에서 전류계의 지시는 R, S, T상 모두 240 [A]이고, CTT측 단자의 전류를 측정한 결과 2 [A]였을 때 CT비(I_1/I_2)를 구하시오. (단, CT 2차측 전류는 5 [A]로 한다.)

• 계산 : _____ • 답 : _____

정답 • 계산

$$CT비 = \frac{I_1}{I_2} 에서 \ \frac{I_1'}{I_2'} = \frac{I_1}{I_2} 이므로 \ I_1' = I_2' \times \frac{I_1}{I_2} = 5 \times \frac{240}{2} = 600[\text{A}]$$

• 답 : 600/5

배점7

03 스폿 네트워크(SPOT NETWORK) 수전방식에 대하여 설명하고 특징을 4가지만 쓰시오.

(1) 설명 :

○ _____

(2) 특징(4가지)

○ _____   ○ _____

○ _____   ○ _____

정답 (1) 방식 : 변전소로부터 2회선 이상의 배전선로를 가설하여 한 회선에서 고장이 발생할 경우 그 고장
회선의 변전소 측 차단기와 변압기 2차측 네트워크프로텍터를 이용하여 고장 회선을 분리한 후 나머
지 회선을 통해 무정전으로 전력을 공급할 수 있는 방식

(2) 특징
① 무정전 전력공급이 가능하다.
② 부하증가에 대한 적응성이 높다.
③ 계통 기기의 이용률이 향상된다.
④ 운전효율이 높고 전압변동률이 작다.

1. 스폿 네트워크 수전방식의 단선도

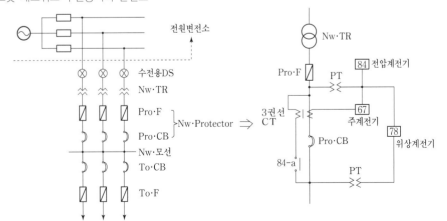

2. 스폿 네트워크 수전방식의 구성 요소

(1) 수전용 단로기

변압기 점검시 개폐, 여자전류 개폐

(2) 네트워크 변압기

① 1회선 전력 공급이 정지되어도 타 건전회선의 NW변압기로 무정전 공급

② 과부하 내량 130%, 8시간, 년3회 운전으로 수명에 지장이 없을 것

③ TR용량 $\geq \dfrac{\text{최대 수용전력예상치}}{\text{회선수} - 1} \times \dfrac{1}{\text{과부하율}(1.3)}$

④ MOLD나 SF_6가스 변압기 사용하며, 각 변압기 임피던스차 ±10% 이내

(3) 네트워크 Protector : Pro F, Pro CB, NW-Relay로 구성

① Pro F : 역전력 후비 보호, TR 2차 이후의 단락사고 보호

② Pro CB : NW-Relay 지령에 의해 역전력 차단, 무전압 및 차전압 투입

(4) Network 모선

① 단일모선으로 수용가 부하 병렬접속

② 절연피복 또는 기중거리 150mm 이상이격

(5) Take off 장치

NW모선에서 분기(대당 4회로 이내), 부하측 고장시 To · CB or To · F 동작

3. 네트워크 프로텍터의 동작특성

(1) 역전력 차단($\overleftarrow{67R}$ 동작)

① 대전류역 차단 : 배전선, TR 1차측 사고시 역전류 차단(순방향은 51H 동작)

② 소전류역 차단

　• 전원측 개방, 비접지계통의 지락시 Nw. TR 역여자전류와 선로 충전전류의 합을 검출

　• 정격전압 인가시 최대 감도각에서 정격전류의 0.1 ~ 3%의 역전류 검출

4. 무전압 투입(84R + $\overrightarrow{67R}$ 동작)

(1) 초기 송전선 가압시 NW모선이 무전압 상태일 때 투입

(2) 1차측 전압 확립 후에는 차전압에 의해 자동투입

5. 차전압 투입($\overrightarrow{67R}$ + 78R 동작)

전원측 전압이 NW측 전압보다 크고, 위상 진상시 투입

배점4

04 측정범위 $1[\text{mA}]$, 내부저항 $20[\text{k}\Omega]$의 전류계에 분류기를 붙여서 $5[\text{mA}]$까지 측정하고자 한다. 몇 $[\Omega]$의 분류기를 사용하여야 하는지 계산하시오.

• 계산 : _____ • 답 : _____

정답 • 계산

$$측정전류 = \left(1 + \frac{전류계의\ 내부저항}{분류기의\ 저항값}\right) \times 전류계의\ 지시전류$$

$$I_0 = \left(1 + \frac{r}{R}\right) I_a$$

$$R = \frac{r}{\left(\dfrac{I_0}{I_a} - 1\right)} = \frac{20 \times 10^3}{\left(\dfrac{5 \times 10^{-3}}{1 \times 10^{-3}} - 1\right)} = 5000\,[\Omega]$$

• 답 : $5000\,[\Omega]$

 분류기

분류기란, 일정한 전류계로서 큰 전류를 측정하고자 할 때 전류계의 측정 범위를 넓히기 위하여 전류계에 저항을 병렬로 연결한 것을 분류기라 한다.

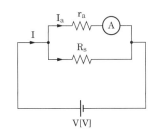

위 그림에서 전류계에 대한 내부저항을 r_a이라 한다면 외부저항 R_s가 병렬이 되므로 이때 전류계에 흐르는 진류는 전류 분배법식에 의하여

$I_a = \dfrac{R_s}{R_s + r_a} I$ 에서 전류비 $\dfrac{I}{I_a} = \dfrac{R_s + r_a}{R_s}$ 이므로 이를 전체적으로

다시 표현하면, 전류비 $\dfrac{I}{I_a}$는 분류기의 배율로서 m으로 표시하면 $m = \dfrac{I}{I_a} = 1 + \dfrac{r_a}{R_s}$ 가 된다.

여기서 R_s는 분류기 저항, r_a는 전류계의 내부저항, m은 분류기의 배율, I 는 측정하고자 하는 전류, I_a는 전류계의 최고측정한도전류이다.

배점12

05 다음은 3φ 4W 22.9 kV 수전설비 단선결선도이다. 다음 각 물음에 답하시오.

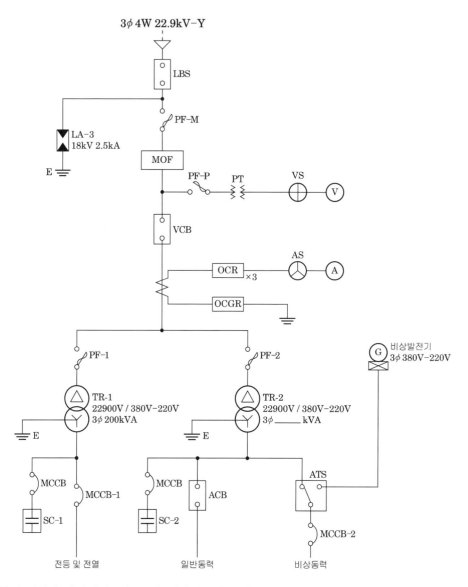

(1) 위 수전설비 단선결선도의 LA에 대하여 다음 물음에 답하시오.

① 우리말의 명칭은 무엇인가?

• 답 : _____

② 기능과 역할에 대해 간단히 설명하시오.

• 답 : _____

③ 요구되는 성능조건 4가지만 쓰시오.

  ○ _____   ○ _____

  ○ _____   ○ _____

(2) 다음은 위의 수전설비 단선결선도의 부하집계 및 입력환산표를 완성하시오. (단, 입력환산 [kVA]은 계산 값의 소수 둘째자리에서 반올림한다.)

구 분	전등 및 전열	일 반 동 력	비 상 동 력
설비용량 및 효율	합계 350kW 100%	합계 635kW 85%	유도전동기1 7.5 kW 2대 85% 유도전동기2 11 kW 1대 85% 유도전동기3 15 kW 1대 85% 비상조명 8000W 100%
평균(종합)역률	80%	90%	90%
수 용 률	60%	45%	100%

[부하집계 및 입력환산표]

구 분		설비용량(kW)	효율(%)	역률(%)	입력환산(kVA)
전등 및 전열		350			
일반동력		635			
비상동력	유도전동기1	7.5×2			
	유도전동기2				
	유도전동기3	15			
	비상조명				
	소 계	–	–	–	

(3) 단선결선도와 (2)항의 부하집계표에 의한 TR-2의 적정용량은 몇(kVA)인지 구하시오.

> 【참고사항】
> • 일반 동력군과 비상 동력군 간의 부등률은 1.3로 본다.
> • 변압기 용량은 15% 정도의 여유를 갖게 한다.
> • 변압기의 표준규격(kVA)은 200, 300, 400, 500, 600으로 한다.

• 계산 : _____   • 답 : _____

(4) 단선결선도에서 TR-2의 2차측 중성점 접지공사의 접지선 굵기(mm^2)를 구하시오.

> 【참고사항】
> • 접지선은 GV전선을 사용하고 표준굵기(mm^2)는 6, 10, 16, 25, 35, 50, 70으로 한다.
> • 고장전류는 정격전류의 20배로 본다.
> • 변압기 2차의 과전류 보호차단기는 고장전류에서 0.1초 이내에 차단되는 것이다.
> • 도체재료, 저항률, 온도계수와 열용량에 따라 초기온도와 최종온도를 고려한 계수 K : 143

• 계산 : _____   • 답 : _____

정답 (1) ① 피뢰기

② 이상전압 내습시 뇌전류를 방전하고 속류를 차단한다.

③ ㉠ 상용주파 방전개시전압이 높을 것

㉡ 제한 전압이 낮을 것

㉢ 충격방전개시전압이 낮을 것

㉣ 내구성이 크고, 경제성이 있을 것

(이외에 −속류차단 능력이 있을 것 −방전 내량이 클 것)

(2) 부하집계 및 입력환산표

구 분		설비용량(kW)	효율(%)	역률(%)	입력환산(kVA)
전등 및 전열		350	100	80	$\dfrac{350}{0.8 \times 1} = 437.5$
일반동력		635	85	90	$\dfrac{635}{0.9 \times 0.85} = 830.1$
비상동력	유도전동기1	7.5×2	85	90	$\dfrac{7.5 \times 2}{0.9 \times 0.85} = 19.6$
	유도전동기2	11	85	90	$\dfrac{11}{0.9 \times 0.85} = 14.4$
	유도전동기3	15	85	90	$\dfrac{15}{0.9 \times 0.85} = 19.6$
	비상조명	8	100	90	$\dfrac{8}{0.9 \times 1} = 8.9$
	소 계	−	−	−	62.5

(3) 수변전

• 계산

변압기용량 $= \dfrac{830.1 \times 0.45 + 62.5 \times 1}{1.3} \times 1.15 = 385.73 [\text{kVA}]$

• 답 : 400[kVA]

(4) • 계산

$TR-2$의 2차측 정격전류 $I_2 = \dfrac{P}{\sqrt{3}\,V} = \dfrac{400 \times 10^3}{\sqrt{3} \times 380} = 607.74 [\text{A}]$

$S = \dfrac{\sqrt{I^2 t}}{K} = \dfrac{\sqrt{(20 \times 607.74)^2 \times 0.1}}{143} = 26.88 [\text{mm}^2]$

• 답 : 35[mm²]

배점4

06 3상 농형 유도전동기의 제동방법 중에서 역상제동에 대하여 설명하시오.

• 계산 : _____   • 답 : _____

정답 3상 유도 전동기의 전원 3상중 2상의 접속을 바꾸어 역방향으로 토크를 발생하여 급제동하는 방식이다.

배점6

07 그림과 같은 방전특성을 갖는 부하에 필요한 축전지 용량은 몇 [Ah] 인지 구하시오.
  (단, 방전전류 : $I_1 = 200A$, $I_2 = 300A$, $I_3 = 150A$, $I_4 = 100A$ **방전시간** : $T_1 = 130$분,
  $T_2 = 120$분, $T_3 = 40$분, $T_5 = 5$분 **용량환산시간** : $K_1 = 2.45$, $K_2 = 2.45$, $K_3 = 1.46$,
  $K_4 = 0.45$ 보수율은 0.7을 적용한다.)

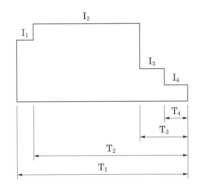

• 계산 : _____   • 답 : _____

정답 • 계산

$$C = \frac{1}{L}\left[K_1 I_1 + K_2(I_2 - I_1) + K_3(I_3 - I_2) + K_4(I_4 - I_3)\right]$$

$$= \frac{1}{0.7}\{2.45 \times 200 + 2.45 \times (300 - 200) + 1.46 \times (150 - 300) + 0.45(100 - 150)\} = 705$$

• 답 : 705[Ah]

배점5

08 3상 4선식 교류 380[V], 50[kVA] 부하가 변전실 배전반에서 190[m] 떨어져 설치되어 있다. 이 경우 배전용 케이블의 최소 굵기는 얼마로 하여야 하는지 계산하시오. (단, 전기사용장소 내 시설한 변압기이며, 케이블은 IEC 규격에 의한다.)

• 계산 : _____ • 답 : _____

정답 • 계산

공급 변압기의 2차측 단자 또는 인입선 접속점에서 최원단 부하에 이르는 사이의 전선 길이가 100[m] 기준 5[%], 추가 1[m]당 0.005[%] 가산이므로 190[m]인 경우 90[m]만큼에 대한 부분을 가산하여 준다.)

허용전압강하= $5 + 90 \times 0.005 = 5.45$[%]

3상 4선식 $A = \dfrac{17.8LI}{1000e}$ 이므로, $I = \dfrac{P}{\sqrt{3}\,V} = \dfrac{50 \times 10^3}{\sqrt{3} \times 380} = 75.97$[A]

$A = \dfrac{17.8 \times 190 \times 75.97}{1000 \times 220 \times 0.0545} = 21.43$[mm^2]

• 답 : 25[mm^2]

이것이 핵심이다

> ※ 수용가설비의 전압강하
> (1) 다른 조건을 고려하지 않는다면 수용가 설비의 인입구로부터 기기까지의 전압강하는 아래 표에 따른 값 이하이어야 한다.
>
> | 설비의 유형 | 조명 (%) | 기타 (%) |
> |---|---|---|
> | A - 저압으로 수전하는 경우 | 3 | 5 |
> | B - 고압 이상으로 수전하는 경우[a] | 6 | 8 |
>
> [a] 가능한 한 최종회로 내의 전압강하가 A 유형의 값을 넘지 않도록 하는 것이 바람직하다.
> 사용자의 배선설비가 100m를 넘는 부분의 전압강하는 미터 당 0.005% 증가할 수 있으나 이러한 증가분은 0.5%를 넘지 않아야 한다.
>
> (2) 더 큰 전압강하 허용범위
> ① 기동 시간 중의 전동기
> ② 돌입전류가 큰 기타 기기
> (3) 고려하지 않는 일시적인 조건
> ① 과도과전압
> ② 비정상적인 사용으로 인한 전압 변동

09 교류 발전기에 대한 다음 각 물음에 답하시오.

(1) 정격전압 6000[V], 정격출력 5000[kVA]인 3상 교류발전기에서 계자전류가 300[A], 그 무부하 단자전압이 6000[V]이고, 이 계자전류에 있어서의 3상 단락전류가 700[A]라고 한다. 발전기의 단락비를 구하시오.

• 계산 : _____   • 답 : _____

(2) 다음 ①~⑥에 알맞은 (   )안의 내용을 크다(고), 적다(고), 높다(고), 낮다(고) 등으로 답란에 쓰시오.

　ㅇ 단락비가 큰 교류 발전기는 일반적으로 기계의 치수가 (①), 가격이 (②), 풍손, 마찰손, 철손이 (③), 효율은 (④), 전압 변동률은 (⑤), 안정도는 (⑥).

　ㅇ

정답 (1) • 계산

$$K_s = \frac{I_s}{I_n} = \frac{I_s}{\dfrac{P}{\sqrt{3}\,V}} = \frac{700}{\dfrac{5000 \times 10^3}{\sqrt{3} \times 6000}} = 1.454$$

• 답 : 1.45

(2)

①	②	③	④	⑤	⑥
크고	높고	크고	낮고	적고	크다

이것이 *핵심이다*

단락비(Short Circuit Ratio: SCR)

1. 정의 : 단락비 = $\dfrac{\text{정격속도에서 무부하 정격전압을 발생하는데 필요한 계자전류[A]}}{\text{3상 단락시 발전기 정격전류를 흘리는데 필요한 계자전류[A]}}$

$$K_s = \frac{I_f{}'}{I_f{}''} = \frac{I_s}{I_n} = \frac{\frac{1}{Z[PU]}}{I_n} = \frac{1}{Z[PU]}$$

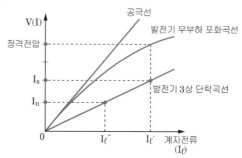

2. 의미 : 단락비는 단락시의 특성을 나타내는 외에 기계의 크기, 중량, 손실, 가격, 부하변동시의 전압, 안정도 등을 나타낸다. 단락비가 크다는 것은 철(鐵)기계 즉, 발전기 구성 재료에서 철이 구리보다 더 많은 비중을 차지한다는 뜻이다. 반면에 단락비가 작다는 것은 발전기 구성 재료에서 구리를 철보다 더 많이 사용한다는 뜻이다. 최근에는 보호계전기가 고속화되고 여자 속응도가 좋아져서 안정도가 향상되기 때문에 단락비를 작게하여 제작비를 줄이는 추세이다. 단락비의 값은 동기기의 종류에 따라 다르다. 수차 발전기의 단락비는 0.9~1.2로서 단락비가 크며, 터빈발전기의 경우 단락비는 0.6~0.9로서 단락비가 작다.

3. 단락비가 발전기 구조 및 성능에 미치는 영향

구분	단락비가 큰 경우	단락비가 작은 경우
구조 및 적용	철기계(수력)	동기계(화력, 원자력)
$\%Z$	작다	크다
전압변동률	작다	크다
단락용량	크다	작다
안정도	좋다	나쁘다
전기자 반작용 및 기자력	작다	크다
계자 기자력	크다	작다
공극	크다	작다
중량/ 가격/ 효율	무겁다, 비싸다, 나쁘다	가볍다, 저렴하다, 좋다
과부하 내량	크다	작다

배점5

10 단상 2선식 220[V], 28[W] 2등용 형광등 기구 100대를 16[A]의 분기회로로 설치하려고 하는 경우 필요 회선 수는 최소 몇 회로인지 구하시오. (단, 형광등의 역률은 80[%]이고, 안정기의 손실은 고려하지 않으며, 1회로의 부하전류는 분기회로 용량의 80[%]이다.)

• 계산 : _____ • 답 : _____

정답 • 계산

$$분기회로수 = \frac{부하용량[VA]}{전압[V] \times 분기회로전류[A]}$$

$$= \frac{부하용량[W]}{전압[V] \times 분기회로전류[A] \times 허용치 \times 역률}$$

$$= \frac{28 \times 2 \times 100}{220 \times 16 \times 0.8 \times 0.8} = 2.485[회로]$$

• 답 : 16[A] 분기 3회로

배점6

11 어느 빌딩의 수용가가 자가용 디젤발전기 설비를 계획하고 있다. 발전기의 용량 산출에 필요한 부하의 종류 및 특성이 다음과 같을 때 주어진 조건과 참고자료를 이용하여 전부하를 운전하는데 필요한 발전기 용량은 몇 [kVA] 인지 표의 빈칸을 채우면서 선정하시오.

부하의 종류	출력(kW)	극수(극)	대수(대)	적용부하	기동방법
전동기	37	6	1	소화전 펌프	리액터 기동
	22	6	2	급수펌프	리액터 기동
	11	6	2	배 풍 기	Y−△ 기동
	5.5	4	1	배수펌프	직입 기동
전등, 기타	50	−	−	비상조명	−

【조 건】

• 참고자료의 수치는 최소치를 적용한다.

• 전동기 기동 시에 필요한 용량은 무시한다.

• 수용률 적용

 − 동력 : 적용부하에 대한 전동기의 대수가 1대인 경우에는 100%, 2대인 경우에는 80%를 적용한다.

 − 전등, 기타 : 100%를 적용한다.

• 부하의 종류기 전등 기디인 경우의 역률은 100%를 적용힌다.

• 자가용 디젤발전기 용량은 50, 100, 150, 200, 300, 400, 500에서 선정한다. (단위 : kVA)

[발전기 용량 선정]

부하의 종류	출력(kW)	극수	전 부 하 특 성			수용률(%)	수용률을 적용한 (kVA) 용량
			역률(%)	효율(%)	입력(kVA)		
전동기	37×1	6					
	22×2	6					
	11×2	6					
	5.5×1	4					
전등, 기타	50	−	100	−			
합 계	158.5	−	−	−		−	

○ 발전기 용량 : _____ kVA 선정

전 동 기 전 부 하 특 성 표

정격 출력 (kW)	극 수	동기회전 속 도 (rpm)	전 부하특성		참 고 값		
			효율 η (%)	역률 P_f (%)	무부하 I_O (각상의평균치) (A)	전부하전류 I (각상의평균치) (A)	전부하슬립 s(%)
0.75			70.0 이상	77.0 이상	1.9	3.5	7.5
1.5			76.5 이상	80.5 이상	3.1	6.3	7.5
2.2			79.5 이상	81.5 이상	4.2	8.7	6.5
3.7			82.5 이상	82.5 이상	6.3	14.0	6.0
5.5			84.5 이상	79.5 이상	10.0	20.9	6.0
7.5	2	3600	85.5 이상	80.5 이상	12.7	28.2	6.0
11			86.5 이상	82.0 이상	16.4	40.0	5.5
15			88.0 이상	82.5 이상	21.8	53.6	5.5
18.5			88.0 이상	83.0 이상	26.4	65.5	5.5
22			89.0 이상	83.5 이상	30.9	76.4	5.0
30			89.0 이상	84.0 이상	40.9	102.7	5.0
37			90.0 이상	84.5 이상	50.0	125.5	5.0
0.75			71.5 이상	70.0 이상	2.5	3.8	8.0
1.5			78.0 이상	75.0 이상	3.9	6.6	7.5
2.2			81.0 이상	77.0 이상	5.0	9.1	7.0
3.7			83.0 이상	78.0 이상	8.2	14.6	6.5
5.5			85.0 이상	77.0 이상	11.8	21.8	6.0
7.5	4	1800	86.0 이상	78.0 이상	14.5	29.1	6.0
11			87.0 이상	79.0 이상	20.9	40.9	6.0
15			88.0 이상	79.5 이상	26.4	55.5	5.5
18.5			88.5 이상	80.0 이상	31.8	67.3	5.5
22			89.0 이상	80.5 이상	36.4	78.2	5.5
30			89.5 이상	81.5 이상	47.3	105.5	5.5
37			90.0 이상	81.5 이상	56.4	129.1	5.5
0.75			70.0 이상	63.0 이상	3.1	4.4	8.5
1.5			76.0 이상	69.0 이상	4.7	7.3	8.0
2.2			79.5 이상	71.0 이상	6.2	10.1	7.0
3.7			82.5 이상	73.0 이상	9.1	15.8	6.5
5.5			84.5 이상	72.0 이상	13.6	23.6	6.0
7.5	6	1200	85.5 이상	73.0 이상	17.3	30.9	6.0
11			86.5 이상	74.5 이상	23.6	43.6	6.0
15			87.5 이상	75.5 이상	30.0	58.2	6.0
18.5			88.0 이상	76.0 이상	37.3	71.8	5.5
22			88.5 이상	77.0 이상	40.0	82.7	5.5
30			89.0 이상	78.0 이상	50.9	111.8	5.5
37			90.0 이상	78.5 이상	60.9	136.4	5.5

정답 [발전기 용량 선정]

부하의 종류	출력 (kW)	극수	전 부 하 특 성			수용률 (%)	수용률을 적용한 kVA 용량
			역률(%)	효율(%)	입력(kVA)		
전동기	37×1	6	78.5	90	52.37	100	52.37
	22×2	6	77	88.5	64.57	80	51.66
	11×2	6	74.5	86.5	34.14	80	27.31
	5.5×1	4	77	85	8.4	100	8.4
전등, 기타	50	–	100	–	50	100	50
합 계	158.5	–	–	–	209.48	–	189.74

• 발전기 용량 : 200 kVA 선정

해설

• 전동기 역률 및 효율은 [참고자료] 전동기전부하특성표에서 정격출력 및 극수에 따른 전부하특성에서 역률을 고려하여 선정한다. 따라서 다음표에서 처럼 확인하여 기입하도록 한다. 또한 [조건]에서 부하의 종류가 전등 기타인 경우의 역률은 100%를 적용한다.

전 동 기 전 부 하 특 성 표

정격 출력 (kW)	극수	동기회전 속 도 (rpm)	전 부하특성		참 고 값		
			효율 η (%)	역률 P_f (%)	무부하 I_o (각상의평균치) (A)	전부하전류 I (각상의평균치) (A)	전부하슬립 s(%)
0.75			71.5 이상	70.0 이상	2.5	3.8	8.0
1.5			78.0 이상	75.0 이상	3.9	6.6	7.5
2.2			81.0 이상	77.0 이상	5.0	9.1	7.0
3.7			83.0 이상	78.0 이상	8.2	14.6	6.5
5.5			85.0 이상	77.0 이상	11.8	21.8	6.0
7.5			86.0 이상	78.0 이상	14.5	29.1	6.0
11	4	1800	87.0 이상	79.0 이상	20.9	40.9	6.0
15			88.0 이상	79.5 이상	26.4	55.5	5.5
18.5			88.5 이상	80.0 이상	31.8	67.3	5.5
22			89.0 이상	80.5 이상	36.4	78.2	5.5
30			89.5 이상	81.5 이상	47.3	105.5	5.5
37			90.0 이상	81.5 이상	56.4	129.1	5.5
0.75			70.0 이상	63.0 이상	3.1	4.4	8.5
1.5			76.0 이상	69.0 이상	4.7	7.3	8.0
2.2			79.5 이상	71.0 이상	6.2	10.1	7.0
3.7			82.5 이상	73.0 이상	9.1	15.8	6.5
5.5			84.5 이상	72.0 이상	13.6	23.6	6.0
7.5			85.5 이상	73.0 이상	17.3	30.9	6.0
11	6	1200	86.5 이상	74.5 이상	23.6	43.6	6.0
15			87.5 이상	75.5 이상	30.0	58.2	6.0
18.5			88.0 이상	76.0 이상	37.3	71.8	5.5
22			88.5 이상	77.0 이상	40.0	82.7	5.5
30			89.0 이상	78.0 이상	50.9	111.8	5.5
37			90.0 이상	78.5 이상	60.9	136.4	5.5

2015

• 부하의 종류에 따른 수용률 및 입력은 다음과 같다.

수용률 적용시 [조건]에서

  – 동력 : 적용부하에 대한 전동기의 대수가 1대인 경우에는 100%, 2대인 경우에는 80%를 적용하며,

  – 전등, 기타 : 100%를 적용한다.

입력 $= \dfrac{\text{부하설비용량[kW]}}{\text{역률} \times \text{효율}}$ 이므로 위의 값을 적용하면 대입하면 아래 다음표와 같다.

부하의 종류	출력 (kW)	극수	전 부 하 특 성			수용률 (%)
			역률(%)	효율(%)	입력(kVA)	
전동기	37×1	6	78.5	90	$\dfrac{37[\text{kW}]}{0.785 \times 0.9} = 52.37$	100
	22×2	6	77	88.5	$\dfrac{44[\text{kW}]}{0.77 \times 0.885} = 64.57$	80
	11×2	6	74.5	86.5	$\dfrac{22[\text{kW}]}{0.745 \times 0.865} = 34.14$	80
	5.5×1	4	77	85	$\dfrac{5.5[\text{kW}]}{0.77 \times 0.85} = 8.4$	100
전등, 기타	50	–	100	–	$\dfrac{50[\text{kW}]}{1} = 50$	100
합 계	158.5	–	–	–	209.48	–

• 수용률을 적용한 용량은 위의 표에 기입한 내용을 모두 적용하면 다음과 같다.

부하의 종류	출력 (kW)	수용률을 적용한 kVA 용량
전동기	37×1	$\dfrac{37[\text{kW}] \times 1}{0.785 \times 0.9} = 52.37$
	22×2	$\dfrac{2 \times 22[\text{kW}] \times 0.8}{0.77 \times 0.885} = 51.66$
	11×2	$\dfrac{2 \times 11[\text{kW}] \times 0.8}{0.745 \times 0.865} = 27.31$
	5.5×1	$\dfrac{5.5[\text{kW}] \times 1}{0.77 \times 0.85} = 8.4$
전등, 기타	50	$\dfrac{50[\text{kW}] \times 1}{1} = 50$
합 계	158.5	189.74

자가용 디젤발전기 용량은 50, 100, 150, 200, 300, 400, 500에서 선정해야 하므로 구한 189.74보다 높은 200[kVA]를 선정한다.

배점4

12 다음 조명에 대한 각 물음에 답하시오.

(1) 어느 광원의 광색이 어느 온도의 흑체의 광색과 같을 때 그 흑체의 온도를 이 광원의 무엇이 라 하는지 쓰시오.

  • 답 : _____

(2) 빛의 분광 특성이 색의 보임에 미치는 효과를 말하며, 동일한 색을 가진 것이라도 조명하는 빛에 따라 다르게 보이는 특성을 무엇이라 하는지 쓰시오.

· 답 : _____

_____

정답 (1) 색온도

(2) 연색성

배점4

13 3상3선식 배전선로의 1선당 저항이 $7.78[\Omega]$, 리액턴스가 $11.63[\Omega]$이고 수전단 전압이 $60[\mathrm{kV}]$, 부하전류가 $200[\mathrm{A}]$, 역률 0.8(지상)의 3상 평형 부하가 접속되어 있을 경우에 송전선로에서 다음 물음에 답하시오.

(1) 송전단 전압을 구하시오.

· 계산 : _____ · 답 : _____

(2) 전압강하율을 구하시오.

· 계산 : _____ · 답 : _____

_____

정답 (1) · 계산

$$V_s = V_r + \sqrt{3}\,I(R\cos\theta + X\sin\theta)$$

$$= 60000 + \sqrt{3} \times 200 \times (7.78 \times 0.8 + 11.63 \times 0.6) = 64573.31[\mathrm{V}]$$

· 답 : $64573.31[\mathrm{V}]$

(2) · 계산

$$\delta = \frac{V_s - V_r}{V_r} \times 100 = \frac{64.57 - 60}{60} \times 100 = 7.616[\%]$$

· 답 : $7.62[\%]$

배점5

14 다음은 PLC 래더 다이어그램에 의한 프로그램이다. 아래의 명령어를 활용하여 각 스텝에 알맞은 내용으로 프로그램 하시오.

【명령어】

입력 a접점 : LD,	입력 b접점 : LDI
직렬 a접점 : AND,	직렬 b접점 : ANI
병렬 a접점 : OR,	병렬 b접점 : ORI
블록 간 병렬접속 : OB,	블록 간 직렬접속 : ANB

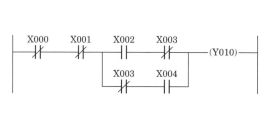

STEP	명령어	번지
1		
2		
3		
4		
5		
6		
7		
8		
9	OUT	Y010

정답 시퀀스(PLC)

step	명령어	번지
1	LDI	X000
2	ANI	X001
3	LD	X002
4	ANI	X003
5	LDI	X003
6	AND	X004
7	OB	
8	ANB	
9	OUT	Y010

15 가로 20[m], 세로 30[m], 천장 높이 4.85[m], 작업면 높이 0.85[m]인 사무실에 천장직부 형광등(30[W]×2)를 설치하고자 할 때 다음 물음에 답하시오. (이때, 조도300[lx], 30[W] 형광등의 광속 2890[lm], 천장 반사율 70[%], 벽 반사율 50[%], 보수율70[%], 조명률 50[%])

(1) 이 사무실의 실지수는 얼마인가?

 • 계산 : _____   • 답 : _____

(2) 30[W]2등용 형광등의 소요 등 수는 몇 등인가?

 • 계산 : _____   • 답 : _____

정답 (1) • 계산

$$K = \frac{X \cdot Y}{H(X+Y)} = \frac{20 \times 30}{(4.85-0.85)(20+30)} = 3$$

 • 답 : 3

(2) • 계산

$$N = \frac{DES}{FU} = \frac{ES}{FUM} = \frac{300 \times 20 \times 30}{2890 \times 0.5 \times 0.7} = 177.95[개]$$

즉, 2등용이므로 $\frac{178}{2} = 89[등]$

 • 답 : 89[등]

---

16 지중선을 가공선과 비교하여 이에 대한 장단점을 각각 4가지만 쓰시오.

(1) 지중선의 장점

 ○ _____   ○ _____

 ○ _____   ○ _____

(2) 지중선의 단점

 ○ _____   ○ _____

 ○ _____   ○ _____

정답 (1) 장점

① 수용밀도가 높은 도심지역에 전력 공급이 용이하다.

② 쾌적한 도심환경의 조성이 가능하다.

③ 뇌, 풍수해 등에 의한 사고에 대해서 신뢰도가 높다.

④ 설비의 단순 및 고도화로 보수업무가 비교적 적다.

(2) 단점

① 공사비용이 비싸고 공사기간이 길다.

② 고장점 발견이 어렵고 복구가 어렵다.

③ 송전용량이 가공전선에 비해 낮다.

④ 고장형태는 외상사고, 접속개소 시공불량에 의한 영구사고가 발생한다.

배점4

17 머레이 루프(Murray loop)법으로 선로의 고장지점을 찾고자 한다. 길이가 4km(0.2 Ω/km)인 선로가 그림과 같이 접지고장이 생겼을 때 고장점까지의 거리 X는 몇 km인지 구하시오. (단, G는 검류계이고, P = 170[Ω], Q = 90[Ω]에서 브리지가 평형 되었다고 한다.)

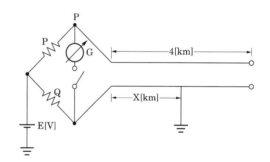

• 계산 : _____   • 답 : _____

정답 • 계산

브리지 평형조건 : $PX = Q(8 - X)$(단, 왕복선의 길이 8[km])

$$X = \frac{8Q}{P+Q} = \frac{8 \times 90}{170 + 90} = 2.77[\text{km}]$$

• 답 : 2.77[km]

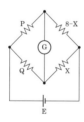

배점5

18 다음 회로를 이용하여 각 물음에 답하시오.

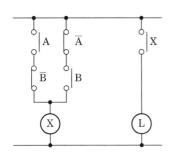

(1) 그림과 같은 회로의 명칭을 쓰시오.

　• 답 : _____

(2) 논리식을 쓰시오.

　• 답 : _____

(3) 무접점 논리회로를 그리시오.

　○

정답　시퀀스(배타적 논리·합 회로)

　(1) 배타적 논리합 회로

　(2) $X = A \cdot \overline{B} + \overline{A} \cdot B = L$

　(3)
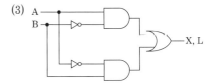

국가기술자격검정 실기시험문제 및 정답

2015년도 전기기사 제2회 필답형 실기시험

종 목	시험시간	형 별	성 명	수험번호
전기기사	2시간 30분	A		

※ 수험자 인적사항 및 답안작성(계산식 포함)은 흑색의 필기구만 사용하여야 하며 흑색을 제외한 유색 필기구 또는 연필류를 사용하거나 2가지 이상의 색을 혼합 사용하였을 경우 그 문항은 0점 처리됩니다.

배점5

01 설비불평형률에 대한 다음 각 물음에 답하시오.

(1) 저압, 고압 및 특별고압 수전의 3상 3선식 또는 3상 4선식에서 불평형 부하의 한도는 단상 접속부하로 계산하여 설비불평형률을 몇 [%] 이하로 하는 것을 원칙으로 하는지 쓰시오.

· 답 : _____

(2) 그림과 같이 3상 3선식 380 V 수전인 경우의 설비불평형률을 구하시오. (단, 전열부하의 역률은 1 이며, 전동기(M)의 출력 5.2[kW]를 입력 [kVA]로 환산하면 5.2 kVA 이다.)

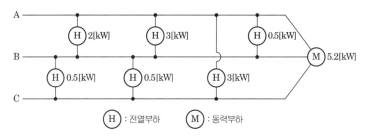

· 계산 : _____ · 답 : _____

정답 (1) 30[%] 이하

(2) 설비 불평형률 $= \dfrac{\text{각 선간에 접속되는 단상부하 총 설비용량의 최대와 최소의 차}}{\text{총 부하설비용량[kVA]} \times \dfrac{1}{3}} \times 100$

$= \dfrac{(2+3+0.5)-(0.5+0.5)}{(2+3+0.5+0.5+0.5+3+5.2) \times \dfrac{1}{3}} \times 100 = 91.836[\%]$

· 답 : 91.84[%]

이것이 *핵심이다*

- 설비 불평형률 계산 시 부하의 단위는 피상전력([kVA]또는 [VA])

  부하 $= \dfrac{[\mathrm{kW}]}{\cos\theta}\,[\mathrm{kVA}]$

- 주어진 조건에서 동력부하의 용량은 5.2[kVA]이다.
- 전열부하는 역률이 1이므로 [kW]는 [kVA]이다.

배점5

02 배전선의 기본파 전압 실효값이 $V_1[\mathrm{V}]$, 고조파 전압의 실효값이 $V_3[\mathrm{V}]$, $V_5[\mathrm{V}]$, $V_n[\mathrm{V}]$이다. THD(Total harmonics distortion)의 정의와 계산식을 쓰시오.

- 정의 : _____

- 계산식 : _____

────────────────

정답 • 정의 : 기본파에 정수배되는 주파수들 성분의 크기를 모두 합한 것으로 기본파에 대한 n차 고조파 성분에 의한 파형의 왜형률을 말한다.

  • 계산식 : $THD = \dfrac{\sqrt{V_3^{\,2}+V_5^{\,2}+\cdots V_n^{\,2}}}{V_1}$

배점4

03 전선이 정삼각형의 정점에 배치된 3상 선로에서 전선의 굵기, 선간거리, 표고, 기온에 의하여 코로나 파괴 임계전압이 받는 영향을 쓰시오.

구 분	임계전압이 받는 영향
전선의 굵기	
선간거리	
표고(m)	
기온(℃)	

정답

구 분	임계전압이 받는 영향
전선의 굵기	전선이 굵을수록 코로나의 임계전압이 커져 코로나의 발생은 억제된다.
선간거리	선간거리가 커지면 코로나의 임계전압이 커져 코로나의 발생은 억제된다.
표고(m)	표고가 높아짐에 따라 기압이 감소하게 되어 코로나 발생이 쉬워진다.
기온(℃)	온도가 높아지면 상대공기 밀도가 낮아져 코로나 발생이 쉬워진다.

2015

배점5

04 단상 $200[\mathrm{V}]$, $6[\mathrm{kW}]$, 역률0.6(늦음)의 부하에 전력을 공급하고 있는 전선 1가닥의 저항이 $0.15[\Omega]$, 리액턴스가 $0.1[\Omega]$인 2선식 배전선이 있다. 지금 부하의 역률을 개선해서 1로 하면 역률개선 전후의 전력손실 차이는 몇 W 인지 계산하시오.

• 계산 : _____ • 답 : _____

정답 • 계산

역률 개선전 전력손실 $P_\ell = 2I^2R = 2 \times \left(\dfrac{6 \times 10^3}{200 \times 0.6} \right)^2 \times 0.15 = 750[\mathrm{W}]$

역률 개선후 전력손실 $P_\ell' = 2I^2R = 2 \times \left(\dfrac{6 \times 10^3}{200 \times 1} \right)^2 \times 0.15 = 270[\mathrm{W}]$

$\Delta P = P_\ell - P_\ell' = 750 - 270 = 480[\mathrm{W}]$

• 답 : $480[\mathrm{W}]$

배점6

05 다음 그림은 어느 수전설비의 단선계통도이다. 각 물음에 답하시오. (단, KEPCO 측의 전원용량은 500,000[kVA]이고, 선로손실 등 제시되지 않은 조건은 무시한다.)

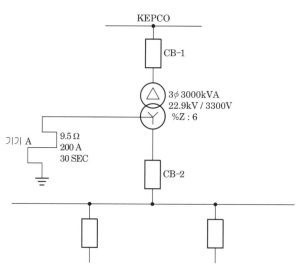

(1) CB-2의 정격을 구하시오. (단, 차단용량은 MVA로 계산한다.)

• 계산 : _____ • 답 : _____

(2) 기기 A의 명칭과 그 기능을 쓰시오.

• 명칭 : _____

• 기능 : _____

정답 (1) 기준 용량 3000[kVA]

전원측 $\%Z_s = \dfrac{P_n}{P_s} \times 100 = \dfrac{3000}{500000} \times 100 = 0.6[\%]$

CB-2차측까지의 합성 임피던스 $\%Z = \%Z_s + \%Z_t = 0.6 + 6 = 6.6[\%]$

차단용량 $P_s = \dfrac{100}{6.6} \times 3000 \times 10^{-3} = 45.45[\text{MVA}]$

(2) • 명칭 : 중성점 접지저항기
• 기능 : 지락사고시 지락 전류 억제 및 건전상 전위 상승 억제

배점7

06 변압기의 절연내력 시험전압에 대한 ①~⑦의 알맞은 내용을 빈칸에 쓰시오.

구분	종류(최대사용전압을 기준으로)	시험전압
①	최대사용전압 7 kV 이하인 권선 (단, 시험전압이 500 V 미만으로 되는 경우에는 500 V)	최대사용전압 × ( )배
②	7 kV를 넘고 25 kV 이하의 권선으로서 중성선 다중접지식에 접속되는 것	최대사용전압 × ( )배
③	7 kV를 60 kV 이하의 권선(중성선 다중접지 제외) (단, 시험전압이 + 10500 kV 미만으로 되는 경우에는 10500 V)	최대사용전압 × ( )배
④	60 kV를 넘는 권선으로서 중성점 비접지식 전로에 접속되는 것	최대사용전압 × ( )배
⑤	60 kV를 넘는 권선으로서 중성점 접지식 전로에 접속하고 또한 성형결선의 권선의 경우에는 그 중성점에 T좌 권선과 주좌 권선의 접속점에 피뢰기를 시설하는 것 (단, 시험전압이 75 kV 미만으로 되는 경우에는 75 kV)	최대사용전압 × ( )배
⑥	60 kV를 넘는 권선으로서 중성점 직접 접지식 전로에 접속하는 것, 다만 170 kV를 초과하는 권선에는 그 중성점에 피뢰기를 시설하는 것	최대사용전압 × ( )배
⑦	170 kV 를 넘는 권선으로서 중성점 직접접지식 전로에 접속하고 또는 그 중성점을 직접 접지하는 것	최대사용전압 × ( )배
(예시)	기타의 권선	최대사용전압 × (1.1)배

정답

구분	종류(최대사용전압을 기준으로)	시험전압
①	최대사용전압 7 kV 이하인 권선 (단, 시험전압이 500 V 미만으로 되는 경우에는 500 V)	최대사용전압 × (1.5)배
②	7 kV를 넘고 25 kV 이하의 권선으로서 중성선 다중접지식에 접속되는 것	최대사용전압 × (0.92)배
③	7 kV를 60 kV 이하의 권선(중성선 다중접지 제외) (단, 시험전압이 10500 kV 미만으로 되는 경우에는 10500 V)	최대사용전압 × (1.25)배
④	60 kV를 넘는 권선으로서 중성점 비접지식 전로에 접속되는 것	최대사용전압 × (1.25)배
⑤	60 kV를 넘는 권선으로서 중성점 접지식 전로에 접속하고 또한 성형결선의 권선의 경우에는 그 중성점에 T좌 권선과 주좌 권선의 접속점에 피뢰기를 시설하는 것 (단, 시험전압이 75 kV 미만으로 되는 경우에는 75 kV)	최대사용전압 × (1.1)배
⑥	60 kV를 넘는 권선으로서 중성점 직접 접지식 전로에 접속하는 것, 다만 170 kV를 초과하는 권선에는 그 중성점에 피뢰기를 시설하는 것	최대사용전압 × (0.72)배
⑦	170 kV를 넘는 권선으로서 중성점 직접접지식 전로에 접속하고 또는 그 중성점을 직접 접지하는 것	최대사용전압 × (0.64)배
(예시)	기타의 권선	최대사용전압 × (1.1)배

배점6

07 그림과 같이 정격전압 440[V], 정격 전기자전류 540[A], 정격 회전속도 900[rpm]인 직류 분권전동기가 있다. 브러시 접촉저항을 포함한 전기자 회로의 저항은 $0.041[\Omega]$, 자속은 항시 일정할 때, 다음 각 물음에 답하시오.

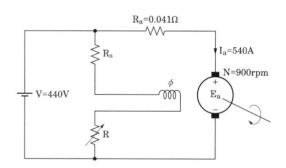

(1) 전기자 유기전압 E_a는 몇 V 인지 구하시오.

• 계산 : _____ • 답 : _____

(2) 이 전동기의 정격부하 시 회전자에 발생하는 토크 T [N·m]을 구하시오.

• 계산 : _____ • 답 : _____

(3) 이 전동기는 75% 부하일 때 효율은 최대이다. 이때 고정손(철손+기계손)을 계산하시오.

• 계산 : _____ • 답 : _____

정답 (1) • 계산

$$E_a = V - I_a R_a = 440 - 540 \times 0.041 = 417.86 [\text{V}]$$

• 답 : $417.86[\text{V}]$

(2) • 계산

$$T = \frac{60 I_a E_a}{2\pi N} = \frac{60 \times 540 \times 417.86}{2\pi \times 900} = 2394.16 [\text{N} \cdot \text{m}]$$

• 답 : $2394.16[\text{N} \cdot \text{m}]$

(3) • 계산

직류전동기의 최대효율 조건은 '고정손(철손)과 가변손(동손)이 같을 때' 이다.

이 전동기는 75[%]부하일 때 최대효율이므로

고정손 $= (0.75 I)^2 \times R_a$

$\qquad = (0.75 \times 540)^2 \times 0.041$

$\qquad = 6725.03 [\text{W}]$

• 답 : $6725.03[\text{W}]$

배점5

08 어느 공장에서 기중기의 권상하중 80[t], 12[m] 높이를 4분에 권상하려고 한다. 이것에 필요한 권상 전동기의 출력을 구하시오. (단, 권상기구의 효율은 70[%]이다.)

• 계산 :   • 답 :

정답 • 계산

전동기의 출력 $P = \dfrac{W \times V}{6.12\,\eta} = \dfrac{80 \times 12/4}{6.12 \times 0.7} = 56.022 [\text{kW}]$

• 답 : $56.02[\text{kW}]$

배점5

09 조명설계 시 사용되는 용어 중 감광보상률이란 무엇을 의미하는지 설명하시오.

○

정답 점등 중 광속의 감소를 고려하여 소요광속에 여유를 두어야 하며, 그 정도를 감광보상률이라 한다. 유지율(보수율)의 역수이며 보통 1보다 큰 값을 갖는다.

배점5

10 그림과 같은 전력시스템의 A점에서 고장이 발생하였을 경우 이 지점에서의 3상 단락전류를 옴법에 의하여 구하시오. (단, 발전기 G_1, G_2 및 변압기의 %리액턴스는 자기용량 기준으로 각각 30[%], 30[%] 및 8[%]이며, 선로의 저항은 0.5[Ω/km]이다.)

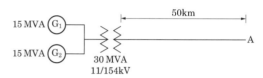

• 계산 : _____ • 답 : _____

────────────────────────────────

정답 발전기와 변압기의 퍼센트 리액턴스를 리액턴스[Ω]로 환산한 후 기준전압 154[kV]로 환산한다.
고장점 전압은 154[kV]이고, 발전측은 11[kV]이므로, 모든 값은 154[kV]기준으로 환산한다.

• 계산

발전기 G_1의 리액턴스 $X_{G1} = \dfrac{\%X_{G1} \times 10\,V^2}{P} \times \left(\dfrac{V_2}{V_1}\right)^2 = \dfrac{30 \times 10 \times 11^2}{15 \times 10^3} \times \left(\dfrac{154}{11}\right)^2 = 474.32[\Omega]$

발전기 G_2의 리액턴스 $X_{G2} = \dfrac{\%X_{G2} \times 10\,V^2}{P} \times \left(\dfrac{V_2}{V_1}\right)^2 = \dfrac{30 \times 10 \times 11^2}{15 \times 10^3} \times \left(\dfrac{154}{11}\right)^2 = 474.32[\Omega]$

변압기의 리액턴스 $X_t = \dfrac{\%X_t \times 10\,V^2}{P} = \dfrac{8 \times 10 \times 154^2}{30 \times 10^3} = 63.24[\Omega]$

선로의 저항 $R = 0.5 \times 50 = 25[\Omega]$

총 합성 임피던스 $Z_0 = R + j\dfrac{X_G}{2} + jX_t = 25 + j\dfrac{474.32}{2} + j63.24$

$\qquad\qquad\qquad = \sqrt{25^2 + (237.16 + 63.24)^2} = 301.44[\Omega]$

단락전류 $I_s = \dfrac{E}{Z_o} = \dfrac{V}{\sqrt{3} \cdot Z_o} = \dfrac{154000}{\sqrt{3} \times 301.44} = 294.96[A]$

• 답 : 294.96[A]

────────────────────────────────

배점4

11 출력 100[kW]의 디젤 발전기를 8시간 운전하며, 발열량 10000[kcal/kg]의 연료를 215[kg] 소비할 때 발전기 종합효율은 몇 [%]인지 구하시오.

• 계산 : _____ • 답 : _____

────────────────────────────────

정답 • 계산

$\eta = \dfrac{860\,W}{mH} = \dfrac{860 \times 100 \times 8}{215 \times 10000} \times 100 = 32[\%]$

m : 연료[kg] , H : 발열량[kcal/kg], W : 전력량[kWh]

• 답 : 32[%]

배점5

12 3상 농형 유도전동기 부하가 다음 표와 같을 때 간선의 굵기를 구하려고 한다. 주어진 참고표의 해당부분을 적용시켜 간선의 최소 전선 굵기를 구하시오. (단, 전선은 PVC 절연전선을 사용하며, 공사방법은 B1에 의하여 시공한다.)

[부하내역]

상 수	전 압	용 량	대 수	기동방법
3상	200V	22 kW	1대	기동기 사용
		7.5 kW	1대	직입 기동
		5.5 kW	1대	직입 기동
		1.5 kW	1대	직입 기동
		0.75 kW	1대	직입 기동

• 계산 :   • 답 :

[표] 200 V 3상 유도전동기의 간선의 굵기 및 기구의 용량   (B종 퓨즈의 경우) (동선)

전동기 kW 수의 총계 (kW) 이하	최대 사용 전류 (A) 이하	배선종류에 의한 간선의 최소 굵기(mm²)						직입기동 전동기 중 최대용량의 것											
		공사방법 A1 3개선		공사방법 B1 3개선		공사방법 C1 3개선		0.75 이하	1.5	2.2	3.7	5.5	7.5	11	15	18.5	22	30	37-55
								기동기사용 전동기 중 최대용량의 것											
								—	—	—	5.5	7.5	11 15	18.5 22	—	30 37	—	45	55
		PVC	XLPE EPR	PVC	XLPE EPR	PVC	XLPE EPR	과전류차단기 (A) – (칸 위 숫자) 개폐기용량 (A) – (칸 아래 숫자)											
3	15	2.5	2.5	2.5	2.5	2.5	2.5	15 30	20 30	30 30	—	—	—	—	—	—	—	—	—
4.5	20	4	2.5	2.5	2.5	2.5	2.5	20 30	20 30	30 30	50 60	—	—	—	—	—	—	—	—
6.3	30	6	4	6	4	4	2.5	30 30	30 30	50 60	50 60	75 100	—	—	—	—	—	—	—
8.2	40	10	6	10	6	6	4	50 60	50 60	50 60	75 100	75 100	100 100	—	—	—	—	—	—
12	50	16	10	10	10	10	6	50 60	50 60	50 60	75 100	75 100	100 100	150 200	—	—	—	—	—
15.7	75	35	25	25	16	16	16	75 100	75 100	75 100	75 100	100 100	100 100	150 200	150 200	—	—	—	—
19.5	90	50	25	35	25	25	16	100 100	100 100	100 100	100 100	100 100	150 200	150 200	200 200	200 200	—	—	—
23.2	100	50	35	35	25	35	25	100 100	100 100	100 100	100 100	100 100	150 200	150 200	200 200	200 200	200 200	—	—
30	125	70	50	50	35	50	35	150 200	150 200	150 200	150 200	150 200	150 200	150 200	200 200	200 200	200 200	—	—
37.5	150	95	70	70	50	70	50	150 200	150 200	150 200	150 200	150 200	150 200	150 200	200 200	300 300	300 300	300	—
45	175	120	70	95	70	70	50	200 200	200 200	200 200	200 200	200 200	200 200	200 200	300 300	300 300	300 300	300 300	300 300
52.5	200	150	95	95	70	95	70	200 200	200 200	200 200	200 200	200 200	200 200	200 200	300 300	300 300	400 400	400 400	400 400
63.7	250	240	150	—	95	120	95	300 300	300 300	300 300	300 300	300 300	300 300	300 300	300 300	400 400	400 400	400 400	500 500
75	300	300	185	—	120	185	120	300 300	300 300	300 300	300 300	300 300	300 300	300 300	300 300	400 400	400 400	400 400	600 600
86.2	350	—	240	—	—	240	150	400 400	400 400	400 400	400 400	400 400	400 400	400 400	400 400	400 400	400 400	400 400	600 600

정답 · 계산

전동기 [kW]수의 총계 $= 22 + 7.5 + 5.5 + 1.5 + 0.75 = 37.25[\text{kW}]$

주어진 참고표에서 전동기수의 총계가 $37.25[\text{kW}]$를 넘는 $37.5[\text{kW}]$와 공사방법 B1의 PVC에서 $70[\text{mm}^2]$를 선정하면 된다.

· 답 : $70[\text{mm}^2]$

배점7

13 변류기(CT)에 관한 다음 각 물음에 답하시오.

(1) Y-△로 결선한 주변압기의 보호로 비율 차동계전기를 사용한다면 CT의 결선은 어떻게 하여야 하는지를 설명하시오.

　　○ _____

(2) 통전 중에 있는 변류기 2차측에 접속된 기기를 교체하고자 할 때 가장 먼저 취하여야 할 사항을 설명하시오.

　　○ _____

(3) 수전전압이 22.9[kV], 수전 설비의 부하 전류가 65[A]이다. 100/5 A의 변류기를 통하여 과부하 계전기를 시설하였다. 120[%]의 과부하에서 차단기를 차단시킨다면 과부하 계전기의 전류 값은 몇 A로 설정해야 하는지 계산하시오.

· 계산 : _____　　　· 답 : _____

정답 (1) 변압기 Y결선된 측은 변류기 △ 결선, △ 결선된 측은 변류기 Y결선

(2) 2차측을 단락시킨다.

(3) · 계산 : $I_{tap} = 65 \times \dfrac{5}{100} \times 1.2 = 3.9[\text{A}]$

　　· 답 : 4[A] 설정

2015

배점4

14 다음과 같은 축전지의 충전방식은 어떤 충전방식인지 그 충전방식의 명칭을 쓰시오.

(1) 정류기가 축전지의 충전에만 사용되지 않고 평상시 다른 직류부하의 전원으로 병행하여 사용되는 충전방식을 쓰시오.

○ _____

(2) 축전지의 각 전해조에 일어나는 전위차를 보정하기 위해 1~3개월마다 1회 정전압으로 10~12시간 충전하는 충전방식을 쓰시오.

○ _____

정답 (1) 부동충전방식
 (2) 균등충전방식

배점6

15 전압 22900[V], 주파수 60[Hz], 선로길이 7[km] 1회선의 3상 지중 송전선로가 있다. 이의 3상 무부하 충전전류 및 충전용량을 구하시오. (단, 케이블의 1선당 작용 정전용량은 0.4[μF/km]라고 한다.)

(1) 충전전류

• 계산 : _____   • 답 : _____

(2) 충전용량

• 계산 : _____   • 답 : _____

정답 (1) • 계산
 충전전류 값
$$I_c = 2\pi \times 60 \times 0.4 \times 10^{-6} \times 7 \times \left(\frac{22900}{\sqrt{3}}\right) = 13.949[\text{A}]$$
 • 답 : 13.95[A]

(2) • 계산
 충전용량
$$Q_c = 3 \times 2\pi \times 60 \times 0.4 \times 10^{-6} \times 7 \times \left(\frac{22900}{\sqrt{3}}\right)^2 \times 10^{-3} = 553.27[\text{kVA}]$$
 • 답 : 553.27[kVA]

배점6

16 지중 케이블의 고장점 탐지법 3가지와 각각의 사용 용도를 쓰시오.

고장점 탐지법	사 용 용 도

정답

고장점 탐지법	사 용 용 도
머레이 루프법	1선지락사고, 선간단락사고시 고장점 탐지
펄스 측정법	3선단락 및 지락사고시 고장점 탐지
정전용량법	단선사고 등의 고장점 탐지

배점5

17 발전소 및 변전소에 사용되는 다음 각 모선보호방식에 대하여 설명하시오.

(1) 전류 차동 계전 방식 :

(2) 전압 차동 계전 방식 :

(3) 위상 비교 계전 방식 :

(4) 방향 비교 계전 방식 :

정답 (1) **전류 차동 방식** : 각 모선에 설치된 CT의 2차 회로를 차동 접속하고 거기에 과전류 계전기를 설치한 것으로서, 모선내 고장에서는 모선에 유입하는 전류의 총계와 유출하는 전류의 총계가 서로 다르다는 것을 이용해서 고장 검출을 하는 방식이다.

(2) **전압 차동 방식** : 각 모선에 설치된 CT의 2차 회로를 차동 접속하고 거기에 임피던스가 큰 전압계전기를 설치한 것으로서, 모선내 고장에서는 계전기에 큰 전압이 인가되어서 동작하는 방식이다.

(3) **위상 비교 방식** : 모선에 접속된 각 회선의 전류 위상을 비교함으로써 모선 내 고장인지 외부 고장인지를 판별하는 방식이다.

(4) **방향 비교 방식** : 모선에 접속된 각 회선에 전력방향계전기 또는 거리방향 계전기를 설치하여 모선으로부터 유출하는 고장전류가 없는데 어느 회선으로부터 모선방향으로 고장 전류의 유입이 있는지 파악하여 모선내 고장인지 외부 고장인지를 판별하는 방식이다.

배점6

18 그림은 3상 유도전동기의 Y-△ 기동방식의 주회로 부분이다. 다음 물음에 답하시오.

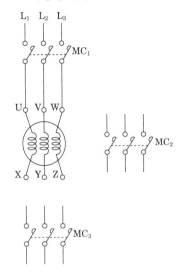

(1) 주회로 부분의 미완성 회로에 대한 결선을 완성하시오.

  ○

(2) Y-△ 기동과 전전압 기동에 대하여 기동전류 비를 제시하여 설명하시오.

  ○

(3) 3상 유도전동기 Y-△로 기동하여 운전할 때 기동과 운전을 하기 위한 제어회로의 동작사항을 설명하시오.

  ○

정답 (1)

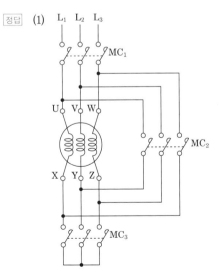

(2) 전전압 기동시보다 Y - △ 기동시 전류는 1/3배이다.

(3) Y결선으로 기동한 후 설정 시간이 지나면 △ 결선으로 운전한다. Y와 △ 는 동시투입이 되어서는 안 된다.

19 그림과 같은 유접점 회로를 무접점 회로로 바꾸고, 이 논리회로를 NAND만의 회로로 변환하시오.

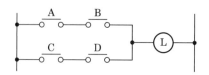

정답

구분	논리식	회로도
무접점 회로	$L = AB + CD$	(A, B → AND, C, D → AND, OR → L)
NAND만의 회로	$L = \overline{\overline{AB} \cdot \overline{CD}}$	(A, B → NAND, C, D → NAND, NAND → L)

국가기술자격검정 실기시험문제 및 정답

2015년도 전기기사 제3회 필답형 실기시험

종 목	시험시간	형 별	성 명	수험번호
전기기사	2시간 30분	A		

※ 수험자 인적사항 및 답안작성(계산식 포함)은 흑색의 필기구만 사용하여야 하며 흑색을 제외한 유색 필기구 또는 연필류를 사용하거나 2가지 이상의 색을 혼합 사용하였을 경우 그 문항은 0점 처리됩니다.

배점4

01 역률을 개선하면 전기 요금의 저감과 배전선의 손실 경감, 전압 강하 감소, 설비 여력의 증가 등을 기할 수 있으나, 너무 과보상하면 역효과가 난다. 역률 과보상시 단점 3가지를 쓰시오.

　○

　○

　○

정답 ① 역률 저하 및 손실 증가

② 모선 전압의 상승

③ 고조파 왜곡 증대

배점5

02 배전 변전소의 각종 시설에는 접지를 하고 있다. 그 접지 목적을 3가지 쓰시오.

　○

　○

　○

정답 ① 지락 및 단락 전류 등 고장 전류로부터 기기 보호

② 배전 변전소 운전원의 감전사고 및 설비의 화재사고를 방지

③ 보호 계전기의 확실한 동작 확보 및 전위 상승 억제

배점5

03 3상 교류 전동기는 고장이 발생하면 여러 문제가 발생하므로, 전동기를 보호하기 위해 과부하보호 이외에 여러 가지 보호 장치를 하여야 한다. 3상 교류 전동기 보호를 위한 종류를 5가지만 쓰시오.(단, 과부하 보호는 제외한다)

○ _____ ○ _____

○ _____ ○ _____

○ _____

정답

① 지락보호 ② 단락보호

③ 저전압 보호 ④ 불평형 보호

⑤ 회전자 구속 보호

배점6

04 동기발전기를 병렬로 접속하여 운전하는 경우에 발생하는 횡류의 종류 3가지를 쓰고, 각각의 작용에 대하여 설명하시오.

○ _____ ○ _____

○ _____

정답

종 류	작 용
무효횡류	병렬운전 중인 발전기의 전압을 서로 같게 한다.
유효횡류	병렬운전 중인 발전기의 위상을 서로 같게 한다.
고조파 무효횡류	전기자 권선의 저항손이 증가하여 과열의 원인이 된다.

종 류	작 용
무효횡류	동기발전기의 유기기전력이 같지 않을 경우 기전력이 큰 쪽에서 작은 쪽으로 무효순환전류가 흐르며 전압을 서로 같게 한다. 이때 순환전류는 역률이 거의 0인 무효 전류로 무효분의 크기만 변화시킨다. 따라서 계자를 강하게 한 발전기는 역률이 나빠지며 나머지 발전기의 역률은 좋아진다.
유효횡류(동기화 횡류)	동기발전기의 위상이 같지 않을 경우 순환전류가 발생하며 위상이 앞선 발전기가 위상이 늦은 발전기에 전력을 공급하여 동일한 위상을 유지하도록 하기 때문에 동기화 전류 또는 유효분의 크기만 변화시키므로 유효 횡류라 한다.
고조파 무효횡류	동기발전기의 기전력의 파형이 다를 경우 각 순시의 기전력의 크기가 같지 않기 때문에 고조파 무효순환전류가 흐르며 이로 인해 전기자 권선의 저항손이 증가하여 과열의 원인이 된다.

2015

배점5

05 사용 중인 UPS의 2차 측에 단락사고 등이 발생했을 경우 UPS와 고장회로를 분리하는 방식 3가지를 쓰시오.

○ _____   ○ _____

○ _____

정답 ① 배선용차단기에 의한 방식
② 속단퓨즈에 의한 방식
③ 반도체차단기에 의한 방식

배점5

06 전기방폭설비의 의미를 설명하시오.

○ _____

정답 방폭전기설비(Electrical Installations of Explosionproof)
위험지역, 폭발성분위기 속에서 사용에 적합하도록 기술적 조치를 강구한 전기설비, 관련배선, 전선관, 장치금구류를 총칭한다.

배점4

07 역률 80[%], 10000[kVA]의 부하를 가진 변전소에 2000[kVA]의 콘덴서를 설치해서 역률을 개선하는 경우 변입기에 걸리는 부하는 몇 [kVA]인지 계산하시오.

• 계산 :   • 답 :

정답 • 계산
① 부하의 지상무효전력
$$P_r = P_a \cdot \sin\theta = 10000 \times 0.6 = 6000[\text{kVar}]$$
② 콘덴서 설치시 무효전력(Q_c : 콘덴서 용량)
$$P_{r2} = P_{r1} - Q_c = 6000 - 2000 = 4000[\text{kVar}]$$
③ 유효전력
$$P = P_a \cdot \cos\theta = 10000 \times 0.8 = 8000[\text{kW}]$$
④ 변압기에 걸리는 부하의 크기
$$P_a{}' = \sqrt{P^2 + P_{r2}^2} = \sqrt{8000^2 + 4000^2} = 8944.271[\text{kVA}]$$
• 답 : 8944.27[kVA]

08 분전반에서 50[m]의 거리에 380[V], 4극 3상 유도전동기 37[kW]를 설치하였다. 전압강하를 5[V]이하로 하기 위해서 전선의 굵기[mm²]를 얼마로 선정하는 것이 적당한가? (단, 전압강하계수는 1.1, 전동기의 전부하 전류는 75[A], 3상 3선식 회로임)

• 계산 : _____   • 답 : _____

정답 • 계산

$$\text{전선의 굵기} = \frac{30.8 \times LI}{1000 \times e} = \frac{30.8 \times 50 \times 75}{1000 \times 5} \times 1.1 = 25.41[\text{mm}^2]$$

• 답 : 35[mm²]

이것이 *핵심이다*

전압 강하 및 계산 약식

전기 방식	전압 강하	전선 단면적
단상 2선식 및 직류 2선식	$e = \dfrac{35.6LI}{1000A}$	$A = \dfrac{35.6LI}{1000e}$
3상 3선식	$e = \dfrac{30.8LI}{1000A}$	$A = \dfrac{30.8LI}{1000e}$
단상 3선식 · 직류 3선식 · 3상 4선식	$e' = \dfrac{17.8LI}{1000A}$	$A = \dfrac{17.8LI}{1000e'}$

단, e : 각 선간의 전압 강하[V]

　　e' : 외측선 또는 각 상의 1선과 중성선 사이의 전압 강하[V]

　　A : 전선의 단면적[mm²], L : 전선 1본의 길이[m], I : 전류[A]

09 배전용 변압기의 고압측(1차측)에 여러 개의 탭을 설치하는 이유를 서술하시오.

○ _____

_____

정답 변압기 1차측의 권수비를 조정하여 변압기 2차측 전압을 조정하기 위해(수전점의 전압을 조정하기 위해)

이것이 핵심이다

1. 국내 표준 탭 전압

정격전압 [kV]	탭 전압 [kV]				
3.3	3.49	3.3	3.15	3.0	2.85
6.6	6.9	6.6	6.3	6.0	5.7
22.9	23.9	22.9	21.9	20.9	19.9

상기 탭 전압은 일반적으로 국내에서 사용되는 표준 탭 전압이다. 정격전압보다 낮은 탭 전압이 많은 이유는 배전 계통에서 발생하는 선로의 전압강하가 많이 발생하기 때문이다.

2. 탭 변경 : 탭 전압과 2차측에 유도되는 전압은 반비례 관계

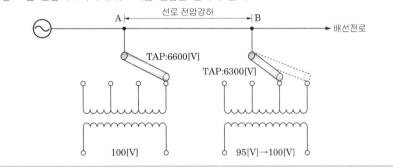

배점5

10 과전류계전기와 수전용 차단기 연동시험시 시험전류를 가하기 전에 준비해야 하는 사항 3가지를 쓰시오.

○

○

○

정답 ① 전류계   ② 수저항기   ③ 사이클 카운터

이것이 핵심이다

1. 물 저항기

   물 속에 전극을 집어넣고, 전극 간의 물을 저항체로 사용하여 전극 간의 거리, 면적 등에 의해 저항치를 교환할 수 있도록 한 장치이다.

2. 과전류 계전기 동작시험 회로도

   계전기 시험에는 동작하는 최소전류치를 구하는 최소동작전류시험과, 설정 전류치의 2배, 5배의 전류를 흘리고 차단기를 포함한 회로의 동작시간을 구하는 한시특성 시험이 있다.

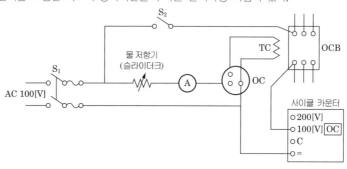

배점5

11 변압비 30인 계기용 변압기를 그림과 같이 잘못 접속하였다. 각 전압계 V_1, V_2, V_3에 나타나는 단자 전압은 몇[V]인가?

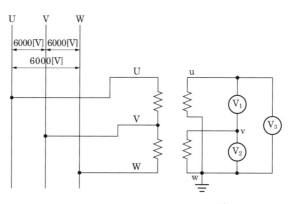

• 계산 : _____ • 답 : _____

[정답] (1) • 계산 : $V_1 = \dfrac{6000}{30} \times \sqrt{3} = 346.41[V]$ • 답 : $346.41[V]$

(2) • 계산 : $V_2 = \dfrac{6000}{30} = 200[V]$ • 답 : $200[V]$

(3) • 계산 : $V_3 = \dfrac{6000}{30} = 200[V]$ • 답 : $200[V]$

• V_2과 V_3에는 각각의 상전압을 지시한다.

• V_1에는 V_2과 V_3의 선간전압(차전압)을 지시한다.

배점5

12 변압기 용량이 $500[\mathrm{kVA}]$ 1뱅크인 200세대 아파트가 있다. 전등, 전열설비 부하가 $600[\mathrm{kW}]$, 동력설비 부하가 $350[\mathrm{kW}]$ 이라면 전부하에 대한 수용률은 얼마인가? (단, 전등 및 전열 설비의 역률은 1.0, 동력설비의 역률은 0.7이고, 효율은 무시한다.)

• 계산 : _____   • 답 : _____

정답 • 계산

$$\text{변압기 용량} = \frac{\text{설비용량} \times \text{수용률}}{\text{부등률} \times \text{역률}} \qquad \therefore \text{수용률} = \frac{\text{변압기 용량} \times \text{역률}}{\text{설비용량}}$$

전등부하와 동력부하의 역률이 다르기 때문에 합성역률을 계산해서 대입

$$P_{r2} = 350 \times \frac{\sqrt{1-0.7^2}}{0.7} = 357.07[\mathrm{kVar}]$$

$$\cos\theta = \frac{P_1 + P_2}{\sqrt{(P_1+P_2)^2 + (P_{r1}+P_{r2})^2}} = \frac{600+350}{\sqrt{(600+350)^2 + (0+357.07)^2}} = 0.936$$

(참고 : 전등은 역률이 1이기 때문에 무효전력이 없고, 동력부하의 무효전력만 존재한다.)

그러므로, 수용률 $= \dfrac{500 \times 0.936}{950} \times 100 = 49.26[\%]$

• 답 : $49.26[\%]$

배점7

13 다음 미완성 시퀀스도는 누름버튼 스위치 하나로 전동기를 기동, 정지를 제어하는 회로이다. 동작사항과 회로를 보고 각 물음에 답하시오. (단, X_1, X_2 : 8핀 릴레이, MC : 5a 2b 전자 접촉기, PB : 누름버튼 스위치, RL : 적색램프이다.)

【동작사항】

① 누름버튼 스위치(PB)를 한 번 누르면 X_1에 의하여 MC 동작(전동기 운전), RL 램프 점등
② 누름버튼 스위치(PB)를 한 번 더 누르면 X_2에 의하여 MC 소자(전동기 정지), RL 램프 소등
③ 누름버튼 스위치(PB)를 반복하여 누르면 전동기가 기동과 정지를 반복하여 동작

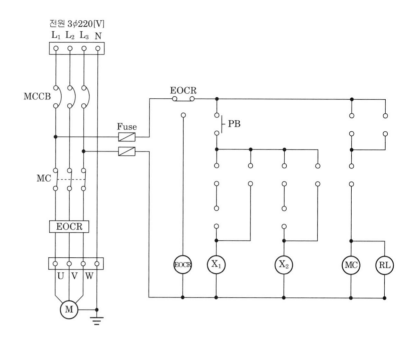

(1) 동작사항에 맞도록 미완성 시퀀스도를 완성하시오. (단, 회로도에 접점의 그림기호를 직접 그리고, 접점의 명칭을 정확히 표시하시오.)

예) X_1 릴레이 a접점인 경우 : $\overset{\circ}{\underset{\circ}{\mid}}X_1$

(2) MCCB의 명칭을 쓰시오.

(3) EOCR의 명칭 및 용도를 쓰시오.

• 명칭 : _____

• 사용목적 : _____

정답 (1)

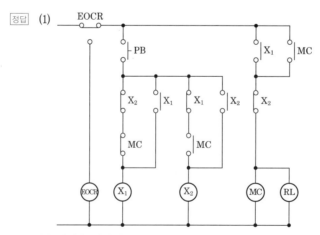

(2) 배선용 차단기

(3) 전자식 과부하 계전기 : 전동기에 과전류가 흐르면 동작하여 MC를 트립시켜 전동기를 보호한다.

14 그림과 같이 폭이 $30[\mathrm{m}]$인 도로 양쪽에 지그재그 식으로 $300[\mathrm{W}]$의 고압수은등을 배치하여 도로의 평균 조도를 $5[\mathrm{lx}]$로 하자면, 각 등의 간격 b[m]은 얼마가 되어야 하는가? (단, 조명률은 0.32, 감광보상률은 1.3, 수은등의 광속은 $5500[\mathrm{lm}]$이다.)

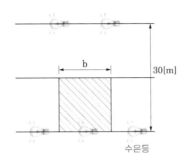

30[m]

수은등

• 계산 : _____   • 답 : _____

정답 • 계산 : $FUN = DES$

$$S = \frac{FUN}{DE} = \frac{5500 \times 0.32 \times 1}{5 \times 1.3} = 270.77[\mathrm{m}^2]$$

$\dfrac{1}{2}ab = 270.77[\mathrm{m}^2]$이며, $(a = 30[\mathrm{m}])$

$$b = \frac{2 \times 270.77}{30} = 18.051[\mathrm{m}]$$

• 답 : $18.05[\mathrm{m}]$

이것이 핵심이다

(1) 도로주명의 조명면적

양쪽조명(대칭식)	양쪽조명(지그재그)	일렬조명(편측)	일렬조명(중앙)
$S = \dfrac{a \cdot b}{2}$	$S = \dfrac{a \cdot b}{2}$	$S = ab$	$S = ab$

(2) 도로조명 설계에 있어서 성능상 고려하여야 할 사항

    ① 운전자가 보는 도로의 휘도가 충분히 높고, 조도균제도가 일정할 것

    ② 보행자가 보는 도로의 휘도가 충분히 높고, 조도균제도가 일정할 것

    ③ 조명기구의 눈부심이 불쾌감을 주지 않을 것

    ④ 조명시설이 도로나 그 주변의 경관을 해치지 않을 것

    ⑤ 광원색이 환경에 적합한 것이며, 그 연색성이 양호할 것

15 유효낙차 100[m], 최대사용 수량 10[m³/s]의 수력발전소에 발전기 1대를 설치하려고 한다. 적당한 발전기의 용량[kVA]은 얼마인지 계산하시오. (단, 수차와 발전기의 종합효율 및 부하역률은 각각 85[%]로 한다.)

• 계산 :   • 답 :

 • 계산

발전기출력 : $P = 9.8QH\eta$[kW](η : 종합효율, Q : 수량[m³/s], H : 유효낙차[m]

$P = 9.8 \times 10 \times 100 \times 0.85 = 8330$[kW]

[kVA]로 변환시 $P = \dfrac{8330}{0.85} = 9800$[kVA]

• 답 : 9800[kVA]

쉬엄가기

① 수차출력 : $P = 9.8QH\eta_t$[kW]   ② 발전기 출력 $P_g = 9.8QH\eta_t\eta_g$

16 그림과 같이 차동계전기에 의하여 보호되고 있는 $\Delta - Y$결선 30[MVA], 33/11[kV] 변압기가 있다. 고장전류가 정격전류의 200[%] 이상에서 동작하는 계전기의 전류(i_r) 값은 얼마인가? (단, 변압기 1차측 및 2차측 CT의 변류비는 각각 500/5[A], 2000/5[A]이다.)

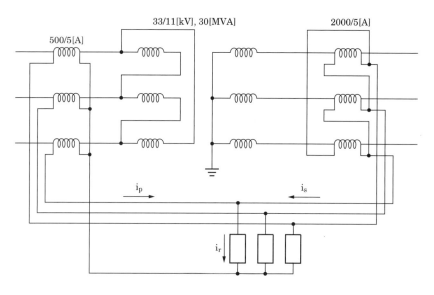

• 계산 :   • 답 :

정답 • 계산

1차전류	2차전류
$i_1 = \dfrac{30 \times 10^3}{\sqrt{3} \times 33} \times \dfrac{5}{500} = 5.248[\text{A}]$	$i_2 = \dfrac{30 \times 10^3}{\sqrt{3} \times 11} \times \dfrac{5}{2000} \times \sqrt{3} = 6.818[\text{A}]$

따라서 i_r 은 $2|i_1 - i_2| = 2|5.25 - 6.82| = 3.14[\text{A}]$

• 답 : $3.14[\text{A}]$

배점13

17 도면과 같이 $345[\text{kV}]$변전소의 단선도와 변전소에 사용되는 주요 재원을 이용하여 다음 각 물음에 답하시오.

(1) 도면의 $345[\text{kV}]$ 측 모선 방식은 어떤 모선 방식인가?

(2) 도면에서 ①번 기기의 설치 목적은 무엇인가?

(3) 도면에 주어진 재원을 참조하여 주변압기에 대한 등가 %임피던스 (Z_H, Z_M, Z_L)를 구하고 ②번 $23[\text{kV}]$ VCB의 차단용량을 계산하시오. (단, 그림과 같은 임피던스 회로는 $100[\text{MVA}]$ 기준)

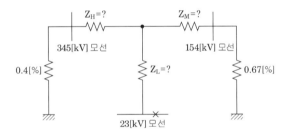

(4) 도면의 $345[\text{kV}]$ GCB에 내장된 계전기 BCT의 오차계급은 C800이다. 부담은 몇 $[\text{VA}]$인가?

(5) 도면의 ③번 차단기의 설치 목적을 설명하시오.

(6) 도면의 주변압기 1Bank(단상×3)을 증실하여 병렬 운전시키고자 한다. 이때 병렬운전 4가지를 쓰시오.

[주변압기]

단권변압기 $345[\text{kV}]/154[\text{kV}]/23[\text{kV}](\text{Y} - \text{Y} - \triangle)$

$166.7[\text{MVA}] \times 3$대 $\fallingdotseq 500[\text{MVA}]$

OLTC부 %임피던스($500[\text{MVA}]$기준) : 1차~2차 : $10[\%]$

1차~3차 : $78[\%]$

2차~3차 : $67[\%]$

[차단기]

$362[\text{kV}]$ GCB25$[\text{GVA}]4000[\text{A}] \sim 2000[\text{A}]$

$170[\text{kV}]$ GCB15$[\text{GVA}]4000[\text{A}] \sim 2000[\text{A}]$

$25.8[\text{kV}]$ VCB( )$[\text{MVA}]2500[\text{A}] \sim 1200[\text{A}]$

[단로기]

362[kV] D.S 4000[A] ~ 2000[A]

170[kV] D.S 4000[A] ~ 2000[A]

25.8[kV] D.S 2500[A] ~ 1200[A]

[피뢰기]

288[kV] LA 10[kA]

144[kV] LA10[kA]

21[kV] LA 10[kA]

[분로 리액터]

23[kV] Sh.R 30[MVAR]

[주모선]

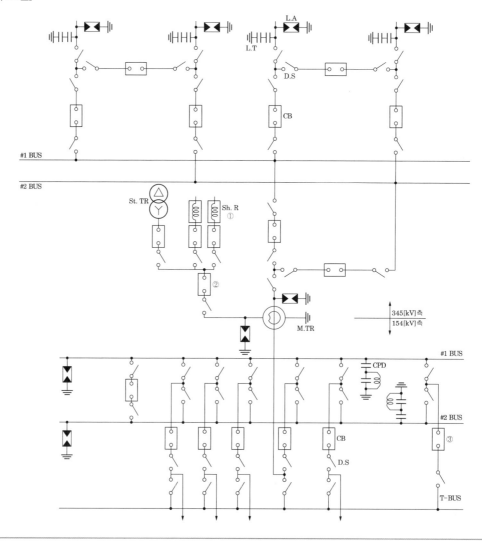

정답 (1) 2중 모선방식

(2) 페란티 현상방지

(3) ① 등가 %임피던스는 문제에서 조건인 $100[\text{MVA}]$ 기준이므로 환산하면

$$Z_{HM} = 10 \times \frac{100}{500} = 2[\%]$$

$$Z_{HL} = 78 \times \frac{100}{500} = 15.6[\%]$$

$$Z_{ML} = 67 \times \frac{100}{500} = 13.4[\%]$$

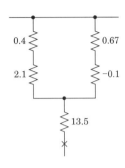

② %등가임피던스로 등가 임피던스 값을 계산

$$Z_H = \frac{1}{2}(Z_{HM} + Z_{HL} - Z_{ML}) = \frac{1}{2}(2 + 15.6 - 13.4) = 2.1[\%]$$

$$Z_M = \frac{1}{2}(Z_{HM} + Z_{ML} - Z_{HL}) = \frac{1}{2}(2 + 13.4 - 15.6) = -0.1[\%]$$

$$Z_L = \frac{1}{2}(Z_{HL} + Z_{ML} - Z_{HM}) = \frac{1}{2}(15.6 + 13.4 - 2) = 13.5[\%]$$

③ VCB 설치점까지의 전체 임피던스 $\%Z = 13.5 + \dfrac{(2.1+0.4)(-0.1+0.67)}{(2.1+0.4)+(-0.1+0.67)} = 13.96[\%]$

④ 차단용량 $P_s = \dfrac{100}{\%Z} \times P_n = \dfrac{100}{13.96} \times 100 = 716.33[\text{MVA}]$

(4) 계전기용 CT 2차 정격 5[A]의 20배의 전류가 흘렀을 때 포화전압 800[V]이므로

$$Z = \frac{800}{5 \times 20} = 8[\Omega] \quad \text{따라서 부담[VA]} = I^2 Z = 5^2 \times 8 = 200[\text{VA}]$$

(5) 무정전으로 점검하기 위해

(6) ① 극성이 같을 것   ② %임피던스가 같을 것

③ 정격 전압(비)이 같을 것   ④ 내부 저항과 누설리액턴스 비가 같을 것

---

18 20개의 가로등이 $500[\text{m}]$ 거리에 균등하게 배치되어 있다. 한 등의 소요전류는 4[A], 전선(동선)의 단면적이 $35[\text{mm}^2]$, 도전율이 $97[\%]$라면 한쪽 끝에서 단상 $220[\text{V}]$로 급전할 때 최종 전등에 가해지는 전압[V]은 얼마인지 계산하시오. (단, 표준연동의 고유저항은 $1/58[\Omega \cdot \text{mm}^2/\text{m}]$이다.)

• 계산 :   • 답 :

정답 ① 단상이며, 말단 집중부하의 경우 전압강하

$$e = 2IR = 2I \times \rho \times \frac{\ell}{A} = 2 \times 4 \times 20 \times \frac{1}{58} \times \frac{100}{97} \times \frac{500}{35} = 40.63[\text{V}]$$

고유저항률 $\rho = \dfrac{1}{58} \times \dfrac{100}{C}$ (C: 도전율[%])

② 균등 부하의 경우 전압강하는 말단 집중부하의 $\dfrac{1}{2}$ 배이다.

최종 전등에 가해지는 전압 $= 220 - 40.63 \times \dfrac{1}{2} = 199.69[\text{V}]$

• 답 : 199.69[V]

memo

2016
과년도 기출문제

국가기술자격검정 실기시험문제 및 정답

2016년도 전기기사 제1회 필답형 실기시험

종 목	시험시간	형 별	성 명	수험번호
전기기사	2시간 30분	A		

※ 수험자 인적사항 및 답안작성(계산식 포함)은 흑색의 필기구만 사용하여야 하며 흑색을 제외한 유색 필기구 또는 연필류를 사용하거나 2가지 이상의 색을 혼합 사용하였을 경우 그 문항은 0점 처리됩니다.

배점3

01 피뢰기에 대한 다음 각 물음에 답하시오.

(1) 현재 사용되고 있는 교류용 피뢰기의 구조는 무엇과 무엇으로 구성되어 있는지 쓰시오.

- 답 : _____

(2) 피뢰기의 정격전압은 어떤 전압인지 설명하시오.

- 답 : _____

(3) 피뢰기의 제한전압은 어떤 전압인지 설명하시오.

- 답 : _____

정답 (1) 직렬갭, 특성요소

(2) 속류를 차단하는 상용주파 최고의 교류전압

(3) 충격파 전류가 흐르고 있을 때 피뢰기의 단자 전압

배점5

02 비상용 조명부하 110[V]용 100[W] 77등, 60[W] 55등이 있다. 방전시간 30분 축전지 HS형 54[cell], 허용 최저전압 100[V], 최저 축전지 온도 5[℃]일 때 축전지 용량은 몇 [Ah]인지 계산하시오. (단, 경년용량 저하율 0.8, 용량 환산시간 K = 1.2 이다.)

- 계산 : _____   • 답 : _____

[정답] • 계산

조명부하 전류 $I = \dfrac{P}{V} = \dfrac{60 \times 55 + 100 \times 77}{110} = 100[A]$

축전지 용량 $C = \dfrac{1}{L} KI = \dfrac{1}{0.8} \times 1.2 \times 100 = 150[Ah]$

• 정답 : $150[Ah]$

[배점4]

03 다음 그림과 같은 유접점 회로에 대한 주어진 미완성 PLC 래더 다이어그램을 완성하고, 표의 빈칸 ①~⑥에 해당하는 프로그램을 완성하시오. (단, 회로시작 LOAD, 출력 OUT, 직렬 AND, 병렬 OR, b접점 NOT, 그룹간 묶음 AND LOAD 이다.)

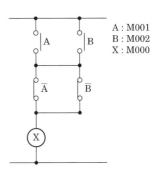

A : M001
B : M002
X : M000

• 프로그램

차례	명령	번지
0	LOAD	M001
1	①	M002
2	②	③
3	④	⑤
4	⑥	–
5	OUT	M000

• 래더 다이어그램

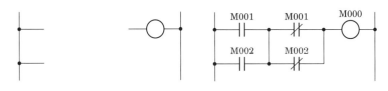

[정답] ① OR ② LOAD NOT ③ M001 ④ OR NOT ⑤ M002 ⑥ AND LOAD

[배점5]

04 초고압 송전전압이 $345[kV]$, 선로 긍장이 $200[km]$인 경우 1회선당 가능한 송전전력은 몇 $[kW]$인지 still식에 의해 구하시오

• 계산 : _____   • 답 : _____

2016

정답 · 계산

① 스틸식 : $V_s = 5.5\sqrt{0.6\ell + \dfrac{P}{100}}\,[\text{kV}] \Rightarrow 5.5\sqrt{0.6 \times 200 + \dfrac{P}{100}} = 345\,[\text{kV}]$

② $\left(\dfrac{345}{5.5}\right)^2 = 0.6 \times 200 + \dfrac{P}{100} \Rightarrow \left(\dfrac{345}{5.5}\right)^2 = 120 + \dfrac{P}{100}$

③ $\left(\dfrac{345}{5.5}\right)^2 - 120 = \dfrac{P}{100} \Rightarrow 3814.71074 \times 100 = P \quad \therefore P = 381471.07\,[\text{kW}]$

· 답 : 381471.07[kW]

이것이 핵심이다

알프레드 스틸의 법칙 : 중거리 선로에서 경제적인 송전전압을 결정하는 식이며, 여기서 P는 [kW]

· $V_s = 5.5\sqrt{0.6\ell\,[\text{km}] + \dfrac{P[\text{kW}]}{100}}\,[\text{kV}]$

· $P = \left\{\left(\dfrac{V_s}{5.5}\right)^2 - 0.6\ell\right\} \times 100\,[\text{kW}]$

배점9

05 그림과 같은 수전계통을 보고 다음 각 물음에 답하시오.

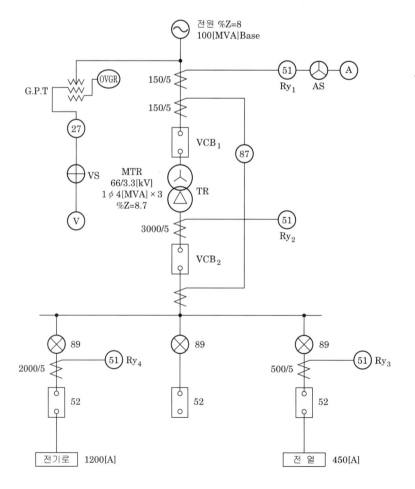

(1) "27"과 "87" 계전기의 명칭과 용도를 설명하시오.

기기	명칭	용도
27		
87		

(2) 다음의 조건에서 과전류계전기 Ry_1, Ry_2, Ry_3, Ry_4의 탭(Tap) 설정값은 몇 [A]가 가장 적정한지를 계산에 의하여 정하시오.

【조 건】
- Ry_1, Ry_2의 탭 설정값은 부하전류 160[%]에서 설정한다.
- Ry_3의 탭 설정값은 부하전류 150[%]에서 설정한다.
- Ry_4는 부하가 변동 부하이므로, 탭 설정값은 부하전류 200[%]에서 설정한다.
- 과전류 계전기의 전류탭은 2[A], 3[A], 4[A], 5[A], 6[A], 7[A], 8[A]가 있다.

계전기	계산과정	설정값
Ry_1		
Ry_2		
Ry_3		
Ry_4		

(3) 차단기 VCB_1의 정격전압은 몇 [kV]인가?

○

(4) 전원측 차단기 VCB_1의 정격용량을 계산하고, 다음의 표에서 가장 적당한 것을 선정하도록 하시오.

차단기의 정격표준용량[MVA]

1000	1500	2500	3500

- 계산 : 　　　　　　　　　　　　　　　　　　 · 답 :

정답 (1)

기기	명칭	용도
27	부족 전압 계전기	일정한 값 이하의 전압이 되었을 시 부하를 차단하는 계전기로 주로 정전후 복귀되었을 때 돌발 재투입을 위해서 설치한다.
87	비율 차동 계전기	총입력전류와 총출력전류 간의 차이가 총입력전류에 대하여 일정비율 이상으로 되었을 때 동작하는 계전기로 주로 변압기의 고장 유무확인에 사용한다.

(2) 릴레이 탭 설정값 계산

① 부하 전류 × $\dfrac{1}{변류비}$ × 설정배수

② 상기 ①에서 계산한 수치를 이용하여 주어진 과전류계전 탭 선정

계전기	계산과정	설정값
Ry_1	$\dfrac{4 \times 10^6 \times 3}{\sqrt{3} \times 66 \times 10^3} \times \dfrac{5}{150} \times 1.6 = 5.6[A]$	6[A]
Ry_2	$\dfrac{4 \times 10^6 \times 3}{\sqrt{3} \times 3.3 \times 10^3} \times \dfrac{5}{3000} \times 1.6 = 5.6[A]$	6[A]
Ry_3	$450 \times \dfrac{5}{500} \times 1.5 = 6.75[A]$	7[A]
Ry_4	$1200 \times \dfrac{5}{2000} \times 2 = 6[A]$	6[A]

(3) 사용 회로 공칭 전압 66[kV]의 차단기 정격전압은 72.5[kV]이다.
- 답 : 72.5[kV]

(4) • 계산 :

$$P_s = \frac{100}{\%Z} \times P_n = \frac{100}{8} \times 100 = 1250[MVA]$$ 그러므로 차단기의 용량을 표에서 1500[MVA]를 선정한다.

- 답 : 1500[MVA] 선정

 배점5

06 배전용 변전소에 접지공사를 하고자 한다. 접지목적을 3가지로 요약하여 설명하고 중요한 접지개소를 4가지만 쓰시오.

(1) 접지 목적(3가지)

ㅇ _____   ㅇ _____

ㅇ _____

(2) 접지 개소(4가지)

ㅇ _____   ㅇ _____

ㅇ _____   ㅇ _____

정답 (1) 접지 목적
   ① 감전 방지
   ② 이상전압의 억제
   ③ 보호계전기의 확실한 동작
(2) 접지 개소
   ① 일반기기 및 제어반 외함 접지
   ② 피뢰기 및 피뢰침 접지
   ③ 옥외 철구 및 경계책 접지
   ④ 케이블 실드선 접지

배점4

07 380[V] 3상 유도전동기 회로의 간선의 굵기와 기구의 용량을 주어진 표에 의하여 간이로 설계하고자 한다. 다음 조건을 이용하여 간선의 최소 굵기와 과전류차단기의 용량을 구하시오.

─────────── 【조 건】 ───────────

- 설계는 전선관에 3본 이하의 전선을 넣을 경우로 한다.
- 공사방법은 B1, PVC 절연전선을 사용 한다.
- 전동기부하는 다음과 같다.

  0.75[kW] ○ ○ ○ ○ ○ 직입기동 전동기 (2.53[A])
  1.5[kW] ○ ○ ○ ○ ○ 직입기동 전동기 (4.16[A])
  3.7[kW] ○ ○ ○ ○ ○ 직입기동 전동기 (9.22[A])
  3.7[kW] ○ ○ ○ ○ ○ 직입기동 전동기 (9.22[A])
  7.5[kW] ○ ○ ○ ○ ○ 기동기사용 (17.69[A])

[표] 380[V] 3상 유도전동기의 간선의 굵기 및 기구의 용량

전동기 [kW] 수의 총계 [kW] 이하	최대 사용 전류 [A] 이하	배선종류에 의한 간선의 최소 굵기[mm²] 공사방법 A1		공사방법 B1		공사방법 C		직입기동 전동기 중 최대 용량의 것 0.750이하	1.5	2.2	3.7	5.5	7.5	11	15	18.5	22	30	37
												Y−△ 기동기 사용 전동기 중 최대 용량의 것 −	−	−	−	5.5	7.5	11	15	18.5	22	30	37
		PVC	XLPE, EPR	PVC	XLPE, EPR	PVC	XLPE, EPR	과전류 차단기 용량[A] 직입기동[A](칸 위 숫자)					Y−△ 기동(칸 아래 숫자)						
3	7.9	2.5	2.5	2.5	2.5	2.5	2.5	15 / −	15 / −	15 / −	−	−	−	−	−	−	−	−	−
4.5	10.5	2.5	2.5	2.5	2.5	2.5	2.5	15 / −	15 / −	20 / −	30 / −	−	−	−	−	−	−	−	−
6.3	15.8	2.5	2.5	2.5	2.5	2.5	2.5	20 / −	20 / −	30 / −	30 / −	40 / 30	−	−	−	−	−	−	−
8.2	21	4	2.5	2.5	2.5	2.5	2.5	30 / −	30 / −	30 / −	30 / −	40 / 30	50 / 30	−	−	−	−	−	−
12	26.3	6	4	4	2.5	4	2.5	40 / −	40 / −	40 / −	40 / −	40 / 40	50 / 40	75 / 40	−	−	−	−	−
15.7	39.5	10	6	10	6	6	4	50 / −	50 / −	50 / −	50 / −	50 / 50	60 / 50	75 / 50	100 / 60	−	−	−	−
19.5	47.4	16	10	10	6	10	6	60 / −	60 / −	60 / −	60 / −	60 / 60	75 / 60	75 / 60	100 / 60	125 / 75	−	−	−
23.2	52.6	16	10	16	10	10	10	75 / −	75 / −	75 / −	75 / −	75 / 75	75 / 75	100 / 75	100 / 75	125 / 75	125 / 100	−	−
30	65.8	25	16	16	10	16	10	100 / −	100 / −	100 / −	100 / −	100 / 100	100 / 100	100 / 100	125 / 100	125 / 100	− / 100	− / 100	−
37.5	78.9	35	25	25	16	25	16	100 / −	100 / −	100 / −	100 / −	100 / 100	100 / 100	100 / 100	125 / 100	125 / 100	125 / 100	− / 125	−
45	92.1	50	35	35	25	25	16	125 / −	125 / −	125 / −	125 / −	125 / 125	125 / 125	125 / 125	125 / 125	125 / 125	125 / 125	125 / 125	125
52.5	105.3	50	35	35	25	35	25	125 / −	125 / −	125 / −	125 / −	125 / 125	125 / 125	125 / 125	125 / 125	125 / 125	125 / 125	125 / 150	150
63.7	131.6	70	50	50	35	50	35	175 / −	175 / −	175 / −	175 / −	175 / 175	175 / 175	175 / 175	175 / 175	175 / 175	175 / 175	175 / 175	175
75	157.9	95	70	70	50	70	50	200 / −	200 / −	200 / −	200 / −	200 / 200	200 / 200	200 / 200	200 / 200	200 / 200	200 / 200	200 / 200	200
86.2	184.2	120	95	95	70	95	70	225 / −	225 / −	225 / −	225 / −	225 / 225	225 / 225	225 / 225	225 / 225	225 / 225	225 / 225	225 / 225	225

2016

[비고 1] 최소 전선 굵기는 1회선에 대한 것이며, 2회선 이상일 경우는 복수회로 보정계수를 적용하여야 한다.

[비고 2] 공사방법 A1은 벽 내의 전선관에 공사한 절연전선 또는 단심케이블, B1은 벽면의 전선관에 공사한 절연전선 또는 단심케이블, 공사방법 C는 벽면에 공사한 단심 또는 다심케이블을 시설하는 경우의 전선 굵기를 표시하였다.

[비고 3] 「전동기중 최대의 것」에 동시 기동하는 경우를 포함함

[비고 4] 배선용차단기의 용량은 해당 조항에 규정되어 있는 범위에서 실용상 거의 최댓값을 표시함

[비고 5] 배선용차단기의 선정은 최대용량의 정격전류의 3배에 다른 전동기의 정격전류의 합계를 가산한 값 이하를 표시함

[비고 6] 배선용차단기를 배·분전반, 제어반 내부에 시설하는 경우는 그 반 내의 온도상승에 주의할 것

(1) 간선의 최소 굵기

• 계산 : _____   • 답 : _____

(2) 과전류 차단기 용량

• 계산 : _____   • 답 : _____

정답 (1) • 계산

$$0.75 + 1.5 + 3.7 + 3.7 + 7.5 = 17.15[\mathrm{kW}]$$

• 답 : $10[\mathrm{mm}^2]$

(2) 전동기수의 총계가 $17.15[\mathrm{kW}]$이므로 [표]에서 전동기수의 총계 $19.5[\mathrm{kW}]$와 기동기 사용 전동기 중 최대용량의 것 $7.5[\mathrm{kW}]$에서 과전류차단기 용량 $60[\mathrm{A}]$ 선정

• 답 : $60[\mathrm{A}]$

배점5

08 그림과 같은 교류 3상 3선식 전로에 연결된 3상 평형부하가 있다. 이 때 c상의 P점이 단선된 경우, 이 부하의 소비전력은 단선 전 소비전력에 비하여 어떻게 되는지 관계식을 이용하여 설명하시오. (단, 선간 전압은 E[V]이며, 부하의 저항은 R[Ω]이다.)

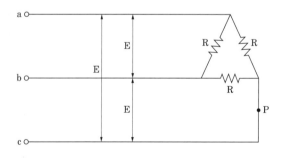

정답 단선 후 전력

① P점 단선시 합성저항 $R_0 = \dfrac{2R \times R}{2R + R} = \dfrac{2}{3} \times R$

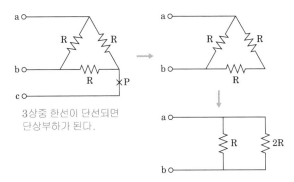

3상중 한선이 단선되면
단상부하가 된다.

② P점 단선시 부하의 소비전력 $P' = \dfrac{E^2}{R_0} = \dfrac{E^2}{\dfrac{2}{3} \times R} = 1.5 \times \dfrac{E^2}{R}$

③ 단선전의 부하의 소비전력 $P = 3 \times \dfrac{E^2}{R}$ 이다.

  그러므로, 단선 후 부하의 소비전력은 단선전의 $\dfrac{1}{2}$ 배이다.

배점7

09 단권변압기는 1차, 2차 양 회로에 공통된 권선부분을 가진 변압기이다. 이러한 단권변압기의 장점 및 단점과 사용용도에 대하여 쓰시오.

(1) 장점(3가지)

  ○ _____

  ○ _____

  ○ _____

(2) 단점(2가지)

  ○ _____

  ○ _____

(3) 사용용도(2가지)

  ○ _____

  ○ _____

정답 (1) 장점

① 동량 감소로 경제적이다.

② 동손 감소로 효율이 개선된다.

③ 누설자속 감소로 전압 변동률이 작다.

(2) 단점

① 1차, 2차 회로가 전기적으로 완전히 절연되지 않는다.

② 단락전류가 크게 되므로 열적, 기계적 강도가 커야 된다.

(3) 사용용도

① 기동보상기

② 승압 및 강압용 변압기

배점8

10 가로 12[m], 세로 18[m], 천장 높이 3[m], 작업면 높이 0.8[m]인 사무실이 있다. 여기에 천장 직부 형광등기구(T5 22[W]×2등용)를 설치하고자 한다. 다음 각 물음에 답하시오.

【조 건】

① 작업면 요구 조도 500[lx]	② 천장 반사율 50[%]
③ 벽면 반사율 50[%]	④ 바닥 반사율 10[%]
⑤ T5 22[W] 1등의 광속 2500[lm]	⑥ 보수율 0.7

[조명률 기준표]

반사율	천장	70[%]				50[%]				30[%]			
	벽	70	50	30	20	70	50	30	20	70	50	30	20
	바닥	10				10				10			
실지수		조명률(%)											
1.5		64	55	49	43	58	51	45	41	52	46	42	38
2.0		69	61	55	50	62	56	51	47	57	52	48	44
2.5		72	66	60	55	65	60	56	52	60	55	52	48
3.0		74	69	64	59	68	63	59	55	62	58	55	52
4.0		77	73	69	65	71	67	64	61	65	62	59	56
5.0		79	75	72	69	73	70	67	64	67	64	62	60

(1) 실지수를 구하시오.

• 계산 : _____ • 답 : _____

(2) 조명률을 구하시오.

• 계산 : _____ • 답 : _____

(3) 설치 등기구의 최소 수량을 구하시오.

• 계산 : _____ • 답 : _____

(4) 형광등의 입력과 출력이 같다. 1일 10시간 연속 점등할 경우 30일간의 최소 소비전력량을 구하시오.

• 계산 : _____　• 답 : _____

정답　(1) • 계산

실지수 $K = \dfrac{X \times Y}{H(X+Y)}$　여기서, 등고 $H = 3 - 0.8 = 2.2[\mathrm{m}]$

∴ 실지수 $K = \dfrac{X \times Y}{H(X+Y)} = \dfrac{12 \times 18}{2.2 \times (12+18)} = 3.272$ 이다.

• 답 : 3.27

(2) 조명률은 주어진 표에서 천장, 벽, 바닥 반사율과 계산한 실지수를 이용하여 찾는다.

• 답 : 63[%]

(3) • 계산

소요등수 $N = \dfrac{DES}{FU} = \dfrac{ES}{FUM} = \dfrac{500 \times (12 \times 18)}{2500 \times 2 \times 0.63 \times 0.7} = 48.979$

• 답 : 49[등]

(4) • 계산

소요전력량 = 소비전력 × 등수 × 시간

$= 22 \times 2 \times 49 \times 10 \times 30 \times 10^{-3} = 646.8[\mathrm{kWh}]$

• 답 : 646.8[kWh]

배점5

11 3상 4선식에서 역률 100[%]의 부하가 각 상과 중성선 간에 연결되어 있다. a상, b상, c상에 흐르는 전류가 각각 110[A], 86[A], 95[A]일 때 중성선에 흐르는 전류의 크기 $|I_N|$을 계산하시오.

• 계산 : _____　• 답 : _____

정답　• 계산

중성선에 흐르는 전류

$I_N = I_a + I_b + I_c = 110 + \left(-\dfrac{1}{2} - j\dfrac{\sqrt{3}}{2}\right) \times 86 + \left(-\dfrac{1}{2} + j\dfrac{\sqrt{3}}{2}\right) \times 95$

$= 19.5 + j7.79$

∴ $|I_N| = \sqrt{19.5^2 + 7.79^2} = 20.998[\mathrm{A}]$

• 답 : 21[A]

배점5

12 변압기의 특성에 대한 다음 각 물음에 답하시오.

(1) 변압기의 호흡작용에 대해 쓰시오.

　　○ _____

(2) 호흡작용으로 인해 발생되는 현상 및 방지대책을 쓰시오.

　○ 발생현상 : _____

　○ 방지대책 : _____

───────────────────────────────

정답 (1) 변압기 외부 온도와 내부에서 발생하는 열에 의해 변압기 내부에 있는 절연유의 부피가 수축, 팽창한
　　　다. 이로 인해 외부의 공기가 변압기 내부로 출입하게 되는 현상을 변압기의 호흡작용이라 한다.
　　(2) • 발생현상 : 호흡작용으로 인해 변압기 내부에 수분 및 불순물이 혼입되어 절연유의 절연내력을
　　　　　저하시키고 침전물을 발생시킬 수 있다.
　　　　• 방지대책 : 호흡기 설치(콘서베이터)

 콘서베이터

절연유 열화의 주원인은 수분 및 산소와 수소 등의 대기 중의 기체로서, 탱크내의 절연유와 접촉, 산화 작용
을 일으킴으로써 절연유의 열화를 촉진시킨다. 이에 대한 문제의 해결을 위하여 콘서베이터를 설치한다.

콘서베이터(Conservator)	
구조	
동작 원리	일반적으로 채택되는 방법으로 변압기 탱크(본체)내의 절연유와 대기와의 직접적인 접촉을 Conservator를 통하여 차단함으로써 변압기 본체의 절연유 열화속도를 저감 시킨다.

배점5

13 3상 3선식 3000[V], 200[kVA]의 배전선로의 전압을 3100[V]로 승압하기 위해서 단상 변압기 3대를 그림과 같이 접속하였다. 이 변압기의 1차, 2차 전압 및 용량을 구하여라. (단, 변압기의 손실은 무시한다.)

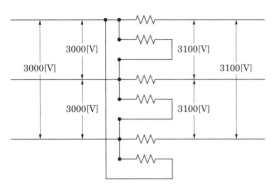

(1) 변압기 1, 2차 전압

• 계산 : _____   • 답 : _____

(2) 변압기 용량[kVA]

• 계산 : _____   • 답 : _____

정답 (1) 계산

$$V_n = \sqrt{\dfrac{4 V_2^2 - V_1^2}{12}} - \dfrac{V_1}{2} = \sqrt{\dfrac{4 \times 3100^2 - 3000^2}{12}} - \dfrac{3000}{2} = 66.31[V]$$

• 답 : 1차측 전압 : 3000[V], 2차측 전압 : 66.31[V]

(2) $\dfrac{\text{자기용량}}{\text{선로출력}} = \dfrac{3 V_n I_2}{\sqrt{3} \, V_2 I_2} \Rightarrow$ 자기용량(변압기 용량) = 선로출력 $\times \dfrac{3 V_n}{\sqrt{3} \, V_2}$

$$= 200 \times \dfrac{3 \times 66.31}{\sqrt{3} \times 3100} = 7.409[kVA]$$

• 답 : ∴ 7.41[kVA]

이것이 핵심이다

단권변압기의 변연장 델타결선

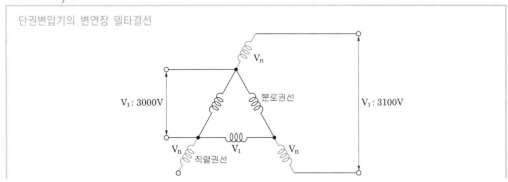

2016

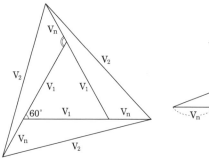

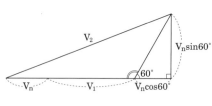

$$V_2^2 = (V_n + V_1 + V_n\cos 60^\circ)^2 + (V_n\sin 60^\circ)^2$$

$$= V_n^2 + V_1^2 + V_n^2\cos^2 60^\circ + 2V_nV_1 + 2V_n^2\cos 60^\circ + 2V_1V_n\cos 60^\circ + V_n^2\sin^2 60^\circ$$

$$= 3V_n^2 + V_1^2 + 3V_nV_1 \Rightarrow 3V_n^2 + 3V_nV_1 + (V_1^2 - V_2^2) = 0$$

$$V_n = \frac{-3V_1 + \sqrt{9V_1^2 - 4\times 3\times(V_1^2 - V_2^2)}}{2\times 3} = -\frac{1}{2}V_1 + \sqrt{\frac{9V_1^2 - 12V_1^2 + 12V_2^2}{36}}$$

$$= -\frac{1}{2}V_1 + \sqrt{\frac{1}{3}V_2^2 - \frac{1}{12}V_1^2}$$

· 인수분해 : $(a+b+c)^2 = a^2 + b^2 + c^2 + 2ab + 2ac + 2bc$

· 근의공식 : $ax^2 + bx + c = 0 \, (단, a \neq 0) \Rightarrow x = \frac{-b \pm \sqrt{b^2 - 4ac}}{2a}$

배점5

14 정격 출력 500[kW]의 디젤 발전기가 있다. 이 발전기를 발열량 10000[kcal/L]인 중유 250[L]을 사용하여 1/2부하에서 운전하는 경우 몇 시간 운전이 가능한지 계산하시오. (단, 발전기의 열효율은 34.4[%]이다.)

· 계산 : ＿＿＿＿＿＿＿＿＿＿＿＿＿＿＿＿＿ · 답 : ＿＿＿＿＿＿＿＿＿＿＿

정답 · 계산

기력발전소의 열효율

$$\eta = \frac{860W}{mH}\times 100 = \frac{860PT}{mH}\times 100 [\%]$$

여기서, m : 연료[L], H : 발열량[kcal/L] , P : 정격출력[kW] , T : 운전시간[h]

단, 부하율이 0.5 이므로 발전기의 출력은 250[kW]가 된다.

$$\therefore T = \frac{10000\times 250\times 0.344}{860\times 500\times\frac{1}{2}} = 4[h]$$

· 답 : 4시간

15 다음 그림은 22.9[kV] 수전설비에서 접지형 계기용변압기(GPT)의 미완성 결선도이다.
다음 각 물음에 답하시오. (단, GPT의 1차 및 2차 보호 퓨즈는 생략한다.)

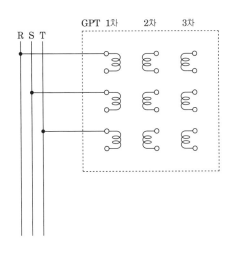
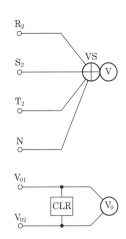

(1) GPT를 활용하여 주회로의 전압 등을 나타내는 회로이다. 회로도에서 활용 목적에 알맞도록 미
완성 부분을 직접 결선하시오. (단, 접지 개소는 반드시 표시하시오.)

(2) GPT의 사용 용도를 쓰시오.

○ _____

(3) GPT 정격 1차, 2차, 3차의 전압을 각각 쓰시오.

• 1차 전압 : _____

• 2차 전압 : _____

• 3차 전압 : _____

(4) GPT의 3차 권선 각상에 전압 110[V] 램프를 접속 하였을 때, 어느 한 상에서 지락사고가 발
생하였다면 램프의 점등 상태는 어떻게 변화하는지 설명하시오.

○ _____

_____

정답 (1)

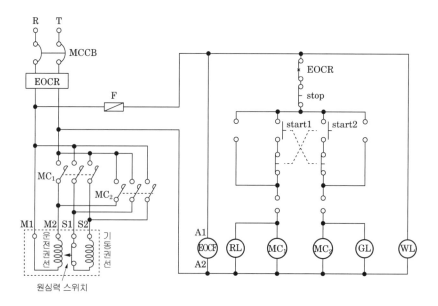

(2) 지락사고시 영상전압검출

(3) • 1차 정격전압 : $\dfrac{22900}{\sqrt{3}}[V]$

• 2차 정격전압 : $\dfrac{110}{\sqrt{3}}[V]$

• 3차 정격전압 : $\dfrac{190}{3}[V]$

(4) 지락된 상의 램프는 소등되고 건전한 상의 램프는 전위상승으로 인해 램프의 밝기는 더욱 밝아진다.

배점6

16 다음과 같은 콘덴서 기동형 단상 유도전동기의 정역회전 회로도이다. 다음 각 물음에 답하시오. (단, 푸시버튼 start1을 누르면 전동기는 정회전, start2를 누르면 역회전한다.)

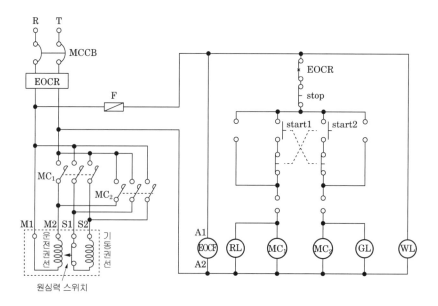

(1) 미완성 결선도를 완성하시오. (단, 접점기호와 명칭을 기입하여야 한다.)

(2) 콘덴서 기동형 단상 유도전동기의 기동원리를 쓰시오.

  ◦ _____

(3) WL, GL, RL은 무엇을 표시하는 표시등 인지 쓰시오.

  • WL : _____   • GL : _____   • RL : _____

정답 (1)

(2) 보조권선에 삽입된 콘덴서에 의해 위상이 변화된 공급전류가 되어 권선에 흐르게 되므로 전자력의 평형상태가 깨져 기동 토크를 얻게 된다. 이때, 회전자가 움직이기 시작하여 일정 회전수까지 속도가 상승되면 원심력 스위치에 의해 콘덴서를 분리하여 운전하는 방식이다.

(3) WL : 전원 표시등   • GL : 역회전 운전표시등   • RL : 정회전 운전표시등

배점8

17 어느 전등 수용가의 총부하는 120[kW]이고, 각 수용가의 수용률은 어느 곳이나 0.5라고 한다. 이 수용가군을 설비용량 50[kW], 40[kW] 및 30[kW]의 3군으로 나누어 그림처럼 변압기 T_1, T_2 및 T_3로 공급할 때 다음 각 물음에 답하시오.

【조 건】

• 각 변압기마다의 수용가 상호간의 부등률 : $T_1 = 1.2$, $T_2 = 1.1$, $T_3 = 1.2$
• 각 변압기마다의 종합 부하율 : $T_1 = 0.6$, $T_2 = 0.5$, $T_3 = 0.4$
• 각 변압기 부하 상호간의 부등률은 1.30이며, 전력손실은 무시한다.

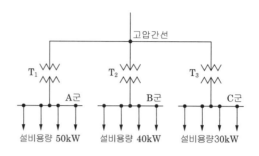

(1) 각 군(A군, B군, C군)의 종합 최대수용전력[kW]을 구하시오.

구 분	계 산 과 정	답
A군		
B군		
C군		

(2) 고압 간선에 걸리는 최대부하[kW]를 구하시오.

• 계산 : _____ • 답 : _____

(3) 각 변압기의 평균수용전력[kW]을 구하시오.

구 분	계 산 과 정	답
A군		
B군		
C군		

(4) 고압 간선의 종합부하율[%]을 구하시오.

• 계산 : _____ • 답 : _____

정답 (1)

구 분	계산과정	답
A군	$\dfrac{50 \times 0.5}{1.2} = 20.83$	20.83[kW]
B군	$\dfrac{40 \times 0.5}{1.1} = 18.18$	18.18[kW]
C군	$\dfrac{30 \times 0.5}{1.2} = 12.5$	12.5[kW]

(2) • 계산

최대부하 = 합성최대전력 = $\dfrac{20.83 + 18.18 + 12.5}{1.3} = 39.62$ [kW]

• 답 : 39.62[kW]

(3)

구 분	계산과정	답
A군	$20.83 \times 0.6 = 12.5$	$12.5[kW]$
B군	$18.18 \times 0.5 = 9.09$	$9.09[kW]$
C군	$12.5 \times 0.4 = 5$	$5[kW]$

(4) • 계산

$$종합부하율 = \frac{각\ 군의\ 평균전력의\ 합}{합성최대전력} = \frac{12.5 + 9.09 + 5}{39.62} \times 100 = 67.11[\%]$$

• 답 : $67.11[\%]$

배점5

18 감리원은 공사완료 후 준공검사 전에 공사업자로부터 시운전 절차를 준비하도록 하여 시운전에 입회할 수 있다. 이에 따른 시운전 완료 후 성과품을 공사업자로부터 제출받아 검토한 후 발주자에게 인계하여야 할 사항(서류 등) 5가지를 쓰시오.

○ _____   ○ _____

○ _____   ○ _____

○ _____

정답 • 점검 항목에 대한 점검표

• 전기 설비 운전 지침

• 기기류의 단독 시운전 방법을 검토 및 계획서

• 실 가동 다이어그램

• 전기 기기 시험 성적서 및 성능 시험 성적서

2016년도 전기기사 제2회 필답형 실기시험

종 목	시험시간	형 별	성 명	수험번호
전기기사	2시간 30분	A		

※ 수험자 인적사항 및 답안작성(계산식 포함)은 흑색의 필기구만 사용하여야 하며 흑색을 제외한 유색 필기구 또는 연필류를 사용하거나 2가지 이상의 색을 혼합 사용하였을 경우 그 문항은 0점 처리됩니다.

배점6

01 건축물의 변전설비가 $22.9[\text{kV} - \text{Y}]$, 용량 $500[\text{kVA}]$이며, 변압기 2차측 모선에 연결되어 있는 배선용차단기에 대하여 다음 각 물음에 답하시오. (단, $\%Z = 5\%$, 2차 전압은 $380[\text{V}]$, 선로의 임피던스는 무시한다.)

(1) 변압기 2차측 정격전류$[\text{A}]$

• 계산 : _____ • 답 : _____

(2) 변압기 2차측 단락전류$[\text{A}]$ 및 배선용차단기의 최소 차단전류$[\text{kA}]$

  ○ 변압기 2차측 단락전류$[\text{A}]$

• 계산 : _____ • 답 : _____

  ○ 배선용차단기의 최소 차단전류$[\text{kA}]$

• 답 : _____

(3) 차단용량$[\text{MVA}]$

• 계산 : _____ • 답 : _____

정답 (1) • 계산

$$I = \frac{P}{\sqrt{3} \times 380} = \frac{500 \times 10^3}{\sqrt{3} \times 380} = 759.67[\text{A}]$$

• 답 : $759.67[\text{A}]$

(2) • 계산

$$I_s = \frac{100}{\%Z} \times I_n = \frac{100}{5} \times 759.67 = 15193.4[\text{A}]$$

• 답 : $15193.4[\text{A}]$,

• 답 : 최소정격차단전류는 $15.19[\text{kA}]$ 이상으로 한다.

(3) • 계산

$$P_s = \sqrt{3} \times V \times I_s = \sqrt{3} \times 380 \times 15193.4 = 9999981.481[\text{VA}]$$

• 답 : $10[\text{MVA}]$

배점5

02 부하가 유도전동기이고, 기동용량이 $500[\mathrm{kVA}]$이다. 기동 시 전압강하는 $20[\%]$, 발전기의 과도리액턴스는 $25[\%]$이다. 이 전동기를 운전할 수 있는 자가발전기의 최소 용량은 몇 $[\mathrm{kVA}]$인지 구하시오.

• 계산 : _____ • 답 : _____

정답 • 계산

$$발전기용량[\mathrm{kVA}] \geq \left(\frac{1}{허용전압강하} - 1 \right) \times 과도리액턴스 \times 기동용량[\mathrm{kVA}]$$

$$= \left(\frac{1-0.2}{0.2} \right) \times 0.25 \times 500 = 500[\mathrm{kVA}]$$

• 답 : $500[\mathrm{kVA}]$

배점5

03 지표면상 $15[\mathrm{m}]$ 높이에 수조가 있다. 이 수조에 매초 $0.2[\mathrm{m}^3]$의 물을 양수하려고 한다. 여기에 사용되는 펌프용 전동기에 3상 전력을 공급하기 위하여 단상 변압기 2대를 사용하였다. 펌프 효율이 $55[\%]$이면, 변압기 1대의 용량은 몇 $[\mathrm{kVA}]$이며, 이때의 결선방법을 쓰시오. (단, 펌프용 3상 농형 유도전동기의 역률은 $90[\%]$이며, 여유계수는 1.1로 한다.)

(1) 변압기 1대의 용량은 몇$[\mathrm{kVA}]$인가?

• 계산 : _____ • 답 : _____

(2) 이 때 결선방식은 무엇인가?

• 답 : _____

정답 (1) • 계산

$$펌프의 소요동력 \ P = \frac{9.8QH}{\eta}[\mathrm{kW}], \quad 펌프의 소요동력 \ P = \frac{9.8QH}{\eta \cdot \cos\theta}[\mathrm{kVA}]$$

$$P = \frac{9.8QH}{\eta \cdot \cos\theta}[\mathrm{kVA}] \ \Rightarrow \ P = \frac{9.8 \times 0.2 \times 15}{0.55 \times 0.9} \times 1.1 = 65.33[\mathrm{kVA}]$$

단상 변압기 2대를 사용하여 펌프용 전동기에 3상 전력을 공급한다는 것은 변압기 2대를 V결선

$$P_V = \sqrt{3} \times P_1[\mathrm{kVA}] \ \Rightarrow \ P_1 = \frac{65.33}{\sqrt{3}} = 37.72[\mathrm{kVA}]$$

• 답 : $37.72[\mathrm{kVA}]$

(2) V-V결선

이것이 핵심이다

- 펌프용 전동기의 소요 동력(용량) 만큼 , 변압기 (2대 V결선)가 전력을 공급
  (펌프용 전동기의 용량[kVA] = 변압기 용량[kVA])
- 역률이 100[%]일 경우 [kW]=[kVA]이다.
- 펌프용 전동기의 소요동력: $P=\dfrac{9.8HQ_sK}{\eta}[\text{kW}]$

  단, Q_s : 분당 양수량 $[\text{m}^3/\text{s}]$, H : 양정[m], η : 효율 , K : 여유계수

배점8

04 다음은 3ϕ 4W 22.9 kV 수전설비 단선결선도이다. 다음 각 물음에 답하시오.

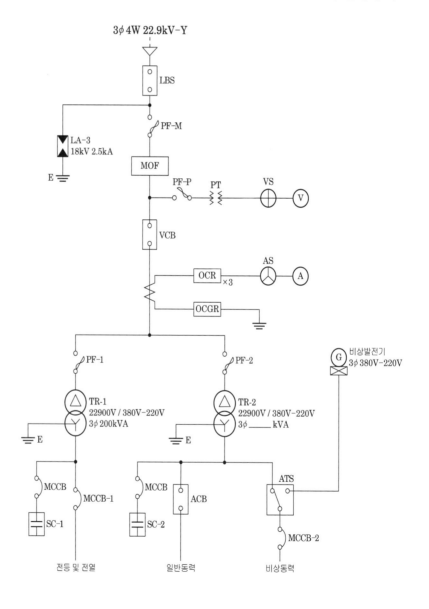

구 분	전등 및 전열	일반 동력	비상동력
설비용량 및 효율	합계 350[kW] 100%	합계 635[kW] 85%	유도전동기1 7.5[kW] 2대 85% 유도전동기2 11[kW] 1대 85% 유도전동기3 15[kW] 1대 85% 비상조명 8000[W] 100%
평균(종합)역률	80%	90%	90%
수 용 률	45%	45%	100%

(1) 수전설비 단선결선도에서 LBS에 대해 답하시오.

　① 우리말의 명칭을 쓰시오

　○ _____

　② 기능과 역할에 대해 간단히 설명하시오.

　○ _____

　③ 같은 용도로 사용되는 기기를 2종류만 쓰시오.

　○ _____　　　○ _____

(2) 부하집계 및 입력 환산표를 완성하시오.
　(단, 입력환산[kVA]의 계산에서 소수점 둘째자리 이하는 버린다.)

구 분		설비용량(kW)	효율(%)	역률(%)	입력환산(kVA)
전등 및 전열		350			
일 반 동 력		635			
비상동력	유도전동기1	7.5×2			
	유도전동기2	11			
	유도전동기3	15			
	비상조명				
	소 계	–	–	–	

(3) 위의 수전설비 단선결선도에서 비상동력부하 중에서[기동(kW)−입력(kW)]의 값이 최대로 되는 전동기를 최후에 기동하는데 필요한 발전기 용량[kVA]을 구하시오.

【참고사항】

- 유도전동기의 출력 1[kW]당 기동 [kVA]는 7.2로 한다.
- 유도전동기의 기동방식은 모두 직입 기동방식이다.
  따라서, 기동방식에 따른 계수는 1로 한다.
- 부하의 종합효율은 0.85, 발전기의 역률은 0.9, 전동기의 기동 시 역률은 0.4로 한다.

· 계산 : _____   · 답 : _____

(4) VCB의 개폐시 발생하는 이상전압으로부터 TR-1과 TR-2를 보호하기 위한 보완대책을 도면에 그리시오. (단, 보호장치는 각 변압기별로 각각 설치한다.)

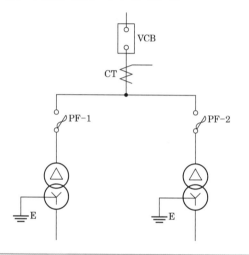

_{정답} (1) ① 부하개폐기

② · 기능 : 무부하 및 부하전류가 흐르고 있는 회로의 개폐
　 · 역할 : 개폐 빈도가 낮은 송배전선 및 수변전 설비의 인입구 개폐

③ 기중부하개폐기, 자동고장 구분개폐기(ASS)

(2) 부하집계 및 입력환산표

구 분		설비용량(kW)	효율(%)	역률(%)	입력환산(kVA)
전등 및 전열		350	100	80	$\frac{350}{1\times0.8}=437.5$
일반동력		635	85	90	$\frac{635}{0.85\times0.9}=830$
비상동력	유도전동기1	7.5×2	85	90	$\frac{7.5\times2}{0.85\times0.9}=19.6$
	유도전동기2	11	85	90	$\frac{11}{0.85\times0.9}=14.3$
	유도전동기3	15	85	90	$\frac{15}{0.85\times0.9}=19.6$
	비상조명	8	100	90	$\frac{8}{1\times0.9}=8.8$
	소　계	−	−	−	62.3

(3) ・계산

　　PG$_3$ 산정식 : 부하 중 (기동[kW]−입력[kW]) 수치가 최대가 되는 전동기 또는 전동기군을 마지막에

　　기동할 때의 발전기 용량[kVA]

$$PG_3 = \left(\frac{\sum P_L - P_m}{\eta_L} + P_m \times \beta \times C \times \cos\theta_s \right) \times \frac{1}{\cos\phi} \ [\text{kVA}]$$

　여기서, $\sum P_L$: 부하출력의 합계[kW]

　　　　　P_m : (기동[kW] − 입력[kW])의 값이 최대가 되는 전동기 또는 전동기군의 출력[kW])

　　　　　$\cos\theta_s$: P_m[kW]의 전동기 기동시 역률

　　　　　$\cos\phi$: 발전기 역률

　　　　　η_L : 부하의 종합 효율

　　　　　β : 전동기 출력 1[kW]당 기동 kVA

　　　　　C : 기동방식에 따른 계수

　　　　　　　(직입기동 1.0, Y−Δ기동 0.67, 기동보상기 0.42, 리액터기동 0.6)

$$\therefore PG_3 \geq \left(\frac{\sum P_L - P_m}{\eta_L} + P_m \times \beta \times C \times \cos\theta_s \right) \times \frac{1}{\cos\phi}$$

$$\geq \left(\frac{49 - 15}{0.85} + 15 \times 7.2 \times 1 \times 0.4 \right) \times \frac{1}{0.9} = 92.44 [\text{kVA}]$$

・정답 : 92.44[kVA]

(4)

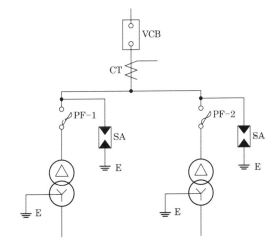

배점5

05 감리원은 매 분기마다 공사업자로부터 안전관리 결과보고서를 제출받아 이를 검토하고 미비한 사항이 있을 때에 시정조치 하여야 한다. 안전관리 결과보고서에 포함되어야 하는 서류5가지를 쓰시오.

　○ ＿＿＿＿＿＿＿＿＿＿＿＿　　　　　○ ＿＿＿＿＿＿＿＿＿＿＿＿

　○ ＿＿＿＿＿＿＿＿＿＿＿＿　　　　　○ ＿＿＿＿＿＿＿＿＿＿＿＿

　○ ＿＿＿＿＿＿＿＿＿＿＿＿

① 안전관리 조직표   ② 안전보건 관리체제
③ 재해발생 현황   ④ 산재요양신청서 사본
⑤ 안전교육 실적표

배점5

06 변압기와 모선 또는 이를 지지하는 애자는 어떤 전류에 의하여 생기는 기계적 충격에 견디는 강도를 가져야 하는지 쓰시오.

• 답 : _____

단락전류

전기설비기술기준 23조 : 발전기, 변압기, 조상기, 모선 또는 이를 지지하는 애자는 단락전류에 의하여 생기는 기계적 충격에 견디어야 한다.

배점5

07 변압기 손실과 효율에 대하여 다음 각 물음에 답하시오.

(1) 변압기의 손실에 대하여 다음 물음에 답하시오.

① 무부하손 : _____

② 부하손 : _____

(2) 변압기의 효율을 구하는 공식을 쓰시오.

○ _____

(3) 변압기의 최대효율 조건을 쓰시오.

○ _____

(1) ① 부하에 관계없이 발생하는 손실로 고정손에 속한다.
② 변압기 권선에 전류가 흐를 때 발생하는 손실이며, 부하의 증감에 따라 가변적인 손실을 말한다.

(2) $\eta_m = \dfrac{mP_a\cos\theta}{mP_a\cos\theta + P_i + m^2P_c} \times 100$

(여기서, $P_i =$ 철손, $P_c =$ 동손, $P_a =$ 변압기용량, $m =$ 부하율)

(3) 변압기의 철손과 동손이 같을 때 변압기 효율은 최대가 된다.

변압기 효율은 철손과 동손이 같아지는 부하일 때가 최고효율임을 증명

변압기의 효율 $\eta = \dfrac{출력}{입력} = \dfrac{출력}{출력+손실} = \dfrac{V_2 I_2 \cos\theta}{V_2 I_2 \cos\theta + P_i + P_c}$

2차로 환산한 권선저항을 R, 부하전류를 I_2라고 하면 동손은 $P_c = I_2^2 R [\mathrm{W}]$라 하고 위의 효율식을 쓰면 다음과 같다. (단, 철손일정 및 권선저항 일정하다고 가정한다.)

$$\eta = \dfrac{V_2 I_2 \cos\theta}{V_2 I_2 \cos\theta + P_i + I_2^2 R} = \dfrac{V_2 \cos\theta}{V_2 \cos\theta + \dfrac{P_i}{I_2} + I_2 R}$$

이 식에서 효율이 최대가 되기 위해서는 식의 분모가 최소가 되어야 하는데 $V_2 \cos\theta$ 는 일정하므로 $\left(\dfrac{P_i}{I_2} + I_2 R\right)$ 이 최소가 되어야만 효율이 최대가 된다.

즉, $y = \left(\dfrac{P_i}{I_2} + I_2 R\right)$ ·········· ㉠

윗 식의 미분값이 0이 될 때 최소가 된다.
왜냐하면 I_2 값의 변화에 따라
y의 값이 그림과 같이 변해갈 때
A–B구간에서 $dy/dI_2 \langle$ 0이고,
B–C구간에서 $dy/dI_2 \rangle$ 0가 되며
B점에서는 dy/dI_2=0이 되므로
이 때 최소값이 되기 때문이다.

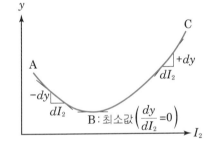

식 ㉠을 다시 쓰면 $y = (P_i I_2^{-1} + I_2 R)$이고,

이 식을 I_2에 관해서 미분하면 $\dfrac{dy}{dI_2} = -P_i I_2^{-2} + R = \dfrac{-P_i}{I_2^2} + R$이다.

이 미분값이 0이 되어야 하므로

$$-\dfrac{P_i}{I_2^2} + R = 0, \ \rightarrow \ R = \dfrac{P_i}{I_2^2} \ \rightarrow \ P_i = I_2^2 R = P_c$$

이 되어 결국 철손과 동손이 같을 때 변압기 효율이 최대가 된다는 것을 알 수 있다.

배점4

08 부하의 특성에 기인하는 전압의 동요에 의하여 조명등이 깜빡거리거나 텔레비전 영상이 일그러지는 등의 현상을 플리커 라고 한다. 배전계통에서 플리커 발생 부하가 증설될 경우에 미리 예측하고 경감을 위하여 수용가측에서 행하는 방법 중 전원계통에 리액터분을 보상하는 방법 2가지를 쓰시오.

○ _____ ○ _____

정답 ① 직렬콘덴서 방식 ② 3권선 보상 변압기 방식

09 가로 20[m], 세로 50[m]인 사무실에서 평균조도를 300[lx]를 얻고자 형광등 40[W] 2등 용을 시설할 경우 다음 각 물음에 답하시오. (단, 40[W] 2등용 형광등 기구의 전체광속 은 4600[lm], 조명률은 0.5, 감광보상률은 1.3, 전기방식은 단상 2선식 200[V]이며, 40 [W] 2등용 형광등의 전체 입력전류는 0.87[A]이고, 1회로의 최대전류는 16[A]로 한다.)

(1) 형광등 기구 수를 구하시오.

 • 계산 : _____　　　　• 답 : _____

(2) 최소분기회로 수를 구하시오.

 • 계산 : _____　　　　• 답 : _____

[정답]　(1) • 계산

$$N = \frac{DES}{FU} = \frac{1.3 \times 300 \times 20 \times 50}{4600 \times 0.5} = 169.565[등]$$

 • 답 : 170[등]

(2) • 계산

분기회로 수 $n = \dfrac{\text{형광등의 총 입력전류}}{\text{1회로의 전류}} = \dfrac{170 \times 0.87}{16} = 9.24$

분기회로 수 산정시 소수점 이하는 절상한다.

 • 답 : 16[A] 분기 10회로

10 콘덴서 회로에 고조파의 유입으로 인한 사고를 방지하기 위하여 콘덴서 용량의 13[%]인 직렬 리액터를 설치하고자 한다. 이 경우 투입시의 전류는 콘덴서의 정격전류(정상시 전 류)의 몇 배의 전류가 흐르게 되는지 구하시오.

 • 계산 : _____　　　　• 답 : _____

[정답]　• 계산

콘덴서 투입시 돌입 전류

$$I = I_n\left(1 + \sqrt{\frac{X_C}{X_L}}\right) = I_n\left(1 + \sqrt{\frac{X_C}{0.13 X_C}}\right) = I_n\left(1 + \sqrt{\frac{1}{0.13}}\right) = 3.77 I_n$$

 • 답 : 3.77배

배점5

11 3상 380[V]의 전동기 부하가 분전반으로부터 300[m]되는 지점(전선 한 가닥의 길이로 본다)에 설치되어 있다. 전동기는 1대로 입력이 78.98[kVA]라고 하며, 전압강하를 6[V]로 하여 분기회로의 전선을 정하고자 할 때, 전선의 최소규격과 전선관의 규격을 구하시오. (단, 전선은 450/750[V]일반용 단심 비닐절연전선으로 하고, 전선관은 후강전선관으로 하며, 부하는 평형되어 있다.)

(1) 전선의 최소규격을 선정

· 계산 : _____   · 답 : _____

(2) 전선관의 규격 선정

· 선정과정 : _____   · 답 : _____

[참고자료]

[표] 전선 최대 길이(3상 3선식 380[V]·전압강하 3.8[V])

전류 [A]	전선의 굵기[mm²]												
	2.5	4	6	10	16	25	35	50	95	150	185	240	300
	전선 최대 길이 [m]												
1	534	854	1281	2135	3416	5337	7472	10674	20281	32022	39494	51236	64045
2	267	427	640	1067	1708	2669	3736	5337	10140	16011	19747	25618	32022
3	178	285	427	712	1139	1779	2491	3558	6760	10674	13165	17079	21348
4	133	213	320	534	854	1334	1868	2669	5070	8006	9874	12809	16011
5	107	171	256	427	683	1067	1494	2135	4056	6404	7899	10247	12809
6	89	142	213	356	569	890	1245	1779	3380	5337	6582	8539	10674
7	76	122	183	305	488	762	1067	1525	2897	4575	5642	7319	9149
8	67	107	160	267	427	667	934	1334	2535	4003	4937	6404	8006
9	59	95	142	237	380	593	830	1186	2253	3558	4388	5693	7116
12	44	71	107	178	285	445	623	890	1690	2669	3291	4270	5337
14	38	61	91	152	244	381	534	762	1449	2287	2821	3660	4575
15	36	57	85	142	228	356	498	712	1352	2135	2633	3416	4270
16	33	53	80	133	213	334	467	667	1268	2001	2468	3202	4003
18	30	47	71	119	190	297	415	593	1127	1779	2194	2846	3558
25	21	34	51	85	137	213	299	427	811	1281	1580	2049	2562
35	15	24	37	61	98	152	213	305	579	915	1128	1464	1830
45	12	19	28	47	76	119	166	237	451	712	878	1139	1423

[비고 1] 전압강하가 2[%] 또는 3[%]의 경우, 전선길이는 각각 이 표의 2배 또는 3배가 된다. 다른 경우에도 이 예에 따른다.

[비고 2] 전류가 20[A] 또는 200[A] 경우의 전선길이는 각각 이 표 전류2[A] 경우의 1/10 또는 1/100이 된다.

[비고 3] 이 표는 평형부하의 경우에 대한 것이다.

[비고 4] 이 표는 역률 1로 하여 계산한 것이다.

[표2] 후강 전선관 굵기의 선정

도체 단면적 [mm²]	전선 본수									
	1	2	3	4	5	6	7	8	9	10
	전선관의 최소 굵기[mm]									
2.5	16	16	16	16	22	22	22	28	28	28
4	16	16	16	22	22	22	28	28	28	28
6	16	16	22	22	22	28	28	28	36	36
10	16	22	22	28	28	36	36	36	36	36
16	16	22	28	28	36	36	36	42	42	42
25	22	28	28	36	36	42	54	54	54	54
35	22	28	36	42	54	54	54	70	70	70
50	22	36	54	54	70	70	70	82	82	82
70	28	42	54	54	70	70	70	82	82	92
95	28	54	54	70	70	82	82	92	92	104
120	36	54	54	70	70	82	82	92		
150	36	70	70	82	92	92	104	104		
185	36	70	70	82	92	104				
240	42	82	82	92	104					

[비고1] 전선의 1본수는 접지선 및 직류회로의 전선에도 적용한다.

[비고2] 이 표는 실험결과와 경험을 기초로 하여 결정한 것이다.

[비고3] 이 표는 KS C IEC 60227-3의 450/750[V] 일반용 단심 비닐절연전선을 기준한 것이다.

정답 · 계산

(1) 배전설계전류 $= \dfrac{78.98 \times 10^3}{\sqrt{3} \times 380} = 119.997 ≒ 120[A]$

전선의 최대길이 $=$ 배전설계의 길이 $\times \dfrac{\dfrac{배전설계전류}{표전류}}{\dfrac{배전설계의\ 전압강하}{표의\ 전압강하}}$

$= 300[m] \times \dfrac{\dfrac{120}{12}}{\dfrac{6}{3.8}} = 1900[m]$

표에서 12[A]기준 전선최대길이 1900[m]보다 높은 2669[m] 선정

· 답 : 150[mm²]

(2) 전선관규격

[표 2] 후강전선관 굵기선정에서 도체단면적 150[mm²]와 전선본수 3과 만나는 70[mm] 선정

· 답 : 70[mm]

배점9

12 전력용 퓨즈에서 퓨즈에 대한 그 역할과 기능에 대해서 다음 각 물음에 답하시오.

(1) 퓨즈의 역할을 크게 2가지로 대별하여 간단하게 설명하시오.

○ _____ ○ _____

(2) 표와 같은 각종 기구의 능력 비교표에서 관계(동작)되는 해당란에 ○표로 표시하시오.

능력 기능	회 로 분 리		사 고 차 단	
	무부하시	부 하 시	과부하시	단 락 시
퓨 즈				
차 단 기				
개 폐 기				
단 로 기				
전자접촉기				

(3) 퓨즈의 성능(특성) 3가지를 쓰시오.

○ _____ ○ _____

○ _____

정답 (1) • 부하 전류를 안전하게 통전시킨다.

　　　• 과전류를 차단하여 선로 및 기기를 보호한다.

(2)

능력 기능	회로분리		사고차단	
	무부하	부 하	과부하	단 락
퓨 즈	○			○
차 단 기	○	○	○	○
개 폐 기	○	○	○	
단 로 기	○			
전자접촉기	○	○	○	

(3) ① 용단 특성

　　② 단시간 허용 특성

　　③ 전차단 특성

2016

배점10

13 어느 변전소에서 그림과 같은 일부하 곡선을 가진 3개의 부하 A, B, C의 수용가에 있을 때 다음 각 물음에 답하시오. (단, 부하 A, B, C의 평균 전력은 각각 4500[kW], 2400[kW], 및 900[kW]라 하고 역률은 각각 100[%], 80[%], 60[%]라 한다.)

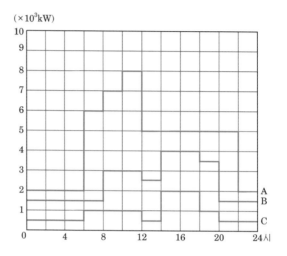

(1) 합성최대전력[kW]을 구하시오.

• 계산 : _____   • 답 : _____

(2) 종합 부하율[%]을 구하시오.

• 계산 : _____   • 답 : _____

(3) 부등률을 구하시오.

• 계산 : _____   • 답 : _____

(4) 최대 부하시의 종합역률[%]을 구하시오.

• 계산 : _____   • 답 : _____

(5) A수용가에 관한 다음 물음에 답하시오.

① 첨두부하는 몇 [kW] 인가?

• 답 : _____

② 지속첨두부하가 되는 시간은 몇 시부터 몇 시까지 인가?

• 답 : _____

③ 하루 공급된 전력량은 몇[MWh]인가?

• 계산 : _____   • 답 : _____

정답 (1) • 계산

합성최대전력 $= (8+3+1) \times 10^3 = 12000$[kW] (10시~12시 사이)

• 답 : 12000[kW]

(2) • 계산

$$\text{종합부하율} = \frac{\text{각 부하 평균전력의 합}}{\text{합성최대전력}} = \frac{4500 + 2400 + 900}{12000} \times 100 = 65[\%]$$

• 답 : 65[%]

(3) • 계산

$$\text{부등률} = \frac{\text{각 부하 최대전력의 합}}{\text{합성최대전력}} = \frac{8 + 4 + 2}{12} = 1.17$$

• 답 : 1.17

(4) • 계산

A수용가 유효전력 = 8000[kW]

　　　　무효전력 = 0

B수용가 유효전력 = 3000[kW]

　　　　무효전력 = $3000 \times \dfrac{0.6}{0.8} = 2250[\text{kVar}]$

C수용가 유효전력 = 1000[kW]

　　　　무효전력 = $1000 \times \dfrac{0.8}{0.6} = 1333.33[\text{kVar}]$

종합유효전력 = 8000 + 3000 + 1000 = 12000[kW]

종합무효전력 = 0 + 2250 + 1333.33 = 3583.33[kVar]

$$\therefore \text{종합역률} = \frac{12000}{\sqrt{12000^2 + 3583.33^2}} = 95.82[\%]$$

• 답 : 95.82[%]

(5) ① 첨두부하 : 8000[kW]

　② 첨두부하가 지속되는 시간 : 10시 ~ 12시

　③ 하루 공급된 전력량 : $4500 \times 24 \times 10^{-3} = 108[\text{MWh}]$

배점5

14 다음 회로에서 소비하는 전력은 몇 [W]인지 구하시오.

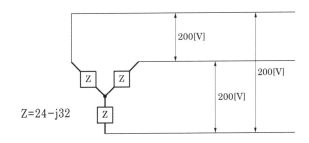

Z=24-j32

• 계산 :

• 답 :

• 계산

$$Z_p = 24 - j32 = \sqrt{24^2 + 32^2} = 40[\Omega]$$

$$I_p = \frac{V_p}{Z_p} = \frac{\dfrac{V_\ell}{\sqrt{3}}}{Z_p} = \frac{V_\ell}{\sqrt{3}\,Z_p} = \frac{200}{\sqrt{3} \times 40} = 2.89[A]$$

$$\therefore P = 3I_p^2 R = 3 \times 2.89^2 \times 24 = 601.35[W]$$

• 답 : 601.35[W]

이것이 핵심이다

$$P = \frac{3 V_P^2 R}{R^2 + X^2} = \frac{3 \times \left(\dfrac{200}{\sqrt{3}}\right)^2 \times 24}{24^2 + 32^2} = 600[W]$$

배점3

15 전력용 진상콘덴서의 정기점검(육안검사) 항목 3가지를 쓰시오.

○ _____ ○ _____

○ _____

① 단자의 이완 및 과열유무 점검   ② 용기의 발청 유무점검   ③ 절연유 누설유무 점검

배점4

16 3상 3선식 배전선로의 각 선간의 전압강하의 근사값을 구하고자 하는 경우에 이용할 수 있는 약산식을 다음의 조건을 이용하여 구하시오.

【조 건】

가. 배선선로의 길이 : $L[m]$, 배전선의 굵기 : $A[mm^2]$, 배전선의 전류 : $I[A]$

나. 표준연동선의 고유저항률($20[℃]$) : $\dfrac{1}{58}[\Omega \cdot mm^2/m]$, 동선의 도전율 : 97[%]

다. 선로의 리액턴스를 무시하고 역률은 1로 간주해도 무방한 경우임.

• 계산 : _____ • 답 : _____

정답 • 계산

① 3상에서 전압강하 $e = \sqrt{3} I(R\cos\theta + X\sin\theta)$

$\qquad\qquad\qquad = \sqrt{3} IR \qquad (\because \cos\theta = 1,\ X = 무시)$

② $R(전선의 저항) = \dfrac{1}{58} \times \dfrac{100}{C} \times \dfrac{L}{A}$ $(C: 동선의 도전율)$

$\qquad\qquad\qquad\qquad = \dfrac{1}{58} \times \dfrac{100}{97} \times \dfrac{L}{A} = \dfrac{1}{56.26} \times \dfrac{L}{A}$

③ 전압강하 $e = \sqrt{3} I \times \dfrac{1}{56.26} \times \dfrac{L}{A} = \dfrac{1}{32.48} \times \dfrac{IL}{A} = \dfrac{30.8}{1000} \times \dfrac{LI}{A}$

• 답 : $e = \dfrac{30.8 LI}{1000 A}$

배점5

17 다음 조건과 같은 동작이 되도록 제어회로의 배선과 감시반 회로 배선 단자를 상호 연결 하시오.

【조 건】

• 배선용차단기(MCCB)를 투입(ON)하면 GL_1과 GL_2가 점등된다.

• 선택스위치(SS)를 "L" 위치에 놓고 PB_2를 누른 후 놓으면 전자접촉기(MC)에 의하여 전동기가 운전 되고, RL_1과 RL_2는 점등, GL_1과 GL_2는 소등된다.

• 전동기 운전 중 PB_1을 누르면 전동기는 정지하고, RL_1과 RL_2는 소등, GL_1과 GL_2는 점등된다.

• 선택스위치(SS)를 "R" 위치에 놓고 PB_3를 누른 후 놓으면 전자접촉기(MC)에 의하여 전동기가 운전 되고, RL_1과 RL_2는 점등, GL_1과 GL_2는 소등된다.

• 전동기 운전 중 PB_4를 누르면 전동기는 정지하고, RL_1과 RL_2는 소등되고 GL_1과 GL_2가 점등된다.

• 전동기 운전 중 과부하에 의하여 EOCR이 작동되면 전동기는 정지하고 모든 램프는 소등되며, EOCR 을 RESET하면 초기상태로 된다.

2016

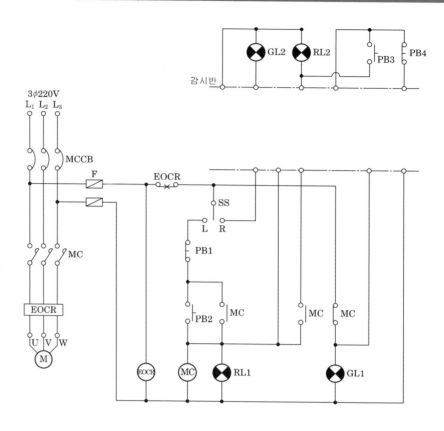

정답

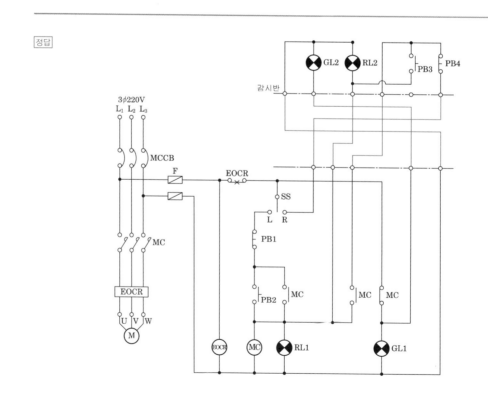

18 다음의 A, B 전등 중 어느 것을 사용하는 편이 유리한지 다음 표를 이용하여 산정하시오.
(단, 1시간 당 점등 비용으로 산정할 것)

전등의 종류	전등의 수명	1[cd]당 소비전력[W] (수명 중의 평균)	평균 구면광도[cd]	1[kWh]당 전력요금[원]	전등의 단가 [원]
A	1500시간	1.0	38	70	1900
B	1800시간	1.1	40	70	2000

• 계산 :   • 답 :

정답 • 계산

① A전구 사용시(1시간기준)

전기요금 : $1 \times 38 \times 10^{-3} \times 70 = 2.66$[원],   A전구 비용 : $\dfrac{1900}{1500} = 1.27$[원]

$2.66 + 1.27 = 3.93$[원]

② B전구 사용시(1시간기준)

전기요금 : $1.1 \times 40 \times 10^{-3} \times 70 = 3.08$[원],   B전구 비용 : $\dfrac{2000}{1800} = 1.11$[원]

$3.08 + 1.11 = 4.19$[원]

③ ∴ $4.19 - 3.93 = 0.26$[원]

• 답 : A전구 사용 시 1시간당 0.26원이 절약되므로 A전구 사용이 유리하다.

국가기술자격검정 실기시험문제 및 정답

2016년도 전기기사 제3회 필답형 실기시험

종 목	시험시간	형 별	성 명	수험번호
전기기사	2시간 30분	A		

※ 수험자 인적사항 및 답안작성(계산식 포함)은 흑색의 필기구만 사용하여야 하며 흑색을 제외한 유색 필기구 또는 연필류를 사용하거나 2가지 이상의 색을 혼합 사용하였을 경우 그 문항은 0점 처리됩니다.

배점5

01 사용전압 380[V]인 3상 직입기동전동기 1.5[kW] 1대, 3.7[kW] 2대와 3상 15[kW] 기동기 사용 전동기 1대 및 3상 전열기 3[kW]를 간선에 연결하였다. 이때의 간선 굵기, 간선의 과전류 차단기 용량을 다음 표를 이용하여 구하시오. (단, 공사방법은 Bl, PVC 절연전선을 사용)

• 계산 :   • 답 :

간선의 굵기	과전류차단기 용량

[표1] 3상 농형 유도전동기의 규약전류 값

출력[kW]	규약전류 [A]	
	200[V]용	380[V]용
0.2	1.8	0.95
0.4	3.2	1.68
0.75	4.8	2.53
1.5	8.0	4.21
2.2	11.1	5.84
3.7	17.4	9.16
5.5	26	13.68
7.5	34	17.89
11	48	25.26
15	65	34.21
18.5	79	41.58
22	93	48.95
30	124	65.26
37	152	80
45	190	100
55	230	121
75	310	163
90	360	189.5
110	440	231.6
132	500	263

[비고 1] 사용하는 회로의 전압이 220[V]인 경우는 200[V]인 것의 0.9배로 한다.

[비고 2] 고효율 전동기는 제작자에 따라 차이가 있으므로 제작자의 기술자료를 참조할 것.

[표2] 380[V] 3상 유도전동기의 간선의 굵기 및 기구의 용량 (배선용 차단기의 경우)(동선)

전동기 [kW] 수의 총계 [kW] 이하	최대 사용 전류 [A] 이하	공사방법 A1 PVC	공사방법 A1 XLPE, EPR	공사방법 B1 PVC	공사방법 B1 XLPE, EPR	공사방법C PVC	공사방법C XLPE, EPR	0.75이하 / –	1.5 / –	2.2 / –	3.7 / –	5.5 / 5.5	7.5 / 7.5	11 / 11	15 / 15	18.5 / 18.5	22 / 22	30 / 30	37 / 37
3	7.9	2.5	2.5	2.5	2.5	2.5	2.5	15 / –	15 / –	15 / –	–	–	–	–	–	–	–	–	–
4.5	10.5	2.5	2.5	2.5	2.5	2.5	2.5	15 / –	15 / –	20 / –	30 / –	–	–	–	–	–	–	–	–
6.3	15.8	2.5	2.5	2.5	2.5	2.5	2.5	20 / –	20 / –	30 / –	30 / –	40 / 30	–	–	–	–	–	–	–
8.2	21	4	2.5	2.5	2.5	2.5	2.5	30 / –	30 / –	30 / –	30 / –	40 / 30	50 / 30	–	–	–	–	–	–
12	26.3	6	4	4	2.5	4	2.5	40 / –	40 / –	40 / –	40 / –	40 / 40	50 / 40	75 / 40	–	–	–	–	–
15.7	39.5	10	6	10	6	6	4	50 / –	50 / –	50 / –	50 / –	50 / 50	60 / 50	75 / 50	100 / 60	–	–	–	–
19.5	47.4	16	10	10	6	10	6	60 / –	60 / –	60 / –	60 / –	60 / 60	75 / 60	75 / 60	100 / 60	125 / 75	–	–	–
23.2	52.6	16	10	16	10	10	10	75 / –	75 / –	75 / –	75 / –	75 / 75	100 / 75	100 / 75	100 / 75	125 / 75	125 / 100	–	–
30	65.8	25	16	16	10	16	10	100 / –	100 / –	100 / –	100 / –	100 / 100	100 / 100	125 / 100	125 / 100	125 / 100	125 / 100	–	–
37.5	78.9	35	25	25	16	25	16	100 / –	100 / –	100 / –	100 / –	100 / 100	100 / 100	125 / 100	125 / 100	125 / 100	125 / 100	125 / 125	–
45	92.1	50	25	35	25	25	16	125 / –	125 / –	125 / –	125 / –	125 / 125	125 / 125	125 / 125	125 / 125	125 / 125	125 / 125	125 / 125	125 / 125
52.5	105.3	50	35	35	25	35	25	125 / –	125 / –	125 / –	125 / –	125 / 125	125 / 125	125 / 125	125 / 125	125 / 125	125 / 125	125 / 125	150 / 150
63.7	131.6	70	50	50	35	50	35	175 / –	175 / –	175 / –	175 / –	175 / 175	175 / 175	175 / 175	175 / 175	175 / 175	175 / 175	175 / 175	175 / 175
75	157.9	95	70	70	50	70	50	200 / –	200 / –	200 / –	200 / –	200 / 200	200 / 200	200 / 200	200 / 200	200 / 200	200 / 200	200 / 200	200 / 200
86.2	184.2	120	95	95	70	95	70	225 / –	225 / –	225 / –	225 / –	225 / 225	225 / 225	225 / 225	225 / 225	225 / 225	225 / 225	225 / 225	225 / 225

(표 설명: 배선종류에 의한 간선의 최소 굵기[mm²] / 직입기동 전동기 중 최대 용량의 것 / 기동기 사용 전동기 중 최대 용량의 것 / 과전류 차단기 (배선용 차단기)용량 [A] 직입기동-(칸 위 숫자), Y-△기동[A] ······ (칸 아래 숫자))

[비고 1] 최소 전선 굵기는 1회선에 대한 것이며, 2회선 이상일 경우는 부록 500-2의 복수회로 보정계수를 적용하여야 한다.

[비고 2] 공사방법 A1은 벽 내의 전선관에 공사한 절연전선 또는 단심케이블, B1은 벽면의 전선관에 공사한 절연전선 또는 단심케이블, 공사방법 C는 벽면에 공사한 단심 또는 다심케이블을 시설하는 경우의 전선 굵기를 표시하였다.

[비고 3] 「전동기중 최대의 것」에 동시 기동하는 경우를 포함함

[비고 4] 배선용 차단기의 용량은 해당 조항에 규정되어 있는 범위에서 실용상 거의 최댓값을 표시함

[비고 5] 배선용 차단기의 선정은 최대 용량의 정격전류의 3배에 다른 전동기의 정격전류의 합계를 가산한 값 이하를 표시함.

[비고 6] 배선용차단기를 배분전반, 제어반 등의 내부시설하는 경우는 그 반 내의 온도상승에 주의할 것.

정답 (1) 간선의 굵기

총 설비용량은 26.9[kW]이므로 [표2]에서 그 보다 큰 30[kW] 적용, 최대사용전류는 65.8[A]이다.

공사방법은 B1, PVC 절연전선을 사용하므로 간선의 굵기는 16[mm^2]이다.

한편, 65.8[A]가 적용이 가능한지 간선의 허용전류도 계산해 본다.

전동기의 수의 총계 = $1.5 + 3.7 \times 2 + 15 = 23.9$[kW]이다.

전동기의 정격전류는 [표1]에서 규약전류에 해당하므로

$4.21[A] + 9.16[A] \times 2 + 34.21[A] = 56.74[A]$가 된다.

전열기의 총 합 : 3[kW]이다.

전열기의 정격전류 = $\dfrac{3000}{\sqrt{3} \times 380} = 4.558$[A]

따라서 간선의 허용전류는 전동기 정격전류 + 전열기의 정격전류의합 이므로

$56.74[A] + 4.558[A] = 61.298[A]$이상을 견딜 수 있는 전선을 사용하면 된다.

따라서 표1에 의한 전류 : 65.8[A]이므로 표의 값이 더 크므로 16[mm^2]가 된다.

(2) 과전류차단기용량

[표2]에서 16[mm^2]에 해당하는 부분과 직입기동 전동기 중 최대 용량의 것 또는 기동기 사용 전동기 중 최대 용량의 것과 만나는 부분이 과전류차단기용량을 의미하므로 답은 100[A]를 선정하면 된다.

• 답

간선의 굵기	과전류차단기 용량
16[mm^2]	100[A]

배점5

02 다음은 전력시설물 공사감리업무 수행지침 중 감리원의 공사 중지명령과 관련된 사항이다. ①~⑤의 알맞은 내용을 답란에 쓰시오.

> 감리원은 시공된 공사가 품질확보 미흡 또는 중대한 위해를 발생시킬 우려가 있다고 판단되거나, 안전상 중대한 위험이 발견된 경우에는 공사 중지를 지시할 수 있으며 공사 중지는 부분중지와 전면중지로 구분한다.
> 부분중지 명령의 경우는 다음 각 호와 같다.
> (1) (①)이(가) 이행되지 않는 상태에서는 다음 단계의 공정이 진행됨으로써 (②)이(가) 될 수 있다고 판단될 때
> (2) 안전시공상(③)이(가) 예상되어, 물적, 인적 중대한 피해가 예견될 때
> (3) 동일 공정에 있어 3회 이상(④)이(가) 이행되지 않을 때
> (4) 동일 공정에 있어 2회 이상(⑤)이(가) 있었음에도 이행되지 않을 때

①	②	③	④	⑤

정답

①	②	③	④	⑤
재시공 지시	하자발생	중대한 위험	시정지시	경고

2016

배점4

03 부하 설비가 100[kW]이며, 뒤진 역률이 85[%]인 부하를 100[%]로 개선하기 위한 전력용 콘덴서의 용량은 몇 [kVar]가 필요한지 구하시오.

• 계산 :   • 답 :

정답 • 계산

전력용 콘덴서의 용량

$$Q = P(\tan\theta_1 - \tan\theta_2) = 100 \times \left(\frac{\sqrt{1-0.85^2}}{0.85} - \frac{0}{1} \right) = 61.974$$

• 답 : 61.97[kVar]

04 다음 그림과 같은 발전소에서 각 차단기의 차단용량을 구하시오.

【조 건】

- 발전기 G_1 : 용량 $10,000[\text{kVA}]$ $x_{G_1} = 10[\%]$
- 발전기 G_2 : 용량 $20,000[\text{kVA}]$ $x_{G_2} = 14[\%]$
- 변압기 T : 용량 $30,000[\text{kVA}]$ $x_T = 12[\%]$ 이고,
- S_1, S_2, S_3는 단락사고 발생 지점이며, 선로측으로 부터의 단락전류는 고려하지 않는다.

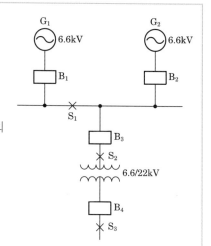

(1) S_1 지점에서 단락사고가 발생하였을 때, B_1, B_2 차단기의 차단 용량[MVA]을 계산하시오.

- 계산 : _____   • 답 : _____

(2) S_2 지점에서 단락사고가 발생 하였을 때, B_3 차단기의 차단 용량[MVA]을 계산하시오.

- 계산 : _____   • 답 : _____

(3) S_3 지점에서 단락사고가 발생 하였을 때, B_4 차단기의 차단 용량[MVA]을 계산하시오.

- 계산 : _____   • 답 : _____

정답 (1) • 계산

기준용량 $100[\text{MVA}]$로 리액턴스를 환산하여 차단용량을 계산

$$\%x_{G1} = \frac{100}{10} \times 10 = 100[\%], \quad \%x_{G2} = \frac{100}{20} \times 14 = 70[\%]$$

$$B_1 = \frac{100}{100} \times 100 = 100[\text{MVA}] \quad B_2 = \frac{100}{70} \times 100 = 142.857[\text{MVA}]$$

• 답 : B_1 : $100[\text{MVA}]$, B_2 : $142.86[\text{MVA}]$

(2) • 계산

고장점 S_2 지점에서 바라본 발전기 G_1과 G_2는 병렬이다.

합성 %리액턴스 : $\%x_0 = \dfrac{\%x_{G_1} \times \%x_{G_2}}{\%x_{G_1} + \%x_{G_2}} = \dfrac{100 \times 70}{100 + 70} = 41.176[\%]$

$\therefore B_3 = \dfrac{100}{41.18} \times 100 = 242.836$

• 답 : $242.84[\text{MVA}]$

(3) • 계산

고장점 S_3 지점에서 바라본 발전기 G_1과 G_2는 병렬이며, 변압기 T와는 직렬이다.

$\%x_T = \dfrac{100}{30} \times 12 = 40[\%]$

합성 %리액턴스: $\%x_1 = \%x_0 + \%x_T = 41.18 + 40 = 81.18[\%]$

$\therefore B_3 = \dfrac{100}{81.18} \times 100 = 123.183$

• 답 : 123.18[MVA]

배점5

05 3상 4선식 교류 380[V], 50[kVA]부하가 변전실 배전반에서 190[m] 떨어져 설치되어 있다. 이 경우 배전용 케이블의 최소 굵기는 얼마로 하여야 하는지 계산하시오. (단, 전기사용 장소 내 시설한 변압기이며, 케이블은 IEC 규격에 의한다.)

• 계산 : _____   • 답 : _____

정답 • 계산

공급 변압기의 2차측 단자 또는 인입선 접속점에서 최원단 부하에 이르는 사이의 전선 길이가 100[m] 기준 5[%], 추가 1[m]당 0.005[%] 가산이므로 190[m]인 경우 90[m]만큼에 대한 부분을 가산하여 준다.)

허용 전압강하 $= 5 + 90 \times 0.005 = 5.45[\%]$

3상 4선식 $A = \dfrac{17.8LI}{1000e}$ 이므로, $I = \dfrac{P}{\sqrt{3}\,V} = \dfrac{50 \times 10^3}{\sqrt{3} \times 380} = 75.97[A]$

$A = \dfrac{17.8 \times 190 \times 75.97}{1000 \times 220 \times 0.0545} = 21.43[\text{mm}^2]$

• 답 : 25[mm²]

이것이 핵심이다

※ 수용가설비의 전압강하
(1) 다른 조건을 고려하지 않는다면 수용가 설비의 인입구로부터 기기까지의 전압강하는 아래 표에 따른 값 이하이어야 한다.

설비의 유형	조명 (%)	기타 (%)
A – 저압으로 수전하는 경우	3	5
B – 고압 이상으로 수전하는 경우[a]	6	8

[a]가능한 한 최종회로 내의 전압강하가 A 유형의 값을 넘지 않도록 하는 것이 바람직하다.
사용자의 배선설비가 100m를 넘는 부분의 전압강하는 미터 당 0.005% 증가할 수 있으나 이러한 증가분은 0.5%를 넘지 않아야 한다.

(2) 더 큰 전압강하 허용범위
① 기동 시간 중의 전동기
② 돌입전류가 큰 기타 기기
(3) 고려하지 않는 일시적인 조건
① 과도과전압
② 비정상적인 사용으로 인한 전압 변동

배점4

06 비상용 자가발전기를 구입하고자 한다. 부하는 단일 부하로서 유도전동기이며, 기동용량이 1800[kVA]이고, 기동시의 전압강하는 20[%]까지 허용하며, 발전기의 과도 리액턴스는 26[%]로 본다면 자가발전기의 용량은 이론(계산)상 몇 [kVA]이상의 것을 선정하여야 하는지 구하시오.

• 계산 :   • 답 :

정답 • 계산

$$발전기용량 \geq \left(\frac{1}{e}-1\right) \times x_d \times 기동용량$$

$$= \left(\frac{1}{0.2}-1\right) \times 0.26 \times 1800 = 1872[kVA]$$

• 답 : 1872[kVA]

배점5

07 다음 요구사항을 만족하는 주회로 및 제어회로의 미완성 결선도를 직접 그려 완성하시오. (단, 접점기호와 명칭 등을 정확히 나타내시오.)

─────────────【요구사항】─────────────

• 전원스위치 MCCB를 투입하면 주회로 및 제어회로에 전원이 공급된다.
• 누름버튼스위치(PB_1)를 누르면 MC_1이 여자되고 MC_1의 보조접점에 의하여 RL이 점등되며, 전동기는 정회전 한다.
• 누름버튼스위치(PB_1)를 누른 후 손을 떼도 MC_1은 자기유지 되어 전동기는 계속 정회전 한다.
• 전동기 운전 중 누름버튼스위치(PB_2)를 누르면 연동에 의하여 MC_1이 소자되어 전동기가 정지되고, RL은 소등된다. 이 때 MC_2는 자기유지 되어 전동기는 역회전(역상제동을 함)하고 타이머가 여자되며, GL이 점등된다.
• 타이머 설정시간 후 역회전 중인 전동기는 정지하고 GL도 소등된다. 또한 MC_1과 MC_2의 보조 접점에 의하여 상호 인터록이 되어 동시에 동작되지 않는다.
• 전동기 운전 중 과전류가 감지되어 EOCR이 동작되면, 모든 제어회로의 전원은 차단되고 OL만 점등된다.
• EOCR을 리셋하면 초기상태로 복귀한다.

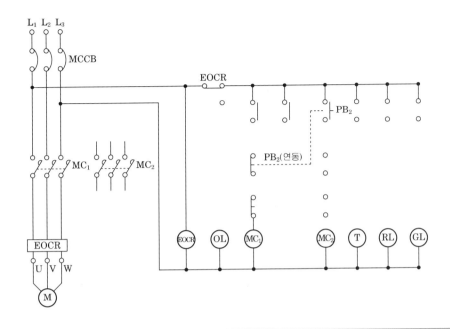

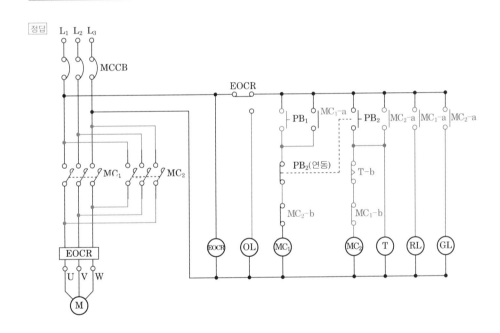

배점6

08 피뢰기 접지공사를 실시한 후, 접지저항을 보조 접지 2개(A와 B)를 시설하여 측정하였더니 본 접지와 A사이의 저항은 $86[\Omega]$, A와 B사이의 저항은 $156[\Omega]$, B와 본 접지 사이의 저항은 $80[\Omega]$이었다. 이 때 다음 각 물음에 답하시오.

(1) 피뢰기의 접지 저항값을 구하시오.

• 계산 : _____ • 답 : _____

(2) 접지공사의 적합여부를 판단하고, 그 이유를 설명하시오.

· 적합여부 : _____

· 이유 : _____

정답 (1) · 계산

$$R_x = \frac{R_{xa} + R_{bx} - R_{ab}}{2} = \frac{86 + 80 - 156}{2} = 5[\Omega]$$

· 답 : $5[\Omega]$

(2) · 적합여부 : 적합

· 이유 : 피뢰기의 접지 저항은 $10[\Omega]$ 이하로 유지하여야 한다.

이것이 핵심이다

접지저항 : $R_1 = \dfrac{R_{12} + R_{13} - R_{23}}{2}$, $R_2 = \dfrac{R_{12} + R_{23} - R_{13}}{2}$, $R_3 = \dfrac{R_{13} + R_{23} - R_{12}}{2}$

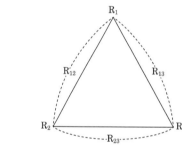 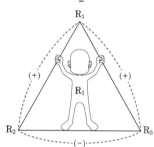

배점5

09 전등 수용가의 최대전력이 각각 200[W], 300[W], 800[W], 1200[W] 및 2500[W]일 때 주상변압기의 용량을 결정하시오. (단, 부등률은 1.14, 역률은 0.9로 하며, 표준 변압기 용량으로 선정한다.)

변압기 표준용량[kVA]	1, 2, 3, 5, 7.5, 10, 15, 20, 30, 50, 100, 150, 200

· 계산 : _____ · 답 : _____

정답 · 계산

$$변압기\ 용량 = \frac{각부하최대전력의\ 합}{부등률 \times 역률} = \frac{200 + 300 + 800 + 1200 + 2500}{1.14 \times 0.9} \times 10^{-3} = 4.873$$

· 답 : 5[kVA] 선정

배점7

10 다음은 옥외 장거리 가공송전계통도이다. 다음 각 물음에 답하시오.
(단, 전기설비기술기준 및 판단기준에 의한다.)

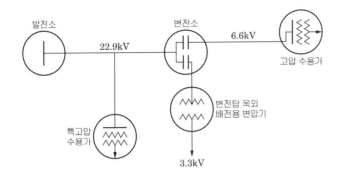

(1) 피뢰기를 설치해야하는 장소를 도면에 "●"로 표시하시오.

○

(2) 전기설비기술기준 및 판단기준에 의한 피뢰기를 시설하여야 하는 장소에 대한 기준을 4가지 쓰시오.

○   ○

○   ○

정답 (1)

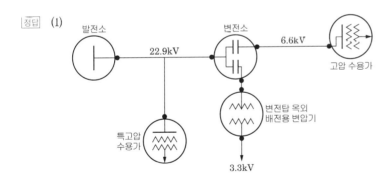

(2) • 발전소, 변전소 또는 이에 준하는 장소의 가공전선 인입구 및 인출구
• 가공전선로에 접속되는 특별고압 옥외 배전용 변압기의 고압 및 특별고압측
• 고압 및 특별고압 가공전선로로부터 공급받는 수용장소의 인입구
• 가공전선로와 지중전선로가 접속되는 곳

11 전기설비기술기준에 의하여 욕실 등 인체가 물에 젖어있는 상태에서 물을 사용하는 장소에 콘센트를 시설하는 경우에 설치해야 하는 저압차단기의 정확한 명칭을 쓰시오.

ㅇ _____

정답 인체감전 보호용 누전차단기

쉬어가기 **콘센트의 시설**

3310-10⑦ 욕조나 샤워시설이 있는 욕실 또는 화장실 등 인체가 물에 젖어 있는 상태에서 전기를 사용하는 장소에 콘센트를 시설하는 경우에는 다음 각 호에 따라 시설하여야 한다.

가. [전기용품안전 관리법]의 적용을 받는 인체감전보호용 누전차단기(정격감 도전류 15mA 이하, 동작시간 0.03초 이하의 전류동작형의 것에 한한다) 또는 절연변압기(정격용량 3kVA 이하인 것에 한한다)로 보호된 전로에 접속하거나, 인체감전보호용 누전차단기가 부착된 콘센트를 시설하여야 한다.

나. 콘센트는 접지극이 있는 방적형콘센트를 사용하여 접지하여야 한다.

---

12 다음과 같은 유접점 시퀀스회로를 무접점 논리회로로 변경하여 그리시오.

• 유접점 회로 : _____

• 무접점 회로 : _____

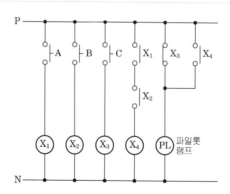

정답 무접점 논리회로

$$X_1 = A, \ X_2 = B, \ X_3 = C, \ X_4 = X_1 \cdot X_2$$

$$\therefore PL = \overline{X_3} + X_4 = X_1 \cdot X_2 + \overline{X_3}$$

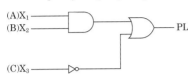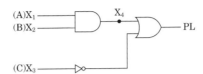

배점5

13 전기설비기술기준 및 판단기준에 따라 사용전압이 154[kV]인 중성점 직접 접지식 전로의 절연내력 시험하고자 한다. 시험전압[V]과 시험방법에 대하여 다음 물음에 답하시오.

(1) 절연내력 시험전압

• 계산 : _____   • 답 : _____

(2) 시험방법

• 답 : _____

정답 (1) • 계산

$$154000 \times 0.72 = 110880[V]$$

• 답 : 110880[V]

(2) • 답 : 전로와 대지간 절연내력시험전압을 연속하여 10분간 인가 시 견디어야한다.

배점5

14 단상 유도전동기는 반드시 기동장치가 필요하다. 다음 물음에 답하시오.

(1) 기동장치가 필요한 이유를 설명하시오.

• 답 : _____

(2) 단상 유도전동기의 기동방식에 따라 분류할 때 그 종류를 4가지 쓰시오.

○ _____   ○ _____

○ _____   ○ _____

정답 (1) 단상에서는 회전자계를 얻을 수 없으므로 기동장치를 이용하여 기동토크를 얻기 위함

(2) ① 반발형 ② 콘덴서 기동형 ③ 분상기동형 ④ 세이딩 코일형

배점5

15 다음과 같이 전류계 A_1, A_2, A_3과 저항 $R = 25[\Omega]$을 접속하였더니, 전류계의 지시값이 $A_1 = 10[\text{A}]$, $A_2 = 4[\text{A}]$, $A_3 = 7[\text{A}]$ 이었다. 부하 전력과 부하 역률을 구하시오.

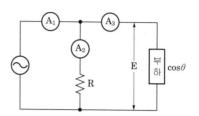

(1) 부하 전력[W]

• 계산 : _____   • 답 : _____

(2) 부하 역률

• 계산 : _____   • 답 : _____

정답 (1) • 계산

$$부하전력\ P = \frac{R}{2}\left(A_1^2 - A_2^2 - A_3^2\right) = \frac{25}{2} \times \left(10^2 - 4^2 - 7^2\right) = 437.5$$

• 답 : $437.5[\text{W}]$

(2) • 계산

$$역률\ \cos\theta = \frac{A_1^2 - A_2^2 - A_3^2}{2A_2 A_3} = \frac{10^2 - 4^2 - 7^2}{2 \times 4 \times 7} = 0.625$$

• 답 : $62.5[\%]$

배점16

16 다음 그림은 어느 수용가의 수전설비 계통도이다. 다음 각 물음에 답하시오.

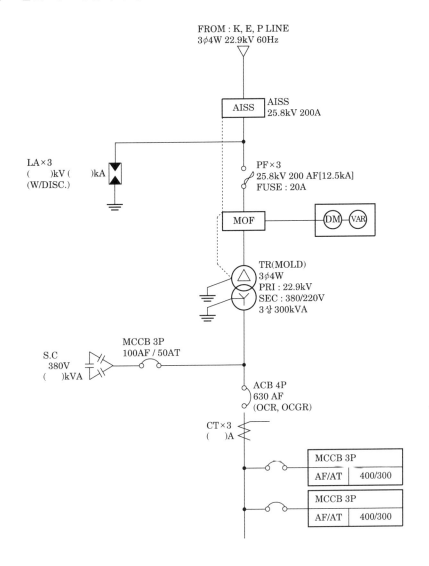

(1) AISS의 명칭을 쓰고 기능을 2가지 쓰시오.

　• 명칭 : _____

　• 기능 : _____

(2) 피뢰기의 정격전압 및 공칭 방전전류를 쓰고 그림에서의 DISC의 기능을 간단히 설명하시오.

　• 피뢰기 규격 : _____ [kV], _____ [kA]

　• DISC(Disconnector)의 기능 : _____

(3) MOLD TR의 장점 및 단점을 각각 2가지만 쓰시오.

· 장점

    ○ _____   ○ _____

· 단점

    ○ _____   ○ _____

(4) ACB의 명칭을 쓰시오.

· 답 : _____

(5) CT의 정격(변류비)를 구하시오.

· 계산 : _____   · 답 : _____

정답 (1) · 명칭

    기중형 자동고장구분개폐기

  · 기능

    – 수전설비의 인입구에 설치하여 과부하 또는 고장전류 발생시 고장구간을 자동으로 개방

    – 전 부하 상태에서 자동(또는 수동)으로 개방하여 과부하로부터 보호

(2) · 피뢰기 규격 : 18[kV], 2.5[kA]

  · DISC(Disconnector)의 기능 : 피뢰기의 고장시 계통은 지락사고 등의 고장상태가 될 수 있다. 따라서 이러한 경우에 피뢰기의 접지측을 대지로부터 분리시키는 역할을 한다.

 Disconnector

> 피뢰기 자체 고장 시에 흐르는 계통의 상용주파수의 지락전류는 측로갭을 통과할 수가 없으므로 저항코일 즉, Carbon Element로 흘러서 이를 기화시켜 플라스틱 하우징을 폭발시킴으로써 피뢰기 본체를 대지로부터 분리시키며, 눈으로 식별이 가능하다.

(3) · 장점

    – 난연성이 우수하다.

    – 저 손실이므로 에너지 절약이 가능하다.

  · 단점

    – 고가이다.

    – 충격파 내전압이 낮다.

(4) 기중차단기

(5) · 계산

$$I_{CT} = \frac{300}{\sqrt{3} \times 0.38} \times 1.25 \sim 1.5 = 569.75 \sim 683.704$$

· 답 : 600/5

17 15[℃]의 물 4[L]를 용기에 넣고 1[kW]의 전열기로 90[℃]로 가열하는데 30분이 소요되었다. 이 장치의 효율[%]은 얼마인가? (단, 증발이 없는 경우 q=0 이다.)

• 계산 : _____   • 답 : _____

정답 • 계산

$$\eta = \frac{cm\theta}{860Pt} = \frac{4 \times (90-15)}{860 \times 1 \times \frac{30}{60}} \times 100 = 69.767$$

• 답 : 69.77[%]

전열 설계식 : $860Pt\eta = Cm\theta$

m : 연료[L], C : 비열[kcal/L℃], θ : 온도차, P : 전력[kW], t : 시간[h], η : 효율[%]

memo

2017

과년도 기출문제

국가기술자격검정 실기시험문제 및 정답

2017년도 전기기사 제1회 필답형 실기시험

종 목	시험시간	형 별	성 명	수험번호
전기기사	2시간 30분	A		

※ 수험자 인적사항 및 답안작성(계산식 포함)은 흑색의 필기구만 사용하여야 하며 흑색을 제외한 유색 필기구 또는 연필류를 사용하거나 2가지 이상의 색을 혼합 사용하였을 경우 그 문항은 0점 처리됩니다.

배점6

01 그림과 같은 방전특성을 갖는 부하에 필요한 축전지 용량[Ah]을 구하시오.

(단, 방전전류 : $I_1 = 500[A]$, $I_2 = 300[A]$, $I_3 = 100[A]$, $I_4 = 200[A]$

방전시간 : $T_1 = 120$분, $T_2 = 119.9$분, $T_3 = 60$분, $T_4 = 1$분

용량환산시간 : $K_1 = 2.49$, $K_2 = 2.49$, $K_3 = 1.46$, $K_4 = 0.57$

보수율 : 0.8을 적용한다.)

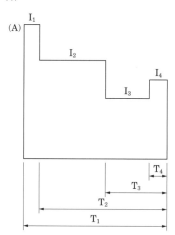

· 계산 : _____   · 답 : _____

정답 · 계산

$C = \dfrac{1}{L} KI$ [Ah] : 축전지의 용량은 방전특성곡선의 면적을 계산한다.

L : 보수율(경년용량 저하율), K : 용량환산 시간, I : 방전전류

$= \dfrac{1}{0.8} \times \{2.49 \times 500 + 2.49 \times (300 - 500) + 1.46 \times (100 - 300) + 0.57 \times (200 - 100)\} = 640$

· 답 : 640[Ah]

배점4

02 조명의 전등효율(Lamp Efficiency)과 발광효율(Luminous Efficiency)에 대하여 설명하시오.

(1) 전등효율 :

(2) 발광효율 :

정답 (1) 전등효율 : 전등의 전소비전력에 대한 전발산광속의 비율

(2) 발광효율 : 방사속에 대한 광속의 비율

이것이 핵심이다

1. 전등효율

실제로 광원에서는 발산되는 전방사속보다 많은 에너지를 가하여야 한다. 즉, 전발산광속 외에 대류, 전도 등에 의한 손실을 포함한 전소비전력을 생각하여야 한다. 전력소비 P에 대한 전발산광속 F의 비율을 전등효율(Lamp efficiency) η 이라 하며 다음 식으로 나타낼 수 있다. 일반적으로 전등효율은 발광효율보다 적다.

$$\eta = \frac{F}{P}[\mathrm{lm/W}]$$

2. 발광효율

광원으로부터 어떤 방향의 방사속 $\Phi[\mathrm{W}]$가 발산되면, 이 중에서 광속 $F[\mathrm{lm}]$만을 육안으로 느끼게 된다. 이 방사속 Φ에 대한 광속 F의 비율을 그 광원의 발광효율(Luminous efficiency) ε이라 한다. 최대 시감도를 일으키는 파장 $555[\mathrm{nm}]$일 때의 발광효율은 $680[\mathrm{lm/W}]$이다.

$$\varepsilon = \frac{F}{\Phi}[\mathrm{lm/W}]$$

배점4

03 $22.9[\mathrm{kV}]/380-220[\mathrm{V}]$ 변압기 결선은 보통 $\triangle-\mathrm{Y}$결선 방식을 사용하고 있다. 이 결선 방식에 대한 장점과 단점을 각각 2가지씩 쓰시오.

(1) 장점

o

o

(2) 단점

o

o

정답 (1) 장점

　① Y측 중성점을 접지할 수 있어 이상전압 저감

　② △ 권선내 제3고조파를 흘릴 수 있어 정현파 전압유기

(2) 단점

　① 1, 2차간 30° 위상차(Y측 결선이 앞섬)

　② 1대 고장시 V결선 송전불가

배점10

04 어느 공장 구내 건물에 220/440[V] 단상 3선식을 채용하고, 공장 구내 변압기가 설치된 변전실에서 60[m]되는 곳의 부하를 아래의 표와 같이 배분하는 분전반을 시설하고자 한다. 이 건물의 전기설비에 대하여 자료를 이용하여 다음 각 물음에 답하시오. (단, 전압 강하는 2[%]로 하고 후강 전선관으로 시설하며, 간선의 수용률은 100[%]로 한다.)

[표1] 부하 집계표　　　　　　　　　※ 전선 굵기 중 상과 중성선(N)의 굵기는 같게 한다.

회로 번호	부하 명칭	총부하 [VA]	부하분담[VA]		MCCB 규격			비고
			A선	B선	극수	AF	AT	
1	전등1	4920	4920		1	30	20	
2	전등2	3920		3920	1	30	20	
3	전열기1	4000	4000(AB간)		2	50	20	
4	전열기2	2000	2000(AB간)		2	50	15	
합계		14840						

[표2] 후강 전선관 굵기 산정

도체 단면적 [mm²]	전선 본수									
	1	2	3	4	5	6	7	8	9	10
	전선관의 최소 굵기[mm]									
2.5	16	16	16	16	22	22	22	28	28	28
4	16	16	16	22	22	22	28	28	28	28
6	16	16	22	22	22	28	28	28	36	36
10	16	22	22	28	28	36	36	36	36	36
16	16	22	28	28	36	36	36	42	42	42
25	22	28	28	36	36	42	54	54	54	54
35	22	28	36	42	54	54	54	70	70	70
50	22	36	54	54	70	70	70	82	82	82
70	28	42	54	54	70	70	70	82	82	82
95	28	54	54	70	70	82	82	92	92	104
120	36	54	54	70	70	82	82	92		
150	36	70	70	82	92	92	104	104		
185	36	70	70	82	92	104				
240	42	82	82	92	104					

[비고1] 전선의 1본수는 접지선 및 직류회로의 전선에도 적용한다.

[비고2] 이 표는 실험결과와 경험을 기초로 하여 결정한 것이다.

[비고3] 이 표는 KS C IEC 60227-3의 450/700[V] 일반 단심 비닐절연전선을 기준으로 한다.

(1) 간선의 굵기를 선정하시오.

　• 계산 : _____　　• 답 : _____

(2) 간선 설비에 필요한 후강 전선관의 굵기를 선정하시오.

　• 계산 : _____　　• 답 : _____

(3) 분전반의 복선결선도를 작성하시오.

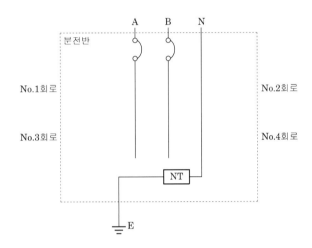

(4) 부하 집계표에 의한 설비불평형률을 구하시오.

　• 계산 : _____　　• 답 : _____

정답　(1)　• 계산

$$I_A = \frac{4920}{220} + \frac{4000+2000}{440} = 36[\text{A}]$$

$$I_B = \frac{3920}{220} + \frac{4000+2000}{440} = 31.45[\text{A}]$$

I_A와 I_B 중 큰 값인 36[A]를 기준으로 간선의 굵기를 계산한다.

$$A = \frac{17.8LI}{1000e} = \frac{17.8 \times 60 \times 36}{1000 \times 220 \times 0.02} = 8.738 \quad \text{그러므로 } 10[\text{mm}^2] \text{ 선정}$$

　• 답 : $10[\text{mm}^2]$

(2)　• 선정과정

간선의 굵기가 $10[\text{mm}^2]$이므로 표2에 의해 전선 본수 3가닥이므로 22[mm] 선정

　• 답 : 22[mm]

(3)

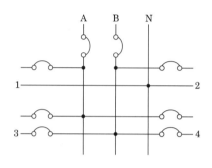

(4) • 계산

$$설비\ 불평형률 = \frac{중선선과\ 각\ 전압측\ 전선간에\ 접속되는\ 부하설비용량[kVA]의\ 차}{총\ 부하설비용량[kVA]의\ 1/2} \times 100[\%]$$

$$설비\ 불평형률 = \frac{4920 - 3920}{(4920 + 3920 + 4000 + 2000) \times \dfrac{1}{2}} \times 100 = 13.477$$

• 답 : $13.48[\%]$

배점5

05 입력 설비용량 $20[kW]$ 2대, $30[kW]$ 2대의 3상 $380[V]$ 유도전동기 군이 있다. 그 부하 곡선이 아래 그림과 같을 경우 최대 수용전력$[kW]$, 수용률$[\%]$, 일부하율$[\%]$을 각각 구 하시오.

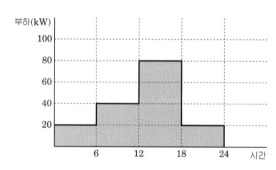

(1) 최대수용전력

• 답 : _____

(2) 수용률

• 계산 : _____   • 답 : _____

(3) 일부하율

• 계산 : _____   • 답 : _____

정답 (1) ·답 : 80[kW]

(2) ·계산

$$수용률 = \frac{최대수용전력}{부하설비용량} \times 100 = \frac{80}{20 \times 2 + 30 \times 2} \times 100 = 80[\%]$$

·답 : 80[%]

(3) ·계산

$$일부하율 = \frac{평균전력}{최대전력} \times 100 = \frac{\frac{(20+40+80+20) \times 6}{24}}{80} \times 100 = 50[\%]$$

·답 : 50[%]

배점5

06 그림과 같은 단상 2선식 회로에서 공급점 A의 전압이 220[V]이고, A-B사이의 1선마다의 저항이 0.02[Ω], B-C 사이의 1선마다의 저항이 0.04[Ω]이라 하면 40[A]를 소비하는 B점의 전압 V_B와 20[A]를 소비하는 C점의 전압 V_C를 구하시오. (단, 부하의 역률은 1이다.)

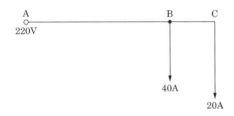

(1) B점의 전압 V_B

·계산 : _____   ·답 : _____

(2) C점의 전압 V_C

·계산 : _____   ·답 : _____

정답 (1) ·계산 : $V_B = V_A - 2I_1 R = 220 - 2(40+20) \times 0.02 = 217.6$

·답 : 217.6[V]

(2) ·계산 : $V_C = V_B - 2I_2 R = 217.6 - 2 \times 20 \times 0.04 = 216$

·답 : 216[V]

배점5

07 각 방향에 $900[\mathrm{cd}]$의 광도를 갖는 광원을 높이 $3[\mathrm{m}]$에 취부한 경우 직하로부터 $30°$ 방향의 수평면 조도$[\mathrm{lx}]$를 구하시오.

• 계산 : _____ • 답 : _____

정답 • 계산

수평면 조도 $E_h = \dfrac{I}{\ell^2}\cos\theta\,[\mathrm{lx}]$

$\cos 30° = \dfrac{3}{\ell}$ 이 식에서 빗변 ℓ 을 구하면

$\ell = \dfrac{3}{\cos 30°} = \dfrac{3}{\dfrac{\sqrt{3}}{2}} = 2\sqrt{3}\,[\mathrm{m}]$이다.

$E_h = \dfrac{900}{(2\sqrt{3})^2} \times \cos 30° = 64.95\,[\mathrm{lx}]$

• 답 : $64.95[\mathrm{lx}]$

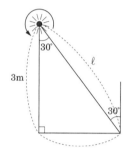

배점8

08 교류 동기 발전기에 대한 다음 각 물음에 답하시오.

(1) 정격전압 $6000[\mathrm{V}]$, 용량 $5000[\mathrm{kVA}]$인 3상 교류 동기 발전기에서 여자전류가 $300[\mathrm{A}]$, 무부하 단자전압은 $6000[\mathrm{V}]$, 단락전류는 $700[\mathrm{A}]$라고 한다. 이 발전기의 단락비를 구하시오.

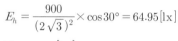 • 계산 : _____ • 답 : _____

(2) 다음 ( )안에 알맞은 내용을 쓰시오.
  (단, ① ~ ⑥의 내용은 크다(고), 적다(고), 높다(고), 낮다(고) 등으로 표현한다.)

> "단락비가 큰 교류발전기는 일반적으로 기계의 치수가 (①), 가격이(②), 풍손, 마찰손,
> 철손이 (③), 효율은 (④), 전압변동률은 (⑤), 안정도는 (⑥)".

(3) 비상용 동기발전기의 병렬운전 조건 4가지를 쓰시오.

○ _____

○ _____

○ _____

○ _____

정답 (1) • 계산

$$I_n = \frac{P_n}{\sqrt{3}\,V_n} = \frac{5000 \times 10^3}{\sqrt{3} \times 6000} = 481.13[\mathrm{A}] \qquad \therefore \ \text{단락비}(K_s) = \frac{I_s}{I_n} = \frac{700}{481.13} = 1.45$$

• 답 : 1.45

(2) ① 크고 ② 높고 ③ 크고 ④ 낮고 ⑤ 적고 ⑥ 높다

(3) ① 기전력의 주파수가 같을 것
    ② 기전력의 위상이 같을 것
    ③ 기전력의 파형의 같을 것
    ④ 기전력의 크기가 같을 것

발전기실 위치선정 조건

• 부하의 중심이 되며 전기실에 가까울 것
• 온도가 고온이 되어서는 안 되며 습도가 높지 않을 것
• 기기의 반입 및 반출 운전보수가 편리할 것
• 실내 환기가 충분할 것
• 발생되는 진동, 괴음에 영향이 없을 것
• 급·배수가 용이할 것

배점5

09 다음은 전력시설물 공사감리업무 수행지침과 관련된 사항이다. ( )안에 알맞은 내용을 답란에 쓰시오.

> 감리원은 설계도서 등에 대하여 공사계약문서 상호 간의 모순되는 사항, 현장 실정과의 부합여부 등 현장 시공을 주안으로 하여 해당 공사 시작 전에 검토하여야 하며 검토내용에는 다음 각 호의 사항 등이 포함되어야 한다.
> 1. 현장조건에 부합 여부
> 2. 시공의 (①) 여부
> 3. 다른 사업 또는 다른 공정과의 상호부합 여부
> 4. (②), 설계설명서, 기술계산서, (③) 등의 내용에 대한 상호일치 여부
> 5. (④), 오류 등 불명확한 부분의 존재여부
> 6. 발주자가 제공한 (⑤)와 공사업자가 제출한 산출내역서의 수량일치 여부
> 7. 시공 상의 예상 문제점 및 대책 등

· 답 :

①	②	③	④	⑤

정답

①	②	③	④	⑤
실제가능	설계도면	산출내역서	설계도서의 누락	물량내역서

배점5

10 에너지 절약을 위한 동력설비의 대응방안을 5가지만 쓰시오.

○ _____   ○ _____

○ _____   ○ _____

○ _____

정답 ① 전동기 제어시스템의 적용
② 고효율 전동기 채용
③ 전동기에 역률개선용 콘덴서 설치
④ 엘리베이터의 효율적 관리
⑤ 에너지 절약형 공조기기 시스템 채택

배점4

11 그림과 같은 무접점 논리회로를 유접점 시퀀스회로로 변환하여 나타내시오.

○ 무접점 논리회로   ○ 유접점 시퀀스회로

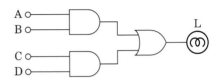

정답

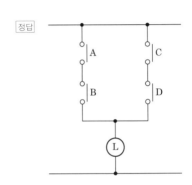

배점5

12 그림과 같이 접속된 3상3선식 고압 수전설비의 변류기 2차 전류가 언제나 4.2[A]이었다. 이때, 수전전력[kW]을 구하시오. (단, 수전전압은 6600[V], 변류비는 50/5[A], 역률은 100[%]이다.)

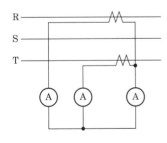

• 계산 :   • 답 :

정답   • 계산

$$P = \sqrt{3} \times 6600 \times 4.2 \times \frac{50}{5} \times 10^{-3} = 480.12[\text{kW}]$$

• 답 : 480.12[kW]

배점5

13 그림같이 Y결선된 평형 부하에 전압을 측정할 때 전압계의 지시값이 $V_p = 150[\text{V}]$, $V_\ell = 220[\text{V}]$로 나타났다. 다음 각 물음에 답하시오. (단, 부하측에 인가된 전압은 각상 평형 전압이고 기본파와 제3고조파분 전압만이 포함되어 있다.)

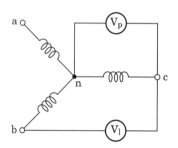

(1) 제3고조파 전압[V]을 구하시오.

• 계산 : _____　　　• 답 : _____

(2) 전압의 왜형율[%]을 구하시오.

• 계산 : _____　　　• 답 : _____

정답　(1) • 계산

$$V_\ell = \sqrt{3}\ V_p,\quad 220 = \sqrt{3}\ V_p \ \Rightarrow\ V_p = \frac{220}{\sqrt{3}} = 127[\text{V}]$$

따라서, 제3고조파 $V_3 = \sqrt{150^2 - 127^2} = 79.818[\text{V}]$

• 답 : 79.82[V]

(2) • 계산

$$왜형률 = \frac{고조파\ 실효값}{기본파\ 실효값} = \frac{\sqrt{V_3^2 + V_5^2 + \cdots}}{V_1} = \frac{79.82}{127} \times 100 = 62.85[\%]$$

• 답 : 62.85[%]

이것이 *핵심이다*

1. 고조파의 발생원인
   - 정류기, 인버터 등의 전력변환장치에 의해 발생
   - 형광등, 전기기기 등 콘덴서의 병렬공진에 의해 발생
   - 전압의 순시동요, 계통서지, 개폐서지 등에 의해 발생
   - 코로나 현상 발생시 3고조파 발생

2. 고조파 경감대책

계통측 대책	수용가측 대책
• 단락용량 증대 • 공급 배전선 전용화 • 배전선 선간전압의 평형화 • 배전계통 절체	• 필터의 설치 • 변환 장치의 다(多)펄스화 • 기기 자체의 고조파 내량 증가 • 변압기의 △결선

3. 종합 고조파 왜형률(THD : Total Harmonics Distortion)

   정전압 및 전류의 기본파 실효치를 V_1, I_1, 고조파 실효치를 V_3, V_5, $\cdots V_n$이라 하면 전압의 THD는 다음과 같은 표현으로 나타낸다.

   $$THD = \frac{\text{고조파의 실효치}}{\text{기본파의 실효치}} = \frac{\sqrt{V_3^2 + V_5^2 + \cdots + V_n^2}}{V_1} = \frac{\sqrt{\sum V_n^2}}{V_1}$$

배점5

14 접지설비에서 보호도체에 대한 다음 각 물음에 답하시오.

(1) 보호도체란 안전을 목적(가령 감전보호)으로 설치된 전선으로서 다음 표의 단면적 이상으로 선정하여야 한다. ① ~ ③에 알맞은 보호도체 최소 단면적의 기준을 각각 쓰시오.

[표] 보호도체의 최소 단면적

상전선 S의 단면적 [mm^2]	보호도체의 최소 단면적 [mm^2] (보호도체의 재질이 상전선과 같은 경우)
S ≤ 16	①
16 < S ≤ 35	②
S > 35	③

(2) 보호도체의 종류를 2가지만 쓰시오.

   ○

   ○

정답 (1) ① S ② 16 ③ $\dfrac{S}{2}$

(2) ① 다심케이블의 도체

   ② 고정된 절연도체 또는 나도체

15 3상 농형 유도전동기의 기동방식 중 리액터 기동방식에 대하여 설명하시오.

정답 전동기 1차측에 직렬로 철심이 든 리액터를 설치하고 그 리액턴스의 값을 조정하여 전동기에 인가되는
전압을 제어함으로써 기동전류 및 토크를 제어하는 방식

16 특고압 수전설비에 대한 다음 각 물음에 답하시오.

(1) 동력용 변압기에 연결된 동력부하 설비용량이 350[kW], 부하역률은 85[%], 효율 85[%],
수용률 60[%]일 때 동력용 3상 변압기의 용량은 몇 [kVA] 인지를 산정하시오.
(단, 변압기의 표준정격용량은 다음 표에서 선정한다.)

동력용 3상 변압기 표준용량 [kVA]					
200	250	300	400	500	600

• 계산 : _____ • 답 : _____

(2) 3상 농형 유도전동기에 전용 차단기를 설치할 때 전용 차단기의 정격전류[A]를 구하시오.
(단, 전동기는 160[kW] 이고, 정격전압은 3300[V], 역률은 85[%], 효율은 85[%], 차단기의
정격전류는 전동기 정격전류의 3배로 계산한다.)

• 계산 : _____ • 답 : _____

정답 (1) • 계산

$$변압기 용량 = \frac{설비용량 \times 수용률}{역률 \times 효율} = \frac{350 \times 0.6}{0.85 \times 0.85} = 290.66[kVA]$$

• 답 : 300[kVA]

(2) • 계산

$$유도전동기의 전류 \ I = \frac{P}{\sqrt{3} \ V\cos\theta \cdot \eta} = \frac{160 \times 10^3}{\sqrt{3} \times 3300 \times 0.85 \times 0.85} = 38.74[A]$$

→ 차단기 정격전류는 전동기 정격전류의 3배를 적용

$$I_n = 38.74 \times 3 = 116.22[A]$$

• 답 : 116.22[A]

배점8

17 전동기의 진동과 소음이 발생되는 원인에 대하여 다음 각 물음에 답하시오.

(1) 진동이 발생하는 원인을 5가지만 쓰시오.

   ◦ _____

   ◦ _____

   ◦ _____

   ◦ _____

   ◦ _____

(2) 전동기 소음을 크게 3가지로 분류하고 각각에 대하여 설명하시오.

   ◦ _____

   ◦ _____

   ◦ _____

정답 (1) ① 회전부의 편심
    ② 베어링 불량
    ③ 축이음의 중심 불균형
    ④ 회전자와 고정자의 불균형
    ⑤ 고조파 등에 의한 회전자계 불균등

(2) ① 기계적 소음 : 베어링의 회전음, 회전자의 불균형, 브러쉬의 섭동음 등
    ② 전자적 소음 : 고정자, 회전자에 작용하는 주기적인 전자기력에 의한 철심의 진동 소음
    ③ 통풍소음 : 냉각팬이나 회전지 덕드 등에서 동풍상의 회전에 따르는 공기의 압축, 팽창 소음

배점5

18 공급점에서 30[m]의 지점에 80[A], 45[m]의 지점에 50[A], 60[m]의 지점에 30[A]의 부하가 걸려 있을 때, 부하 중심까지의 거리를 구하시오.

• 계산 : _____   • 답 : _____

정답 • 계산

부하 중심까지의 거리 $= \dfrac{30 \times 80 + 45 \times 50 + 60 \times 30}{80 + 50 + 30} = 40.312$ [m]

• 답 : 40.31[m]

국가기술자격검정 실기시험문제 및 정답

2017년도 전기기사 제2회 필답형 실기시험

종 목	시험시간	형 별	성 명	수험번호
전기기사	2시간 30분	A		

※ 수험자 인적사항 및 답안작성(계산식 포함)은 흑색의 필기구만 사용하여야 하며 흑색을 제외한 유색 필기구 또는 연필류를 사용하거나 2가지 이상의 색을 혼합 사용하였을 경우 그 문항은 0점 처리됩니다.

배점3

01 양수량 $15[\mathrm{m}^3/\min]$, 양정 $20[\mathrm{m}]$의 양수 펌프용 전동기의 소요전력$[\mathrm{kW}]$을 구하시오. (단, 펌프의 효율은 $80[\%]$, $K=1.1$로 한다.)

• 계산 : _____ • 답 : _____

정답 • 계산 : 펌프용 전동기 소요 동력 $P=\dfrac{HQK}{6.12\eta}=\dfrac{20\times15\times1.1}{6.12\times0.8}=67.4$

• 답 : $67.4[\mathrm{kW}]$

이것이 핵심이다

> 펌프용 전동기의 소요동력 (분당 양수량인 경우) $P=\dfrac{HQ_mK}{6.12\eta}[\mathrm{kW}]$ (단, Q_m : 분당양수량$[\mathrm{m}^3/\min]$)
>
> 펌프용 전동기의 소요동력 (초당 양수량인 경우) $P=\dfrac{9.8HQ_sK}{\eta}[\mathrm{kW}]$ (단, Q_s : 초당 양수량$[\mathrm{m}^3/\sec]$)

배점6

02 그림과 같은 논리회로를 이용하여 다음 각 물음에 답하시오.

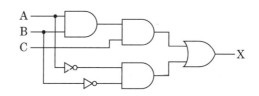

(1) 주어진 논리회로를 논리식으로 표현하시오.

o _____

(2) 논리회로의 동작 상태를 다음의 타임차트에 나타내시오.

(3) 다음과 같은 진리표를 완성하시오. (단, L은 Low이고, H는 High이다.)

A	L	L	L	L	H	H	H	H
B	L	L	H	H	L	L	H	H
C	L	H	L	H	L	H	L	H
X								

정답 (1) $X = A \cdot B \cdot C + \overline{A} \cdot \overline{B}$

(2)

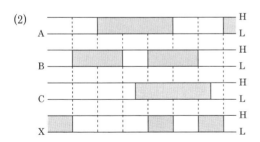

(3)

A	L	L	L	L	H	H	H	H
B	L	L	H	H	L	L	H	H
C	L	H	L	H	L	H	L	H
X	H	H	L	L	L	L	L	H

배점5

03 가로의 길이가 10[m], 세로의 길이가 30[m], 높이 3.85[m]인 사무실에 40[W] 형광등 1개의 광속이 2500[lm]인 2등용 형광등 기구를 시설하여 400[lx]의 평균 조도를 얻고자 할 때 다음 요구사항을 구하시오. (단, 조명율이 60[%], 감광보상율은 1.3, 책상면에서 천장까지의 높이 3[m])

(1) 실지수

  • 계산 : _____ • 답 : _____

(2) 형광등 기구수

  • 계산 : _____ • 답 : _____

정답 (1) • 계산

등고 $H = 3.85 - 0.85 = 3[m]$

실지수 $K = \dfrac{XY}{H(X+Y)} = \dfrac{10 \times 30}{3 \times (10+30)} = 2.5$

  • 답 : 2.5

(2) 형광등 기구수

$N = \dfrac{DES}{FU} = \dfrac{1.3 \times 400 \times (10 \times 30)}{2500 \times 2 \times 0.6} = 52$

  • 답 : 52[개]

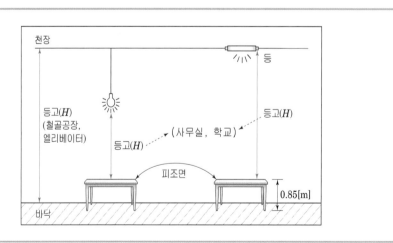

04 배전 선로의 전압조정 방법을 3가지만 쓰시오.

- _____

- _____

- _____

정답 ① 자동전압조정기
② 배전변압기의 탭 선정
③ 직렬콘덴서

쉬어가기 **배전변압기의 탭 선정**

1. 국내 표준 탭 전압

정격전압 [kV]	탭 전압 [kV]				
3.3	3.49	3.3	3.15	3.0	2.85
6.6	6.9	6.6	6.3	6.0	5.7
22.9	23.9	22.9	21.9	20.9	19.9

정격전압보다 낮은 탭 전압이 많은 이유는 배전 계통에서 선로의 전압강하가 많이 발생하기 때문이다.

2. 탭 변경 : 탭 전압과 2차측에 유도되는 전압은 반비례 관계

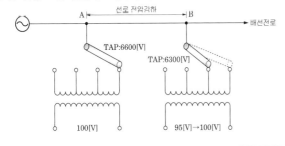

배점5

05 전력시설물 공사감리업무 수행지침에서 정하는 발주자는 외부적 사업환경의 변동, 사업추진 기본계획의 조정, 민원에 따른 노선변경, 공법변경, 그 밖의 시설물 추가 등으로 설계변경이 필요한 경우에는 다음의 서류를 첨부하여 반드시 서면으로 책임 감리원에게 설계변경을 하도록 지시하여야 한다. 이 경우 첨부하여야 하는 서류 5가지를 쓰시오. (단, 그 밖에 필요한 서류는 제외한다.)

○ _____   ○ _____

○ _____   ○ _____

○ _____

[정답] ① 계산서   ② 수량산출 조서
③ 설계변경 개요서   ④ 설계변경도면
⑤ 설계설명서

배점10

06 그림의 단선결선도를 보고 ①~⑤에 들어갈 기기에 대하여 표준 심벌을 그리고 약호, 명칭, 용도 또는 역할에 대하여 쓰시오.

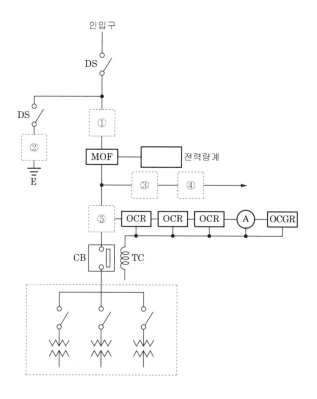

번호	심벌	약호	명칭	용도 및 역할
①				
②				
③				
④				
⑤				

정답

번호	심벌	약호	명칭	용도 및 역할
①		PF	전력용 퓨즈	단락전류 차단
②		LA	피뢰기	이상 전압 침입시 이를 대지로 방전시키며 속류를 차단한다.
③		COS	컷아웃스위치	계기용 변압기 및 부하측에 고장 발생시 이를 고압 회로로부터 분리하여 사고의 확대를 방지한다.
④		PT	계기용변압기	고전압을 저전압으로 변성한다.
⑤		CT	계기용 변류기	대전류를 소전류로 변성한다.

배점6

07 그림은 누름버튼스위치 PB_1, PB_2, PB_3를 ON 조작하여 기계 A, B, C를 운전하는 시퀀스 회로도이다. 이 회로를 타임자트 1~3의 요구사항과 같이 병렬 우선 순위회로로 고쳐서 그리시오. (단, R_1, R_2, R_3는 계전기이며, 이 계전기의 보조 a접점 또는 b접점을 추가 또는 삭제하여 작성하되 불필요한 접점을 사용하지 않도록 하며, 보조 접점에는 접점명을 기입하도록 한다.)

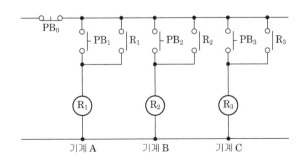

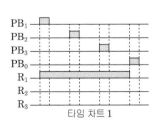

타임 차트 1

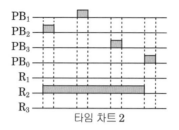

타임 차트 2

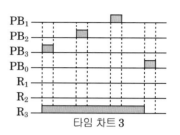

타임 차트 3

• 병렬 우선 순위회로

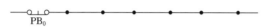

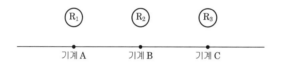

기계 A   기계 B   기계 C

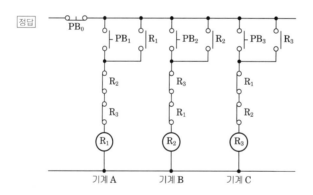

기계 A   기계 B   기계 C

배점5

08 다음은 콘덴서회로에서 고조파를 감소시키기 위한 직렬리액터 회로이다. 다음 물음에 답하시오.

(1) 제5고조파를 감소시키기 위한 리액터의 용량은 콘덴서의 몇 [%] 이상이어야 하는지 쓰시오.

(2) 설계 시 주파수 변동이나 경제성을 고려하여 리액터의 용량은 콘덴서의 몇 [%] 정도를 표준으로 하고 있는지 쓰시오.

(3) 제3고조파를 감소시키기 위한 리액터의 용량은 콘덴서의 몇 [%] 이상이어야 하는지 쓰시오.

정답 (1) 제 5고조파를 제거하기 위한 직렬 리액터의 용량

$$5\omega L = \frac{1}{5\omega C} \ \Rightarrow \ \omega L = \frac{1}{25 \times \omega C} \ \Rightarrow \ \omega L = 0.04 \times \frac{1}{\omega C}$$

→ 제 5고조파를 감소시키기 위한 직렬 리액터의 용량은 콘덴서 용량의 4[%] 이상이어야 한다.

(2) 6[%]

(3) 제 3고조파를 제거하기 위한 직렬리액터의 용량

$$3\omega L = \frac{1}{3\omega C} \ \Rightarrow \ \omega L = \frac{1}{9 \times \omega C} \ \Rightarrow \ \omega L = 0.1111 \times \frac{1}{\omega C}$$

→ 제 3고조파를 감소시키기 위한 리액터의 용량은 콘덴서 용량의 11.11[%] 이상이어야 한다.

쉬어가기

설계 시 주파수 변동이나 경제성을 고려하여 제 3고조파를 감소시키기 위한 직렬 리액터의 용량은 콘덴서 용량의 13[%]정도를 사용한다.

배점3

09 다음 표의 수용가(A, B ,C) 사이의 부등률을 1.1로 한다면 이들의 합성 최대전력[kW]을 구하시오.

수용가	설비용량[kW]	수용률[%]
A	300	80
B	200	60
C	100	80

• 계산 : _____ • 답 : _____

정답 • 계산

$$합성\ 최대\ 전력 = \frac{각\ 부하\ 최대수용\ 전력의\ 합}{부등률} = \frac{설비\ 용량 \times 수용률}{부등률}$$

$$= \frac{300 \times 0.8 + 200 \times 0.6 + 100 \times 0.8}{1.1} = 400[kW]$$

• 답 : 400[kW]

배점12

10 그림은 어떤 변전소의 도면이다. 변압기 상호간의 부등률이 1.3이고, 부하의 역률이 90[%]이다. STr의 %임피던스 4.5[%], Tr_1, Tr_2, Tr_3의 내부 임피던스가 각각 10[%], 154[kV] Bus의 %임피던스가 0.5[%]이다. 주어진 도면과 참고표를 이용하여 다음 물음에 답하시오.

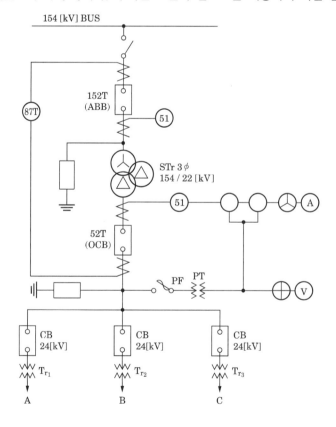

부하	용량	수용률	부등률
A	5000[kW]	80[%]	1.2
B	3000[kW]	84[%]	1.2
C	7000[kW]	92[%]	1.2

152T ABB 용량표[MVA]

2000	3000	4000	5000	6000	7000

52T OCB 용량표[MVA]

200	300	400	500	600	700

154[kV] 변압기 용량표[kVA]

10000	15000	20000	30000	40000	50000

22[kV] 변압기 용량표[kVA]

2000	3000	4000	5000	6000	7000

(1) Tr_1, Tr_2, Tr_3 변압기 용량을 산정하시오.

• 계산 :   • 답 :

• 계산 :   • 답 :

• 계산 :   • 답 :

(2) 변압기 STr의 용량을 산정하시오.

• 계산 :   • 답 :

(3) 차단기 152T의 용량을 산정하시오.

• 계산 :   • 답 :

(4) 차단기 52T의 용량을 산정하시오.

• 계산 :   • 답 :

(5) 약호 87T의 우리말 명칭을 쓰고 그 역할에 대하여 쓰시오.

(6) 약호 51의 우리말 명칭을 쓰고 그 역할에 대하여 쓰시오.

정답 (1) • 계산

$$변압기 용량 = \frac{설비용량 \times 수용률}{부등률 \times 역률}$$

$$\mathrm{Tr}_1 = \frac{5000 \times 0.8}{1.2 \times 0.9} = 3703.703 \, [\mathrm{kVA}]$$ • 답 : 표에서 4000[kVA] 선정

$$\mathrm{Tr}_2 = \frac{3000 \times 0.84}{1.2 \times 0.9} = 2333.333 \, [\mathrm{kVA}]$$ • 답 : 표에서 3000[kVA] 선정

$$\mathrm{Tr}_3 = \frac{7000 \times 0.92}{1.2 \times 0.9} = 5962.962 \, [\mathrm{kVA}]$$ • 답 : 표에서 6000[kVA] 선정

(2) • 계산

$$\mathrm{STr}\, 용량 = \frac{3703.70 + 2333.33 + 5962.96}{1.3} = 9230.761 \, [\mathrm{kVA}]$$ • 답 : 표에서 10000[kVA] 선정

(3) • 계산

$$P_s = \frac{100}{\%Z} \times P_n = \frac{100}{0.5} \times 10 = 2000 \, [\mathrm{MVA}]$$ • 답 : 표에서 2000[MVA] 선정

(4) • 계산

$$P_s = \frac{100}{\%Z} \times P_n = \frac{100}{0.5 + 4.5} \times 10 = 200 \, [\mathrm{MVA}]$$ • 답 : 표에서 200[MVA] 선정

(5) 우리말 명칭 : 주변압기 차동 계전기

역할 : 지락 또는 단락사고시 전류의 차로 동작하여 변압기 내부고장 검출

(6) 우리말 명칭 : 과전류 계전기

역할 : 과부하 또는 단락사고시 트립코일 여자

배점6

11 Y − △ 기동 방식에 대한 다음 각 물음에 답하시오. (단, 전자접촉기 MC_1은 Y용, MC_2는 △용이다.)

(1) 그림과 같은 주회로 부분의 미완성 회로에 대한 결선을 완성하시오.

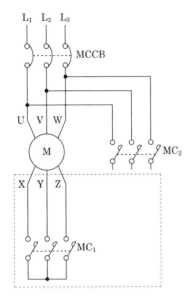

(2) Y − △ 기동 시와 전전압 기동 시의 기동 전류를 수치를 제시하면서 비교 설명하시오.

(3) 전동기를 운전할 때 Y − △ 기동·운전한다고 생각하면서 기동순서를 상세히 설명하시오. (단, 동시투입 여부를 포함하여 설명하시오.)

정답 (1)

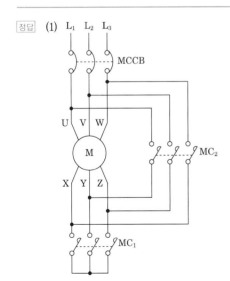

(2) 전전압 기동시보다 Y − △ 기동시 전류는 $\dfrac{1}{3}$ 배이다.

(3) Y결선으로 기동한 후 설정 시간이 지나면 △ 결선으로 운전한다. Y와 △ 는 동시투입이 되어서는 안된다.

배점5

12 접지계통별 고장전류의 경로를 답란에 쓰시오.

(1) 단일 접지계통

　○ _____

(2) 중성점 접지계통

　○ _____

(3) 다중 접지계통

　○ _____

정답 (1) 배전선→지락점→대지→중성선 접지점→중성선→배전선
　　 (2) 배전선→지락점→대지→중성선 접지저항→중성선→배전선
　　 (3) 배전선→지락점→대지→다중접지극의 접지점→중성선→배전선

배점5

13 알칼리 축전지의 정격용량이 $100[\text{Ah}]$, 상시부하가 $5[\text{kW}]$, 표준전압이 $100[\text{V}]$인 부동충전 방식이 있다. 이 부동충전방식에서 다음 각 물음에 답하시오.

(1) 부동충전방식의 충전기 2차 전류는 몇 $[\text{A}]$인지 계산하시오.

　• 계산 : _____　　• 답 : _____

(2) 부동충전방식의 회로도를 전원, 충전기(정류기), 축전지, 부하 등을 이용하여 간단히 그리시오.
(단, 심벌은 일반적인 심벌로 표현하되 심벌 부근에 심벌에 따른 명칭을 쓰도록 하시오.)

　○ _____

정답 (1) • 계산

$$I = \frac{100}{5} + \frac{5 \times 10^3}{100} = 70 \qquad • \text{답} : 70[\text{A}]$$

(2)

배점5

14 고조파 전류는 각종 선로나 간선에 에너지절약 기기나 무정전전원장치 등이 증가되면서 선로에 발생하여 전원의 질을 떨어뜨리고 과열 및 이상 상태를 발생시키는 원인이 되고 있다. 고조파 전류를 방지하기 위한 대책을 3가지만 쓰시오.

ㅇ _____

ㅇ _____

ㅇ _____

정답 ① 고조파 필터를 사용하여 제거

② 변압기 △결선 채용

③ 변환 장치의 다(多) 펄스화

배점4

15 3상4선식 22.9[kV] 수전설비의 부하 전류가 40[A]이다. 60/5[A]의 변류기를 통하여 과전류계전기를 시설하였다. 120[%]의 과부하에서 차단시키려면 트립 전류치를 몇 [A]로 설정하여야 하는지 구하시오.

• 계산 : _____   • 답 : _____

정답 • 계산

과전류 계전기 탭(Tap) 선정 방법

① 탭 전류 I_{tap} =CT 1차측 전류 × CT 역수비 × 선정비

$$I_{tap} = 40 \times \frac{5}{60} \times 1.2 = 4\,[\text{A}]$$

② 과전류 계전기 정격 탭 값에서 적당한 탭 선정

• 답 : 4[A]

2017

배점5

16 154[kV] 중성점 직접접지계통에서 접지계수가 0.75이고, 여유도가 1.1인 경우 전력용 피뢰기의 정격전압을 주어진 표에서 선정하시오.

피뢰기 정격전압 [표준치(kV)]

126	144	154	168	182	196

• 계산 : ＿＿＿＿＿＿＿＿＿＿＿＿＿＿＿＿＿ • 답 : ＿＿＿＿＿＿＿

정답 • 계산

피뢰기 정격전압 $E_n = 0.75 \times 1.1 \times 170 = 140.25[kV]$ • 답 : 144[kV] 선정

이것이 핵심이다

1. 피뢰기의 정격의 선정

공칭전압	중성점 접지상태	피뢰기정격전압[kV]		피 보호기와의 유효 이격거리
		변전소	선로	
345[kV]	유효접지	288		85[m]
154[kV]	유효접지	144		65[m]
66[kV]	PC접지 또는 비접지	72		45[m]
22[kV]	PC접지 또는 비접지	24		20[m]
22.9[kV]	3상 4선식 다중접지	21	18	20[m]

2. 계수를 사용하는 방법에 의한 피뢰기의 정격의 선정

$E_n = \alpha\beta V_m = KV_m[kV]$

• 접지계수 : $\alpha = \dfrac{1선\ 지락시\ 건전상의\ 최대전위상승}{최대\ 선간전압}$

여유계수 : $\beta = 1 \sim 1.15$

• 최고허용전압(V_m) : 공칭전압 $\times \dfrac{1.2}{1.1}$

배점5

17 그림은 전위 강하법에 의한 접지저항 측정방법이다. E, P, C가 일직선상에 있을 때, 다음 물음에 답하시오. (단, E는 반지름 r인 반구모양 전극(측정대상 전극)이다.)

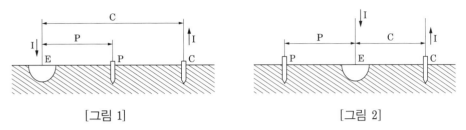

[그림 1]   [그림 2]

(1) [그림 1]과 [그림 2]의 측정방법 중 참값에 가까운 측정 방법을 고르시오.

(2) 반구모양 접지 전극의 접지저항을 측정할 때 E-C간 거리의 몇 %인 곳에 전위 전극을 설치하여야 정확한 접지저항 값을 얻을 수 있는지 설명하시오.

정답 (1) [그림 1]

(2) P/C=0.618의 조건을 만족할 때 측정값이 참값과 같아지므로 P극을 EC간거리의 61.8[%]에 시설하면 정확한 접지저항 값을 얻을 수 있다.

이것이 핵심이다

접지저항 측정

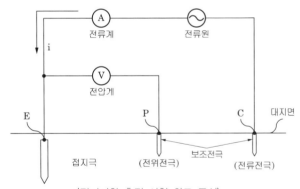

〈접지저항 측정 시험 회로 구성〉

$\overline{EC}$ 접지극으로부터 전류전극까지의 거리[m]

$\overline{EP}$ 접지극으로부터 전위전극까지의 거리[m]

γ_P : $\overline{EC}$에 대한 $\overline{EP}$의 비율/백분율[%]

통상 접지저항 측정을 위하여 설치되는 P의 상대적 위치 관계로서를 아래의 수식과 같이 정의하였을 때 균질의 토양, 즉 대지저항률이 일정한 분포를 가지고 있는 지대에 있어서 γ_P가 61.8%인 $\overline{EP}$ 지점에 P를 설치하고 접지저항을 측정할 때 정확한 값을 얻게 된다.

$$\gamma_P = \frac{\overline{EP}}{\overline{EC}}(\times 100[\%])$$

18 정격전류가 320[A]이고, 역률이 0.85인 3상 유도전동기가 있다. 다음 제시한 자료에 의하여 전압강하를 구하시오.

[자료]
- 전선편도 길이 : 150[m]
- 사용전선의 특징 : $R = 0.18[\Omega/\text{km}]$, $\omega L = 0.102[\Omega/\text{km}]$, ωC는 무시한다.

정답 ・계산

전압강하 $e = \sqrt{3}\,I(R\cos\theta + X\sin\theta)$

$e = \sqrt{3} \times 320 \times \left(0.18 \times 0.15 \times 0.85 + 0.102 \times 0.15 \times \sqrt{1 - 0.85^2}\right) = 17.187$

・답 : 17.19 [V]

19 전력설비 점검 시 보호계전 계통의 오동작 원인 3가지만 쓰시오.

○ _____

○ _____

○ _____

정답 ① 고조파에 의한 영향
② 계전기 불량 및 노화
③ 주위온도 및 기계적 충격에 의한 오동작

국가기술자격검정 실기시험문제 및 정답

2017년도 전기기사 **제3회** 필답형 실기시험

종 목	시험시간	형 별	성 명	수험번호
전기기사	2시간 30분	A		

※ 수험자 인적사항 및 답안작성(계산식 포함)은 흑색의 필기구만 사용하여야 하며 흑색을 제외한 유색 필기구 또는 연필류를 사용하거나 2가지 이상의 색을 혼합 사용하였을 경우 그 문항은 0점 처리됩니다.

배점5

01 그림과 같은 점광원으로부터 원뿔 밑면까지의 거리가 4[m]이고, 밑면의 반지름이 3[m]인 원형면의 평균 조도가 100[lx]라면 이 점광원의 평균 광도[cd]는?

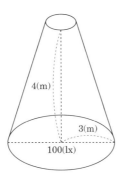

· 계산 :　　　　　　　　　　　　　　　　　· 답 :

정답　· 계산

$$E = \frac{F}{S} = \frac{\omega I}{\pi r^2} = \frac{2\pi(1-\cos\theta)I}{\pi r^2} = \frac{2I(1-\cos\theta)}{r^2}$$

$$100 = \frac{2I \times \left(1 - \frac{4}{5}\right)}{3^2} \Rightarrow 900 = 2I \times 0.2 \quad \therefore I = \frac{900}{0.4} = 2250[\text{cd}]$$

· 답 : 2250[cd]

배점6

02 중성점 직접 접지 계통에 인접한 통신선의 전자 유도 장해 경감에 관한 대책을 경제성이 높은 것부터 설명하시오.

(1) 근본 대책

  ○ _____

(2) 전력선측 대책(3가지)

  ○ _____

  ○ _____

  ○ _____

(3) 통신선측 대책(3가지)

  ○ _____

  ○ _____

  ○ _____

정답 (1) 전자 유도 전압의 억제
  (2) 전력선측 대책
    ① 차폐선을 설치한다.
    ② 고속도 지락 보호 계전 방식을 채용한다.
    ③ 송전선로를 될 수 있는 대로 통신 선로로부터 멀리 떨어져 건설한다.
  (3) 통신선측 대책
    ① 전력선과 교차시 수직교차한다.
    ② 연피케이블을 사용한다.
    ③ 절연 변압기를 설치하여 구간을 분리한다.

03 비접지선로의 접지전압을 검출하기 위하여 그림과 같은 (Y-개방 △) 결선을 한 GPT가 있다.

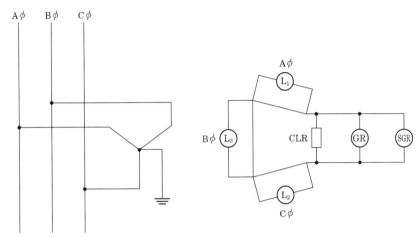

(1) Aϕ고장시(완전지락시) 2차 접지표시등 L_1, L_2, L_3의 점멸과 밝기를 비교하시오.

(2) 1선 지락사고시 건전상의 대지 전위의 변화를 간단히 설명하시오.

(3) GR, SGR, CLR의 우리말 명칭을 간단히 쓰시오.

• GR   : _____

• SGR : _____

• CLR : _____

정답 (1)

	점멸	밝기
L_1	소등	어둡다
L_2, L_3	점등	더욱 밝아진다

(2) 건전상의 대지전위는 $110/\sqrt{3}$ [V]이나 1선 지락사고시 전위가 $\sqrt{3}$ 배로 증가하여 110[V] 가 된다.

(3) • GR : 지락 계전기

   • SGR : 선택 지락 계전기

   • CLR : 전류 제한 저항기

a상이 완전 지락될 경우 a상의 전위는 0[V]가 된다. 이때 건전상인 b상과 c상의 전위는 $\sqrt{3}$ 배 증가된다. 즉 1차 b상과 c상의 전위는 6600[V]이다. 3차측 a상의 전위도 0[V]가 된다. 1차측과 마찬가지로 3차측 b상과 c의의 전위도 $\sqrt{3}$ 배 증가되어 전위는 110[V]가 된다. 이때 램프의 상태는 a상의 전위는 0[V]이므로 a상의 램프는 소등되지만 b상과 c상의 램프는 전위상승으로 인해 더욱 밝아져서 지락상을 쉽게 식별할 수 있다. 3차측 권선의 개방단 전압은 영상전압의 3배인 190[V]까지 상승한다. 이 영상전압으로 계전기등이 지락사고를 검출한다.

배점5

04 변압기의 1일 부하 곡선이 그림과 같을 때 다음 각 물음에 답하시오.
(단, 변압기의 전부하 동손은 130[W], 철손은 100[W]이다.)

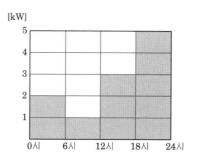

(1) 1일 중의 출력 전력량은 몇 [kWh]인가?

• 계산 : _____ • 답 : _____

(2) 1일 중의 전손실 전력량은 몇 [kWh]인가?

• 계산 : _____ • 답 : _____

(3) 전일 효율은 몇 [%]인가?

• 계산 : _____ • 답 : _____

정답 (1) • 계산

사용전력량 = 사용전력 × 시간

$W = 2 \times 6 + 1 \times 6 + 3 \times 6 + 5 \times 6 = 66[\text{kWh}]$

• 답 : 66[kWh]

(2) • 계산

전손실 전력량($P_{\ell T}$)= 철손량 (P_{iT})+ 동손량(P_{cT})

$P_{iT} = P_i \times T = 0.1 \times 24 = 2.4[\text{kWh}]$

$P_{cT} = m^2 P_c \times T$ $\left(\text{여기서, } m = \dfrac{\text{부하용량}}{\text{설비용량}}\right)$

$= \left(\dfrac{2}{5}\right)^2 \times 0.13 \times 6 + \left(\dfrac{1}{5}\right)^2 \times 0.13 \times 6 + \left(\dfrac{3}{5}\right)^2 \times 0.13 \times 6 + \left(\dfrac{5}{5}\right)^2 \times 0.13 \times 6 = 1.22[\text{kWh}]$

$\therefore P_{\ell T} = 2.4 + 1.22 = 3.62[\text{kWh}]$

• 답 : 3.62[kWh]

(3) • 계산

전일효율 $= \dfrac{\text{출력}}{\text{출력} + \text{손실}} \times 100 = \dfrac{66}{66 + 3.62} \times 100 = 94.8[\%]$

• 답 : 94.8[%]

배점5

05 평형 3상 회로에 변류비 100/5인 변류기 2개를 그림과 같이 접속하였을 때 전류계에 4[A] 의 전류가 흘렀다. 1차 전류의 크기는 몇 [A]인가?

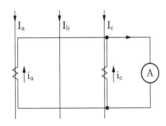

• 계산 :　　　　　　　　　　　　　　　　　　• 답 :

정답 • 계산 : 변류기 1차측 전류 $=$ 2차측 전류 $\times$ 변류비 $= 4 \times \dfrac{100}{5} = 80[\text{A}]$

• 답 : 80[A]

06 변압기의 절연내력 시험전압에 대한 ①~⑦의 알맞은 내용을 빈칸에 쓰시오.

전로의 종류(최대사용전압 기준)	시험전압 (최대사용 전압의 배수)
최대사용전압 7[kV] 이하인 전로 (단, 시험전압이 500[V] 미만으로 되는 경우에는 500[V])	최대사용전압×(①)배
7[kV]를 넘고 25[kV] 이하인 전로로서 중성선 다중접지식에 접속 되는 것	최대사용전압×(②)배
7[kV]를 넘고 60[kV] 이하인 전로(중성선 다중접지 제외) (단, 시험전압이 10500[V] 미만으로 되는 경우에는 10500[V])	최대사용전압×(③)배
60[kV]를 넘는 전로로서 중성점 비접지식 전로에 접속되는 것	최대사용전압×(④)배
60[kV]를 넘는 전로로서 중성점 접지식 전로에 접속하고 또한 성 형결선의 권선의 경우에는 그 중성점 T좌 권선과 주좌 권선의 접 속점에 피뢰기를 시설하는 것 (단, 시험전압이 75[kV] 미만으로 되는 경우에는 75[kV])	최대사용전압×(⑤)배
60[kV]를 넘는 전로로서 중성점 직접접지식 전로에 접속하는 것. (단, 170[kV]를 초과하는 권선에는 그 중성점에 피뢰기를 시설하 는 것)	최대사용전압×(⑥)배
170[kV]를 넘는 권선으로서 중성점 직접접지식 전로에 접속하고 또는 그 중성점을 직접 접지하는 것	최대사용전압×(⑦)배
(예시)기타 권선	1.1배

전로의 종류(최대사용전압 기준)	시험전압 (최대사용 전압의 배수)
최대사용전압 7[kV] 이하인 전로 (단, 시험전압이 500[V] 미만으로 되는 경우에는 500[V])	최대사용전압×(1.5)배
7[kV]를 넘고 25[kV] 이하인 전로로서 중성선 다중접지식에 접속되는 것	최대사용전압×(0.92)배
7[kV]를 넘고 60[kV] 이하인 전로(중성선 다중접지 제외) (단, 시험전압이 10500[V] 미만으로 되는 경우에는 10500[V])	최대사용전압×(1.25)배
60[kV]를 넘는 전로로서 중성점 비접지식 전로에 접속되는 것	최대사용전압×(1.25)배
60[kV]를 넘는 전로로서 중성점 접지식 전로에 접속하고 또한 성형결선의 권선의 경우에는 그 중성점 T좌 권선과 주좌 권선의 접속점에 피뢰기를 시 설하는 것(단, 시험전압이 75[kV] 미만으로 되는 경우에는 75[kV])	최대사용전압×(1.1)배
60[kV]를 넘는 전로로서 중성점 직접접지식 전로에 접속하는 것. (단, 170[kV]를 초과하는 권선에는 그 중성점에 피뢰기를 시설하는 것)	최대사용전압×(0.72)배
170[kV]를 넘는 권선으로서 중성점 직접접지식 전로에 접속하고 또는 그 중성점을 직접 접지하는 것	최대사용전압×(0.64)배
(예시)기타 권선	1.1배

07 다음은 컴퓨터 등의 중요한 부하에 대한 무정전 전원공급을 위한 그림이다. "(가)~(바)"에 적당한 전기 시설물의 명칭을 쓰시오.

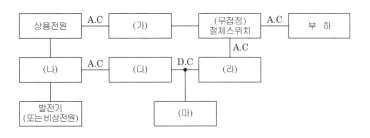

정답 (가) 자동전압조정기(AVR)

(나) 절체용 개폐기

(다) 정류기(컨버터)

(라) 인버터

(마) 축전지

08 그림은 3상 유도 전동기의 역상 제동 시퀀스회로이다. 물음에 답하시오. (단, 플러깅 릴레이 Sp는 전동기가 회전하면 접점이 닫히고, 속도가 0에 가까우면 열리도록 되어 있다.)

(1) 회로에서 ①~④에 접점과 기호를 넣고 MC_1, MC_2의 동작 과정을 간단히 설명하시오.

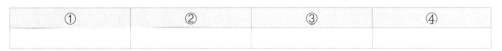

①	②	③	④

• 동작과정 :

(2) 보조 릴레이 T와 저항 r에 대하여 그 용도 및 역할에 대하여 간단히 설명하시오.

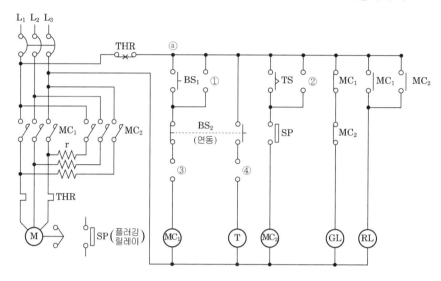

정답 (1)

①	②	③	④
MC₁	MC₂	MC₂	MC₁

- 동작과정 : BS_1을 눌러 MC_1을 여자시켜 전동기를 직입기동시킨다. BS_2를 누르면 MC_1이 소자되고 전동기는 전원에서 분리되지만 관성모멘트로 인하여 회전은 계속된다. 동시에 BS_2의 연동접점으로 MC_1이 소자되는 동시에 T가 여자되며 BS_2를 누르고 있는 동안 설정시간 후 MC_2가 여자되어 전동기는 역회전을 하려고 한다. 속도가 0에 가까워지면 플러깅 릴레이에 의해 전동기는 전원에서 분리되어 정지한다.

(2) • T의 용도와 역할

  시간 지연 릴레이를 사용하여 제동시 과전류를 방지하는 시간적 여유를 고려

  • r의 용도와 역할

  역상 제동시 저항의 전압 강하로 전압을 줄이고 제동력을 제한

09 그림은 고압 전동기 100[HP] 미만을 사용하는 고압 수전 설비 결선도이다. 이 그림을 보고 다음 각 물음에 답하시오.

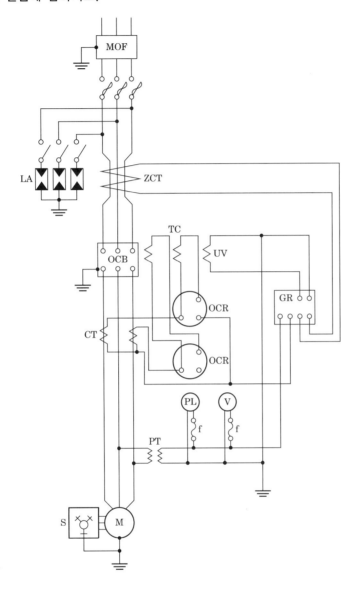

(1) 다음 명칭과 용도 또는 역할을 쓰시오.

① MOF

② LA

③ ZCT

④ OCB

⑤ OCR

⑥ GR

(2) 본 도면에서 생략할 수 있는 부분은?

(3) 전력용 콘덴서에 고조파 전류가 흐를 때 사용하는 기기는 무엇인가?

정답 (1) ① PT와 CT를 함께 내장한 것으로 전력량계에 전원공급

② 이상 전압 내습시 대지로 방전시키고 그 속류를 차단

③ 지락 사고시 영상전류 검출

④ 단락 등 고장 전류에 의한 사고시 계전기에 의한 검출신호에 의해 선로를 차단

⑤ 과부하나 단락시에 트립코일 여자

⑥ 지락사고시 트립코일 여자

(2) LA용 DS

(3) 직렬리액터

배점5

10 답안지의 그림은 3상 4선식 전력량계의 결선도를 나타낸 것이다. PT와 CT를 사용하여 미완성 부분의 결선도를 완성하시오.

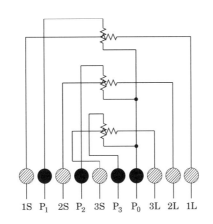

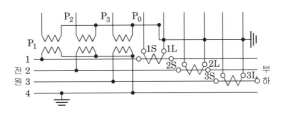

정답

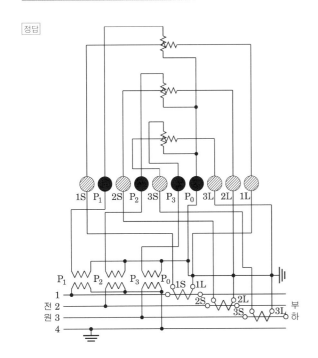

2017

배점4

11 다음 기기의 명칭을 쓰시오.

(1) 가공배전선로 사고의 대부분이 나무에 의한 접촉이나 강풍 등에 의해 일시적으로 발생한 사고이므로 신속하게 고장구간을 차단하고 재투입하는 개폐장치이다.

    ○ _____

(2) 보안상 책임 분계점에서 보수 점검시 전로를 개폐하기 위하여 시설하는 것으로 반드시 무부하 상태에서 개방하여야 한다. 한편, 66[kV] 이상의 경우에 사용한다.

    ○ _____

정답   (1) 리클로져

       (2) 선로개폐기(LS)

배점5

12 전압과 역률이 일정할 때 전력손실이 2배가 되려면 전력은 몇 [%] 증가해야 하는가?

•계산 : _____ •답 : _____

정답   • 계산

    전력손실 $P_\ell = 3I^2R = \dfrac{P^2R}{V^2\cos^2\theta}$, 전압과 역률이 일정하기 때문에

    $P_\ell = RP^2$의 비율로 계산하며, R은 상쇄되므로 무시

    $P = \sqrt{P_\ell}$, 이때 전력손실이 2배가 될 경우 $\dfrac{P'}{P} = \dfrac{\sqrt{2P_\ell}}{\sqrt{P_\ell}} = \sqrt{2}$

    ∴ 전력증가율 $= \dfrac{\sqrt{2}P - P}{P} \times 100 = \dfrac{\sqrt{2}-1}{1} \times 100 = 41.421$

    • 답 : 41.42[%]

13 수전단 전압이 $6000[V]$인 $2[km]$3상3선식 선로에서 $380[V]$, $1000[kW]$(늦은 역률 0.8) 부하가 연결되었다고 한다. 다음 물음에 답하시오. (단, 1선당 저항은 $0.3[\Omega/km]$, 1선당 리액턴스는 $0.4[\Omega/km]$이다.)

(1) 선로의 전압강하를 구하시오.

  • 계산 : _____ • 답 : _____

(2) 선로의 전압강하율을 구하시오.

  • 계산 : _____ • 답 : _____

(3) 선로의 전력손실을 구하시오.

  • 계산 : _____ • 답 : _____

 (1) • 계산

$$전압강하 \quad e = \frac{P}{V_r}(R + X\tan\theta) = \frac{1000 \times 10^3}{6000} \times \left(0.3 \times 2 + 0.4 \times 2 \times \frac{0.6}{0.8}\right) = 200$$

  • 답 : $200[V]$

(2) • 계산

$$전압강하율 = \frac{전압강하}{수전단전압} \times 100 = \frac{200}{6000} \times 100 = 3.33$$

  • 답 : $3.33[\%]$

(3) • 계산

$$전력손실 \quad P_\ell = 3I^2R = \frac{P^2R}{V^2\cos^2\theta} = \frac{(1000 \times 10^3)^2 \times 0.3 \times 2}{6000^2 \times 0.8^2} = 26041.67$$

  • 답 : $26041.67[W]$

2017

배점6

14 1개의 전류계 및 전압계를 이용하여 변압기 권선의 저항을 측정하기 위한 회로도를 그리시오.

(1) 전압 전류계법으로 저항값을 측정하기 위한 회로를 주어진 정보로 완성하시오.

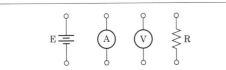

(2) 변압기 2차 권선의 저항을 구하는 공식을 쓰시오.

정답 (1)

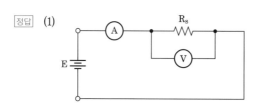

(2) R(권선의 저항) $= \dfrac{V(\text{전압계 측정 전압})}{I(\text{전류계 측정 전류})}$

배점11

15 사용전압 380[V]인 3상 직입기동전동기 1.5[kW] 1대, 3.7[kW] 2대와 3상 15[kW] 기동기 사용 전동기 1대 및 3상 전열기 3[kW]를 간선에 연결하였다. 이 때 간선의 굵기, 간선의 과전류 차단기 용량을 다음 표를 이용하여 구하시오. (단, 공사방법은 B1, PVC 절연전선 을 사용)

[표 1] 3상 농형 유도전동기의 규약 전류값

출력[kW]	규약전류[A]	
	200[V]용	380[V]용
0.2	1.8	0.95
0.4	3.2	1.68
0.75	4.8	2.53
1.5	8.0	4.21
2.2	11.1	5.84
3.7	17.4	9.16
5.5	26	13.68
7.5	34	17.89
11	48	25.26
15	65	34.21
18.5	79	41.58
22	93	48.95
30	124	65.26
37	452	80
45	190	100
55	230	121
75	310	163
90	360	189.5
110	440	231.6
132	500	263

[비고 1] 사용하는 회로의 표준전압이 220[V]인 경우 220[V]인 것의 0.9배로 한다.

[비고 2] 고효율 전동기는 제작자에 따라 차이가 있으므로 제작자의 기술자료를 참조한다.

[표 2] 380[V] 3상 유도전동기의 간선의 굵기 및 기구의 용량

배선종류에 의한 간선의 최소 굵기[mm²]
직입기동 전동기 중 최대 용량의 것 / 기동기 사용 전동기 중 최대 용량의 것
과전류 차단기[A] 직입기동 : 칸 위 숫자 , $Y-\triangle$ 기동 : 칸 아래 숫자

전동기[kW] 수의 총계 [kW] 이하	최대 사용 전류[A] 이하	공사방법 A1 PVC	공사방법 A1 XLPE,EPR	공사방법 B1 PVC	공사방법 B1 XLPE,EPR	공사방법C PVC	공사방법C XLPE,EPR	0.75이하 / —	1.5 / —	2.2 / —	3.7 / —	5.5 / 5.5	7.5 / 7.5	11 / 11	15 / 15	18.5 / 18.5	22 / 22	30 / 30	37~55 / 37
3	7.9	2.5	2.5	2.5	2.5	2.5	2.5	15/—	15/—	15/—	—	—	—	—	—	—	—	—	—
4.5	10.5	2.5	2.5	2.5	2.5	2.5	2.5	15/—	15/—	20/—	30/—	—	—	—	—	—	—	—	—
6.3	15.8	2.5	2.5	2.5	2.5	2.5	2.5	20/—	20/—	30/—	30/—	40/30	—	—	—	—	—	—	—
8.2	21	4	2.5	2.5	2.5	2.5	2.5	30/—	30/—	30/—	30/—	40/30	50/30	—	—	—	—	—	—
12	26.3	6	4	4	2.5	4	2.5	40/—	40/—	40/—	40/—	40/40	50/40	75/40	—	—	—	—	—
15.7	39.5	10	6	10	6	6	4	50/—	50/—	50/—	50/—	50/50	60/50	75/50	100/60	—	—	—	—
19.5	47.4	16	10	10	6	10	6	60/—	60/—	60/—	60/—	60/60	75/60	75/60	100/60	125/75	—	—	—
23.2	52.6	16	10	16	10	10	10	75/—	75/—	75/—	75/—	75/75	75/75	100/75	100/75	125/75	125/100	—	—
30	65.8	25	16	16	10	16	10	100/—	100/100	100/100	100/100	100/100	100/100	100/100	125/100	125/100	125/100	—	—
37.5	78.9	35	25	25	16	25	16	100/—	100/100	100/100	100/100	100/100	100/100	100/100	125/100	125/100	125/100	125/125	—
45	92.1	50	25	35	25	25	16	125/—	125/—	125/—	125/—	125/100	125/125	125/125	125/125	125/125	125/125	125/125	125/125
52.5	105.3	50	35	35	25	35	25	125/—	125/—	125/—	125/—	125/125	125/125	125/125	125/125	125/125	125/125	125/125	150/150
63.7	131.6	70	50	50	35	50	35	175/—	175/—	175/—	175/—	175/175	175/175	175/175	175/175	175/175	175/175	175/175	175/175
75	157.9	95	70	70	50	70	50	200/—	200/—	200/—	200/—	200/200	200/200	200/200	200/200	200/200	200/200	200/200	200/200
86.2	184.2	120	95	95	70	95	70	225/—	225/—	225/—	225/—	225/225	225/225	225/225	225/225	225/225	225/225	225/225	225/225

[비고 1] 최소 전선 굵기는 1회선에 대한 것이며, 2회선 이상일 경우는 부록 500-2의 복수회로 보정계수를 적용하여야 한다.

[비고 2] 공사방법 A1은 벽 내의 전선관에 공사한 절연전선 또는 단심케이블, B1은 벽면의 전선 관에 공사한 절연전선 또는 단심케이블, 공사방법 C는 벽면에 공사한 단심 또는 다심케 이블을 시설하는 경우의 전선 굵기를 표시하였다.

[비고 3] 「전동기중 최대의 것」에 동시 기동하는 경우를 포함함

[비고 4] 과전류 차단기의 용량은 해당 조항에 규정되어 있는 범위에서 실용상 거의 최대값을 표 시함

[비고 5] 과전류 차단기의 선정은 최대 용량의 정격전류의 3배에 다른 전동기의 정격전류의 합계 를 가산한 값 이하를 표시함.

[비고 6] 배선용 차단기를 배·분전반, 제어반 내부에 시설하는 경우는 그 반 내의 온도상승에 주 의할 것

정답 (1) 간선의 굵기

총 설비용량은 26.9[kW]이므로 [표2]에서 그 보다 큰 30[kW] 적용, 최대사용전류는 65.8[A]이다.

공사방법은 B1, PVC 절연전선을 사용하므로 간선의 굵기는 16[mm²]이다.

한편, 65.8[A]가 적용이 가능한지 간선의 허용전류도 계산해 본다.

전동기의 수의 총계 = $1.5 + 3.7 \times 2 + 15 = 23.9$[kW]이다.

전동기의 정격전류는 [표1]에서 규약전류에 해당하므로

$4.21[A] + 9.16[A] \times 2 + 34.21[A] = 56.74[A]$가 된다.

전열기의 총 합 : 3[kW]이다.

전열기의 정격전류 $= \dfrac{3000}{\sqrt{3} \times 380} = 4.558[A]$

따라서 간선의 허용전류는 전동기 정격전류 + 전열기의 정격전류의합 이므로

$56.74[A] + 4.558[A] = 61.298[A]$이상을 견딜 수 있는 전선을 사용하면 된다.

따라서 표1에 의한 전류 : 65.8[A]이므로 표의 값이 더 크므로 16[mm²]가 된다.

(2) 과전류차단기용량

[표2]에서 16[mm²]에 해당하는 부분과 직입기동 전동기 중 최대 용량의 것 또는 기동기 사용 전동기 중 최대 용량의 것과 만나는 부분이 과전류차단기용량을 의미하므로 답은 100[A]를 선정하면 된다.

• 답

간선의 굵기	과전류차단기 용량
16[mm²]	100[A]

배점5

16 전압 30[V], 저항 4[Ω], 유도리액턴스 3[Ω] 일 때 콘덴서를 병렬로 연결하여 종합역률 1로 만들기 위해 병렬 연결하는 용량성 리액턴스는 몇 [Ω]인가?

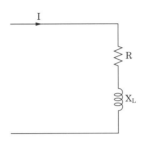

정답 · 계산

병렬공진조건 : $\omega C = \dfrac{\omega L}{R^2 + (\omega L)^2} \rightarrow X_c = \dfrac{4^2 + 3^2}{3} = 8.33$

· 답 : 8.33[Ω]

배점6

17 그림은 릴레이 인터록 회로이다. 이 그림을 보고 다음 각 물음에 답하시오.

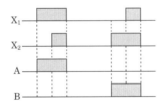

(1) 이 회로를 논리회로로 고쳐서 완성하시오.

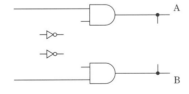

(2) 논리식을 쓰고 진리표를 완성하시오.

· 논리식 :

· 진리표

X_1	X_2	A	B
0	0		
0	1		
1	0		

정답 (1)

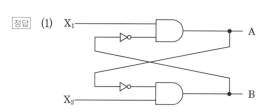

(2) · 논리식

$$A = X_1 \cdot \overline{B}, \quad B = X_2 \cdot \overline{A}$$

· 진리표

X_1	X_2	A	B
0	0	0	0
0	1	0	1
1	0	1	0

2018

과년도 기출문제

국가기술자격검정 실기시험문제 및 정답

2018년도 전기기사 **제1회** 필답형 실기시험

종 목	시험시간	형 별	성 명	수험번호
전기기사	2시간 30분	A		

※ 수험자 인적사항 및 답안작성(계산식 포함)은 흑색의 필기구만 사용하여야 하며 흑색을 제외한 유색 필기구 또는 연필류를 사용하거나 2가지 이상의 색을 혼합 사용하였을 경우 그 문항은 0점 처리됩니다.

배점6

01 그림과 같은 단상 3선식 배전선 a, b, c에 각 선간에 부하가 접속되어 있다. 전선의 저항값은 같고 1선당 저항값은 $0.06[\Omega]$이다. ab간, bc간, ca간의 전압을 구하시오. 단, 부하의 역률은 변압기의 2차 전압에 대한 것으로 하고, 또 선로의 리액턴스는 무시한다.

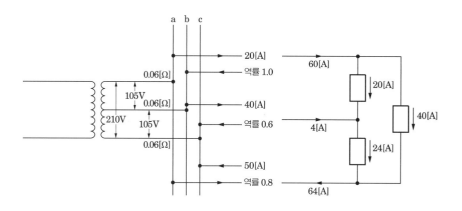

• 계산 : _____   • 답 : _____

정답   • 계산

$$V_{ab} = 105 - (60 \times 0.06 - 4 \times 0.06) = 101.64\,\text{V}$$

$$V_{bc} = 105 - (4 \times 0.06 + 64 \times 0.06) = 100.92\,\text{V}$$

$$V_{ca} = 210 - (60 \times 0.06 + 64 \times 0.06) = 202.56\,\text{V}$$

• 답 : $V_{ab} = 101.64\,[\text{V}]$, $V_{bc} = 100.92\,[\text{V}]$, $V_{ca} = 202.56\,[\text{V}]$

배점6

02 △결선 변압기에 접속된 역률 1인 부하 50[kW]와 역률 0.8인 부하 100[kW]가 있다. 여기에 전력을 공급할 때 다음 물음에 답하시오.

변압기 정격용량 [kVA]

20	30	50	75	100	150	200	300

(1) △결선 시 변압기 1대의 최소용량을 구하시오.

• 계산 : _____　• 답 : _____

(2) 1대 고장으로 V결선시 과부하율은?

• 계산 : _____　• 답 : _____

(3) 델타결선과 V결선의 동손의 비 $\dfrac{W_\triangle}{W_V}$ 를 구하시오. (변압기 과부하는 무시한다.)

• 계산 : _____　• 답 : _____

정답　(1)　• 계산

합성유효전력$= 50 + 100 = 150\,[\mathrm{kW}]$,

합성무효전력$= 100 \times \dfrac{0.6}{0.8} = 75\,[\mathrm{kVar}]$,　피상전력 $= \sqrt{150^2 + 75^2} = 167.705\,[\mathrm{kVA}]$

$3P = 167.71$ 이므로, 1대의 최소용량 $P = \dfrac{167.71}{3} = 55.90\,[\mathrm{kVA}]$

• 답 : 75[kVA]

(2)　• 계산

V 결선시 $\sqrt{3} \times P_1 = 167.705$ 이므로, $P_1 = \dfrac{167.71}{\sqrt{3}} = 96.827\,[\mathrm{kVA}]$

∴ 과부하율 $= \dfrac{96.83}{75} \times 100 = 129.106$

• 답 : 129.11[%]

(3)　• 계산

$\dfrac{W_\triangle}{W_V} = \dfrac{3P_c}{2P_c} = 1.5$

• 답 : 1.5

배점13

03 그림과 같은 간이 수전설비에 대한 결선도를 보고 다음 각 물음에 답하시오.

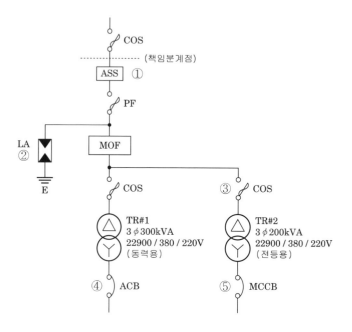

(1) 수전실의 형태를 Cubicle Type으로 할 경우 고압반(HV: High voltage)과 저압반(LV: Low voltage)은 몇 개의 면으로 구성되는지 구분하고, 수용되는 기기의 명칭을 쓰시오.

  ○ _____

(2) ①, ②, ③ 기기의 정격을 쓰시오.

  ○ _____

(3) ④, ⑤ 차단기의 용량(AF, AT)은 어느 것을 선정하면 되겠는가? (단, 역률은 $100[\%]$로 계산한다.)

  ○ _____

정답 (1) 고압반 : 4면(PF+LA, MOF, COS+TR#1, COS+TR#2)
　　　저압반 : 2면(ACB, MCCB)

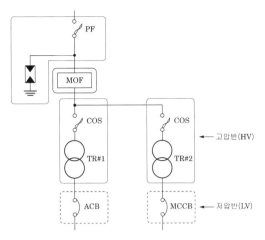

(2) ① 자동고장구분개폐기 : 25.8[kV], 200[A]

② 피뢰기 : 18[kV], 2500[A]

③ COS : 25[kV], 100[AF], 8[A]

(3) ④ $I_1 = \dfrac{300 \times 10^3}{\sqrt{3} \times 380} = 455.802[\text{A}]$　　　• 답 : AF : 630[A], AT : 630[A]

　　⑤ $I_1 = \dfrac{200 \times 10^3}{\sqrt{3} \times 380} = 303.868[\text{A}]$　　　• 답 : AF : 400[A], AT : 350[A]

배점4

04 전력퓨즈의 역할을 쓰시오.

  ○ _____　　○ _____

___

정답　• 단락전류를 차단한다.

　　　• 부하전류는 안전하게 통전시킨다.

배점5

05 전력설비의 간선을 설계하고자 한다. 간선설계시 고려해야 할 사항을 5가지 쓰시오.

  ○ _____　　○ _____

  ○ _____　　○ _____

  ○ _____

• 간선의 굵기 (허용전류, 전압강하, 기계적강도 등)

• 간선계통 (전용간선의 분리, 건물용도에 적합한 간선구분, 공급전압의 결정 등)

• 간선경로 (파이프샤프트의 위치, 크기, 루트의 길이 등의 검토)

• 배선방식 (용량, 시공성에서 본 재료 및 분기방법 등)

• 설계조건 (수용률, 부하율, 동력설비, 부하 등)

배점6

06 권수비가 30, 1차 전압이 $6.6[\text{kV}]$인 변압기가 있다. 다음 물음에 답하시오.

(1) 2차 전압[V]을 구하시오.

• 계산 : _____ • 답 : _____

(2) 부하 50[kW], 역률 0.8를 2차에 연결할 때 1차 전류 및 2차 전류를 구하시오.

• 1차 전류

계산 : _____ • 답 : _____

• 2차 전류

계산 : _____ • 답 : _____

(3) 1차 전력[kVA]를 구하여라.

• 계산 : _____ • 답 : _____

정답 (1) • 계산

$$V_2 = \frac{V_1}{a} = \frac{6600}{30} = 220[\text{V}]$$

• 답 : $220[\text{V}]$

(2) • 1차 전류계산

$$I_1 = \frac{P}{V_1 \cos\theta} = \frac{50 \times 10^3}{6600 \times 0.8} = 9.47[\text{A}]$$

• 답 : $9.47[\text{A}]$

• 2차 전류계산

$$I_2 = \frac{P}{V_2 \cos\theta} = \frac{50 \times 10^3}{220 \times 0.8} = 284.091[\text{A}]$$

• 답 : $284.09[\text{A}]$

(3) • 계산 : $P = V_1 I_1 = 6600 \times 9.47 \times 10^{-3} = 62.502$

• 답 : $62.5[\text{kVA}]$

배점7

07 다음 PT 및 CT에 대한 다음 물음에 답하시오.

(1) 다음 결선도는 PT 및 CT의 미완성 결선도이다. 그림기호를 그리고 약호를 표시하여 결선도를 완성하시오.

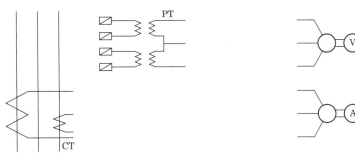

(2) CT는 운전 중에 개방하여서는 아니 된다. 그 이유를 쓰시오.

○

(3) PT와 CT의 2차측 정격전압과 정격전류를 쓰시오.

○

정답 (1)

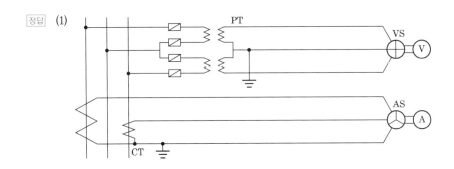

(2) CT 1차측의 부하전류가 모두 여자전류가 되어 CT 2차측에 고전압이 유기되어 기기 및 전로가 절연이 파괴될 우려가 있기 때문에 운전 중 개방하면 안된다.

(3) • PT의 2차측 정격전압 : 110[V]
　　• CT의 2차측 정격전류 : 5[A]

2018

배점6

08 가공전선로의 이상전압을 억제하기 위한 방법을 3가지 쓰시오.

○ _____

○ _____

○ _____

정답 • 가공지선 설치 (직격뢰, 유도뢰 차폐)
• 매설지선 설치 (역섬락 방지)
• 중성점 접지 (외부 및 내부이상 전압의 경감 및 발생을 방지)

배점6

09 수전 전압 6600[V], 가공 전선로의 %임피던스가 58.5[%]일 때 수전점의 3상 단락 전류가 7000[A]인 경우 기준 용량과 수전용 차단기의 차단 용량은 얼마인가?

차단기 정격용량 [MVA]

10	20	30	50	75	100	150	250	300	400	500

(1) 기준 용량

• 계산 : _____ • 답 : _____

(2) 차단 용량

• 계산 : _____ • 답 : _____

정답 (1) 기준용량 계산

$I_s = 7000\,[\text{A}]$

$I_n = \dfrac{\%Z}{100} \times I_s = \dfrac{58.5}{100} \times 7000 = 4095\,[\text{A}]$

기준용량

$P_n = \sqrt{3}\,V I_n = \sqrt{3} \times 6600 \times 4095 \times 10^{-6} = 46.812\,[\text{MVA}]$

• 답 : 46.81[MVA]

(2) 차단용량 계산

$P_s = \sqrt{3}\,V_n I_s = \sqrt{3} \times 7200 \times 7000 \times 10^{-6} = 87.295\,[\text{MVA}]$

• 답 : 100[MVA] 선정

배점5

10 답안지 그림은 옥내 배선도의 일부를 표시한 거이다. ㉠, ㉡ 전등은 A스위치로, ㉢, ㉣ 전등은 B스위치로 점멸되도록 설계하고자 한다. 각 배선에 필요한 최소 전선 가닥수를 표시하시오.

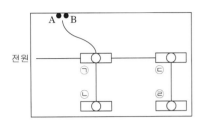

정답

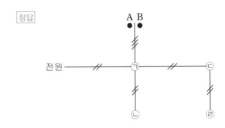

배점5

11 다음 그림은 TN-C-S계통의 일부분이다. 결선하여 계통을 완성하시오. (단, 계통 일부의 중성선과 보호선을 동일전선으로 사용하며, 중성선 ╱, 보호선 ╗, 보호선과 중성선을 겸한선 ╱ 을 사용한다.)

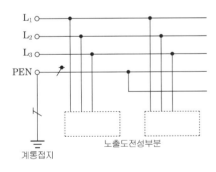

정답
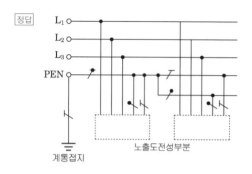

계통접지   노출도전성부분

배점5

12 다음과 같은 유접점 시퀀스회로를 무접점 논리회로로 변경하여 그리시오.

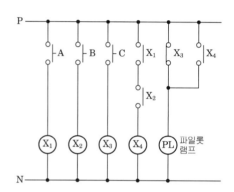

정답 무접점 논리회로

$$X_1 = A, \; X_2 = B, \; X_3 = C, \; X_4 = X_1 \cdot X_2$$

$$\therefore PL = \overline{X_3} + X_4 = X_1 \cdot X_2 + \overline{X_3}$$

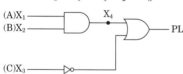

배점5

13 그림은 기동 입력 BS₁을 준 후 일정 시간이 지난 후에 전동기 Ⓜ이 기동 운전되는 회로의 일부이다. 여기서 전동기 Ⓜ이 기동하면 릴레이 Ⓧ와 타이머 Ⓣ가 복구되고 램프 ⓇⓁ이 점등되며 램프ⒼⓁ은 소등되고, Thr이 트립되면 램프ⓄⓁ이 점등하도록 회로의 점선 부분을 아래의 수정된 회로에 완성하시오. (단, MC의 보조 접점 (2a,2b)을 모두 사용한다.)(5점)

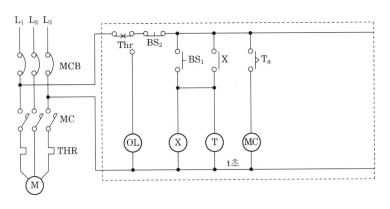

정답 • 수정된 회로

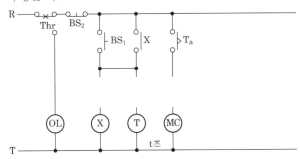

• 답

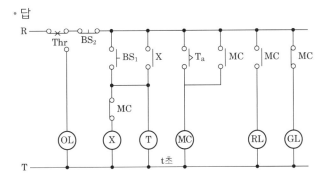

배점5

14 감리원은 해당 공사현장에서 감리업무 수행상 필요한 서식을 비치하고 기록·보관하여야한다. 해당 서류 5가지만 쓰시오.

○ _____   ○ _____

○ _____   ○ _____

○ _____

정답 • 감리업무일지
　　　 • 근무상황판
　　　 • 지원업무수행 기록부
　　　 • 착수 신고서
　　　 • 회의 및 협의내용 관리대장
　　　 • 문서접수대장
　　　 • 문서발송대장
　　　 • 민원처리부

배점5

15 고장전류(지락전류) 10000[A], 전류 통전시간 0.5[sec], 접지선(동선)의 허용온도 상승을 1000[℃]로 하였을 경우 접지선 단면적을 계산하시오.

KSC IEC 전선규격 [mm²]

2.5	4	6	10	16	25	35

• 계산 : _____   • 답 : _____

정답 • 계산
　　　 접지도선에 I[A]가 t초 동안 흐를 때 전선의 상승온도 θ

$$\theta = 0.008\left(\frac{I}{A}\right)^2 t\,[\text{℃}]$$

단면적 $A = \sqrt{\dfrac{0.008 \times t}{\theta}} \times I = \sqrt{\dfrac{0.008 \times 0.5}{1000}} \times 10000 = 20$

　　　 • 답 : 25[mm²]

배점11

16 단상 3선식 110/220[V]를 채용하고 있는 어떤 건물이 있다. 변압기가 설치된 수전실로부터 50[m]되는 곳에 부하 집계표와 같은 분전반을 시설하고자 한다. 다음 표를 참고하여 전압 변동률 2[%] 이하, 전압강하율 2[%] 이하가 되도록 다음 사항을 구하시오.

단, • 공사방법 B1이며 전선은 PVC 절연전선이다.
   • 후강 전선관 공사로 한다.
   • 3선 모두 같은 선으로 한다.
   • 부하의 수용률은 100[%]로 적용
   • 후강 전선관 내 전선의 점유율은 60[%] 이내를 유지할 것

[표 1] 부하집계표

| 회로 번호 | 부하 명칭 | 부하[VA] | 부하 분담[VA] | | NFB 크기 | | | 비고 |
			A선	B선	극수	AF	AT	
1	전등	2400	1200	1200	2	50	15	
2	〃	1400	700	700	2	50	15	
3	콘센트	1000	1000	–	1	50	20	
4	〃	1400	1400	–	1	50	20	
5	〃	600	–	600	1	50	20	
6	〃	1000	–	1000	1	50	20	
7	팬코일	700	700	–	1	30	15	
8	〃	700	–	700	1	30	15	
합계		9200	5000	4200				

[표 2] 전선 (피복절연물을 포함)의 단면적

도체 단면적[mm²]	절연체 두께[mm]	평균 완성 바깥지름[mm]	전선의 단면적[mm²]
1.5	0.7	3.3	9
2.5	0.8	4.0	13
4	0.8	4.6	17
6	0.8	5.2	21
10	1.0	6.7	35
16	1.0	7.8	48
25	1.2	9.7	74
35	1.2	10.9	93
50	1.4	12.8	128
70	1.4	14.6	167
95	1.6	17.1	230
120	1.6	18.8	277
150	1.8	20.9	343
185	2.0	23.3	426
240	2.2	26.6	555
300	2.4	29.6	688
400	2.6	33.2	865

[비고 1] 전선의 단면적은 평균완성 바깥지름의 상한 값을 환산한 값이다.

[비고 2] KSC IEC 60227-3의 450/750[V] 일반용 단심 비닐절연전선(연선)을 기준한 것이다.

2018

[표 3] 공사방법의 허용전류[A]

PVC절연, 3개 부하전선, 동 또는 알루미늄 전선온도 : 70[℃], 주위온도 : 기중 30[℃], 지중 20[℃]

전선의 공칭단면적[mm²]	표A. 52-1의 공사방법					
	A1	A2	B1	B2	C	D
1	2	3	4	5	6	7
동						
1.5	13.5	13	15.5	15	17.5	18
2.5	18	17.5	21	20	24	24
4	24	23	28	27	32	31
6	31	29	36	34	41	39
10	42	39	50	46	57	52
16	56	52	68	62	76	67
25	73	68	89	80	96	86
35	89	83	110	99	119	103
50	108	99	134	118	144	122
70	136	125	171	149	184	151
95	164	150	207	179	223	179
120	188	172	239	206	259	203
150	216	196	–	–	299	230
185	245	223	–	–	341	258
240	286	261	–	–	403	297
300	328	298	–	–	464	336

(1) 간선의 굵기는?

(2) 후강 전선관의 굵기는?

(3) 간선 보호용 과전류 차단기의 정격 전류는?

(4) 분전반의 복선 결선도를 완성하시오.

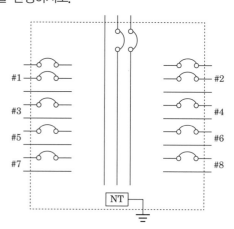

(5) 설비 불평형률은?

정답 (1) • 계산

A선의 전류 $I_A = \dfrac{5000}{110} = 45.45[A]$, B선의 전류 $I_B = \dfrac{4200}{110} = 38.181[A]$

I_A와 I_B중 큰 값인 $45.45[A]$를 기준으로 함.

전선길이 $L = 50[m]$, 선 전류 $I = 45.45[A]$

전압강하 $e = 110 \times 0.02 = 2.2[V]$ 이므로

$A = \dfrac{17.8LI}{1000e} = \dfrac{17.8 \times 50 \times 45.45}{1000 \times 110 \times 0.02} = 18.386[mm^2]$

[표 2]에서 초과하는 공칭단면적(도체단면적)을 선정

• 답 : $25[mm^2]$

(2) [표 2]에서 공칭단면적(도체단면적)이 $25[mm^2]$이지만 최종 전선의 피복 포함 단면적은 $74[mm^2]$
이며 3선식이므로 전선의 최대 총단면적 $A = 74 \times 3 = 222[mm^2]$이다.

후강전선관 내단면적의 $60[\%]$이내를 사용해야 하므로 $A = \dfrac{1}{4}\pi d^2 \times 0.6 \geq 222$

$d = \sqrt{\dfrac{222 \times 4}{0.6 \times \pi}} = 21.704[mm]$ 표준규격에 의하여 22[호] 후강전선관 선정

• 답 : 22[호]

(3) [표 3]에서 $25[mm^2]$ 전선 3본을 공사방법 B1으로 할 경우 간선의 허용 전류는 $89[A]$이다. 과전류차
단기는 표 3에서 제시한 공사방법의 허용전류 이하의 정격전류 것이어야 하기 때문에 $75[A]$이다.

(4)

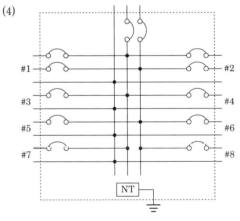

(5) 설비 불평형률 $= \dfrac{3100 - 2300}{9200 \times \dfrac{1}{2}} \times 100 = 17.39[\%]$

• 답 : $17.39[\%]$

해설

(1) 공칭단면적은 간선에 최대부하 전류를 연속하여 흘릴 수 있는 전류이기 때문에 110[V] 전압에 공급되는 전류는 항상 큰 값을 기준으로 산정한다. 단상 3선식 및 3상 4선식에서 전압강하는 각상의 1선과 중성선사이의 전압강하[V]를 의미한다. 따라서, 110[V]를 기준으로 전압강하를 산정한다.

(2) 후강전선관의 굵기는 단면적[mm²]이 아닌 안지름[mm] 짝수 표준규격으로 산정하였기 때문에 지름 규격으로 다시 환산해야 한다. 그러므로, 후강전선관의 굵기를 구할 때 지름을 포함하고 있는 전선의 공칭단면적공식을 적용해야 한다.

따라서 전선이 가지고 있는 [공칭단면적] $A = \frac{1}{4}\pi d^2 = 222[\text{mm}^2]$은 전선관의 최대지름이라고 할 수 있다. 그러나 문제의 조건에서 후강전선관 내단면적의 60[%]이내를 유지하여야 한다는 조건이 있으므로

$A = \frac{1}{4}\pi d^2 \times 0.6 \geq 222$ 에서 $d = \sqrt{\dfrac{222 \times 4}{0.6 \times \pi}} = 21.704[\text{mm}]$로 계산한다.

또한 금속관의 종류는 후강전선관, 박강전선관으로 구분하며 후강전선관은 근사내경, 짝수이므로 16, 22, 28, 36, 42, 54, 70, 82, 92, 104로 관의 호칭[호]을 나타낸다.

(3) 저압 옥내 간선을 보호하기 위하여 시설하는 과전류 차단기는 그 저압 옥내 간선의 허용 전류 이하의 정격 전류의 것이어야 한다. [표 3]에서 25[mm²] 전선 3본을 공사방법 B1으로 할 경우 허용 전류는 89[A]이다. 따라서 그 이하 값을 선정한다.

[표 3] 공사방법의 허용전류[A]

전선의 공칭단면적 [mm²]	표A. 52-1의 공사방법					
	A1	A2	B1	B2	C	D
1	2	3	4	5	6	7
동						
1.5	13.5	13	15.5	15	17.5	18
2.5	18	17.5	21	20	24	24
4	24	23	28	27	32	31
6	31	29	36	34	41	39
10	42	39	50	46	57	52
16	56	52	68	62	76	67
25	73	68	89	80	96	86
35	89	83	110	99	119	103.
50	108	99	134	118	144	122
70	136	125	171	149	184	151
95	164	150	207	179	223	179
120	188	172	239	206	259	203
150	216	196	–	–	299	230
185	245	223	–	–	341	258
240	286	261	–	–	403	297
300	328	298	–	–	464	336

(5) 단상 3선식에서 설비불평형률

- 설비불평형률 $= \dfrac{\text{중성선과 각 전압측 전선간에 접속되는 부하설비용량[kVA]의 차}}{\text{총 부하설비용량[kVA]의 } 1/2} \times 100[\%]$

  여기서, 불평형률은 40[%] 이하이어야 한다.

- 전등부하는 양쪽 전압선에 접속되어 있으므로 제외시킨다. 따라서

  A-N 부하 : 1000+1400+700=3100[VA]

  B-N 부하 : 600+1000+700=2300[VA]

  $\therefore$ 설비불평형률 $= \dfrac{3100 - 2300}{(5000 + 4200) \times \dfrac{1}{2}} \times 100 = 17.39[\%]$ 이다.

국가기술자격검정 실기시험문제 및 정답

2018년도 전기기사 제2회 필답형 실기시험

종 목	시험시간	형 별	성 명	수험번호
전기기사	2시간 30분	A		

※ 수험자 인적사항 및 답안작성(계산식 포함)은 흑색의 필기구만 사용하여야 하며 흑색을 제외한 유색 필기구 또는 연필류를 사용하거나 2가지 이상의 색을 혼합 사용하였을 경우 그 문항은 0점 처리됩니다.

배점12

01 도면은 어떤 배전용 변전소의 단선 결선도이다. 이 도면과 주어진 조건을 이용하여 다음 각 물음에 답하시오.

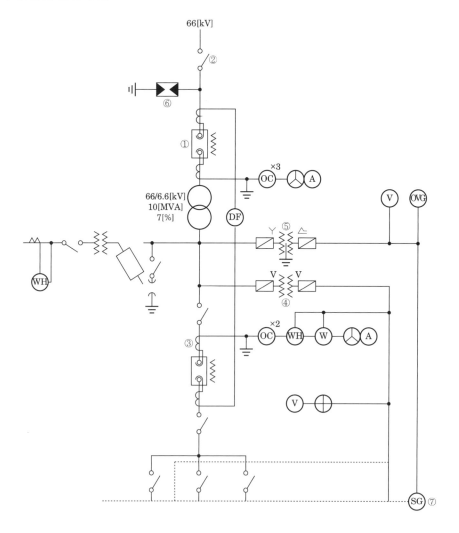

(1) 차단기 ①에 대한 정격 차단 용량과 정격 전류를 산정하시오.

　　• 계산 : _____　　• 답 : _____

(2) 선로 개폐기 ②에 대한 정격 전류를 산정하시오.

　　• 계산 : _____　　• 답 : _____

(3) 변류기 ③에 대한 1차 정격 전류를 산정하시오.

　　• 계산 : _____　　• 답 : _____

(4) PT ④에 대한 1차 정격 전압은 얼마인가?

　　○ _____

(5) ⑤로 표시된 기기의 명칭은 무엇인가?

　　○ _____

(6) 피뢰기 ⑥에 대한 정격 전압은 얼마인가?

　　○ _____

(7) ⑦의 역할을 간단히 설명하시오.

　　○ _____

【조 건】

① 주변압기의 정격은 1차 정격 전압 66[kV], 2차 정격 전압 6.6[kV], 정격 용량은 3상 10[MVA] 라고 한다.

② 주변압기의 1차측(즉, 1차 모선)에서 본 전원측 등가 임피던스는 100[MVA] 기준으로 16[%]이고, 변압기의 내부 임피던스는 자기 용량 기준으로 7[%]라고 한다.

③ 또한 각 Feeder에 연결된 부하는 거의 동일하다고 한다.

④ 차단기의 정격차단용량, 정격전류, 단로기의 정격전류, 변류기의 1차 정격전류표준은 다음과 같다.

정격전압 [kV]	공칭전압 [kV]	정격차단용량 [MVA]	정격전류 [A]	정격차단시간 [Hz]
7.2	6.6	25	200	5
		50	400, 600	5
		100	400, 600, 800, 1200	5
		150	400, 600, 800, 1200	5
		200	600, 800, 1200	5
		250	600, 800, 1200, 2000	5
72	66	1000	600, 800	3
		1500	600, 800, 1200	3
		2500	600, 800, 1200	3
		3500	800, 1200	3

2018

- 단로기(또는 선로 개폐기 정격 전류의 표준 규격)
  72[kV] : 600[A], 1200[A]
  7.2[kV] 이하 : 400[A], 600[A], 1200[A], 2000[A]
- CT 1차 정격 전류 표준 규격 (단위 : [A])
  50, 75, 100, 150, 200, 300, 400, 600, 800, 1200, 1500, 2000
- CT 2차 정격전류는 5[A], PT의 2차 정격 전압은 110[V]이다.

정답 (1) • 계산

$$P_s = \frac{100}{\%Z} \times P_n = \frac{100}{16} \times 100 = 625 [\text{MVA}]$$

차단 용량은 표에서 1000[MVA] 선정

$$I_n = \frac{P}{\sqrt{3} \times V} = \frac{10 \times 10^3}{\sqrt{3} \times 66} = 87.48 [\text{A}] \text{ 이므로 정격 전류는 표에서 600[A] 선정}$$

- 답 : 차단용량 1000[MVA], 정격 전류 600[A]

(2) • 계산

선로개폐기에 흐르는 전류

$$I_n = \frac{P}{\sqrt{3} \times V} = \frac{10 \times 10^3}{\sqrt{3} \times 66} = 87.48 [\text{A}] \text{ 이므로 조건에서 600[A] 선정}$$

- 답 : 600[A]

(3) • 계산

$$I_{2n} = \frac{10 \times 10^3}{\sqrt{3} \times 6.6} = 874.77 [\text{A}] \text{ 이므로 변류기 1차 전류는}$$

$$I_{2n} \times (1.25 \sim 1.5) = 874.77 \times (1.25 \sim 1.5) = 1093.46 \sim 1312.16 [\text{A}]$$

∴ 변류기 1차 정격 전류는 표에서 1200[A] 선정

- 답 : 1200[A]

(4) 6600[V]

(5) 접지형계기용변압기

(6) 72[kV]

(7) 다회선 배전선로에서 지락사고시 지락 회선을 선택 차단하는 선택접지계전기

배점5

02 조명방식 중 배광에 의한 분류 5가지를 쓰시오.

- _____
- _____
- _____

- _____
- _____

정답 · 직접조명
· 반직접조명
· 전반확산조명
· 간접조명
· 반간접조명

배점5

03 변압기 중성점 접지(계통접지)목적 3가지를 쓰시오.

○ _____

○ _____

○ _____

정답 · 고저압 혼촉시 저압측 전위상승억제
· 저압 측 지락시의 건전상 전위상승억제
· 보호계전기의 확실한 동작

배점4

04 200[kVA] 변압기 두 대로 V결선하여 사용할 경우 계약 수전전력에 의한 최대전력[kW]을 구하시오. (단, 소수점 첫째자리에서 반올림 할 것)

· 계산 : _____   · 답 : _____

정답 · 계산

$P_V = \sqrt{3} \times P_1 = \sqrt{3} \times 200 = 346.41$

· 답 : 346[kW]

2018

배점6

05 인텔리전트 빌딩(Intelligent building)은 빌딩 자동화시스템, 사무자동화시스템, 정보통신 시스템, 건축환경을 총망라한 건설과 유지관리의 경제성을 추구하는 빌딩이라 할 수 있다. 이러한 빌딩의 전산시스템을 유지하기 위하여 비상전원으로 사용되고 있는 UPS 에 대해서 다음 각 물음에 답하시오.

(1) UPS를 우리말로 하면 어떤 것을 뜻하는가?

  ○ _____

(2) UPS에서 AC → DC부와 DC → AC부로 변환하는 부분의 명칭을 각각 무엇이라 부르는가?

  ○ _____

(3) UPS가 동작되면 전력 공급을 위한 축전지가 필요한데 그 때의 축전지 용량을 구하는 공식을 쓰시오. 단, 사용기호에 대한 의미도 설명하도록 하시오.

  ○ _____

정답 (1) 무정전 전원 공급 장치

(2) • AC → DC : 컨버터   • DC → AC : 인버터

(3) $C = \dfrac{1}{L} KI\,[\mathrm{Ah}]$

    여기서, C : 축전지의 용량 $[\mathrm{Ah}]$, L : 보수율(경년용량 저하율)

            K : 용량환산 시간 계수, I : 방전 전류 $[\mathrm{A}]$

배점4

06 다음 상용전원과 예비전원 운전시 유의하여야 할 사항이다. (   ) 안에 알맞은 내용을 쓰시오.

> 상용전원과 예비전원 사이에는 병렬운전을 하지 않는 것이 원칙이므로 수전용 차단기와 발전용차단기 사이에는 전기적 또는 기계적 (①)을 시설해야 하며 (②)를 사용해야 한다.

정답 ① 인터록   ② 전환개폐기

배점6

07 어느 건물의 부하는 하루에 240[kW]로 5시간, 100[kW]로 8시간, 75[kW]로 나머지 시간을 사용한다. 이에 따른 수전설비를 450[kVA]로 하였을 때, 부하의 평균역률이 0.8인 경우 다음 각 물음에 답하시오.

(1) 이 건물의 수용률[%]을 구하시오.

· 계산 : _____   · 답 : _____

(2) 이 건물의 일부하율[%]을 구하시오.

· 계산 : _____   · 답 : _____

정답 (1) · 계산 : $수용률 = \dfrac{최대전력}{설비용량} \times 100 = \dfrac{240}{450 \times 0.8} \times 100 = 66.666[\%]$

· 답 : 66.67[%]

(2) · 계산 : $부하율 = \dfrac{평균전력}{최대전력} \times 100 = \dfrac{\dfrac{사용전력량}{시간}}{최대전력} \times 100$

$= \dfrac{\dfrac{240 \times 5 + 100 \times 8 + 75 \times 11}{24}}{240} \times 100 = 49.045[\%]$

· 답 : 49.05[%]

배점5

08 다음 주어진 표에 질연내력 시험진입을 빈 칸에 채워 넣으시오.

정격전압[V]	최대전압[V]	접지방식	절연내력 시험전압[V]
6600	6900	–	①
13200	13800	다중접지방식	②
22900	24000	다중접지방식	③

정답

정격전압[V]	최대전압[V]	접지방식	절연내력 시험전압[V]
6600	6900	–	① 10350
13200	13800	다중접지방식	② 12696
22900	24000	다중접지방식	③ 22080

2018

09 $50[\mathrm{mm}^2](0.3195[\Omega/\mathrm{km}])$, 전장 $3.6[\mathrm{km}]$인 3심 전력 케이블의 어떤 중간지점에서 1선 지락사고가 발생하여 전기적 사고점 탐지법의 하나인 머레이 루프법으로 측정한 결과 그림과 같은 상태에서 평형이 되었다고 한다. 측정점에서 사고지점까지의 거리를 구하시오.

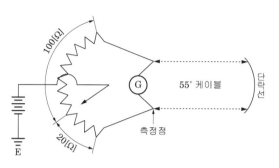

정답 고장점까지의 거리 : x, 전장 : $L[\mathrm{km}]$ 일 때 휘스톤 브리지를 이용

$$20 \times (2L - x) = 100 \times x$$

$$\therefore x = \frac{40L}{120} = \frac{40 \times 3.6}{120} = 1.2[\mathrm{km}]$$

10 $V_a = 7.3 \angle 12.5°$, $V_b = 0.4 \angle -100°$, $V_c = 4.4 \angle 154°$ 일 때 다음 값을 구하시오.

(1) V_0 의 값

• 계산 : _____   • 답 : _____

(2) V_1 의 값

• 계산 : _____   • 답 : _____

(3) V_2 의 값

• 계산 : _____   • 답 : _____

정답 (1) • 계산 : $V_0 = \dfrac{1}{3}(V_a + V_b + V_c) = \dfrac{1}{3}(7.3 \angle 12.5° + 0.4 \angle -100° + 4.4 \angle 154°) = 1.03 + j1.04$

　　　　• 답 : $1.46 \angle 45.28°[\mathrm{V}]$

　　(2) • 계산 :

$$V_1 = \frac{1}{3}(V_a + aV_b + a^2V_c) = \frac{1}{3}(7.3 \angle 12.5° + 1 \angle 120° \times 0.4 \angle -100° + 1 \angle 240° \times 4.4 \angle 154°)$$

$$= 3.72 + j1.39$$

　　　　• 답 : $3.97 \angle 20.49°[\mathrm{V}]$

(3) • 계산 :

$$V_2 = \frac{1}{3}(V_a + a^2 V_b + a V_c) = \frac{1}{3}(7.3 \angle 12.5° + 1 \angle 240° \times 0.4 \angle -100° + 1 \angle 120° \times 4.4 \angle 154°)$$

$$= 2.38 - j0.85$$

• 답 : $2.53 \angle -19.65°[\mathrm{V}]$

11 최대전력을 억제할 수 있는 방법 3가지를 쓰시오.

○ _____

○ _____

○ _____

정답 • 최대수요전력제어 설비 구축

　　 • 부하이전(Peak shift)

　　 • ESS(에너지저장장치)를 설치하여 피크부하시 또는 일정 전력을 공급

배점4

12 다음의 논리식을 간단히 하시오.

(1) $Z = (A + B + C)A$

(2) $Z = \overline{A}C + BC + AB + \overline{B}C$

정답 (1) $Z = (A + B + C)A = AA + AB + AC = A + AB + AC = A(1 + B + C) = A$

　　 (2) $Z = C(B + \overline{B}) + AB + \overline{A}C = C + AB + \overline{A}C = C(1 + \overline{A}) + AB = AB + C$

배점8

13 답안지의 도면은 3상 농형 유도 전동기 IM의 Y − Δ 기동 운전 제어의 미완성 회로도이다. 이 회로도를 보고 다음 각 물음에 답하시오.

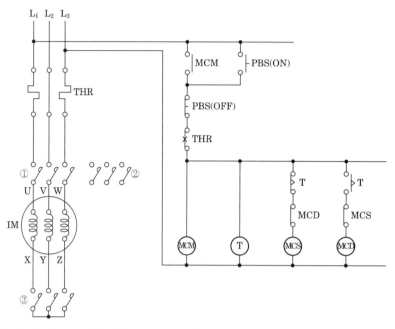

(1) ① ~ ③ 에 해당되는 전자 접촉기 접점의 약호는 무엇인가?

(2) 전자 접촉기 MCS는 운전중에는 어떤 상태로 있겠는가?

(3) 미완성 회로도의 주회로 부분에 Y − Δ 기동 운전 결선도를 작성하시오.

정답 (1) ① MCM, ② MCD, ③ MCS

(2) 정지상태(복귀, 무여자)

(3)

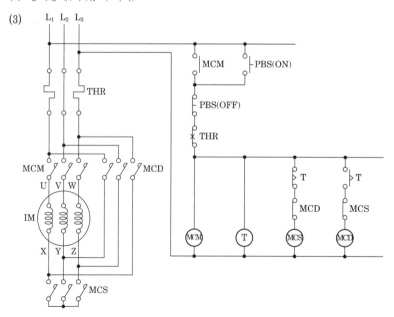

14 조건에 주어진 PLC프로그램을 보고 다음 물음에 답하시오.

주소	명령어	번지
1	S	P000
2	AN	M000
3	ON	M001
4	W	P011

(1) PLC 논리회로를 완성하시오.

• 계산 : _____ • 답 : _____

(2) 논리식을 완성하시오.

• 계산 : _____ • 답 : _____

정답 (1)

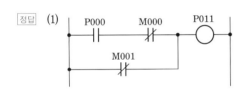

(2) $P011 = P000 \cdot \overline{M000} + \overline{M001}$

15 그림과 같은 송전계통 S점에서 3상 단락사고가 발생하였다. 주어진 도면과 조건을 참고하여 고장점 및 차단기를 통과하는 단락전류를 구하시오.)

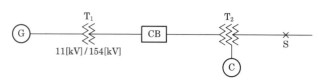

번호	기기명	용량	전압	%X
1	발전기(G)	50000[kVA]	11[kV]	30
2	변압기(T_1)	50000[kVA]	11/154[kV]	12
3	송전선		154[kV]	10(10000[kVA] 기준)
4	변압기(T_2)	1차 25000[kVA]	154[kV]	12(25000[kVA] 기준, 1차~2차)
		2차 30000[kVA]	77[kV]	15(25000[kVA] 기준, 2차~3차)
		3차 10000[kVA]	11[kV]	10.8(10000[kVA] 기준, 3차~1차)
5	조상기(C)	10000[kVA]	11[kV]	20(10000[kVA])

(1) 고장점의 단락전류

• 계산 : _____ • 답 : _____

(2) 차단기의 단락전류

• 계산 : _____ • 답 : _____

정답 (1) • 계산 : $I_s = \dfrac{100}{\%Z} \times I_n$ 에서 %Z를 구하기 위해서 먼저 100[MVA]로 환산

– G의 %$X = \dfrac{100}{50} \times 30 = 60$[%]

– T_1의 %$X = \dfrac{100}{50} \times 12 = 24$[%]

– 송전선의 %$X = \dfrac{100}{10} \times 10 = 100$[%]

– C의 %$X = \dfrac{100}{10} \times 20 = 200$[%]

– T_2의 %X

– 1~2차: $\dfrac{100}{25} \times 12 = 48$[%]

– 2~3차: $\dfrac{100}{25} \times 15 = 60$[%]

– 3~1차: $\dfrac{100}{10} \times 10.8 - 108$[%]

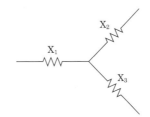

$$- 1차 = \frac{48 + 108 - 60}{2} = 48[\%]$$

$$- 2차 = \frac{48 + 60 - 108}{2} = 0[\%]$$

$$- 3차 = \frac{60 + 108 - 48}{2} = 60[\%]$$

G에서 T_2 1차까지 $\%X_1 = 60 + 24 + 100 + 48 = 232[\%]$

C에서 T_2 3차까지 $\% X_3 = 200 + 60 = 260[\%]$ (조상기는 3차측 연결)

합성 $\%Z = \dfrac{\%X_1 \times \%X_3}{\%X_1 + \%X_3} + \%X_2 = \dfrac{232 \times 260}{232 + 260} = 122.6[\%]$

고장점의 단락전류 $I_s = \dfrac{100}{122.6} \times \dfrac{100 \times 10^3}{\sqrt{3} \times 77} = 611.59[\mathrm{A}]$

• 답 : 611.59[A]

(2) • 계산 : 차단기의 단락전류 $I_s{}'$ 는 전류분배의 법칙을 이용하여

$$I_{s1}{}' = I_s \times \frac{\%X_3}{\%X_1 + \%X_3} = 611.59 \times \frac{260}{232 + 260}$$ 을 구한 후, 전류와 전압의 반비례를

이용해 154[kV]를 환산하면 차단기의 단락전류

$$I_s{}' = 611.59 \times \frac{260}{232 + 260} \times \frac{77}{154} = 161.6[\mathrm{A}]$$

• 답 : 161.6[A]

국가기술자격검정 실기시험문제 및 정답

2018년도 전기기사 제3회 필답형 실기시험

종 목	시험시간	형 별	성 명	수험번호
전기기사	2시간 30분	A		

※ 수험자 인적사항 및 답안작성(계산식 포함)은 흑색의 필기구만 사용하여야 하며 흑색을 제외한 유색 필기구 또는 연필류를 사용하거나 2가지 이상의 색을 혼합 사용하였을 경우 그 문항은 0점 처리됩니다.

배점6

01 다음은 가공 송전선로의 코로나 임계전압을 나타낸 식이다. 이 식을 보고 다음 각 물음에 답하시오.

$$E_0 = 24.3 m_0 m_1 \delta d \log_{10} \frac{D}{r} \,[\text{kV}]$$

(1) 기온 $t[^\circ\text{C}]$에서의 기압을 $b[\text{mmHg}]$라고 할 때 $\delta = \dfrac{0.386b}{273+t}$로 나타내는데 이 δ는 무엇을 의미하는지 쓰시오.

　　○ _____

(2) m_1이 날씨에 의한 계수라면, m_0는 무엇에 의한 계수인지 쓰시오.

　　○ _____

(3) 코로나에 의한 장해의 종류 2가지만 쓰시오.

　　○ _____

　　○ _____

(4) 코로나 발생을 방지하기 위한 주요 대책을 2가지만 쓰시오.

　　○ _____

　　○ _____

정답　(1) 상대 공기 밀도　　　　　　(2) 전선 표면의 상태계수

　　　(3) 코로나 손실, 통신선 유도 장해　(4) 복도체 사용, 굵은 전선사용

배점4

02 ALTS에 대한 명칭 및 역할을 쓰시오.

○ 명칭 : _____

○ 역할 : _____

_____

정답 ・**명칭** : 자동 부하 전환 개폐기
・**역할** : 중요시설 정전시에 큰 피해가 예상되는 수용가에 이중전원을 확보하여 주전원이 정전될 경우 예비전원으로 자동으로 전환되어 무정전 전원공급을 수행하는 3회로 2스위치의 개폐기이다.

배점5

03 그림에서 각 지점간의 저항을 동일하다고 가정하고 간선 AD 사이에 전원을 공급하려고 한다. 전력 손실이 최소가 되는 지점을 구하시오.

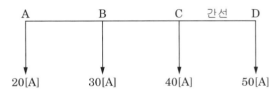

・계산 : _____ ・답 : _____

_____

정답 ・**계산** : 각 점에서 급전할 때의 전력손실 $(P_\ell = I^2 R[\text{W}])$을 구한다.
① 급전점 A
$$P_{A\ell} = (30+40+50)^2 R + (40+50)^2 R + 50^2 R = 25000 R[\text{W}]$$
② 급전점 B
$$P_{B\ell} = 20^2 R + (40+50)^2 R + 50^2 R = 11000 R[\text{W}]$$
③ 급전점 C
$$P_{C\ell} = (20+30)^2 R + 20^2 R + 50^2 R = 5400 R[\text{W}] \text{(최소값)}$$
④ 급전점 D
$$P_{D\ell} = (20+30+40)^2 R + (20+30)^2 R + (20)^2 R = 11000 R[\text{W}]$$
・**답** : 전력 손실 최소점 : C점

2018

배점5

04 어느 건물의 부하는 하루에 240[kW]로 5시간, 100[kW]로 8시간, 75[kW]로 나머지 시간을 사용한다. 이에 따른 수전설비를 450[kVA]로 하였을 때, 부하의 평균역률이 0.8인 경우 다음 각 물음에 답하시오.

(1) 이 건물의 수용률[%]을 구하시오.

• 계산 : _____ • 답 : _____

(2) 이 건물의 일부하율[%]을 구하시오.

• 계산 : _____ • 답 : _____

정답 (1) • 계산 : 수용률 $= \dfrac{\text{최대수용전력}}{\text{설비용량}} \times 100 = \dfrac{240}{450 \times 0.8} \times 100 = 66.666[\%]$

• 답 66.67[%]

(2) • 계산 : 일부하율 $= \dfrac{\text{평균전력}}{\text{최대전력}} \times 100 = \dfrac{\dfrac{\text{1일 사용전력량[kWh]}}{24[\text{h}]}}{\text{최대전력[kW]}} \times 100$

$= \dfrac{\dfrac{240 \times 5 + 100 \times 8 + 75 \times 11}{24}}{240} \times 100 = 49.045[\%]$

• 답 : 49.05[%]

배점5

05 변압기 모선방식의 종류 3가지를 쓰시오.

○ _____

○ _____

○ _____

정답 • 단일모선 방식
• 전환가능 단일모선방식
• 루프 모선방식
• 이중 모선방식
• 예비 모선방식

참고

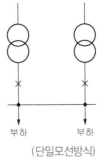

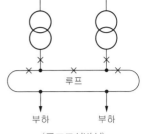

(단일모선방식)　　　(전환가능 단일모선방식)　　　(루프모선방식)

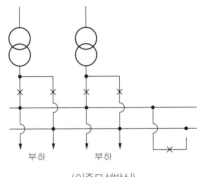

(이중모선방식)　　　　(예비모선방식)

배점5

06 디젤 발전기를 운전할 때 연료 소비량이 250[L]이었다. 이 발전기의 정격출력은 500[kVA]일 때 발전기 운전시간[h]은? (단, 중유의 열량은 10000[kcal/kg], 기관 효율, 발전기 효율 34.4[%], 1/2 부하이다.)

• 계산 :　　　　　　　　　　　　　　　• 답 :

정답　발전기의 출력: $P = \dfrac{BH\eta_g \eta_t}{860\,T}$ [kVA]

(B: 연료소비량[kg], H: 발열량[kcal/kg], η_t: 기관효율, η_g: 발전기효율,

T: 발전기운전시간[h])

$T = \dfrac{BH\eta_g \eta_t}{860P}$

$T = \dfrac{250 \times 10000 \times 0.344 \times 1}{860 \times 500 \times \dfrac{1}{2}} = 4[\text{h}]$

• 답 : 4시간

07 도면은 어느154[kV] 수용가의 수전 설비 단선 결선도의 일부분이다. 주어진 표와 도면을 이용하여 다음 각 물음에 답하시오.

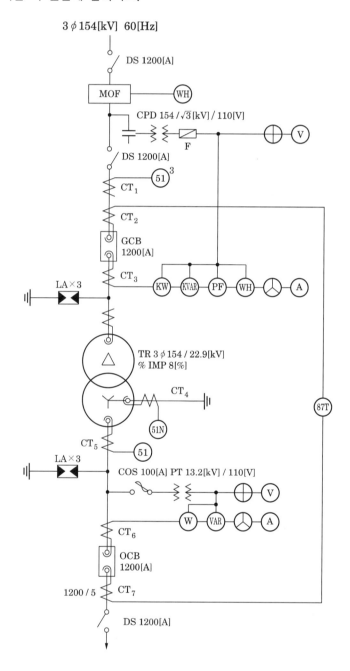

CT의 정격

1차 정격 전류[A]	200	400	600	800	1200
2차 정격 전류[A]	5				

(1) 변압기 2차부하 설비용량이 $51[\mathrm{MW}]$, 수용률이 $70[\%]$, 부하역률이 $90[\%]$일 때 도면의 변압기 용량은 몇 $[\mathrm{MVA}]$가 되는가?

• 계산 : _____ • 답 : _____

(2) 변압기 1차측 DS의 정격전압은 몇 $[\mathrm{kV}]$인가?

(3) CT_1의 비는 얼마인지를 계산하고 표에서 산정하시오. (여유율 1.25)

• 계산 : _____ • 답 : _____

(4) GCB 내에 사용되는 가스는 주로 어떤 가스가 사용되는지 그 가스의 명칭을 쓰시오.

• 명칭 : _____

(5) OCB의 정격 차단전류가 $23[\mathrm{kA}]$일 때, 이 차단기의 차단용량은 몇$[\mathrm{MVA}]$인가?

• 계산 : _____ • 답 : _____

(6) 과전류 계전기의 정격부담이 $9[\mathrm{VA}]$일 때 이 계전기의 임피던스는 몇$[\Omega]$인가?

• 계산 : _____ • 답 : _____

(7) CT_7 1차 전류가 $600[\mathrm{A}]$일 때 CT_7의 2차에서 비율 차동 계전기의 단자에 흐르는 전류는 몇 $[\mathrm{A}]$인가?

• 계산 : _____ • 답 : _____

정답 (1) • 계산

$$변압기\ 용량 = \frac{설비용량 \times 수용률}{부등률 \times 역률} = \frac{51 \times 0.7}{1 \times 0.9} = 39.666[\mathrm{MVA}]$$

• 답 : $39.67[\mathrm{MVA}]$

(2) $170[\mathrm{kV}]$

(3) • 계산 : CT비 선정 방법

① CT 1차측 전류 : $I_1 = \dfrac{P}{\sqrt{3} \cdot V} = \dfrac{39.67 \times 10^3}{\sqrt{3} \times 154} = 148.72[\mathrm{A}]$

② CT의 여유 배수 적용 : $I_1 \times 1.25 = 185.9[\mathrm{A}]$

③ CT 정격을 선정 : $\dfrac{200}{5}$

• 답 : $\dfrac{200}{5}$

(4) SF_6

(5) • 계산 : 차단 용량: $P_s = \sqrt{3}\,V_nI_s = \sqrt{3} \times 25.8 \times 23 = 1027.798\,[\text{MVA}]$

　　• 답 : $1027.8\,[\text{MVA}]$

(6) • 계산 : 부담 $= I_n^2 \cdot Z\,[\text{VA}]$ 　(단, 여기서 I_n은 CT의 2차 정격전류인 $5\,[\text{A}]$이다.)

$$Z = \frac{[\text{VA}]}{I^2} = \frac{9}{5^2} = 0.36\,[\Omega]$$

　　• 답 : $0.36\,[\Omega]$

(7) • 계산 : CT가 $\triangle$결선일 경우 비율 차동 계전기 단자에 흐르는 전류(I_2)

$$I_2 = CT\,1차\,전류 \times CT\,역수비 \times \sqrt{3} = 600 \times \frac{5}{1200} \times \sqrt{3} = 4.33\,[\text{A}]$$

　　• 답 : $4.33\,[\text{A}]$

배점7

08 교류용 적산전력계에 대한 다음 각 물음에 답하시오.

(1) 잠동(creeping) 현상에 대하여 설명하고 잠동을 막기 위한 유효한 방법을 2가지만 쓰시오.

　○ _____

　○ _____

(2) 적산전력계가 구비해야 할 전기적, 기계적 및 성능상 특성을 3가지만 쓰시오.

　○ _____

　○ _____

　○ _____

정답 (1) ① 잠동 : 무부하 상태에서 정격 주파수 및 정격 전압의 $110\,[\%]$를 인가하여 계기의 원판이 1회전 이상
　　　　회전하는 현상

　　② 방지대책

　　　• 원판에 작은 구멍을 뚫는다.

　　　• 원판에 작은 철편을 붙인다.

(2) 구비해야 할 특성

　① 옥내 및 옥외에 설치가 적당한 것

　② 온도나 주파수 변화에 보상이 되도록 할 것

　③ 기계적 강도가 클 것

　④ 부하특성이 좋을 것

　⑤ 과부하 내량이 클 것

배점12

09 다음은 3φ 4W 22.9 kV 수전설비 단선결선도이다. 다음 각 물음에 답하시오.

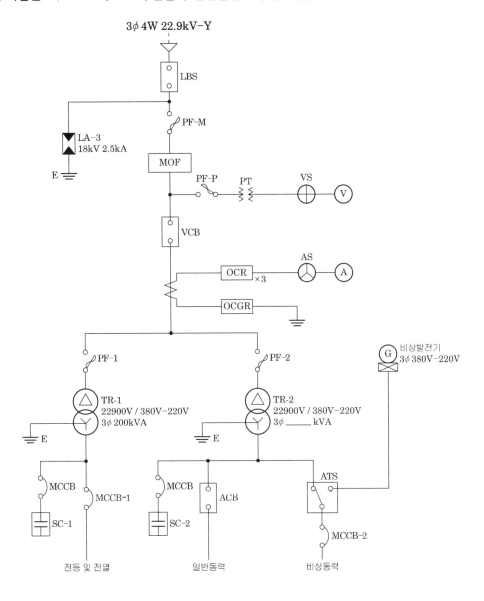

3φ 4W 22.9kV-Y

LBS

PF-M

LA-3
18kV 2.5kA

E

MOF

PF-P   PT   VS   V

VCB

OCR   AS   A
×3

OCGR

PF-1   PF-2   비상발전기
G 3φ 380V-220V

TR-1   TR-2
22900V / 380V-220V   22900V / 380V-220V
3φ 200kVA   3φ ___ kVA

E   E

MCCB   MCCB   ATS
MCCB-1   ACB
SC-1   SC-2   MCCB-2

전등 및 전열   일반동력   비상동력

(1) 위 수전설비 단선결선도의 LA에 대하여 다음 물음에 답하시오.

① 우리말의 명칭은 무엇인가?

• 명칭 : _____

② 기능과 역할에 대해 간단히 설명하시오.

○ _____

③ 요구되는 성능조건 4가지만 쓰시오.

○ _____   ○ _____

○ _____   ○ _____

(2) 다음은 위의 수전설비 단선결선도의 부하집계 및 입력환산표를 완성하시오. (단, 입력환산 [kVA]은 계산 값의 소수 둘째자리에서 반올림한다.)

구 분	전등 및 전열	일반 동력	비 상 동 력
설비용량 및 효율	합계 350kW 100%	합계 635kW 85%	유도전동기1 7.5 kW 2대 85% 유도전동기2 11 kW 1대 85% 유도전동기3 15 kW 1대 85% 비상조명 8000W 100%
평균(종합)역률	80%	90%	90%
수 용 률	60%	45%	100%

[부하집계 및 입력환산표]

구 분		설비용량(kW)	효율(%)	역률(%)	입력환산(kVA)
전등 및 전열		350			
일반동력		635			
비상동력	유도전동기1	7.5×2			
	유도전동기2				
	유도전동기3	15			
	비상조명				
	소　계	−	−	−	

(3) 단선결선도와 (2)항의 부하집계표에 의한 TR-2의 적정용량은 몇 kVA인지 구하시오.

─────────── 【참고사항】 ───────────

• 일반 동력군과 비상 동력군 간의 부등률은 1.3로 본다.
• 변압기 용량은 15% 정도의 여유를 갖게 한다.
• 변압기의 표준규격(kVA)은 200, 300, 400, 500, 600으로 한다.

• 계산 : _____   • 답 : _____

(4) 단선결선도에서 TR-2의 2차측 중성점의 제 2종 접지공사의 접지선 굵기(mm^2)를 구하시오.

─────────── 【참고사항】 ───────────

• 접지선은 GV전선을 사용하고 표준굵기(mm^2)는 6, 10, 16, 25, 35, 50, 70으로 한다.
• 고장전류는 정격전류의 20배로 본다.
• 변압기 2차의 과전류 보호차단기는 고장전류에서 0.1초 이내에 차단되는 것이다.
• 도체재료, 저항률, 온도계수와 열용량에 따라 초기온도와 최종온도를 고려한 계수 K : 143

• 계산 : _____ • 답 : _____

정답 (1) ① 피뢰기

② 이상전압 내습시 대지에 방전하여 전기기계기구를 보호하고 속류를 차단한다.

③ ㉠ 상용주파 방전개시전압이 높을 것

㉡ 제한 전압이 낮을 것

㉢ 충격방전개시전압이 낮을 것

㉣ 내구성이 크고, 경제성이 있을 것

(이외에 −속류차단 능력이 있을 것 −방전 내량이 클 것)

(2) 부하집계 및 입력환산표

구 분		설비용량(kW)	효율(%)	역률(%)	입력환산(kVA)
전등 및 전열		350	100	80	$\dfrac{350}{0.8 \times 1} = 437.5$
일반동력		635	85	90	$\dfrac{635}{0.9 \times 0.85} = 830.1$
비상동력	유도전동기1	7.5×2	85	90	$\dfrac{7.5 \times 2}{0.9 \times 0.85} = 19.6$
	유도전동기2	11	85	90	$\dfrac{11}{0.9 \times 0.85} = 14.4$
	유도전동기3	15	85	90	$\dfrac{15}{0.9 \times 0.85} = 19.6$
	비상조명	8	100	90	$\dfrac{8}{0.9 \times 1} = 8.9$
소 계		−	−	−	62.5

(3) 수변전

• 계산

변압기용량 $= \dfrac{830.1 \times 0.45 + 62.5 \times 1}{1.3} \times 1.15 = 385.73 [\mathrm{kVA}]$

• 답 : 400[kVA]

(4) • 계산

$TR - 2$의 2차측 정격전류 $I_2 = \dfrac{P}{\sqrt{3}\, V} = \dfrac{400 \times 10^3}{\sqrt{3} \times 380} = 607.74 [\mathrm{A}]$

$S = \dfrac{\sqrt{I^2 t}}{K} = \dfrac{\sqrt{(20 \times 607.74)^2 \times 0.1}}{143} = 26.88 [\mathrm{mm}^2]$

• 답 : 35[mm²]

배점7

10 선로정수 A,B,C,D가 있다. 이때 A=0.9, B=j70.7, C=j0.52×10⁻³, D=0.9이고 무부하시 송전단에 154[kV]를 인가할 때 다음 물음에 답하시오.

(1) 수전단 전압

• 계산 : _____   • 답 : _____

(2) 송전단 전류

• 계산 : _____   • 답 : _____

(3) 무부하시 수전단 전압을 140[kV]로 유지하기 위해 필요한 조상설비용량[kVar]은?

• 계산 : _____   • 답 : _____

───

정답 (1) • 계산

$$V_r = \frac{1}{A} V_s = \frac{1}{0.9} \times 154 = 171.111 [\text{kV}]$$

• 답 : 171.11[kV]

(2) $I_s = C \times E_r = j0.52 \times 10^{-3} \times \dfrac{171.11 \times 10^3}{\sqrt{3}} = j51.37[\text{A}]$

(3) • 계산

$$\begin{bmatrix} E_s \\ I_s \end{bmatrix} = \begin{bmatrix} A\ B \\ C\ D \end{bmatrix} \begin{bmatrix} E_r \\ I_r \end{bmatrix}$$

$$\begin{bmatrix} \dfrac{154 \times 10^3}{\sqrt{3}} \\ I_s \end{bmatrix} = \begin{bmatrix} 0.9 & j70.7 \\ j0.52 \times 10^3 & 0.9 \end{bmatrix} \begin{bmatrix} \dfrac{140 \times 10^3}{\sqrt{3}} \\ I_c \end{bmatrix}$$

$$\therefore I_c = \left(\frac{154 \times 10^3}{\sqrt{3}} - 0.9 \times \frac{140 \times 10^3}{\sqrt{3}} \right) \div j70.7$$

$$= -j228.65[\text{A}] 지상전류$$

∴ 조상설비 용량(리액터용량)

$$Q_c = \sqrt{3}\, V_r I_c \times 10^{-3}$$
$$= \sqrt{3} \times 140 \times 10^3 \times 228.65 \times 10^{-3}$$
$$= 55444.68[\text{kVar}]$$

배점8

11 지중선을 가공선과 비교하여 이에 대한 장단점을 각각 4가지만 쓰시오.

가. 지중선의 장점

  ○ _____   ○ _____

  ○ _____   ○ _____

나. 지중선의 단점

  ○ _____   ○ _____

  ○ _____   ○ _____

정답 • 장점

  ① 수용밀도가 높은 도심지역에 전력 공급이 용이하다.
  ② 쾌적한 도심환경의 조성이 가능하다.
  ③ 뇌, 풍수해 등에 의한 사고에 대해서 신뢰도가 높다.
  ④ 설비의 단순 및 고도화로 보수업무가 비교적 적다.

• 단점

  ① 공사비용이 비싸고 공사기간이 길다.
  ② 고장점 발견이 어렵고 복구가 어렵다.
  ③ 송전용량이 가공전선에 비해 낮다.
  ④ 고장형태는 외상사고, 접속개소 시공불량에 의한 영구사고가 발생한다.

배점6

12 중성선, 분기회로, 등전위본딩에 대해서 설명하시오.

  ○ 중성선 : _____

  ○ 분기회로 : _____

  ○ 등전위본딩 : _____

정답 • 중성선 : 다상교류의 전원 중성점에서 인출한 전선
  • 분기회로 : 수용가의 전부하를 그 사용 목적에 따라 안전하게 분전반에서 분할한 배선
  • 등전위본딩 : 건축물의 공간에서 금속도체 상호간의 접속으로 전위를 같게 하는 것

2018

배점5

13 1000[kVA], 22.9[kV]인 변전실이 있다. 이 변전실의 높이 및 면적을 구하시오.
(단, 추정계수는 1.4)

○ 높이 : _____

○ 면적 : _____

정답 · 높이 : 4.5[m] 이상
· 면적 :
· 계산 : 변전실 추정 면적 = 추정계수 × 변압기용량$^{0.7}$
$1.4 \times 1000^{0.7} = 176.249$
· 답 : 176.25[m^2]

배점9

14 오실로스코프의 감쇄 probe는 입력 전압의 크기를 10배의 배율로 감소시키도록 설계되어
있다. 그림에서 오실로스코프의 입력 임피던스 R_s는 1[MΩ]이고, probe의 내부 저항 R_p
는 9[MΩ] 이다.

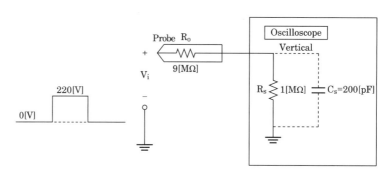

(1) 이 때 Probe의 입력전압을 $v_i = 220$[V]라면 Oscilloscope에 나타나는 전압은?

· 계산 : _____   · 답 : _____

(2) Oscilloscope의 내부저항 $R_s = 1\,[\mathrm{M\Omega}]$과 $C_s = 200\,[\mathrm{pF}]$의 콘덴서가 병렬로 연결되어 있을 때 콘덴서 C_s에 대한 테브난의 등가회로가 다음과 같다면 시정수 τ와 $v_i = 220\,[\mathrm{V}]$일 때의 테브난의 등가전압 E_{th}를 구하시오.

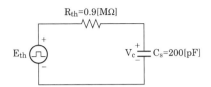

- 계산 : _____   • 답 : _____

(3) 인가 주파수가 $10\,[\mathrm{kHz}]$일 때 주기는 몇 $[\mathrm{ms}]$인가?

- 계산 : _____   • 답 : _____

정답 (1) • 계산 : $V_o = \dfrac{V_i}{n} = \dfrac{220}{10} = 22[\mathrm{V}]$ (단, 여기서 n:배율, V_i:입력전압)

  • 답 : $22[\mathrm{V}]$

(2) 시정수 $\tau = R_{th}C_s = 0.9 \times 10^6 \times 200 \times 10^{-12} = 180 \times 10^{-6}[\mathrm{sec}] = 180[\mu \sec]$

  등가전압 $E_{th} = \dfrac{R_s}{R_p + R_s} \times v_i = \dfrac{1}{9+1} \times 220 = 22[\mathrm{V}]$

(3) • 계산 : $T = \dfrac{1}{f} = \dfrac{1}{10 \times 10^3} = 0.1 \times 10^{-3}[\mathrm{sec}] = 0.1[\mathrm{m\,sec}]$

  • 답 : $0.1[\mathrm{msec}]$

배점6

15 주어진 표를 이용하여 수용할 수 있는 발전기 용량을 산정하시오.

[부하표]

	부하의 종류	출력 [kW]	전부하 특성			
			역률[%]	효율[%]	입력[kVA]	입력[kW]
NO.1	유도전동기	6대×37	87.0	80.5	6대×53	6대×46
NO.2	유도전동기	1대×11	84.0	77.0	17	14.3
NO.3	전등 · 기타	30	100	–	30	30
	합계	263	88.0	–	365	320.3

(1) 전부하로 운전하는데 필요한 정격용량[kVA]은 얼마인가? 단, 부하의 종합역률은 88[%]이다.

• 계산 : _____   • 답 : _____

(2) 전부하로 운전하는데 필요한 엔진출력은 몇[PS]인가? 단, 발전기효율은 92[%]이다.

• 계산 : _____   • 답 : _____

정답　(1) 전부하로 운전하는데 필요한 정격용량[kVA]은 얼마인가? 단, 부하의 종합역률은 88[%]이다.

• 계산 $P_{G1} \geq \dfrac{320.3}{0.88} = 363.98 [kVA]$

• 답 : $375[kVA]$

(2) • 계산 $P_{51} \geq \dfrac{320.3}{0.92} \times 1.36 = 473.49 [PS]$

• 답 : $473.49[PS]$

2019

과년도 기출문제

국가기술자격검정 실기시험문제 및 정답

2019년도 전기기사 제1회 필답형 실기시험

종 목	시험시간	형 별	성 명	수험번호
전기기사	2시간 30분	A		

※ 수험자 인적사항 및 답안작성(계산식 포함)은 흑색의 필기구만 사용하여야 하며 흑색을 제외한 유색 필기구 또는 연필류를 사용하거나 2가지 이상의 색을 혼합 사용하였을 경우 그 문항은 0점 처리됩니다.

배점4

01 단상 변압기 2대를 V결선하고 출력 11[kW], 역률 0.8, 효율 0.85인 3상유도전동기를 운전한다면 변압기 1대의 용량은[kVA]?

변압기 정격용량 [kVA]

3	5	7.5	10	15	20	30	50

· 계산 :   · 답 :

정답 · 계산

$$P_V = \sqrt{3} \times P_1 \Rightarrow P_1 = \frac{P_V[kW]}{\sqrt{3} \times \cos\theta \times 효율} = \frac{11}{\sqrt{3} \times 0.8 \times 0.85} = 9.34[kVA]$$

· 답 : 표에서 10[kVA] 선정

배점4

02 배전선로 말단에 역률 80[%](지상), 평형 3상 부하가 있다. 변전소 인출구 전압이 6600[V], 부하 단자전압이 6000[V]일 때 부하전력은[kW]? (전선 1가닥의 저항 1.4[Ω], 리액턴스 1.8[Ω], 기타 선로정수는 무시한다.)

· 계산 :   · 답 :

정답 • 계산

$$e = V_s - V_r = 6600 - 6000 = 600[\text{V}]$$

$$e = \frac{P}{V}(R + x\tan\theta) \Rightarrow P = \frac{e \times V_r}{R + X \times \tan\theta}$$

$$\therefore P = \frac{600 \times 6000}{1.4 + 1.8 \times \dfrac{0.6}{0.8}} \times 10^{-3} = 1309.09[\text{kW}]$$

• 답 : 1309.09[kW]

배점6

03 스폿 네트워크의 특징 3가지를 쓰시오.

○ _____

○ _____

○ _____

정답 ① 무정전 전력공급이 가능하다.
② 부하증가에 대한 적응성이 높다.
③ 운전효율이 높고 전압변동률이 작다.

배점4

04 다음 그림을 보고 종합부하역률 90[%], 각 부하군간 부등률 1.35, 최대 무하의 15[%]를
여유로 준다고 할 때, 변압기용량[kVA]을 선정하시오.

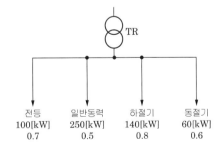

변압기 표준용량 [kVA]

30	50	75	100	150	200	300	500

• 계산 : _____ • 답 : _____

정답 • 계산

$$변압기용량 = \frac{설비용량 \times 수용률}{부등률 \times 역률} \times 여유율$$

$$TR = \frac{100 \times 0.7 + 250 \times 0.5 + 140 \times 0.8}{1.35 \times 0.9} \times 1.15 = 290.58[kVA]$$

• 답 : 표에서 300[kVA] 선정

참고 변압기 용량을 선정할 때 동계부하와 하계부하 중 큰 것을 적용한다.

배점6

05 진공차단기(VCB)의 특징 3가지를 쓰시오.

○ _____

○ _____

○ _____

정답 ① 소형, 경량이다.
② 불연성 수명이 길다.
③ 고속도 개폐가 가능하고 차단 성능이 우수하다.

배점6

06 다음 물음에 답하시오.

(1) 태양광 발전의 장점 4가지를 쓰시오.

○ _____

○ _____

○ _____

○ _____

(2) 태양광 발전의 단점 2가지를 쓰시오.

○ _____

○ _____

정답 (1) 장점

　① 자원이 반영구적이다.

　② 무인화 운전이 가능하다.

　③ 확산광(산란광)도 이용할 수 있다.

　④ 태양광이 미치는 곳이라면 어디에든 설치가 가능하다.

(2) 단점

　① 초기투자비용이 높다.

　② 태양광의 에너지 밀도가 낮다.

　③ 날씨에 따라 발전 능력이 저하될 수 있다.

배점6

07 아래 그림의 접지저항을 측정하고자 한다. 다음 각 물음에 답하시오.

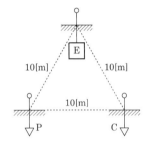

(1) 접지저항을 측정하기 위하여 사용되는 계기나 측정방법을 2가지 쓰시오.

ㅇ _____

ㅇ _____

(2) 위 그림과 같이 접지 E에 세 1보조섭지 P, 제 2보조접지 C를 설치하여 본 접지 E의 접지저항 값을 측정하려고 한다. 본 접지 E의 접지저항은 몇 $[\Omega]$인가? 단, 본접지와 P 사이의 저항은 86$[\Omega]$, 본접지와 C 사이의 저항은 92$[\Omega]$, P와 C 사이의 접지저항은 160$[\Omega]$이다.

• 계산 : _____ • 답 : _____

정답 (1) ① 어스테스터에 의한 접지저항 측정법

　② 콜라우시 브릿지에 의한 3극 접지저항 측정법

(2) • 계산

$$R_E = \frac{1}{2}(R_{EP} + R_{EC} - R_{PC}) = \frac{1}{2}(86 + 92 - 160) = 9\,[\Omega]$$

• 답 : 9$[\Omega]$

배점5

08 그림과 같은 3상 3선식 220[V]의 수전회로가 있다. H는 전열부하이고, M은 역률 0.8의 전동기이다. 이 그림을 보고 다음 각 물음에 답하시오.

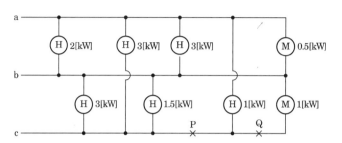

(1) 저압 수전의 3상 3선식 선로인 경우 설비불평형률은 몇 [%] 이하로 하여야 하는가?

    ○ _____

(2) 그림의 설비불평형률은 몇 [%]인가? 단 P, Q점은 단선이 아닌 것으로 계산한다.

    • 계산 : _____ • 답 : _____

(3) P, Q점에서 단선이 되었다면, 설비불평형률은 몇 [%]가 되겠는가?

    • 계산 : _____ • 답 : _____

정답 (1) 30[%]

    (2) • 계산

$$3상3선식\ 설비\ 불평형률 = \frac{각\ 선간에\ 접속되는\ 단상부하\ 총\ 설비용량의\ 최대와\ 최소의\ 차[kVA]}{총\ 부하\ 설비용량[kVA] \times \frac{1}{3}} \times 100$$

$$설비불평형률 = \frac{\left(3+1.5+\dfrac{1}{0.8}\right)-(3+1)}{\left(2+3+\dfrac{0.5}{0.8}+3+1.5+\dfrac{1}{0.8}+3+1\right) \times \dfrac{1}{3}} \times 100 = 34.15[\%]$$

    • 답 : 34.15[%]

    (3) • 계산

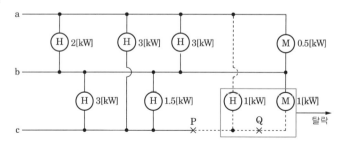

a, b 간 접속되는 부하용량 : $P_{ab} = 2 + 3 + \dfrac{0.5}{0.8} = 5.63[\text{kVA}]$ (최대)

b, c 간 접속되는 부하용량 : $P_{bc} = 3 + 1.5 = 4.5[\text{kVA}]$

a, c 간 접속되는 부하용량 : $P_{ac} = 3[\text{kVA}]$ (최소)

P, Q 간 단선시 설비불평형률 : $\dfrac{5.63 - 3}{(5.63 + 4.5 + 3) \times \dfrac{1}{3}} \times 100 = 60.09[\%]$

• 답 : 60.09[%]

이것이 핵심이다

- 설비 불평형률 계산시 부하의 단위는 피상전력([kVA] 또는 [VA])
- 3상3선식의 경우 설비불평형률은 30[%]이하가 되어야 한다.
- 전열부하는 역률이 1이다.

배점15

09 그림은 통상적인 단락, 지락 보호에 쓰이는 방식으로서 주보호와 후비보호의 기능을 지니고 있다. 도면을 보고 다음 각 물음에 답하시오.

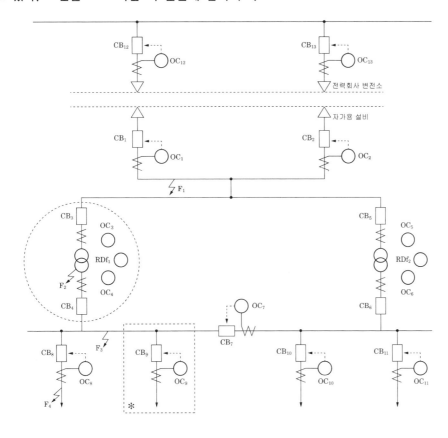

(1) 사고점이 F_1, F_2, F_3, F_4라고 할 때 주보호와 후비보호에 대한 다음 표의 ( ) 안을 채우시오.

사고점	주보호	후비보호
F_1	$OC_1 + CB_1$ And $OC_2 + CB_2$	①
F_2	②	$OC_1 + CB_1$ And $OC_2 + CB_2$
F_3	$OC_4 + CB_4$ And $OC_7 + CB_7$	$OC_3 + CB_3$ And $OC_6 + CB_6$
F_4	$OC_8 + CB_8$	$OC_4 + CB_4$ And $OC_7 + CB_7$

(2) 그림은 도면의 * 표 부분을 좀 더 상세하게 나타낸 도면이다. 각 부분 ①~④에 대한 명칭을 쓰고, 보호 기능 구성상 ⑤~⑦의 부분을 검출부, 판정부, 동작부로 나누어 표현하시오.

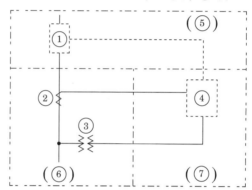

(3) 답란의 그림 F_2 사고와 관련된 검출부, 판정부, 동작부의 도면을 완성하시오. (단, 질문 "(2)"의 도면을 참고하시오.)

(4) 자가용 전기설비 발전시설이 구비되어 있을 경우 자가용 수용가에 설치되어야 할 계전기는 어떤 계전기인가?

○ _____

정답 (1) ① $OC_{12} + CB_{12}$ And $OC_{13} + CB_{13}$

② $RDf_1 + OC_4 + CB_4$ And $OC_3 + CB_3$

(2) ① 교류 차단기　② 변류기　③ 계기용변압기　④ 과전류 계전기

⑤ 동작부　⑥ 검출부　⑦ 판정부

(3)

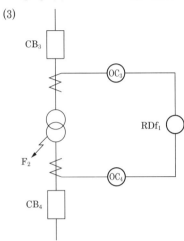

(4) ① 과전류계전기　② 주파수계전기　③ 부족전압 계전기

④ 비율차동계전기　⑤ 과전압계전기

배점6

10 다음 물음에 답하시오.

(1) 역률을 향상시키는 원리에 대해 간단히 기술하시오.

○ _____

(2) 역률 저하시 수용가에 미치는 영향에 대해 2가지를 쓰시오.

○ _____

○ _____

(3) 3상 30[kW]의 부하가 역률 65[%]로 운전하고 있을 때 역률을 90[%]까지 개선하기 위해 필요한 콘덴서 용량은 몇 [kVA]인가?

・계산 : _____　・답 : _____

정답 (1) 진상무효전력을 공급하여 부하의 지상 무효분을 감소시켜 역률을 향상시킨다.

(2) ① 전력손실 증대　② 전압강하가 증대

(3) ・계산 :

$$Q = P(\tan\theta_1 - \tan\theta_2) = 30 \times \left(\frac{\sqrt{1 - 0.65^2}}{0.65} - \frac{\sqrt{1 - 0.9^2}}{0.9} \right) = 20.54[kVA]$$

・답 : 20.54[kVA]

배점6

11 그림과 같은 3상 3선식 배전선로가 있다. 다음 각 물음에 답하시오. (단, 전선 1가닥의 저항은 $0.5[\Omega/\mathrm{km}]$라고 한다.)

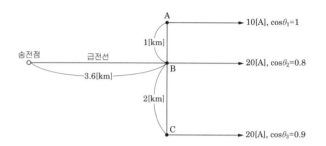

(1) 급전선에 흐르는 전류는 몇 $[\mathrm{A}]$인지 계산하시오.

　• 계산 : ＿＿＿＿＿＿＿＿＿＿＿　　• 답 : ＿＿＿＿＿＿＿＿＿＿＿

(2) 선로 손실$[\mathrm{W}]$을 구하시오.

　• 계산 : ＿＿＿＿＿＿＿＿＿＿＿　　• 답 : ＿＿＿＿＿＿＿＿＿＿＿

정답 (1) • 계산 :
$$I = 10 + 20 \times (0.8 - j0.6) + 20 \times (0.9 - j\sqrt{1 - 0.9^2}) = 44 - j20.72 = 48.63[\mathrm{A}]$$
• 답 : $48.63[\mathrm{A}]$

(2) • 계산 :
$$P_\ell = 3 \times 48.63^2 \times (0.5 \times 3.6) + 3 \times 10^2 \times (0.5 \times 1) + 3 \times 20^2 \times (0.5 \times 2) = 14120.34[\mathrm{W}]$$
• 답 : $14120.34[\mathrm{W}]$

배점12

12 다음 그림을 보고 물음에 답하시오.

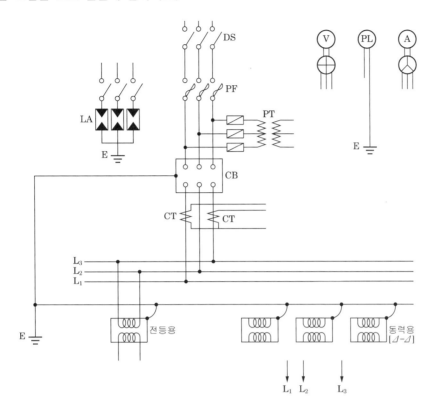

(1) 다음 결선도를 완성하시오.

(2) 통전중에 있는 변류기 2차측 기기를 교체하고자 할 경우 취하여야 할 조치와 그 이유를 작성하시오.

　　• 조치 : _____

　　• 이유 : _____

(3) DS 대신 사용하는 기기의 인입개폐기 명칭과 약호는 무엇인가?

　　• 명칭 : _____

　　• 약호 : _____

(4) 차단기를 VCB, 변압기를 몰드변압기로 사용할 때 보호 기기와 보호기기의 설치 위치는?

　　• 보호기기 : _____

　　• 보호기기의 설치위치 : _____

(1)

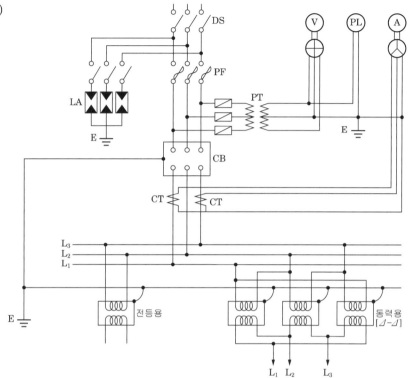

(2) • 조치 : 2차측을 단락시킨다.
　　• 이유 : 통전중에 변류기 2차측을 개방하면 2차측에 과전압이 유기되어 변류기의 절연이 파괴될
　　　　　 우려가 있다.
(3) • 명칭 : 부하개폐기
　　• 약호 : LBS
(4) • 보호기기 : 서지흡수기(SA)
　　• 보호기기의 설치위치 : 진공차단기(VCB) 2차측과 몰드변압기의 1차측 사이에 설치한다.

배점6

13 다음과 같이 완전 확산형의 조명기구가 설치되어 있다. 단, 높이 6[m], 조명기구의 전광
속 18500[lm], 수평거리 8[m]이다.

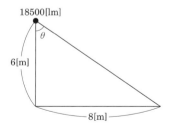

(1) 광원의 광도는?

　　• 계산 : _____　• 답 : _____

(2) 수평면조도는?

　　• 계산 : _____　　　• 답 : _____

정답　(1)　• 계산 :

$$F = 4\pi I \ \Rightarrow I = \frac{F}{4\pi} = \frac{18500}{4\pi} = 1472.18\,[\mathrm{cd}]$$

　　　• 답 : $1472.18\,[\mathrm{cd}]$

(2)　• 계산 :　$E_h = \dfrac{I}{\ell^2}\cos\theta = \dfrac{1472.18}{\left(\sqrt{6^2+8^2}\right)^2} \times \dfrac{6}{\sqrt{6^2+8^2}} = 8.83\,[\mathrm{lx}]$

　　　• 답 : $8.83\,[\mathrm{lx}]$

배점4

14 주어진 논리회로의 출력을 입력변수로 나타내고, 이 식을 AND, OR, NOT 소자만의 논리회로로 변환하여 논리식과 논리회로를 그리시오.

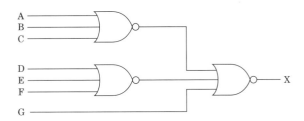

정답　• 논리식 : $X = (A + B + C) \cdot (D + E + F) \cdot \overline{G}$

　• 등가회로

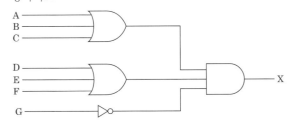

배점6

15 다음 물음에 답하시오.

(1) 다음 논리회로를 보고 회로도를 완성시키시오.

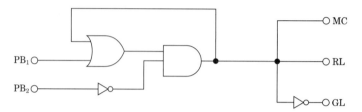

(2) 다음에 해당하는 논리식을 쓰시오.

정답 (1)

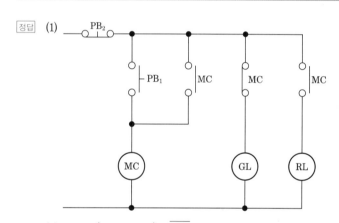

(2) $MC = (PB_1 + MC) \cdot \overline{PB_2}$

$RL = MC$

$GL = \overline{MC}$

국가기술자격검정 실기시험문제 및 정답

2019년도 전기기사 제2회 필답형 실기시험

종 목	시험시간	형 별	성 명	수험번호
전기기사	2시간 30분	A		

※ 수험자 인적사항 및 답안작성(계산식 포함)은 흑색의 필기구만 사용하여야 하며 흑색을 제외한 유색 필기구 또
는 연필류를 사용하거나 2가지 이상의 색을 혼합 사용하였을 경우 그 문항은 0점 처리됩니다.

배점4

01 $\frac{3300}{\sqrt{3}} / \frac{110}{\sqrt{3}}$ [V] GPT에서 오픈 델타결선의 1선 지락 사고시 영상전압은 몇 [V]인가?

정답 190[V]

이것이 핵심이다

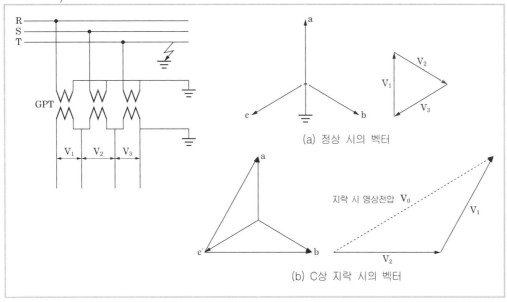

(a) 정상 시의 벡터

(b) C상 지락 시의 벡터

배점5

02 영상전류를 검출하여 계전기를 동작시키기 위한 방법 3가지를 쓰시오.

　○ _____

　○ _____

　○ _____

정답 ① 영상변류기 방식

　② CT 잔류회로 방식(Y결선 잔류회로 방식)

　③ 변압기 중성점 접지선 CT방식(중성선 CT에 의한 검출방법)

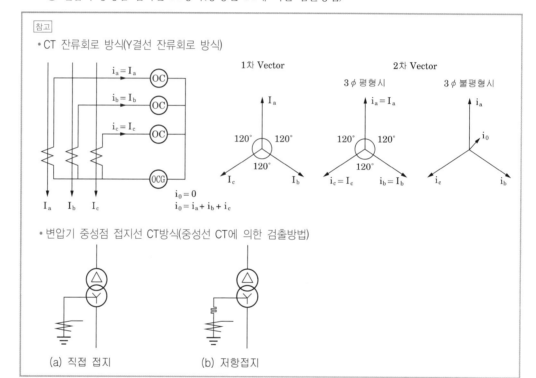

배점5

03 다음 내용을 보고 물음에 답하시오.

(1) CT 비오차가 무엇인지 설명하시오

　○ _____

(2) ε = 오차율[%], K_n = 공칭변류비, K = 실제변류비라고 할 때, 공칭변류비와 실제 변류비의 관계를 수식으로 나타내시오.

　○ _____

정답 (1) 실제변류비가 공칭변류비와 얼마만큼 다른가를 백분율로 표시한 것을 말한다.

(2) $\varepsilon = \dfrac{K_n - K}{K} \times 100$

이것이 핵심이다

비오차의 예

100/5 변류기 1차에 100A가 흐를 때 2차 측에 실제 4.95A가 흐른 경우 변류기의 비오차를 계산하시오.

$$\varepsilon = \frac{K_n - K}{K} \times 100 = \frac{\dfrac{100}{5} - \dfrac{100}{4.95}}{\dfrac{100}{4.95}} \times 100 = -1[\%]$$

배점5

04 다음은 전압등급 6[kV]의 SA의 시설 적용을 나타낸 표이다. 빈칸에 적용 또는 불필요를 구분하여 쓰시오.

2차 보호기기 / 차단기종류	전동기	변압기			콘덴서
		유입식	몰드식	건식	
VCB	( )	( )	( )	( )	( )

정답

2차 보호기기 / 차단기종류	전동기	변압기			콘덴서
		유입식	몰드식	건식	
VCB	적용	불필요	적용	적용	불필요

배점6

05 22,900[V], 60[Hz], 정전용량 $0.4[\mu F/km]$, 선로길이 7km인 3상 선로의 충전전류와 충전용량을 구하시오.

(1) 충전전류

• 계산 : _____ • 답 : _____

(2) 충전용량

• 계산 : _____ • 답 : _____

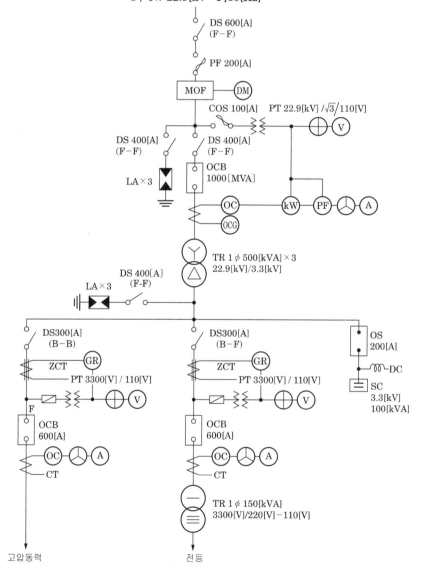

정답 (1) 충전전류
- 계산 : $I_c = \omega CE$

$$I_c = 2 \times \pi \times 60 \times 0.4 \times 10^{-6} \times 7 \times \frac{22900}{\sqrt{3}} = 13.96[A]$$

- 답 : 13.96[A]

(2) 충전용량
- 계산 : $Q_c = 3\omega CE^2$

$$Q_c = 3 \times 2 \times \pi \times 60 \times 0.4 \times 10^{-6} \times 7 \times \left(\frac{22900}{\sqrt{3}}\right)^2 \times 10^{-3} = 553.55[kVA]$$

- 답 : 553.55[kVA]

배점14

06 다음 도면은 22.9[kV] 특고압 수전설비의 도면이다. 다음 도면을 보고 물음에 답하시오.

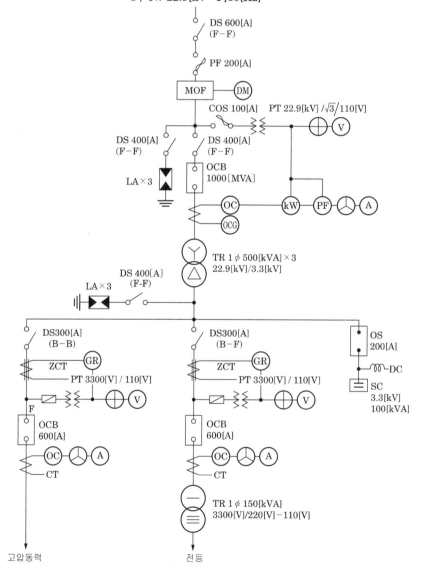

$3\phi 4W\ 22.9[kV-Y]60[Hz]$

DS 600[A] (F−F)

PF 200[A]

MOF — DM

COS 100[A]   PT 22.9[kV] /√3/110[V]   V

DS 400[A] (F−F)   DS 400[A] (F−F)

LA×3   OCB 1000[MVA]

OC   kW PF A

OCG

TR 1φ 500[kVA]×3 22.9[kV]/3.3[kV]

DS 400[A] (F-F)

LA×3

DS300[A] (B−B)   DS300[A] (B−F)   OS 200[A]

ZCT GR   ZCT GR

PT 3300[V] / 110[V]   PT 3300[V] / 110[V]   DC

F   V   V   SC 3.3[kV] 100[kVA]

OCB 600[A]   OCB 600[A]

OC A   OC A

CT   CT

TR 1φ 150[kVA] 3300[V]/220[V]−110[V]

고압동력   전등

(1) DM의 명칭을 쓰시오.

　○ _____

(2) 단로기의 정격전압을 쓰시오.

　○ _____

(3) PF의 역할을 쓰시오.

　○ _____

(4) SC의 역할을 쓰시오.

　○ _____

(5) 22.9kV 피뢰기의 정격전압을 쓰시오

　○ _____

(6) ZCT의 역할을 쓰시오.

　○ _____

(7) GR의 역할을 쓰시오.

　○ _____

(8) CB의 역할을 쓰시오.

　○ _____

(9) 1대의 전압계로 3상 전압을 측정하기 위한 기기의 약호를 쓰시오.

　○ _____

(10) 1대의 전류계로 3상 전류를 측정하기 위한 기기의 약호를 쓰시오.

　○ _____

(11) OS의 명칭이 무엇인지 쓰시오.

　○ _____

(12) MOF의 기능을 쓰시오.

　○ _____

(13) 3.3kV측에 차단기에 적힌 전류값 600A는 무엇을 의미하는가?

　○ _____

정답 (1) 최대수요전력계

　　(2) 25.8[kV]

　　(3) 단락전류 차단

(4) 진상무효전력을 공급하여 역률 개선

(5) 정격전압 : 18[kV]

(6) 지락 사고시 영상 전류를 검출하여 지락계전기를 동작

(7) 지락사고시 트립코일을 여자시킴

(8) 고장전류 차단 및 부하전류의 개폐

(9) VS

(10) AS

(11) 유입 개폐기

(12) PT와 CT를 함께 내장하여 전력량계에 전원을 공급

(13) 차단기의 정격전류

배점5

07 감리원은 설계도서 등에 대하여 공사계약문서 상호간의 모순되는 사항, 현장 실정과의 부합여부 등 현장 시공을 주안으로 해야 한다. 해당 공사를 시작하기 전에 검토해야 할 사항 3가지를 쓰시오.

○ _____

○ _____

○ _____

정답 ① 현장조건에 부합 여부

② 다른 사업 또는 다른 공정과의 상호부합여부

③ 설계도서의 누락, 오류 등 불명확한 부분의 존재여부

배점7

08 다음 물음에 답하시오.

(1) 축전지의 과방전 및 방치상태, 가벼운 설페이션 현상 등이 생겼을 때 기능 회복을 위하여 실시하는 충전방식은 어떤 방식인가?

○ _____

(2) 알칼리 축전지의 공칭전압은 몇인가?

○ _____

(3) 부하의 허용최저전압이 115[V], 축전지와 부하간의 전선에 의한 전압강하가 5[V]이다. 직렬로 접속한 축전지가 55셀일 때 축전지 셀당 허용 최저전압을 구하시오.

• 계산 : _____   • 답 : _____

(4) 묽은 황산용액의 농도가 정상이고 액면이 저하하여 극판이 노출되어 있다. 어떤 조치를 하여야 하는가?

○ _____

_____

정답 (1) 회복 충전방식

(2) 1.2[V/cell]

(3) ・계산 : $V = \dfrac{V_a + V_c}{n} = \dfrac{115 + 5}{55} = 2.18$ ・답 : 2.18[V/cell]

(4) 같은 농도의 묽은 황산용액으로 보충한다.

배점6

09 가공선과 비교하여 지중선의 장점과 단점을 세 가지씩 쓰시오.

(1) 장점

○ _____

○ _____

○ _____

(2) 단점

○ _____

○ _____

○ _____

정답 (1) 장점

① 쾌적한 도심환경의 조성이 가능하다.

② 설비의 단순 및 고도화로 보수업무가 비교적 작다.

③ 뇌, 풍수해 등에 의한 사고에 대하여 신뢰도가 높다.

(2) 단점

① 송전용량이 가공전선에 비하여 낮다.

② 공사비용이 비싸고 공사기간이 길다.

③ 고장점 발견이 어렵고 복구가 어렵다.

2019

배점13

10 도면과 같이 345[kV] 변전소의 단선도와 변전소에 사용되는 주요 재원을 이용하여 다음 각 물음에 답하시오.

(1) 도면의 345[kV]측 모선 방식은 어떤 모선 방식인가?

　○ _____

(2) 도면에서 ①번 기기의 설치 목적은 무엇인가?

　○ _____

(3) 도면에 주어진 재원을 참조하여 주변압기에 대한 등가 %임피던스(Z_H, Z_M, Z_L)를 구하고 ②번 23[kV] VCB의 차단용량을 계산하시오. (단, 그림과 같은 임피던스 회로는 100[MVA] 기준)

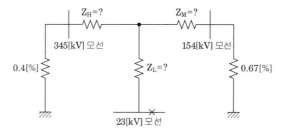

(4) 도면의 345[kV] GCB에 내장된 계전기 BCT의 오차계급은 C800이다. 부담은 몇 [VA]인가?

　○ _____

(5) 도면의 ③번 차단기의 설치 목적을 설명하시오.

　○ _____

(6) 도면의 주변압기 1Bank(단상×3)을 증설하여 병렬 운전시키고자 한다. 이때 병렬운전 4가지를 쓰시오.

[주변압기]

단권변압기 345[kV]/154[kV]/23[kV](Y-Y-△)

　　166.7[MVA]×3대 ≒ 500[MVA]

OLTC부 %임피던스(500[MVA]기준) : 1차~2차 : 10[%]

　　　　　　　　　　　　　　　　　1차~3차 : 78[%]

　　　　　　　　　　　　　　　　　2차~3차 : 67[%]

[차단기]

362[kV] GCB 25[GVA] 4000[A]~2000[A]

$170[\mathrm{kV}]$ GCB15[GVA]4000[A]~2000[A]

$25.8[\mathrm{kV}]$ VCB( )[MVA]2500[A]~1200[A]

[단로기]

$362[\mathrm{kV}]$ D.S 4000[A] ~ 2000[A]

$170[\mathrm{kV}]$ D.S 4000[A] ~ 2000[A]

$25.8[\mathrm{kV}]$ D.S 2500[A] ~ 1200[A]

[피뢰기]

$288[\mathrm{kV}]$ LA 10[kA]

$144[\mathrm{kV}]$ LA10[kA]

$21[\mathrm{kV}]$ LA 10[kA]

[분로 리액터]

$23[\mathrm{kV}]$ Sh.R 30[MVAR]

[주모선]

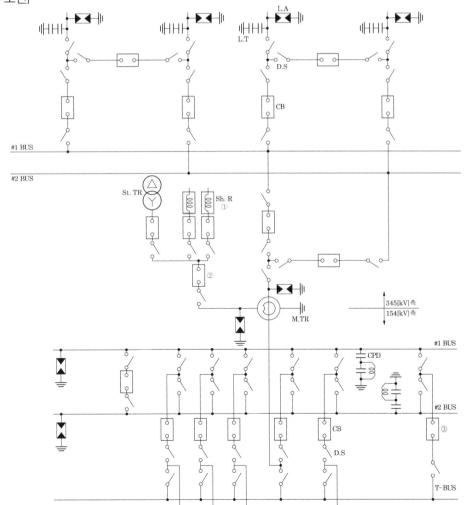

정답 **(1)** 2중 모선방식

(2) 페란티 현상방지

(3) ① 등가 %임피던스는 문제에서 조건인 100[MVA] 기준이므로 환산하면

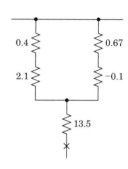

$$Z_{HM} = 10 \times \frac{100}{500} = 2[\%]$$

$$Z_{HL} = 78 \times \frac{100}{500} = 15.6[\%]$$

$$Z_{ML} = 67 \times \frac{100}{500} = 13.4[\%]$$

② %등가임피던스로 등가 임피던스 값을 계산

$$Z_H = \frac{1}{2}(Z_{HM} + Z_{HL} - Z_{ML}) = \frac{1}{2}(2 + 15.6 - 13.4) = 2.1[\%]$$

$$Z_M = \frac{1}{2}(Z_{HM} + Z_{ML} - Z_{HL}) = \frac{1}{2}(2 + 13.4 - 15.6) = -0.1[\%]$$

$$Z_L = \frac{1}{2}(Z_{HL} + Z_{ML} - Z_{HM}) = \frac{1}{2}(15.6 + 13.4 - 2) = 13.5[\%]$$

③ VCB 설치점까지의 전체 임피던스 $\%Z = 13.5 + \dfrac{(2.1 + 0.4)(-0.1 + 0.67)}{(2.1 + 0.4) + (-0.1 + 0.67)} = 13.96[\%]$

④ 차단용량 $P_s = \dfrac{100}{\%Z} \times P_n = \dfrac{100}{13.96} \times 100 = 716.33[\text{MVA}]$

(4) 계전기용 CT 2차 정격 5[A]의 20배의 전류가 흘렀을 때 포화전압 800[V]이므로

$Z = \dfrac{800}{5 \times 20} = 8[\Omega]$ 따라서 부담[VA] $= I^2 Z = 5^2 \times 8 = 200[\text{VA}]$

(5) 무정전으로 점검하기 위해

(6) ① 극성이 같을 것   ② %임피던스가 같을 것

    ③ 정격 전압(비)이 같을 것   ④ 내부 저항과 누설리액턴스 비가 같을 것

배점5

11 고압 동력 부하의 사용 전력량을 측정하려고 한다. CT 및 PT 취부 3상 적산 전력량계를 그림과 같이 오결선(1S와 1L 및 P1과 P3가 바뀜)하였을 경우 어느 기간 동안 사용 전력량이 300[kWh]였다면 그 기간 동안 실제 사용 전력량은 몇 [kWh]이겠는가? (단, 부하 역률은 0.8이라 한다.)

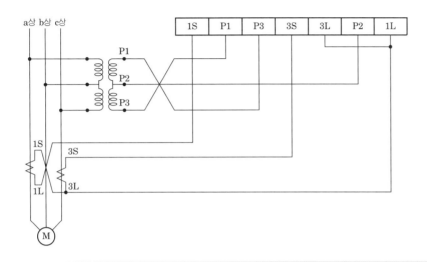

정답 • 계산

오결선시 : $W_1 = VI\cos\left(90° - \theta\right)$, $W_2 = VI\cos\left(90° - \theta\right)$

$W_1 + W_2 = VI\cos\left(90° - \theta\right) + VI\cos\left(90° - \theta\right) = 2VI\cos\left(90° - \theta\right) = 2VI\sin\theta$

실제 전력량 $W = \sqrt{3}\,VI\cos\theta = \sqrt{3} \times \dfrac{W_1 + W_2}{2\sin\theta} \times \cos\theta$

$= \sqrt{3} \times \dfrac{300}{2 \times 0.6} \times 0.8 = 346.41[\text{kWh}]$

• 답 : 346.41[kWh]

배점8

12 도면은 유도 전동기 IM의 정회전 및 역회전용 운전의 단선 결선도이다. 이 도면을 이용하여 다음 각 물음에 답하시오. (단, 52F는 정회전용 전자접촉기이고, 52R은 역회전용 전자접촉기이다.)

(1) 단선도를 이용하여 3선 결선도를 그리시오. (단, 점선내의 조작회로는 제외하도록 한다.)

(2) 주어진 단선 결선도를 이용하여 정·역회전을 할 수 있도록 조작회로를 그리시오. (단, 누름버튼 스위치 OFF 버튼 2개, ON 버튼 2개 및 정회전 표시램프 RL, 역회전 표시램프 GL도 사용하도록 한다.)

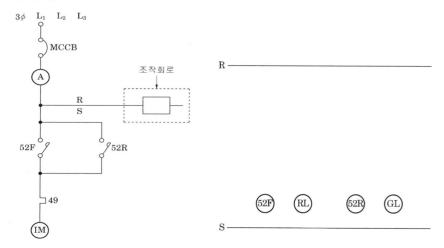

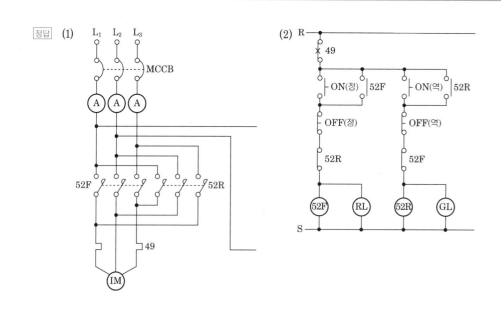

배점6

13 다음 내용을 보고 빈칸을 채우시오.

【조 건】

분전반은 각층마다 설치한다.

분전반은 분기회로의 길이가 (가)m 이하가 되도록 설계하며, 사무실용도인 경우 하나의 분전반에 담당하는 면적은 일반적으로 1,000 m^2 내외로 한다. 1개 분전반 또는 개폐기함 내에 설치할 수 있는 과전류장치는 예비회로(10~20%)를 포함하여 42 개 이하(주개폐기 제외)로 하고, 이 회로수를 넘는 경우는 2개 분전반으로 분리 하거나 (나)으로 한다. 다만, 2극, 3극 배선용 차단기는 과전류장치 소자 수량의 합계로 계산한다.

분전반의 설치높이는 긴급 시 도구를 사용하거나 바닥에 앉지 않고 조작할 수 있어야 하며, 일반적으로는 분전반 상단을 기준하여 바닥 위 (다)m 로 하고, 크기가 작은 경우는 분전반의 중간을 기준하여 바닥 위 (라)m로 하거나 하단을 기준하여 바닥 위 (마)m 정도로 한다. 분전반과 분전반은 도어의 열림 반경 이상으로 이격하여 안전성을 확보하고, 2개 이상의 전원이 하나의 분전반에 수용되는 경우에는 각각의 전원 사이에는 해당하는 분전반과 동일한 재질로 (바)을 설치해야 한다.

정답 가 : 30　　　나 : 자립형　　　다 : 1.8

라 : 1.4　　　마 : 1.0　　　바 : 격벽

배점6

14 차도 폭 20[m], 등주 길이가 10[m] (폴)인 등을 대칭배열로 설계하고자 한다. 조도 22.5[lx], 감광보상률 1.5, 조명률 0.5, 램프는 20000[lm], 250[W]의 메탈 핼라이드 램프를 사용한다. 이 때 다음 물음에 답하시오.

(1) 등주 간격을 구하시오.

　• 계산 : _____　　　• 답 : _____

(2) 운전자의 눈부심을 방지하기 위하여 컷오프 조명일 때 최소 등간격을 구하시오.

　• 계산 : _____　　　• 답 : _____

(3) 보수율을 구하시오.

　• 계산 : _____　　　• 답 : _____

정답 (1) ・계산 : $FUN = DES$ 에서 $S = \dfrac{FUN}{DE} \Rightarrow S = \dfrac{a \times b}{2} = \dfrac{FUN}{DE}$

$$\therefore a = \dfrac{2 \times FUN}{DEb} = \dfrac{2 \times 20000 \times 0.5 \times 1}{1.5 \times 22.5 \times 20} = 29.63[\text{m}]$$

・답 : $29.63[\text{m}]$

(2) ・계산 : $S \leq 3h = 3 \times 10 = 30[\text{m}]$

・답 : $30[\text{m}]$ 이하

(3) ・계산 : 보수율 $M = \dfrac{1}{D} = \dfrac{1}{1.5} = 0.67$

・답 : 0.67

참고 등기구별 차도폭(W)에 따른 높이(H) 및 간격(S) 기준

배열구분	컷오프형		세미컷오프형		논컷오프형	
	H	S	H	S	H	S
한 쪽	1.0W 이상	3H 이하	1.2W 이상	3.5H 이하	1.4W 이상	4H 이하
지그재그	0.7W 이상	3H 이하	0.8W 이상	3.5H 이하	0.9W 이상	4H 이하
마주보기	0.5W 이상	3H 이하	0.6W 이상	3.5H 이하	0.7W 이상	4H 이하
중 앙	0.5W 이상	3H 이하	0.6W 이상	3.5H 이하	0.7W 이상	4H 이하

국가기술자격검정 실기시험문제 및 정답

2019년도 전기기사 제3회 필답형 실기시험

종 목	시험시간	형 별	성 명	수험번호
전기기사	2시간 30분	A		

※ 수험자 인적사항 및 답안작성(계산식 포함)은 흑색의 필기구만 사용하여야 하며 흑색을 제외한 유색 필기구 또는 연필류를 사용하거나 2가지 이상의 색을 혼합 사용하였을 경우 그 문항은 0점 처리됩니다.

배점13

01 다음 그림은 리액터 기동 정지 조작회로의 미완성 도면이다. 이 도면에 대하여 다음 물음에 답하시오.

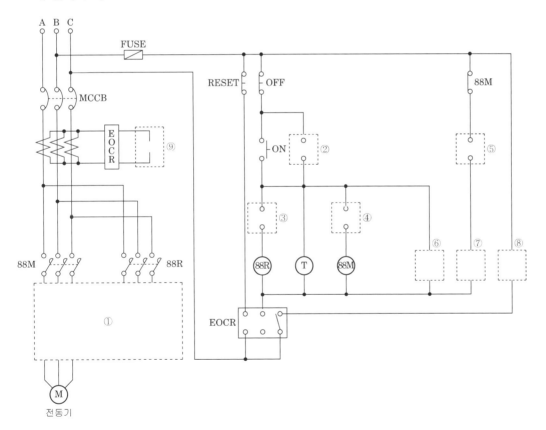

(1) ① 부분의 미완성 주회로를 회로도에 직접 그리시오.

(2) 제어회로에서 ②, ③, ④, ⑤ 부분의 접점을 완성하고 그 기호를 쓰시오.

구분	②	③	④	⑤
접점 및 기호				

(3) ⑥, ⑦, ⑧, ⑨ 부분에 들어갈 LAMP와 계기의 그림기호를 그리시오. (예 : Ⓖ 정지, Ⓡ 기동 및 운전, Ⓨ 과부하로 인한 정지)

구분	⑥	⑦	⑧	⑨
그림기호				

(4) 직입기동시 시동전류가 정격전류의 6배가 되는 전동기를 65[%] 탭에서 리액터 시동한 경우 시동전류는 약 몇 배 정도가 되는지 계산하시오.

• 계산 : _____ • 답 : _____

(5) 직입기동시 시동토크가 정격토크의 2배였다고 하면 65[%] 탭에서 리액터 시동한 경우 시동토크는 어떻게 되는지 설명하시오.

○ _____

정답 (1)

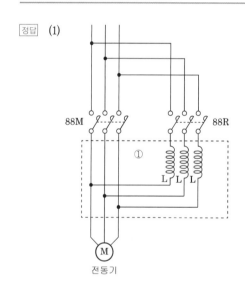

(2)

구분	②	③	④	⑤
접점 및 기호	T	T	T	88R

(3)

구분	⑥	⑦	⑧	⑨
그림기호	Ⓡ	Ⓖ	Ⓨ	Ⓐ

(4) • 계산 : 직입기동시 시동전류가 정격전류의 6배이고, 기동전류 $I_s \propto V_0$

$$I_s = 6I \times 0.65 = 3.9I$$

• 답 : 약 3.9배

(5) 직입기동시 시동토크는 정격토크(T)의 2배이고, 시동토크는 V_0의 제곱에 비례하므로, 시동토크는
0.85배가 된다. ($T_s = 2T \times 0.65^2 = 0.845T$)

배점6

02 다음 프로그램 표를 보고 물음에 답하시오.

명령어	번지
LOAD	P000
OR	P010
AND NOT	P001
AND NOT	P002
OUT	P010

(1) PLC 래더 다이어그램을 완성하시오.

(2) 논리회로를 완성하시오.

정답 (1)

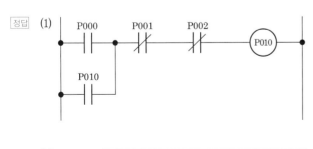

(2)

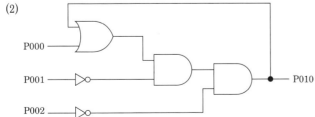

2019

배점4

03 전압 $1.0183[\mathrm{V}]$를 측정하는데 측정값이 $1.0092[\mathrm{V}]$이었다. 이 경우의 다음 각 물음에 답하시오. (단, 소수점 이하 넷째 자리까지 구하시오.)

(1) 오차

　• 계산 : _____　　• 답 : _____

(2) 오차율

　• 계산 : _____　　• 답 : _____

(3) 보정(값)

　• 계산 : _____　　• 답 : _____

(4) 보정률

　• 계산 : _____　　• 답 : _____

정답 (1) 오차

　　• 계산 : 오차 = 측정값 − 참값 = $1.0092 - 1.0183 = -0.0091$

　　• 답 : -0.0091

(2) 오차율

　　• 계산 : 오차율 = $\dfrac{오차}{참값} = \dfrac{-0.0091}{1.0183} = -0.0089$

　　• 답 : -0.0089

(3) 보정(값)

　　• 계산 : 보정(값) = 참값 − 측정값 = $1.0183 - 1.0092$

　　• 답 : 0.0091

(4) 보정률

　　• 계산 : 보정률 = $\dfrac{보정값}{측정값} = \dfrac{0.0091}{1.0092} = 0.0090$

　　• 답 : 0.0090

배점6

04 피뢰기 접지공사를 실시한 후, 접지저항을 보조 접지 2개(A와 B)를 시설하여 측정하였더니 본 접지와 A사이의 저항은 $86[\Omega]$, A와 B사이의 저항은 $156[\Omega]$, B와 본 접지 사이의 저항은 $80[\Omega]$이었다. 이 때 다음 각 물음에 답하시오.

(1) 피뢰기의 접지 저항값을 구하시오.

　• 계산 : _____　　• 답 : _____

(2) 접지공사의 적합여부를 판단하고, 그 이유를 설명하시오.

　• 이유 : _____

　• 적합여부 : _____

정답　(1) • 계산 : $R_x = \dfrac{R_{xa} + R_{bx} - R_{ab}}{2} = \dfrac{86 + 80 - 156}{2} = 5[\Omega]$

　　　　• 답 : $5[\Omega]$

　(2) • 적합여부 : 적합

　　　• 이유 : 피뢰기의 접지저항값은 $10[\Omega]$ 이하로 유지하여야 한다.

배점5

05 가스절연변전소의 특징을 5가지 작성하시오. (단, 비용 및 가격에 대한 특징은 제외하고 서술할 것)

　○ _____

　○ _____

　○ _____

　○ _____

　○ _____

정답　① 화재의 위험이 작다.

　　② 조작중의 소음이 작다.

　　③ 주위환경과 조화를 이룰 수 있다.

　　④ 보수가 편리하고, 점검주기가 길어진다.

　　⑤ 절연거리 축소로 설치면적이 작아진다.

배점5

06 제3고조파의 유입으로 인한 사고를 방지하기 위하여 콘덴서 회로에 콘덴서 용량의 $11[\%]$ 인 직렬 리액터를 설치하였다. 이 경우에 콘덴서의 정격전류(정상시 전류)가 $10[A]$라면 콘덴서 투입시의 전류는 몇 $[A]$가 되겠는가?

　• 계산 : _____　• 답 : _____

정답 • 계산 : 콘덴서 투입시 돌입 전류

$$I = I_n \times \left(1 + \sqrt{\frac{X_C}{X_L}}\right) = 10 \times \left(1 + \sqrt{\frac{X_C}{0.11 X_C}}\right) = 10 \times \left(1 + \sqrt{\frac{1}{0.11}}\right) = 40.151 [\mathrm{A}]$$

• 답 : $40.15 [\mathrm{A}]$

배점5

07 역률 $60[\%]$의 유도성부하 전동기 $30[\mathrm{kW}]$ 및 전열기 $24[\mathrm{kW}]$의 부하를 사용하는 변압기 용량을 구하여라.

변압기 표준용량$[\mathrm{kVA}]$

5	10	15	20	25	50	75	100

• 계산 :   • 답 :

정답 • 계산

• 전동기 유효전력 : $30[\mathrm{kW}]$ • 전동기 무효전력 : $P_r = P \tan\theta = 30 \times \dfrac{0.8}{0.6} = 40[\mathrm{kVar}]$

• 전열기 유효전력 : $24[\mathrm{kW}]$ • 주상변압기 용량 : $\sqrt{(30+24)^2 + 40^2} = 67.201[\mathrm{kVA}]$

• 답 : 표에서 $75[\mathrm{kVA}]$ 선정

배점5

08 단자전압 $3000[\mathrm{V}]$인 선로에 전압비가 $3000/210[\mathrm{V}]$인 승압기를 접속하여 $40[\mathrm{kW}]$, 역률 0.75의 부하에 공급할 때 몇 $[\mathrm{kVA}]$의 승압기를 사용하여야 하는가? (단, 승압기 2대가 시설되어 있다.)

• 계산 :   • 답 :

정답 • 계산 : $V_H = 3000 \times \left(1 + \dfrac{1}{3000/210}\right) = 3210[\mathrm{V}]$

$$I_2 = \frac{P}{\sqrt{3} \times V_H \times \cos\theta} = \frac{40 \times 10^3}{\sqrt{3} \times 3210 \times 0.75}$$

$$\therefore e_2 I_2 = 210 \times \frac{40 \times 10^3}{\sqrt{3} \times 3210 \times 0.75} \times 10^{-3} = 2.01[\mathrm{kVA}]$$

• 답 : $2.01[\mathrm{kVA}]$

배점5

09 변전소로부터 3상 3선식 2회선으로 공급받는 30[km] 떨어진 곳에 수전단 전압 30[kV], 역률 0.8(지상), 6000[kW]의 3상 동력부하가 있다. 이때 전력손실이 10[%]를 초과하지 않도록 전선의 굵기를 선정하시오. 단, 도체(동선)의 고유저항은 1/55[Ω·mm²/m]로 한다.

전선의 굵기[mm²]

16	25	35	50	70	95	120	150

• 계산 : _____ • 답 : _____

정답 • 계산 :

3상에서의 전력손실 $P_l = 3I^2R = \dfrac{P^2 \times R}{V^2 \times \cos^2\theta}$

전력손실률 $K = \dfrac{P_l}{P} = \dfrac{P \times R}{V^2 \times \cos^2\theta} = 0.1$

$\therefore R = \dfrac{V^2 \times \cos^2\theta}{P} \times 0.1 = \dfrac{(30 \times 10^3)^2 \times 0.8^2}{\frac{1}{2} \times 6000 \times 10^3} \times 0.1 = 19.2[\Omega]$

$R = \rho\dfrac{l}{A}$ 에서, 단면적을 구하면 다음과 같다.

$\therefore A = \rho\dfrac{l}{R} = \dfrac{1}{55} \times \dfrac{30 \times 10^3}{19.2} = 28.41[\text{mm}^2]$

• 답 : 표에서 35[mm²]산정

배점4

10 그림과 같이 50[kW], 30[kW], 15[kW], 25[kW] 부하 설비에 수용률이 각각 50[%], 65[%], 75[%], 60[%]로 할 경우 변압기 용량은 몇 [kVA]가 필요한지 선정하시오 (단, 부등률은 1.2, 종합 부하역률은 80[%]이다.)

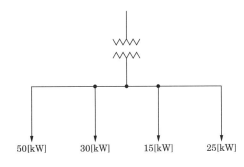

2019

변압기 표준용량[kVA]

50	75	100	150	200

• 계산 : _____ • 답 : _____

정답 • 계산

$$변압기용량 = \frac{설비용량 \times 수용률}{부등률 \times 역률} = \frac{50 \times 0.5 + 30 \times 0.65 + 15 \times 0.75 + 25 \times 0.6}{1.2 \times 0.8} = 73.698[kVA]$$

• 답 : 표에서 75[kVA] 선정

배점13

11 그림은 고압 전동기 100[HP] 미만을 사용하는 고압 수전 설비 결선도이다. 이 그림을 보고 다음 각 물음에 답하시오.

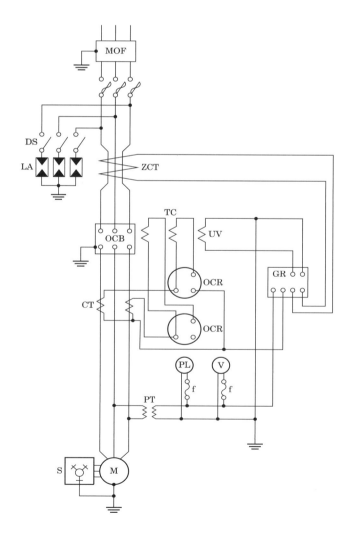

(1) 계전기용 변류기는 차단기의 전원측에 설치하는 것이 바람직하다. 무슨 이유에서인가?

    ○ _____

(2) 본 도면에서 생략할 수 있는 부분은?

    ○ _____

(3) ZCT와 TC의 명칭을 쓰시오.

    ○ ZCT : _____

    ○ TC : _____

(4) 콘덴서에 설치하는 DC의 역할은?

    ○ _____

정답 (1) 보호범위를 넓히기 위해서 차단기의 전원측에 설치하는 것이 바람직하다.

    (2) LA용 단로기

    (3) ・ZCT : 영상변류기　　・TC : 트립코일

    (4) 잔류전하를 방전시켜 인체감전사고 방지

배점5

12 피뢰기에 흐르는 정격방전전류는 변전소의 차폐유무와 그 지방의 연간 뇌격지수(IKL) 발생일수와 관계되나 모든 요소를 고려한 경우 일반적인 시설장소별 적용할 피뢰기의 공칭방전전류를 쓰시오.

공칭방전전류	설치장소	적용조건
① [A]	변전소	• 154[kV] 이상의 계통 • 66[kV] 및 그 이하의 계통에서 Bank 용량이 3000[kVA]를 초과하거나 특히 중요한 곳 • 장거리 송전케이블(배전선로 인출용 단거리케이블은 제외) 및 정전축전기 Bank를 개폐하는 곳 • 배전선로 인출측(배전 간선 인출용 장거리 케이블은 제외)
② [A]	변전소	• 66[kV] 및 그 이하의 계통에서 Bank 용량이 3000[kVA] 이하인 곳
③ [A]	선로	• 배전선로

정답 ① 10000 ② 5000 ③ 2500

배점6

13 주어진 조건을 참조하여 다음 각 물음에 답하시오.

─────── 【조 건】 ───────

차단기 명판(name plate)에 BIL 150[kV], 정격 차단전류 20[kA], 차단시간 8 사이클, 솔레노이드(solenoid)형 이라고 기재되어 있다. (단, BIL은 절연계급 20호 이상의 비유효 접지계에서 계산하는 것으로 한다.)

(1) BIL 이란 무엇인가?

○ _____

(2) 이 차단기의 정격전압은 몇 [kV]인가?

• 계산 : _____ • 답 : _____

(3) 이 차단기의 정격 차단 용량은 몇 [MVA] 인가?

• 계산 : _____ • 답 : _____

정답 (1) 기준충격절연강도

(2) • 계산

$$BIL = 절연계급 \times 5 + 50 [kV]$$

$$절연계급 = \frac{BIL - 50}{5} = \frac{150 - 50}{5} = 20 [kV]$$

$절연계급 = \dfrac{공칭전압}{1.1}$ 식에서, 절연계급 값을 이용하여 공칭전압을 계산한다.

$$공칭전압 = 절연계급 \times 1.1 = 20 \times 1.1 = 22 [kV]$$

$$\therefore 차단기의\ 정격전압 = 공칭전압 \times \frac{1.2}{1.1} = 22 \times \frac{1.2}{1.1} = 24 [kV]$$

• 답 : $24 [kV]$

(3) • 계산: $P_s = \sqrt{3}\, V_n I_s = \sqrt{3} \times 24 \times 20 = 831.38 [MVA]$

• 답 : $831.38 [MVA]$

배점6

14 우리나라의 송전계통에 사용하는 차단기의 정격전압과 정격차단 시간을 나타낸 표이다. 다음 표에 빈칸을 채우시오.

공칭전압[kV]	22.9	154	345
정격전압[kV]	①	②	③
정격차단시간 (cycle은 60[Hz] 기준)	④	⑤	⑥

정답

공칭전압[kV]	22.9	154	345
정격전압[kV]	25.8	170	362
정격차단시간 (cycle은 60[Hz] 기준)	5	3	3

※ 본 회차의 기출문제는 실제 시험의 총점과 다르게 구성되어 있습니다.

memo

2020

과년도 기출문제

국가기술자격검정 실기시험문제 및 정답

2020년도 전기기사 **제1회** 필답형 실기시험

종 목	시험시간	형 별	성 명	수험번호
전기기사	2시간 30분	A		

※ 수험자 인적사항 및 답안작성(계산식 포함)은 흑색의 필기구만 사용하여야 하며 흑색을 제외한 유색 필기구 또는 연필류를 사용하거나 2가지 이상의 색을 혼합 사용하였을 경우 그 문항은 0점 처리됩니다.

배점6

01 그림과 같이 차동계전기에 의하여 보호되고 있는 $\Delta - Y$결선 30[MVA], 33/11[kV] 변압기가 있다. 고장전류가 정격전류의 200[%] 이상에서 동작하는 계전기의 전류(i_r) 값은 얼마인가? (단, 변압기 1차측 및 2차측 CT의 변류비는 각각 500/5[A], 2000/5[A]이다.)

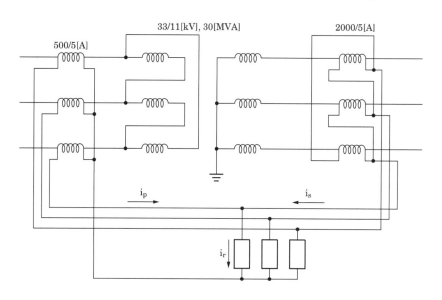

• 계산 : _____ • 답 : _____

정답 • 계산

1차전류	2차전류
$i_1 = \dfrac{30 \times 10^3}{\sqrt{3} \times 33} \times \dfrac{5}{500} = 5.248[A]$	$i_2 = \dfrac{30 \times 10^3}{\sqrt{3} \times 11} \times \dfrac{5}{2000} \times \sqrt{3} = 6.818[A]$

i_r 은 $2|i_1 - i_2| = 2|5.25 - 6.82| = 3.14[A]$

• 답 : 3.14[A]

배점4

02 100/5 변류기 1차에 250[A]가 흐를 때 2차 측에 실제 10[A]가 흐른 경우 변류기의 비오차를 계산하시오.

• 계산 : _____ • 답 : _____

정답 • 계산

$$\varepsilon = \frac{K_n - K}{K} \times 100 = \frac{\dfrac{100}{5} - \dfrac{250}{10}}{\dfrac{250}{10}} \times 100 = -20[\%]$$

• 답 : −20%

배점5

03 피뢰기 설치장소를 3가지 쓰시오.

○ _____

○ _____

○ _____

정답 • 발전소·변전소 또는 이에 준하는 장소의 가공전선 인입구 및 인출구
• 가공전선로에 접속하는 배전용 변압기의 고압측 및 특고압측
• 고압 및 특고압 가공전선로로부터 공급을 받는 수용장소의 인입구

배점3

04 설계자가 크기, 형상 등 전체적인 조화를 생각하여 형광등 기구를 벽면 상방 모서리에 숨겨서 설치하는 방식으로, 기구로부터 빛이 직접 벽면을 조명하는 건축화 조명은?

○ _____

정답 • 코니스 조명

배점6

05 그림과 같은 방전특성을 갖는 부하에 필요한 축전지 용량은 몇 [Ah]인가?

(단, 방전전류 : $I_1 = 200[A]$, $I_2 = 300[A]$, $I_3 = 150[A]$, $I_4 = 100[A]$
방전시간 : $T_1 = 130[분]$, $T_2 = 120[분]$, $T_3 = 40[분]$, $T_4 = 5[분]$
용량환산시간 : $K_1 = 2.45$, $K_2 = 2.45$, $K_3 = 1.46$, $K_4 = 0.45$
보수율은 0.7로 적용한다.)

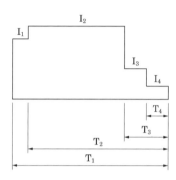

• 계산 : _____   • 답 : _____

정답 • 계산 : $C = \dfrac{1}{L}\left[K_1 I_1 + K_2(I_2 - I_1) + K_3(I_3 - I_2) + K_4(I_4 - I_3)\right]$

$= \dfrac{1}{0.7}\left\{2.45 \times 200 + 2.45 \times (300 - 200) + 1.46 \times (150 - 300) + 0.45 \times (100 - 150)\right\}$

$= 705[Ah]$

• 답 : $705[Ah]$

배점4

06 가로 8[m], 세로 10[m] 높이 4.8[m]인 사무실에서 조명기구를 천장에 직접 취부하고자 한다. 이 때 실지수를 구하시오. 단, 바닥에서 0.8[m] 높이에서 작업한다.

• 계산 : _____   • 답 : _____

정답 • 계산 : $K = \dfrac{X \times Y}{H(X+Y)} = \dfrac{8 \times 10}{(4.8-0.8)(8+10)} = 1.111$

• 답 : 1.11

배점8

07 그림은 변류기를 영상 접속시켜 그 잔류 회로에 지락 계전기 DG를 삽입시킨 것이다. 선로의 전압은 66[kV], 중성점에 300[Ω]의 저항 접지로 하였고, 변류기의 변류비는 300/5[A]이다. 송전 전력이 20000[kW], 역률이 0.8(지상)일 때 a상에 완전 지락 사고가 발생하였다. 물음에 답하시오. (단, 부하의 정상, 역상 임피던스 기타의 정수는 무시한다.)

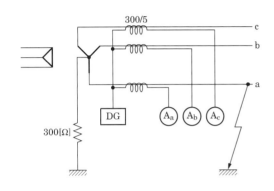

(1) 지락 계전기 DG에 흐르는 전류[A] 값은?

• 계산 : _____ • 답 : _____

(2) a상 전류계 Aa에 흐르는 전류[A] 값은?

• 계산 : _____ • 답 : _____

(3) b상 전류계 Ab에 흐르는 전류[A] 값은?

• 계산 : _____ • 답 : _____

(4) c상 전류계 Ac에 흐르는 전류[A]의 값은?

• 계산 : _____ • 답 : _____

정답 (1) • 계산 : 지락전류 $I_g = \dfrac{66000}{\sqrt{3} \times 300} = 127.02[A]$

$\therefore I_{DG} = I_g \times \dfrac{1}{CT비} = I_g \times \dfrac{5}{300} = 127.02 \times \dfrac{5}{300} = 2.117[A]$

• 답 : 2.12[A]

(2) • 계산 : ① 부하전류 $I_L = \dfrac{20000}{\sqrt{3} \times 66 \times 0.8} \times (0.8 - j0.6) = 175 - j131.2$

② a상에 흐르는 전류 $I_a = I_L + I_g = 175 - j131.2 + 127.02$

$= \sqrt{(127.02 + 175)^2 + 131.2^2} = 329.286[A]$

③ 전류계 A에 흐르는 전류

$$i_a = I_a \times \frac{1}{CT\,\text{비}} = I_a \times \frac{5}{300} = 329.286 \times \frac{5}{300} = 5.488[\text{A}]$$

• 답 : 5.49[A]

(3) • 계산 : 부하전류 $I_L = \frac{20000}{\sqrt{3} \times 66 \times 0.8} = 218.69[\text{A}]$

$$i_b = I_L \times \frac{5}{300} = 218.69 \times \frac{5}{300} = 3.644[\text{A}]$$

• 답 : 3.64[A]

(4) • 계산 : $i_c = I_L \times \frac{5}{300} = 218.69 \times \frac{5}{300} = 3.644[\text{A}]$

• 답 : 3.64[A]

배점12

08 3층 사무실용 건물에 3상 3선식의 $6,000[\text{V}]$를 $200[\text{V}]$로 강압하여 수전하는 설비이다. 각종 부하 설비가 표와 같을 때 참고자료를 이용하여 다음 물음에 답하시오.

[표 1]

동력 부하 설비					
사용 목적	용량[kW]	대수	상용 동력[kW]	하계 동력[kW]	동계 동력[kW]
난방 관계 • 보일러 펌프 • 오일 기어 펌프 • 온수 순환 펌프	6.0 0.4 3.0	1 1 1			6.0 0.4 3.0
공기 조화 관계 • 1, 2, 3층 패키지 콤프레셔 • 콤프레셔 팬 • 냉각수 펌프 • 쿨링 타워	7.5 5.5 5.5 1.5	6 3 1 1	16.5	45.0 5.5 1.5	
급수·배수 관계 • 양수 펌프	3.0	1	3.0		
기타 • 소화 펌프 • 셔터	5.5 0.4	1 2	5.5 0.8		
합 계			25.8	52.0	9.4

[표 2]

조명 및 콘센트 부하 설비					
사용 목적	와트수[W]	설치 수량	환산 용량[VA]	총 용량[VA]	비고
전등 관계					
• 수은등 A	200	4	260	1040	200[V] 고역률
• 수은등 B	100	8	140	1120	200[V] 고역률
• 형광등	40	820	55	45100	200[V] 고역률
• 백열전등	60	10	60	600	
콘센트 관계					
• 일반 콘센트		80	150	12000	2P 15[A]
• 환기팬용 콘센트		8	55	440	
• 히터용 콘센트	1500	2		3000	
• 복사기용 콘센트		4		3600	
• 텔레타이프용 콘센트		2		2400	
• 룸 쿨러용 콘센트		6		7200	
기타					
• 전화 교환용 정류기		1		800	
계				77300	

[참고자료 1] 변압기 보호용 전력퓨즈의 정격전류

상수	단상				3상			
공칭전압	3.3[kV]		6.6[kV]		3.3[kV]		6.6[kV]	
변압기 용량[kVA]	변압기 정격전류[A]	정격 전류[A]	변압기 정격전류 [A]	정격 전류[A]	변압기 정격전류 [A]	정격 전류[A]	변압기 정격전류 [A]	정격 전류[A]
5	1.52	3	0.76	1.5	0.88	1.5	–	–
10	3.03	7.5	1.52	3	1.75	3	0.88	1.5
15	4.55	7.5	2.28	3	2.63	3	1.3	1.5
20	6.06	7.5	3.03	7.5	–	–	–	–
30	9.10	15	4.56	7.5	5.26	7.5	2.63	3
50	15.2	20	7.60	15	8.45	15	4.38	7.5
75	22.7	30	11.4	15	13.1	15	6.55	7.5
100	30.3	50	15.2	20	17.5	20	8.75	15
150	45.5	50	22.7	30	26.3	30	13.1	15
200	60.7	75	30.3	50	35.0	50	17.5	20
300	91.0	100	45.5	50	52.0	75	26.3	30
400	121.4	150	60.7	75	70.0	75	35.0	50
500	152.0	200	75.8	100	87.5	100	43.8	50

[참고자료 2] 배전용 변압기의 정격

항목			소형 6[kV] 유입 변압기								중형 6[kV] 유입 변압기					
정격용량[kVA]			3	5	7.5	10	15	20	30	50	75	100	150	200	300	500
정격 2차 전류 [A]	단상	105[V]	28.6	47.6	71.4	95.2	143	190	286	476	714	852	1430	1904	2857	4762
	3상	210[V]	14.3	23.8	35.7	47.6	71.4	95.2	143	238	357	476	714	952	1429	2381
		210[V]	8	13.7	20.6	27.5	41.2	55	82.5	137	206	275	412	550	825	1376

정격전압	정격 2차 전압		6300[V] 6/3[kV] 공용 : 6300[V]/3150[V]						6300[V] 6/3[kV] 공용 : 6300[V]/3150[V]						
	정격 2차 전압	단상	210[V] 및 105[V]						200[kVA] 이하의 것 : 210[V] 및 105[V] 200[kVA] 이하의 것 : 210[V]						
		3상	210[V]						210[V]						

탭전압	전용량 탭전압	단상	6900[V], 6600[V] 6/3[kV] 공용 : 6300[V]/3150[V] 6600[V]/3300[V]						6900[V], 6600[V]						
		3상	6600[V] 6/3[kV] 공용 : 6600[V]/3300[V]						6/3[kV] 공용 : 6300[V]/3150[V], 6600[V]/3300[V]						
	저감용량 탭전압	단상	6000[V], 5700[V] 6/3[kV] 공용 : 6000[V]/3000[V], 5700[V]/2850[V]						6000[V], 5700[V]						
		3상	6600[V] 6/3[kV] 공용 : 6000[V]/3300[V]						6/3[kV] 공용 : 6600[V]/3000[V], 5700[V]/2850[V]						

변압기의 결선	단상	2차 권선 : 분할 결선	3상	1차 권선 : 성형 권선
	3상	1차 권선 : 성형 권선, 2차 권선 : 성형 권선		2차 권선 : 삼각 권선

[참고자료 3] 역률개선용 콘덴서의 용량 계산표[%]

구 분	개선 후의 역률																	
	1.00	0.99	0.98	0.97	0.96	0.95	0.94	0.93	0.92	0.91	0.90	0.89	0.88	0.87	0.86	0.85	0.83	0.80
0.50	173	159	153	148	144	140	137	134	131	128	125	122	119	117	114	111	106	98
0.55	152	138	132	127	123	119	116	112	108	106	103	101	98	95	92	90	85	77
0.60	133	119	113	108	104	100	97	94	91	88	85	82	79	77	74	71	66	58
0.62	127	112	106	102	97	94	90	87	84	81	78	75	73	70	67	65	59	52
0.64	120	106	100	95	91	87	84	81	78	75	72	69	66	63	61	58	53	45
0.66	114	100	94	89	85	81	78	74	71	68	65	63	60	57	55	52	47	39
0.68	108	94	88	83	79	75	72	68	65	62	59	57	54	51	49	46	41	33
0.70	102	88	82	77	73	69	66	63	59	56	54	51	48	45	43	40	35	27
0.72	96	82	76	71	67	64	60	57	54	51	48	45	42	40	37	34	29	21
0.74	91	77	71	68	62	58	55	51	48	45	43	40	37	34	32	29	24	16
0.76	86	71	65	60	58	53	49	46	43	40	37	34	32	29	26	24	18	11
0.78	80	66	60	55	51	47	44	41	38	35	32	29	26	24	21	18	13	5
0.79	78	63	57	53	48	45	41	38	35	32	29	26	24	21	18	16	10	2.6
0.80	75	61	55	50	46	42	39	36	32	29	27	24	21	18	16	13	8	
0.81	72	58	52	47	43	40	36	33	30	27	24	21	18	16	13	10	5	
0.82	70	56	50	45	41	34	34	30	27	24	21	18	16	13	10	8	2.6	
0.83	67	53	47	42	38	34	31	28	25	22	19	16	13	11	8	5		
0.84	65	50	44	40	35	32	28	25	22	19	16	13	11	8	5	2.6		
0.85	62	48	42	37	33	29	25	23	19	16	14	11	8	5	2.7			
0.86	59	45	39	34	30	28	23	20	17	14	11	8	5	2.6				
0.87	57	42	36	32	28	24	20	17	14	11	8	6	2.7					
0.88	54	40	34	29	25	21	18	15	11	8	6	2.8						
0.89	51	37	31	26	22	18	15	12	9	6	2.8							
0.90	48	34	28	23	19	16	12	9	6	2.8								
0.91	46	31	25	21	16	13	9	8	3									
0.92	43	28	22	18	13	10	8	3.1										
0.93	40	25	19	14	10	7	3.2											
0.94	36	22	16	11	7	3.4												
0.95	33	19	13	8	3.7													
0.96	29	15	9	4.1														
0.97	25	11	4.8															
0.98	20	8																
0.99	14																	

(구분 행 제목: 개선 전의 역률)

(1) 동계 난방 때 온수 순환 펌프는 상시 운전하고, 보일러용과 오일 기어 펌프의 수용률이 60[%]일 때 난방 동력 수용 부하는 몇 [kW]인가?

· 계산 : _____ · 답 : _____

(2) 동력 부하의 역률이 전부 80[%]라고 한다면 피상 전력은 각각 몇 [kVA]인가? (단, 상용 동력, 하계 동력, 동계 동력별로 각각 계산하시오.)

구분	계산과정	답
상용 동력		
하계 동력		
동계 동력		

(3) 총 전기 설비 용량은 몇 [kVA]를 기준으로 하여야 하는가?

· 계산 : _____ · 답 : _____

(4) 전등의 수용률은 70[%], 콘센트 설비의 수용률은 50[%]라고 한다면 몇 [kVA]의 단상 변압기에 연결하여야 하는가? (단, 전화 교환용 정류기는 100[%] 수용률로서 계산한 결과에 포함시키며 변압기 예비율은 무시한다.)

· 계산 : _____ · 답 : _____

(5) 동력 설비 부하의 수용률이 모두 60[%]라면 동력 부하용 3상 변압기의 용량은 몇 [kVA]인가? (단, 동력 부하의 역률은 80[%]로 하며 변압기의 예비율은 무시한다.)

· 계산 : _____ · 답 : _____

(6) 상기 건물에 시설된 변압기 총 용량은 몇 [kVA]인가?

· 계산 : _____ · 답 : _____

(7) 단상 변압기와 3상 변압기의 1차측의 전력 퓨즈의 정격 전류는 각각 몇 [A]의 것을 선택하여야 하는가?

· 계산 : _____ · 답 : _____

(8) 선정된 동력용 변압기 용량에서 역률을 95[%]로 개선하려면 콘덴서 용량은 몇 [kVA]인가?

· 계산 : _____ · 답 : _____

정답 (1) · 계산 : 난방 동력 수용부하 $= 3 + 6.0 \times 0.6 + 0.4 \times 0.6 = 6.84 [kW]$

· 답 : $6.84 [kW]$

(2) ① 계산 : 상용 동력의 피상 전력 $= \dfrac{25.8}{0.8} = 32.25 [kVA]$

· 답 : $32.25 [kVA]$

② 계산 : 하계 동력의 피상 전력 $= \dfrac{52.0}{0.8} = 65\,[\mathrm{kVA}]$

　· 답 : $65\,[\mathrm{kVA}]$

③ 계산 : 동계 동력의 피상 전력 $= \dfrac{9.4}{0.8} = 11.75\,[\mathrm{kVA}]$

　· 답 : $11.75\,[\mathrm{kVA}]$

(3) · 계산 : 총 전기 설비 용량 $= 32.25 + 65 + 77.3 = 174.55\,[\mathrm{kVA}]$

　· 답 : $174.55\,[\mathrm{kVA}]$

(4) · 계산 : 전등 관계 : $(1040 + 1120 + 45100 + 600) \times 0.7 \times 10^{-3} = 33.5\ [\mathrm{kVA}]$

　　　　콘센트 관계 : $(12000 + 440 + 3000 + 3600 + 2400 + 7200) \times 0.5 \times 10^{-3} = 14.32\,[\mathrm{kVA}]$

　　　　기타 : $800 \times 1 \times 10^{-3} = 0.8\,[\mathrm{kVA}]$

　　　　$\therefore\ 33.5 + 14.32 + 0.8 = 48.62\,[\mathrm{kVA}] \Rightarrow$ 단상 변압기 용량은 $50\,[\mathrm{kVA}]$

　· 답 : $50\,[\mathrm{kVA}]$

(5) · 계산 : 동계 동력과 하계 동력 중 큰 부하를 기준하고 상용 동력과 합산하여 계산하면

　　　　$\dfrac{(25.8 + 52.0)}{0.8} \times 0.6 = 58.35\,[\mathrm{kVA}] \Rightarrow$ 3상 변압기 용량은 $75\,[\mathrm{kVA}]$

　· 답 : $75\,[\mathrm{kVA}]$

(6) · 계산 : 단상 변압기 용량 + 3상 변압기 용량 $= 50 + 75 = 125\,[\mathrm{kVA}]$

　· 답 : $125\,[\mathrm{kVA}]$

(7) 단상 변압기 : $50\,[\mathrm{kVA}]$과 단상 $6.6\,[\mathrm{kV}]$에 해당하는 변압기용 전력용 퓨즈의 정격 전류는 $15\,[\mathrm{A}]$ ([참고자료 1] 활용)

　　3상 변압기 : $75\,[\mathrm{kVA}]$과 3상 $6.6\,[\mathrm{kV}]$에 해당하는 변압기용 전력용 퓨즈의 정격 전류는 $7.5\,[\mathrm{A}]$ ([참고자료 1] 활용)

(8) · 계산 : 콘덴서 소요용량$[\mathrm{kVA}] = [\mathrm{kW}]$ 부하 $\times k_\theta = 75 \times 0.8 \times 0.42 = 25.2\,[\mathrm{kVA}]$

　　　　($k_\theta = $ [참고자료 3]에서 역률 80%를 95%로 개선하기 위한 콘덴서 용량)

　· 답 : $25.2\,[\mathrm{kVA}]$

배점5

09 소선의 지름이 $3.2\,[\mathrm{mm}]$, 37가닥으로 된 연선의 외경은 몇 $[\mathrm{mm}]$인가?

· 계산 : _____　　· 답 : _____

정답　· 계산 : $(2n+1)d = (2 \times 3 + 1) \times 3.2 = 22.4$

　· 답 : $22.4\,[\mathrm{mm}]$

10 ACSR 가공선로에 댐퍼를 설치하는 이유는?

○ _____

_____

정답 • 답 : 전선의 진동을 방지한다.

11 어느 선로에서 $500[kVA]$ 변압기 3개를 사용하고 예비용으로 $500[kVA]$ 변압기 1대를 가지고 있다. 부하가 급격하게 증가하여 예비용 변압기까지 운용할 때 사용 가능한 최대 용량은 몇 $[kVA]$인가? 예비용 변압기 운용에 따라 결선 방법은 달라질 수 있다.

• 계산 : _____ • 답 : _____

정답 • 계산 : $P_v = \sqrt{3} \times 500 \times 2 = 1732.05$

  • 답 : $1732.05[kVA]$

12 계기용 변류기(CT)의 열적 과전류강도 관계식과 기계적 과전류강도 관계식을 쓰시오.

S : 통전시간(t)초에 대한 열적과 전류강도, S_n : 정격과 전류강도, t : 통전시간[sec]

정답 • 답 : 열적 과전류강도 관계식 : $S = \dfrac{S_n}{\sqrt{t}}$

  기계적 과전류강도 관계식 : 열적과전류강도의 2.5배(2.5S)

배점14

13 다음 도면을 보고 물음에 답하시오.

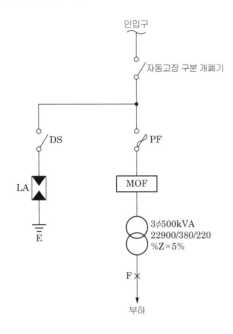

인입구

자동고장 구분 개폐기

DS

PF

LA

MOF

E

3φ500kVA
22900/380/220
%Z=5%

F

부하

(1) ASS의 최대과전류 LOCK 전류 값과 그 기능을 쓰시오

• ASS 최대 과전류 LOCK 전류 값 :

• ASS 과전류 LOCK 기능 :

(2) 피뢰기 정격전압과 제1보호대상을 쓰시오

• 피뢰기 정격전압 :

• 제1 보호대상 :

(3) 도면의 한류형 퓨즈의 단점 2가지를 쓰시오

○

○

(4) 다음 MOF 과전류강도 기준에 대한 설명에서 빈 칸을 채우시오

> MOF의 과전류강도는 기기 설치점에서 단락전류에 의하여 계산 적용하되, 22.9[kV]급으로서 60[A] 이하의 MOF 최소 과전류강도는 전기사업자규격에 의한 (①)배로 하고, 계산한 값이 75배 이상 인 경우에는 (②)배를 적용하며, 60[A] 초과시 MOF의 과전류강도는 (③)배로 적용한다.

(5) 단락지점에서의 3상 단락전류와 2상(선간)단락전류를 구하시오. 단, 변압기 임피던스만 고려한다.

○ 3상 단락전류

　• 계산 : ＿＿＿＿＿＿＿＿＿＿＿＿　　• 답 : ＿＿＿＿＿＿＿＿＿＿

○ 선간 단락전류

　• 계산 : ＿＿＿＿＿＿＿＿＿＿＿＿　　• 답 : ＿＿＿＿＿＿＿＿＿＿

정답 (1)　• 답 : 880[A]

정격LOCK전류 이상 발생시 개폐기는 LOCK되며, 후비보호장치 차단 후 개폐기 ASS가 개방되어 고장구간을 자동분리하는 기능

(2)　• 답 : 18[kV]

변압기

(3)　• 답 : 재투입이 불가능하다.

과도전류에 대한 용단이 쉽고 결상의 염려가 있다.

(4)　• 답 : ① 75, ② 150 ③ 40

(5)　• 계산 : 3상단락전류 $I_s = \dfrac{100}{\%Z}I_n = \dfrac{100}{5} \times \dfrac{500 \times 10^3}{\sqrt{3} \times 380} = 15193.428$

　　• 답 : 15193.43[A]

　• 계산 : 선간단락전류 $I_s = \dfrac{100}{\%Z}I_n = \dfrac{100}{5} \times \dfrac{500 \times 10^3}{\sqrt{3} \times 380} \times 0.866 = 13157.508$

　　• 답 : 13157.51[A]

배점5

14 다음 그림을 3개소에서 점멸이 가능하도록 3로 스위치 2개, 4로 스위치 1개를 이용한 결선도를 완성하시오.

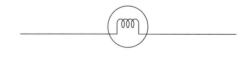

정답

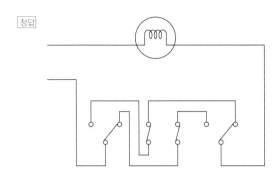

배점5

15 건물의 보수공사를 하는데 $32[W]×2$매입 하면 개방형 형광등 30등을 $32[W]×3$ 매입 루버형으로 교체하고, $20[W]×2$ 팬던트형 형광등 20등을 $20[W]×2$ 직부 개방형으로 교체하였다. 철거되는 $20[W]×2$ 팬던트형 등기구는 재사용 할 것이다. 천장 구멍 뚫기 및 취부테 설치와 등기구 보강 작업은 계산하지 않으며, 공구손료 등을 제외한 직접 노무비만 계산하시오. (단, 인공계산은 소수점 셋째자리까지 구하고, 내선전공의 노임은 95000원으로 한다.)

형광등 기구 설치
(단위 : 등, 적용직종 내선전공)

종별	직부형	팬던트형	반매입 및 매입형
$10[W]$이하×1	0.123	0.150	0.182
$20[W]$이하×1	0.141	0.168	0.214
$20[W]$이하×2	0.177	0.215	0.273
$20[W]$이하×3	0.223	–	0.335
$20[W]$이하×4	0.323	–	0.489
$30[W]$이하×1	0.150	0.177	0.227
$30[W]$이하×2	0.189	–	0.310
$40[W]$이하×1	0.223	0.268	0.340
$40[W]$이하×2	0.277	0.332	0.415
$40[W]$이하×3	0.359	0.432	0.545
$40[W]$이하×4	0.468	–	0.710
$110[W]$이하×1	0.414	0.495	0.627
$110[W]$이하×2	0.505	0.601	0.764

【조 건】

① 하면 개방형 기준임. 루버 또는 아크릴 커버 형일 경우 해당 등기구 설치 품의 110[%]

② 등기구 조립·설치, 결선. 지지금구류 설치, 장내 소운반 및 잔재 정리포함

③ 매입 또는 반매입 등기구의 천정 구멍 뚫기 및 취부테 설치 별도 가산

④ 매입 및 반매입 등기구에 등기구보강대를 별도로 설치 할 경우 이 품의 20[%] 별도 계상

⑤ 광천장 방식은 직부형 품 적용

⑥ 방폭형 200[%]

⑦ 높이 1.5[m] 이하의 pole형 등기구는 직부형 품의 150[%] 적용(기초대 설치 별도)

⑧ 형광등 안정기 교환은 해당 등기구 시설품의 110[%]. 다만, 팬던트형은 90[%]

⑨ 아크릴간판의 형광등 안정기 교환은 매입형 등기구 설치품의 120[%]

⑩ 공동주택 및 교실 등과 같이 동일 반복 공정으로 비교적 쉬운 공사의 경우는 90[%]

⑪ 형광램프만 교체시 해당 등기구 1등용 설치품의 10[%]

⑫ T-5(28[W]) 및 FLP(36[W], 55[W])는 FL 40[W] 기준품 적용

⑬ 팬던트형은 파이프 팬던트형 기준, 체인 팬던트는 90[%]

⑭ 등의 등가시 매 증가 1등에 대하여 직부형은 0.005[인], 매입 및 반매입형은 0.015[인] 가산

⑮ 철거 30[%], 재사용 철거 50[%]

• 계산 : _____ • 답 : _____

정답 • 계산 : ① 설치인공

   • 32[W]×3 매입 루버형 : $0.545 \times 30 \times 1.1 = 17.985$[인]

   • 20[W]×2 직부 개방형 : $0.177 \times 20 = 3.54$[인]

   ② 철거인공

   • 32[W]×2 매입하면 개방형 : $0.415 \times 30 \times 0.3 = 3.735$[인]

   • 20[W]×2 팬던트형 : $0.215 \times 20 \times 0.5 = 2.15$[인]

   ③ 총 소요인공= 설치인공+ 철거인공= $17.985 + 3.54 + 3.735 + 2.15 = 27.41$[인]

   ④ 직접노무비= $27.41 \times 95000 = 2603950$[원]

• 답 : 2603950[원]

국가기술자격검정 실기시험문제 및 정답

2020년도 전기기사 제2회 필답형 실기시험

종 목	시험시간	형 별	성 명	수험번호
전기기사	2시간 30분	A		

※ 수험자 인적사항 및 답안작성(계산식 포함)은 흑색의 필기구만 사용하여야 하며 흑색을 제외한 유색 필기구 또는 연필류를 사용하거나 2가지 이상의 색을 혼합 사용하였을 경우 그 문항은 0점 처리됩니다.

배점6

01 고압선로에서의 접지사고 검출 및 경보장치를 그림과 같이 시설하였다. A선에 누전사고가 발생하였을 때 다음 각 물음에 답하시오. (단, 전원이 인가되고 경보벨의 스위치는 닫혀있는 상태라고 한다.)

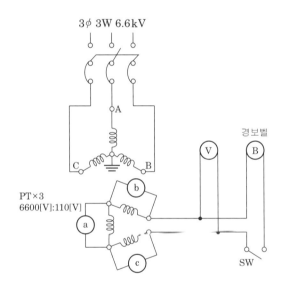

(1) 1차측 A선의 대지 전압이 0[V]인 경우 B선 및 C선의 대지 전압은 각각 몇 [V]인가?

① B선의 대지전압

• 계산 : _____   • 답 : _____

② C선의 대지전압

• 계산 : _____   • 답 : _____

(2) 2차측 전구 ⓐ의 전압이 0[V]인 경우 ⓑ 및 ⓒ 전구의 전압과 전압계 Ⓥ의 지시 전압, 경보벨 Ⓑ에 걸리는 전압은 각각 몇 [V]인가?

① ⓑ 전구의 전압

 ·계산 : _____   ·답 : _____

② ⓒ 전구의 전압

 ·계산 : _____   ·답 : _____

③ 전압계 Ⓥ의 지시 전압

 ·계산 : _____   ·답 : _____

④ 경보벨 Ⓑ에 걸리는 전압

 ·계산 : _____   ·답 : _____

정답 (1) ① B선의 대지전압

·계산 : $\dfrac{6600}{\sqrt{3}} \times \sqrt{3} = 6600[V]$

·답 : 6600[V]

② C선의 대지전압

·계산 : $\dfrac{6600}{\sqrt{3}} \times \sqrt{3} = 6600[V]$

·답 : 6600[V]

(2) ① ⓑ 전구의 전압

·계산 : $\dfrac{110}{\sqrt{3}} \times \sqrt{3} = 110[V]$

·답 : 110[V]

② ⓒ 전구의 전압

·계산 : $\dfrac{110}{\sqrt{3}} \times \sqrt{3} = 110[V]$

·답 : 110[V]

③ 전압계 Ⓥ의 지시 전압

·계산 : $\dfrac{110}{\sqrt{3}} \times 3 = 190.525[V]$

·답 : 190.53[V]

④ 경보벨 Ⓑ에 걸리는 전압

·계산 : $\dfrac{110}{\sqrt{3}} \times 3 = 190.525[V]$

·답 : 190.53[V]

2020

배점6

02 특고압 차단기와 저압 차단기의 약호와 명칭을 각각 3가지씩 쓰시오

(1) 특고압 차단기

   ◦ _____

   ◦ _____

   ◦ _____

(2) 저압 차단기

   ◦ _____

   ◦ _____

   ◦ _____

정답 (1) 특고압

약호	명칭
GCB	가스차단기
VCB	진공차단기
OCB	유입차단기

(2) 저압

약호	명칭
ACB	기중차단기
MCCB	배선용차단기
ELCB	누전차단기

배점4

03 다음은 전력퓨즈 정격 전압에 대한 표이다. 빈 칸을 채우시오.

| 계통 전압[kV] | 퓨즈 정격 | |
	퓨즈 정격전압[kV]	최대 설계전압[kV]
6.6		8.25
13.2	15	
22 또는 22.9		25.8
66	69	
154		169

정답

계통 전압[kV]	퓨즈 정격	
	퓨즈 정격전압[kV]	최대 설계전압[kV]
6.6	6.9 또는 7.5	8.25
13.2	15	15.5
22 또는 22.9	23.0	25.8
66	69	72.5
154	161	169

배점6

04 수전 전압 6600[V], 가공 전선로의 %임피던스가 60.5[%]일 때 수전점의 3상 단락 전류가 7000[A]인 경우 기준 용량과 수전용 차단기의 차단 용량은 얼마인가?

차단기의 정격용량[MVA]

10	20	30	50	75	100	150	250	300	400	500

(1) 기준 용량

• 계산 : _____ • 답 : _____

(2) 차단 용량

• 계산 : _____ • 답 : _____

정답 **(1) 기준 용량**

• 계산 : 정격전류 $I_n = \dfrac{\%Z}{100} \times I_s = \dfrac{60.5}{100} \times 7000 = 4235$

정격용량 $= \sqrt{3} \times 6600 \times 4235 \times 10^{-6} = 48.412$

• 답 : 48.41[MVA]

(2) 차단용량

• 계산 : 차단용량 $P_s = \dfrac{100}{\%Z} \times P_n = \dfrac{100}{60.5} \times 48.41 = 80.016$

• 답 : 100[MVA]

05 아래의 표에서 금속관 부품의 특징에 해당하는 부품명을 쓰시오.

부품명	특징
	관과 박스를 접속할 경우 파이프 나사를 죄어 고정시키는데 사용되며 6각형과 기어형이 있다.
	전선 관단에 끼우고 전선을 넣거나 빼는 데 있어서 전선의 피복을 보호하여 전선이 손상되지 않게 하는 것으로 금속제와 합성수지제의 2종류가 있다.
	금속관 상호 접속 또는 관과 노멀 밴드와의 접속에 사용되며 내면에 나사가 있으며 관의 양측을 돌리어 사용할 수 없는 경우 유니온 커플링을 사용한다.
	노출 배관에서 금속관을 조영재에 고정시키는 데 사용되며 합성수지 전선관, 가요 전선관, 케이블 공사에도 사용된다.
	배관의 직각 굴곡에 사용하며 양단에 나사가 나있어 관과의 접속에는 커플링을 사용한다.
	금속관을 아웃렛 박스의 노크아웃에 취부할 때 노크아웃의 구멍이 관의 구멍보다 클 때 사용된다.
	매입형의 스위치나 콘센트를 고정하는 데 사용되며 1개용, 2개용, 3개용 등이 있다.
	전선관 공사에 있어 전등 기구나 점멸기 또는 콘센트의 고정, 접속합으로 사용되며 4각 및 8각이 있다.

정답

부품명	특징
로크너트(lock nut)	관과 박스를 접속할 경우 파이프 나사를 죄어 고정시키는데 사용되며 6각형과 기어형이 있다.
부싱(bushing)	전선 관단에 끼우고 전선을 넣거나 빼는 데 있어서 전선의 피복을 보호하여 전선이 손상되지 않게 하는 것으로 금속제와 합성수지제의 2종류가 있다.
커플링(coupling)	금속관 상호 접속 또는 관과 노멀 밴드와의 접속에 사용되며 내면에 나사가 있으며 관의 양측을 돌리어 사용할 수 없는 경우 유니온 커플링을 사용한다.
새들(saddle)	노출 배관에서 금속관을 조영재에 고정시키는 데 사용되며 합성수지 전선관, 가요 전선관, 케이블 공사에도 사용된다.
노멀밴드 (normal bend)	배관의 직각 굴곡에 사용하며 양단에 나사가 나있어 관과의 접속에는 커플링을 사용한다.
링 리듀우서 (ring reducer)	금속관을 아웃렛 박스의 노크아웃에 취부할 때 노크아웃의 구멍이 관의 구멍보다 클 때 사용된다.
스위치 박스 (switch box)	매입형의 스위치나 콘센트를 고정하는 데 사용되며 1개용, 2개용, 3개용 등이 있다.
아웃렛 박스 (outlet box)	전선관 공사에 있어 전등 기구나 점멸기 또는 콘센트의 고정, 접속합으로 사용되며 4각 및 8각이 있다.

배점5

06 그림과 같은 송전계통 S점에서 3상 단락사고가 발생하였다. 주어진 도면과 조건을 참고하여 다음 각 물음에 답하시오.

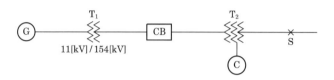

[조건]

번호	기기명	용량	전압	%X
1	G : 발전기	50,000[kVA]	11[kV]	30
2	T₁ : 변압기	50,000[kVA]	11/154[kV]	12
3	송전선		154[kV]	10(10,000[kVA])
4	T₂ : 변압기	1차 25,000[kVA]	154[kV]	12(25,000[kVA], 1차~2차)
		2차 30,000[kVA]	77[kV]	15(25,000[[kVA], 2차~3차)
		3차 10,000[kVA]	11[kV]	10.8(10,000[kVA], 3차~1차)
5	C : 조상기	10,000[kVA]	11[kV]	20(10,000[kVA])

변압기(T_2)의 각각의 %리액턴스를 100[MVA] 출력으로 환산하고, 1차(P), 2차(T), 3차(S)의 %리액턴스를 구하시오.

○

정답
- 1차~2차간 : $X_{P-T} = \dfrac{100}{25} \times 12 = 48[\%]$

- 2차~3차간 : $X_{T-S} = \dfrac{100}{25} \times 15 = 60[\%]$

- 3차~1차간 : $X_{S-P} = \dfrac{100}{10} \times 10.8 = 108[\%]$

- 1차 : $X_P = \dfrac{48+108-60}{2} = 48[\%]$

- 2차 : $X_T = \dfrac{48+60-108}{2} = 0[\%]$

- 3차 : $X_S = \dfrac{60+108-48}{2} = 60[\%]$

배점5

07 부하가 최대 전류일 때의 전력손실이 $100[\text{kW}]$이고, 부하율을 $60[\%]$라고 할 때 손실계수를 이용하여 평균 손실전력을 구하시오. (손실 계수를 구하는 α는 0.2 로 한다)

• 계산 : _____ • 답 : _____

정답 •계산 : 손실계수 $H = \alpha F + (1-\alpha)F^2 = 0.2 \times 0.6 + (1-0.2) \times 0.6^2 = 0.408$
  평균손실전력 = 손실계수 × 최대손실전력 = $0.408 \times 100 = 40.8$

•답 : $40.8[\text{kW}]$

배점12

08 다음 주어진 수전 단선도를 이용해서 물음에 답하시오. (소수점 다섯번째 자리에서 반올림하여 작성하시오.)

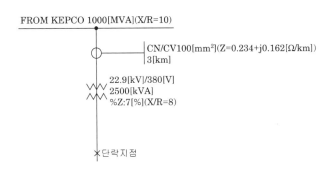

FROM KEPCO 1000[MVA](X/R=10)

CN/CV100[mm²](Z=0.234+j0.162[Ω/km])
3[km]

22.9[kV]/380[V]
2500[kVA]
%Z:7[%](X/R=8)

단락지점

(1) 전원의 임피던스 %Z, %R, %X를 구하시오.

• 계산 : _____ • 답 : _____

(2) 케이블의 임피던스 %Z를 구하시오.

• 계산 : _____ • 답 : _____

(3) 변압기의 %Z, %R, %X를 구하시오.

• 계산 : _____ • 답 : _____

(4) 선로의 합성 임피던스를 구하시오.

• 계산 : _____ • 답 : _____

(5) 단락전류의 크기를 구하시오.

• 계산 : _____ • 답 : _____

정답 (1) • 계산 : 전원 $P_s = \dfrac{100}{\%Z} P_n$

$$\%Z = \frac{100}{P_s} \times P_n = \frac{100}{1000} \times 100 = 10\,[\%]$$

• 답 : $\%Z = 10\,[\%]$, $\%R = 0.9950\,[\%]$, $\%X = 9.9504\,[\%]$

(2) • 계산 : $\%R = \dfrac{P_a R}{10 V^2} = \dfrac{100 \times 10^3 \times 0.234 \times 3}{10 \times 22.9^2} = 13.3865\,[\%]$

$$\%X = \frac{P_n X}{10 V^2} = \frac{100 \times 10^3 \times 0.162 \times 3}{10 \times 22.9^2} = 9.2676\,[\%]$$

$$\%Z = \sqrt{13.3865^2 + 9.2676^2} = 16.2815\,[\%]$$

• 답 : $\%Z = 16.2815\,[\%]$

(3) • 계산 : $P_n = 100\,[\text{MVA}]$ 기준

$$\%Z = 7\,[\%] \times \frac{100}{2.5} = 280\,[\%] \quad X/R = 8$$

• 답 : $\%Z = 280\,[\%]$, $\%R = 34.7297\,[\%]$, $\%X = 277.8378\,[\%]$

(4) • 계산 : $\%R_0 = 0.995 + 13.3865 + 34.7297 = 49.1112\,[\%]$

$$\%X_0 = 9.9504 + 9.2676 + 277.8378 = 297.0558\,[\%]$$

$$\therefore \%Z_0 = \sqrt{49.1112^2 + 297.0558^2} = 301.0881\,[\%]$$

• 답 : $\%Z_0 = 301.0881\,[\%]$

(5) • 계산 : $I_s = \dfrac{100}{\%Z_0} \times \dfrac{P_n}{\sqrt{3}\,V} = \dfrac{100}{301.0881} \times \dfrac{100 \times 10^3}{\sqrt{3} \times 380} = 50.4617\,[\text{kA}]$

• 답 : $I_s = 50.4617\,[\text{kA}]$

배점4

09 축전지 용량 200[Ah], 상시부하 10[kW], 표준전압 100[V]인 부동충전방식에서의 2차 전류는 몇 [A]인가? (단, 연축전지 10[h], 알칼리 전지 5[h]이다.)

(1) 연축전지

• 계산 : _____ • 답 : _____

(2) 알칼리전지

• 계산 : _____ • 답 : _____

정답 (1) 연축전지

- 계산 : 2차 전류 $= \dfrac{\text{축전지 정격용량}}{\text{방전률}} + \dfrac{\text{상시부하용량}}{\text{표준전압}} = \dfrac{200}{10} + \dfrac{10 \times 10^3}{100} = 120[\text{A}]$

- 답 : 120[A]

(2) 알칼리전지

- 계산 : $\dfrac{200}{5} + \dfrac{10 \times 10^3}{100} = 140[\text{A}]$

- 답 : 140[A]

배점5

10 도로의 너비가 30[m]인 곳의 양쪽으로 30[m] 간격으로 지그재그 식으로 등주를 배치하여 도로 위의 평균 조도를 6[lx]가 되도록 하고자 한다. 도로면 광속 이용률은 32[%], 유지율 80[%]로 한다고 할 때 각 등주에 사용되는 수은등의 규격은 몇 [W]의 것을 사용하여야 하는지 전 광속을 계산하고, 주어진 수은등 규격 표에서 찾아 쓰시오.

크기[W]	전광속 [lm]
100	6000~7999
200	8000~9999
300	10000~10999
400	11000~11999
500	12000~13000

- 계산 : _____   - 답 : _____

정답 · 계산 : $F = \dfrac{DES}{UN} = \dfrac{ES}{UNM} = \dfrac{6 \times \left(\frac{1}{2} \times 30 \times 30 \right)}{0.32 \times 1 \times 0.8} = 10546.875$

표에서 300[W] 선정

- 답 : 300[W]

배점10

11 어느 변전소에서 그림과 같은 일부하 곡선을 가진 3개의 부하 A, B, C의 수용가에 있을 때 다음 각 물음에 답하시오. (단, 부하 A, B, C의 평균 전력은 각각 4500[kW], 2400[kW], 및 900[kW]라 하고 역률은 각각 100[%], 80[%], 60[%]라 한다.)

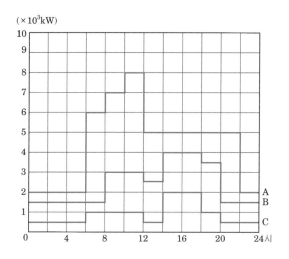

(1) 합성최대전력[kW]을 구하시오.

• 계산 : _____   • 답 : _____

(2) 종합 부하율[%]을 구하시오.

• 계산 : _____   • 답 : _____

(3) 부등률을 구하시오.

• 계산 : _____   • 답 : _____

(4) 최대 부하시의 종합역률[%]을 구하시오.

• 계산 : _____   • 답 : _____

(5) A수용가에 관한 다음 물음에 답하시오.

① 첨두부하는 몇 [kW]인가?

• 답 : _____

② 지속첨두부하가 되는 시간은 몇 시부터 몇 시까지인가?

• 답 : _____

③ 하루 공급된 전력량은 몇 [MWh]인가?

• 계산 : _____   • 답 : _____

정답 (1) • 계산

$$합성최대전력 = (8+3+1) \times 10^3 = 12000[kW] \ (10시~12시 사이)$$

• 답 : $12000[kW]$

(2) • 계산

$$종합부하율 = \frac{각\ 부하\ 평균전력의\ 합}{합성최대전력} = \frac{4500+2400+900}{12000} \times 100 = 65[\%]$$

• 답 : $65[\%]$

(3) • 계산

$$부등률 = \frac{각\ 부하\ 최대전력의\ 합}{합성최대전력} = \frac{8+4+2}{12} = 1.17$$

• 답 : 1.17

(4) • 계산

$$A수용가\ 유효전력 = 8000[kW]$$
$$무효전력 = 0$$
$$B수용가\ 유효전력 = 3000[kW]$$
$$무효전력 = 3000 \times \frac{0.6}{0.8} = 2250[kVar]$$
$$C수용가\ 유효전력 = 1000[kW]$$
$$무효전력 = 1000 \times \frac{0.8}{0.6} = 1333.33[kVar]$$

$$종합유효전력 = 8000+3000+1000 = 12000[kW]$$
$$종합무효전력 = 0+2250+1333.33 = 3583.33[kVar]$$

$$\therefore\ 종합역률 = \frac{12000}{\sqrt{12000^2 + 3583.33^2}} = 95.82[\%]$$

• 답 : $95.82[\%]$

(5) ① 첨두부하 : $8000[kW]$

② 첨두부하가 지속되는 시간 : 10시 ~ 12시

③ 하루 공급된 전력량 : $4500 \times 24 \times 10^{-3} = 108[MWh]$

배점5

12 다음 도면은 잘못된 표현이 되어있는 도면이다. 조건에 맞는 도면을 완성하시오.

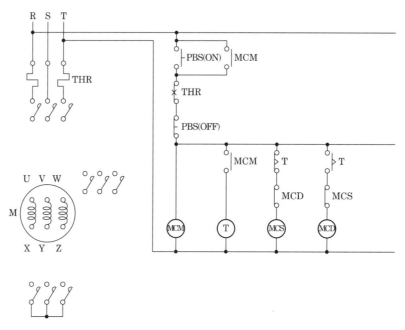

【 조 건 】

- MCS와 MCD는 동시 투입이 불가능하다.
- PB-on을 누르면 MCM, MCS, T가 여자된다.
- 설정시간 후 MCD가 여자되고 MCS와 T는 소자된다.
- PB-off를 누르면 모두 소자된다.
- 열동계전기가 동작하게 되면, 모두 소자된다.

정답
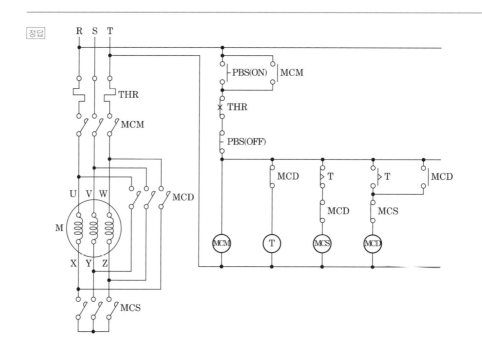

배점5

13 다음 단상 유도 전동기들의 역회전 방법에 대한 설명 중 옳은 것을 찾아 고르시오.

【조 건】

ㄱ. 역회전이 불가능하다.
ㄴ. 브러쉬의 위치를 이동시켜 역회전시킨다.
ㄷ. 기동권선의 접속을 반대로 하여 역회전시킨다.

(1) 분상기동형　　（　　　　　）

(2) 반발기동형　　（　　　　　）

(3) 셰이딩 코일형　（　　　　　）

정답　(1) 분상기동형　　　　（　　ㄷ　）
　　　(2) 반발기동형　　　　（　　ㄴ　）
　　　(3) 셰이딩 코일형　　　（　　ㄱ　）

배점5

14 다음 내용은 시공 감리자의 공사 착공 신고서 검토 사항 중 착공 신고서에 포함되어야 하는 서류를 나열한 것이다. (　　　　　　　　)안에 들어갈 서류 3가지를 넣으시오.

－ 시공 관리 책임자 지정 통지서

－ （　　　　　　　　）

－ （　　　　　　　　）

－ （　　　　　　　　）

－ 작업인원 및 장비투입 계획서

정답　착공 신고서 포함 서류

• 시공 관리 책임자 지정 통지서(현장관리조직, 안전관리자)
• 공사 시작 전 사진
• 현장 기술자 경력사항 확인서 및 자격증 사본
• 공사 예정 공정표
• 공사 도급 계약서 사본 및 산출 내역서
• 안전관리 계획서
• 작업인원 및 장비투입 계획서
• 품질 관리 계획서
• 그밖에 발주자가 지정한 사항

국가기술자격검정 실기시험문제 및 정답

2020년도 전기기사 **제3회** 필답형 실기시험

종 목	시험시간	형 별	성 명	수험번호
전기기사	2시간 30분	A		

※ 수험자 인적사항 및 답안작성(계산식 포함)은 흑색의 필기구만 사용하여야 하며 흑색을 제외한 유색 필기구 또는 연필류를 사용하거나 2가지 이상의 색을 혼합 사용하였을 경우 그 문항은 0점 처리됩니다.

배점5

01 154[kV]의 병행 2회선 송전선이 있는데 현재 1회선만이 송전 중에 있다고 할 때, 휴전 회선의 전선에 대한 정전 유도 전압을 구하시오. 단, 송전 중인 회선의 전선과 휴전 회선간의 상호 정전 용량은 $C_a = 0.001[\mu F/km]$, $C_b = 0.0006[\mu F/km]$, $C_c = 0.0004[\mu F/km]$이며, 회전 회선의 대지 정전 용량은 $C_s = 0.0052[\mu F/km]$이다.

• 계산 : _____   • 답 : _____

정답 • 계산 : $E_s = \dfrac{\sqrt{C_a(C_a - C_b) + C_b(C_b - C_c) + C_c(C_c - C_a)}}{C_a + C_b + C_c + C_s} \times E$

$= \dfrac{\sqrt{0.001(0.001 - 0.0006) + 0.0006(0.0006 - 0.0004) + 0.0004(0.0004 - 0.001)}}{0.001 + 0.0006 + 0.0004 + 0.0052} \times \dfrac{154 \times 10^3}{\sqrt{3}}$

$= 6534.413[V]$

• 답 : $6534.41[V]$

배점6

02 그림과 같은 2:1 로핑의 기어레스 엘리베이터에서 적재하중은 1000[kg], 속도는 140[m/min]이다. 구동 로프 바퀴의 직경은 760[mm]이며, 기체의 무게는 1500[kg]인 경우 다음 각 물음에 답하시오. (단, 평형률은 0.6, 엘리베이터의 효율은 기어레스에서 1:1 로핑인 경우는 85[%], 2:1 로핑인 경우에는 80[%]이다.)

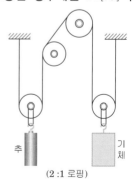

(2:1 로핑)

(1) 권상소요 동력은 몇 $[\mathrm{kW}]$인지 계산하시오.

• 계산 : _____   • 답 : _____

(2) 전동기의 회전수는 몇 $[\mathrm{rpm}]$인지 계산하시오.

• 계산 : _____   • 답 : _____

정답 (1) • 계산 : 권상기의 소요동력 $P = \dfrac{KGV}{6.12\eta}[\mathrm{kW}]$

여기서, G : 적재하중[ton], V : 엘리베이터 속도[m/min],

η : 권상기 효율, K : 평형률

$\therefore P = \dfrac{0.6 \times 1 \times 140}{6.12 \times 0.8} = 17.156[\mathrm{kW}]$

• 답 : 17.16[kW]

(2) • 계산 : $V = \pi DN [\mathrm{m/min}]$

여기서, V : 로프의 속도[m/min], D : 구동로프바퀴의 직경[m],

N : 전동기의 회전수[rpm]

전동기의 회전수 $N = \dfrac{V}{\pi D}$

$\therefore N = \dfrac{140 \times 2}{\pi \times 0.76} = 117.272[\mathrm{rpm}]$

• 답 : 117.27[rpm]

배점4

03 책임 설계감리원이 설계감리의 기성 및 준공을 처리할 때에 발주자에게 제출하는 준공서류 중 감리기록서류 5가지를 쓰시오. 단, 설계감리업무 수행지침을 따른다.

○ _____

○ _____

○ _____

○ _____

○ _____

정답 • 설계감리일지

• 설계감리 지시부

• 설계감리 기록부

• 설계감리 요청서

• 설계자와 협의사항 기록부

배점4

04 폭 15[m]인 도로의 양쪽에 간격 20[m]를 두고 대칭 배열로 가로등이 점등되어 있다. 한 등의 전광속은 3000[lm], 조명률은 45[%]일 때, 도로의 조도를 계산하시오.

• 계산 : _____ • 답 : _____

[정답] • 계산 : $FUN = DES$ 에서 도로 양쪽이므로 $S = \dfrac{ab}{2}$

$$E = \frac{FUN}{D \times \dfrac{ab}{2}} = \frac{3000 \times 0.45 \times 1}{1 \times \dfrac{20 \times 15}{2}} = 9[\text{lx}]$$

• 답 : $9[\text{lx}]$

배점5

05 그림과 같은 논리회로의 명칭을 쓰고 진리표를 완성하시오.

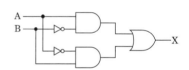

(1) 명칭 :

(2) 논리식 :

(3) 진리표

A	B	X

[정답] (1) 명칭 : 배타적 논리합 회로(Exclusive OR)

(2) 논리식 : $X = A\overline{B} + \overline{A}B$

(3) 진리표

A	B	X
0	0	0
0	1	1
1	0	1
1	1	0

배점6

06 다음 요구사항을 만족하는 주회로 및 제어회로의 미완성 결선도를 직접 그려 완성하시오.
(단, 접점기호와 명칭 등을 정확히 나타내시오.)

【요구사항】

• 전원스위치 MCCB를 투입하면 주회로 및 제어회로에 전원이 공급된다.
• 누름버튼스위치(PB₁)를 누르면 MC₁이 여자되고 MC₁의 보조접점에 의하여 RL이 점등되며, 전동기는 정회전 한다.
• 누름버튼스위치(PB₁)를 누른 후 손을 떼어도 MC₁은 자기유지 되어 전동기는 계속 정회전 한다.
• 전동기 운전 중 누름버튼스위치(PB₂)를 누르면 연동에 의하여 MC₁이 소자되어 전동기가 정지되고, RL은 소등된다. 이 때 MC₂는 자기유지 되어 전동기는 역회전(역상제동을 함)하고 타이머가 여자되며, GL이 점등된다.
• 타이머 설정시간 후 역회전 중인 전동기는 정지하고 GL도 소등된다. 또한 MC₁과 MC₂의 보조 접점에 의하여 상호 인터록이 되어 동시에 동작되지 않는다.
• 전동기 운전 중 과전류가 감지되어 EOCR이 동작되면, 모든 제어회로의 전원은 차단되고 OL만 점등된다.
• EOCR을 리셋하면 초기상태로 복귀한다.

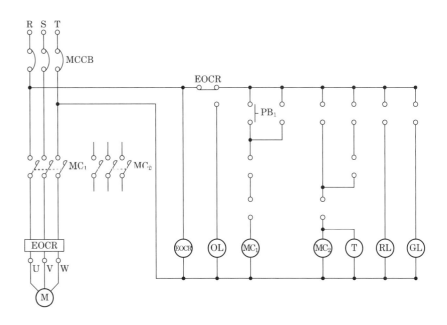

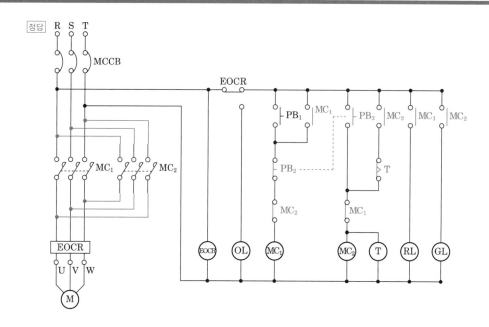

배점5

07 다음은 KE C IEC 60044-1 : 2003 에 따른 옥내용 변류기에 대한 내용이다. 빈칸을 채우시오.

옥내용 변류기의 다른 사용 상태는 다음과 같다.

1. 태양열 복사 에너지의 영향은 무시해도 좋다.
2. 주위의 공기는 먼지, 연기, 부식 가스, 증기 및 염분에 의해 심각하게 오염되지 않는다.
3. 습도의 상태는 다음과 같다.
   1) 24시간 동안 측정한 상대 습도의 평균값은 (①)%를 초과하지 않는다.
   2) 24시간 동안 측정한 수증기압의 평균값은 (②)kPa를 초과하지 않는다.
   3) 1달 동안 측정한 상대 습도의 평균값은 (③)%를 초과하지 않는다.
   4) 1달 동안 측정한 수증기압의 평균값은 (④)kPa를 초과하지 않는다.

[비고 1] 습도가 높을 때 급격한 온도 변화가 일어나는 경우에 응축이 일어난다.

[비고 2] 고습도와 응축의 효과에 견디기 위해 절연 파괴 또는 금속부의 균열과 같은 상태를 위해 설계한 변류기가 사용된다.

[비고 3] 응축은 하우징의 특수 설계, 적당한 통풍과 가열 또는 습기 제거 장비의 사용에 의해 방지될 수 있다.

정답 •답 : ① 95   ② 2.2   ③ 90   ④ 1.8

08 용량이 1000[kVA] 변압기에 200[kW], 500[kVar] 부하와 역률 0.8(지상) 400[kW] 부하를 연결하여 전력을 공급하고 있다. 여기에 350[kVar] 커패시터를 연결한다고 할 때 다음 물음에 답하시오.

(1) 커패시터 설치 전 부하 종합 역률을 구하시오

• 계산 : _____   • 답 : _____

(2) 커패시터 설치 후 변압기가 과부하되지 않는 한도에서 200[kW] 전동기를 설치하려고 한다. 전동기의 역률은 최소 몇 이상이어야 하는가?

• 계산 : _____   • 답 : _____

(3) 전동기 추가 설치 후 종합 역률을 구하시오

• 계산 : _____   • 답 : _____

[정답] (1) • 계산 :
$$\frac{200+400}{\sqrt{(200+400)^2+\left(500+400\times\dfrac{0.6}{0.8}\right)^2}}\times 100 = 60$$

• 답 : 60[%]

(2) • 계산 : 전동기 설치 후 합성 유효전력 : $200+400+200 = 800$[kW],

변압기가 과부하되지 않아야 하므로

전동기 설치 후 합성 무효전력 : $\sqrt{1000^2-800^2} = 600$[kVar] 이하,

커패시터 설치 후 합성 무효전력 : $500+400\times\dfrac{0.6}{0.8}-350 = 450$[kVar]

즉, 전동기의 무효전력 : $600-450 = 150$[kVar] 이하

∴ 전동기 역률 : $\dfrac{200}{\sqrt{200^2+150^2}}\times 100 = 80$[%]

• 답 : 80[%]

(3) • 계산 : $\dfrac{800}{\sqrt{800^2+(450+150)^2}}\times 100 = 80$[%]

• 답 : 80[%]

배점5

09 동기발전기에 대한 다음 각 물음에 답하시오.

(1) 정격전압 6000[V], 정격출력 5000[kVA]인 3상 동기발전기에서 계자전류 10[A], 무부하 단자 전압이 6000[V]이고, 3상 단락전류가 700[A]라고 한다. 이 발전기의 단락비는 얼마인가?

　• 계산 : _____　　　• 답 : _____

(2) 다음 ①~③에 알맞은 (　　　　) 안의 내용을 증가, 감소, 높다(고), 낮다(고) 등으로 답란에 쓰시오

> • 단락비가 큰 발전기는 일반적으로 자속이 (　①　)하고, 효율이 (　②　), 안정도는 (　③　)

　• 계산 : _____　　　• 답 : _____

정답 (1) • 계산 : $K_s = \dfrac{I_s}{I_n} = \dfrac{I_s}{\dfrac{P}{\sqrt{3}\,V}} = \dfrac{700}{\dfrac{5000 \times 10^3}{\sqrt{3} \times 6000}} = 1.454$

　　　• 답 : 1.45

(2) • 답 : ① 증가　② 낮고　③ 높다

배점5

10 면적 100[m²] 강당에 분전반을 설치하려고 한다. 단위 면적당 부하가 10[VA/m²]이고 공사시공법에 의한 전류 감소율은 0.7이라면 간선의 최소 허용전류가 얼마인 것을 사용하여야 하는가? 단, 배전전압은 220[V]이다.

　• 계산 : _____　　　• 답 : _____

정답 • 계산 : $I = \dfrac{100 \times 10}{220 \times 0.7} = 6.493[\text{A}]$

　　　• 답 : 6.49[A]

배점5

11 전동기에 개별로 콘덴서를 설치할 경우 발생할 수 있는 자기여자현상의 발생 이유와 현상을 설명하시오.

• 답 : _____

_____

정답 • 이유 : 콘덴서 전류가 전동기의 무부하 전류보다 큰 경우에 발생한다.

• 현상 : 전동기 단자전압이 일시적으로 정격전압을 초과한다.

배점10

12 다음은 3상 전동기의 결선도이다. 아래 물음에 답하시오. (단, 수용률 0.65, 역률 0.9, 효율 0.8이다.)

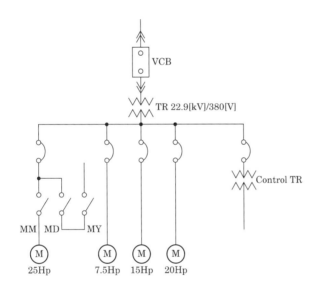

[3상 변압기 표준 용량]

50	75	100	150	200

(1) 20[HP] 3상 유도 전동기의 분기회로 케이블 선정시 설계전류를 계산하시오

• 계산 : _____ • 답 : _____

(2) 위 결선도에서 3상 유도전동기의 변압기 표준 용량을 선정하시오

• 계산 : _____ • 답 : _____

(3) 25[HP] 3상 농형 유도 전동기의 3선 결선도를 작성하시오

(MM : 메인 MC, MD : △결선 MC, MY : Y결선 MC)

(4) 제어용 변압기 (Control TR)의 사용 목적은?

· 답 : _____

정답 (1) · 계산 : $P_a = \dfrac{0.746 \times HP}{\cos\theta \times \eta} = \dfrac{0.746 \times 20}{0.9 \times 0.8} = 20.72[\text{kVA}]$

$I = \dfrac{P_a}{\sqrt{3}\ V} = \dfrac{20.72 \times 10^3}{\sqrt{3} \times 380} = 31.48[\text{A}]$

· 답 : 31.48[A]

(2) · 계산 : $P_a = \dfrac{(25 + 7.5 + 15 + 20) \times 0.746 \times 0.65}{0.9 \times 0.8} = 45.46[\text{kVA}]$, 50[kVA] 선정

· 답 : 50[kVA]

(3)

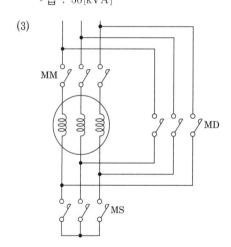

(4) · 답 : 높은 전압을 제어기기에 적합한 저전압으로 변성하여 제어기기의 조작전원으로 공급

배점5

13 다음 380[V] 선로에서 A점에서의 설계전류를 구하시오. (단, 3.75[kW] 전동기의 역률은 0.88, 2.2[kW] 전동기의 역률은 0.8, 7.5[kW] 전동기의 역률은 0.9이다.)

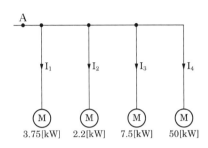

정답 • 계산

3.75[kW] 전동기 정격전류 $I_{M1} = \dfrac{3.75 \times 10^3}{\sqrt{3} \times 380 \times 0.88} \times (0.88 - j\sqrt{1-0.88^2}) = 5.70 - j3.07[A]$

2.2[kW] 전동기 정격전류 $I_{M2} = \dfrac{2.2 \times 10^3}{\sqrt{3} \times 380 \times 0.8} \times (0.8 - j0.6) = 3.34 - j2.51[A]$

7.5[kW] 전동기 정격전류 $I_{M3} = \dfrac{7.5 \times 10^3}{\sqrt{3} \times 380 \times 0.9} \times (0.9 - j\sqrt{1-0.9^2}) = 11.40 - j5.52[A]$

$I_M = I_{M1} + I_{M2} + I_{M3} = (5.70 + 3.34 + 11.40) - j(3.07 + 2.51 + 5.52) = 20.44 - j11.1[A]$

$I_A = \sqrt{(20.44 + 50)^2 + 11.1^2} = 71.309[A]$

• 답 : 71.31[A]

배점5

14 6300[V]/210[V]인 100[kVA] 단상 변압기 2대를 1차측과 2차측에 병렬로 설치하였다. 2차 측에 단락 사고가 발생했을 때 전원측에 흐르는 단락전류는 몇 [A]인가? (단, 변압기의 %임피던스는 6% 이다.)

• 계산 : _____   • 답 : _____

정답 • 계산 : 단락전류 $I_s = \dfrac{100}{\%Z} \times I_n = \dfrac{100}{3} \times \dfrac{100 \times 10^3}{6300} = 529.1[A]$

• 답 : 529.1[A]

배점5

15 20[kVA]의 단상 변압기 3대를 사용하여 45[kW], 역률 0.8(지상)인 3상 전동기 부하에 전력을 공급하는 배전선이 있다. 지금 변압기 2차측 a, b점 사이 60[W] 전구를 연결해 사용하고자 한다. 변압기가 과부하되지 않는 한도 내에서 몇 등까지 점등할 수 있는가?

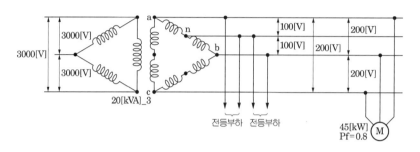

· 계산 : _____   · 답 : _____

정답 · 계산 : 1상 유효전력 $P = \dfrac{45}{3} = 15$

  1상 무효전력 $Q = P \times \dfrac{\sin\theta}{\cos\theta} = 15 \times \dfrac{0.6}{0.8} = 11.25$

  피상전력 $P_a^2 = (P + 여유분)^2 + Q^2$ 이므로

  $20^2 = (15 + 여유분)^2 + 11.25^2$

  여유분 = 1.536

  증가가능 부하 $\dfrac{3}{2} \times 1.536 = 2.304$

  ∴ 등수 $n = \dfrac{2.3 \times 10^3}{60} = 38.33$

· 답 : 38등

배점6

16 그림은 발전기의 상간 단락 보호 계전 방식을 도면화한 것이다. 이 도면을 보고 다음 각 물음에 답하시오.

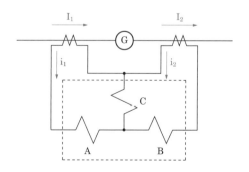

(1) 점선 안의 계전기 명칭은?

    ○ _____

(2) 동작 코일은 A, B, C 코일 중 어느 것인가?

    ○ _____

(3) 발전기에 상간 단락이 생길 때 코일 C의 전류 i_d는 어떻게 표현되는가?

    ○ _____

(4) 동기발전기를 병렬운전 시키기 위한 조건을 4가지만 쓰시오.

    ○ _____   ○ _____

    ○ _____   ○ _____

정답 (1) 비율 차동 계전기

    (2) C 코일

    (3) $i_d = |i_1 - i_2|$

    (4) ① 기전력의 크기가 같을 것

        ② 기전력의 위상이 같을 것

        ③ 기전력의 주파수가 같을 것

        ④ 기전력의 파형이 같을 것

배점11

17 어느 공장 구내 건물에 220/440[V] 단상 3선식을 채용하고, 공장 구내 변압기가 설치된 변전실에서 60[m]되는 곳의 부하를 아래의 표와 같이 배분하는 분전반을 시설하고자 한다. 이 건물의 전기설비에 대하여 자료를 이용하여 다음 각 물음에 답하시오. (단, 전압강하는 2[%]로 하고 후강 전선관으로 시설하며, 간선의 수용률은 100[%]로 한다.)

[표1] 부하 집계표   ※ 전선 굵기 중 상과 중성선(N)의 굵기는 같게 한다.

회로 번호	부하 명칭	총부하 [VA]	부하분담[VA]		MCCB 규격			비고
			A선	B선	극수	AF	AT	
1	전등1	4920	4920		1	30	20	
2	전등2	3920		3920	1	30	20	
3	전열기1	4000	4000(AB간)		2	50	20	
4	전열기2	2000	2000(AB간)		2	50	15	
합계		14840						

[표2] 후강 전선관 굵기 산정

도체 단면적 [mm²]	전선 본수									
	1	2	3	4	5	6	7	8	9	10
	전선관의 최소 굵기[mm]									
2.5	16	16	16	16	22	22	22	28	28	28
4	16	16	16	22	22	22	28	28	28	28
6	16	16	22	22	22	28	28	28	36	36
10	16	22	22	28	28	36	36	36	36	36
16	16	22	28	28	36	36	36	42	42	42
25	22	28	28	36	36	42	54	54	54	54
35	22	28	36	42	54	54	54	70	70	70
50	22	36	54	54	70	70	70	82	82	82
70	28	42	54	54	70	70	70	82	82	82
95	28	54	54	70	70	82	82	92	92	104
120	36	54	54	70	70	82	82	92		
150	36	70	70	82	92	92	104	104		
185	36	70	70	82	92	104				
240	42	82	82	92	104					

[비고1] 전선의 1본수는 접지선 및 직류회로의 전선에도 적용한다.

[비고2] 이 표는 실험결과와 경험을 기초로 하여 결정한 것이다.

[비고3] 이 표는 KS C IEC 60227-3의 450/700[V] 일반 단심 비닐절연전선을 기준으로 한다.

(1) 간선의 굵기를 선정하시오.

• 계산 : _____   • 답 : _____

(2) 간선 설비에 필요한 후강 전선관의 굵기를 선정하시오.

• 계산 : _____   • 답 : _____

(3) 분전반의 복선결선도를 작성하시오.

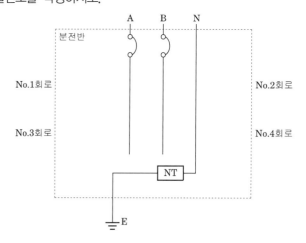

(4) 부하 집계표에 의한 설비불평형률을 구하시오.

• 계산 : _____   • 답 : _____

정답 (1) • 계산

$$I_A = \frac{4920}{220} + \frac{4000+2000}{440} = 36$$

$$I_B = \frac{3920}{220} + \frac{4000+2000}{440} = 31.45$$

$$A = \frac{17.8LI}{1000e} = \frac{17.8 \times 60 \times 36}{1000 \times 220 \times 0.02} = 8.738$$

• 답 : $10[\mathrm{mm}^2]$

(2) • 선정과정

간선의 굵기가 $10[\mathrm{mm}^2]$ 이므로 표2에 의해 전선 본수 3가닥이므로 $22[\mathrm{mm}]$ 선정

• 답 : $22[\mathrm{mm}]$

(3)

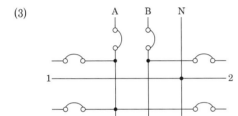

(4) • 계산 : 설비 불평형률 $= \dfrac{4920-3920}{(4920+3920+4000+2000) \times \dfrac{1}{2}} \times 100 = 13.477$

• 답 : $13.48[\%]$

국가기술자격검정 실기시험문제 및 정답

2020년도 전기기사 제4회 필답형 실기시험

종 목	시험시간	형 별	성 명	수험번호
전기기사	2시간 30분	A		

※ 수험자 인적사항 및 답안작성(계산식 포함)은 흑색의 필기구만 사용하여야 하며 흑색을 제외한 유색 필기구 또는 연필류를 사용하거나 2가지 이상의 색을 혼합 사용하였을 경우 그 문항은 0점 처리됩니다.

배점11

01 다음과 같은 아파트 단지를 계획하고 있다. 주어진 규모 및 참고자료를 이용하여 다음 각 물음에 답하시오.

【규 모】

• 아파트 동수 및 세대수 : 2동, 300세대
• 세대당 면적과 세대수

동별	세대당 면적[m²]	세대수
1동	50	30
	70	40
	90	50
	110	30
2동	50	50
	70	30
	90	40
	110	30

• 계단, 복도, 지하실 등의 공용면적 1동 : 1700[m²], 2동: 1700[m²]

【조 건】

• 면적의 [m²]당 상정 부하는 다음과 같다.
  – 아파트 : 30[VA/m²], 공용 부분 : 7[VA/m²]
• 세대당 추가로 가산하여야 할 상정부하는 다음과 같다.
  – 80[m²] 이하인 경우 : 750[VA]
  – 150[m²] 이하의 세대 : 1000[VA]
• 아파트 동별 수용률은 다음과 같다.
  – 70세대 이하 65[%]   – 100세대 이하 60[%]
  – 150세대 이하 55[%]   – 200세대 이하 50[%]
• 모든 계산은 피상전력을 기준으로 한다.
• 역률은 100[%]로 보고 계산한다.

- 주변전실로부터 1동까지는 $150[\mathrm{m}]$이며 동 내부의 전압 강하는 무시한다.
- 각 세대의 공급 방식은 $110/220[\mathrm{V}]$의 단상 3선식으로 한다.
- 변전식의 변압기는 단상 변압기 3대로 구성한다.
- 동간 부등률은 1.4로 본다.
- 공용 부분의 수용률은 $100[\%]$로 한다.
- 주변전실에서 각 동까지의 전압 강하는 $3[\%]$로 한다.
- 간선의 후강 전선관 배선으로는 NR전선을 사용하며, 간선의 굵기는 $300[\mathrm{mm}^2]$ 이하로 사용하여야 한다.
- 이 아파트 단지의 수전은 $13200/22900[\mathrm{V}]$의 Y 3상 4선식의 계통에서 수전한다.
- 사용 설비에 의한 계약전력은 사용 설비의 개별 입력의 합계에 대하여 다음 표의 계약전력 환산율을 곱한 것으로 한다.

구분	계약전력환산율	비고
처음 75[kW]에 대하여	100[%]	
다음 75[kW]에 대하여	85[%]	계산의 합계치 단수가 1[kW]
다음 75[kW]에 대하여	75[%]	미만일 경우 소수점이하
다음 75[kW]에 대하여	65[%]	첫째자리에서 반올림 한다.
300[kW]초과분에 대하여	60[%]	

(1) 1동의 상정 부하는 몇 $[\mathrm{kVA}]$인가?

  • 계산 : _____   • 답 : _____

(2) 2동의 수용 부하는 몇 $[\mathrm{kVA}]$인가?

  • 계산 : _____   • 답 : _____

(3) 이 단지의 변압기는 단상 몇 $[\mathrm{kVA}]$짜리 3대를 설치하여야 하는가? 단, 변압기의 용량은 $10[\%]$의 여유율을 보며 단상 변압기의 표준 용량은 $75, 100, 150, 200, 300[\mathrm{kVA}]$ 등이다.

  • 계산 : _____   • 답 : _____

(4) 한국전력공사와 변압기 설비에 의하여 계약한다면 몇 $[\mathrm{kW}]$로 계약하여야 하는가?

  • 계산 : _____   • 답 : _____

(5) 한국전력공사와 사용설비에 의하여 계약한다면 몇 $[\mathrm{kW}]$로 계약하여야 하는가?

  • 계산 : _____   • 답 : _____

정답 (1) • 계산

  ① 상정부하 $= [(면적 \times [\mathrm{m}^2]$당 상정부하$) + 가산 부하] \times 세대수$

세대당 면적 [m²]	상정 부하 [VA/m²]	가산 부하 [VA]	세대수	상정 부하[VA]
50	30	750	30	$\{(50 \times 30) + 750\} \times 30 = 67500$
70	30	750	40	$\{(70 \times 30) + 750\} \times 40 = 114000$
90	30	1000	50	$\{(90 \times 30) + 1000\} \times 50 = 185000$
110	30	1000	30	$\{(110 \times 30) + 1000\} \times 30 = 129000$
합 계				495500[VA]

② 1동의 전체 상정부하 = 상정부하 + 공용면적을 고려한 상정부하
$$= 495500 + 1700 \times 7 = 507.400[\text{kVA}]$$

• 답 : 507.400[kVA]

(2) • 계산

① 상정 부하 = [(면적 × [m²]당 상정부하) + 가산부하] × 세대수

세대당 면적 [m²]	상정 부하 [VA/m²]	가산 부하 [VA]	세대수	상정 부하[VA]
50	30	750	50	$\{(50 \times 30) + 750\} \times 50 = 112500$
70	30	750	30	$\{(70 \times 30) + 750\} \times 30 = 85500$
90	30	1000	40	$\{(90 \times 30) + 1000\} \times 40 = 148000$
110	30	1000	30	$\{(110 \times 30) + 1000\} \times 30 = 129000$
합 계				475000[VA]

② 2동의 전체 상정부하 = 상정부하 + 공용면적을 고려한 상정부하
$$= 475000 \times 0.55 + 1700 \times 7 = 273.150[\text{kVA}]$$

• 답 : 237.150[kVA]

(3) • 계산

① 변압기용량 $= \dfrac{\text{설비용량} \times \text{수용률} \times \text{여유율}}{\text{부등률}}$

$$= \frac{495500 \times 0.55 + 1700 \times 7 \times 1 + 273150}{1.4} \times 1.1 \times 10^{-3} = 438.09[\text{kVA}]$$

② 1대 변압기 용량 $= \dfrac{438.09}{3} = 146.03[\text{kVA}]$

따라서, 표준용량 150[kVA]를 선정한다.

• 답 : 150[kVA]

(4) • 계산 : 단상 변압기 용량이 150[kVA]이며 3대가 필요하므로 $150 \times 3 = 450[\text{kVA}]$로 계약한다.
즉, 계약전력은 450[kVA]=450[kW]이다. $(\because \cos\theta = 1)$

• 답 : 450[kW]

(5) 설비용량은 상정부하를 기준으로 하고, 계약전력은 설비용량을 기준으로 정한다.

설비용량 $= \underbrace{(507400 + 486900)}_{\text{1동과 2동의 상정부하}} \times 10^{-3} = 994.3[\text{kVA}]$

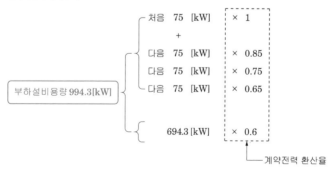

계약전력 $= \underbrace{75 + 75 \times 0.85 + 75 \times 0.75 + 75 \times 0.65}_{300[\text{kW}]} + \underbrace{694.3 \times 0.6}_{300[\text{kW}]초과분} = 660.33[\text{kW}]$

조건 : 계산의 합계치 단수가 1[kW] 미만일 경우 소수점이하 첫째자리에서 반올림 한다.

• 답 : 660[kW]

02 다음 그림은 어느 수용가의 수전설비 계통도이다. 다음 각 물음에 답하시오.

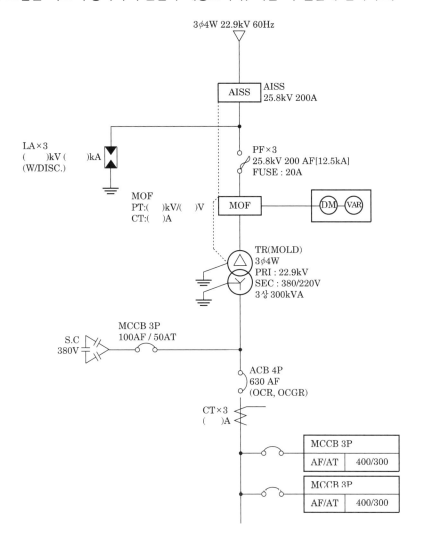

(1) AISS의 명칭을 쓰고 기능을 2가지 쓰시오.

• 명칭 : _____

• 기능 : _____

(2) 피뢰기의 정격전압 및 공칭 방전전류를 쓰고 그림에서의 DISC의 기능을 간단히 설명하시오.

• 피뢰기 규격 : _____ [kV], _____ [kA]

• DISC(Disconnector)의 기능 : _____

(3) MOF의 정격을 구하시오. (CT는 1.25배의 여유를 고려할 것)

• 계산 : _____ • 답 : _____

(4) MOLD TR의 장점 및 단점을 각각 2가지만 쓰시오.

• 장점

　　○ _____　　　　　○ _____

• 단점

　　○ _____　　　　　○ _____

(5) ACB의 명칭을 쓰시오.

• 답 : _____

(6) CT의 정격(변류비)를 구하시오.

• 계산 : _____　　　• 답 : _____

정답 (1)　• 명칭

기중형 자동고장구분개폐기

• 기능

– 수전설비의 인입구에 설치하여 과부하 또는 고장전류 발생시 고장구간을 자동으로 개방

– 전 부하 상태에서 자동(또는 수동)으로 개방하여 과부하로부터 보호

(2)　• 피뢰기 규격 : 18[kV], 2.5[kA]

• DISC(Disconnector)의 기능 : 피뢰기의 고장시 계통은 지락사고 등의 고장상태가 될 수 있다. 따라서 이러한 경우에 피뢰기의 접지측을 대지로부터 분리시키는 역할을 한다.

(3)　• 계산

$$PT비 : \frac{13200}{110}$$

$$CT비 : \frac{300}{\sqrt{3} \times 22.9} \times 1.25 = 9.45 \quad 10/5$$

• 답 : PT비 : 13200/110,　　CT비 : 10/5

(4)　• 장점

– 난연성이 우수하다.

– 저 손실이므로 에너지 절약이 가능하다.

• 단점

– 고가이다.

– 충격파 내전압이 낮다.

(5) 기중차단기

(6)　• 계산

$$I_{CT} = \frac{300}{\sqrt{3} \times 0.38} \times 1.25 \sim 1.5 = 569.75 \sim 683.704$$

• 답 : 600/5

배점5

03 방폭구조에 관한 다음 물음에 답하시오.

(1) 방폭형 전동기에 대해 설명하시오

○ _____

(2) 전기시설의 방폭구조의 종류 3가지 쓰시오

○ _____

○ _____

○ _____

정답 (1) 폭발성이나 먼지가 많은 곳에서 사용하는 전동기

(2) ① 내압 방폭구조
② 유입 방폭구조
③ 안전증 방폭구조
④ 본질안전 방폭구조
⑤ 특수 방폭구조
⑥ 압력 방폭구조

배점5

04 감리원은 해당 공사 완료 후 준공검사 전에 사전 시운전 등이 필요한 부분에 대하여는 공사업자에게 시운전을 위한 계획을 수립하여 시운전 30일 이내에 제출하도록 하고, 이를 검토하여 발수자에게 제출하여야 한다. 시운전을 위한 계획에 포함되어야 하는 사항 3가지를 쓰시오.

○ _____

○ _____

○ _____

정답 ① 시운전 일정
② 시운전 항목 및 종류
③ 시운전 절차
④ 시험장비 확보 및 보정
⑤ 기계·기구 사용계획
⑥ 운전요원 및 검사요원 선임계획

배점6

05 전력계통의 발전기, 변압기 등의 증설이나 송전선의 신·증설로 인하여 단락·지락전류가 증가하여 송변전 기기에의 손상이 증대되고, 부근에 있는 통신선의 유도장해가 증가하는 등의 문제점이 예상되므로, 단락용량의 경감대책을 세워야 한다. 이 대책을 3가지만 쓰시오.

○ _____

○ _____

○ _____

정답 ① 계통전압을 격상시킨다.
② 한류리액터를 설치한다.
③ 고 임피던스 기기를 채용한다.

배점5

06 초고압 송전전압이 $345[\mathrm{kV}]$, 선로 긍장이 $200[\mathrm{km}]$인 경우 1회선당 가능한 송전전력은 몇 $[\mathrm{kW}]$인지 still식에 의해 구하시오.

• 계산 : _____ • 답 : _____

정답 • 계산 : ① 스틸식 : $V_s = 5.5\sqrt{0.6\ell + \dfrac{P}{100}}\,[\mathrm{kV}] \Rightarrow 5.5\sqrt{0.6 \times 200 + \dfrac{P}{100}} = 345[\mathrm{kV}]$

② $\left(\dfrac{345}{5.5}\right)^2 = 0.6 \times 200 + \dfrac{P}{100} \Rightarrow \left(\dfrac{345}{5.5}\right)^2 = 120 + \dfrac{P}{100}$

③ $\left(\dfrac{345}{5.5}\right)^2 - 120 = \dfrac{P}{100} \Rightarrow 3814.71074 \times 100 = P \quad \therefore P = 381471.07[\mathrm{kW}]$

• 답 : $381471.07[\mathrm{kW}]$

배점5

07 답안지의 그림은 3상 4선식 전력량계의 결선도를 나타낸 것이다. PT와 CT를 사용하여 미완성 부분의 결선도를 완성하시오.

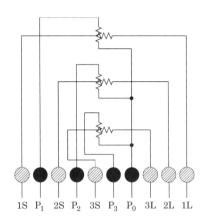

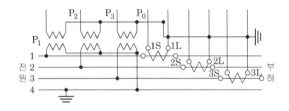

정답

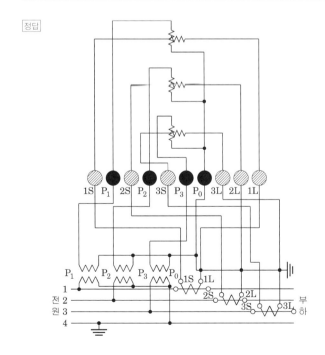

배점6

08 CT에 관한 다음 각 물음에 답하시오.

(1) Y−△로 결선한 주변압기의 보호로 비율차동계전기를 사용한다면 CT의 결선은 어떻게 하여야 하는지를 설명하시오.

　○ _____

(2) 통전 중에 있는 변류기의 2차측 기기를 교체하고자 할 때 가장 먼저 취하여야 할 조치를 설명하시오.

　○ _____

(3) 수전전압이 22.9[kV], 수전 설비의 부하 전류가 40[A]이다. 60/5[A]의 변류기를 통하여 과부하 계전기를 시설하였다. 120[%]의 과부하에서 차단시킨다면 과부하 트립 전류값은 몇 [A]로 설정해야 하는가?

　• 계산 : _____　　• 답 : _____

정답　(1)　△−Y

　　(2)　변류기 2차측 단락(변류기 2차측 개방시 과전압이 유기되므로 위험하다.)

　　(3)　• 계산

　　　　과전류 계전기 탭(Tap) 선정 방법

　　　　① 탭 전류 I_{tap} =CT 1차측 전류×CT 역수비×선정비

　　　　　　$$I_{tap} = 40 \times \frac{5}{60} \times 1.2 = 4\,[\text{A}]$$

　　　　② 과전류 계전기 정격 탭 값에서 적당한 탭 선정

　　　　　OCR TAP : 2[A], 3[A], 4[A], 5[A], 6[A], 7[A], 8[A], 10[A], 12[A]

　　　　위의 OCR TAP 전류에서 4[A]를 선정한다.

　　　• 답 : 4[A]

배점5

09 불평형 부하의 제한에 관련된 다음 물음에 답하시오.

(1) 저압, 고압 및 특별 고압 수전의 3상 3선식 또는 3상 4선식에서 불평형 부하의 한도는 단상 접속 부하로 계산하여 설비불평형률을 몇[%] 이하로 하는 것을 원칙으로 하는가?

  ○ _____

(2) "(1)"항 문제의 제한 원칙에 따르지 않아도 되는 경우를 2가지만 쓰시오.

  ○ _____

(3) 부하 설비가 그림과 같을 때 설비 불평형률은 몇 [%]인가? 단, Ⓗ는 전열기 부하이고, Ⓜ은 전동기 부하이다.

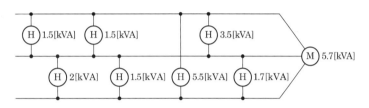

• 계산 : _____   • 답 : _____

정답 (1) 30[%] 이하

  (2) ① 저압수전에서 전용의 변압기 등으로 수전하는 경우
      ② 고압 및 특고압수전에서 100[kVA] 이하의 단상부하인 경우

  (3) • 계산

   3상 3선식의 설비불평형률

   $$\text{설비 불평형률} = \frac{\text{각 선간에 접속되는 단상부하 총 설비용량의 최대와 최소의 차[kVA]}}{\text{총 부하 설비용량[kVA]} \times \frac{1}{3}} \times 100$$

   $$= \frac{(3.5+1.5+1.5)-(2+1.5+1.7)}{(1.5+1.5+3.5+5.7+2+1.5+5.5+1.7) \times \frac{1}{3}} \times 100 = 17.03[\%]$$

   $$= 17.03[\%]$$

  • 답 : 17.03[%]

10 조명 광원의 발광 원리 3가지를 쓰시오.

○ _____

정답 · 온도복사
· 유도방사
· 루미네선스

11 가로 10[m], 세로 14[m] 천장높이 2.75[m], 작업면 높이 0.75[m] 사무실에 형광등 F32×2를 설치하려고 한다. 다음 물음에 답하시오. (단, 광속3200[lm], 보수율70[%], 조명율 50[%]이다.)

(1) 이 사무실의 실지수는 얼마인가?

· 계산 : _____   · 답 : _____

(2) F32×2의 심벌 기호를 그리시오.

(3) 이 사무실의 작업면 조도를 250[lx] 얻고자 할 때, 이 사무실에 필요한 소요되는 등기구수는?

· 계산 : _____   · 답 : _____

정답 (1) · 계산 : 실지수 $= \dfrac{XY}{H \times (X+Y)} = \dfrac{10 \times 14}{(2.75 - 0.75) \times (10+14)} = 2.92$
　　　 · 답 : 2.92

(2)
　　　F32×2

(3) · 계산 : 등수 $= \dfrac{250 \times 10 \times 14 \times \dfrac{1}{0.7}}{3200 \times 2 \times 0.5} = 15.63$
　　　 · 답 : 16등

배점5

12 다음 주어진 레더 다이어그램을 통해 PLC 프로그램을 완성하시오.(타이머 설정시간은 0.1초 단위)

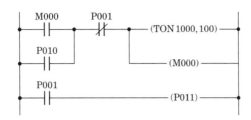

ADD	OP	DATA
0	LOAD	M000
1		
2		
3	TON	1000
4	DATA	100
5		
6		
7	OUT	P011
8	END	

정답

ADD	OP	DATA
0	LOAD	M000
1	OR	P010
2	AND NOT	P001
3	TON	1000
4	DATA	100
5	OUT	M000
6	LOAD	P001
7	OUT	P011
8	END	

※ 본 회차의 기출문제는 실제 시험의 총점과 다르게 구성되어 있습니다.

memo

2021

과년도 기출문제

국가기술자격검정 실기시험문제 및 정답

2021년도 전기기사 제1회 필답형 실기시험

종 목	시험시간	형 별	성 명	수험번호
전기기사	2시간 30분	A		

※ 수험자 인적사항 및 답안작성(계산식 포함)은 흑색의 필기구만 사용하여야 하며 흑색을 제외한 유색 필기구 또는 연필류를 사용하거나 2가지 이상의 색을 혼합 사용하였을 경우 그 문항은 0점 처리됩니다.

배점6

01 다음은 저압 전로의 절연성능에 관한 표이다. 다음 빈칸에 알맞은 수치를 표 안에 쓰시오.

전로의 사용전압[V]	DC시험전압 [V]	절연저항 [MΩ]
SELV 및 PELV	( )	( )
FELV, 500 이하	( )	( )
500 초과	( )	( )

정답

전로의 사용전압[V]	DC시험전압 [V]	절연저항 [MΩ]
SELV 및 PELV	250	0.5
FELV, 500 이하	500	1.0
500 초과	1000	1.0

배점7

02 보조 릴레이 A, B, C의 계전기로 출력 (H레벨)이 생기는 유접점 회로와 무접점 회로를 그리시오. (단, 보조 릴레이의 접점은 모두 a접점만을 사용하도록 한다.)

(1) A와 B를 같이 ON하거나 C를 ON할 때 X_1 출력

① 유접점 회로

• 계산 : _____   • 답 : _____

② 무접점 회로

• 계산 : _____   • 답 : _____

(2) A를 ON하고 B 또는 C를 ON할 때 X_2출력

① 유접점 회로

　• 계산 : _____　　　• 답 : _____

② 무접점 회로

　• 계산 : _____　　　• 답 : _____

정답 (1) A와 B를 같이 ON하거나 C를 ON할 때 X_1출력

　① 유접점 회로　　　　　　　　② 무접점 회로

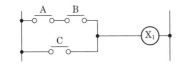 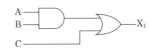

(2) A를 ON하고 B또는 C를 ON할 때 X_2출력

　① 유접점 회로　　　　　　　　② 무접점 회로

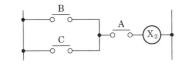 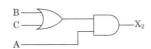

배점9

03 수전단 전압이 3000[V]인 3상 3선식 배전선로의 수전단에 역률 0.8(지상)되는 520[kW]의 부하가 접속되어 있다. 이 부하에 동일 역률의 부하 80[kW]를 추가하여 600[kW]로 승가시키되 부하와 병렬로 전력용 콘덴서를 설치하여 수전단 전압 및 선로 전류를 일정하게 불변으로 유지하고자 할 때, 다음 각 물음에 답하시오.(단, 전선의 1선당 저항 및 리액턴스는 각각 1.78[Ω] 및 1.17[Ω]이다.)

(1) 이 경우에 필요한 전력용 콘덴서 용량은 몇 [kVA]인가?

　• 계산 : _____　　　• 답 : _____

(2) 부하 증가 전의 송전단 전압은 몇 [V]인가?

　• 계산 : _____　　　• 답 : _____

(3) 부하 증가 후의 송전단 전압은 몇 [V]인가?

　• 계산 : _____　　　• 답 : _____

정답 (1) • 계산

수전단 전압 및 전류가 일정하므로 다음 식이 성립된다.

$$I_1 = I_2 : \frac{P_1}{\sqrt{3}\ V\cos\theta_1} = \frac{P_2}{\sqrt{3}\ V\cos\theta_2}\ (단,\ V_1 = V_2 = V\ :\ 주어진\ 조건)$$

이 식에서 $\cos\theta_2 = \cos\theta_1 \times \dfrac{P_2}{P_1} = 0.8 \times \dfrac{600}{520} = 0.92$

그러므로, 콘덴서 용량은 $600 \times \left(\dfrac{0.6}{0.8} - \dfrac{\sqrt{1-0.92^2}}{0.92} \right) = 194.4[\mathrm{kVA}]$

• 정답 : 194.4[kVA]

(2) • 계산

부하 증가 전의 송전단 전압$(\cos\theta_1 = 0.8)$

$$V_{s1} = V_r + \sqrt{3}\ I_1(R\cos\theta + \mathrm{X}\sin\theta)$$
$$= 3000 + \sqrt{3} \times \frac{520 \times 10^3}{\sqrt{3} \times 3000 \times 0.8} \times (1.78 \times 0.8 + 1.17 \times 0.6) = 3460.63[\mathrm{V}]$$

• 답 : 3460.63[V]

(3) • 계산

부하 증가 후의 송전단 전압$(\cos\theta_2 = 0.92)$

$$V_{s2} = V_r + \sqrt{3}\ I_2(R\cos\theta + \mathrm{X}\sin\theta)$$
$$= 3000 + \sqrt{3} \times \frac{600 \times 10^3}{\sqrt{3} \times 3000 \times 0.92} \times \left(1.78 \times 0.92 + 1.17 \times \sqrt{1-0.92^2}\right) = 3455.68[\mathrm{V}]$$

• 답 : 3455.68[V]

배점6

04 다음 수용가 설비에서의 전압강하에 대한 물음에 답하시오.

(1) 다른 조건을 고려하지 않는다면 수용가 설비의 인입구로부터 기기까지의 전압강하는 다음 표와 같다. 표의 빈칸을 채우시오.

[수용가설비의 전압강하]

설비의 유형	조명 [%]	기타 [%]
A - 저압으로 수전하는 경우		
B - 고압 이상으로 수전하는 경우[a]		

[a]가능한 한 최종회로 내의 전압강하가 A 유형의 값을 넘지 않도록 하는 것이 바람직하다. 사용자의 배선설비가 100[m]를 넘는 부분의 전압강하는 미터 당 0.005[%] 증가할 수 있으나 이러한 증가분은 0.5[%]를 넘지 않아야 한다.

(2) 표보다 더 큰 전압강하를 허용할 수 있는 방법을 2가지 쓰시오.

○

○

정답 (1)

설비의 유형	조명 [%]	기타 [%]
A – 저압으로 수전하는 경우	3	5
B – 고압 이상으로 수전하는 경우ª	6	8

ª가능한 한 최종회로 내의 전압강하가 A 유형의 값을 넘지 않도록 하는 것이 바람직하다.
사용자의 배선설비가 100[m]를 넘는 부분의 전압강하는 미터 당 0.005[%] 증가할 수 있으나
이러한 증가분은 0.5[%]를 넘지 않아야 한다.

(2) ① 돌입전류가 큰 기타 기기
　　② 기동 시간 중의 전동기

배점11

05 어떤 인텔리전트빌딩에 대한 등급별 추정 전원 용량에 대한 다음 표를 이용하여 각 물음에 답하시오.

등급별 추정 전원 용량 $[VA/m^2]$

내용 \ 등급별	0등급	1등급	2등급	3등급
조　　명	32	22	22	29
콘 센 트	–	13	5	5
사무자동회(OA) 기기	–	–	34	36
일반동력	38	45	45	45
냉방동력	40	43	43	43
사무자동화(OA) 동력	–	2	8	8
합　　계	110	125	157	166

(1) 연면적 10000$[m^2]$인 인텔리전트 2등급인 사무실 빌딩의 전력 설비 부하의 용량을 다음 표에 의하여 구하도록 하시오.

부하 내용	면적을 적용한 부하용량[kVA]
조　　명	
콘 센 트	
OA 기기	
일반동력	
냉방동력	
OA 동력	
합　　계	

(2) 물음 "(1)"에서 조명, 콘센트, 사무자동화기기의 적정 수용률은 0.7, 일반동력 및 사무자동화 동력의 적정 수용률은 0.5, 냉방동력의 적정 수용률은 0.8이고, 주변압기 부등률은 1.2로 적용한다. 이때 전압방식을 2단 강압 방식으로 채택할 경우 변압기의 용량에 따른 변전설비의 용량을 산출하시오.(단, 조명, 콘센트, 사무자동화 기기를 3상 변압기 1대로, 일반동력 및 사무자동화 동력을 3상 변압기 1대로, 냉방동력을 3상 변압기 1대로 구성하고, 상기 부하에 대한 주변압기 1대를 사용하도록 하며, 각각의 변압기 용량은 주어진 표를 이용하여 선정한다.)

① 조명, 콘센트, 사무자동화 기기에 필요한 변압기 용량 산정

• 계산 : _____ • 답 : _____

② 일반동력, 사무자동화동력에 필요한 변압기 용량 산정

• 계산 : _____ • 답 : _____

③ 냉방동력에 필요한 변압기 용량 산정

• 계산 : _____ • 답 : _____

④ 주변압기 용량 산정

• 계산 : _____ • 답 : _____

변압기 용량[kVA]	200	300	400	500	750	1000

(3) 주변압기에서부터 각 부하에 이르는 변전설비의 단선 계통도를 간단하게 그리시오.

정답 (1)

부하 내용	면적을 적용한 부하용량[kVA]
조 명	$22 \times 10000 \times 10^{-3} = 220$
콘 센 트	$5 \times 10000 \times 10^{-3} = 50$
OA 기기	$34 \times 10000 \times 10^{-3} = 340$
일반동력	$45 \times 10000 \times 10^{-3} = 450$
냉방동력	$43 \times 10000 \times 10^{-3} = 430$
OA 동력	$8 \times 10000 \times 10^{-3} = 80$
합 계	$157 \times 10000 \times 10^{-3} = 1570$

(2) · 계산

$$변압기용량 = \frac{설비용량 \times 수용률}{부등률} = \frac{각\ 부하설비\ 최대수용전력의합}{부등률}$$

① $Tr_1 = \dfrac{(220 + 50 + 340) \times 0.7}{1} = 427[\mathrm{kVA}]$

· 답 : $500[\mathrm{kVA}]$

② $Tr_2 = \dfrac{(450 + 80) \times 0.5}{1} = 265[\mathrm{kVA}]$

· 답 : $300[\mathrm{kVA}]$

③ $Tr_3 = \dfrac{430 \times 0.8}{1} = 344[\mathrm{kVA}]$

· 답 : $400[\mathrm{kVA}]$

④ 주변압기용량$(STr) = \dfrac{각\ 부하설비\ 최대수용전력의합}{부등률}$

$STr = \dfrac{427 + 265 + 344}{1.2} = 863.33[\mathrm{kVA}]$

· 답 : $1000[\mathrm{kVA}]$

(3)

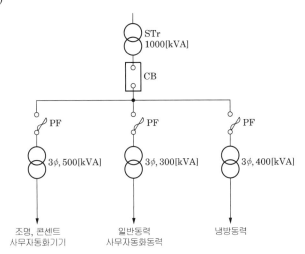

배점5

06 고압 배전선의 구성과 관련된 미완성 환상(루프식)식 배전간선의 단선도를 완성하시오.

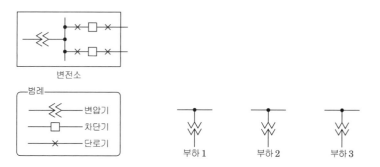

정답

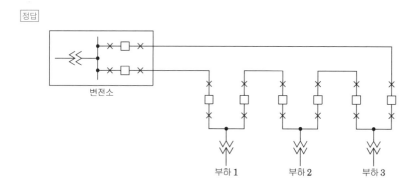

배점5

07 15[℃]의 물 4[L]를 용기에 넣고, 1[kW] 전열기를 사용하여 90[℃]로 가열 하는데 25분이 소요되었다. 전열기의 효율은 얼마인가?

• 계산 : _____   • 답 : _____

정답 • 계산

전열 설계식 : $860Pt\eta = Cm\theta$

m : 연료[L], C : 비열[kcal/L℃], θ : 온도차, P : 전력[kW], t : 시간[h], η : 효율[%]

$$\eta = \frac{1 \times 4 \times (90-15)}{860 \times 1 \times \frac{25}{60}} \times 100 = 83.72[\%]$$

• 답 : 83.72[%]

배점4

08 다음은 지중 케이블의 사고점 측정법과 절연의 건전도를 측정하는 방법을 열거한 것이다. 다음 아래의 보기에 있는 측정방법에서 사고점 측정법과 절연 감시법을 구분하여 쓰시오.

【보 기】

① Megger법   ② Tanδ   ③ 부분 방전 측정법
④ Murray Loop법   ⑤ Capacity Birdge 법   ⑥ Pulse radar 법

(1) 사고점 측정법 :

(2) 절연 감시법   :

───────────────────────────────

정답 (1) 사고점 측정법 : ④, ⑤, ⑥

(2) 절연 감시법 : ①, ②, ③

배점6

09 주파수 $60[\text{Hz}]$인 송전선의 특성임피던스가 $600[\Omega]$이고 선로의 길이가 l일 때 다음 물음에 답하시오. (단, 전파속도는 $3\times10^5[\text{km/s}]$이다.)

(1) 인덕턴스$[\text{H/km}]$와 커패시터$[\text{F/km}]$를 각각 구하시오.

① 인덕턴스$[\text{H/km}]$

• 계산 : ─────────────────────── • 답 : ───────────

② 커패시터$[\text{F/km}]$

• 계산 : ─────────────────────── • 답 : ───────────

(2) 파장은 몇 $[\text{km}]$인가?

• 계산 : ─────────────────────── • 답 : ───────────

───────────────────────────────

정답 (1) ① • 계산 : $L=\dfrac{Z_o}{v}=\dfrac{600}{3\times10^5}=2\times10^{-3}[\text{H/km}]$

• 답 : $2\times10^{-3}[\text{H/km}]$

② • 계산 : $C=\dfrac{1}{Z_o v}=\dfrac{1}{600\times3\times10^5}=5.56\times10^{-9}[\text{F/km}]$

• 답 : $5.56\times10^{-9}[\text{F/km}]$

(2) • 계산 : $\lambda=\dfrac{v}{f}=\dfrac{3\times10^5}{60}=5000[\text{km}]$

• 답 : $5000[\text{km}]$

배점5

10 %보정율이 −0.8[%]인 전압계로 측정한 값이 103[V]라면 그 참값은 얼마인가?

○

정답 • 계산 :
① 보정값=측정값×보정률=103×(−0.008)=−0.824[V]
② 참값=측정값+보정값=103+(−0.824)=102.18[V]
• 답 : 102.18[V]

배점5

11 단상 변압기 용량이 10[kVA], 철손 120[W], 전부하 동손이 200[W]인 변압기 2대를 V 결선하여 부하를 걸었을 때, 전부하 효율은 약 몇[%]인가? (단, 부하의 역률은 0.5이다.)

• 계산 :   • 답 :

정답 • 계산

$$\eta = \frac{P}{P+P_i+P_c} \times 100$$

여기서, P_i : 변압기 1대의 철손

P_c : 변압기 1대의 전부하 동손

$$\eta = \frac{\sqrt{3} \times 10 \times 0.5}{\sqrt{3} \times 10 \times 0.5+(0.12\times 2)+(0.2\times 2)} \times 100 = 93.12[\%]$$

• 답 : 93.12[%]

배점5

12 3상 4선식에서 역률 100[%]의 부하가 각 상과 중성선 간에 연결되어 있다. a상, b상, c상에 흐르는 전류가 각각 10[A], 8[A], 9[A]일 때 중성선에 흐르는 전류의 크기 $|I_N|$을 계산하시오.

• 계산 :   • 답 :

정답 • 계산

$$\dot{I}_n = I_a + a^2 I_b + a I_c \left(단, a^2 = -\frac{1}{2} - j\frac{\sqrt{3}}{2} = 240°, \ a = -\frac{1}{2} + j\frac{\sqrt{3}}{2} = 120°\right)$$

$$|I_N| = I_a + I_b + I_c = 10\angle 0° + 8\angle 240° + 9\angle 120° = 1.73[A]$$

• 답 : 1.73[A]

배점5

13 접지저항을 결정하는 구성요소 3가지를 쓰시오.

○ _____   ○ _____

○ _____

정답 ① 접지도선과 접지전극의 저항

② 접지전극의 표면과 주위 토양과의 접촉저항

③ 접지전극 주위 토양의 대지고유저항

배점5

14 그림과 같이 Y결선된 평형 부하에 전압을 측정할 때 전압계의 지시값이 $V_p = 150[\mathrm{V}]$, $V_l = 220[\mathrm{V}]$로 나타났다. 다음 각 물음에 답하시오. (단, 부하측에 인가된 전압은 각상 평형 전압이고 기본파와 제3고조파분 전압만이 포함되어 있다.)

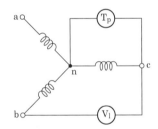

(1) 제3고조파 전압[V]을 구하시오.

• 계산 : _____   • 답 : _____

(2) 전압의 왜형률[%]을 구하시오.

• 계산 : _____   • 답 : _____

정답 (1) • 계산

Y결선에서 $V_l = \sqrt{3}\, V_p$이며, 상전압을 계산하면 아래와 같다.

$220 = \sqrt{3}\, V_p \implies V_p = \dfrac{220}{\sqrt{3}} = 127.02[\mathrm{V}]$ (기본파의 상전압)

따라서, 제3고조파 $V_3 = \sqrt{150^2 - 127.02^2} = 79.79[\mathrm{V}]$

• 답 : 79.79[V]

(2) • 계산 : 왜형률 $= \dfrac{\text{고조파 실효값}}{\text{기본파 실효값}} = \dfrac{V_3}{V_1} = \dfrac{79.79}{127} \times 100 = 62.83[\%]$

• 답 : 62.83[%]

배점4

15 다음 조명에 대한 각 물음에 답하시오.

(1) 어느 광원의 광색이 어느 온도의 흑체의 광색과 같을 때 그 흑체의 온도를 이 광원의 무엇이라 하는지 쓰시오.

　○ ＿＿＿＿＿＿＿＿＿＿＿＿＿＿＿＿＿＿＿＿＿＿＿＿＿＿＿＿

(2) 빛의 분광 특성이 색의 보임에 미치는 효과를 말하며, 동일한 색을 가진 것이라도 조명하는 빛에 따라 다르게 보이는 특성을 무엇이라 하는지 쓰시오.

　○ ＿＿＿＿＿＿＿＿＿＿＿＿＿＿＿＿＿＿＿＿＿＿＿＿＿＿＿＿

정답 (1) 색온도
　　 (2) 연색성

배점5

16 지름 $20[\text{cm}]$의 구형 외구의 광속발산도가 $2000[\text{rlx}]$라고 한다. 이 외구의 중심에 있는 균등점광원의 광도는 얼마인가? (단, 외구의 투과율이 $90[\%]$라 한다.)

• 계산 : ＿＿＿＿＿＿＿＿＿＿＿＿＿＿＿　　• 답 : ＿＿＿＿＿＿＿＿＿＿＿＿

정답 • 계산

광속발산도 $R = \dfrac{\tau I}{(1-\rho)r^2}[\text{rlx}]$ (단, τ : 투과율, I : 광도, r : 반지름, ρ : 반사율)

$\therefore I = \dfrac{(1-\rho)r^2}{\tau} \times R = \dfrac{(1-0) \times 0.1^2}{0.9} \times 2000 = 22.22[\text{cd}]$

• 답 : $22.22[\text{cd}]$

※ 본 회차의 기출문제는 실제 시험의 총점과 다르게 구성되어 있습니다.

국가기술자격검정 실기시험문제 및 정답

2021년도 전기기사 제2회 필답형 실기시험

종 목	시험시간	형 별	성 명	수험번호
전기기사	2시간 30분	A		

※ 수험자 인적사항 및 답안작성(계산식 포함)은 흑색의 필기구만 사용하여야 하며 흑색을 제외한 유색 필기구 또는 연필류를 사용하거나 2가지 이상의 색을 혼합 사용하였을 경우 그 문항은 0점 처리됩니다.

배점5

01 다음 빈칸을 채우시오.

사용전압[V]	접지방식	절연내력시험전압[V]
6900	비접지식	(①)
13800	중성점 다중접지	(②)
24000	중성점 다중접지	(③)

정답
① $6900 \times 1.5 = 10350 \, [\mathrm{V}]$

② $13800 \times 0.92 = 12696 \, [\mathrm{V}]$

③ $24000 \times 0.92 = 22080 \, [\mathrm{V}]$

[참고] 전로의 절연저항 및 절연내력

전로의 종류	접지방식	시험전압 (최대사용 전압의 배수)	최저시험전압
7[kV] 이하인 전로		1.5배	500[V]
7[kV] 초과 25[kV] 이하	다중접지	0.92배	
7[kV] 초과 60[kV] 이하	다중접지 이외	1.25배	10500[V]
60[kV] 초과	비 접 지	1.25배	
	접 지 식	1.1배	75[kV]
	직접접지	0.72배	
170[kV] 초과	직접접지	0.64배	

배점8

02 다음 시퀀스 회로도를 보고 물음에 답하시오.

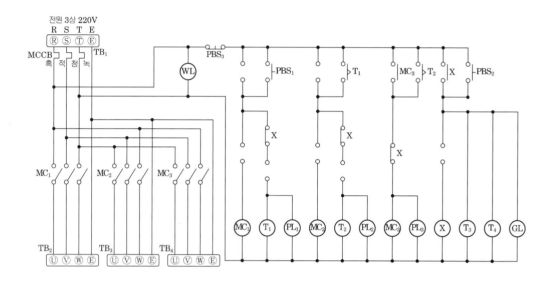

─────────【동작설명】─────────

- 전원을 투입하면 WL이 점등한다.
- PBS₁을 누르면 MC₁, T₁이 여자되어 TB₂가 회전한다. PL₁점등
  (이때 X가 여자될 준비가 된다.)
- t₁초 후 MC₂, T₂가 여자되어 TB₃가 회전한다. PL₂점등, PL₁소등 (T₁소호)
- t₂초 후 MC₃가 여자되어 TB₄가 회전한다. PL₃점등, PL₂소등(T₂소호)
- PBS₂를 누르면 X, T₃, T₄가 여자되며 MC₃가 소호된다.
- t₃초 후 MC₂가 소호된다.
- t₄초 후 MC₁이 소호된다.
- 동작사항 진행 중 PBS₃를 누르면 모든 동작사항이 Reset된다.

(1) 빈 칸에 알맞은 접점을 넣으시오.

(2) 타임챠트를 완성하시오.

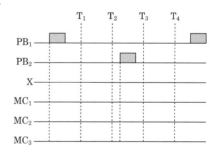

정답 (1)

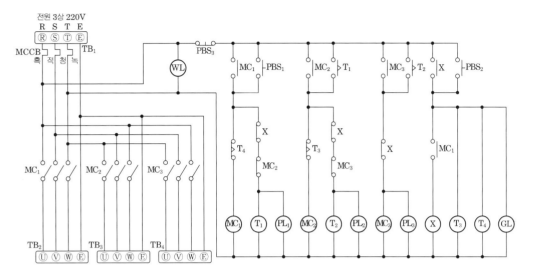

(2)

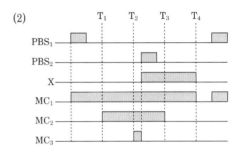

2021

배점4

03 다음 등전위본딩에 관한 도체의 내용이다. 빈칸에 알맞은 값은?

(1) 주접지단자에 접속하기 위한 등전위본딩 도체는 설비 내에 있는 가장 큰 보호접지도체 단면적의 1/2 이상의 단면적을 가져야 하고 다음의 단면적 이상이어야 한다.

  가. 구리도체 (①) $[\mathrm{mm}^2]$

  나. 알루미늄 도체 (②) $[\mathrm{mm}^2]$

  다. 강철 도체 (③) $[\mathrm{mm}^2]$

(2) 주접지 단자에 접속하기 위한 보호본딩도체의 단면적은 구리도체 (④) $[\mathrm{mm}^2]$ 또는 다른 재질의 동등한 단면적을 초과할 필요는 없다.

○

정답 ① 6   ② 16   ③ 50   ④ 25

배점12

04 다음은 3상 4선식 22.9[kV] 수전설비 단선결선도이다. 다음 각 물음에 답하시오.

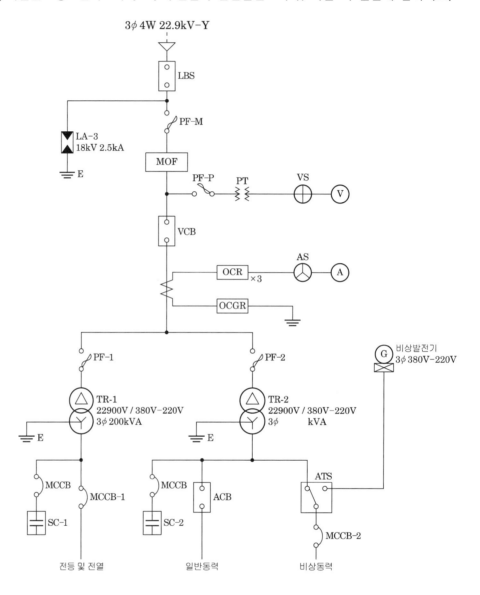

(1) 위 수전설비 단선결선도의 LA에 대하여 다음 물음에 답하시오.

① 우리말의 명칭은 무엇인가?

○ _____

② 기능과 역할에 대해 간단히 설명하시오.

○ _____

③ 요구되는 성능조건 4가지만 쓰시오.

　○ _____

　○ _____

　○ _____

　○ _____

(2) 다음은 위의 수전설비 단선결선도의 부하집계 및 입력환산표를 완성하시오. (단, 입력환산 [kVA]은 계산 값의 소수 둘째자리에서 반올림한다.)

구 분	전등 및 전열	일반 동력	비 상 동 력		
설비용량 및 효율	합계 350[kW] 100[%]	합계 635[kW] 85[%]	유도전동기1　7.5[kW]　2대　85[%] 유도전동기2　11[kW]　1대　85[%] 유도전동기3　15[kW]　1대　85[%] 비상조명　8000[kW]　100[%]		
평균(종합)역률	80[%]	90[%]	90[%]		
수 용 률	60[%]	45[%]	100[%]		

구 분		설비용량[kW]	효율[%]	역률[%]	입력환산[kVA]
전등 및 전열		350			
일반동력		635			
비상동력	유도전동기1	7.5×2			
	유도전동기2	11			
	유도전동기3	15			
	비상조명	8			
	소　계	−	−	−	

(3) 단선결선도와 (2)항의 부하집계표에 의한 TR-2의 적정용량은 몇 [kVA]인지 구하시오.

┌─────────────────────【참고사항】─────────────────────┐
・일반 동력군과 비상 동력군 간의 부등률은 1.3로 본다.
・변압기 용량은 15[%] 정도의 여유를 갖게 한다.
・변압기의 표준규격[kVA]은 200, 300, 400, 500, 600으로 한다.
└──┘

・계산 : _____　　・답 : _____

(4) 단선결선도에서 TR-2의 2차측 중성점의 접지선 굵기[mm²]를 구하시오.

─────── 【참고사항】 ───────

• 접지선은 GV전선을 사용하고 표준굵기[mm²]는 6, 10, 16, 25, 35, 50, 70으로 한다.
• 도체재료, 저항률, 온도계수와 열용량에 따라 초기온도와 최종온도를 고려한 계수 K=143 이다.
• 고장전류는 변압기 2차 정격전류의 20배로 본다.
• 변압기 2차의 과전류 보호차단기는 고장전류에서 0.1초 이내에 차단되는 것이다.

• 계산 : _____   • 답 : _____

───────────────────────

정답 (1) ① 피뢰기
② 이상전압 내습시 뇌전류를 방전하고 속류를 차단한다.
③ [성능조건 4가지]
　㉠ 충격방전개시전압이 낮을 것
　㉡ 상용주파 방전개시전압이 높을 것
　㉢ 내구성이 크고, 경제성이 있을 것
　㉣ 제한전압이 낮고, 방전내량이 클 것

(2)

구 분		설비용량[kW]	효율[%]	역률[%]	입력환산[kVA]
전등 및 전열		350	100	80	$\frac{350}{0.8 \times 1} = 437.5$
일반동력		635	85	90	$\frac{635}{0.9 \times 0.85} = 830.1$
비상동력	유도전동기1	7.5×2	85	90	$\frac{7.5 \times 2}{0.9 \times 0.85} = 19.6$
	유도전동기2	11	85	90	$\frac{11}{0.9 \times 0.85} = 14.4$
	유도전동기3	15	85	90	$\frac{15}{0.9 \times 0.85} = 19.6$
	비상조명	8	100	90	$\frac{8}{0.9 \times 1} = 8.9$
	소 계	–	–	–	62.5

(3) • 계산

$$TR = \frac{830.1 \times 0.45 + 62.5 \times 1}{1.3} \times 1.15 = 385.73 [\text{kVA}]$$

• 답 : 400[kVA]

(4) • 계산

$$I_2 = \frac{P}{\sqrt{3} \, V} = \frac{400 \times 10^3}{\sqrt{3} \times 380} = 607.74 [\text{A}]$$

$$S = \frac{\sqrt{I^2 t}}{K} = \frac{\sqrt{(20 \times 607.74)^2 \times 0.1}}{143} = 26.88 [\text{mm}^2]$$

• 답 : 35[mm²]

배점4

05 ALTS의 명칭과 용도에 대해 쓰시오.

(1) 명칭 :

(2) 용도 :

정답 (1) 명칭 : 자동부하 전환개폐기

(2) 용도 : 이중 전원을 확보하여 주 전원이 정전되거나 기준전압 이하로 떨어진 경우 예비선로로 자동으로 전환되어 전원공급의 신뢰도를 높이는 개폐기이다.

배점5

06 100[V], 20[A]용 단상 적산전력계에 어느 부하를 가할 때 원판의 회전수 20회에 대하여 40.3[초]걸렸다. 만일 이 계기의 20[A]에 있어서 오차가 +2[%]라 하면 부하 전력은 몇 [kW]인가? (단, 이 계기의 계기 정수는 1000[Rev/kWh]이다.)

• 계산 :   • 답 :

정답 • 계산

$$P_M = \frac{3600 \cdot n}{t \cdot k} = \frac{3600 \times 20}{40.3 \times 1000} = 1.79[\text{kW}]$$

$$오차율 = \frac{측정값(P_M) - 참값(P_T)}{참값(P_T)} \times 100[\%] \quad \rightarrow \quad 2 = \frac{1.79 - P_T}{P_T} \times 100[\%]$$

$$참값 : P_T = \frac{1.79}{1.02} = 1.75[\text{kW}]$$

• 답 : 1.75[kW]

07 피뢰시스템의 각 등급은 다음과 같은 특징을 가진다. 위험성 평가를 기초로 하여 요구되는 피뢰시스템의 등급을 관계가 있는 것과 없는 것으로 분류하시오.

(1) 피뢰시스템의 등급과 관계가 있는 데이터 :

(2) 피뢰시스템의 등급과 관계없는 데이터 :

> ⓐ 회전구체의 반경, 메시(mesh)의 크기 및 보호각
> ⓑ 인하도선사이 및 환상도체사이의 전형적인 최적거리
> ⓒ 위험한 불꽃방전에 대비한 이격거리
> ⓓ 접지극의 최소길이
> ⓔ 수뢰부시스템으로 사용되는 금속판과 금속관의 최소두께
> ⓕ 접속도체의 최소치수
> ⓖ 피뢰시스템의 재료 및 사용조건

정답 (1) ⓐ, ⓑ, ⓒ, ⓓ

(2) ⓔ, ⓕ, ⓖ

08 154[kV], 60[Hz]의 3상 송전선이 있다. ACSR 전선을 사용하고, 지름은 1.6[cm], 등가 선간거리 400[cm]이다. 25[℃] 기준으로 날씨계수와 상대공기밀도는 각각 1이며, 표면계수는 0.83이다. 코로나 임계전압[kV] 및 코로나 손실[kW/km/선] (단, 코로나손실은 피크식을 이용할 것) 을 구하여라.

(1) 코로나 임계전압

• 계산 : _____   • 답 : _____

(2) 코로나 손실

• 계산 : _____   • 답 : _____

정답 (1) • 계산 : 코로나 임계전압 $E_0 = 24.3 \, m_0 \, m_1 \delta d \log_{10} \dfrac{D}{r}$[kV]

$$E_0 = 24.3 \times 0.83 \times 1 \times 1 \times 1.6 \times \log_{10} \frac{2 \times 400}{1.6} = 87.1[\text{kV}]$$

• 답 : 87.1[kV]

(2) • 계산 : 코로나 손실 $P_c = \dfrac{241}{\delta}(f+25)\sqrt{\dfrac{d}{2D}}\,(E-E_0)^2 \times 10^{-5}$ [kW/km/선]

$$P_c = \frac{241}{1} \times (60+25)\sqrt{\frac{1.6}{2\times 400}} \times \left(\frac{154}{\sqrt{3}} - 87.1\right)^2 \times 10^{-5} = 0.03[\text{kW/km/선}]$$

• 답 : 0.03[kW/km/선]

배점5

09 22.9[kV], 60[Hz], 1회선의 3상 지중 송전선의 무부하 충전용량[kVA]은? (단, 송전선의 길이는 50[km], 1선의 1[km]당 정전용량은 0.01[μF]이다.)

• 계산 : _____ • 답 : _____

정답 • 계산 :

무부하 송전선의 충전용량 $Q = 3\omega CE^2 \times 10^{-3}$[kVA]

$$Q = 3 \times 2\pi \times 60 \times 0.01 \times 10^{-6} \times 50 \times \left(\frac{22900}{\sqrt{3}}\right)^2 \times 10^{-3} = 98.85[\text{kVA}]$$

• 답 : 98.85[kVA]

배점5

10 3상 배전선로의 말단에 늦은 역률 80[%]인 평형 3상의 집중 부하가 있다. 변전소 인출구의 전압이 3300[V]인 경우 부하의 단자전압을 3000[V] 이하로 떨어뜨리지 않으려면 부하 전력[kW]은 얼마인가? (단, 전선 1선의 저항은 2[Ω], 리액턴스 1.8[Ω], 그 이외의 선로정수는 무시한다.)

• 계산 : _____ • 답 : _____

정답 • 계산

부하전력 $P = \dfrac{e \times V_r}{R + X\tan\theta} \times 10^{-3}$[kW] $= \dfrac{300 \times 3000}{2 + 1.8 \times \dfrac{0.6}{0.8}} \times 10^{-3} = 268.66[\text{kW}]$

• 답 : 268.66[kW]

배점5

11 그림에서 B점의 차단기 용량을 100[MVA]로 제한하기 위한 한류리액터의 리액턴스는 몇 [%]인가? (단, 10[MVA]를 기준으로 한다.)

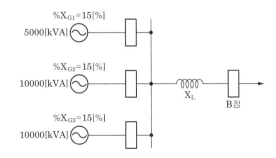

• 계산 : _____ • 답 : _____

정답 • 계산

① $P_S = 100[\text{MVA}] = \dfrac{100}{\%\text{X}} \times \text{P}_\text{n}$ 에서 전원측의 %X를 구하면 아래와 같다.

$100 = \dfrac{100}{\%\text{X}} \times 10 \rightarrow$ 즉, $\%X = 10[\%]$가 되어야 차단기 용량을 100[MVA]로 제한할 수 있다.

② 10[MVA] 기준용량에 맞게 $\%X_{G1}$을 환산한다.

$\%X_{G1}{}' = \dfrac{10}{5} \times 15 = 30[\%]$, $\%X_G = \dfrac{1}{\dfrac{1}{30} + \dfrac{1}{15} + \dfrac{1}{15}} = 6[\%]$

그러므로, $\%X = \%X_G + X_L$이므로 $10 = 6 + X_L$에서 $X_L = 4[\%]$

• 답 : $4[\%]$

배점5

12 지표면상 15[m] 높이에 수조가 있다. 이 수조에 초당 0.2[m³]의 물을 양수하는데 사용되는 펌프용 전동기에 3상 전력을 공급하기 위하여 단상 변압기 2대를 V결선하였다. 펌프 효율이 65[%]이고, 펌프축 동력에 10[%]의 여유를 두는 경우 다음 각 물음에 답하시오. (단, 펌프용 3상 농형 유도 전동기의 역률을 85[%]로 가정한다.)

(1) 펌프용 전동기의 소요 동력은 몇 [kVA]인가?

• 계산 : _____ • 답 : _____

(2) 단상변압기 1대의 용량 [kVA]은 얼마인가?

• 계산 : _____ • 답 : _____

정답 (1) • 계산

전동기 소요 동력 $P = \dfrac{9.8\,QHK}{\eta \times \cos\theta}$ [kVA]

Q : 양수량[m³/sec], H : 양정[m], η : 효율, K : 여유계수

$P = \dfrac{9.8 \times 0.2 \times 15 \times 1.1}{0.65 \times 0.85} = 58.53[\text{kVA}]$

• 답 : $58.53[\text{kVA}]$

(2) • 계산

$P_V = \sqrt{3}\,P_1[\text{kVA}]$, $P_1 = \dfrac{P_V}{\sqrt{3}} = \dfrac{58.53}{\sqrt{3}} = 33.79[\text{kVA}]$

• 답 : $33.79[\text{kVA}]$

배점5

13 다음 물음에 답하시오.

(1) 그림과 같은 철탑에서 등가 선간 거리[m]는?

• 계산 : _____ • 답 : _____

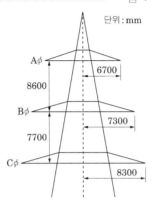

단위 : mm

(2) 간격 500[mm]인 정사각형 배치의 4도체에서 소선 상호간의 기하학적 평균 거리[m]는?

• 계산 : _____ • 답 : _____

정답 (1) • 계산

$$D = \sqrt[3]{D_{AB} \times D_{BC} \times D_{CA}} = \sqrt[3]{8.62 \times 7.76 \times 16.37} = 10.31[\text{m}]$$

$$D_{AB} = \sqrt{8.6^2 + (7.3 - 6.7)^2} = 8.62[\text{m}], \quad D_{BC} = \sqrt{7.7^2 + (8.3 - 7.3)^2} = 7.76[\text{m}]$$

$$D_{CA} = \sqrt{(8.6 + 7.7)^2 + (8.3 - 6.7)^2} = 16.37[\text{m}]$$

• 답 : 10.31[m]

(2) • 계산

정사각형 배치 $D = \sqrt[6]{2} \times D_1 = \sqrt[6]{2} \times 0.5 = 0.56[\text{m}]$

• 답 : 0.56[m]

배점4

14 $i(t) = 10\sin\omega t + 4\sin(2\omega + 30°) + 3\sin(3\omega + 60°)[\text{A}]$ 의 실효값은 몇 [A]인가?

• 계산 : _____ • 답 : _____

정답 • 계산

$$I_{rms} = \sqrt{\left(\frac{I_{1\max}}{\sqrt{2}}\right)^2 + \left(\frac{I_{2\max}}{\sqrt{2}}\right)^2 + \left(\frac{I_{3\max}}{\sqrt{2}}\right)^2} = \sqrt{\left(\frac{10}{\sqrt{2}}\right)^2 + \left(\frac{4}{\sqrt{2}}\right)^2 + \left(\frac{3}{\sqrt{2}}\right)^2} = 7.91[\text{A}]$$

• 답 : 7.91[A]

15 사용전압 220[V]인 옥내 배선에서 소비전력 60[W], 역률 90[%]인 형광등 50개와 소비 전력 100[W]인 백열등 60개를 설치하려고 할 때 최소 분기회로수는 몇 회로인가? (단, 16[A] 분기회로로 한다.)

• 계산 : _____   • 답 : _____

정답　• 계산

역률이 서로 다른 부하의 최소용량을 계산하기 위해 벡터의 합을 계산한다.

① 60[W] 형광등의 유효전력과 무효전력

유효전력 : $P_1 = 60 \times 50 = 3000$[W]

무효전력 : $P_r = P\tan\theta = 60 \times \dfrac{\sqrt{1-0.9^2}}{0.9} \times 50 = 1452.97$[Var]

② 100[W] 백열등의 유효전력과 무효전력

유효전력 : $P_2 = 100 \times 60 = 6000$[W]

무효전력 : 0 [Var] (∵ 백열등의 역률은 1이다.)

③ 피상전력

$$P_a = \sqrt{(P_1+P_2)^2 + P_r^2} = \sqrt{(3000+6000)^2 + (1452.97)^2} = 9116.53[\text{VA}]$$

④ 분기회로수 = $\dfrac{\text{부하용량[VA]}}{\text{정격전압[V]} \times \text{전류[A]}} = \dfrac{9116.529}{220 \times 16} = 2.59$

• 답 : 16[A] 분기 3회로

16 그림과 같은 회로에서 최대 눈금 15[A]의 직류 전류계 2개를 접속하고 전류 20[A]를 흘 리면 각 전류계의 지시는 몇 [A]인가? (단, 전류계 최대 눈금의 전압강하는 A_1이 75 [mV], A_2가 50[mV]이다.)

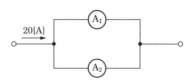

• 계산 : _____   • 답 : _____

정답 ① 각 전류계의 내부저항을 계산

• $R_1 = \dfrac{e_1}{I_{max}} = \dfrac{75 \times 10^{-3}}{15} = 5 \times 10^{-3} [\Omega]$

• $R_2 = \dfrac{e_2}{I_{max}} = \dfrac{50 \times 10^{-3}}{15} = 3.33 \times 10^{-3} [\Omega]$

② 각 전류계에 흐르는 전류 I_1, I_2를 계산

• $I_1 = \dfrac{3.33 \times 10^{-3}}{5 \times 10^{-3} + 3.33 \times 10^{-3}} \times 20 = 8 [A]$

• $I_2 = I - I_1 = 20 - 8 = 12 [A]$

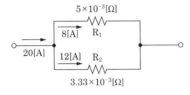

• 답 : $I_1 = 8[A]$, $I_2 = 12[A]$

배점6

17 정격전압 1차 $6600[V]$, 2차 $210[V]$, $10[kVA]$의 단상 2대를 V결선하여 $6300[V]$ 3상 전원에 접속하였다. 다음 물음에 답하시오.

(1) 승압된 전압$[V]$는?

• 계산 : _____   • 답 : _____

(2) 3상 V결선 승압기 결선도를 완성하시오.

_____

정답 (1) • 계산

$$V_H = \left(1 + \dfrac{1}{a}\right) V_L = \left(1 + \dfrac{210}{6600}\right) \times 6300 = 6500.45 [V]$$

• 답 : $6500.45[V]$

(2)

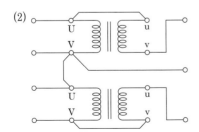

※ 본 회차의 기출문제는 실제 시험의 총점과 다르게 구성되어 있습니다.

국가기술자격검정 실기시험문제 및 정답

2021년도 전기기사 **제3회** 필답형 실기시험

종 목	시험시간	형 별	성 명	수험번호
전기기사	2시간 30분	A		

※ 수험자 인적사항 및 답안작성(계산식 포함)은 흑색의 필기구만 사용하여야 하며 흑색을 제외한 유색 필기구 또는 연필류를 사용하거나 2가지 이상의 색을 혼합 사용하였을 경우 그 문항은 0점 처리됩니다.

배점4

01 다음 plc 래더다이어그램을 논리회로로 표현하시오. (AND, OR, NOT만을 사용하며, 2입력 1출력 논리소자만 가능하다.)

정답

배점5

02 다음 동작설명을 참고하여 조작회로의 접점을 완성하시오.

【동작설명】
- PB_1을 누르면 MC_1과 T_1이 여자되고, MC_1-a접점에 의해 GL이 점등된다.
- T_1 설정시간 후 MC_2와 T_2, FR이 여자되고 MC_2-a접점에 의해 RL이 점등되며, FR-b접점에 의해 YL이 점등되고 부저는 YL과 교차로 동작한다.
- 동시에 MC_1은 소자되어 GL이 소등된다.
- T_2 설정시간 후 MC_2와 T_2, FR은 소자되며, RL과 YL은 소등되며, 부저는 정지한다.
- EOCR이 동작하면 회로는 차단되고, WL가 점등된다.

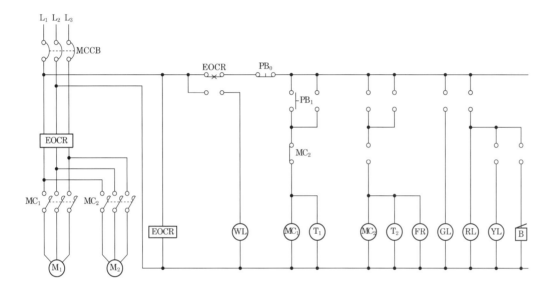

정답

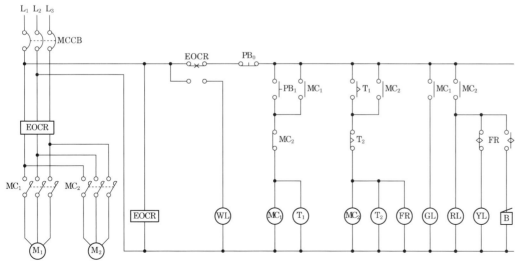

배점5

03 전기설비기술기준에 따라 사용전압 154[kV]인 중성점 직접 접지식 전로의 절연내력 시험을 하고자 한다. (단, 정격전압으로 계산하시오.)

(1) 절연내력 시험전압

 • 계산 : _____   • 답 : _____

(2) 절연내력 시험방법

 ○ _____

정답 (1) • 계산

   절연내력 시험전압 : 170000 0.72 = 122400[V]

   • 답 : 122400[V]

  (2) 선로와 대지간 최대사용전압에 의하여 결정되는 시험전압을 연속하여 가하여 10분간 견디어야 한다.

배점5

04 전기안전관리자는 전기설비의 유지·운용 업무를 위해 국가표준기본법 제 14조 및 교정대상 및 주기설정을 위한 지침 제4조에 따라 다음의 계측장비를 주기적으로 교정하는 권장 교정 및 시험주기의 빈칸을 작성하시오.

구분		권장 교정 및 시험주기 (년)
계측장비 교정	계전기 시험기	(①)
	절연내력 시험기	(②)
	절연유 내압 시험기	(③)
	적외선 열화상 카메라	(④)
	전원 품질 분석기	(⑤)

정답 ① 1 ② 1 ③ 1 ④ 1 ⑤ 1

배점5

05 저압옥내배선 시설시 케이블 공사로 할 경우 가능(O)과 불가능(X)으로 표의 빈칸을 완성하시오.

옥내		옥측		옥외	물기가 있는 장소
건조한 장소	습기가 많은 장소	우선내	우선외		

정답

옥내		옥측		옥외	물기가 있는 장소
건조한 장소	습기가 많은 장소	우선내	우선외		
O	O	O	O	O	O

배점5

06 설계감리원은 필요한 경우, 필요 서류를 구비하고, 그 세부양식은 발주자의 승인을 받아 설계감리과정을 기록하여야 하며, 설계감리 완료와 동시에 발주자에게 제출하여야 한다. 다음 내용 중 구비해야 할 서류가 아닌 것은?

① 근무상황부 ② 설계감리일지
③ 공사기성신청서 ④ 설계감리기록부
⑤ 설계자와 협의사항 기록부 ⑥ 공사예정공정표
⑦ 설계수행계획서 ⑧ 설계감리 주요 검토결과
⑨ 설계도서 검토의견서

정답 ③, ⑥, ⑦

배점6

07 정격용량 $18.5[\mathrm{kW}]$, 정격전압 $380[\mathrm{V}]$, 역률이 $70[\%]$인 전동기 부하에 Y결선하여 콘덴서를 설치하려고 한다. 부하의 역률을 $90[\%]$로 개선하고자 하는 경우 다음 물음에 답하시오.

(1) 콘덴서의 용량$[\mathrm{kVA}]$

　• 계산 : _____　　• 답 : _____

(2) 정전용량$[\mu\mathrm{F}]$

　• 계산 : _____　　• 답 : _____

정답 (1) • 계산

$$Q = P \times (\tan\theta_1 - \tan\theta_2) = 18.5 \times \left(\frac{\sqrt{1-0.7^2}}{0.7} - \frac{\sqrt{1-0.9^2}}{0.9} \right) = 9.91[\mathrm{kVA}]$$

　　• 답 : $9.91[\mathrm{kVA}]$

(2) • 계산 :

$$C = \frac{Q}{\omega V^2} = \frac{9.91 \times 10^3}{2\pi \times 60 \times 380^2} \times 10^6 = 182.04[\mu\mathrm{F}]$$

　　• 답 : $182.04[\mu\mathrm{F}]$

배점5

08 $\triangle - \mathrm{Y}$ 결선방식의 주변압기 보호에 사용되는 비율차동계전기의 간략화한 회로도 이다. 주변압기 1차 및 2차측 변류기(CT)의 미결선된 2차 회로를 완성하시오.

 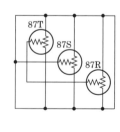

정답

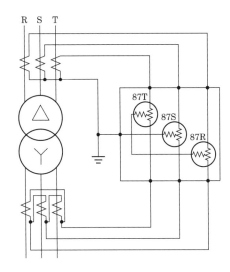

배점8

09 어느 빌딩의 수용가가 자가용 디젤발전기 설비를 계획하고 있다. 발전기의 용량 산출에 필요한 부하의 종류 및 특성이 다음과 같을 때 주어진 조건과 참고자료를 이용하여 전부하를 운전하는데 필요한 발전기 용량은 몇 $[kVA]$ 인지 표의 빈칸을 채우면서 선정하시오.

부하의 종류	출력[kW]	극수(극)	대수(대)	적용부하	기동방법
전동기	37	6	1	소화전 펌프	리액터 기동
	22	6	2	급수펌프	리액터 기동
	11	6	2	배 풍 기	Y-△ 기동
	5.5	4	1	배수펌프	직입 기동
전등, 기타	50	-	-	비상조명	-

【조 건】

① 전동기 기동시에 필요한 용량은 무시한다.
② 수용률 적용(동력) : 최대 입력 전동기 1대에 대하여 100[%], 2대는 80[%], 전등, 기타는 100[%]를 적용한다.
③ 전등, 기타의 역률은 100[%]를 적용한다.

2021

[참고자료]

표 1. 저압 특수 농형 2종 전동기(KSC 4202)[개방형·반밀폐형]

| 정격 출력 [kW] | 극수 | 동기 속도 [rpm] | 전부하 특성 | | 기동 전류 I_{st} 각상의 평균값[A] | 비고 | | 전부하 슬립 s[%] |
			효율 η[%]	역률 pf[%]		무부하 전류 I_0 각상의 전류값[A]	전부하 전류 I 각상의 평균값[A]	
5.5	4	1800	82.5 이상	79.5 이상	150 이하	12	23	5.5
7.5			83.5 이상	80.5 이상	190 이하	15	31	5.5
11			84.5 이상	81.5 이상	280 이하	22	44	5.5
15			85.5 이상	82.0 이상	370 이하	28	59	5.0
(19)			86.0 이상	82.5 이상	455 이하	33	74	5.0
22			86.5 이상	83.0 이상	540 이하	38	84	5.0
30			87.0 이상	83.5 이상	710 이하	49	113	5.0
37			87.5 이상	84.0 이상	875 이하	59	138	5.0
5.5	6	1200	82.0 이상	74.5 이상	150 이하	15	25	5.5
7.5			83.0 이상	75.5 이상	185 이하	19	33	5.5
11			84.0 이상	77.0 이상	290 이하	25	47	5.5
15			85.0 이상	78.0 이상	380 이하	32	62	5.5
(19)			85.5 이상	78.5 이상	470 이하	37	78	5.0
22			86.0 이상	79.0 이상	555 이하	43	89	5.0
30			86.5 이상	80.0 이상	730 이하	54	119	5.0
37			87.0 이상	80.0 이상	900 이하	65	145	5.0
5.5	8	900	81.0 이상	72.0 이상	160 이하	16	26	6.0
7.5			82.0 이상	74.0 이상	210 이하	20	34	5.5
11			83.5 이상	75.5 이상	300 이하	26	48	5.5
15			84.0 이상	76.5 이상	405 이하	33	64	5.5
(19)			85.5 이상	77.0 이상	485 이하	39	80	5.5
22			85.0 이상	77.5 이상	575 이하	47	91	5.0
30			86.5 이상	78.5 이상	760 이하	56	121	5.0
37			87.0 이상	79.0 이상	940 이하	68	148	5.0

표 2. 자가용 디젤 표준 출력[kVA]

50	100	150	200	300	4400

부하	출력	효율[%]	역률[%]	입력[kVA]	수용률[%]	수용률 적용값[kVA]
전동기	37×1					
	22×2					
	11×2					
	5.5×1					
전등	50					
합계	158.5					

부하	출력	효율[%]	역률[%]	입력[kVA]	수용률[%]	수용률 적용값[kVA]
전동기	37×1	87	79	53.83	100	53.38
	22×2	86	79	64.76	80	51.81
	11×2	84	77	34.01	80	27.21
	5.5×1	82.5	79.5	8.39	100	8.39
전등	50	100	100	50	100	50
합계	158.5	−	−	210.99	−	191.24

• 답 : 200[kVA] 선정

배점15

10 그림과 같은 철골공장에 백열등의 전반 조명을 할 때 평균조도로 $200[\text{lx}]$를 얻기 위한 광원의 소비전력을 구하려고 한다. 주어진 조건과 참고자료를 이용하여 다음 각 물음에 답하면서 순차적으로 구하도록 하시오.

【조 건】

① 천정, 벽면의 반사율은 $30[\%]$이다.
② 광원은 천장면하 $1[\text{m}]$에 부착한다.
③ 천장의 높이는 $9[\text{m}]$ 이다.
④ 감광보상률은 보수 상태를 "양"으로 하며 적용한다.
⑤ 배광은 직접 조명으로 한다.
⑥ 조명 기구는 금속 반사갓 직부형이다.
[도면]

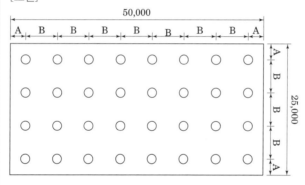

[참고자료]
[표 1] 각종 전등의 특성
(A) 백열등

형 식	종 별	유리구의 지름(표준치) [mm]	길이 [mm]	베이스	초기 특성			50[%] 수명에서의 효율[lm/W]	수명 [h]
					소비전력 [W]	광속 [lm]	효율 [lm/W]		
L100V 10W	진공 단코일	55	101 이하	E26/25	10±0.5	76±8	7.6±0.6	6.5 이상	1500
L100V 20W	진공 단코일	55	101 〃	E26/25	20±1.0	175±20	8.7±0.7	7.3 〃	1500
L100V 30W	가스입단코일	5	108 〃	E26/25	30±1.5	290±30	9.7±0.8	8.8 〃	1000
L100V 40W	가스입단코일	55	108 〃	E26/25	40±2.0	440±45	11.0±0.9	10.0 〃	1000
L100V 60W	가스입단코일	50	114 〃	E26/25	60±3.0	760±75	12.6±1.0	11.5 〃	1000
L100V 100W	가스입단코일	70	140 〃	E26/25	100±5.0	1500±150	15.0±1.2	13.5 〃	1000
L100V 150W	가스입단코일	80	170 〃	E26/25	150±7.5	2450±250	16.4±1.3	14.8 〃	1000
L100V 200W	가스입단코일	80	180 〃	E26/25	200±10	3450±350	17.3±1.4	15.3 〃	1000
L100V 300W	가스입단코일	95	220 〃	E39/41	300±15	555±550	18.3±1.5	15.8 〃	1000
L100V 500W	가스입단코일	110	240 〃	E39/41	500±25	9900±990	19.7±1.6	16.9 〃	1000
L100V1000W	가스입단코일	165	332 〃	E26/25	1000±50	21000±2100	21.0±1.7	17.4 〃	1000
L100V 30W	가스입이중코일	55	108 〃	E26/25	30±1.5	330±35	11.1±0.9	10.1 〃	1000
L100V 40W	가스입이중코일	55	108 〃	E26/25	40±2.0	500±50	12.4±1.0	11.3 〃	1000
L100V 50W	가스입이중코일	60	114 〃	E26/25	50±2.5	660±65	13.2±1.1	12.0 〃	1000
L100V 60W	가스입이중코일	60	114 〃	E26/25	60±3.0	830±85	13.0±1.1	12.7 〃	1000
L100V 75W	가스입이중코일	60	117 〃	E26/25	75±4.0	1100±110	14.7±1.2	13.2 〃	1000
L100V 100W	가스입이중코일	65 또는 67	128 〃	E26/25	100±5.0	1570±160	15.7±160	14.1 〃	1000

[표 2] 조명률, 감광보상률 및 설치 간격

번호	배광 / 설치간격	조명 기구	감광보상률(D) 보수상태 양	중	부	반사율 ρ 천장 벽 / 실지수	0.75 0.5	0.3	0.1	0.50 0.5	0.3	0.1	0.30 0.3	0.1
(1)	간접 0.80 S ≤ 1.2H		전구			J0.6	16	13	11	12	10	08	06	05
			1.5	1.7	2.0	I0.8	20	16	15	15	13	11	08	17
						H1.0	23	20	17	17	14	13	10	08
						G1.25	26	23	20	20	17	15	11	10
						F1.5	29	26	22	22	19	17	12	11
			형광등			E2.0	32	29	26	24	21	19	13	12
						D2.5	36	32	30	26	24	22	15	14
						C3.0	38	35	32	28	25	24	16	15
			1.7	2.0	2.5	B4.0	42	39	36	30	29	27	18	17
						A5.0	44	41	39	33	30	29	19	18
(2)	반간접 0.70 0.10 S ≤ 1.2H		전구			J0.6	18	14	12	14	11	09	08	07
			1.4	1.5	1.7	I0.8	22	19	17	17	15	13	10	09
						H1.0	26	22	19	20	17	15	12	10
						G1.25	29	25	22	22	19	17	14	12
						F1.5	32	28	25	24	21	19	15	14
			형광등			E2.0	35	32	29	27	24	21	17	15
						D2.5	39	35	32	29	26	24	19	18
						C3.0	42	38	35	31	28	27	20	19
			1.7	2.0	2.5	B4.0	46	42	39	34	31	29	22	21
						A5.0	48	44	42	36	33	31	23	22
(3)	전반확산 0.40 0.40 S ≤ 1.2H		전구			J0.6	24	19	16	22	18	15	16	14
			1.3	1.4	1.5	I0.8	29	25	22	27	23	20	21	19
						H1.0	33	28	26	30	26	24	24	21
						G1.25	37	32	29	33	29	26	26	21
						F1.5	40	36	31	36	32	29	29	26
			형광등			E2.0	45	40	36	40	36	33	32	29
						D2.5	48	43	39	43	39	36	34	33
						C3.0	51	46	42	45	41	38	37	34
			1.4	1.7	2.0	B4.0	55	50	47	49	45	42	40	38
						A5.0	57	53	49	51	47	44	41	40
(4)	반직접 0.25 0.55 S ≤ H		전구			J0.6	26	22	19	24	21	18	19	17
			1.3	1.4	1.5	I0.8	33	28	26	30	26	24	25	23
						H1.0	36	32	30	33	30	28	28	26
						G1.25	40	36	33	36	33	30	30	29
						F1.5	43	39	35	39	35	33	33	31
			형광등			E2.0	47	44	40	43	39	36	36	34
						D2.5	51	47	43	46	42	40	39	37
						C3.0	54	49	45	48	44	42	42	38
			1.6	1.7	1.8	B4.0	57	53	50	51	47	45	43	41
						A5.0	59	55	52	53	49	47	47	43
(5)	직접 0 0.75 S ≤ H		전구			J0.6	34	29	26	32	29	27	29	27
			1.3	1.4	1.5	I0.8	43	38	35	39	36	35	36	34
						H1.0	47	43	40	41	40	38	40	38
						G1.25	50	47	44	44	43	41	42	41
						F1.5	52	50	47	46	44	43	44	43
			형광등			E2.0	58	55	52	49	48	46	47	46
						D2.5	62	58	56	52	51	49	50	49
						C3.0	64	61	58	54	52	51	51	50
			1.4	1.7	2.0	B4.0	67	64	62	55	53	52	52	52
						A5.0	68	66	64	56	54	53	54	52

기 호	A	B	C	D	E	F	G	H	I	J
실지수	5.0	4.0	3.0	2.5	2.0	1.5	1.25	1.0	0.8	0.6
범 위	4.5 이상	4.5 ∫ 3.5	3.5 ∫ 2.75	2.75 ∫ 2.25	2.25 ∫ 1.75	1.75 ∫ 1.38	1.38 ∫ 1.12	1.12 ∫ 0.9	0.9 ∫ 0.7	0.7 이하

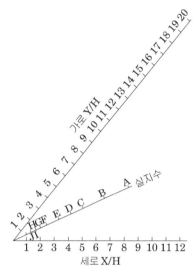

[실지수 그림]

(1) 광원의 높이는 몇 [m]인가?

• 계산 : _____   • 답 : _____

(2) 실지수의 기호와 실지수를 구하시오.

• 계산 : _____   • 답 : _____

(3) 조명률은 얼마인가?

○ _____

(4) 감광보상률은 얼마인가?

○ _____

(5) 전 광속을 계산하시오.

• 계산 : _____   • 답 : _____

(6) 전등 한 등의 광속은 몇 [lm]인가?

• 계산 : _____   • 답 : _____

(7) 전등의 Watt 수는 몇 [W]를 선정하면 되는가?

• 계산 : _____   • 답 : _____

정답 (1) • 계산

등고 $H = 9 - 1 = 8[\text{m}]$

• 답 : $8[\text{m}]$

(2) • 계산

실지수 $K = \dfrac{X \cdot Y}{H(X + Y)} = \dfrac{50 \times 25}{8 \times (50 + 25)} = 2.08$

• 답 : 실지수의 기호 : E, 실지수 : 2.0

(3) $47[\%]$

(4) 1.3

(5) • 계산

$NF = \dfrac{DES}{U} = \dfrac{1.3 \times 200 \times (50 \times 25)}{0.47} = 691489.36[\text{lm}]$

• 답 : $691489.36[\text{lm}]$

(6) • 계산

도면을 보고 등수를 구할 수 있다. 등수 $= 4 \times 8$

전등 한 등의 광속 $= \dfrac{\text{전광속}}{\text{등수}} = \dfrac{691489.36}{(4 \times 8)} = 21609.04[\text{lm}]$

• 답 : $21609.04[\text{lm}]$

(7) $1000[\text{W}]$

배점4

11 어떤 보호장치를 통해 흐를 수 있는 예상 고장전류 실효값은 $48162[\text{A}]$이고, 사용되는 보호도체의 절연물의 상수는 143일 때, 보호장치의 순시차단시간이 0.1초 라면 보호도체의 단면적은 몇 $[\text{mm}^2]$ 이상 이어야 하는가? (단, 자동차단시간이 5초 이내인 경우이며, 설계여유는 1.25를 적용한다.)

• 계산 : ⋯⋯⋯⋯⋯⋯⋯⋯⋯⋯⋯⋯⋯⋯ • 답 : ⋯⋯⋯⋯⋯

정답 • 계산

보호도체의 단면적 $S = \dfrac{I_F \sqrt{t_n}}{k} \times \alpha \ [\text{mm}^2]$

t : 자동차단을 위한 보호장치의 동작시간$[s]$

S : 단면적$[\text{mm}^2]$, α : 설계여유, I_F : 최소단락전류

k : 보호도체, 절연, 기타부위의 재질 및 초기온도와 최종온도에 따라 정해지는 계수

$S = \dfrac{48162 \times \sqrt{0.1}}{143} \times 1.25 = 133.13 \ [\text{mm}^2]$

• 답 : $150[\text{mm}^2]$

배점8

12 그림과 주어진 조건 및 참고표를 이용하여 3상 단락용량, 3상 단락전류, 차단기의 차단용량 등을 계산하시오.

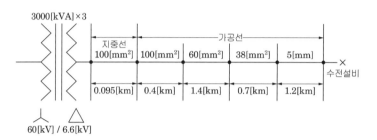

수전설비 1차측에서 본 1상당의 합성임피던스 $\%X_G = 1.5\,[\%]$ 이고, 변압기 명판에는 $7.4\,[\%]/3000\,[\mathrm{kVA}]$ (기준용량은 $10000\,[\mathrm{kVA}]$) 이다.

[표 1] 유입차단기 전력퓨즈의 정격차단용량

정격전압[V]	정격 차단용량 표준치(3상[MVA])
3600	10 25 50 (75) 100 150 250
7200	25 50 (75) 100 150 (200) 250

[표 2] 가공전선로(경동선) %임피던스

배선방식	선의 굵기 %r, %x	%r, %x의 값은 [%/km]									
		100	80	60	50	38	30	22	14	5[m]	4[mm]
3상 3선 3[kV]	%r	16.5	21.1	27.9	34.8	44.8	57.2	75.7	119.15	83.1	127.8
	%x	29.3	30.6	31.4	32.0	32.9	33.6	34.4	35.7	35.1	36.4
3상 3선 6[kV]	%r	4.1	5.3	7.0	8.7	11.2	18.9	29.9	29.9	20.8	32.5
	%x	7.5	7.7	7.9	8.0	8.2	8.4	8.6	8.7	8.8	9.1
3상 4선 5.2[kV]	%r	5.5	7.0	9.3	11.6	14.9	19.1	25.2	39.8	27.7	43.3
	%x	10.2	10.5	10.7	10.9	11.2	11.5	11.8	12.2	12.0	12.4

[주] 3상 4선식, 5.2[kV]선로에서 전압선 2선, 중앙선 1선인 경우 단락용량의 계획은 3상3선식 3[kV]시에 따른다.

[표 3] 지중케이블 전로의 %임피던스

배선방식	선의 굵기 %r, %x	%r, %x의 값은 [%/km]										
		250	200	150	125	100	80	60	50	38	30	22	14
3상3 선 3[kV]	%r	6.6	8.2	13.7	13.4	16.8	20.9	27.6	32.7	43.4	55.9	118.5	
	%x	5.5	5.6	5.8	5.9	6.0	6.2	6.5	6.6	6.8	7.1	8.3	
3상 3선 6[kV]	%r	1.6	2.0	2.7	3.4	4.2	5.2	6.9	8.2	8.6	14.0	29.6	
	%x	1.5	1.5	1.6	1.6	1.7	1.8	1.9	1.9	1.9	2.0	–	
3상 4선 5.2[kV]	%r	2.2	2.7	3.6	4.5	5.6	7.0	9.2	14.5	14.5	18.6	–	
	%x	2.0	2.0	2.1	2.2	2.3	2.3	2.4	2.6	2.6	2.7	–	

[주] 1. 3상 4선식, 5.2[kV] 전로의 %r, %x의 값은 6[kV] 케이블을 사용한 것으로서 계산한 것이다.

　　2. 3상 3선식 5.2[kV]에서 전압선 2선, 중앙선 1선의 경우 단락용량의 계산은 3상 3선식 3[kV] 전로에 따른다.

(1) 수전설비에서의 합성 %임피던스를 계산하시오.

　• 계산 : _____　　　　　• 답 : _____

(2) 수전설비에서의 3상 단락용량을 계산하시오.

　• 계산 : _____　　　　　• 답 : _____

(3) 수전설비에서의 3상 단락전류를 계산하시오.

　• 계산 : _____　　　　　• 답 : _____

(4) 수전설비에서의 정격차단용량을 계산하고, 표에서 적당한 용량을 찾아 선정하시오.

　• 계산 : _____　　　　　• 답 : _____

정답 (1) • 계산

① 변압기 : $\%X_T = \dfrac{기준용량}{자기용량} \times 환산할 \%X = \dfrac{10000}{3000} \times j7.4 = j24.67[\%]$

② 가공선의 $\%Z_{L1}$은 %r과 %x를 표 2를 통해 각각 계산

$\%r기준 : 100[\text{mm}^2] \quad 0.4 \times 4.1 = 1.64$

$\qquad\qquad 60[\text{mm}^2] \quad 1.4 \times 7 = 9.8$

$\qquad\qquad 38[\text{mm}^2] \quad 0.7 \times 11.2 = 7.84 \quad \Big\} \; 44.24$

$\qquad\qquad 5[\text{mm}]$

$\qquad 1.2 \times 20.8 = 24.96$

$\%x : 100[\text{mm}^2] \quad 0.4 \times j7.5 = j3$

$\qquad\quad 60[\text{mm}^2] \quad 1.4 \times j7.9 = j11.06$

$\qquad\quad 38[\text{mm}^2] \quad 0.7 \times j8.2 = j5.74 \quad \Big\} \; 30.36$

$\qquad\quad 5[\text{mm}] \quad 1.2 \times j8.8 = j10.56$

∴ $\%r기준 = 44.24,\quad \%x = j30.36$

③ 지중선의 $\%Z_{L2}$는 표 3을 통해 계산

$\%Z_{L2} = \%r + j\%x = (0.095 \times 4.2) + j(0.095 \times 1.7) = 0.399 + j0.1615$

∴ 합성 %임피던스 $= \%X_T + \%Z_{L1} + \%Z_{L2} + \%X_G$ 이므로

$\qquad\qquad = j24.67 + 44.24 + j30.36 + 0.399 + j0.1615 + j1.5$

$\qquad\qquad = (0.399 + 44.24) + j(24.67 + 0.1615 + 30.36 + 1.5)$

$\qquad\qquad = 44.639 + j56.6915 = 72.16[\%]$

• 답 : 72.16[%]

(2) • 계산

$$단락 \ 용량 \ P_s = \frac{100}{\%Z} \times P_n = \frac{100}{72.16} \times 10000 = 13858.09[\text{kVA}]$$

• 답 : 13858.09[kVA]

(3) • 계산

$$단락 \ 전류 \ I_s = \frac{100}{\%Z} \times I_n = \frac{100}{72.16} \times \frac{10000}{\sqrt{3} \times 6.6} = 1212.27[\text{A}]$$

• 답 : 1212.27[A]

(4) • 계산

$$차단 \ 용량 = \sqrt{3} \times 정격 \ 전압 \times 정격 \ 차단 \ 전류$$
$$= \sqrt{3} \times 7200 \times 1212.27 \times 10^{-6} = 15.12[\text{MVA}]$$

• 답 : 25[MVA]

배점5

13 용량이 200[kVA]이고 전압이 200[V]인 6펄스 3상 UPS로 공급 중인 설비의 기본파 전류와 제5고조파 전류값을 계산하시오. (단, 역율과 효율은 100[%]이며, 제5고조파 저감계수는 0.5이다.)

(1) 기본파 전류

• 계산 : _____   • 답 : _____

(2) 제5고조파 전류

• 계산 : _____   • 답 : _____

정답 (1) • 계산

$$기본파 \ 전류 \ I = \frac{200 \times 10^3}{\sqrt{3} \times 200} = 577.35[\text{A}]$$

• 답 : 577.35[A]

(2) • 계산

$$5고조파전류 = \frac{기본파 \ 전류}{5} \times 저감계수 = \frac{577.35}{5} \times 0.5 = 57.74[\text{A}]$$

• 답 : 57.74[A]

2021

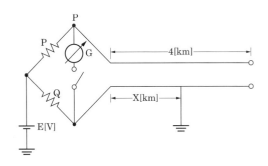

14 머레이 루프(Murray loop)법으로 선로의 고장지점을 찾고자 한다. 길이가 4km(0.2Ω/km)인 선로가 그림과 같이 접지고장이 생겼을 때 고장점까지의 거리 X는 몇 $[\mathrm{km}]$인지 구하시오. (단, G는 검류계이고, $P=170[\Omega]$, $Q=90[\Omega]$에서 브리지가 평형 되었다고 한다.)

• 계산 :   • 답 :

정답 • 계산

브리지 평형조건 : $PX = Q \times (8-X)$

고장점까지의 거리 : $X = \dfrac{8Q}{P+Q} = \dfrac{8 \times 90}{170+90} = 2.77[\mathrm{km}]$

• 답 : $2.77[\mathrm{km}]$

15 송전단 전압이 $3300[\mathrm{V}]$, 수전단 전압 $3150[\mathrm{V}]$인 3상 송전선로의 고유저항 $\rho = 1.818 \times 10^{-2}[\Omega\,\mathrm{mm}^2/\mathrm{m}]$일 때 전선의 굵기는? (단, 정격용량은 $1000[\mathrm{kW}]$, 길이는 $3[\mathrm{km}]$이며, 리액턴스는 무시한다.)

전선의 굵기 $[\mathrm{mm}^2]$				
70	95	120	150	185

• 계산 :   • 답 :

정답 • 계산 : 전압강하 $e = \dfrac{P}{V_r} \times (R + X\tan\theta) \Rightarrow e = \dfrac{P}{V_r} \times R = \dfrac{P}{V_r} \times \rho \times \dfrac{l}{A}[\mathrm{V}]$

$\therefore A = \dfrac{P}{V_r} \times \rho \times \dfrac{l}{e} = \dfrac{1000 \times 10^3}{3150} \times 1.818 \times 10^{-2} \times \dfrac{3 \times 10^3}{150} = 115.43\ [\mathrm{mm}^2]$

• 답 : $120[\mathrm{mm}^2]$

※ 본 회차의 기출문제는 실제 시험의 총점과 다르게 구성되어 있습니다.

memo

2022

과년도 기출문제

국가기술자격검정 실기시험문제 및 정답

2022년도 전기기사 **제1회** 필답형 실기시험

종 목	시험시간	형 별	성 명	수험번호
전기기사	2시간 30분	A		

※ 수험자 인적사항 및 답안작성(계산식 포함)은 흑색의 필기구만 사용하여야 하며 흑색을 제외한 유색 필기구 또는 연필류를 사용하거나 2가지 이상의 색을 혼합 사용하였을 경우 그 문항은 0점 처리됩니다.

배점4

01 154[kV] 중성점 직접 접지계통의 피뢰기 정격전압은 어떤 것을 선택해야 하는가?
(단, 접지 계수는 0.75이고, 유도계수는 1.1이다.)

피뢰기 정격전압[kV]					
126	144	154	168	182	196

• 계산 : • 답 :

정답 • 계산 : $E_n = \alpha \beta V_m$[kV]

여기서, α : 접지계수, β : 유도계수, V_m : 계통최고전압[kV]

$E_n = 0.75 \times 1.1 \times 170 = 140.25$[kV]

• 답 : 144[kV]

배점5

02 다음과 같은 380[V] 선로에서 계기용 변압기의 PT비는 380/110[V]이다. 아래의 그림을 참고하여 다음 각 물음에 답하시오.

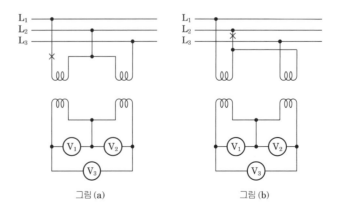

그림 (a) 그림 (b)

(1) 그림 (a)의 X 지점에서 단선사고가 발생하였을 때, 전압계 V_1, V_2, V_3의 지시값을 구하시오.

① V_1 :

 • 계산 : .... • 답 : ....

② V_2 :

 • 계산 : .... • 답 : ....

③ V_3 :

 • 계산 : .... • 답 : ....

(2) 그림 (b)의 X 지점에서 단선사고가 발생하였을 때, 전압계 V_1, V_2, V_3의 지시값을 구하시오.

① V_1 :

 • 계산 : .... • 답 : ....

② V_2 :

 • 계산 : .... • 답 : ....

③ V_3 :

 • 계산 : .... • 답 : ....

정답 (1) ① • 계산 : $V_1 = 0[\text{V}]$

  • 답 : $0[\text{V}]$

② • 계산 : $V_2 = 380 \times \dfrac{110}{380} = 110[\text{V}]$

  • 답 : $110[\text{V}]$

③ • 계산 : $V_3 = 0 + 380 \times \dfrac{110}{380} = 110[\text{V}]$

  • 답 : $110[\text{V}]$

(2) ① • 계산 : $V_1 = 380 \times \dfrac{1}{2} \times \dfrac{110}{380} = 55[\text{V}]$

  • 답 : $55[\text{V}]$

② • 계산 : $V_2 = 380 \times \dfrac{1}{2} \times \dfrac{110}{380} = 55[\text{V}]$

  • 답 : $55[\text{V}]$

③ • 계산 : $V_3 = 380 \times \dfrac{1}{2} \times \dfrac{110}{380} - 380 \times \dfrac{1}{2} \times \dfrac{110}{380} = 0[\text{V}]$

  • 답 : $0[\text{V}]$

배점4

03 용량이 $500[\mathrm{kVA}]$인 변압기에 역률 $60[\%]$(지상), $500[\mathrm{kVA}]$인 부하가 접속되어있다. 부하에 병렬로 전력용 커패시터를 설치하여 역률을 $90[\%]$로 개선하려고 할 때, 이 변압기에 증설할 수 있는 부하 용량$[\mathrm{kW}]$을 구하시오. (단, 증설 부하의 역률은 $90[\%]$이다.)

• 계산 :   • 답 :

정답 증설 가능한 부하 용량

• 계산 : $P' = P_a(\cos\theta_2 - \cos\theta_1) = 500 \times (0.9 - 0.6) = 150[\mathrm{kW}]$

• 답 : $150[\mathrm{kW}]$

배점6

04 전압 $22900[\mathrm{V}]$, 주파수 $60[\mathrm{Hz}]$, 1회선의 3상 지중 송전선로의 3상 무부하 충전전류 및 충전용량을 구하시오. (단, 송전선의 선로 길이는 $7[\mathrm{km}]$, 케이블 1선당 작용 정전용량은 $0.4[\mu\mathrm{F/km}]$라고 한다.)

(1) 충전전류

• 계산 :   • 답 :

(2) 충전용량

• 계산 :   • 답 :

정답 (1) 충전전류

• 계산 : $I_c = \omega C E[\mathrm{A}] = 2\pi \times 60 \times 0.4 \times 10^{-6} \times 7 \times \left(\dfrac{22900}{\sqrt{3}}\right) = 13.96[\mathrm{A}]$

• 답 : $13.96[\mathrm{A}]$

   여기서, ω : 각속도, C : 작용 정전용량[F], E : 대지전압[V]

(2) 충전용량

• 계산 : $Q = 3\omega C E^2 \times 10^{-3}[\mathrm{kVA}]$

$= 3 \times 2\pi \times 60 \times 0.4 \times 10^{-6} \times 7 \times \left(\dfrac{22900}{\sqrt{3}}\right)^2 \times 10^{-3} = 553.55[\mathrm{kVA}]$

• 답 : $553.55[\mathrm{kVA}]$

배점5

05 최대 수요 전력이 5000[kW], 부하 역률 0.9, 네트워크(network) 수전 회선수 4회선, 네트워크 변압기의 과부하율 130[%]인 경우 네트워크 변압기 용량은 몇 [kVA] 이상이어야 하는가?

• 계산 : _____   • 답 : _____

정답   • 계산 : 네트워크 변압기 용량 = $\dfrac{최대수요전력[kVA]}{수전회전수-1} \times \dfrac{100}{과부하율} = \dfrac{\frac{5000}{0.9}}{4-1} \times \dfrac{100}{130} = 1424.5[kVA]$

• 답 : $1424.5[kVA]$

배점4

06 커패시터에서 주파수가 50[Hz]에서 60[Hz]로 증가했을 때 전류는 몇 [%]가 증가 또는 감소하는가?

• 계산 : _____   • 답 : _____

정답   • 계산 : 주파수가 50[Hz]에서 60[Hz] 증가한 경우 전류는 주파수에 비례하므로

$\dfrac{6}{5} \times 100[\%] = 120[\%]$가 되어 20[%] 증가하게 된다.

• 답 : 20[%] 증가

배점4

07 측정범위 1[mA], 내부저항 20[kΩ]의 전류계에 분류기를 붙여서 6[mA]까지 측정하고자 한다. 몇 [Ω]의 분류기를 사용하여야 하는지 계산하시오.

• 계산 : _____   • 답 : _____

정답   • 계산

$I_0 = \left(1 + \dfrac{r}{R}\right)I_a$ 에서, R 분류기의 저항[Ω], r 전류계의 내부저항[Ω], I_a 전류계의 측정범위[A]

$R = \dfrac{r}{\left(\dfrac{I_0}{I_a}-1\right)} = \dfrac{20 \times 10^3}{\left(\dfrac{6 \times 10^{-3}}{1 \times 10^{-3}}-1\right)} = 4000[\Omega]$

• 답 : $4000[\Omega]$

배점5

08 대지 고유 저항률 $400[\Omega\cdot m]$, 직경 $19[mm]$, 길이 $2400[mm]$인 접지봉을 전부 매입했다고 한다. 접지저항(대지저항)값은 얼마인가?

• 계산 : _____   • 답 : _____

정답 • 계산 : 막대 모양의 접저저항 $R = \dfrac{\rho}{2\pi\ell} \times \ln\dfrac{2\ell}{r}[\Omega]$

여기서, ρ : 대지고유저항률$[\Omega\cdot m]$, ℓ : 접지봉의 길이$[m]$, r : 접지봉의 반지름$[m]$

$R = \dfrac{400}{2\pi \times 2.4} \times \ln\dfrac{2\times2.4}{\dfrac{0.019}{2}} = 165.13[\Omega]$

• 답 : $165.13[\Omega]$

배점6

09 다음 주어진 불평형 전압 조건을 이용하여 영상분, 정상분, 역상분 전압$[V]$을 구하시오.
($V_a = 7.3\angle 12.5°$, $V_b = 0.4\angle-100°$, $V_c = 4.4\angle 154°$ 단, 상순은 a–b–c이다.)

(1) 영상분 전압

• 계산 : _____   • 답 : _____

(2) 정상분 전압

• 계산 : _____   • 답 : _____

(3) 역상분 전압

• 계산 : _____   • 답 : _____

정답 (1) 영상분 전압

• 계산 : $V_0 = \dfrac{1}{3}(V_a + V_b + V_c) = \dfrac{1}{3}(7.3\angle12.5° + 0.4\angle-100° + 4.4\angle154°) = 1.47\angle45.11°$

• 답 : $1.47\angle45.11°[V]$

(2) 정상분 전압

• 계산 : $V_1 = \dfrac{1}{3}(V_a + aV_b + a^2V_c)$

$= \dfrac{1}{3}(7.3\angle12.5° + 1\angle120° \times 0.4\angle-100° + 1\angle240° \times 4.4\angle154°) = 3.97\angle20.54°$

• 답 : $3.97\angle20.54°[V]$

(3) 역상분 전압

- 계산 : $V_2 = \dfrac{1}{3}(V_a + a^2 V_b + a V_c)$

$= \dfrac{1}{3}(7.3\angle 12.5° + 1\angle 240° \times 0.4\angle -100° + 1\angle 120° \times 4.4\angle 154°) = 2.52\angle -19.7°$

- 답 : $2.52\angle -19.7°[\text{V}]$

배점5

10 다음 부하에 대한 발전기 최소 용량[kVA]을 아래의 식을 이용하여 산정하시오. (단, 전동기[kW]당 입력 환산계수(a)는 1.45, 전동기의 기동계수(c)는 2, 발전기의 허용전압강하계수(k)는 1.45이다.)

【발전기용량 산정식】

$PG \geq \left\{ \sum P + (\sum P_m - P_L) \times a + (P_L \times a \times c) \right\} \times k$

여기서,

PG : 발전기용량

P : 전동기 이외 부하의 입력 용량[kVA]

$\sum P_m$: 전동기 부하 용량 합계[kW]

P_L : 전동기 부하 중 기동용량이 가장 큰 전동기 부하 용량[kW]

a : 전동기의 [kW]당 입력[kVA] 용량 계수

c : 전동기의 기동계수

k : 발전기의 허용전압강하계수

No	부하 종류	부하 용량
1	유도전동기 부하	$37[\text{kW}] \times 1$ 대
2	유도전동기 부하	$10[\text{kW}] \times 5$ 대
3	전동기 이외 부하의 입력용량	$30[\text{kVA}]$

- 계산 :   - 답 :

정답 - 계산 : $PG \geq \left\{ \sum P + (\sum P_m - P_L) \times a + (P_L \times a \times c) \right\} \times k$

$= \{30 + (37 + 10 \times 5 - 37) \times 1.45 + (37 \times 1.45 \times 2)\} \times 1.45 = 304.21[\text{kVA}]$

- 답 : $304.21[\text{kVA}]$

배점5

11 단권변압기에서 전부하 2차단자전압 115[V], 권수비20, 전압변동률 2[%]일 때 1차 전압을 구하시오.

• 계산 : _____   • 답 : _____

_____

정답 • 계산 : $V_1 = a(1+\epsilon)V_{2n} = 20(1+0.02) \times 115 = 2346$[V]

• 답 : 2346[V]

배점11

12 그림은 누전차단기를 적용하는 것으로 CVCF 출력단의 접지용 콘덴서 C_0는 5[μF]이고, 부하측 라인필터의 대지 정전용량 $C_1 = C_2 = 0.1$[μF], 누전차단기 ELB_1에서 지락점까지의 케이블의 대지정전용량 $C_{L1} = 0.2$(ELB_1의 출력단에 지락 발생 예상), ELB_2에서 부하 2까지의 케이블의 대지정전용량은 $C_{L2} = 0.2$[μF]이다. 지락저항은 무시하며, 사용전압은 220[V], 주파수가 60[Hz]인 경우 다음 각 물음에 답하시오.

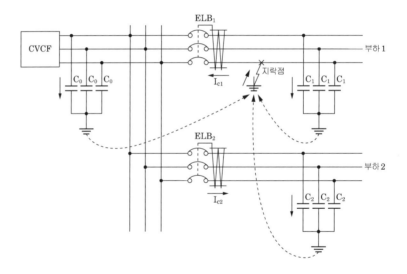

【조 건】

• $I_{C1} = 3 \times 2\pi f\, CE$ 에 의하여 계산한다.
• 누전차단기는 지락시의 지락전류의 $\frac{1}{3}$에 동작 가능하여야 하며, 부동작 전류는 건전 피더에 흐르는 지락전류의 2배 이상의 것으로 한다.
• 누전차단기의 시설 구분에 대한 표시 기호는 다음과 같다.
  ○ : 누전차단기를 시설할 것
  △ : 주택에 기계기구를 시설하는 경우에는 누전차단기를 시설할 것
  □ : 주택 구내 또는 도로에 접한 면에 룸에어컨디셔너, 아이스박스, 진열장, 자동판매기 등 전동기를 부품으로 한 기계기구를 시설하는 경우에는 누전차단기를 시설하는 것이 바람직하다.
※ 사람이 조작하고자 하는 기계기구를 시설한 장소보다 전기적인 조건이 나쁜 장소에서 접촉할 우려가 있는 경우에는 전기적 조건이 나쁜 장소에 시설된 것으로 취급한다.

(1) 도면에서 CVCF는 무엇인지 우리말로 그 명칭을 쓰시오.

   ○ _____

(2) 건전 피더(Feeder) ELB_2에 흐르는 지락전류 I_{C2}는 몇 $[\mathrm{mA}]$인가?

   • 계산 : _____   • 답 : _____

(3) 누전차단기 ELB_1, ELB_2가 불필요한 동작을 하지 않기 위해서는 정격감도전류 몇 $[\mathrm{mA}]$ 범위의 것을 선정하여야 하는가?

   • 계산 : _____   • 답 : _____

(4) 누전차단기의 시설 예에 대한 표의 빈칸에 ○, △, □로 표현하시오.

전로의 대지전압 ＼ 기계기구 시설장소	옥내		옥측		옥외	물기가 있는 장소
	건조한 장소	습기가 많은 장소	우선내	우선외		
$150[\mathrm{V}]$ 이하	－	－	－			
$150[\mathrm{V}]$ 초과 $300[\mathrm{V}]$ 이하				－		

정답 (1) 정전압 정주파수 공급 장치

    (2) 지락전류

      • 계산 : $I_{c2} = 3\omega CE = 3 \times 2\pi f \times (C_{L2} + C_2) \times \dfrac{V}{\sqrt{3}}$

$$= 3 \times 2\pi \times 60 \times (0.2 + 0.1) \times 10^{-6} \times \frac{220}{\sqrt{3}} \times 10^3 = 43.1[\mathrm{mA}]$$

      • 답 : $43.1[\mathrm{mA}]$

    (3) 정격감도전류

      • 계산

       ① 동작 전류＝지락전류$\times \dfrac{1}{3}$

$$I_c = 3\omega CE = 3 \times 2\pi f \times (C_0 + C_{L1} + C_1 + C_{L2} + C_2) \times \frac{V}{\sqrt{3}}$$

$$= 3 \times 2\pi \times 60 \times (5 + 0.2 + 0.1 + 0.2 + 0.1) \times 10^{-6} \times \frac{220}{\sqrt{3}} \times 10^3 = 804.46[\mathrm{mA}]$$

$$\therefore ELB = 804.46 \times \frac{1}{3} = 268.15[\mathrm{mA}]$$

       ② 부동작 전류＝건전피더 지락전류$\times 2$

        부하 1측 cable 지락시 부하 2측 cable에 흐르는 지락전류

$$I_c' = 3 \times 2\pi f \times (C_{L2} + C_2) \times \frac{V}{\sqrt{3}} = 3 \times 2\pi \times 60 \times (0.2 + 0.1) \times 10^{-6} \times \frac{220}{\sqrt{3}} \times 10^3$$

$$= 43.1[\mathrm{mA}]$$

$$\therefore ELB = 43.1 \times 2 = 86.2[\mathrm{mA}]$$

      • 답 : 정격 감도 전류 ELB ＝ 86.2 ～ 268.15$[\mathrm{mA}]$

(4) 누전차단기의 시설

전로의 대지전압	기계기구 시설장소	옥내		옥측		옥외	물기가 있는 장소
		건조한 장소	습기가 많은 장소	우선내	우선외		
150[V] 이하		—	—	—	□	□	○
150[V] 초과 300[V] 이하		△	○	—	○	○	○

배점9

13 수전전압 140[kV]인 변전소에 아래와 같은 정격전압 및 용량을 가진 3권선 변압기가 설치되어 있다. (단, 1차, 2차, 3차 전압과 용량은 각각 154[kV], 100[MVA], 66[kV], 50[MVA], 15.4[kV], 50[MVA]이며, 권선간의 %리액턴스는 아래와 같고 변압기의 기타 정수는 무시한다.)

- $X_{ps} = 9[\%]$ (100[MVA] 기준)
- $X_{st} = 3[\%]$ (50[MVA] 기준)
- $X_{pt} = 8.5[\%]$ (50[MVA] 기준)

---

(1) 각 권선의 % 리액턴스를 각 권선의 용량기준으로 표시하여라.

① 1차

- 계산 : _____   • 답 : _____

② 2차

- 계산 : _____   • 답 : _____

③ 3차

- 계산 : _____   • 답 : _____

(2) 1차 입력이 100000[kVA](역률은 0.9앞섬) 3차에는 50000[kVA]의 진상 무효전력이 접속되어 있을 때 2차 출력과 역률을 구하여라.

① 2차측 출력

- 계산 : _____   • 답 : _____

② 2차측 역률

- 계산 : _____   • 답 : _____

(3) (1), (2)의 경우 1차 전압이 $154[\text{kV}]$일 때 2차와 3차 모선의 전압을 구하여라.

① 2차 모선

• 계산 : _____ • 답 : _____

② 3차 모선

• 계산 : _____ • 답 : _____

정답 (1) 각 권선의 %리액턴스를 $100[\text{MVA}]$로 환산하면

$$X_{ps} = 9[\%], \quad X'_{st} = \frac{100}{50} \times X_{st} = \frac{100}{50} \times 3 = 6[\%], \quad X'_{pt} = \frac{100}{50} \times X_{pt} = 2 \times 8.5 = 17[\%]$$

따라서, 각 권선의 리액턴스는

① 1차
• 계산 : $X_p = \dfrac{9 + 17 - 6}{2} = 10[\%]$ ($100[\text{MVA}]$ 기준)
• 답 : $10[\%]$

② 2차
• 계산 : $X_s = \dfrac{9 + 6 - 17}{2} = -1[\%]$ ($100[\text{MVA}]$ 기준) $\therefore 50[\text{MVA}]$ 기준 : $-0.5[\%]$
• 답 : $-0.5[\%]$

③ 3차
• 계산 : $X_t = \dfrac{17 + 6 - 9}{2} = 7[\%]$ ($100[\text{MVA}]$ 기준) $\therefore 50[\text{MVA}]$ 기준 : $3.5[\%]$
• 답 : $3.5[\%]$

(2) 각 권선의 피상전력을 P_p, P_s, P_t라고 하면 2차 출력과 역률은 아래와 같다.

① 2차측 출력
• 계산 : $P_s = \sqrt{(P_p \cos\theta_p)^2 + (P_t - P_p \sin\theta_p)^2} = \sqrt{(100 \times 0.9)^2 + (50 - 100 \times \sqrt{1 - 0.9^2})^2}$
$= 90200[\text{kVA}]$
• 답 : $90200[\text{MVA}]$

② 2차측 역률
• 계산 : $\cos\theta_s = \dfrac{90,000}{90,200} \times 100 = 99.8[\%]$
• 답 : $99.8[\%]$

(3) 각 권선의 전압강하

$$e_p = (-0.1)\sqrt{1 - 0.9^2} = -0.0436$$

$$e_s = (-0.01)\sqrt{1 - 0.998^2} \times \frac{90200}{100000} = -0.00057$$

$$e_t = (-0.035) \times 1 = -0.035$$

① 2차 모선
• 계산 : $V_2 = 66(1 - e_p - e_s) = 66 \times [1 - (-0.0436) - (-0.00057)] = 68.92[\text{kV}]$
• 답 : $68.92[\text{kV}]$

② 3차 모선
• 계산 : $V_3 = 15.4(1 - e_p - e_t) = 15.4 \times [1 - (-0.0436) - (-0.035)] = 16.61[\text{kV}]$
• 답 : $16.61[\text{kV}]$

배점5

14 다음은 어느 제조공장의 부하 목록이다. 부하중심거리공식을 활용하여 부하중심위치(X, Y)를 구하시오. (단, X는 X축 좌표, Y는 Y축 좌표를 의미하고 다른 주어지지 않은 조건은 무시한다.)

구분	분류	소비전력량	위치(X)	위치(Y)
1	물류저장소	120[kWh]	4[m]	4[m]
2	유틸리티	60[kWh]	9[m]	3[m]
3	사무실	20[kWh]	9[m]	9[m]
4	생산라인	320[kWh]	6[m]	12[m]

• 계산 : _____   • 답 : _____

정답 • 계산 : $X = \dfrac{120 \times 4 + 60 \times 9 + 20 \times 9 + 320 \times 6}{120 + 60 + 20 + 320} = 6[m]$

$Y = \dfrac{120 \times 4 + 60 \times 3 + 20 \times 9 + 320 \times 12}{120 + 60 + 20 + 320} = 9[m]$

• 답 : $X = 6[m]$, $Y = 9[m]$

배점6

15 다음 주어진 논리회로를 보고 물음에 답하시오.

(1) 회로의 명칭을 쓰시오.

  ○ _____

(2) 논리식을 작성하시오.

  ○ _____

(3) 진리표를 완성하시오.

A	B	Y
0	0	
0	1	
1	0	
1	1	

정답 (1) Exclusive NOR회로, 일치회로

(2) $Y = A \cdot B + \overline{A} \cdot \overline{B}$

(3) 진리표

A	B	Y
0	0	1
0	1	0
1	0	0
1	1	1

배점6

16 다음 논리식을 참고하여 유접점 회로를 완성하시오.

$$(X + \overline{Y} + Z) \cdot (Y + \overline{Z})$$

정답

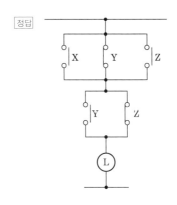

배점5

17 기계기구 및 전선의 보호시 과전류 차단기의 시설이 제한되는 개소 3가지를 작성하시오. (단, 전동기 과부하 보호 사항은 제외된다.)

○

○

○

• 접지공사의 접지도체

• 다선식 전로의 중성선

• 전로의 일부에 접지공사를 한 저압가공전선로의 접지측 전선

18 감리자의 지시 등이 서로 일치하지 아니하는 경우에 있어 계약으로 그 적용의 우선순위를 정하지 아니한 때의 순서를 바르게 배열하시오.

• 산출내역서	• 표준시방서	• 감리자의 지시사항	• 공사시방서
• 설계도면	• 전문시방서	• 승인된 상세시공도면	• 관계법령의 유권해석

1. 공사시방서

2. 설계도면

3. 전문시방서

4. 표준시방서

5. 산출내역서

6. 승인된 상세시공도면

7. 관계법령의 유권해석

8. 감리자의 지시사항

국가기술자격검정 실기시험문제 및 정답

2022년도 전기기사 **제2회** 필답형 실기시험

종 목	시험시간	형 별	성 명	수험번호
전기기사	2시간 30분	A		

※ 수험자 인적사항 및 답안작성(계산식 포함)은 흑색의 필기구만 사용하여야 하며 흑색을 제외한 유색 필기구 또
는 연필류를 사용하거나 2가지 이상의 색을 혼합 사용하였을 경우 그 문항은 0점 처리됩니다.

배점5

01 그림과 같이 전류계 3개를 가지고 부하전력을 측정하려고 한다. 각 전류계의 지시가
$A_1 = 7[\text{A}]$, $A_2 = 4[\text{A}]$, $A_3 = 10[\text{A}]$,이고, $R = 25[\Omega]$일 때 다음을 구하시오.

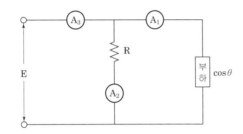

(1) 부하전력$[\text{W}]$을 구하시오.

　• 계산 : 　　　　　　　　　　　　　　　　　　　　• 답 :

(2) 부하 역률을 구하시오.

　• 계산 : 　　　　　　　　　　　　　　　　　　　　• 답 :

정답 (1) • 계산 : $P = \dfrac{R}{2}(A_3^2 - A_2^2 - A_1^2) = \dfrac{25}{2} \times (10^2 - 4^2 - 7^2) = 437.5[\text{W}]$

　　　• 답 : $437.5[\text{W}]$

(2) • 계산 : $\cos\theta = \dfrac{A_3^2 - A_2^2 - A_1^2}{2A_2A_1} = \dfrac{10^2 - 4^2 - 7^2}{2 \times 4 \times 7} \times 100 = 62.5[\%]$

　　　• 답 : $62.5[\%]$

배점4

02 3상 3선식 1회선 배전선로의 말단에 늦은 역률 80[%]인 평형 3상의 집중부하가 있다. 변전소 인출구 전압이 6600[V]인 경우 부하의 단자 전압을 6000[V] 이하로 떨어뜨리지 않기 위한 부하전력은 몇[kW]인지 구하시오. (단, 전선 1가닥당 저항은 1.4[Ω], 리액턴스는 1.8[Ω]이라고 하고 기타의 선로정수는 무시한다.)

· 계산 : _____ · 답 : _____

정답 · 계산 : 전압강하 $e = \dfrac{P}{V_r}(R + X\tan\theta)$에서

$$P = \frac{e \times V_r}{R + X\tan\theta} = \frac{600 \times 6000}{1.4 + 1.8 \times \dfrac{0.6}{0.8}} \times 10^{-3} = 1309.09\,[\text{kW}]$$

· 답 : 1309.09[kW]

배점6

03 전압 2300[V], 전류 43.5[A], 저항 0.66[Ω], 무부하손 1000[W]인 변압기에서 다음 조건일 때의 효율을 구하시오.

(1) 전 부하시 역률 100[%]와 80[%]인 경우

· 계산 : _____ · 답 : _____

(2) 반 부하시 역률 100[%]와 80[%]인 경우

· 계산 : _____ · 답 : _____

정답 (1) 전 부하시 역률 100[%]와 80[%]인 경우

변압기 효율 $\eta = \dfrac{mP_a\cos\theta}{mP_a\cos\theta + P_i + m^2P_c} \times 100[\%]$, 전 부하시 $m = 1$

① 역률 100[%]일 때

· 계산 : $\eta = \dfrac{1 \times 2300 \times 43.5 \times 1}{1 \times 2300 \times 43.5 \times 1 + 1000 + 1^2 \times 43.5^2 \times 0.66} \times 100[\%] = 97.8[\%]$

· 답 : 역률 100[%]일 때 97.8[%]

② 역률 80[%]일 때

· 계산 : $\eta = \dfrac{1 \times 2300 \times 43.5 \times 0.8}{1 \times 2300 \times 43.5 \times 0.8 + 1000 + 1^2 \times 43.5^2 \times 0.66} \times 100[\%] = 97.27[\%]$

· 답 : 역률 80[%]일 때 97.27[%]

(2) 반 부하시 역률 100[%]와 80[%]인 경우

변압기 효율 $\eta = \dfrac{mP_a\cos\theta}{mP_a\cos\theta + P_i + m^2P_c} \times 100[\%]$, 반 부하시 부하율 $m = 0.5$

① 역률 100[%]일 때

• 계산 : $\eta = \dfrac{0.5 \times 2300 \times 43.5 \times 1}{0.5 \times 2300 \times 43.5 \times 1 + 1000 + 0.5^2 \times 43.5^2 \times 0.66} \times 100[\%] = 97.44[\%]$

• 답 : 역률 100[%]일 때 97.44[%]

② 역률 80[%]일 때

• 계산 : $\eta = \dfrac{0.5 \times 2300 \times 43.5 \times 0.8}{0.5 \times 2300 \times 43.5 \times 0.8 + 1000 + 0.5^2 \times 43.5^2 \times 0.66} \times 100[\%] = 96.83[\%]$

• 답 : 역률 80[%]일 때 96.83[%]

배점6

04 지표면상 10[m] 높이에 수조가 있다. 이 수조에 초당 1[m³]의 물을 양수하는데 사용되는 펌프용 전동기에 3상 전력을 공급하기 위하여 단상 변압기 2대를 V결선 하였다. 펌프 효율이 70[%]이고, 펌프축 동력에 20[%]의 여유를 두는 경우 다음 각 물음에 답하시오. (단, 펌프용 3상 농형 유도 전동기의 역률을 100[%]로 가정한다.)

(1) 펌프용 전동기의 소요 동력은 몇 [kW]인가?

• 계산 : _____   • 답 : _____

(2) 변압기 1대의 용량은 몇 [kVA]인가?

• 계산 : _____   • 답 : _____

정답 (1) 펌프용 전동기의 소요동력

• 계산 : $P = \dfrac{9.8QH}{\eta} \times K[\text{kW}]$

여기서, Q : 유량[m³/s], H : 높이[m], K : 여유계수, η : 펌프 효율

$P = \dfrac{9.8 \times 1 \times 10}{0.7} \times 1.2 = 168[\text{kW}]$

• 답 : 168[kW]

(2) 변압기 1대의 용량

• 계산 : V결선시 변압기 용량 $P_V = \sqrt{3}\,P_1 = 168[\text{kVA}]$ ($\because \cos\theta = 1$)

$P_1 = \dfrac{168}{\sqrt{3}} = 96.99[\text{kVA}]$

• 답 : 96.99[kVA]

2022

05 아래의 그림과 같은 전력 계통이 있다. 각 부분의 %임피던스는 그림에 보인 대로이며 모두가 10[MVA]의 기준용량으로 환산된 것이다. 차단기 a의 단락 용량[MVA]을 구하시오.

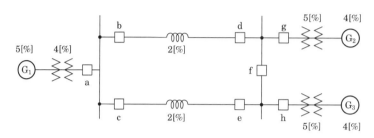

• 계산 : _____ • 답 : _____

정답　• 계산

① 차단기 a의 바로 우측에서 단락 고장이 일어났을 경우 a에 흐르는 전류 I_a

$$I_a = I_{G1} = \frac{100}{5+4} \times I_n = 11.11 I_n$$

② 차단기 a의 바로 좌측에서 단락 고장이 일어났을 경우 a에 흐르는 전류 I_a'

$$I_a' = I_{G2} + I_{G3} = \frac{100}{5+4+2} \times I_n \times 2 = 18.18 I_n$$

$I_a' > I_a$ 이므로, I_a'에 대해서 단락 용량을 결정한다.

$$\%Z_{total} = \frac{4+5+2}{2} = 5.5[\%]$$

$$\therefore P_s = \frac{100}{5.5} \times 10 = 181.82[MVA]$$

• 답 : 181.82[MVA]

06 다음 아래의 표를 이용하여 합성최대전력을 구하시오.

	A	B	C	D
설비용량[kW]	10	20	20	30
수용률	0.8	0.8	0.6	0.6
부등률	1.3			

• 계산 : _____ • 답 : _____

정답　• 계산

$$합성최대전력 = \frac{\sum 설비용량 \times 수용률}{부등률} = \frac{10 \times 0.8 + 20 \times 0.8 + 20 \times 0.6 + 30 \times 0.6}{1.3} = 41.54[kW]$$

• 답 : 41.54[kW]

배점6

07 다음 주어진 불평형 전압 조건을 이용하여 영상분, 정상분, 역상분 전압[V]을 구하시오.
($V_a = 7.3 \angle 12.5°$, $V_b = 0.4 \angle -100°$, $V_c = 4.4 \angle 154°$ 단, 상순은 a-b-c이다.)

(1) 영상분 전압

- 계산 : _____ • 답 : _____

(2) 정상분 전압

- 계산 : _____ • 답 : _____

(3) 역상분 전압

- 계산 : _____ • 답 : _____

정답 (1) 영상분 전압

- 계산 : $V_0 = \dfrac{1}{3}(V_a + V_b + V_c) = \dfrac{1}{3}(7.3 \angle 12.5° + 0.4 \angle -100° + 4.4 \angle 154°) = 1.47 \angle 45.11°$
- 답 : $1.47 \angle 45.11°[V]$

(2) 정상분 전압

- 계산 : $V_1 = \dfrac{1}{3}(V_a + a V_b + a^2 V_c)$
$= \dfrac{1}{3}(7.3 \angle 12.5° + 1 \angle 120° \times 0.4 \angle -100° + 1 \angle 240° \times 4.4 \angle 154°) = 3.97 \angle 20.54°$
- 답 : $3.97 \angle 20.54°[V]$

(3) 역상분 전압

- 계산 : $V_2 = \dfrac{1}{3}(V_a + a^2 V_b + a V_c)$
$= \dfrac{1}{3}(7.3 \angle 12.5° + 1 \angle 240° \times 0.4 \angle -100° + 1 \angle 120° \times 4.4 \angle 154°) = 2.52 \angle -19.7°$
- 답 : $2.52 \angle -19.7°[V]$

배점5

08 폭 15[m]인 도로의 양쪽에 간격 20[m]를 두고 대칭 배열로 가로등이 점등되어 있다. 한 등의 전광속은 8000[lm], 조명률은 45[%]일 때, 도로의 조도를 계산하시오.

- 계산 : _____ • 답 : _____

정답 • 계산 : 도로 양쪽 조명[대칭배열]의 면적 $S = \dfrac{ab}{2}$

$$E = \dfrac{FUN}{D \times \dfrac{ab}{2}} = \dfrac{8000 \times 0.45 \times 1}{1 \times \dfrac{20 \times 15}{2}} = 24[lx]$$

- 답 : 24[lx]

배점6

09 수전전압 6600[V], 가공전선로의 %임피던스가 58.5[%]일 때 수전점의 3상 단락전류가 8000[A]인 경우 기준용량과 수전용 차단기의 정격차단용량은 얼마인가?

차단기 정격용량

10	20	30	50	75	100	150	250	300	400	500

(1) 기준용량

　· 계산 : _____　　　· 답 : _____

(2) 차단용량

　· 계산 : _____　　　· 답 : _____

정답　(1) 기준용량

　　· 계산 : $I_s = \dfrac{100}{\%Z} \times I_n$,　$I_s = 8000[A]$,　$I_n = \dfrac{\%Z}{100} \times I_s = \dfrac{58.5}{100} \times 8000 = 4680[A]$

　　　　$P_n = \sqrt{3} \times 6600 \times 4680 \times 10^{-6} = 53.5[MVA]$

　　· 답 : 53.5[MVA]

　(2) 차단용량

　　· 계산 : $P_s = \dfrac{100}{\%Z} \times P_n = \dfrac{100}{58.5} \times 53.5 = 91.45[MVA]$

　　· 답 : 100[MVA]

배점5

10 그림과 같이 접속된 3상 3선식 고압 수전설비의 변류기 2차 전류가 언제나 4.2[A]이었다. 이때, 수전전력[kW]을 구하시오. (단, 수전전압은 6600[V], 변류비는 50/5[A], 역률은 100[%]이다.)

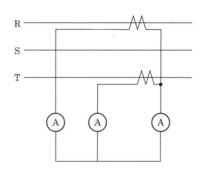

　· 계산 : _____　　　· 답 : _____

정답　· 계산 : $P = \sqrt{3}\, V_1 I_1 \cos\theta = \sqrt{3} \times 6600 \times \left(4.2 \times \dfrac{50}{5}\right) \times 1 \times 10^{-3} = 480.12[kW]$

　· 답 : 480.12[kW]

배점13

11 다음 도면은 22.9[kV]특고압 수전설비의 도면이다. 다음 도면을 보고 물음에 답하시오.

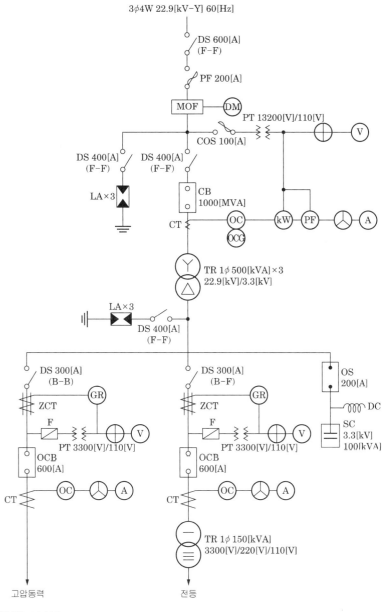

(1) DM의 명칭을 쓰시오.

○ _____

(2) 단로기의 정격전압을 쓰시오.

○ _____

(3) PF의 역할을 쓰시오.

○ _____

(4) SC의 역할을 쓰시오.

   ○ _____

(5) 22.9[kV] 피뢰기의 정격전압을 쓰시오

   ○ _____

(6) ZCT의 역할을 쓰시오.

   ○ _____

(7) GR의 역할을 쓰시오.

   ○ _____

(8) CB의 역할을 쓰시오.

   ○ _____

(9) 1대의 전압계로 3상 전압을 측정하기 위한 기기의 약호를 쓰시오.

   ○ _____

(10) 1대의 전류계로 3상 전류를 측정하기 위한 기기의 약호를 쓰시오.

   ○ _____

(11) OS의 명칭이 무엇인지 쓰시오.

   ○ _____

(12) MOF의 기능을 쓰시오.

   ○ _____

(13) 3.3[kV]측의 차단기에 적힌 전류값 600[A]는 무엇을 의미하는가?

   ○ _____

정답 (1) 최대수요전력량계   (2) 25.8[kV]

     (3) 단락전류 차단   (4) 부하의 역률개선

     (5) 18[kV]   (6) 지락 사고시 영상 전류 검출

     (7) 지락사고시 트립코일을 여자시킴   (8) 고장전류 차단 및 부하전류 개폐

     (9) VS   (10) AS

     (11) 유입 개폐기   (12) PT와 CT를 함께 내장하여 전력량계에 전원을 공급

     (13) 차단기의 정격전류

배점8

12 5000[kVA]의 변전설비를 갖는 수용가에서 현재 5000[kVA], 역률 75[%](지상)의 부하를 공급하고 있다.

(1) 1000[kVA]의 전력용 콘덴서를 연결할 경우 개선되는 역률은?

• 계산 : _____ • 답 : _____

(2) 전력용 콘덴서 연결 후 80[%](지상)의 부하를 추가하여 변압기 전용량까지 사용할 경우 증가시킬 수 있는 유효전력은 몇 [kW]인가?

• 계산 : _____ • 답 : _____

(3) 이때의 종합역률[%]은 얼마인가?

• 계산 : _____ • 답 : _____

2022

정답 (1) • 계산 :

① 기존부하의 유효분 : $P_1 = P_a \times \cos\theta_1 = 5000 \times 0.75 = 3750[kW]$

② 콘덴서 설치 후 기존부하의 무효분

$$P_{r1} = P_r - Q = 5000 \times \sqrt{1 - 0.75^2} - 1000 = 2307.19[kVar]$$

③ 개선 역률 $\cos\theta = \dfrac{3750}{\sqrt{3750^2 + 2307.19^2}} \times 100 = 85.17[\%]$

• 답 : 85.17[%]

(2) • 계산

① 콘덴서 설치 후 부하의 크기 : $P_a^{'} = \sqrt{3750^2 + 2307.19^2} = 4402.91[kVA]$

② 감소된 부하의 크기[kVA]

$\Delta P_a = 5000 - 4402.91 = 597.09[kVA]$

③ 증가시킬 수 있는 부하의 크기[kW]

$\Delta P = 597.09 \times 0.8 = 477.67[kW]$

• 답 : 477.67[kW]

(3) • 계산 : $\cos\theta_0 = \dfrac{3750 + 477.67}{5000} \times 100 = 84.55[\%]$

• 답 : 84.55[%]

배점4

13 다음 회로를 보고 물음에 답하시오.

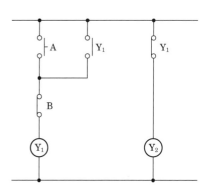

(1) 논리식을 작성하시오.

  ○ _____

(2) 논리회로를 완성하시오.

정답 (1) $Y_1 = (A + Y_1)\,\overline{B}$, $Y_2 = \overline{Y_1}$

    (2) 논리회로

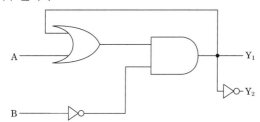

배점6

14 다음 진리표를 보고 물음에 답하시오.

A	B	C	Y_1	Y_2
0	0	0	0	1
0	0	1	0	1
0	1	0	0	1
0	1	1	0	0
1	0	0	0	1
1	0	1	1	1
1	1	0	1	1
1	1	1	1	0

(1) 논리식을 작성하시오.

   ○ _____

(2) 유접점 회로를 완성하시오.

(3) 논리회로를 완성하시오.

정답 (1) · $Y_1 = A(B+C)$

      · $Y_2 = \overline{B} + \overline{C}$

(2) 유접점 회로

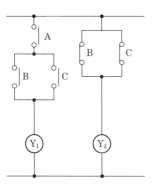

(3) 논리회로

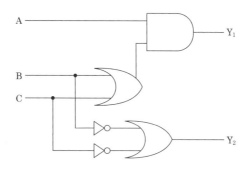

배점4

15 다음 한국전기설비규정(KEC)에 의한 전선의 색상표이다. 빈칸을 채우시오.

상(문자)	색상
L1	①
L2	검정색
L3	②
N	③
보호도체	④

정답 ① 갈색 ② 회색 ③ 파란색 ④ 녹색-노란색

16 다음 약호에 대한 명칭을 쓰시오.

(1) PEM(protective earthing conductor and a mid-point conductor)

  ○ _____

(2) PEL(protective earthing conductor and a line conductor)

  ○ _____

정답 (1) (직류회로) 중간선 겸용 보호도체
     (2) (직류회로) 선도체 겸용 보호도체

배점5

17 안전관리업무를 대행하는 전기안전관리자는 전기설비가 설치된 장소 또는 사업장을 방문하여 실시해야 하는 용량별 점검횟수 및 간격에 해당하는 빈칸을 채우시오.

용 량 별		점검 횟수	점검 간격
저압	1~300[kW] 이하	월 1회	20일 이상
	300[kW] 초과	월 2회	10일 이상
고압이상	1~300[kW] 이하	월 1회	20일 이상
	300[kW] 초과 ~ 500[kW] 이하	월 (①) 회	(②)일 이상
	500[kW] 초과 ~ 700[kW] 이하	월 (③) 회	(④)일 이상
	700[kW] 초과 ~ 1,500[kW] 이하	월 (⑤) 회	(⑥)일 이상
	1,500[kW] 초과 ~ 2,000[kW] 이하	월 (⑦) 회	(⑧)일 이상
	2,000[kW] 초과~	월 (⑨) 회	(⑩)일 이상

정답 ① 2   ② 10   ③ 3   ④ 7   ⑤ 4
     ⑥ 5   ⑦ 5   ⑧ 4   ⑨ 6   ⑩ 3

18 다음 사항은 전력시설물 공사감리업무 수행지침 중 설계변경 및 계약금액의 조정 관련 감리업무와 관련된 사항이다. 빈칸을 채우시오.

> 감리원은 설계변경 등으로 인한 계약금액의 조정을 위한 각종 서류를 공사업자로부터 제출받아 검토 및 확인한 후 감리업자에게 보고하여야 하며, 감리업자는 소속 비상주감리원에게 검토 및 확인하게 하고 대표자 명의로 발주자에게 제출하여야 한다. 이때 변경설계도서의 설계자는 (①), 심사자는 (②)이 날인하여야 한다. 다만, 대규모 통합감리의 경우, 설계자는 실제 설계 담당 감리원과 책임감리원이 연명으로 날인하고 변경설계도서의 표지양식은 사전에 발주처와 협의하여 정한다.

[정답] ① 책임감리원   ② 비상주감리원

2022년도 전기기사 제3회 필답형 실기시험

종 목	시험시간	형별	성 명	수험번호
전기기사	2시간 30분	A		

※ 수험자 인적사항 및 답안작성(계산식 포함)은 흑색의 필기구만 사용하여야 하며 흑색을 제외한 유색 필기구 또는 연필류를 사용하거나 2가지 이상의 색을 혼합 사용하였을 경우 그 문항은 0점 처리됩니다.

배점6

01 고압선로에서의 지락사고 검출 및 경보장치를 그림과 같이 시설하였다. A선에 지락사고가 발생하였을 때 다음 각 물음에 답하시오. (단, 전원이 인가되고 경보벨의 스위치는 닫혀있는 상태라고 한다.)

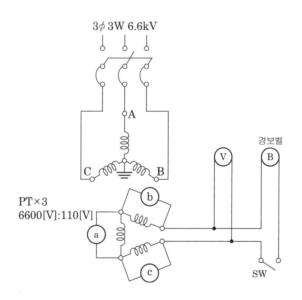

(1) 1차측 A선의 대지 전압이 0[V]인 경우 B선 및 C선의 대지 전압은 각각 몇 [V]인가?

① B선의 대지전압

• 계산 : _____ • 답 : _____

② C선의 대지전압

• 계산 : _____ • 답 : _____

(2) 2차측 전구 ⓐ의 전압이 0[V]인 경우 ⓑ 및 ⓒ 전구의 전압과 전압계 Ⓥ의 지시 전압, 경보벨 Ⓑ에 걸리는 전압은 각각 몇 [V]인가?

① ⓑ 전구의 전압

• 계산 : _____ • 답 : _____

② ⓒ 전구의 전압

• 계산 : _____ • 답 : _____

③ 전압계 Ⓥ의 지시 전압

• 계산 : _____ • 답 : _____

④ 경보벨 Ⓑ에 걸리는 전압

• 계산 : _____ • 답 : _____

정답 (1) ① • 계산 : $\dfrac{6600}{\sqrt{3}} \times \sqrt{3} = 6600[\mathrm{V}]$

　　　　• 답 $6600[\mathrm{V}]$

　　② • 계산 : $\dfrac{6600}{\sqrt{3}} \times \sqrt{3} = 6600[\mathrm{V}]$

　　　　• 답 $6600[\mathrm{V}]$

　(2) ① • 계산 : $\dfrac{110}{\sqrt{3}} \times \sqrt{3} = 110[\mathrm{V}]$

　　　　• 답 $110[\mathrm{V}]$

　　② • 계산 : $\dfrac{110}{\sqrt{3}} \times \sqrt{3} = 110[\mathrm{V}]$

　　　　• 답 $110[\mathrm{V}]$

　　③ • 계산 : $\dfrac{110}{\sqrt{3}} \times 3 = 190.53[\mathrm{V}]$

　　　　• 답 $190.53[\mathrm{V}]$

　　④ • 계산 : $\dfrac{110}{\sqrt{3}} \times 3 = 190.53[\mathrm{V}]$

　　　　• 답 $190.53[\mathrm{V}]$

배점4

02 그림은 22.9[kV − Y], 1000[kVA] 이하에 적용 가능한 특고압 간이 수전설비 결선도이다. 각 물음에 답하시오.

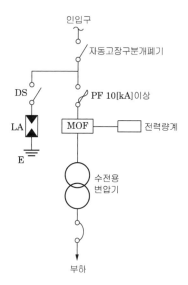

(1) 위 결선도에서 생략할 수 있는 것은?

  ○ _____

(2) 인입선을 지중선으로 시설하는 경우로 공동주택 등 고장시 정전피해가 큰 경우에는 예비지중선을 포함하여 몇 회선으로 시설하는 것이 바람직한가?

  ○ _____

(3) 지중 인입선의 경우에 22.9[kV − Y] 계통은 어떤 케이블을 사용하는 것이 바람직한가?

  ○ _____

(4) 300[kVA] 이하인 경우는 자동고장 구분개폐기 대신 어떤 것을 사용할 수 있는가?

  ○ _____

정답 (1) 피뢰기용 단로기

  (2) 2회선

  (3) CNCV−W(수밀형) 또는 TR CNCV−W(트리억제형)

  (4) 인터럽터스위치

2022

배점4

03 다음 상용전원과 예비전원 운전시 유의하여야 할 사항이다. ( )안에 알맞은 내용을 쓰시오.

상용전원과 예비전원 사이에는 병렬운전을 하지 않는 것이 원칙이므로 수전용 차단기와 발전용 차단기 사이에는 전기적 또는 기계적 (①)을 시설해야 하며 (②)를 사용해야 한다.

정답 ① 인터록 ② 전환개폐기

배점4

04 다음 아래의 보호계전기의 약호에 따른 명칭을 쓰시오.

약호	명칭
OCR	
OVR	
UVR	
GR	

정답 ① 과전류계전기
② 과전압계전기
③ 부족전압계전기
④ 지락계전기

배점4

05 어느 기간 중에 수용가의 최대수요전력[kW]과 그 수용가가 설치하고 있는 설비용량의 합계[kW]와의 비를 말하는 것은 무엇인가?

o _____

정답 수용률

배점5

06 발전기의 최대출력 400[kW], 일부하율 40[%], 중유의 발열량 9600[kcal/*l*], 열효율 36[%]일 때 하루 동안의 연료 소비량[*l*]은 얼마인가?

• 계산 : ＿＿＿＿＿＿＿＿＿＿＿＿   • 답 : ＿＿＿＿＿＿＿＿＿

정답 • 계산 : 발전기 효율 $\eta = \dfrac{860\,W}{mH} \times 100[\%]$

단, m : 연료[*l*], H : 발열량[kcal/*l*], W : 발생 전력량[kWh]

$$m = \frac{860 \times 400 \times 0.4 \times 24}{0.36 \times 9600} = 955.56[l]$$

• 답 : 955.56[*l*]

배점6

07 전력계통에 이용되는 리액터의 설치 목적에 따른 리액터의 명칭을 쓰시오.

설치 목적	리액터 명칭
단락사고시 단락전류를 제한한다.	
페란티 현상을 방지한다.	
중성점 접지용으로 아크를 소호시킨다.	

정답

설치 목적	리액터 명칭
단락사고시 단락전류를 제한한다.	한류리액터
페란티 현상을 방지한다.	분로리액터
중성점 접지용으로 아크를 소호시킨다.	소호리액터

배점4

08 전기설비의 방폭구조 종류 3가지만 쓰시오.

○ ＿＿＿＿＿＿＿＿＿＿＿＿＿＿＿＿＿＿＿＿

○ ＿＿＿＿＿＿＿＿＿＿＿＿＿＿＿＿＿＿＿＿

○ ＿＿＿＿＿＿＿＿＿＿＿＿＿＿＿＿＿＿＿＿

정답 ① 내압 방폭구조
② 유입 방폭구조
③ 특수 방폭구조
④ 압력 방폭구조

배점6

09 평형 3상 회로로 운전하는 유도 전동기의 회로를 2전력계법에 의하여 측정하고자 한다. $W_1 = 2.6[\text{kW}]$, $W_2 = 5.4[\text{kW}]$, $V = 220[\text{V}]$, $I = 25[\text{A}]$일 때 전동기의 역률은 몇 [%]인가?

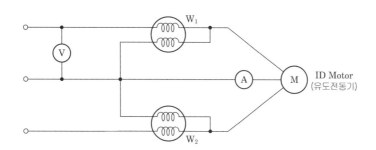

• 계산 : _____ • 답 : _____

정답 • 계산 : ① 유효 전력 $P = W_1 + W_2 = 2.6 + 5.4 = 8[\text{kW}]$

② 피상 전력 $P_a = \sqrt{3}\, VI = \sqrt{3} \times 220 \times 25 \times 10^{-3} = 9.53[\text{kVA}]$

③ 역률 $\cos\theta = \dfrac{P}{P_a} = \dfrac{8}{9.53} \times 100 = 83.95[\%]$

• 답 : 83.95[%]

배점10

10 5[km]의 3상 3선식 배전선로의 말단에 1000[kW], 역률 80[%](지상)의 부하가 접속되어 있다. 지금 전력용 콘덴서로 역률이 95[%]로 개선 되었다면 이 선로의 전압강하와 전력손실은 역률 개선 전의 몇 [%]로 되겠는가? 단, 선로의 임피던스는 1선당 $0.3 + j0.4$ [Ω/km]라 하고 부하전압은 6000[V]로 일정하다고 한다.

(1) 전압강하

• 계산 : _____ • 답 : _____

(2) 전력손실

• 계산 : _____ • 답 : _____

정답 (1) 전압강하

• 계산

$R = 0.3 \times 5 = 1.5[\Omega], \quad X = 0.4 \times 5 = 2[\Omega]$

전압강하 $e = \sqrt{3}\, I(R\cos\theta + X\sin\theta)[\mathrm{V}]$

역률 개선 전 전류 $I_1 = \dfrac{1000 \times 10^3}{\sqrt{3} \times 6000 \times 0.8} = 120.28[\mathrm{A}]$

역률 개선 후 전류 $I_2 = \dfrac{1000 \times 10^3}{\sqrt{3} \times 6000 \times 0.95} = 101.29[\mathrm{A}]$

① 역률 개선 전 전압강하

$\begin{aligned} e_1 &= \sqrt{3}\, I_1 (R\cos\theta_1 + X\sin\theta_1)[\mathrm{V}] \\ &= \sqrt{3} \times 120.28 \times (1.5 \times 0.8 + 2 \times 0.6) = 500[\mathrm{V}] \end{aligned}$

② 역률 개선 후 전압강하

$\begin{aligned} e_2 &= \sqrt{3}\, I_2 (R\cos\theta_2 + X\sin\theta_2)[\mathrm{V}] \\ &= \sqrt{3} \times 101.29 \times (1.5 \times 0.95 + 2 \times \sqrt{1-0.95^2}) = 359.56[\mathrm{V}] \end{aligned}$

$\therefore \dfrac{e_2}{e_1} = \dfrac{359.56}{500} \times 100 = 71.91[\%]$

• 답 : $71.91[\%]$

(2) 전력손실

• 계산

① 역률 개선 전 전력손실 : $P_{\ell 1} = 3I_1^2 R = 3 \times (120.28)^2 \times 1.5 = 65102.75[\mathrm{W}]$

② 역률 개선 후 전력손실 : $P_{\ell 2} = 3I_2^2 R = 3 \times (101.29)^2 \times 1.5 = 46168.49[\mathrm{W}]$

$\therefore \dfrac{P_{\ell 2}}{P_{\ell 1}} = \dfrac{46168.49}{65102.75} \times 100 = 70.92[\%]$

• 답 : $70.92[\%]$

배점4

11 높이 $5[\mathrm{m}]$의 점에 있는 백열전등에서 광도 $12500[\mathrm{cd}]$의 빛이 수평거리 $7.5[\mathrm{m}]$의 점 P에 주어지고 있다.

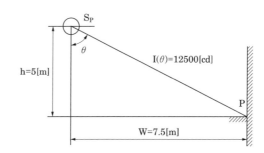

(1) P점의 수평면 조도(E_h)를 구하시오.

• 계산 : _____   • 답 : _____

(2) P점의 수직면 조도(E_v)를 구하시오.

• 계산 : _____   • 답 : _____

정답 (1) • 계산 : $E_h = \dfrac{I}{\ell^2}\cos\theta = \dfrac{12500}{5^2+7.5^2} \times \dfrac{5}{\sqrt{5^2+7.5^2}} = 85.338[\text{lx}]$

   • 답 : 85.34[lx]

(2) • 계산 : $E_v = \dfrac{I}{\ell^2}\sin\theta = \dfrac{12500}{5^2+7.5^2} \times \dfrac{7.5}{\sqrt{5^2+7.5^2}} = 128.007[\text{lx}]$

   • 답 : 128.01[lx]

배점9

12 그림과 같은 사무실에서 평균조도를 200[lx]로 할 때 다음 각 물음에 답하시오.

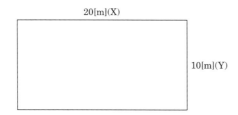

20[m](X)

10[m](Y)

【조 건】
• 40[W]형광등이며 광속은 2500[lm]으로 한다.
• 조명률은 0.6, 감광보상률은 1.2로 한다.
• 사무실 내부에 기둥은 없다.
• 간격은 등기구 센터를 기준으로 한다.
• 등기구는 ○으로 표시한다.

(1) 이 사무실에 필요한 형광등의 수를 구하시오.

• 계산 : _____   • 답 : _____

(2) 등기구를 답안지에 배치하시오.

(3) 등간격과 최외각에 설치된 등기구와 건물벽간의 간격(A, B, C, D)은 각각 몇 [m]인가?

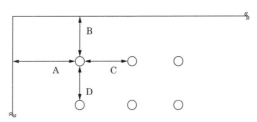

○ _____

(4) 만일 주파수 60[Hz]에 사용하는 형광방전등을 50[Hz]에서 사용한다면 광속과 점등 시간은 어떻게 변화되는지를 설명하시오.

○ _____

(5) 양호한 전반 조명이라면 등간격은 등높이의 몇 배 이하로 해야 하는가?

○ _____

정답 (1) • 계산 : $N = \dfrac{DES}{FU} = \dfrac{1.2 \times 200 \times (10 \times 20)}{2500 \times 0.6} = 32$

　　　　• 답 : 32[등]

(2)

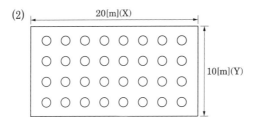

(3) A : 1.25[m]　　B : 1.25[m]　　C : 2.5[m]　　D : 2.5[m]

(4) • 광속 : 증가　　• 점등시간 : 늦음

(5) 1.5배

배점7

13 가로 10[m], 세로 16[m], 천정높이 3.85[m], 작업면 높이 0.85[m]인 사무실에 천장 직부 형광등 F40×2를 설치하려고 한다. 다음 물음에 답하시오.

(1) 이 사무실의 실지수는 얼마인가?

　• 계산 : _____　　• 답 : _____

(2) 이 사무실의 작업면 조도를 $300[\text{lx}]$, 천장 반사율 $70[\%]$, 벽 반사율 $50[\%]$, 바닥 반사율 10 $[\%]$, $40[\text{W}]$ 형광등 1등의 광속 $3150[\text{lm}]$, 보수율 $70[\%]$, 조명률 $61[\%]$로 한다면 이 사무실에 필요한 소요되는 등기구 수는?

• 계산 : _____ • 답 : _____

정답 (1) • 계산 : 실지수 $K = \dfrac{X \cdot Y}{H(X+Y)}$, 등고 $H = 3.85 - 0.85 = 3$

$$K = \frac{10 \times 16}{3 \times (10+16)} = 2.051$$

• 답 : 2.05

(2) • 계산 : 등수 $N = \dfrac{DES}{FU} = \dfrac{ES}{FUM} = \dfrac{300 \times (10 \times 16)}{3150 \times 0.61 \times 0.7} = 35.686[\text{등}]$

$\therefore$ F40×2등용 이므로 2로 나눈다 : $\dfrac{36}{2} = 18 \,[\text{등}]$

• 답 : $18[\text{등}]$

배점6

14 정격 전압비가 같은 두 변압기가 병렬로 운전중이다. A변압기의 정격용량은 $20[\text{kVA}]$, $\%$임피던스는 $4[\%]$이고 B변압기의 정격용량은 $75[\text{kVA}]$, $\%$임피던스는 $5[\%]$일 때 다음 각 물음에 답하시오.

단, 변압기 A, B의 내부저항과 누설리액턴스비는 같다. ($\dfrac{R_a}{X_a} = \dfrac{R_b}{X_b}$)

(1) 2차 측의 부하용량이 $60[\text{kVA}]$일 때 각 변압기가 분담하는 전력은 얼마인가?

① A 변압기

• 계산 : _____ • 답 : _____

② B 변압기

• 계산 : _____ • 답 : _____

(2) 2차 측의 부하용량이 $120[\text{kVA}]$일 때 각 변압기가 분담하는 전력은 얼마인가?

① A 변압기

• 계산 : _____ • 답 : _____

② B 변압기

• 계산 : _____ • 답 : _____

(3) 변압기가 과부하 되지 않는 범위 내에서 2차측 최대 부하용량은 얼마인가?

• 계산 : _____ • 답 : _____

(1) 2차 측의 부하용량이 60[kVA]일 때 각 변압기가 분담

$$\frac{P_a}{P_b} = \frac{\%Z_B}{\%Z_A} \times \frac{P_A}{P_B} = \frac{5}{4} \times \frac{20}{75} = \frac{1}{3} \quad \therefore \; P_a : P_b = 1 : 3$$

① A 변압기

· 계산 : A 변압기 $= 60 \times \frac{1}{4} = 15 [kVA]$

· 답 : 15[kVA]

② B 변압기

· 계산 : B 변압기 $= 60 \times \frac{3}{4} = 45 [kVA]$

· 답 : 45[kVA]

(2) 2차 측의 부하용량이 120[kVA]일 때 각 변압기가 분담

① A 변압기

· 계산 : A 변압기$= 120 \times \frac{1}{4} = 30 [kVA]$

· 답 : 30[kVA]

② B 변압기

· 계산 : B 변압기$= 120 \times \frac{3}{4} = 90 [kVA]$

· 답 : 90[kVA]

(3) · 계산 : $60 + 20 = 80 [kVA]$

· 답 : 80[kVA]

배점7

15 단상 3선식 110/220[V]를 채용하고 있는 어떤 건물이 있다. 변압기가 설치된 수전실로부터 100[m]되는 곳에 부하 집계표와 같은 분전반을 시설하고자 한다. 다음 표를 참고하여 전압 변동률 2[%] 이하, 전압강하율 2[%] 이하가 되도록 다음 사항을 구하시오.

- 공사방법 B1이며 전선은 PVC 절연전선이다.
- 후강 전선관 공사로 한다.
- 3선 모두 같은 선으로 한다.
- 부하의 수용률은 100[%]로 적용
- 후강 전선관 내 전선의 점유율은 48[%] 이내를 유지할 것

[표 1] 부하집계표

회로 번호	부하 명칭	부하[VA]	부하 분담[VA]		NFB 크기			비고
			A선	B선	극수	AF	AT	
1	전등	2400	1200	1200	2	50	15	
2	〃	1400	700	700	2	50	15	
3	콘센트	1000	1000	–	1	50	20	
4	〃	1400	1400	–	1	50	20	
5	〃	600	–	600	1	50	20	
6	〃	1000	–	1000	1	50	20	
7	팬코일	700	700	–	1	30	15	
8	〃	700	–	700	1	30	15	
	합계	9200	5000	4200				

[표 2] 전선 (피복절연물을 포함)의 단면적

도체 단면적[mm²]	절연체 두께[mm]	평균 완성 바깥지름[mm]	전선의 단면적[mm²]
1.5	0.7	3.3	9
2.5	0.8	4.0	13
4	0.8	4.6	17
6	0.8	5.2	21
10	1.0	6.7	35
16	1.0	7.8	48
25	1.2	9.7	74
35	1.2	10.9	93
50	1.4	12.8	128
70	1.4	14.6	167
95	1.6	17.1	230
120	1.6	18.8	277
150	1.8	20.9	343
185	2.0	23.3	426
240	2.2	26.6	555
300	2.4	29.6	688
400	2.6	33.2	865

[비고 1] 전선의 단면적은 평균완성 바깥지름의 상한값을 환산한 값이다.

[비고 2] KSC IEC 60227-3의 450/750[V] 일반용 단심 비닐절연전선(연선)을 기준한 것이다.

[후강전선관] G16, G22, G28, G36, G42, G54, G70, G82, G92, G104

(1) 간선의 굵기는?

• 계산 : _____ • 답 : _____

(2) 후강 전선관의 굵기는?

• 계산 : _____ • 답 : _____

(3) 설비 불평형률은?

• 계산 : _____ • 답 : _____

정답 (1) • 계산 : A선의 전류 $I_A = \dfrac{5000}{110} = 45.45[A]$, B선의 전류 $I_B = \dfrac{4200}{110} = 38.181[A]$

I_A와 I_B중 큰 값인 45.45[A] 기준

전선길이 $L = 50[m]$, 선 전류 $I = 45.45[A]$, 전압강하 $e = 110 \times 0.02 = 2.2[V]$

$A = \dfrac{17.8LI}{1000e} = \dfrac{17.8 \times 100 \times 45.45}{1000 \times 110 \times 0.02} = 36.773[mm^2]$

[표 2]에서 18.386을 넘는 공칭단면적(도체단면적)을 선정

• 답 : $50[mm^2]$

(2) • 계산 : [표 2]에서 공칭단면적(도체단면적)이 $50[mm^2]$

후강전선관에 넣기 위한 피복포함 된 전선의 단면적 $128[mm^2]$

3선식이므로 전선의 최대 총단면적 $=128 \times 3 = 384[mm^2]$이다.

조건에서 후강전선관 내단면적의 48[%]이내를 사용하므로 $A = \dfrac{1}{4}\pi d^2 \times 0.48 \geq 384$

$d = \sqrt{\dfrac{384 \times 4}{0.48 \times \pi}} = 31.923[mm]$

• 답 : G36

(3) • 계산 : 설비 불평형률

$= \dfrac{\text{중성선과 각 전압측 전선간에 접속되는 부하설비용량[kVA]의 차}}{\text{총 부하설비용량[kVA]의 1/2}} \times 100[\%]$

$= \dfrac{3100 - 2300}{9200 \times \dfrac{1}{2}} \times 100 = 17.39[\%]$

• 답 : $17.39[\%]$

배점3

16 다음 논리회로를 보고 물음에 답하시오.

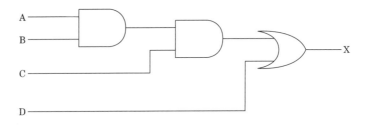

(1) 논리식을 작성하시오.

○ _____

(2) 유접점회로로 나타내시오.

정답 (1) $X = ABC + D$

(2)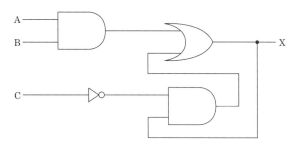

배점4

17 그림과 같은 무접점의 논리 회로도를 보고 다음 각 물음에 답하시오.

(1) 출력식을 나타내시오.

○

(2) 주어진 무접점 논리회로를 유접점 논리회로로 바꾸어 그리시오.

정답 (1) 출력식 : $X = AB + \overline{C}X$

(2)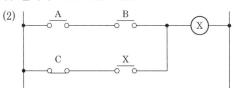

※ 본 회차의 기출문제는 실제 시험의 총점과 다르게 구성되어 있습니다.

memo

2023

과년도 기출문제

국가기술자격검정 실기시험문제 및 정답

2023년도 전기기사 제1회 필답형 실기시험

종 목	시험시간	형 별	성 명	수험번호
전기기사	2시간 30분	A		

※ 수험자 인적사항 및 답안작성(계산식 포함)은 흑색의 필기구만 사용하여야 하며 흑색을 제외한 유색 필기구 또는 연필류를 사용하거나 2가지 이상의 색을 혼합 사용하였을 경우 그 문항은 0점 처리됩니다.

배점5

01 가스절연변전소의 특징 5가지를 작성하시오.

○ _____

○ _____

○ _____

○ _____

○ _____

정답 ① 소형화 할 수 있다.

② 소음이 작고 환경조화를 기할 수 있다.

③ 충전부가 완전히 밀폐되어 안정성이 높다.

④ 공장조립이 가능하여 설치공사 기간이 단축된다.

⑤ 대기 중 오염물의 영향을 받지 않으므로 신뢰도가 높다.

배점5

02 평형 3상 회로에 변류비 100/5인 변류기 2개를 그림과 같이 접속하였을 때 전류계에 3[A]의 전류가 흘렀다. 1차 전류의 크기는 몇 [A]인가?

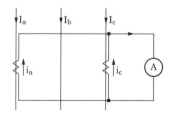

• 계산 : _____   • 답 : _____

정답 · 계산 : $I_1 = I_2 \times CT$비$ = 3 \times \dfrac{100}{5} = 60[\text{A}]$

· 답 : $60[\text{A}]$

배점6

03 전압 33000[V], 60[c/s], 1회선의 3상 지중 송선로의 3상 무부하 충전전류 및 충전용량을 구하시오. (단, 송전선의 선로길이는 7[km], 케이블 1선당 작용 정전용량은 0.4 [μF/km]라고 한다.)

(1) 충전전류

· 계산 : _____ · 답 : _____

(2) 충전용량

· 계산 : _____ · 답 : _____

정답 (1) · 계산 : 충전전류 $I_c = \omega CE[\text{A}]$

$$I_c = 2\pi \times 60 \times 0.4 \times 10^{-6} \times 7 \times \left(\dfrac{33000}{\sqrt{3}}\right) = 20.11[\text{A}]$$

· 답 : $20.11[\text{A}]$

(2) · 계산 : 충전용량 $Q = 3\omega CE^2 \times 10^{-3}[\text{kVA}]$

$$Q = 3 \times 2\pi \times 60 \times 0.4 \times 10^{-6} \times 7 \times \left(\dfrac{33000}{\sqrt{3}}\right)^2 \times 10^{-3} = 1149.52[\text{kVA}]$$

· 답 : $1149.52[\text{kVA}]$

배점3

04 지중 전선로의 매설방식 3가지를 작성하시오.

○ _____ ○ _____

○ _____

정답 ① 직접매설식

② 관로식

③ 전력구식(암거식)

배점4

05 회전날개의 지름이 $31[\mathrm{m}]$인 프로펠러형 풍차의 풍속이 $16.5[\mathrm{m/s}]$일 때 풍력 에너지$[\mathrm{kW}]$를 계산하시오. (단, 공기의 밀도는 $1.225[\mathrm{kg/m^3}]$)

　•계산 : ＿＿＿＿＿＿＿＿＿＿＿　•답 : ＿＿＿＿＿＿＿＿＿

정답 •계산 : $P = \dfrac{1}{2}\rho A V^3 = \dfrac{1.225 \times \dfrac{\pi 31^2}{4} \times 16.5^3}{2} \times 10^{-3} = 2076.69[\mathrm{kW}]$

•답 : $2076.69[\mathrm{kW}]$

배점6

06 권수비가 30, 1차 전압 $6.6[\mathrm{kV}]$인 3상 변압기가 있다. 다음 물음에 답하시오. (단, 변압기의 손실은 무시한다.)

(1) 2차 전압$[\mathrm{V}]$을 구하시오.

　•계산 : ＿＿＿＿＿＿＿＿＿＿＿　•답 : ＿＿＿＿＿＿＿＿＿

(2) 2차 측에 부하 $50[\mathrm{kW}]$, 역률 0.8을 2차에 연결할 때 2차 전류 및 1차 전류를 구하시오.

① 2차 전류

　•계산 : ＿＿＿＿＿＿＿＿＿＿＿　•답 : ＿＿＿＿＿＿＿＿＿

② 1차 전류

　•계산 : ＿＿＿＿＿＿＿＿＿＿＿　•답 : ＿＿＿＿＿＿＿＿＿

(3) 1차 입력$[\mathrm{kVA}]$

　•계산 : ＿＿＿＿＿＿＿＿＿＿＿　•답 : ＿＿＿＿＿＿＿＿＿

정답 (1) •계산 : $V_2 = \dfrac{V_1}{a} = \dfrac{6600}{30} = 220[\mathrm{V}]$

•답 : $220[\mathrm{V}]$

(2) ① 2차 전류

•계산 : $I_2 = \dfrac{P}{\sqrt{3}\,V_2\cos\theta} = \dfrac{50 \times 10^3}{\sqrt{3} \times 220 \times 0.8} = 164.02\,[\mathrm{A}]$

•답 : $164.02[\mathrm{A}]$

② 1차 전류

· 계산 : $I_1 = \dfrac{1}{a} \times I_2 = \dfrac{1}{30} \times 164.02 = 5.47[\text{A}]$

· 답 : $5.47[\text{A}]$

(3) · 계산 : $P = \sqrt{3}\, V_1 I_1 = \sqrt{3} \times 6600 \times 5.47 \times 10^{-3} = 62.53[\text{kVA}]$

· 답 : $62.53[\text{kVA}]$

배점5

07 수전전압 $22.9[\text{kV}]$이며, 계약전력은 $300[\text{kW}]$이다. 3상 단락전류가 $7000[\text{A}]$일 경우 차단용량$[\text{MVA}]$을 구하시오.

○

정답 · 계산 : $P_s = \sqrt{3}\, V_n I_{kA} = \sqrt{3} \times 25.8 \times 7 = 312.81[\text{MVA}]$

· 답 : $312.81[\text{MVA}]$

배점5

08 그림과 같이 3상 4선식 배전선로에 역률 $100[\%]$인 부하 a-n, b-n, c-n이 각 상과 중성선 간에 연결되어 있다. a, b, c상에 흐르는 전류가 $220[\text{A}]$, $172[\text{A}]$, $190[\text{A}]$일 때 중성선에 흐르는 전류를 계산(절대값)하시오.

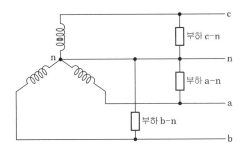

· 계산 :   · 답 :

정답 · 계산 : $\dot{I}_n = I_a + a^2 I_b + a I_c \left(\text{단}, \ a^2 = -\dfrac{1}{2} - j\dfrac{\sqrt{3}}{2}, \ a = -\dfrac{1}{2} + j\dfrac{\sqrt{3}}{2} \right)$

$\qquad = 220 + 172 \times \left(-\dfrac{1}{2} - j\dfrac{\sqrt{3}}{2} \right) + 190 \times \left(-\dfrac{1}{2} + j\dfrac{\sqrt{3}}{2} \right)$

$\qquad = 39 + j15.59$

$\qquad \therefore |I_n| = \sqrt{39^2 + 15.58^2} = 42[\text{A}]$

· 답 : $42[\text{A}]$

배점10

09 어느 변전소에서 그림과 같은 일부하 곡선을 가진 3개의 부하 A, B, C의 수용가가 있을 때 다음 각 물음에 답하시오. (단, 부하 A, B, C의 평균 전력은 각각 4500[kW], 2400[kW], 및 900[kW]라 하고 역률은 각각 100[%], 80[%], 60[%]라 한다.)

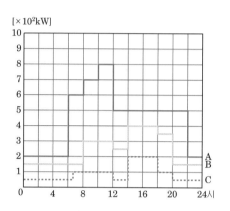

(1) 합성최대전력[kW]을 구하시오.

• 계산 : _____   • 답 : _____

(2) 종합 부하율[%]을 구하시오.

• 계산 : _____   • 답 : _____

(3) 부등률을 구하시오.

• 계산 : _____   • 답 : _____

(4) 최대 부하시의 종합역률[%]을 구하시오.

• 계산 : _____   • 답 : _____

정답 (1) • 계산 : 합성최대전력 = $(8+3+1) \times 10^3 = 12000$ [kW]

　　　　　　[참고] 합성최대전력 발생시간 : 10~12시

　　　• 답 : 12000[kW]

(2) • 계산 : 종합부하율 = $\dfrac{각\ 부하\ 평균전력의\ 합}{합성최대전력} = \dfrac{4500+2400+900}{12000} \times 100 = 65$ [%]

　　　• 답 : 65[%]

(3) • 계산 : 종합부하율 = $\dfrac{각\ 부하\ 최대전력의\ 합}{합성최대전력} = \dfrac{8+4+2}{12} = 1.17$

　　　• 답 : 1.17

(4) ・계산 :

① A수용가 유효전력 = 8000[kW], A수용가 무효전력 = 0[kVar]

② B수용가 유효전력 = 3000[kW], B수용가무효전력 = $3000 \times \frac{0.6}{0.8} = 2250$[kVar]

③ C수용가 유효전력 = 1000[kW], C수용가 무효전력 = $1000 \times \frac{0.8}{0.6} = 1333.33$[kVar]

④ 종합유효전력 = 8000+3000+1000 = 12000[kW]

⑤ 종합무효전력 = 0+2250+1333.33 = 3583.33[kVar]

∴ 종합역률 = $\frac{12000}{\sqrt{12000^2 + 3583.33^2}} \times 100 = 95.82$[%]

・답 : 95.82[%]

배점4

10 전력용 콘덴서의 자동조작방식 제어요소 4가지를 쓰시오.

○ _____

○ _____

○ _____

○ _____

_____

정답 ① 전압에 의한 제어   ② 전류에 의한 제어
③ 역률에 의한 제어   ④ 무효전력에 의한 제어

배점5

11 다음은 어느 계전기 회로의 논리식이다. 이 논리식을 이용하여 다음 각 물음에 답하시오.
(단, 여기에서 A, B, C는 입력이고, X는 출력이다.)

$$X = A + B \cdot \overline{C}$$

(1) 이 논리식을 로직을 이용한 시퀀스도(논리회로)로 나타내시오.

(2) 물음 (1)에서 로직 시퀀스로도 표현된 것을 2입력 NAND gate만으로 등가 변환하시오.

(3) 물음 (2)에서 로직 시퀀스로도 표현된 것을 2입력 NOR gate만으로 등가 변환하시오.

정답 (1)

정답 (1)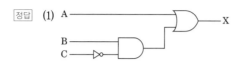

(2)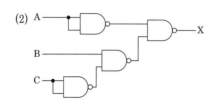

(3)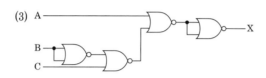

배점4

12 전력설비의 간선을 설계하고자 한다. 간선설계시 고려해야 할 사항을 5가지 쓰시오.

○ _____

○ _____

○ _____

○ _____

○ _____

정답 ① 간선의 굵기(허용전류, 전압강하, 기계적강도 등)

② 간선계통(전용간선의 분리, 건물용도에 적합한 간선구분, 공급 전압의 결정 등)

③ 간선경로(파이프샤프트의 위치, 크기, 루트의 길이 등의 검토)

④ 배선방식(용량, 시공성에서 본 재료 및 분기방법 등)

⑤ 설계조건(수용률, 부하율, 동력설비, 부하 등)

13 아래 회로도의 $a-b$ 사이에 저항을 연결하려고 한다. 각 물음에 답하시오.

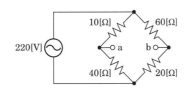

(1) 최대전력이 발생할 때의 $a-b$ 사이 저항의 크기를 구하시오.

• 계산 : _____ • 답 : _____

(2) 10분간 전압을 가했을 때 $a-b$ 사이 저항의 일량[kJ]을 구하시오. (단, 효율은 0.9이다.)

• 계산 : _____ • 답 : _____

정답 (1) • 계산 :

테브난의 등가회로 변환시 테브난의 등가저항

$$R_T = \frac{10 \times 40}{10+40} + \frac{60 \times 20}{60+20} = 23[\Omega]$$

최대전력시 $R_T = R_{ab}$ 이므로 $R_{ab} = 23[\Omega]$

• 답 : $23[\Omega]$

(2) • 계산 :

테브난의 등가회로 변환시 테브난의 등가전압

$$V_T = V_a - V_b = 220 \times \frac{40}{10+40} - 220 \times \frac{20}{60+20} = 121[\text{V}]$$

전체전류 $I = \dfrac{V}{R_0} = \dfrac{121}{23+23} = 2.63[\text{A}]$

$$W = Pt\eta = I^2 R_{ab} \times t \times \eta = 2.63^2 \times 23 \times 10 \times 60 \times 0.9 \times 10^{-3} = 85.91[\text{kJ}]$$

• 답 : $85.91[\text{kJ}]$

14 아래와 같이 단상 3선식 선로에 전열기 부하가 접속되어 있다. 각 선에 흐르는 전류의 크기를 구하시오.

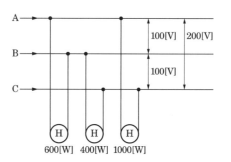

• 계산 : _____ • 답 : _____

정답 • 계산

$$I_{ab} = \frac{600}{100} = 6[A], \quad I_{bc} = \frac{400}{100} = 4[A], \quad I_{ac} = \frac{1000}{200} = 5[A]$$이므로

$$I_a = I_{ab} + I_{ac} = 6 + 5 = 11[A]$$

$$I_b = I_{bc} - I_{ab} = 4 - 6 = -2[A]$$

$$I_c = -I_{bc} - I_{ac} = -4 - 5 = -9[A]$$

• 답 : $I_a = 11[A], \quad I_b = -2[A], \quad I_c = -9[A]$

15 제3고조파를 감소시키기 위한 리액터의 용량은 콘덴서의 몇 $[\%]$ 이상이어야 하는지 계산하여 쓰시오. (단, 실제 적용시 $2[\%]$ 가산하여 적용하시오.)

• 계산 : _____ • 답 : _____

정답 • 계산 :

$$3\omega L = \frac{1}{3\omega C}, \quad \omega L = \frac{1}{3^2 \times \omega C} = 0.1111 \times \frac{1}{\omega C}$$

(리액터의 용량은 이론상 콘덴서 용량의 $11.11[\%]$)

실제 적용시 $2[\%]$ 가산하여 $11.11 + 2 = 13.11[\%]$

• 답 : $13.11[\%]$

배점5

16 다음 조건과 같은 동작이 되도록 제어회로의 배선과 감시반 회로 배선 단자를 연결하시오.

【조 건】

- 배선용차단기(MCCB)를 투입(ON)하면 GL_1과 GL_2가 점등된다.
- 선택스위치(SS)를 "L" 위치에 놓고 PB_2를 누른 후 놓으면 전자접촉기(MC)에 의하여 전동기가 운전되고, RL_1과 RL_2는 점등, GL_1과 GL_2는 소등된다.
- 전동기 운전 중 PB_1을 누르면 전동기는 정지하고, RL_1과 RL_2는 소등, GL_1과 GL_2는 점등된다.
- 선택스위치(SS)를 "R" 위치에 놓고 PB_3를 누른 후 놓으면 전자접촉기(MC)에 의하여 전동기가 운전되고, RL_1과 RL_2는 점등, GL_1과 GL_2는 소등된다.
- 전동기 운전 중 PB_4를 누르면 전동기는 정지하고, RL_1과 RL_2는 소등되고 GL_1과 GL_2가 점등된다.
- 전동기 운전 중 과부하에 의하여 EOCR이 작동되면 전동기는 정지하고 모든 램프는 소등되며, EOCR을 RESET하면 초기상태로 된다.

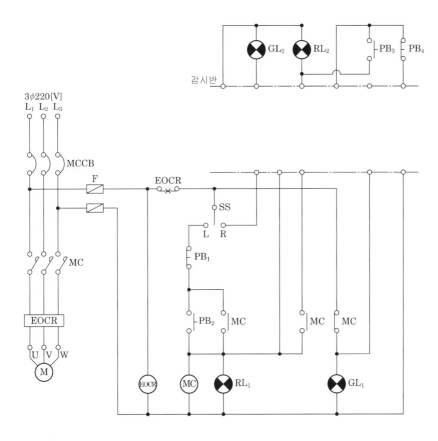

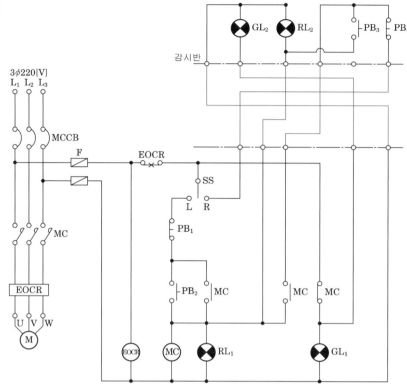

17 그림과 같은 $154[\text{kV}]$ 계통에서 X친 F점(모선③)에서 3상 단락 고장이 발생하였을 경우 다음 사항을 구하시오. (단, 그림에 표시된 수치는 모두 $154[\text{kV}]$, $100[\text{MVA}]$ 기준 %임 피던스를 표시하여 모선①의 좌측 및 모선②의 우측 %임피던스는 각각 $40[\%]$, $4[\%]$로 서 모선 전원측 등가 임피던스를 표시한다.)

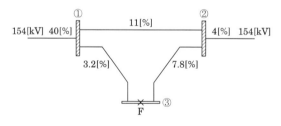

(1) ①번과 ②번 모선간 단락전류[A]와 단락용량[MVA]

• 계산 : _____ • 답 : _____

(2) ①번과 ③번 모선간 단락전류[A]와 단락용량[MVA]

• 계산 : _____ • 답 : _____

(3) ②번과 ③번 모선간 단락전류[A]와 단락용량[MVA]

• 계산 : _____ • 답 : _____

[참고 해설 1]

1. 계통을 PU법으로 전환환 등가 회로도

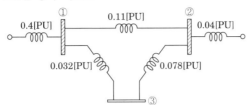

2. Y_{bus} 산출

$$Y_{bus} = \begin{bmatrix} Y_{11} & Y_{12} & Y_{13} \\ Y_{21} & Y_{22} & Y_{23} \\ Y_{31} & Y_{32} & Y_{33} \end{bmatrix}$$

① $Y_{11} = \dfrac{1}{0.4} + \dfrac{1}{0.11} + \dfrac{1}{0.032} = \dfrac{1885}{44} = 42.84$

② $Y_{12} = Y_{21} = -\dfrac{1}{0.11} = -\dfrac{100}{11} = -9.09$

③ $Y_{13} = Y_{31} = -\dfrac{1}{0.032} = -\dfrac{125}{4} = -31.25$

④ $Y_{22} = \dfrac{1}{0.11} + \dfrac{1}{0.04} + \dfrac{1}{0.078} = \dfrac{20125}{429} = 46.91$

⑤ $Y_{23} = Y_{32} = -\dfrac{1}{0.078} = -\dfrac{500}{39} = -12.82$

⑥ $Y_{33} = \dfrac{1}{0.032} + \dfrac{1}{0.078} = \dfrac{6875}{156} = 44.07$

$$\therefore Y_{bus} = \begin{bmatrix} 42.84 & -9.09 & -31.25 \\ -9.09 & 46.91 & -12.82 \\ -31.25 & -12.82 & 44.07 \end{bmatrix}$$

[참고 해설 2]

어드미턴스 행렬 작성시 지문에서 주어진 것은 임피던스이므로 리액턴스로 간주하여 실제 j를 붙여 계산
하여야 한다. (편의상 j생략된 계산식)

⑦ $Z_{bus} = Y_{bus}^{-1}$

$$A = \begin{bmatrix} 42.84 & -9.09 & -31.25 \\ -9.09 & 46.91 & -12.82 \\ -31.25 & -12.82 & 44.07 \end{bmatrix}^{-1} = Z_{bus}$$

(a) $\det(A) = \begin{vmatrix} 42.84 & -9.09 & -31.25 \\ -9.09 & 46.91 & -12.82 \\ -31.25 & -12.82 & 44.07 \end{vmatrix} = 24787.96$

(b) $\mathrm{adj}(A) = \begin{vmatrix} \begin{vmatrix} 46.91 & -12.82 \\ -12.82 & 44.07 \end{vmatrix} & -\begin{vmatrix} -9.09 & -31.25 \\ -12.82 & 44.07 \end{vmatrix} & \begin{vmatrix} -9.09 & -31.25 \\ 46.91 & -12.82 \end{vmatrix} \\ -\begin{vmatrix} -9.09 & -12.82 \\ -31.25 & 44.07 \end{vmatrix} & \begin{vmatrix} 42.84 & -31.25 \\ -31.25 & 44.07 \end{vmatrix} & -\begin{vmatrix} 42.84 & -31.25 \\ -9.09 & -12.82 \end{vmatrix} \\ \begin{vmatrix} -9.09 & 46.91 \\ -31.25 & -12.82 \end{vmatrix} & -\begin{vmatrix} 42.84 & -9.09 \\ -31.25 & -12.82 \end{vmatrix} & \begin{vmatrix} 42.84 & -9.09 \\ -9.09 & 46.91 \end{vmatrix} \end{vmatrix}$

$$\mathrm{adj}(A) = \begin{vmatrix} 1902.97 & 801.22 & 1582.47 \\ 801.22 & 911.39 & 833.27 \\ 1582.47 & 833.27 & 1926.99 \end{vmatrix}$$

$$Z_{bus} = Y_{bus}^{-1} = \frac{1}{\det(A)} \cdot adj(A) = \frac{1}{24787.96} \cdot \begin{bmatrix} 1902.97 & 801.22 & 1582.47 \\ 801.22 & 911.39 & 833.27 \\ 1582.47 & 833.27 & 1926.99 \end{bmatrix}$$

$$Z_{bus} = \begin{bmatrix} 0.0767 & 0.0323 & 0.0638 \\ 0.0323 & 0.0367 & 0.0336 \\ 0.0638 & 0.0336 & 0.0777 \end{bmatrix}$$

3. ③번 모선의 3상 단락시

①번 모선의 전압, ②번 모선의 전압, ③번 모선의 전압

$$Z_{bus} = \begin{bmatrix} 0.0767 & 0.0323 & 0.0638 \\ 0.0323 & 0.0367 & 0.0336 \\ 0.0638 & 0.0336 & 0.0777 \end{bmatrix}$$

ⓐ ①번 모선의 전압 : $E_1^{(F)} = E_1^{(0)} - Z_{13} \times I_3 = 1 - (0.0638 \times 12.87) = 0.1788 \,[\mathrm{pu}]$

ⓑ ②번 모선의 전압 : $E_2^{(F)} = E_2^{(0)} - Z_{23} \times I_3 = 1 - (0.0336 \times 12.87) = 0.5675 \,[\mathrm{pu}]$

ⓒ ③번 모선의 전압 : $E_3^{(F)} = 0$

[참고 해설 3]

$E_i^{(F)} = E_i^{(0)} - Z_{ip} \times I_p$　단) $i = 1, 2, 3$ (모선)　$P = 3$(고장점)

$E_i^{(F)}$: 고장시 전압으로 3상단락시 그 해당 모선은 0이 된다.

$E_i^{(0)}$: 고장직전의 전압으로 $1\,[\mathrm{pu}] = 154\,[\mathrm{kV}]$ 이다

정답 (1) ⓐ 단락전류
　• 계산

단락전류 : $I_{12} = \dfrac{E_1 - E_2}{Z_{12}} = \dfrac{0.1788 - 0.5675}{0.11} = -3.53\,[\mathrm{pu}]$

실제전류 $= -3.53 \times I_n = -3.53 \times \dfrac{100 \times 10^3}{\sqrt{3} \times 154} = -1323.41\,[\mathrm{A}]$

　• 답 : $-1323.41\,[\mathrm{A}]$

ⓑ 단락용량
　• 계산

$P_s = 3 \times I_s^2 \times Z \times 10^{-6}\,[\mathrm{MVA}]$

단) I_s : 모선간 단락전류$[\mathrm{A}]$,　Z : 모선간 임피던스$[\Omega]$

%Z와 Z관계식 $\%Z = \dfrac{P \cdot Z}{10V^2}$ 에서

$1[\%]$ 임피던스 $Z = \dfrac{10V^2 \times \%Z}{P} = \dfrac{10 \times 154^2}{100 \times 10^3\,[\mathrm{kVA}]} \times 1$

$Z = 2.3716\,[\Omega/\%]$

$P_s = 3 \times (-1323.41)^2 \times 2.3716\,[\Omega/\%] \times 11\,[\%] \times 10^{-6} = 137.07\,[\mathrm{MVA}]$

　• 답 : $137.07\,[\mathrm{MVA}]$

(2) ⓐ 단락전류

- 계산 : $I_{13} = \dfrac{E_1 - E_3}{Z_{13}} = \dfrac{0.1788 - 0}{0.032} = 5.59[pu]$

  실제전류 $= 5.59 \times I_n = 5.59 \times \dfrac{100 \times 10^3}{\sqrt{3} \times 154} = 2095.71[A]$

- 답 : 2095.71[A]

ⓑ 단락용량

- 계산 : $P_s = 3 \times I_s^2 \times Z \times 10^{-6}[MVA]$

  $P_s = 3 \times 2095.71^2 \times 2.3716[\Omega/\%] \times 3.2[\%] \times 10^{-6} = 99.99[MVA]$

- 답 : 99.99[MVA]

(3) ⓐ 단락전류

- 계산 : $I_{23} = \dfrac{E_2 - E_3}{Z_{23}} = \dfrac{0.5675 - 0}{0.078} = 7.276[pu]$

  실제전류 $= 7.276 \times I_n = 7.276 \times \dfrac{100 \times 10^3}{\sqrt{3} \times 154} = 2727.79[A]$

- 답 : 2727.79[A]

ⓑ 단락용량

- 계산 : $P_s = 3 \times I_s^2 \times Z \times 10^{-6}[MVA]$

  $P_s = 3 \times 2727.79^2 \times 2.3716[\Omega/\%] \times 7.8[\%] \times 10^{-6} = 412.93[MVA]$

- 답 : 412.93[MVA]

배점5

18 다음 빈칸에 일밎은 값을 넣으시오.

【다 음】

가공 전선로에 사용하는 지지물의 강도 계산에 적용하는 을종 풍압 하중은 전선 기타의 가섭선 주위에 두께 (①) [mm], 비중 (②)의 빙설이 부착된 상태에서 수직 투영면적 372[Pa](다도체를 구성하는 전선은 333[Pa]), 그 이외의 것은 갑종 풍압의 2분의 1을 기초로 하여 계산한 것을 적용한다.

정답 ① 6

② 0.9

국가기술자격검정 실기시험문제 및 정답

2023년도 전기기사 **제2회** 필답형 실기시험

종 목	시험시간	형 별	성 명	수험번호
전기기사	2시간 30분	A		

※ 수험자 인적사항 및 답안작성(계산식 포함)은 흑색의 필기구만 사용하여야 하며 흑색을 제외한 유색 필기구 또는 연필류를 사용하거나 2가지 이상의 색을 혼합 사용하였을 경우 그 문항은 0점 처리됩니다.

배점6

01 입력이 A, B, C이며 출력이 Y_1, Y_2일 때 진리표와 같이 동작시키고자 한다. 다음 물음에 답하시오.

A	B	C	Y_1	Y_2
0	0	0	1	1
0	0	1	0	1
0	1	0	0	1
0	1	1	0	0
1	0	0	1	1
1	0	1	0	1
1	1	0	1	1
1	1	1	1	0

[접속점 표기 방식]

접속	비접속

(1) Y_1, Y_2의 논리식을 간략화하여 작성하시오.

(2) Y_1, Y_2를 논리회로로 나타내시오.

(3) Y_1, Y_2를 시퀀스회로(유접점회로)로 나타내시오.

정답 (1) $Y_1 = \overline{C}(A+\overline{B}), \quad Y_2 = B + \overline{C}$

(2)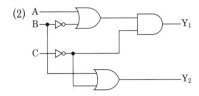

(3)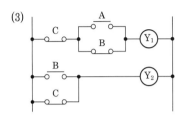

[참고] 논리식 간소화

$$Y_1 = \overline{A}\overline{B}\overline{C} + A\overline{B}\overline{C} + AB\overline{C} = \overline{C}(\overline{A}\overline{B} + A\overline{B} + AB)$$
$$= \overline{C}(\overline{A}B + A(\overline{B}+B)) = \overline{C}((\overline{A}+A)(A+\overline{B})) = \overline{C}(A+\overline{B})$$
$$Y_2 = \overline{A}\overline{B}\overline{C} + \overline{A}B\overline{C} + \overline{A}BC + A\overline{B}\overline{C} + AB\overline{C} + ABC$$
$$= \overline{A}\overline{C} + BC + A\overline{C} = \overline{C}(\overline{A}+A) + BC = (\overline{C}+B)(\overline{C}+C) = \overline{C}+B$$

배점5

02 다음 그림은 TN-S계통의 일부분이다. 결선하여 계통을 완성하시오. (단, 계통 일부의 중성선과 보호선을 동일전선으로 사용하며, 중성선 ╱, 보호선 ╱, 보호선과 중성선을 겸한 선 ╱을 사용한다.)

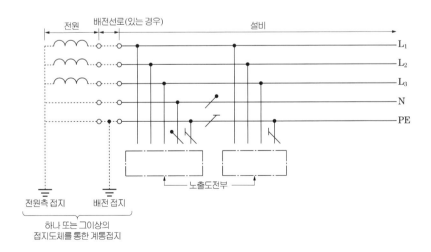

정답

전원측 접지　　배전 접지

하나 또는 그이상의
접지도체를 통한 계통접지

배점5

03 피뢰기의 설치장소에 관한 사항이다. 아래의 빈칸을 채우시오.

┌───────────────── 【설치장소】 ─────────────────┐

- (①) 또는 이에 준하는 장소의 가공전선 인입구 및 인출구
- 가공전선로에 접속되는 (②) 변압기의 고압 및 특별고압측
- (③) 가공전선로로부터 공급받는 (④)의 인입구
- 가공전선로와 (⑤)가 접속되는 곳

└──┘

정답　① 발전소·변전소
　　　② 배전용
　　　③ 고압 및 특고압
　　　④ 수용장소
　　　⑤ 지중전선로

배점5

04 다음은 한국전기설비규정(KEC)의 저압배선용 차단기에 대한 사항이다. 다음 빈칸을 채우시오.

[순시트립에 따른 구분(주택용)]

형	순시트립범위
①	$3I_n$ 초과 $5I_n$ 이하
②	$5I_n$ 초과 $10I_n$ 이하
③	$10I_n$ 초과 $20I_n$ 이하

[과전류트립 동작시간 및 특성(주택용)]

정격전류의 구분	시간(분)	정격전류의 배수	
		부동작전류	동작전류
63[A] 이하	60	④ ( )	⑤ ( )
63[A] 초과	120	④ ( )	⑤ ( )

정답 ① B ② C ③ D ④ 1.13 ⑤ 1.45

배점5

05 유도 전동기 IM을 유도전동기가 있는 현장과 현장에서 조금 떨어진 제어실 어느 쪽에서든지 기동 및 정지가 가능하도록 전자접촉기 MC와 누름버튼 스위치 PBS-ON용 및 PBS-OFF용을 사용하여 제어회로를 점선 안에 그리시오.

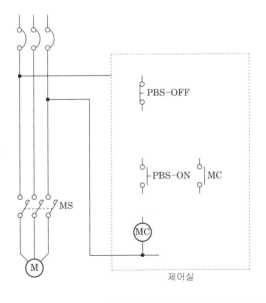
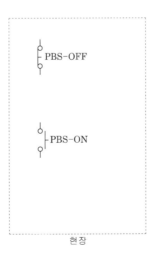

정답

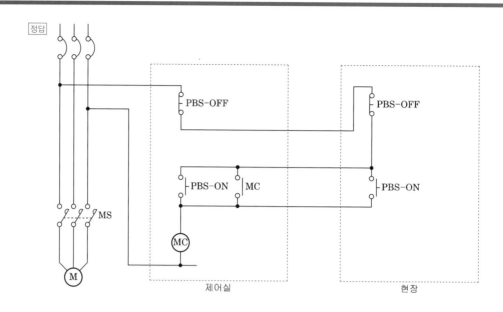

	PBS-OFF		PBS-OFF
	PBS-ON	MC	PBS-ON
MS			
M			
	(MC)		
	제어실		현장

배점14

06 그림과 같은 송전계통 S점에서 3상 단락사고가 발생하였다. 주어진 도면과 조건을 참고하여 다음 각 물음에 답하시오.

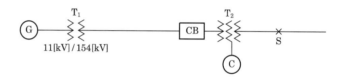

번호	기기명	용량[kVA]	전압[kV]	%Z
1	발전기(G)	50,000	11	25
2	변압기(T_1)	50,000	11/154	10
3	송전선		154	8(10000[kVA] 기준)
4	변압기(T_2)	1차 25,000	154	12(25,000[kVA] 기준, 1차~2차)
		2차 30,000	77	16(25,000[kVA] 기준, 2차~3차)
		3차 10,000	11	9.5(10,000[kVA] 기준, 3차~1차)
5	조상기(C)	10,000	11	15

(1) 변압기(T_2)의 1차~2차, 2차~3차, 3차~1차의 %임피던스를 기준용량 10[MVA]로 환산하시오.

• 계산 : _____   • 답 : _____

(2) 변압기(T_2)의 1차(%Z_1), 2차(%Z_2), 3차(%Z_3) %임피던스를 구하시오.

• 계산 : _____   • 답 : _____

(3) 고장점 S에서 바라본 전원 측의 합성 %임피던스를 구하시오.

• 계산 : _____   • 답 : _____

(4) 고장점의 차단용량을 구하시오.

• 계산 : _____   • 답 : _____

(5) 고장점의 고장전류를 구하시오.

• 계산 : _____   • 답 : _____

정답 (1) • 계산

1차 : $\dfrac{10}{25} \times 12 = 4.8[\%]$

2차 : $\dfrac{10}{25} \times 16 = 6.4[\%]$

3차 : $\dfrac{10}{0} \times 9.5 = 9.5[\%]$

• 답 : 1차 4.8[%], 2차 6.4[%], 3차 9.5[%]

(2) • 계산

$\%Z_1 = \dfrac{1}{2}(4.8 + 9.5 - 6.4) = 3.95\,[\%]$

$\%Z_2 = \dfrac{1}{2}(4.8 + 6.4 - 9.5) = 0.85\,[\%]$

$\%Z_3 = \dfrac{1}{2}(6.4 + 9.5 - 4.8) = 5.55\,[\%]$

• 답 : 3.95[%], 0.85[%], 5.55[%]

(3) • 계산

발전기 10[MVA]기준으로 환산하면 $\dfrac{10}{50} \times 25 = 5\,[\%]$

변압기 10[MVA]기준으로 환산하면 $\dfrac{10}{50} \times 10 = 2\,[\%]$

송전선 8[%]이므로 $\%Z = \dfrac{(5 + 2 + 8 + 3.95) \times (5.55 + 15)}{(5 + 2 + 8 + 3.95) + (5.55 + 15)} + 0.85 = 10.71\,[\%]$

• 답 : 10.71[%]

(4) • 계산

$P_s = \dfrac{100}{\%Z} \times P_n = \dfrac{100}{10.71} \times 10 = 93.37[\text{MVA}]$

• 답 : 93.73[MVA]

(5) • 계산 :

$I_s = \dfrac{100}{\%Z} \times I_n = \dfrac{100}{10.71} \times \dfrac{10 \times 10^6}{\sqrt{3} \times 77 \times 10^3} = 700.1\,[\text{A}]$

• 답 : 700.1[A]

07 전동기 부하의 역률 개선을 위해 병렬로 콘덴서를 설치하여 역률 90[%]로 유지하고자 한다. 다음 각 물에 답하시오. (단, 콘덴서는 △결선한다.)

(1) 전압 380[V], 전동기의 출력 7.5[kW], 역률 80[%]이다. 역률 개선시 필요한 콘덴서의 용량 [kVA]를 구하시오.

•계산 : _____ •답 : _____

(2) 물음 (1)의 콘덴서 용량을 구성하기 위해 1상에 필요한 콘덴서 정전용량[μF]을 구하시오.

•계산 : _____ •답 : _____

정답 (1) •계산 : $Q = P(\tan\theta_1 - \tan\theta_2) = 7.5\left(\dfrac{\sqrt{1-0.8^2}}{0.8} - \dfrac{\sqrt{1-0.9^2}}{0.9}\right) = 1.99[\text{kVA}]$

•답 : 1.99[kVA]

(2) •계산 : $C = \dfrac{Q}{3\omega V^2} = \dfrac{1.99 \times 10^3}{3 \times 2\pi \times 60 \times 380^2} \times 10^6 = 12.19[\mu\text{F}]$

•답 : 12.19[μF]

---

08 그림과 같은 점광원으로부터 원뿔 밑면까지의 거리가 4[m]이고, 밑면의 반지름이 3[m]인 원형면의 평균 조도가 100[lx]라면 이 점광원의 평균 광도[cd]는?

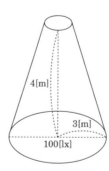

4[m]

3[m]

100[lx]

•계산 : _____ •답 : _____

정답 •계산 :

$E = \dfrac{F}{S}$ 에서 $F = E \cdot S = E \cdot \pi r^2 = 100 \times \pi \times 3^2 = 900\pi[\text{lm}]$

광도 $I = \dfrac{F}{\omega} = \dfrac{F}{2\pi(1-\cos\theta)} = \dfrac{900\pi}{2\pi\left(1-\dfrac{4}{5}\right)} = 2250[\text{cd}]$

•답 : 2250[cd]

배점6

09 다음은 A, B 수용가에 대해 나타낸 것이다. 다음 각 물음에 답하시오.

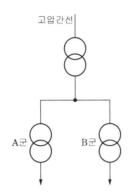

고압간선

	A군	B군
설비용량	50[kW]	30[kW]
역률	1	1
수용률	0.6	0.5
부등률	1.2	1.2
변압기 간 부등률	1.3	

(1) A 수용가의 변압기 용량[kVA]을 구하시오.

• 계산 : _____ • 답 : _____

(2) B 수용가의 변압기 용량[kVA]을 구하시오.

• 계산 : _____ • 딥 : _____

(3) 고압 간선에 걸리는 최대부하[kW]를 구하시오.

• 계산 : _____ • 답 : _____

정답 (1) • 계산 : $TR_A = \dfrac{\text{설비용량} \times \text{수용률}}{\text{부등률} \times \text{역률}} = \dfrac{50 \times 0.6}{1.2 \times 1} = 25\,[\text{kVA}]$

• 답 : $25[\text{kVA}]$

(2) • 계산 : $TR_B = \dfrac{\text{설비용량} \times \text{수용률}}{\text{부등률} \times \text{역률}} = \dfrac{30 \times 0.5}{1.2 \times 1} = 12.5\,[\text{kVA}]$

• 답 : $12.5[\text{kVA}]$

(3) • 계산 : 최대부하 $= \dfrac{\text{각 부하 합성최대전력의 합}}{\text{부등률}} = \dfrac{25 + 12.5}{1.3} = 28.85\,[\text{kW}]$

• 답 : $28.85[\text{kW}]$

2023

배점4

10 변류비 50/5인 변류기 2대를 그림과 같이 접속하였을 때 전류계에 2[A]의 전류가 흘렀다. 1차 전류를 구하시오.

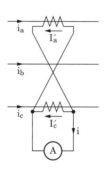

• 계산 : _____   • 답 : _____

정답   • 계산 :

$$I_1 = I_2 \times CT비 \times \frac{1}{\sqrt{3}} = 2 \times \frac{50}{5} \times \frac{1}{\sqrt{3}} = 11.55[A]$$

• 답 : 11.55[A]

배점4

11 다음은 전기안전관리자의 직무에 관한 고시 제6조에 대한 사항이다. 다음 빈칸에 알맞은 말을 쓰시오.

(1) 전기안전관리자는 제3조제2항에 따라 수립한 점검을 실시하고, 다음 각 호의 내용을 기록하여야 한다. 다만, 전기안전관리자와 점검자가 같은 경우 별지 서식(제2호~제8호)의 서명을 생략할 수 있다.

  1. 점검자
  2. 점검 연월일, 설비명(상호) 및 설비용량
  3. 점검 실시 내용(점검항목별 기준치, 측정치 및 그 밖에 점검 활동 내용 등)
  4. 점검의 결과
  5. 그 밖에 전기설비 안전관리에 관한 의견

(2) 전기안전관리자는 제1항에 따라 기록한 서류(전자문서를 포함한다)를 전기설비 설치장소 또는 사업장마다 갖추어 두고, 그 기록서류를 (①)년간 보존하여야 한다.

(3) 전기안전관리자는 법 제11조에 따른 정기검사 시 제1항에 따라 기록한 서류(전자문서를 포함한다)를 제출하여야 한다. 다만, 법 제 38조에 따른 전기안전종합정보시스템에 매월 (②) 회 이상 안전관리를 위한 확인 · 점검 결과 등을 입력한 경우에는 제출하지 아니할 수 있다.

정답   ① 4   ② 1

배점5

12 3300/200[V]인 변압기의 용량이 각각 250[kVA], 200[kVA]이고 %임피던스 강하가 각 각 2.7[%]와 3[%]일 때 그 병렬 합성 용량[kVA]은?

• 계산 : _____ • 답 : _____

정답 • 계산

부하분담은 용량에 비례, 임피던스에 반비례한다.

$$\frac{I_A}{I_B} = \frac{[kVA]_A}{[kVA]_B} \times \frac{\%Z_B}{\%Z_A} \quad \therefore \frac{I_A}{I_B} = \frac{[kVA]_A}{[kVA]_B} \times \frac{\%Z_B}{\%Z_A} = \frac{250}{200} \times \frac{3}{2.7} = \frac{25}{18}$$

① A기의 부하분담 $I_A = \frac{25}{18} \times I_B = \frac{25}{18} \times 200 = 277.78 [kVA]$

최대용량 250[kVA]까지 가능

② B기의 부하분담 $I_B = \frac{18}{25} \times I_A = \frac{18}{25} \times 250 = 180 [kVA]$

$\therefore 250 + 180 = 430 [kVA]$

• 답 : 430[kVA]

배점5

13 그림과 같은 일 부하 곡선을 가진 2개의 부하 A, B의 수용가가 있을 때 다음 각 물음에 답하시오. (단, 부하 A, B의 설비용량은 각각 10[kW]이다.)

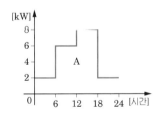 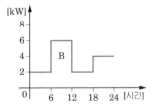

(1) A, B 각 수용가의 수용률을 계산하시오.

• 계산 : _____ • 답 : _____

(2) A, B 각 수용가의 부하율을 계산하시오.

• 계산 : _____ • 답 : _____

(3) 부등률을 구하시오.

• 계산 : _____ • 답 : _____

(1) • 계산

$$수용률 = \frac{설비용량}{최대전력} \times 100$$

$$A = \frac{8}{10} \times 100 = 80[\%]$$

$$B = \frac{6}{10} \times 100 = 60[\%]$$

• 답 : 80[%], 60[%]

(2) • 계산

$$부하율 = \frac{평균전력}{최대전력} = \frac{사용전력량/시간}{최대전력} = \frac{사용전력량}{최대전력 \times 시간}$$

$$A = \frac{(2+6+8+2) \times 6}{8 \times 24} \times 100 = 56.25[\%]$$

$$B = \frac{(2+6+2+4) \times 6}{6 \times 24} \times 100 = 58.33[\%]$$

• 답 : 56.25[%], 58.33[%]

(3) • 계산

$$부등률 = \frac{각 부하 최대 수용전력의 합}{합성최대전력} = \frac{8+6}{12} = 1.17$$

• 답 : 1.17

배점4

14 평형 3상 회로에 그림과 같이 접속된 전압계의 지시가 220[V], 전류계의 지시가 20[A], 전력계의 지시가 2[kW]일 때 다음 각 물음에 답하시오.

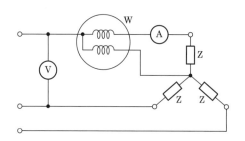

(1) Z에서 소비되는 전력은 몇 [kW]인가?

• 계산 : _____　　• 답 : _____

(2) 부하의 임피던스 Z[Ω]를 복소수로 나타내시오.

○ _____

_____

정답 (1) • 계산

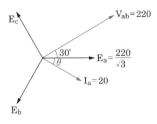

[벡터도]

전압계의 지시값이 선간전압 220[V]이므로 상전압$(E_a) = \dfrac{V_{ab}}{\sqrt{3}} = \dfrac{220}{\sqrt{3}}$ [V]

1상의 유효전력$(P) = E_a I_a \cos\theta$에서 $\cos\theta = \dfrac{P}{E_a I_a} = \dfrac{2000}{\dfrac{220}{\sqrt{3}} \times 20} = 0.787$

$\cos\theta = 0.787 \Rightarrow \theta = \cos^{-1}0.787 = 38.09°$

$Z = \dfrac{E_a}{I_a} = \dfrac{\dfrac{220}{\sqrt{3}}}{20} = \dfrac{220}{20\sqrt{3}} = 6.35[\Omega]$

$R = Z\cos\theta = 6.35 \times 0.787 = 4.997$

$\therefore R = 5[\Omega]$

$X = Z\sin\theta = 6.35\sqrt{1 - 0.787^2} = 3.917$

$\therefore Z = 3.92[\Omega]$

Z에서 소비되는 전력 (3상 소비전력)

$P_{3\phi} = 3I^2 R = 3 \times 20^2 \times 5 \times 10^{-3} = 6[\text{kW}]$

• 답 : 6[kW]

(2) $Z = R + jX = 5 + j3.92[\Omega]$

배점6

15 다음 회로에서 저항 $R = 20[\Omega]$, 전압 $V = 220\sqrt{2}\sin(120\pi t)[\text{V}]$이고, 변압기 권수비는 $1:1$일 때, 단상 전파 정류 브리지 회로에 대한 다음 물음에 답하시오.

(1) 점선 안에 브리지 회로를 완성하시오.

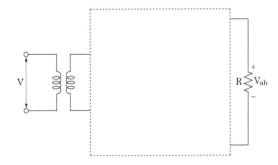

(2) V_{ab}의 평균 전압[V]을 구하시오.

• 계산 : _____   • 답 : _____

(3) V_{ab}에 흐르는 평균 전류[A]를 구하시오.

• 계산 : _____   • 답 : _____

정답 (1)

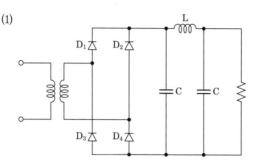

(2) • 계산

$$V_{ab} = 평균전압 = V_{av}$$

$$V_{av} = \frac{2V_m}{\pi} = \frac{2 \times 220\sqrt{2}}{\pi} = 198.07[\text{V}]$$

• 답 : $198.07[\text{V}]$

(3) • 계산

$$I_{av} = 평균전류$$

$$I_{av} = \frac{V_{av}}{R} = \frac{\dfrac{2 \times 220\sqrt{2}}{\pi}}{20} = \frac{2 \times 220\sqrt{2}}{20 \times \pi} = 9.9[\text{A}]$$

• 답 : $9.9[\text{A}]$

배점4

16 4극 3상 유도전동기를 변전실 분전반에서 긍장 50[m] 떨어진 곳에 설치하였으며 부하 전류는 75[A]이다. 이때 전압강하를 5[V] 이하로 하기 위해서 전선의 굵기[mm²]를 얼 마로 선정하는 것이 적당한가? (단, 3상 3선식 회로이며, 전압은 380[V]임)

• 계산 : _____   • 답 : _____

정답 • 계산 : 전선의 굵기 $= \dfrac{30.8 \times LI}{1000 \times e} = \dfrac{30.8 \times 50 \times 75}{1000 \times 5} = 23.1[\text{mm}^2]$

• 답 : $25[\text{mm}^2]$

KSC IEC 전선규격[mm²]		
1.5	2.5	4
6	10	16
25	35	50

17 3상 3선식의 6.6[kV] 가공배전 선로에 접속된 주상변압기의 저압측에 시설될 중성점 접지공사의 접지저항값을 구하시오. (단, 1초 초과, 2초 이내에 자동적으로 차단하는 장치를 설치하였으며, 고압측 1선 지락전류는 5[A]라고 한다.)

• 계산 : _____ • 답 : _____

정답 • 계산 : $R = \dfrac{300}{I_g} = \dfrac{300}{5} = 60[\Omega]$

• 답 : $60[\Omega]$

18 3상 불평형 교류의 대칭분이 아래와 같을 때, 각 상의 전류 I_a, I_b, I_c[A]를 구하시오. (단, 상 순서는 a-b-c 순이다.)

영상분	정상분	역상분
$1.8 \angle -159.17°$	$8.95 \angle 1.14°$	$2.5 \angle 96.55°$

• 계산 : _____ • 답 : _____

정답 (1) I_a

• 계산

$I_a = I_0 + I_1 + I_2$

$1.8 \angle -159.17° + 8.95 \angle 1.14° + 2.5 \angle 96.55° = 7.27 \angle 16.15°$

• 답 : $7.27 \angle 16.15°$

(2) I_b

• 계산

$I_b = I_0 + a^2 I_1 + a I_2$

$1.8 \angle -159.17° + 1 \angle 240° \times 8.95 \angle 1.14° + 1 \angle 120° \times 2.5 \angle 96.55° = 12.78 \angle -128.79°$

• 답 : $I_b = 12.78 \angle -128.79°$

(3) I_c

• 계산

$I_c = I_0 + a I_1 + a^2 I_2$

$1.8 \angle -159.17° + 1 \angle 120° \times 8.95 \angle 1.14° + 1 \angle 240° \times 2.5 \angle 96.55° = 7.24 \angle 123.69°$

• 답 : $I_c = 7.24 \angle 123.69°$

국가기술자격검정 실기시험문제 및 정답

2023년도 전기기사 제3회 필답형 실기시험

종 목	시험시간	형 별	성 명	수험번호
전기기사	2시간 30분	A		

※ 수험자 인적사항 및 답안작성(계산식 포함)은 흑색의 필기구만 사용하여야 하며 흑색을 제외한 유색 필기구 또는 연필류를 사용하거나 2가지 이상의 색을 혼합 사용하였을 경우 그 문항은 0점 처리됩니다.

배점6

01 다음은 차단기의 트립방식에 관한 설명이다. 빈칸을 채우시오.

트립방식	설명
①	고장시 변류기의 2차 전류에 의해 트립되는 방식
②	고장시 콘덴서의 충전전하에 의해 트립되는 방식
③	고장시 부족 전압 트립 장치에 인가되는 전압의 저하에 의해 트립되는 방식

정답

①	②	③
과전류 트립방식	콘덴서 트립방식	부족전압 트립방

배점3

02 다음은 한국전기설비규정의 내용이다. 빈칸을 채우시오.

【다음】

다음과 같이 분기회로 (S_2)의 보호장치 (P_2)는 (P_2)의 전원 측에서 분기점(O) 사이에 다른 분기회로 또는 콘센트의 접속이 없고, 단락의 위험과 화재 및 인체에 대한 위험성이 최소화 되도록 시설된 경우, 분기회로의 보호장치 (P_2)는 분기회로의 분기점(O)으로부터 (   )[m]까지 이동하여 설치할 수 있다.

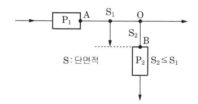

정답   3

배점5

03 연료전지의 특징에 대해 3가지를 쓰시오.

○ _____

○ _____

○ _____

정답　① 환경 친화적이다.
　　　② 발전 효율이 높다.
　　　③ 연료의 다양화가 가능하다.

배점5

04 소선의 지름이 3.2[mm], 37가닥으로 된 연선의 외경은 몇 [mm]인가?

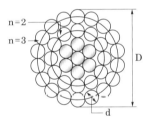

・계산 : _____　・답 : _____

정답　・계산
　　　　연선의 바깥지름 : $D = (2n+1)d$
　　　　n : 층수, d : 소선의 지름, D : 연선의 바깥지름
　　　　$D = (2 \times 3 + 1) \times 3.2 = 22.4$[mm]
　　　・답 : 22.4[mm]

배점8

05 현장에서 시험용 변압기가 없을 경우 그림과 같이 주상 변압기 2대와 수(水)저항기를 사용하여 변압기의 절연내력 시험을 할 수 있다. 이때 다음 각 물음에 답하시오. (단, 최대 사용전압 6900[V]의 변압기의 권선을 시험할 경우이며, $E_2/E_1 = 105/6300$[V]임)

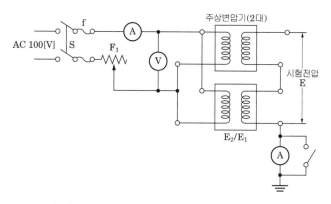

(1) 절연내력시험전압은 몇 [V]이며, 이 시험전압을 몇 분간 가하여 이에 견디어야 하는가?

•계산 : _____ •답 : _____

(2) 시험 시 전압계 ⓥ로 측정되는 전압은 몇 [V]인가?

•계산 : _____ •답 : _____

(3) 전류계는 어떤 목적으로 사용되는가?

정답 (1) ① 절연내력시험전압
    •계산 : 절연내력시험전압 7[kV] 이하인 전로는 최대사용전압의 1.5배
    ∴ 절연내력시험전압 $V = 6900 \times 1.5 = 10350$[V]
    •답 : 10350[V]
  ② 가하는 시간
    •답 : 10분

(2) •계산 :
    변압기 1대에 걸리는 전압이므로 $\frac{1}{2}$ 을 곱한다.

    전압계 V에 걸리는 전압

$$V = 10350 \times a \times \frac{1}{2} = 10350 \times \frac{105}{6300} \times \frac{1}{2} = 86.25\,[V]$$

    •답 : 86.25[V]

(3) •답 : 누설 전류의 측정

배점4

06 다음 ①, ②에 알맞은 말을 넣으시오.

【다음】

중성선을 (①) 및 (②)하는 회로의 경우에 설치하는 개폐기 및 차단기는 (①) 시에는 중성선이 선도체보다 늦게 (①)되어야 하며, (②) 시에는 선도체와 동시 또는 그 이전에 (②) 되는 것을 설치하여야 한다.

정답 ① 차단 ② 재폐로

배점6

07 어떤 공장의 어느 날 부하실적이 1일 사용전력량 192[kWh]이며, 1일의 최대전력이 12 [kW]이고, 최대전력일 때의 전류값이 34[A]이었을 경우 다음 각 물음에 답하시오. (단, 이 공장은 220[V], 11[kW]인 3상 유도전동기를 부하 설비로 사용한다고 한다.)

(1) 일 부하율은 몇 [%]인가?

• 계산 : _____ • 답 : _____

(2) 최대 공급 전력일 때의 역률은 몇 [%]인가?

• 계산 : _____ • 답 : _____

정답 (1) • 계산

$$일부하율 = \frac{사용전력량(kWh/24[h])}{최대전력[kW]} \times 100 = \frac{\frac{192}{24}}{12} \times 100 = 66.67[\%]$$

• 답 : 66.67[%]

(2) • 계산 :

$$역률 = \frac{유효전력}{피상전력} \times 100 = \frac{12000}{\sqrt{3} \times 220 \times 34} \times 100 = 92.62[\%]$$

• 답 : 92.62[%]

08 차단기의 정격전압이 170[kV]이고 정격차단전류가 24[kA]일 때 아래 표를 참조하여 차단기의 차단용량[MVA]을 구하시오.

차단기의 정격차단용량[MVA]

3600	5800	7300	9200	12000

· 계산 : _____   · 답 : _____

정답 · 계산 : 정격차단용량 $P_s = \sqrt{3}\ V_n I_{kA} = \sqrt{3} \times 170 \times 24 = 7066.77\,[\text{MVA}]$

· 답 : 7300[MVA]

09 동일한 용량의 단상변압기 2대를 V결선으로 3상 운전할 경우, △결선과 비교하여 출력비와 이용률은 얼마인가?

· 출력비 : _____   · 이용률 : _____

정답 · 출력비 : 57.74[%]

· 이용률 : 86.6[%]

10 6600/220[V]인 두 대의 단상 변압기 A, B가 있다. A는 30[kVA]로서 2차로 환산한 저항과 리액턴스의 값은 $r_A = 0.03[\Omega]$, $x_A = 0.04[\Omega]$이고, B는 20[kVA]로서 2차로 환산한 값은 $r_B = 0.03[\Omega]$, $x_B = 0.06[\Omega]$이다. 이 두 변압기를 병렬 운전해서 40[kVA]의 부하를 건 경우, A기의 분담 부하[kVA]는 얼마인가?

· 계산 : _____   · 답 : _____

정답 · 계산

$$\%Z_A = \frac{PZ_{21}}{10{V_2}^2} = \frac{30 \times \sqrt{0.03^2 + 0.04^2}}{10 \times 0.22^2} = 3.1[\%],$$

$$\%Z_B = \frac{PZ_{21}}{10{V_2}^2} = \frac{20 \times \sqrt{0.03^2 + 0.06^2}}{10 \times 0.22^2} = 2.77[\%]$$

$$\frac{P_A{'}}{P_B{'}} = \frac{P_A}{P_B} \times \frac{\%Z_B}{\%Z_A} = \frac{30}{20} \times \frac{2.77}{3.1} = 1.34$$

$$P_B{'} = \frac{P_A{'}}{1.341}, \quad P_A{'} + P_B{'} = P_A{'} + \frac{P_A{'}}{1.34} = \frac{2.34}{1.34}P_A{'} = 40\,[\text{kVA}]$$

$$\therefore \ P_A{'} = 22.91\,[\text{kVA}]$$

• 답 : $22.91[\text{kVA}]$

배점6

11 진공차단기(VCB)의 특징 3가지를 쓰시오.

○ _____

○ _____

○ _____

정답 ① 소형·경량이다.

② 화재의 염려가 없다.

③ 고속도 개폐가 가능하고 차단 성능이 우수하다.

배점5

12 다음 무접점회로를 보고 진리표의 빈칸을 채우시오.

A	L	L	L	L	H	H	H	H
B	L	L	H	H	L	L	H	H
C	L	H	L	H	L	H	L	H
Z								

정답

A	L	L	L	L	H	H	H	H
B	L	L	H	H	L	L	H	H
C	L	H	L	H	L	H	L	H
Z	L	H	L	H	L	H	H	H

13 동기 발전기의 병렬 운전 조건을 4가지 쓰시오.

○ _____

○ _____

○ _____

○ _____

정답 ① 기전력의 주파수가 같을 것

② 기전력의 위상이 같을 것

③ 기전력의 파형이 같을 것

④ 기전력의 크기가 같을 것

14 그림은 전자개폐기 MC에 의한 시퀀스 회로를 개략적으로 그린 것이다. 이 그림을 보고 다음 각 물음에 답하시오.

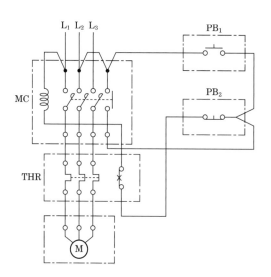

(1) 그림과 같은 회로용 전자개폐기 MC의 보조 접점을 사용하여 자기유지가 될 수 있는 일반적인 시퀀스 회로로 다시 작성하여 그리시오.

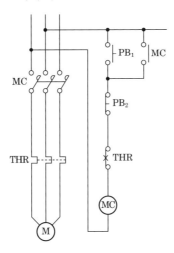

(2) 시간 t_3에 열동 계전기가 작동하고, 시간 t_4에서 수동으로 복귀하였다. 이때의 동작을 타임차트로 표시하시오.

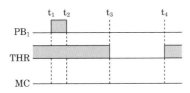

정답

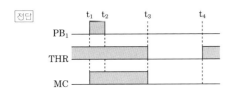

15 도면과 같이 345[kV] 변전소의 단선도와 변전소에 사용되는 주요제원을 이용하여 다음 각 물음에 답하시오.

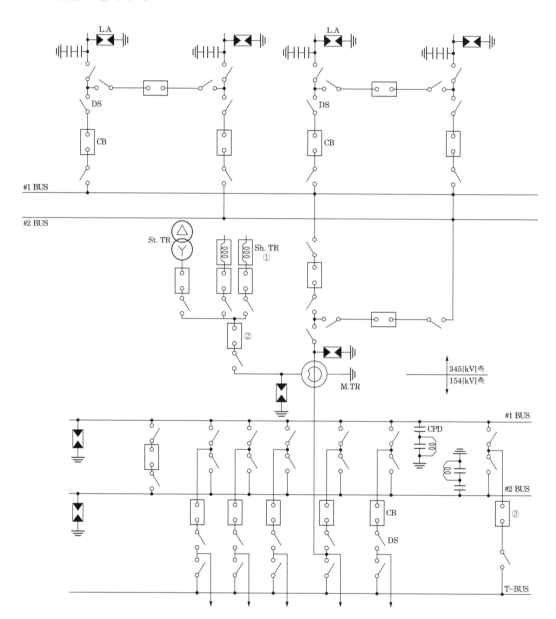

[주변압기]

- 단권변압기

  345[kV]/154[kV]/23[kV] (Y−Y−△)

  166.7[MVA] × 3대 ≒ 500[MVA]

- OLTC %임피던스 (500[MVA] 기준)

  1차~2차 : 10[%]

  1차~3차 : 78[%]

  2차~3차 : 67[%]

[차단기]

- 462[kV] GCB 25[GVA] 4000~2000[A]
- 170[kV] GCB 15[GVA] 4000~2000[A]
- 25.8[kV] VCB 1120[MVA] 2500~1200[A]

[단로기]

- 362[kV] DS 4000~2000[A]
- 170[kV] DS 4000~2000[A]
- 25.8[kV] DS 2500~1200[A]

[피뢰기]

- 288[kV] LA10[kA]
- 144[kV] LA10[kA]
- 21[kV] LA10[kA]

[분로 리액터]

- 23[kV] Sh.R 30[MVar]

[주모선]

- Al−Tube 200ϕ

(1) 도면의 345[kV]측 모선 방식은 어떤 모선 방식인가?

  ○ _____

(2) 도면에서 ①번 기기의 설치 목적은 무엇인가?

  ○ _____

(3) 도면에 주어진 제원을 참조하여 주변압기에 대한 등가 %임피던스($\%Z_H$, $\%Z_M$, $\%Z_L$)를 구하고, ②번 23[kV] VCB의 차단용량을 계산하시오. (단, 그림과 같은 임피던스 회로는 100[MVA] 기준)

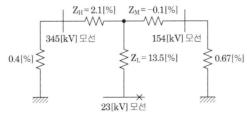

- 계산 : _____ - 답 : _____

(4) 도면의 345[kV] GCB에 내장된 계전기용 BCT의 오차계급은 C800이다. 부담은 몇 [VA]인가?

　　•계산 : _____　　　•답 : _____

(5) 도면의 ③번 차단기의 설치 목적을 설명하시오.

　　○ _____

(6) 도면의 주변압기 1 Bank(단상×3)을 증설하여 병렬 운전을 하고자 한다. 이때 병렬 운전 4가지를 쓰시오.

　　○ _____

　　○ _____

　　○ _____

　　○ _____

정답 (1) 2중 모선방식

　　(2) 페란티 현상 방지

　　(3) ① •계산

$$Z_{HM} = 10 \times \frac{100}{500} = 2[\%]$$

$$Z_{ML} = 67 \times \frac{100}{500} = 13.4[\%]$$

$$Z_{HL} = 78 \times \frac{100}{500} = 15.6[\%]$$

$$\%Z_H = \frac{1}{2}(Z_{HM} + Z_{HL} - Z_{ML}) = \frac{1}{2}(2 + 15.6 - 13.4) = 2.1[\%]$$

$$\%Z_M = \frac{1}{2}(Z_{HM} + Z_{ML} - Z_{HL}) = \frac{1}{2}(2 + 13.4 - 15.6) = -0.1[\%]$$

$$\%Z_L = \frac{1}{2}(Z_{HL} + Z_{ML} - Z_{HM}) = \frac{1}{2}(15.6 + 13.4 - 2) = 13.5[\%]$$

　　•답 : $\%Z_H = 2.1[\%]$, $\%Z_M = -0.1[\%]$, $\%Z_L = 13.5[\%]$

　　② •계산

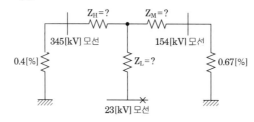

23[kV] VCB 차단용량

$$\%Z_{total} = 13.5 + \frac{(2.1+0.4)(-0.1+0.67)}{(2.1+0.4)+(-0.1+0.67)} = 13.96[\%]$$

차단용량 $P_s = \dfrac{100}{\%Z_{total}} \times P_n = \dfrac{100}{13.96} \times 100 = 716.33[\text{MVA}]$

· 답 : 716.33[MVA]

(4) · 계산 :

부담 $= I^2 Z = 5^2 \times 8 = 200[\text{VA}]$

· 답 : 200[VA]

(5) 무정전으로 점검하기 위한 모선절체용 차단기

(6) ① 정격 전압이 같을 것

② 극성이 같을 것

③ %임피던스가 같을 것

④ 내부 저항과 누설리액턴스 비가 같을 것

배점4

16 차단기는 고장시 발생하는 대전류를 신속하게 차단하여 고장구간을 분리하는 역할을 한다. 아래 차단기의 약호에 알맞은 명칭을 쓰시오.

· OCB : _____ · ABB : _____

· GCB : _____ · MBB : _____

정답 · 유입 차단기   · 공기 차단기   · 가스 차단기   · 자기 차단기

배점5

17 아래 표와 같이 부하가 시설될 경우 여기에 공급하는 변압기 용량을 선정하시오.

	용량[kW]	수용률[%]	부등률	역률[%]
전등	60	80		95
전열	40	50		90
동력	70	40	1.4	90

변압기 표준용량[kVA]

50	75	100	150	200	300

· 계산 : _____ · 답 : _____

• 계산

전등부하의 합성 유효전력 $P_1 = 60 \times 0.8 = 48[\text{kW}]$

전등부하의 합성 무효전력 $P_{1r} = 60 \times 0.8 \times \dfrac{\sqrt{1-0.95^2}}{0.95} = 15.78[\text{kVar}]$

전열부하의 합성 유효전력 $P_2 = 40 \times 0.5 = 20[\text{kW}]$

전열부하의 합성 무효전력 $P_{2r} = 40 \times 0.5 \times \dfrac{\sqrt{1-0.9^2}}{0.9} = 9.69[\text{kVar}]$

동력부하의 합성 유효전력 $P_3 = \dfrac{70 \times 0.4}{1.4} = 20[\text{kW}]$

동력부하의 합성 무효전력 $P_{3r} = \dfrac{70 \times 0.4}{1.4} \times \dfrac{\sqrt{1-0.9^2}}{0.9} = 9.69[\text{kVar}]$

변압기 용량 $P_a = \sqrt{(48+20+20)^2+(15.78+9.69+9.69)^2} = 94.76[\text{kVA}]$

• 답 : $100[\text{kVA}]$ 선정

18 22.9[kV − Y] 중선선 다중접지 전선로에 정격전압13.2[kV], 정격용량 250[kVA]의 단상 변압기 3대를 이용하여 아래 그림과 같이 Y−△ 결선하고자 한다. 다음 물음에 답하시오.

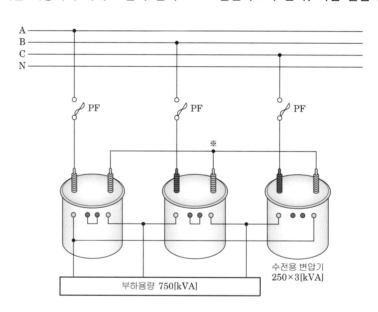

(1) 변압기 1차측 Y결선의 중성점(※표 부분)을 전선로의 N선에 연결하여야 하는가? 연결하여서는 안 되는가?

○

(2) 연결하여야 하면 연결하여야 하는 이유, 연결하여서는 안 되면 안 되는 이유를 설명하시오.

○ _____

(3) PF 전력퓨즈의 용량은 몇 [A]인지 선정하시오.(1.25배 적용)

> 퓨즈용량(10[A], 15[A], 20[A], 25[A], 30[A], 40[A], 50[A], 65[A], 80[A], 100[A])

• 계산 : _____   • 답 : _____

정답 (1) 연결하지 않는다.

(2) 1상의 PF 용단시 역V결선이 되어 변압기가 과열, 소손된다.

(3) • 계산 :

$$전부하전류 = \frac{P_a}{\sqrt{3} \cdot V} = \frac{750}{\sqrt{3} \times 22.9} = 18.91\,[\text{A}]$$

$$퓨즈용량 = 18.91 \times 1.25 = 23.64[\text{A}]$$

• 답 : 25[A]

memo

▶ 과년도 문제해설

전기기사 실기 20개년 과년도 문제해설

定價 36,000원

저 자 대산전기학원연구회
발행인 이　　종　　권

2018年	3月	6日	초 판 발 행
2019年	1月	23日	2차개정발행
2020年	1月	20日	3차개정발행
2021年	3月	25日	4차개정발행
2022年	3月	16日	5차개정발행
2023年	2月	22日	6차개정발행
2024年	3月	20日	7차개정발행

發行處　(주) 한솔아카데미

(우)06775 서울시 서초구 마방로10길 25 트윈타워 A동 2002호
TEL : (02)575-6144/5　FAX : (02)529-1130
〈1998. 2. 19 登錄 第16-1608號〉

ISBN 979-11-6654-504-7 13560